华为HCIA路由交换认证指南

韩立刚　薛中伟　宋晓锋　郑汉钦　著

人 民 邮 电 出 版 社
北 京

图书在版编目（CIP）数据

华为HCIA路由交换认证指南 / 韩立刚等著. -- 北京：人民邮电出版社，2022.4
ISBN 978-7-115-57173-1

Ⅰ. ①华… Ⅱ. ①韩… Ⅲ. ①计算机网络－路由选择－指南②计算机网络－信息交换机－指南 Ⅳ. ①TN915.05-62

中国版本图书馆CIP数据核字(2021)第165498号

内容提要

本书是针对HCIA最新考试大纲编写的认证教材。全书共分为15章，首先介绍了计算机网络的产生和演进、计算机通信使用的协议、IP地址和子网划分等内容；然后介绍了使用华为设备进行企业组网的基本技术，包括路由器和交换机的基本配置、IP地址的规划、静态路由和动态路由的配置、使用交换机进行组网等内容；最后讲解了高级网络技术，其中涉及网络安全的实现、网络地址转换和端口映射、将路由器配置为DHCP服务器以实现IP地址的自动分配，以及IPv6、广域网、VPN、无线局域网等相关知识；第15章园区网典型组网案例将企业组网的技术进行了综合运用。

本书以理论知识为铺垫，重点凸显内容的实用性，旨在通过以练代学的方式提升读者的理论水平和实操能力。本书除了适合备考华为HCIA认证的人员阅读，还适合有志于投身于网络技术领域的新人阅读，也适合开设了网络专业课程的高校师生阅读。

◆ 著　韩立刚　薛中伟　宋晓锋　郑汉钦
责任编辑　武晓燕
责任印制　王　郁　焦志炜

◆ 人民邮电出版社出版发行　北京市丰台区成寿寺路11号
邮编　100164　电子邮件　315@ptpress.com.cn
网址　https://www.ptpress.com.cn
北京七彩京通数码快印有限公司印刷

◆ 开本：787×1092　1/16
印张：24.25　2022年4月第1版
字数：534千字　2025年1月北京第5次印刷

定价：99.90元

读者服务热线：(010)81055410　印装质量热线：(010)81055316
反盗版热线：(010)81055315
广告经营许可证：京东市监广登字20170147号

前　言

我大学学的是无机化工，1999 年毕业后到化肥厂上班，直觉告诉我 IT（信息技术）在未来必将得到广泛应用，IT 更能体现个人价值，且学 IT 只需一台计算机。于是，我怀揣着对未来美好生活的期待，毅然决定改行，进军 IT 领域，开始学习 IT。

从一名非计算机专业大学生到一位 IT 职业培训讲师，从 IT 菜鸟到出版了 10 多本计算机图书的作者，从化工技术员到微软最有价值专家，我历经 20 年，这期间有对学习 IT 持之以恒的坚持，也有对 IT 职业化培训的思考。面对互联网时代的到来，我敏锐地察觉到 IT 培训要和互联网结合，要通过互联网打破教学的时间和空间限制，尤其是 2020 年的新冠疫情，让互联网教育走向舞台。

由于自己是非计算机专业出身，从零基础开始学习计算机网络，后成为计算机网络相关课程的老师，因此非常了解零基础的学生学习计算机网络会遇到的困惑，所以我的授课内容易学易懂。我在微软高级培训中心经常给企业网管做培训，帮他们解决工作中的问题。我还录制了实战风格的网络课程，很多计算机专业的学生学习我的网络课程，也能感觉到我和学院派讲师的差别。

我听过很多老师的“计算机网络”课程，有些老师是参照书本制作 PPT，上课照着 PPT 讲解，所讲内容仅限于书中的内容，对知识没有进一步扩展，和实际不进行关联，这其实和学生自己看书差不多。这些老师尊重知识、尊重书本、尊重作者，但这种教学方式却没有尊重学生。作为老师，一定要了解学生，才能把课讲好。

我讲“计算机网络”课程 20 年，“计算机网络原理”课程 12 年，每一年都有新的提高，每一遍都有新的认识。如今我把对网络的认识写成书，用直白的语言、通俗的案例给大家阐述计算机网络技术，将实战融入理论。书中还讲解了如何使用华为路由器和交换机搭建计算机网络的学习环境。本书能够帮助读者掌握计算机网络通信理论，使用华为路由器和交换机组建企业局域网和广域网，熟练配置华为网络设备。

本书特色

相较于市面上已有的其他图书，本书具有如下特色。

- 理论与实践并重，用理论引导实践，用实践验证理论。
- 无须购买硬件设备，可使用 eNSP 软件来模拟网络设备，搭建学习环境。
- 一图胜千言。本书所讲的内容大多数配有形象的示意图，以降低读者的学习门槛。
- 每章配备课后习题，帮助读者夯实对内容的理解。
- 配有完备的 PPT，进一步帮助读者理解、掌握本书内容。

- 配有 QQ 教学群（群号：301678170），解答学生问题，提供学习所需软件。

本书组织结构

本书共分为 15 章，主要内容如下所示。

- **第 1 章，认识计算机网络**，讲解 Internet 的产生和发展、局域网组网设备的演进、企业局域网的规划和设计。
- **第 2 章，TCP/IP**，介绍计算机通信使用的应用层协议、传输层协议、网络层协议和数据链路层协议。
- **第 3 章，IP 地址和子网划分**，介绍 IP 地址的组成和分类、子网划分和变长子网划分、使用超网合并网段。
- **第 4 章，管理华为设备**，用 eNSP 搭建实验环境，通过 Console 口、telnet 接口对路由器进行常规配置，创建登录账户和密码，管理路由器配置文件，使用抓包工具捕获链路中的数据包。
- **第 5 章，静态路由**，讲解网络畅通的条件，在路由器上添加静态路由，通过路由汇总和默认路由简化路由表。
- **第 6 章，动态路由**，介绍 RIP 的工作特点和 OSPF 协议的工作特点，配置路由器使用 RIP 和 OSPF 协议构造路由表。
- **第 7 章，交换机组网**，讲解配置交换机的端口安全，使用生成树协议阻断交换机组网的环路，创建 VLAN 隔绝网络广播，使用三层交换和单臂路由器实现 VLAN 间路由。
- **第 8 章，网络安全**，在路由器上创建基本访问控制列表和高级访问控制列表来实现数据包过滤，实现网络安全，使用 ACL 保护路由器 telnet 安全。
- **第 9 章，网络地址转换和端口映射**，在路由器上配置 NAPT，实现私网访问 Internet，配置端口映射实现 Internet 访问内网服务器。
- **第 10 章，将路由器配置成 DHCP 服务器**，配置路由器作为 DHCP 服务器为网络中的计算机分配 IP 地址，实现跨网段分配 IP 地址。
- **第 11 章，IPv6**，讲解 IPv6 地址分类和地址格式，IPv6 静态路由和动态路由，以及 IPv6 和 IPv4 共存技术。
- **第 12 章，广域网**，介绍广域网链路使用的数据链路层协议，介绍 HDLC、PPP、帧中继，将路由器配置为 PPPoE 客户端和 PPPoE 服务器。
- **第 13 章，VPN**，介绍站点间 VPN，配置 GRE 隧道 VPN、IPSec VPN 和基于 tunnel 接口的 IPSec VPN，配置远程访问 VPN。
- **第 14 章，WLAN 技术**，讲解什么是 WLAN，WLAN 业务分类、WLAN 的标准，WLAN 产品的演进，以及企业无线网络的配置。
- **第 15 章，园区网典型组网案例**，本章是一个企业园区网典型组网案例，通过一个企业的具体场景，使用华为设备组建企业园区网，规划内网网段，部署有线和无线网络设备。

本书配套资源

除了纸质版图书，作者还为本书提供了完整的 PPT 以及配套的视频课程。PPT 资源可通过本书在异步社区的相应页面进行下载，也可以向本书作者索要。与本书完全配套的视频课程，可到 51CTO 学院官方网站搜索“华为认证网络工程师（HCIA）”，找到韩立刚录制的课程然后进行访问（注意，视频课程为收费课程）。

由于作者水平有限，书中错漏之处在所难免，恳请广大读者批评指正。

致　谢

首先感谢我们的祖国各行各业的快速发展，这为那些不甘于平凡的人提供了展现个人才能的平台。我很庆幸自己生活在这个时代。

互联网技术的发展为各行各业提供了广阔的舞台，感谢 51CTO 学院为全国的 IT 专家和 IT 教育工作者提供教学平台。

感谢我的学生们，正是他们的提问，才让我了解到学习者的困惑，也提升了我的授课水平。更感谢那些工作在一线的 IT 运维人员，帮他们解决工作中遇到的疑难杂症为我积累了许多专业的案例。

感谢那些深夜还在网上看视频学习我的课程的读者，虽然没有见过面，我却能够感受到你们怀揣梦想、想通过知识改变命运的决心和毅力，这也一直激励着我不断录制新课程、编著新书。

资源与支持

本书由异步社区出品，社区（https://www.epubit.com/）为您提供相关资源和后续服务。

配套资源

本书提供配套资源，请在异步社区本书页面中点击 配套资源 ，跳转到下载界面，按提示进行操作即可。注意：为保证购书读者的权益，该操作会给出相关提示，要求输入提取码进行验证。

如果您是教师，希望获得教学配套资源，请在社区本书页面中直接联系本书的责任编辑。

提交勘误

作者和编辑尽最大努力来确保书中内容的准确性，但难免会存在疏漏。欢迎您将发现的问题反馈给我们，帮助我们提升图书的质量。

当您发现错误时，请登录异步社区，按书名搜索，进入本书页面，点击“提交勘误”，输入勘误信息，点击“提交”按钮即可。本书的作者和编辑会对您提交的勘误进行审核，确认并接受后，您将获赠异步社区的 100 积分。积分可用于在异步社区兑换优惠券、样书或奖品。

详细信息　写书评　提交勘误

页码：　页内位置（行数）：　勘误印次：

字数统计

提交

扫码关注本书

扫描下方二维码，您将会在异步社区微信服务号中看到本书信息及相关的服务提示。

与我们联系

我们的联系邮箱是 contact@epubit.com.cn。

如果您对本书有任何疑问或建议，请您发邮件给我们，并请在邮件标题中注明本书书名，以便我们更高效地做出反馈。

如果您有兴趣出版图书、录制教学视频，或者参与图书翻译、技术审校等工作，可以发邮件给我们；有意出版图书的作者也可以到异步社区在线提交投稿（直接访问 www.epubit.com/selfpublish/submission 即可）。

如果您是学校、培训机构或企业，想批量购买本书或异步社区出版的其他图书，也可以发邮件给我们。

如果您在网上发现有针对异步社区出品图书的各种形式的盗版行为，包括对图书全部或部分内容的非授权传播，请您将怀疑有侵权行为的链接发邮件给我们。您的这一举动是对作者权益的保护，也是我们持续为您提供有价值的内容的动力之源。

关于异步社区和异步图书

“异步社区”是人民邮电出版社旗下 IT 专业图书社区，致力于出版精品 IT 技术图书和相关学习产品，为作译者提供优质出版服务。异步社区创办于 2015 年 8 月，提供大量精品 IT 技术图书和电子书，以及高品质技术文章和视频课程。更多详情请访问异步社区官网 https://www.epubit.com。

“异步图书”是由异步社区编辑团队策划出版的精品 IT 专业图书的品牌，依托于人民邮电出版社近 30 年的计算机图书出版积累和专业编辑团队，相关图书在封面上印有异步图书的 LOGO。异步图书的出版领域包括软件开发、大数据、AI、测试、前端、网络技术等。

异步社区

微信服务号

目　录

第 1 章 认识计算机网络

本章内容

- Internet 的产生和中国的 ISP
- 局域网的发展
- 企业局域网的规划和设计
- 通信领域常见的术语
- 传输媒体
- 网络分类

全球最大的互联网络就是 Internet，本章讲解网络的产生以及 Internet 的发展，路由器在网络中的作用，以及中国的互联网和 ISP。

企业网络管理员主要管理企业的局域网。本章开门见山地为你讲解局域网使用的协议、局域网组网设备的演进，还讲解了同轴电缆组建的局域网、集线器组建的局域网、网桥优化以太网、交换机组网。本章最后还讲解了典型的企业局域网的规划和设计，根据企业的计算机数量和物理位置，局域网可以设计成二层结构的局域网和三层结构的局域网。此外，本章还介绍了通信领域常见的术语，如带宽、延迟、吞吐量等；介绍了传输媒体，如导向传输媒体和引导性传输媒体；讲解了网络的分类（公网和私网或局域网和广域网）。

1.1 Internet 的产生和中国的 ISP

1.1.1 Internet 的产生和发展

Internet 是全球最大的互联网络，家庭通过电话线使用 ADSL 拨号上网接入的就是 Internet，企业的网络通过光纤接入 Internet，现在我们使用智能手机通过 4G 技术或 5G 技术也可以很容易接入 Internet。Internet 正在深刻地改变着我们的生活，网上购物、网上订票、预约挂号、QQ 聊天、支付宝转账、共享单车等应用都离不开 Internet。现在我们就讲解一下 Internet 的产生和发展过程。

最初计算机是独立的，没有相互连接，在计算机之间复制文件和程序很不方便，于是就用同轴电缆将一个办公室内（短距离、小范围）的计算机连接起来组成网络（局域网），计算机的网络接口卡（网卡）与同轴电缆连接，如图 1-1 所示。

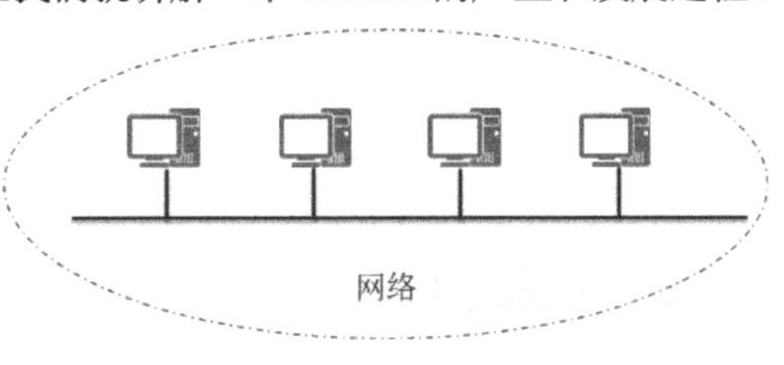

图 1-1　网络

位于异地的多个办公室（如图 1-2 所示的

Office1 和 Office2）的网络，如果需要通信，就要通过路由器连接，形成互联网。路由器有广域网接口用于长距离数据传输，路由器负责在不同网络之间转发数据包。

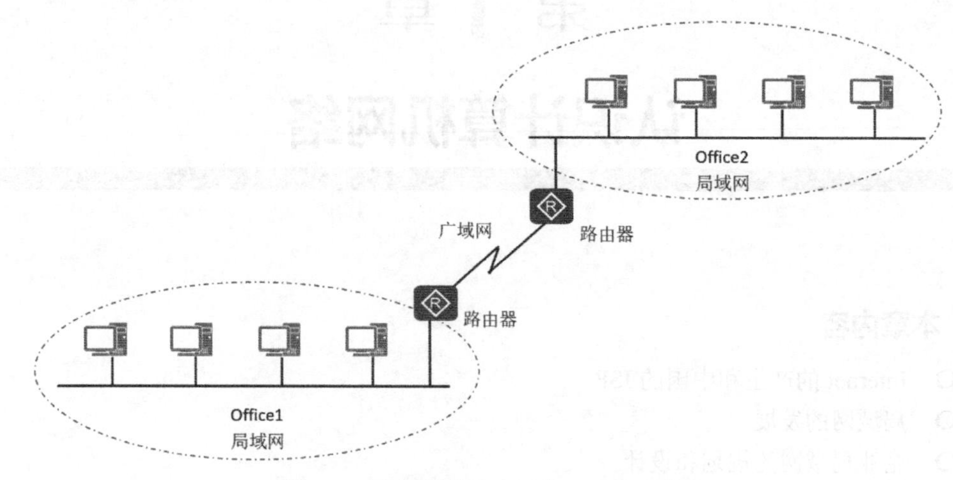

图 1-2　路由器连接多个网络，形成互联网

最初只是美国各个大学和科研机构的网络进行互联，随后越来越多的公司、政府机构也接入网络。这个在美国产生的开放式的网络后来又不局限于美国，越来越多的国家网络通过海底光缆、卫星接入美国这个开放式的网络，如图 1-3 所示，就形成了现在的 Internet，Internet 是全球最大的互联网络。在这张图中你能体会到路由器的重要性，如何规划网络、配置路由器、为数据包选择最佳路径是网络工程师主要和重要的工作。当然，学完本书，你也能掌握对 Internet 的网络地址进行规划和简化路由器路由表的方法。

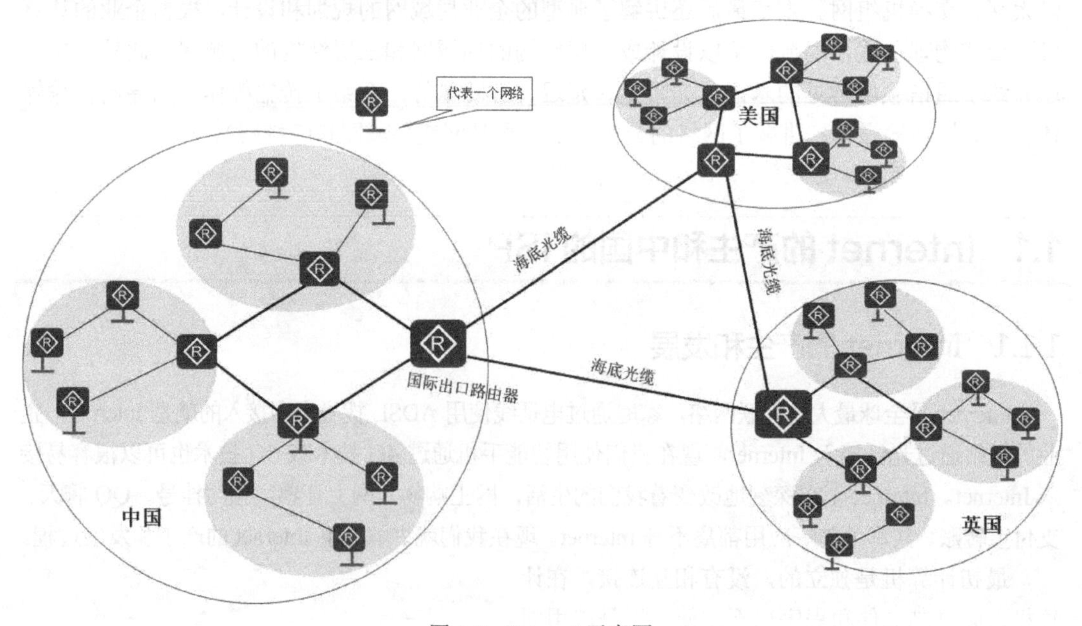

图 1-3　Internet 示意图

1.1.2　中国的 ISP

Internet 是全球网络，在中国主要有 3 家“互联网服务提供商”（Internet Service Provider,

ISP），它们向广大用户和企业提供互联网接入业务、信息业务和增值业务。中国的三大互联网服务提供商分别是中国电信、中国移动、中国联通。

这些运营商在全国各大城市和地区铺设了通信光缆，用于计算机网络通信。运营商的作用就是为城镇居民、企业和机构提供 Internet 的接入服务，在大城市建立机房。小企业没有机房，可以购买服务器，将服务器托管到运营商的机房。用户和企业可以根据 ISP 所提供的网络带宽、入网方式、服务项目、收费标准以及管理措施等选择适合自己的 ISP。

1.1.3 跨运营商访问网络带来的问题

Internet 也就是因特网，是全球最大的互联网。我国主要有 3 家互联网服务提供商（ISP），他们向广大用户提供互联网接入业务、信息业务和增值业务。

中国三大基础运营商及其提供的服务如下所列。

- 中国电信：拨号上网、ADSL、1X、CDMA1X、EVDO rev.A、FTTx。
- 中国移动：GPRS 及 EDGE 无线上网、TD-SCDMA 无线上网，少部分 FTTx。
- 中国联通：GPRS、W-CDMA 无线上网、拨号上网、ADSL、FTTx。

下面以电信和联通两个 ISP 为例来展现 Internet 的局部组成，各个组织的网络和网民接入 ISP 的网络形成 Internet。网站的连接示意如图 1-4 所示。

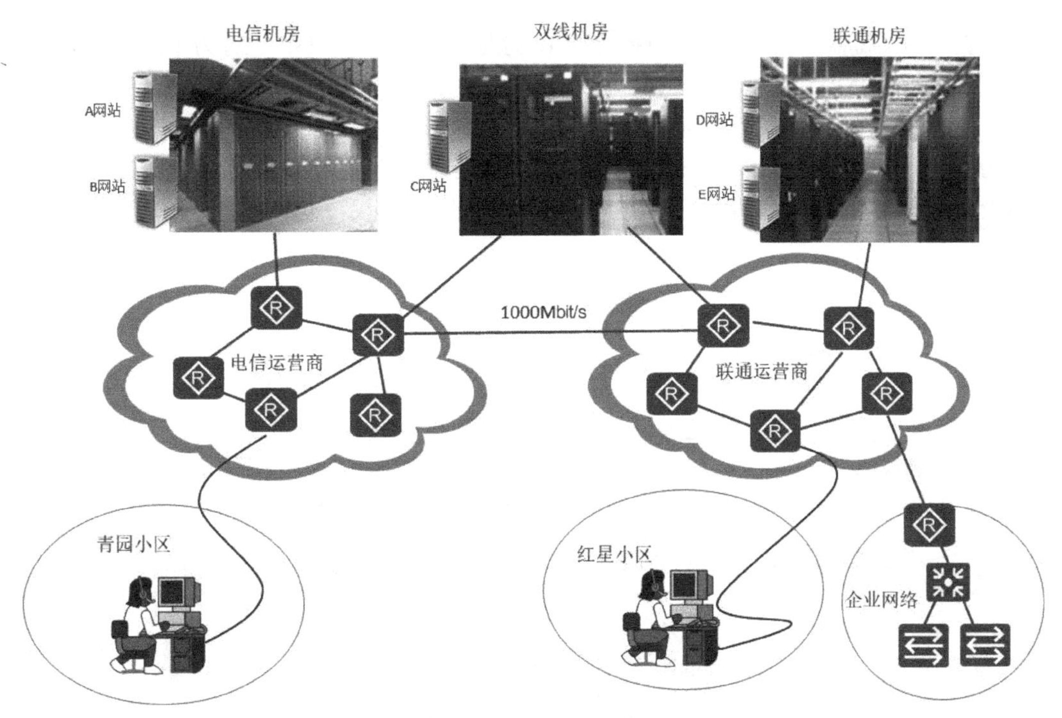

图 1-4 各个组织的网络和网民接入 ISP 的网络形成 Internet

ISP 为家庭用户提供 Internet 接入服务，如图 1-4 所示，青园小区的用户光纤连接电信运营商，而红星小区使用光纤连接联通运营商。ISP 也为企业网络提供 Internet 接入服务。

如果为企业服务器分配了公网地址，那么企业的网络就成为了 Internet 的一部分。

如果公司的网站需要为网民提供服务，自己又没有建设机房，就需要将服务器托管在联通和电信的机房，以提供 7×24 小时的高可用服务。机房不能轻易停电，需要保持无尘环境，并且温度、湿度、防火装置都有特殊要求，总之和家庭计算机的待遇不一样。

如图 1-4 所示，电信运营商和联通运营商之间使用 1000Mbit/s 的线路连接，虽然带宽很高，但其承载了所有联通访问电信的流量和电信访问联通的流量，因此还是拥堵。青园小区的用户访问 A 网站和 B 网站速度快，访问 C 网站和 D 网站的速度就会慢。

为了解决跨运营商访问网速慢的问题，可以把公司的服务器托管在双线机房，即同时连接联通和电信运营商网络的机房，如图 1-4 中的 C 网站部署在双线机房。这样用户通过联通或电信访问此类网站的速度没有差别。

有些 Web 站点会为用户提供软件下载功能，此时可以将软件部署到多个运营商的服务器中，让用户自己选择使用哪一个运营商下载。用户可以根据自家是联通上网还是电信上网来选择联通下载或电信下载，如图 1-5 所示。

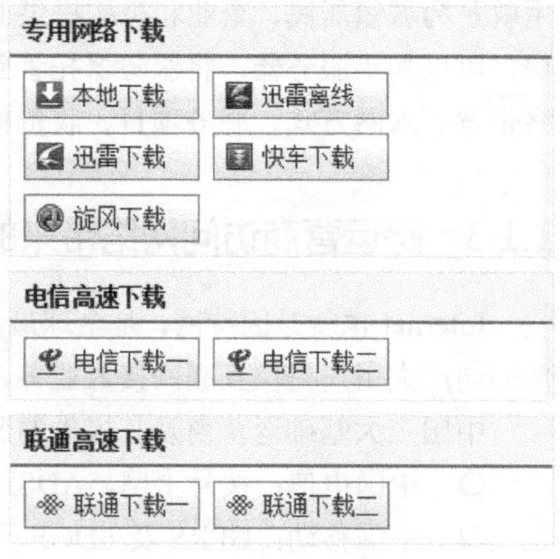

图 1-5 选择运营商

1.1.4 多层级的 ISP 结构

根据服务的覆盖面积大小以及所拥有的 IP 地址数目的不同，ISP 也分为不同的层次。最高级别的第一层 ISP 为主干 ISP，主干 ISP 的服务面积最大（一般都能覆盖国家范围），并且还拥有高速主干网。第二层 ISP 为地区 ISP，一些大公司都属于第二层 ISP 的用户。第三层 ISP 又称为本地 ISP，它们是第二层 ISP 的用户，且只拥有本地范围的网络。一般的校园网和企业网以及拨号上网的用户，都是第三层 ISP 的用户，如图 1-6 所示。

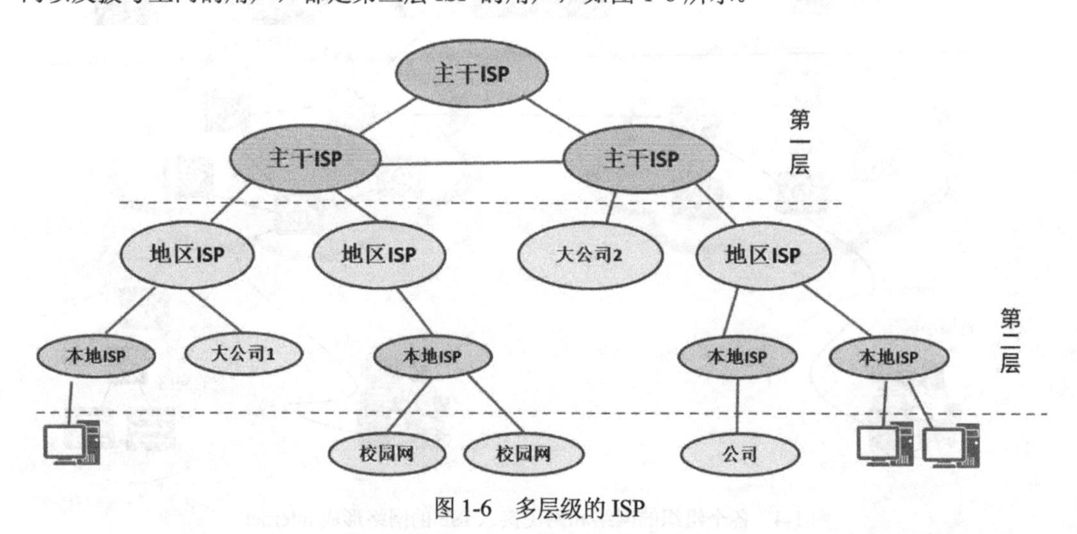

图 1-6 多层级的 ISP

比如中国联通是一级 ISP，负责铺设全国范围内连接各地区的网络，中国联通有限公司石家庄分公司是地区 ISP，负责石家庄地区的网络连接，石家庄联通藁城区分公司就属于三级 ISP 了，也就是本地 ISP 了。

如何理解 ISP 分级呢？比如你家通过联通的光纤接入 Internet，带宽是 100Mbit/s，上网费每年 700 元。你的 3 个邻居通过你家的路由器上网，每家每年给你 300 元上网费，你就相当于一个四级 ISP 了，你每年还能赢利 200 元。

有些公司的网站是为全国甚至全球提供服务的，比如淘宝网和 12306 网上订票网站，这样的网站最好接入主干 ISP，全国网民访问主干网都比较快。有些公司的网站主要服务于本地区，比如 58 同城之类的网站，负责石家庄地区的网站就可以部署在石家庄地区的 ISP 机房。藁城区中学的网站主要是藁城区的学生和学生家长访问，藁城区中学的网站通过联通的本地 ISP 接入 Internet。

网络规模大一点的公司接入 Internet，ISP 通常会部署光纤提供接入，家庭用户或企业小规模网络上网，ISP 通常会通过电话线使用 ADSL 拨号提供 Internet 接入。随着光纤线路的普及，现在农村和城市的小区也可以使用光纤接入 Internet 了。

1.2 局域网的发展

本节讲解局域网的发展。先给大家介绍什么是局域网和广域网，再讲解局域网通信的特点以及使用的协议，最后介绍局域网组网设备，包括网卡、同轴电缆、集线器、网桥和交换机。

1.2.1 局域网和广域网

首先通过举例来简单了解一下局域网和广域网的概念。

中国电信运营商的网络覆盖全国，属于广域网。企业的网络通常覆盖一个厂区的几栋大楼，学校的网络覆盖整座学校。这种企业或学校自己组建的覆盖小范围的网络就是局域网。

除了最大的互联网——因特网，大多数企业也组建了自己的互联网。接下来介绍企业互联网拓扑，以加深读者对网络的认识。如图 1-7 所示，车辆厂在石家庄和唐山都有厂区。中车石家庄车辆厂和中车唐山机车车辆厂都组建了自己的网络，可以看到企业按部门规划网络，基本上是一个部门一个网段（网络），然后使用三层交换（相当于路由器）连接各个部门的网段，从而企业的服务器连接到了三层交换机，这就是企业的局域网。

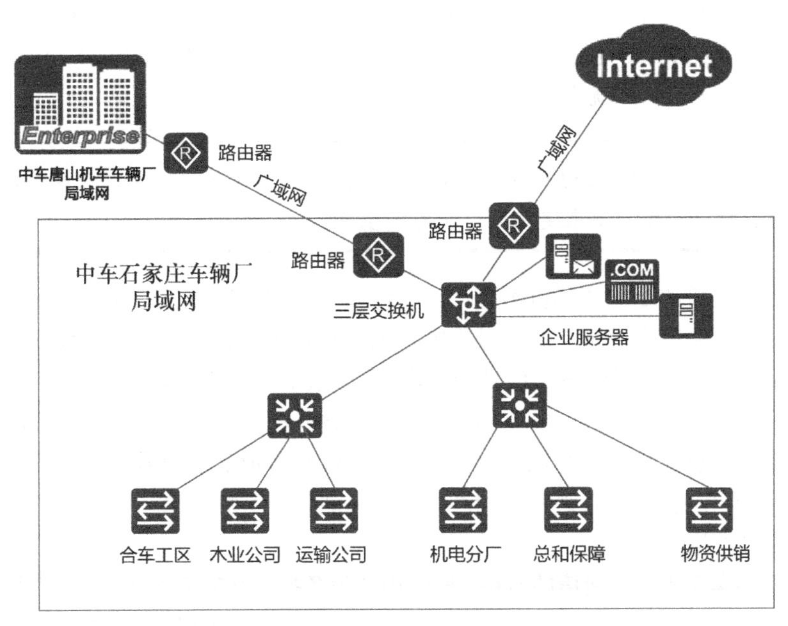

图 1-7 企业互联网

一个车辆厂需要访问另一个车辆厂的服务器，这就需要将这两个厂区的网络连接起来。车辆厂不可能自己架设网线或光纤来将这两个厂区的局域网连接起来，架设和维护的成本太高了。车辆厂租用了联通的线路来将两个局域网连接起来，只需每年缴费即可，连接后的局域网就是广域网。中车石家庄车辆厂使用网通的光纤来连接 Internet，这也是广域网。

现在总结一下，局域网通常是公司或单位自己花钱购买网络设备组建，带宽通常为 10Mbit/s、100Mbit/s 或 1000Mbit/s，自己维护，覆盖范围小。广域网通常要花钱租用联通、电信等运营商的线路，花钱买带宽，用于长距离通信。

1.2.2 同轴电缆组建的局域网

早期的计算机网络就是使用一根同轴电缆连接网络中的计算机，计算机之间的通信信号会被同轴电缆传送到所有计算机，所以说同轴电缆是广播信道，如图 1-8 所示。

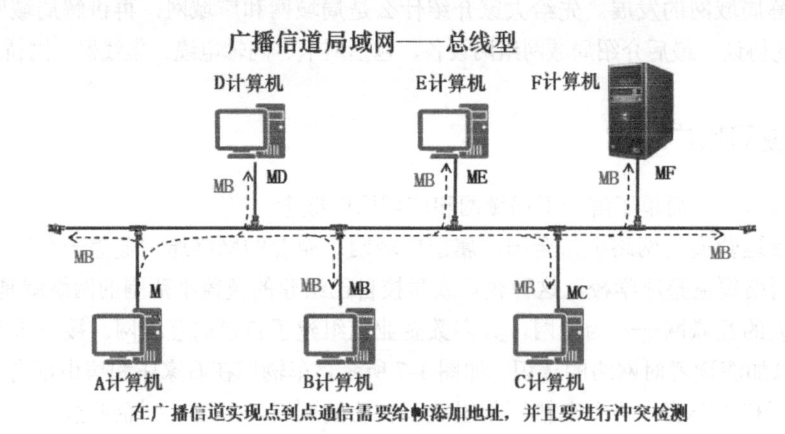

图 1-8 广播信道局域网——总线型

在这样的广播信道里，如何实现点到点通信呢？那就需要通信的计算机都有一个地址，这个地址就是网卡的 MAC 地址。如果这些计算机发现收到的数据帧的目标 MAC 地址和自己网卡的 MAC 地址不一样，就丢弃这个数据帧。

MAC（Media Access Control 或者 Medium Access Control）地址可意译为媒体访问控制，或称为物理地址、硬件地址，用来定义网络设备的位置。

同轴电缆上连接的这些计算机不允许多台计算机同时发送数据，如果多台计算机同时发送数据，发送的信号就会叠加造成信号不能正确识别。所以计算机在发送数据之前先侦听网络中有没有数据在传输，发现没有信号传输才发送数据，这就是载波侦听。

即便在开始发送的时候没有检测出有信号在传输，在开始发送后，也有可能在同轴电缆的某处和其他计算机发送的信号迎面相撞，发送端收到相撞后的信号会认为发送失败。发送端必须能够检测出这种发生在链路上的冲突，然后通过退避算法来计算退避时间并尝试再次发送，这就是冲突检测。

这种使用共享介质进行通信的网络，网络中的设备接口必须有 MAC 地址，每台计算机发送数据的机会均等（多路访问，Multiple Access），发送之前检测链路是否有信号在传输（载波侦听，Carrier Sense）。即便开始发送了，也要检测链路上是否产生冲突（冲突检测，Collision Detection），这种带冲突检测的载波侦听多路访问机制就是 CSMA/CD 协议，使用 CSMA/CD 协议的网络就是以太网。局域网通常使用共享介质线路组建，使用 CSMA/CD 协议通信，所以有人不严谨地说局域网就是以太网，但你应该知道以太网的实质和局域网的实质，使用 CSMA/CD 协议的是以太网，覆盖小范围的网络是局域网。

1.2.3 集线器组建的局域网

同轴电缆随后被集线器（HUB）这种设备替代，使用双绞线可以很方便地将计算机接入到网络中。其功能和同轴电缆一样，只是负责将一个接口收到的信号扩散到全部接口，计算机通信依然共享介质，使用的依然是 CSMA/CD 协议，因此使用集线器组建的网络也被称为以太网，如图 1-9 所示，图中的 MA、MB、MC 和 MD 代表计算机的 MAC 地址。

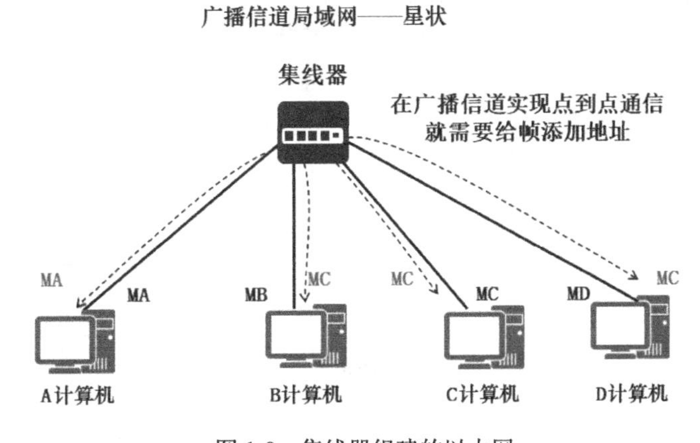

图 1-9 集线器组建的以太网

使用集线器和同轴电缆组网具有如下特点。

- 网络中的计算机共享带宽，如果集线器带宽是 10Mbit/s，网络中有 4 台计算机，理想状态下平均每台计算机的通信带宽是 2.5Mbit/s。可见以太网中计算机数量越多，平均到每台计算机的带宽越少，理想状态是不考虑产生冲突后重传浪费的时间。
- 不安全，由于集线器会把一个接口收到的信号传播到全部接口，在一台计算机上安装抓包软件就能够捕获以太网中全部的计算机通信流量。安装抓包软件之后，只要网卡收到的数据帧就接收，而不看目标 MAC 地址是否是自己。
- 使用集线器联网的计算机就在冲突域中，通信要避免冲突。
- 接入集线器的设备需要有 MAC 地址。
- 使用 CSMA/CD 协议进行通信。
- 每个接口的带宽相同。

1.2.4 网桥优化以太网

如果网络中的计算机数量太多，就将计算机接入多个集线器，再将集线器连接起来。集线器相连可以扩大以太网的规模，但随之而来的一个问题就是冲突的增加。如图 1-10 所示，集线器 1 和集线器 2 相连，形成了一个大的以太网，这两个集线器就形成了一个大的冲突域。

A 计算机和 B 计算机通信的数据也被传输到集线器 2 的全部接口，D 计算机和 E 计算机就不能通信了，冲突域变大，冲突增加。

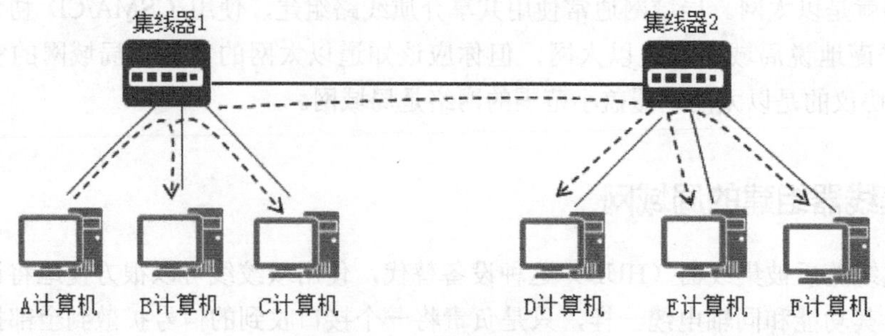

图 1-10 扩展的以太网

为了解决集线器级联冲突域增大的问题，研究人员研发了网桥这种设备，用网桥的每个接口连接一个集线器。网桥能够构造 MAC 地址表，记录每个接口对应的 MAC 地址，如图 1-11 所示。网桥的 E0 接口连接集线器 1，集线器 1 上连接 3 台计算机，这 3 台计算机的 MAC 地址分别为 MA、MB 和 MC，于是网桥就在 MAC 地址表中记录 E0 接口对应 MA、MB 和 MC 3 个 MAC 地址。E1 接口连接集线器 2，集线器 2 连接的 3 台计算机的 MAC 地址分别是 MD、ME 和 MF，于是在 MAC 地址表中 E1 接口对应 MD、ME 和 MF 3 个 MAC 地址。

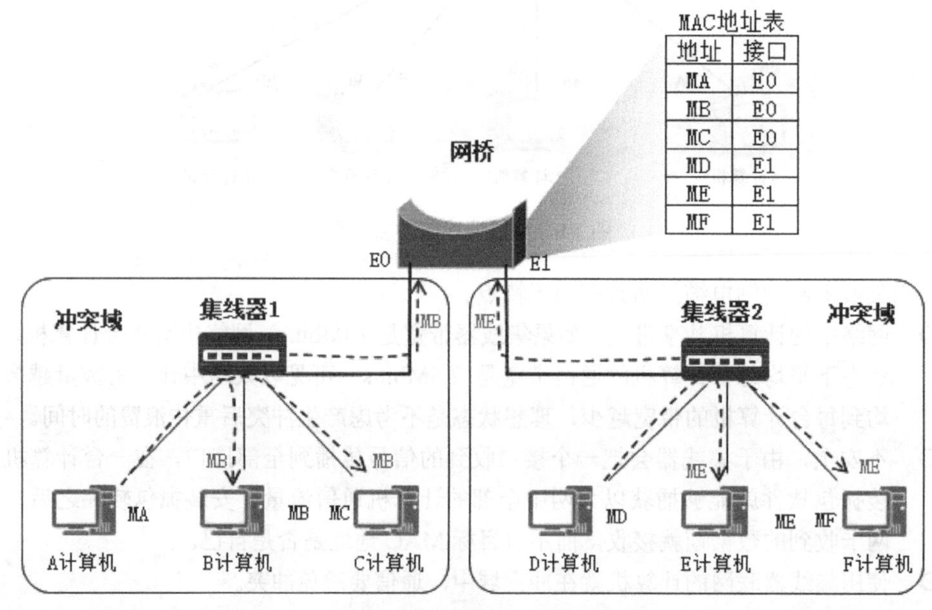

图 1-11 网桥优化以太网

有了 MAC 地址表，A 计算机发送给 B 计算机的帧被传输到网桥的 E0 接口，网桥查 MAC 地址表后发现目标 MAC 对应的接口就是 E0，该帧就不会转发到 E1 接口。这时 D 计算机也可以向 E 计算机发送数据了。这样网桥就把一个大的冲突域划分成了两个小的冲突域，从而优化了集线器组建的以太网。

如果 A 计算机向 D 计算机发送帧，网桥会根据帧的目标 MAC 地址来对照 MAC 地址表以确定转发端口，从 E1 接口发送出去。当然，从 E1 接口发送出去时，计算机也要冲突检测载波侦听，寻找机会发送出去。

网桥组网有以下特点。

- 网桥基于帧的目标 MAC 地址选择转发端口。
- 一个接口一个冲突域，冲突域数量增加，冲突减少。
- 网桥接口收到一个帧后，先接收存储，再查 MAC 地址表选择转发端口，增加了时延。
- 网桥接口 E1 和 E2 的带宽可以不同，集线器所有接口的带宽一样。

1.2.5 网桥 MAC 地址表构建过程

若使用网桥优化以太网，那么网络中的计算机是无法识别该操作的，也就是说以太网中的计算机并不知道网络中有网桥存在，因此也不需要网络管理员配置网桥的 MAC 地址表。这时，我们称网桥是**透明桥接**。

网桥接入以太网时，MAC 地址表是空的，网桥会在计算机通信过程中自动构建 MAC 地址表。这叫作“自学习”。网桥通过自学习构建 MAC 地址表，再根据 MAC 地址表转发帧。

（1）自学习。

网桥的接口收到一个帧后，就要检查 MAC 地址表中有无与收到的帧源 MAC 地址匹配的项。如果没有，就在 MAC 地址表中添加该接口与该帧的源 MAC 地址之间的对应关系以及进入接口的时间；如果有，则对原有的项目进行更新。

（2）转发帧。

网桥接口收到一个帧后，就要检查 MAC 地址表中有没有该帧目标 MAC 地址的对应端口。如果有，就将该帧转发到对应的端口；如果没有，则将该帧转发到全部端口（接收端口除外）。如果转发表中给出的接口就是该帧进入网桥的接口，则应该丢弃这个帧（因为这个帧不需要经过网桥进行转发）。

下面举例说明 MAC 地址表的构建过程，如图 1-12 所示。网桥 1 和网桥 2 刚刚接入以太网，此时 MAC 地址表是空的。

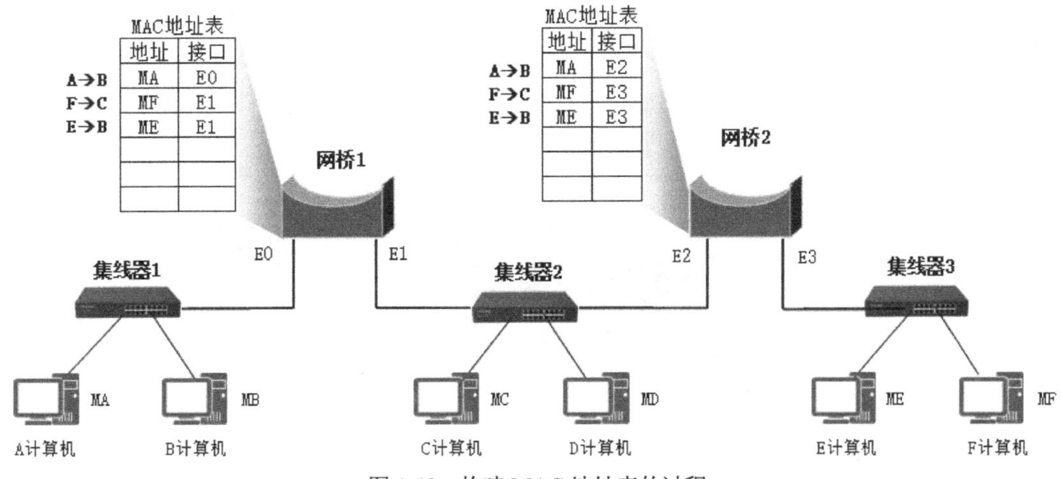

图 1-12 构建 MAC 地址表的过程

（1）计算机 A 给计算机 B 发送一个帧，源 MAC 地址为 MA，目标 MAC 地址为 MB。网桥 1 的 E0 接口收到该帧，查看该帧的源 MAC 地址是 MA，就可以断定 E0 接口连接 MA，于是在 MAC 地址表中记录一条对应关系——MA 和 E0。这就意味着以后要有到达 MA 的帧，就需要转发给 E0。

（2）网桥 1 在 MAC 地址表中没有找到 MB 和接口的对应关系，就会将该帧转发到 E1。

（3）网桥 2 的 E2 接口收到该帧，查看该帧的源 MAC 地址，然后在 MAC 地址表中记录一条 MA 和 E2 的对应关系。

（4）这时，计算机 F 给计算机 C 发送一个帧，这会在网桥 2 的 MAC 地址表添加一条 MF 和 E3 的对应关系。由于网桥 2 的 MAC 地址表中没有 MC 和接口的对应关系，所以该帧会被发送到 E2 接口。

（5）网桥 1 的 E1 接口收到该帧，这会在 MAC 地址表中添加一条 MF 和 E1 的对应关系，同时将该帧发送到 E0 接口。

（6）同样，计算机 E 给计算机 B 发送一个帧，会在网桥 1 的 MAC 地址表中添加 ME 和 E1 的对应关系，在网桥 2 的 MAC 地址表中添加 ME 和 E3 的对应关系。

只要网桥收到的帧的目标 MAC 地址能够在 MAC 地址表找到和接口的对应关系，该帧就会被转发到指定接口。

网桥 MAC 地址表中的 MAC 地址和接口的对应关系只是临时的，这是为了适应网络中的计算机出现的调整，比如连接在集线器 1 上的计算机 A 连接到了集线器 2，或者计算机 F 从网络中移除了，网桥中的 MAC 地址表中的条目就不能一成不变。大家需要知道，接口和 MAC 地址的对应关系有时间限制，如果过了几分钟没有使用该对应关系转发帧，该条目将会从 MAC 地址表中删除。

1.2.6　交换机组网

随着技术的发展，网桥接口越来越多，数据的交换能力也越来越强。这种高性能网桥我们称为交换机（Switch），交换机是现在企业组网的主流设备。

交换机和网桥一样，可以构造 MAC 地址表，并基于 MAC 地址转发帧。如图 1-13 所示，由于交换机直接连接计算机，因此 A 计算机给 B 计算机发送数据不影响 D 计算机给 C 计算机发送数据。如果两台计算机同时向 B 计算机发送数据，会不会产生冲突呢？答案是，不会。

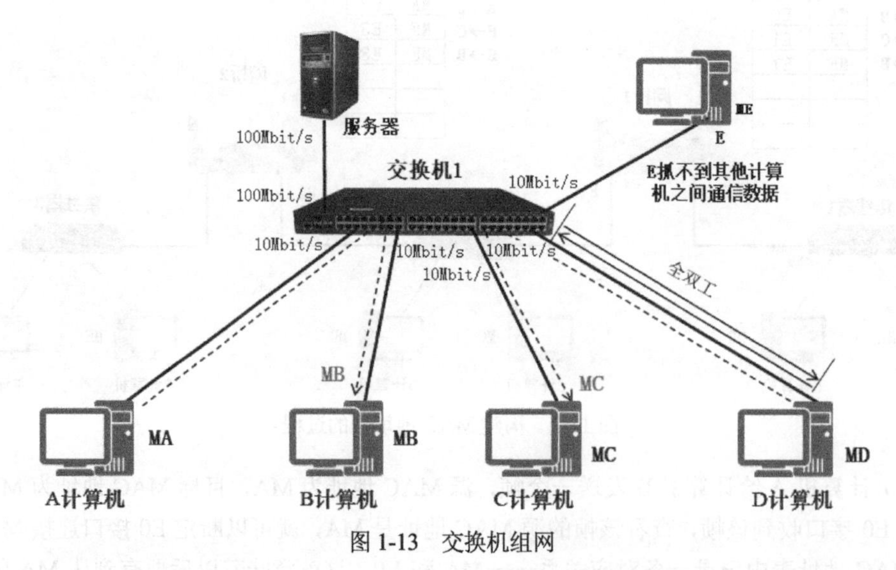

图 1-13　交换机组网

交换机的每个接口都可以接收缓存和发送缓存，帧可以在缓存中排队。接收到的帧先进入接收缓存，再查找 MAC 地址表以确定转发端口，然后进入转发端口的发送缓存，排队等待发送。因此，多台计算机同时给一台计算机发送数据，数据会进入缓存排队等待发送，而不会产生冲突。正因为交换机使用的是存储转发，所以交换机的接口可以工作在不同的速率下。

使用交换机组网比集线器和同轴电缆更安全，如图 1-13 所示，E 计算机即便安装了抓包软件，也不能捕获 A 计算机给 B 计算机发送的帧，因为交换机根本不会将帧转发给 E 计算机。

计算机的网卡直接连接交换机的接口，它可以工作在全双工模式下，即可以同时发送和接收帧而不用冲突检测。集线器和同轴电缆组建的以太网只能工作在半双工模式下，即不能同时收发。

如果交换机收到一个广播帧，即目标 MAC 地址是 FF-FF-FF-FF-FF-FF 的数据帧，交换机将该帧发送到所有交换机端口（除发送端口），因此交换机组建的网络就是一个广播域。

MAC 地址由 48 位二进制数组成，F 是十六进制数，F 代表 4 位二进制数 1111。

与集线器组网相比，交换机组网有以下特点。

- 端口独享带宽。

交换机的每个端口独享带宽，10Mbit/s 交换机每个端口的带宽是 10Mbit/s，24 个 10Mbit/s 交换机的总体交换能力是 240Mbit/s，这和集线器不同。

- 安全。

使用交换机组建的网络比使用集线器组建的安全，比如计算机 A 发送给计算机 B 的帧，以及计算机 D 发送给计算机 C 的帧，交换机根据 MAC 地址表只转发到目标端口，E 计算机根本收不到其他计算机通信的数字信号，即便安装了抓包工具也没用。

- 全双工通信。

交换机接口和计算机直接相连，计算机和交换机之间的链路可以使用全双工通信。

- 全双工不再使用 CSMA/CD 协议。

交换机接口和计算机直接相连，使用全双工通信的数据链路层就不再需要使用 CSMA/CD 协议，但我们还是称交换机组建的网络是以太网，是因为帧格式和以太网的一样。

- 接口可以以不同的速率工作。

交换机使用的是存储转发，这意味着交换机的每一个接口都可以存储帧，从其他端口转发出去时，可以使用不同的速率。通常连接服务器的接口要比连接普通计算机的接口带宽高，交换机连接交换机的接口也比连接普通计算机的接口带宽高。

- 转发广播帧。

广播帧会转发到除了发送端口以外的全部端口。广播帧就是指的目标 MAC 地址的 48 位二进制全是 1。

使用交换机组网，计算机通信可以设置成全双工模式，可以同时收发，不需要冲突检测，因此也不需要使用 CSMA/CD 协议。因为交换机转发的帧和以太网的帧格式相同，所以我们依然习惯说交换机组建的网络是以太网。

如图 1-14 所示，路由器连接两个交换机，交换机连接计算机和集线器，路由器隔绝广播，图中标出了广播域和冲突域。

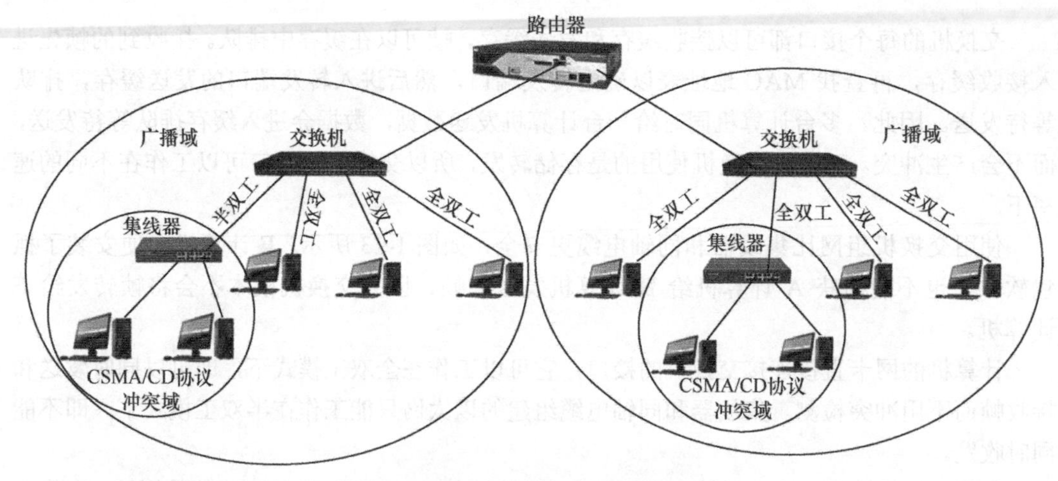

图 1-14 广播域和冲突域

1.2.7 以太网网卡

为了在广播信道中实现点到点通信，需要网络中的每个网卡有一个地址。这个地址称为物理地址或 MAC 地址（因为这种地址用在 MAC 帧中）。IEEE 802 标准为局域网规定了一种 48 位二进制的全球地址。

在生产网卡时，这种 48 位二进制（占 6 字节）的 MAC 地址已被固化在网卡的 ROM 中。因此，MAC 地址也称为硬件地址或物理地址。当把这块网卡插入（或嵌入）某台计算机后，网卡上的 MAC 地址就成为这台计算机的 MAC 地址了。

如何确保各网卡生产厂家生产的网卡的 MAC 地址全球唯一呢？这就要有一个组织为这些网卡生产厂家分配地址块。现在 IEEE 的注册管理机构 RA 是局域网全球地址的法定管理机构，它负责分配地址字段的 6 字节中的前 3 字节（高位 24 位）。世界上凡要生产局域网网卡的厂家都必须向 IEEE 购买由这 3 字节构成的号（即地址块），这个号的正式名称是组织唯一标识符，通常也叫作公司标识符。例如，如图 1-15 所示，3Com 公司生产的网卡的 MAC 地址的前 3 字节是 02-60-8C（在计算机中是以十六进制显示的）。地址字段中的后 3 字节（低位 24 位）则由厂家自行指派，它称为扩展标识符，只要保证生产出的网卡没有重复地址即可。由此可见，用一个地址块可以生成 2^{24} 个不同的地址。

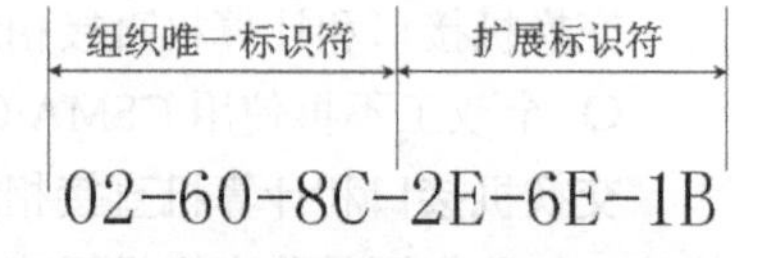

图 1-15 3Com 公司生产的网卡的 MAC 地址

连接在以太网上的路由器接口和计算机网卡的一样，也有 MAC 地址。

网卡有帧过滤功能，网卡从网络上每收到一个 MAC 帧，就先用硬件检查 MAC 帧中的目的地址。如果是发往本站的帧，则收下，然后进行其他的处理；否则就将此帧丢弃，不再进行其他的处理。这样做不浪费主机的 CPU 和内存资源。这里“发往本站的帧”包括以下 3 种帧。

- 单播（unicast）帧（一对一），即收到的帧的 MAC 地址与本站的硬件地址相同。
- 广播（broadcast）帧（一对全体），即发送给本局域网上所有计算机的帧（目标 MAC 地址全 1）。
- 多播（multicast）帧（一对多），即发送给本局域网上一部分计算机的帧。

所有的网卡都至少应当能够识别前两种帧，即能够识别单播地址和广播地址。有的网卡可用编程方法识别多播地址。当操作系统启动时，它就把网卡初始化，使网卡能够识别某些多播地址。显然，只有目的地址才能使用广播地址和多播地址。

在 Windows 中查看网卡 MAC 地址的命令如下：

```
C:\Users\hanlg>ipconfig /all
以太网适配器 以太网:
    媒体状态 ............ : 媒体已断开连接
    连接特定的 DNS 后缀 ....... :
    描述..............     : Realtek PCIe GBE Family Controller
    物理地址............ : F4-8E-38-E7-37-8B  --MAC 地址
......
```

1.3 企业局域网的规划和设计

根据网络规模和物理位置，企业的网络可以设计成二层结构或三层结构。通过本节的学习，你能掌握企业内网的交换机如何部署和连接，以及服务器部署的位置。

1.3.1 二层结构的局域网

现在以某高校网络为例介绍校园网的网络拓扑。如图 1-16 所示，在教室 1、教室 2 和教室 3 分别部署一台交换机，对教室内的计算机进行连接。教室中的交换机要求端口多，这样能够将更多的计算机接入网络，这一级别的交换机称为接入层交换机，接计算机的端口带宽为 100Mbit/s。

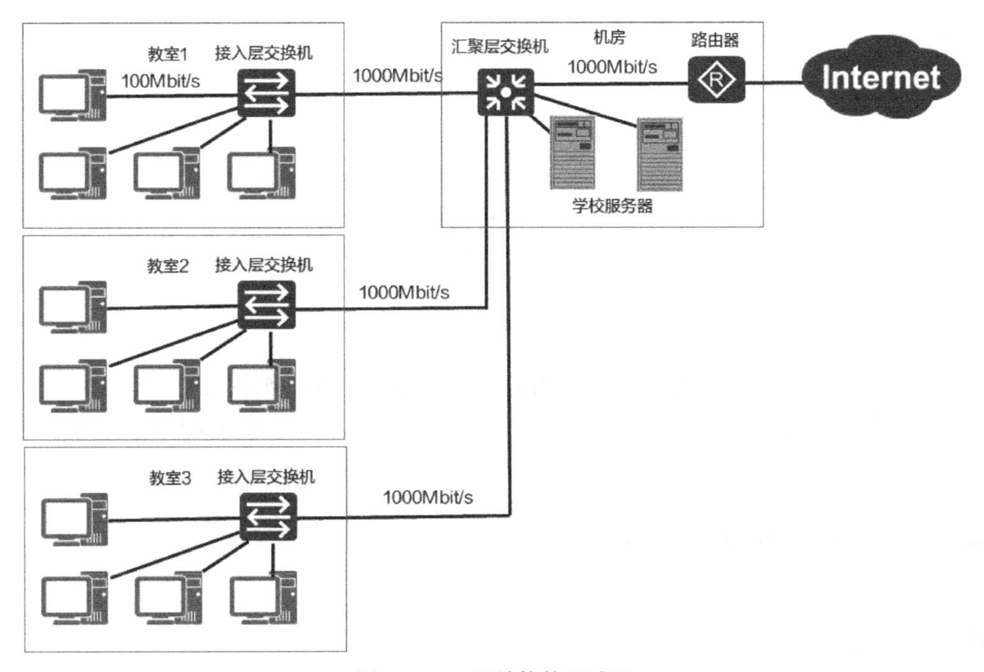

图 1-16 二层结构的局域网

学校机房部署一台交换机，该交换机连接学校的服务器和教室中的交换机，并通过路由器连接 Internet。该交换机汇聚教室中交换机的上网流量，该级别的交换机称为汇聚层交换机。可以看到这一级别的交换机端口不一定太多，但端口带宽要比接入层交换机的带宽高，否则就会成为制约网速的瓶颈。

1.3.2 三层结构的局域网

在网络规模比较大的学校中，局域网可能采用三层结构。如图 1-17 所示，某高校有 3 个学院，每个学院有自己的机房和网络，学校网络中心为 3 个学院提供 Internet 接入，各学院的汇聚层交换机连接到网络中心的交换机，网络中心的交换机称为核心层交换机，学校的服务器接入核心层交换机，为整个学校提供服务。

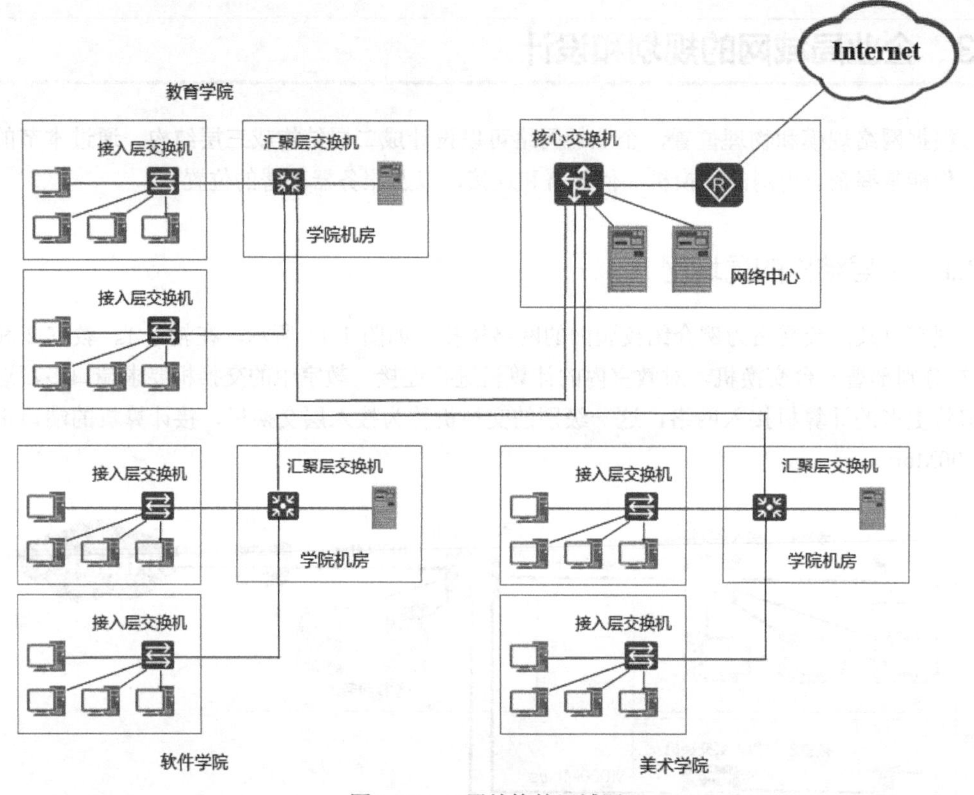

图 1-17 三层结构的局域网

三层结构的局域网中的交换机有 3 个级别：接入层交换机、汇聚层交换机和核心层交换机。层次模型可以用来帮助设计，实现和维护可扩展、可靠、性价比高的层次化互联网络。

1.4 通信领域常见的术语

1.4.1 速率

计算机通信需要将发送的信息转换成二进制数字来传输，一位二进制数称为一个比特（bit）。二进制数字要转换成数字信号在线路上传输，如图 1-18 所示。

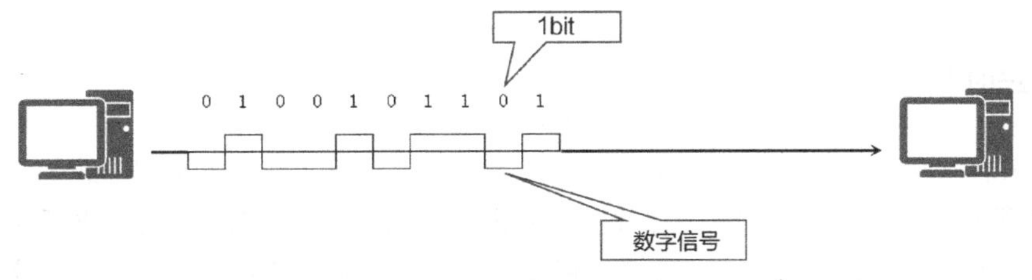

图 1-18 二进制数与数字信号

网络技术中的速率指的是每秒传输的比特数量，也叫作数据率（data rate）或比特率（bit rate），速率的单位为 b/s（比特每秒）或 bit/s。当速率较高时，可以用 kb/s（$k=10^3$，千）、Mbit/s（$M=10^6$，兆）、Gbit/s（$G=10^9$，吉）或 Tbit/s（$T=10^{12}$，太）来表示。现在人们习惯用更简洁但不严格的说法来描述速率，比如 10M 网速，而省略了单位中的 bit/s。

在 Windows 操作系统中，速率以字节为单位。如果安装了测速软件，比如 360 安全卫士，就有带宽测速器，可以用来检测你的计算机访问 Internet 时的下载网速。不过这里的单位是 B/秒，大写的 B 代表字节，是 byte 的缩写，8 比特=1 字节。如果测速为 3.82MB/s，则下载速率为 3.82 MB/s×8，即 30.56Mbit/s。

如图 1-19 所示，我们在 Windows 7 中复制文件时，可以看到以字节为单位的速率。它转换成以比特为单位的速率时要乘 8，因此一定要注意速率是大写的 B 还是小写的 b。

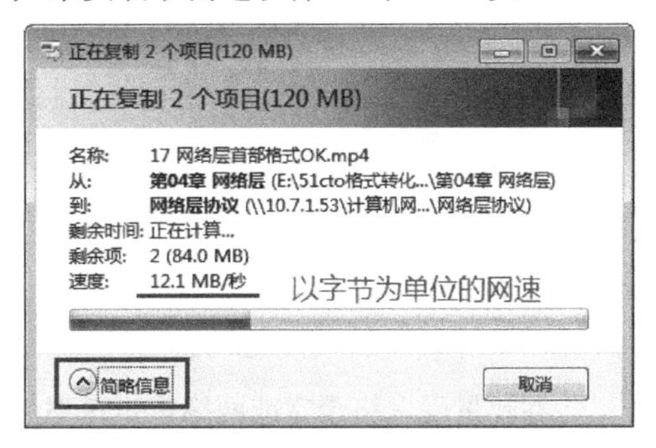

图 1-19 操作系统的网速以字节为单位

1.4.2 带宽

在通信领域，带宽用来表示接口或通信线路传输数据的能力，即最高速率。图 1-20 所示的是便携式笔记本网卡的本地连接，可以看到速率为 100.0Mbps（100.0Mbit/s），说明网卡最快每秒传输 100Mbit。再比如家庭上网使用 ADSL 拨号，有 4Mbit/s 带宽、8Mbit/s 带宽，这里说的带宽是访问 Internet 的最高带宽，上网带宽要由电信运营商来控制。

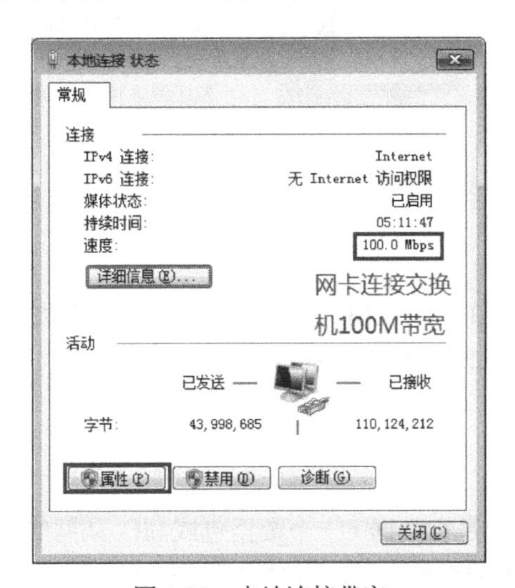

图 1-20 本地连接带宽

1.4.3　吞吐量

吞吐量表示在单位时间内通过某个网络或接口的数据量，包括上传和下载的全部流量。如图1-21所示，计算机A同时进行3个操作：浏览网页，在线看电影，向FTP服务器上传文件。访问网页的下载速率为30Kb/s，播放视频的下载速率为40Kb/s，向FTP上传文件速率为20Kb/s，A计算机的吞吐量就是全部上传下载速率总和，即30+40+20=90（kbit/s）。

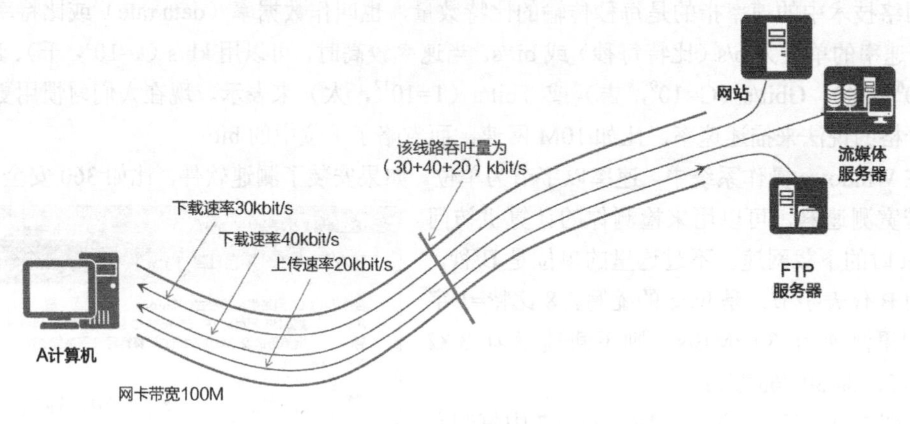

图1-21　吞吐量

吞吐量受网络带宽或网络额定速率的限制。计算机的网卡如果连接交换机，那么网卡就可以在全双工模式下工作，即能够同时接收和发送数据。如图1-22所示，如果网卡在100Mbit/s的全双工模式下工作，就意味着网卡的最大吞吐量为200Mbit/s。

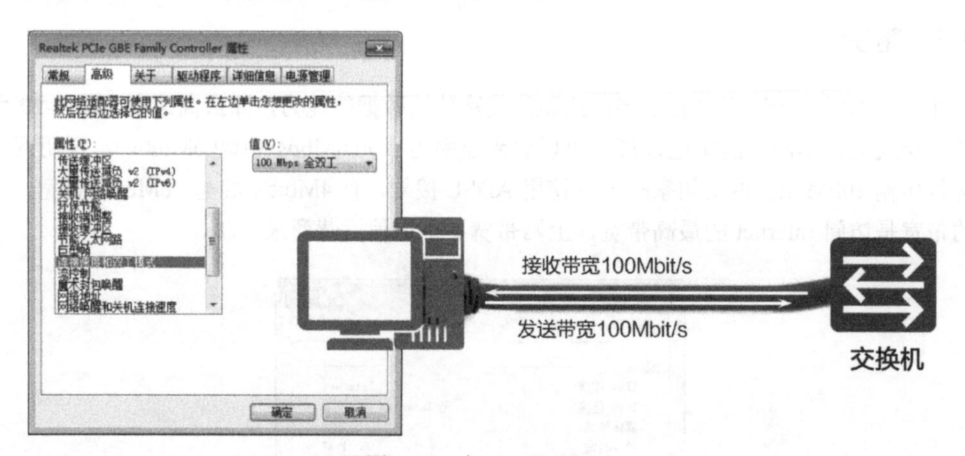

图1-22　全双工吞吐量

如果计算机的网卡工作在半双工模式下，那么就不能同时发送和接收数据。网卡工作在100M半双工模式，则网卡的最大吞吐量为100Mbit/s。

1.4.4　时延

时延（delay或latency）是指数据（一个数据包或bit）从网络的一端传送到另一端所需要的时间。时延是一个很重要的性能指标，有时也称为延迟或迟延。

接下来就以计算机 A 给计算机 B 发送数据为例，来说明网络中的时延包括哪几部分，如图 1-23 所示。

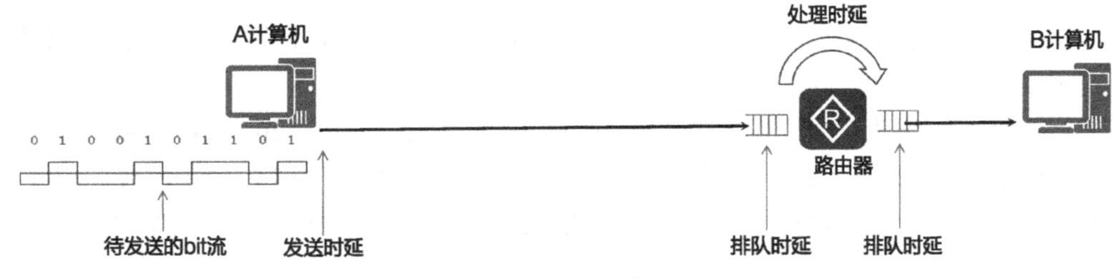

图 1-23　各种时延

（1）发送时延。

发送时延（transmission delay）是主机或路由器发送数据帧所需的时间，也就是从发送数据帧的第一个比特开始，到该帧最后一个比特发送完毕所需要的时间。图 1-24 表示数据流发送完毕。

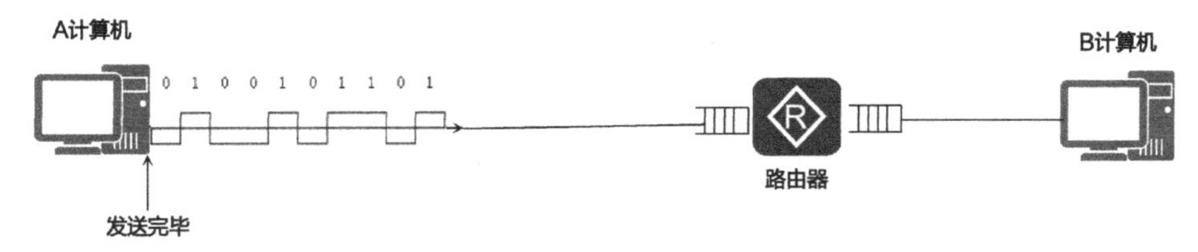

图 1-24　发送时延

$$\text{发送时延}=\frac{\text{数据帧长度(bit)}}{\text{发送速率(bit/s)}}$$

可以看到发送时延和数据帧的长度以及发送速率有关，发送速率就是网卡的带宽，100Mbit/s 的网卡就意味着 1 秒能够发送 100×10^6 比特。

以太网最大的数据帧为 1518 字节，再加上 8 字节前导字符，共计 1526 字节，即 $1526\times8=12208$ 比特。网卡带宽如果是 10Mbit/s，发送一个最大以太网数据帧的发送延迟 $=\frac{12208}{10000000}=1.2\text{ms}$。

（2）传播时延。

传播时延（propagation delay）是指电磁波在信道中传播一定的距离需要花费的时间。如图 1-25 所示，$t1$ 时刻最后一比特发送完毕，$t2$ 时刻路由器收到最后一比特，$t2$-$t1$ 就是传播时延。

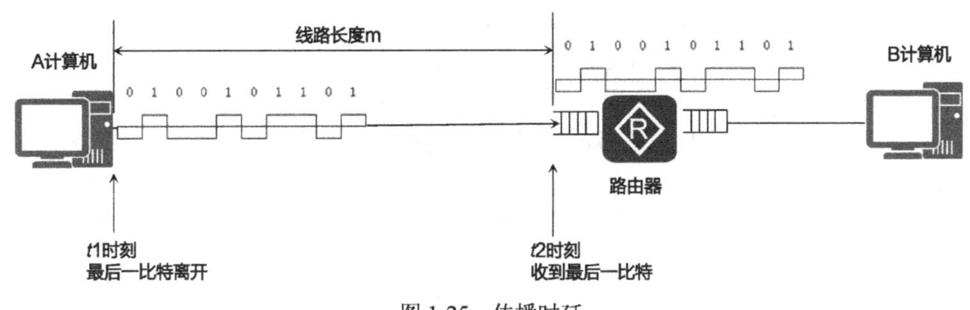

图 1-25　传播时延

$$\text{传播时延}=\frac{\text{信道长度(m)}}{\text{电磁波在信道上的传播速率(m/s)}}$$

电磁波在自由空间中的传播速度是光速，即 3.0×10^5km/s。电磁波在网络中的传播速度要比在自由空间中略低一些：在铜线电缆中的传播速率约为 2.3×10^5km/s，在光纤中的传播速率约为 2.0×10^5km/s。例如在 1000km 长的光纤线路产生的传播时延大约为 5ms。

电磁波在指定介质中的传播速率是固定的，从公式可以看出，信道长度固定了，传播时延也就固定了，我们没有办法改变。

网卡的不同带宽改变的只是发送时延，而不是传播时延。如图 1-26 所示，4Mbit/s 带宽网卡发送 10 比特需要 2.5μs，2Mbit/s 带宽网卡发送 10 比特需要 5μs。1s（秒）=1000ms（毫秒）= 1000000μs（微秒）。如果同时从 A 端向 B 端发送，4Mbit/s 网卡发送完 10 比特，而 2Mbit/s 网卡刚刚发送完 5 比特。

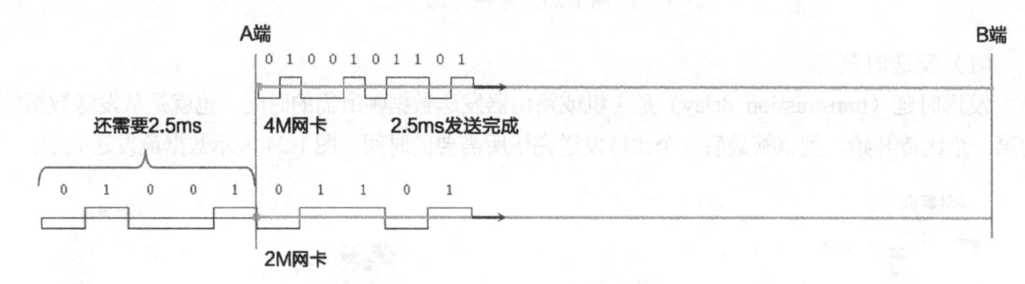

图 1-26 带宽和发送时延的关系

（3）排队时延。

数据分组在经过网络传输时要经过许多的路由器。但数据分组在进入路由器后要先在输入队列中排队等待处理。在路由器确定了转发接口后，还要在输出队列中排队等待转发，这就产生了排队时延。排队时延的长短往往取决于网络当时的通信量。当网络的通信量很大时会发生队列溢出，使分组丢失，这相当于排队时延为无穷大。

（4）处理时延。

路由器或主机在收到数据包时，要花费一定的时间对其进行处理，例如分析数据包的首部、进行首部差错检验、查找路由表为数据包选定的转发出口，这就产生了处理时延。

数据在网络中经历的总时延就是以上 4 种时延的总和：

总时延=发送时延+传播时延+处理时延+排队时延

1.4.5 时延带宽积

把链路上的传播时延和带宽相乘，就会得到时延带宽积。

时延带宽积=传播时延×带宽

这个指标用来计算通信线路上有多少比特。下面我们通过案例来看看时延带宽积的意义。

如图 1-27 所示，A 端到 B 端是 1km 的铜线路，电磁波在铜线中的传播速率为 2.3×10^5km/s，在 1km 长的铜线传播时延大约为 4.3×10^{-6}s。A 端网卡带宽为 10Mbit/s，A 端向 B 端发送数据时，问链路上有多少比特？我们只需要计算 4.3×10^{-6}s 的时间内 A 端网卡发送多少比特即可得出链路上有多少比特，这就是时延带宽积。

时延带宽积=4.3×10^{-6}s×10×10^6bit/s=43bit，进一步计算得出每比特在铜线中的长度是 23m。

如果发送端的带宽为 100Mbit/s，则时延带宽积=4.3×10^{-6}s×100×10^6bit/s=430bit。这意味着 1km 铜线中可以容纳 430bit，每比特 2.3m。

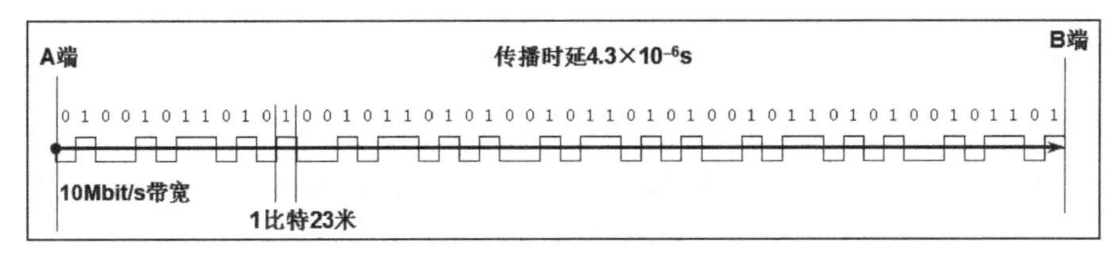

图 1-27 时延带宽积

1.4.6 往返时间

在计算机网络中，往返时间（Round-Trip Time，RTT）也是一个重要的性能指标，它表示从发送端发送数据开始，到发送端接收到来自接收端的确认（接收端收到数据后立即发送确认）为止，总共经历的时间。

往返时间带宽积，可以用来计算当发送端连续发送数据时，接收端如果发现有错误立即向发送端发送通知使发送端停止发送数据，发送端在这段时间所发送的比特量。

在 Windows 操作系统中使用 ping 命令也可以显示往返时间。如图 1-28 所示，我们分别 ping 网关、国内的网站和美国的网站，可以看到每一个数据包的往返时间和系统统计的平均往返时间，可以看到途经的路由器越多、距离越远，往返时间也会越长。

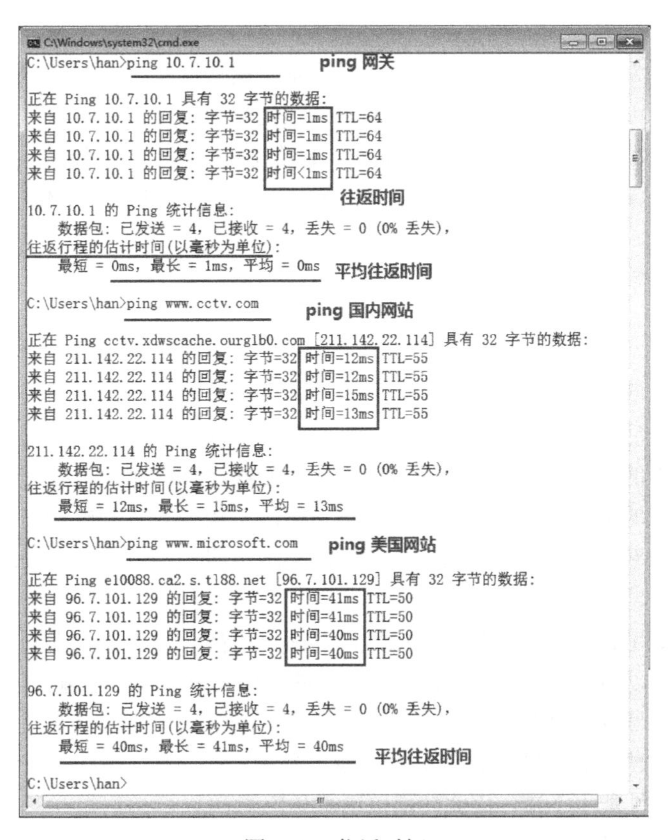

图 1-28 往返时间

经验分享：通常情况下，企业内网之间计算机 ping 的往返时间小于 10ms。如果大于 10ms，就要安装抓包工具来分析网络中的数据包是否有恶意的广播包，以找到发广播包的计算机。

1.4.7 利用率

利用率是指网络有百分之几的时间是被利用的（有数据通过），没有数据通过的网络的利用率为零。网络利用率越高，数据分组在路由器和交换机处理时就需要排队等待，因此时延也就越大。下面的公式可以表示网络利用率和延迟之间的关系。

$$D = \frac{D_0}{1-U}$$

U是网络利用率，D表示网络当前时延，D_0表示网络空闲时的时延。图1-29所示为网络利用率和时延之间的关系，当网络的利用率接近最大值1时，网络的时延就趋于无穷大。因此，一些拥有较大主干网的ISP通常要控制它们的信道利用率不超过50%。如果超过了就要准备扩容，以增大线路的带宽。

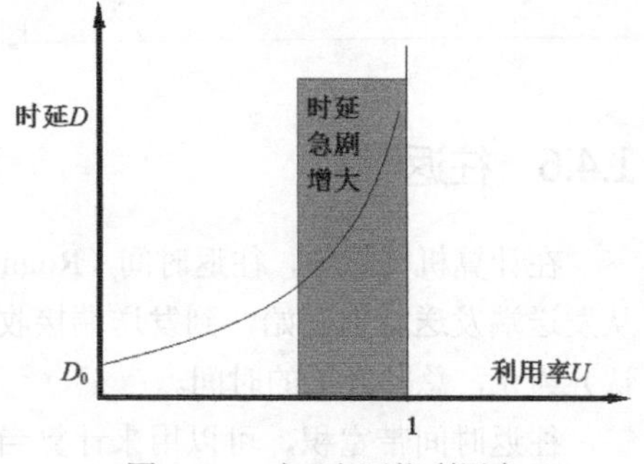

图1-29 时延和网络利用率

1.5 传输媒体

传输媒体也称为传输介质或传输媒介，它就是数据传输系统中发送器和接收器之间的物理通路。传输媒体可分为两大类，导向传输媒体（也称为导引型传输媒体）和非导向传输媒体（非导引型传输媒体）。在导向传输媒体中，电磁波被导向沿着固体媒体（铜线或光纤）传播，而非导向传输媒体就是指自由空间，在非导向传输媒体中电磁波的传输常称为无线传输。

1.5.1 导向传输媒体

1. 双绞线

双绞线也称为双扭线，它是最古老但又是最常用的传输媒体。把两根互相绝缘的铜导线并排放在一起，然后用规则的方法绞合（twist）起来就构成了双绞线。这种方式不仅可以抵御一部分来自外界的电磁波干扰，也可以降低多对绞线之间的相互干扰。使用双绞线最多的地方就是到处都有的电话系统。几乎所有的电话都用双绞线连接到电话交换机。这段从用户电话机到交换机的双绞线称为用户线或用户环路。通常将一定数量的双绞线捆成电缆，然后在其外面包上护套。

模拟传输和数字传输都可以使用双绞线，其通信距离一般为几千米到十几千米。距离太长时就要加放大器以便将衰减的信号放大到合适的数值（对于模拟传输），或者加上中继器以便将失真的数字信号进行整形（对于数字传输）。导线越粗，其通信距离就越远，但导线的价格也越高。在数字传输时，若传输速率为每秒几个兆比特，则传输距离可达几千米。由于双绞线的价格便宜且性能也不错，因此使用范围十分广泛。

为了提高双绞线的抗电磁干扰的能力，可以在双绞线的外面再加上一层用金属丝编织的屏蔽层，这就是屏蔽双绞线（Shielded Twisted Pair，STP）。它的价格当然比非屏蔽双绞线（Unshielded Twisted Pair，UTP）要贵一些。图1-30所示的是非屏蔽双绞线，图1-31所示的是屏蔽双绞线。

图 1-30 非屏蔽双绞线

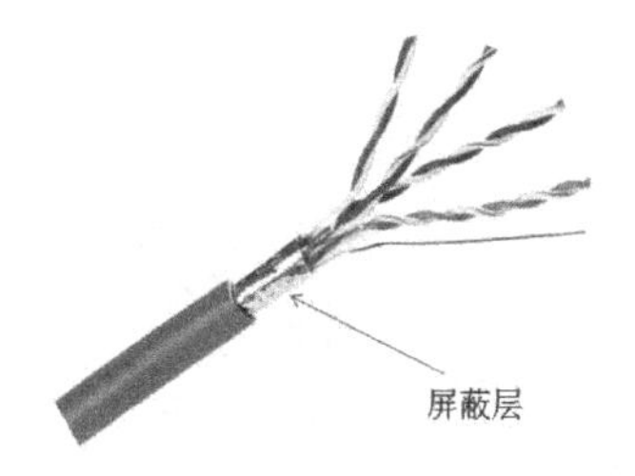

图 1-31 屏蔽双绞线

1991 年，美国电子工业协会（Electronic Industries Association，EIA）和电信行业协会（Telecommunications Industries Association，TIA）联合发布了一个标准 EIA/TIA，它的名称是“商用建筑物电信布线标准”（Commercial Building Telecommunications Cabling Standard）。这个标准规定了用于室内传送数据的非屏蔽双绞线和屏蔽双绞线的标准。随着局域网上数据传送速率的不断提高，EIA/TIA 也不断对其布线标准进行更新。

表 1-1 展示了常用的绞合线的类别、带宽和典型应用。无论是哪种类别的线，衰减都随频率的升高而增大。使用更粗的导线可以降低衰减，但却增加了导线的价格和重量；线对之间的绞合度（即单位长度内的绞合次数）和线对内两根导线的绞合度都必须经过精心设计，并在生产中加以严格的控制，使干扰在一定程度上得以抵消，这样才能提高线路的传输性能。使用更大的和更精确的绞合度可以获得更高的带宽。在设计布线时，要考虑受到衰减的信号应当有足够大的振幅，以便在有噪声干扰的条件下能够在接收端正确地被检测出来。双绞线究竟能够传送多高速率（Mbit/s）的数据还与数字信号的编码方法有很大的关系。

表 1-1 常用的绞合线的类别、带宽和典型应用

绞合线类别	带 宽	典 型 应 用
3	16MHz	低速网络；模拟电话
4	20MHz	短距离的 10BASE-T 以太网
5	100MHz	10BASE-T 以太网；某些 100BASE-T 快速以太网
5E（超 5 类）	100MHz	100BASE-T 快速以太网；某些 1000BASE-T 吉比特以太网
6	250MHz	1000BASE-T 吉比特以太网；ATM 网络
7	600MHz	只使用 STP，可用于 10 吉比特以太网

现在计算机连接使用的网线就是双绞线，其中有 8 根线，RJ-45 连接头（俗称水晶头）的各触点对传输信号来说所起的作用分别是：1、2 用于发送，3、6 用于接收，4、5，7、8 是双向线。对与其相连接的双绞线来说，为了降低相互干扰，要求 1、2 必须是绞缠的一对线，3、6 也必须是绞缠的一对线，4、5 相互绞缠，7、8 相互绞缠。

8 根线的接法标准分别为 TIA/EIA 568B 和 TIA/EIA 568A。

TIA/EIA-568B：1、白橙，2、橙，3、白绿，4、蓝，5、白蓝，6、绿，7、白棕，8、棕。

TIA/EIA-568A：1、白绿，2、绿，3、白橙，4、蓝，5、白蓝，6、橙，7、白棕，8、棕。

如图 1-32 所示，网线的水晶头两端的线序如果都是 T568B，我们称其为直通线；如果网线的一头的线序是 T568B 另一端是 T568A，我们就称其为交叉线。不同的设备相连时要注意线序，不过现在网卡大多是自适应线序。

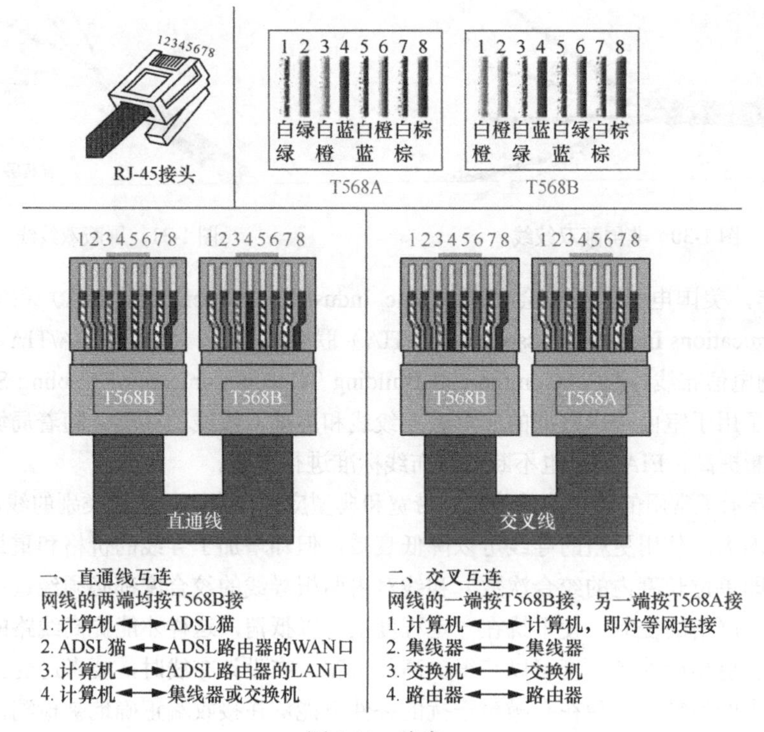

图 1-32 线序

2．同轴电缆

如图 1-33 所示，同轴电缆由内导体铜质芯线（单股实心线或多股绞合线）、绝缘层、网状的外导体屏蔽层（也可以是单股的）以及绝缘保护层（保护塑料外层）所组成。由于外导体屏蔽层的作用，所以同轴电缆具有很好的抗干扰特性，被广泛用于传输较高速率的数据。

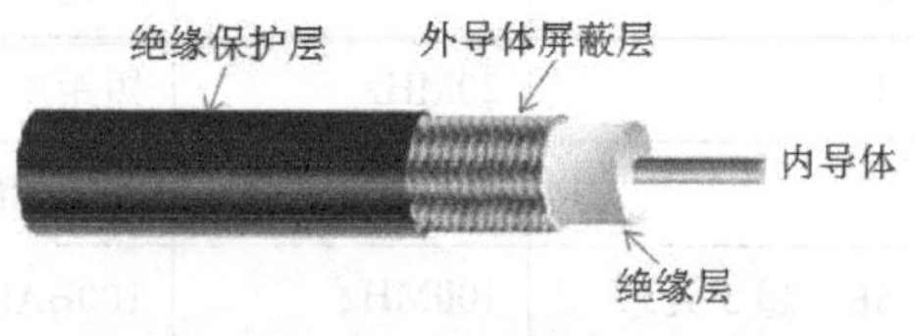

图 1-33 同轴电缆结构

在局域网发展的初期，我们曾广泛地使用同轴电缆作为传输媒体。但随着技术的进步，现在局域网领域基本上是采用双绞线作为传输媒体。目前同轴电缆主要用于有线电视网。同轴电缆的带宽取决于电缆的质量。目前高质量的同轴电缆的带宽已接近 1GHz。

3．光缆

从 20 世纪 70 年代到现在，通信和计算机都发展得非常快。近 20 年来，计算机的运行速度大约每 10 年提高 10 倍。但在通信领域，信息的传输速率提高得更快，从 20 世纪 70 年代的 56kbit/s 提高到现在的几个到几十个 Gbit/s（使用光纤通信技术），相当于每 10 年提高 100 倍。光纤通信成为了现代通信技术中的一个十分重要的领域。

光纤通信就是利用光导纤维（以下简称为光纤）传递光脉冲来进行通信。有光脉冲相当于 1，没有光脉冲相当于 0。由于可见光的频率非常高，约为 10^8MHz 的量级，因此一个光纤通信系统的传输带宽远远大于目前其他各种传输媒体的带宽。

光纤是光纤通信的传输媒体。当发送端有光源时，可以采用发光二极管或半导体激光器，它们在电脉冲的作用下能产生出光脉冲。在接收端将光电二极管做成光检测器，在检测到光脉冲时可还原出电脉冲。

光纤通常是由非常透明的石英玻璃拉成细丝，它主要是由纤芯和包层构成的双层通信圆柱体。纤芯很细，其直径只有 8μm～100μm（$1\mu m=10^{-6}m$）。光波通过纤芯进行传导。包层较纤芯有较低的折射率。当光线从高折射率的媒体射向低折射率的媒体时，其折射角大于入射角（如图 1-34 所示）。因此，如果入射角足够大，就会出现全反射，即光线碰到包层时会折射回纤芯。这个过程不断重复，光也就沿着光纤传输下去。

图 1-35 是光波在纤芯中传播的示意图。现代的生产工艺可以制造出超低损耗的光纤，即做到光线在纤芯中传输数千米而几乎没有什么衰耗。这一点是光纤通信得到飞速发展的关键因素之一。

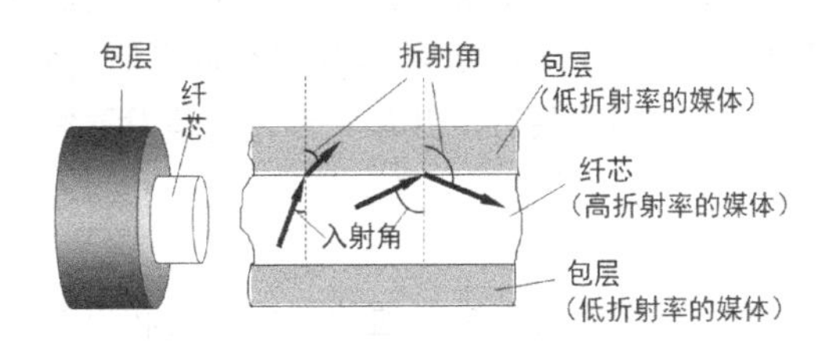

图 1-34 光线在光纤中折射

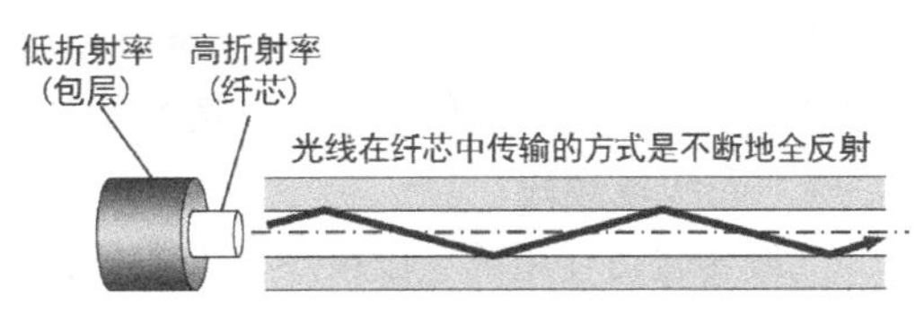

图 1-35 光波在线芯中的传播

图 1-35 只画了一条光线。实际上，只要从纤芯中射到纤芯表面的光线的入射角大于某一个临界角度，就可产生全反射。因此，有许多条不同入射角度的光线会在一条光纤中传输。这种光纤就称为多模光纤（图 1-36（a））。光脉冲在多模光纤中传输时会逐渐展宽，造成失真。因此多模光纤只适合于近距离传输。若光纤的直径减小到只有一个光的波长，则光纤就像一根波导那样，它可使光线一直向前传播，而不会产生多次反射。这样的光纤就称为单模光纤（图 1-36（b））。单模光纤的纤芯很细，其直径只有几微米，制造起来成本较高。单模光纤的光源要使用昂贵的半导体激光器，而不能使用较便宜的发光二极管。但单模光纤的衰耗较小，在 2.5Gbit/s 的高速率下可传输数十千米而不必采用中继器。

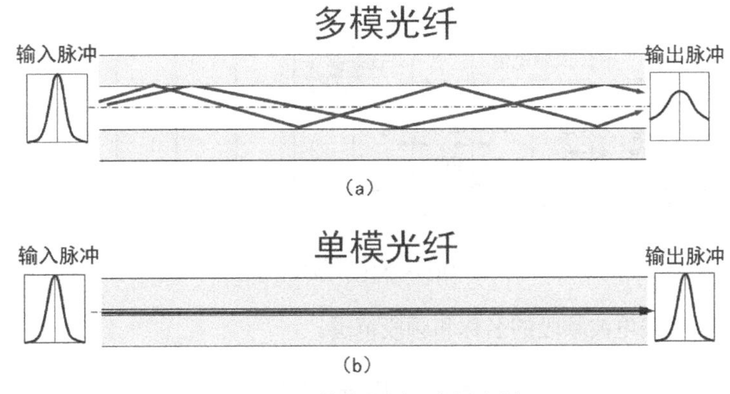

图 1-36 单模光纤和多播光纤

光纤除了通信容量非常大的优点，还具有以下优点。

（1）传输损耗小，中继距离长，适用于远距离传输，经济实惠。

（2）抗雷电和电磁干扰性能好，这在有大电流脉冲干扰的环境下尤为重要。

（3）无串音干扰，保密性好，也不易被窃听或截取数据。

（4）体积小，重量轻。这在现有电缆管道已拥塞不堪的情况下特别有利。例如，1km 长的 1000 对双绞线电缆约重 8000kg，而同样长度但容量大得多的一对两芯光缆仅重 100kg。

光纤也有一定的缺点，要将两根光纤精确地连接起来需要专用设备。

1.5.2 非导向传输媒体

前面介绍了 3 种导向传输媒体。但是，若通信线路要通过一些高山或岛屿，有时就很难施工。即使是在城市中，挖开马路铺设电缆也不是一件很容易的事。当通信距离很远时，铺设电缆既昂贵又费时。但利用无线电波在自由空间中的传播就可较快地实现多种通信。由于这种通信方式不使用之前介绍的各种导向传输媒体，因此称为“非导向传输媒体”。

特别要指出的是，由于信息技术的发展，社会各方面的节奏变快了。人们不仅要求能够在运动中进行电话通信（即移动电话通信），而且还要求能够在运动中进行计算机数据通信（俗称上网），现在的智能手机大多使用 4G 技术访问 Internet。因此最近十几年无线电通信发展得特别快，因为利用无线信道进行信息的传输，是在运动中通信的唯一手段。

1. 无线电频段

无线传输可使用的频段很广，人们现在已经利用了好几个波段进行通信。紫外线和更高的波段目前还不能用于通信。如图 1-37 所示，国际电信联盟（International Telecommunications Union，ITU）对不同波段取了正式名称。例如，LF 波段的波长是从 1km 到 10km（对应于 30kHz 到 300kHz）。LF、MF 和 HF 的中文名字分别是低频、中频和高频。更高的频段中的 V、U、S 和 E 分别对应于 Very、Ultra、Super 和 Extremely，相应的频段的中文名字分别是甚高频、特高频、超高频和极高频。在低频 LF 的下面其实还有几个更低的频段，如甚低频 VLF，特低频 ULF，超低频 SLF 和极低频 ELF 等，因不用于一般的通信，故未在图中画出。

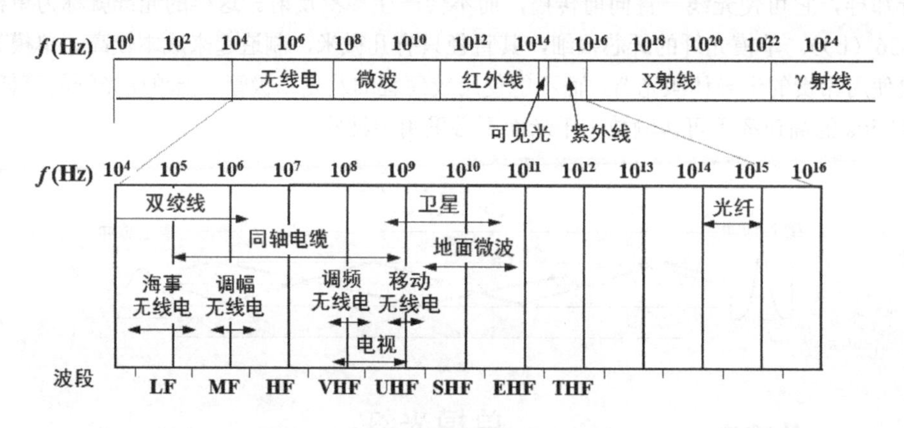

图 1-37 电信领域使用的电磁波的频谱

表 1-2 列出了无线电波频段的名称和频段范围。

表 1-2 无线电波划分

频段名称	频率范围	波段名称	波长范围
甚低频（VLF）	3kHz～30kHz	万米波，甚长波	10km～100km
低频（LF）	30kHz～300kHz	千米波，长波	1km～10km
中频（MF）	300kHz～3000kHz	百米波，中波	100m～1000m
高频（HF）	3MHz～30MHz	十米波，短波	10m～100m

续表

频段名称	频率范围	波段名称	波长范围
甚高频（VHF）	30MHz～300MHz	米波，超短波	1m～10m
特高频（UHF）	300MHz～3000MHz	分米波	10cm～100cm
超高频（SHF）	3GHz～30GHz	厘米波	1cm～10cm
极高频（EHF）	30GHz～300GHz	毫米波	1mm～10mm

2. 短波通信

短波通信即高频通信，主要是靠电离层的反射。人们发现，当电波以一定的入射角到达电离层时，它也会像光学中的反射那样以相同的角度离开电离层。显然，电离层越高或电波进入电离层时与电离层的夹角越小，电波从发射点经电离层反射到达地面的跨越距离越大，这就是利用电波可以进行远程通信的根本原因。而且，电波返回地面时又可能被大地反射而再次进入电离层，形成电离层的第二次、第三次反射，如图 1-38 所示。由于电离层对电波的反射作用，这就使本来是直线传播的电波有可能到达地球的背面或其他任何一个地方。电波经电离层的一次反射称为 “单跳”，单跳的跨越距离取决于电离层的高度。

但由电离层的不稳定所产生的衰落现象和电离层反射所产生的多径效应会使得短波信道的通信质量较差。因此，当必须使用短波无线电台传送数据时，一般都是低速传输，即速率为几十至几百比特/秒。只有在采用复杂的调制解调技术后，才能使数据的传输速率达到几千比特/秒。

3. 微波通信

微波通信在数据通信中占有重要地位。微波的频率范围为 300MHz～300GHz（波长 1mm～1m），但主要是使用 2GHz～40GHz 的频率范围。微波在空间主要是直线传播。由于微波会穿透电离层而进入宇宙空间，因此它不像短波那样可以经电离层反射传播到地面上很远的地方。传统的微波通信主要有两种主要的方式：即地面微波接力通信和卫星通信。

由于微波在空间是直线传播，而地球表面是个曲面，或地球上有高山或高楼等障碍，因此其传播距离受到限制，一般只有 50km 左右。但若采用 100m 高的天线塔，则传播距离可增大到 100km。如图 1-39 所示，为实现远距离通信必须在一条无线电通信信道的两个终端之间建立若干个中继站。中继站把前一站送来的信号经过放大后再发送到下一站，故称为“接力”。

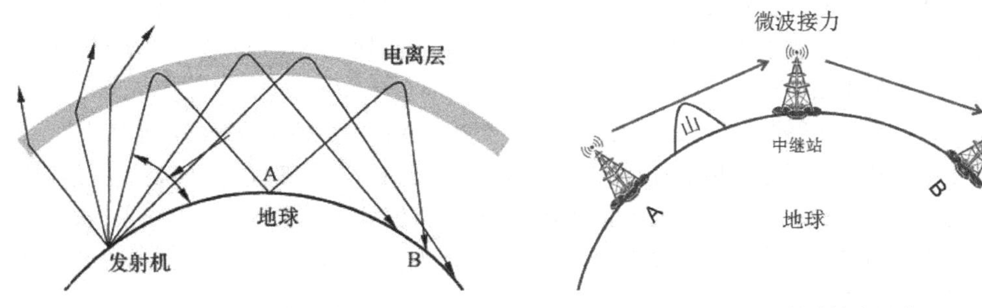

图 1-38 短波通信

图 1-39 微波接力通信

微波接力通信可传输电话、电报、图像、数据等信息。其主要特点如下所列。

（1）微波波段频率很高，其频段范围也很宽，因此其通信信道的容量很大。

（2）因为工业干扰和天电干扰的主要频谱成分比微波频率低得多，对微波通信的危害比对短波和米波（波长1m～10m的电磁波）通信小得多，因而微波传输质量较高。

（3）与相同容量和长度的电缆载波通信比较，微波接力通信建设投资少，见效快，易于跨越山区、江河。

当然，微波接力通信也存在如下的一些缺点。

（1）相邻站之间不能有障碍物。有时一个天线发射出的信号也会分成几条略有差别的路径到达接收天线，因而造成失真。

（2）微波的传播有时也会受到恶劣气候的影响。

（3）与电缆通信系统比较，微波通信的隐蔽性和保密性较差。

（4）大量中继站的使用和维护要耗费较多的人力和物力。

另一种微波中继是使用地球卫星，如图1-40所示。卫星通信方法是在地球站之间利用位于约3.6万千米高空的人造地球同步卫星作为中继器的一种微波接力通信。对地静止通信卫星就是在太空的无人值守的微波通信的中继站。可见卫星通信的主要优缺点应当大体上和地面微波通信的差不多。

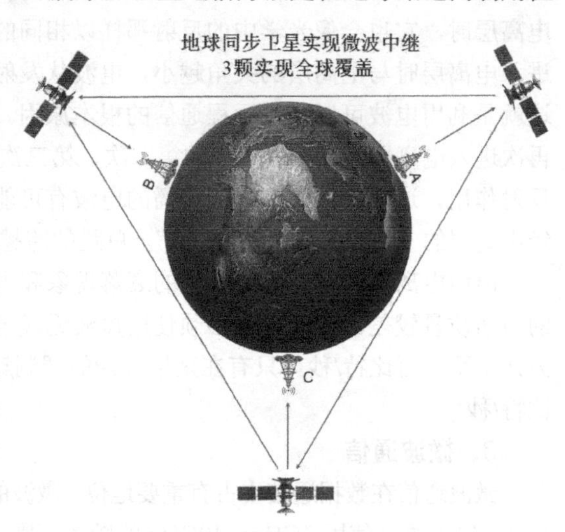

图1-40　短波通信使用卫星中继

卫星通信的最大特点是通信距离远，且通信费用与通信距离无关。地球同步卫星发射出的电磁波能辐射到地球上的通信覆盖区的跨度达1.8万多千米，面积约占全球的三分之一。在地球赤道上空的同步轨道上，如图1-40所示，放置3颗卫星，就能基本上实现全球的通信。和微波接力通信相似，卫星通信的频带很宽，通信容量很大，信号所受到的干扰也较小，通信比较稳定。为了避免产生干扰，赤道上空的卫星之间要有一定间隔，如果间隔不少于2度，那么整个赤道上空最多只能放置180颗同步卫星。好在人们想出来可以在卫星上使用不同的频段来进行通信。因此总的通信容量还是很大的。

卫星通信的另一特点就是具有较大的传播时延。由于各地球站的天线仰角并不相同，因此不管两个地球站之间的地面距离是多少（相隔一条街或相隔上万千米），从一个地球站经卫星到另一地球站的传播时延为250ms～300ms。一般可取为270ms。这和其他的通信有较大差别（请注意：这和两个地球站之间的距离没有什么关系）。对比之下，地面微波接力通信链路的传播时延一般为3.3μs/km。

请注意，“卫星信道的传播时延较大”并不等于“用卫星信道传送数据的时延较大”。这是因为传送数据的总时延除了传播时延外，还有传输时延、处理时延和排队时延等部分。传播时延在总时延中所占的比例有多大，取决于具体情况。但利用卫星信道进行交互式的网上游戏显然是不合适的。卫星通信非常适合于广播通信，因为它的覆盖面很广。但从安全方面考虑，卫星通信系统的保密性是较差的。

4．无线局域网

从20世纪90年代起，无线移动通信和因特网一样，得到了飞速的发展。与此同时，使用无线信道的计算机局域网也获得了越来越广泛的应用。我们知道，要使用某一段无线电频谱进行通信，通常必须得到本国政府有关无线电频谱管理机构的许可证。但是，也有一些无线电频段是可以自由使用的（只要不干扰他人在这个频段中的通信），这正好满足计算机无线局域网的需求。图 1-41 给出了美国的 ISM 频段，现在的无线局域网就使用其中的 2.4GHz 和 5.8GHz 频段。ISM 是 Industrial,Scientific,and Medical（工业、科学与医药）的缩写，即所谓的“工、科、医频段”。

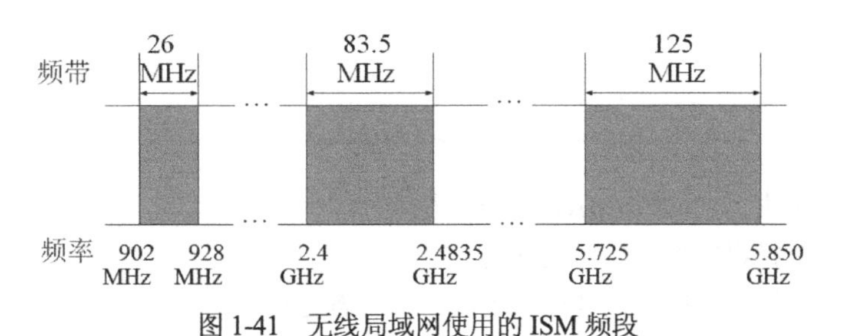

图 1-41 无线局域网使用的 ISM 频段

1.6 网络分类

计算机网络按不同分类标准有多种类别。

1.6.1 按网络的范围进行分类

局域网（Local Area Network，LAN）是在一个局部的地理范围内（如一个学校、工厂和机关内），一般是方圆几千米以内，将各种计算机、外部设备和数据库等互相连接起来组成的计算机通信网。通常是单位自己采购设备组建局域网，当前使用交换机组建的局域网带宽为 10Mbit/s、100Mbit/s 或 1000Mbit/s，无线局域网为 54Mbit/s。

广域网（Wide Area Network，WAN）通常跨接很大的物理范围，所覆盖的范围从几十千米到几千千米，能连接多个城市或国家，甚至横跨几个洲来提供远距离通信，形成国际性的远程网络。比如某企业在北京和上海有两个局域网，把这两个局域网连接起来，就是广域网的一种。通常情况下广域网需要租用 ISP（Internet 服务提供商，比如电信、移动、联通公司）的线路，每年向 ISP 支付一定的费用购买带宽。带宽和支付的费用相关，就像你家用 ADSL 拨号访问 Internet 一样，有 2Mbit/s 带宽、4Mbit/s 带宽、8Mbit/s 带宽等标准。

城域网（Metropolitan Area Network，MAN）的作用范围一般是一个城市，可跨越几个街区甚至整个城市，其作用距离为 5km～50km。城域网可以为一个或几个单位所拥有，也可以是一种公用设施，用来将多个局域网进行互连。目前很多城域网采用的是以太网技术，因此有时也将其并入局域网的范围进行讨论。

个人区域网（Personal Area Network，PAN）就是在个人工作的地方把个人使用的电子设备（如便携式计算机等）用无线技术连接起来的网络，因此也常称为无线个人区域网（Wireless PAN，WPAN）。比如无线路由器组建的家庭网络，就是一个 PAN，其范围大约在几十米。

1.6.2 按网络的使用者进行分类

网络按使用者分类，可分为公用网和专用网。这里讨论的网络特指计算机网络。

公用网（public network）是指电信公司（国有或私有）出资建造的大型网络。“公用”的意思就是所有愿意按电信公司的规定交纳费用的人都可以使用这种网络。因此公用网也称为公众网，因特网就是全球最大的公用网络。

专用网（private network）是某个机构为本单位的特殊业务工作需要而建造的网络。这种网络不向本单位以外的人提供服务。例如，铁路、电力等系统均有本系统的专用网。

1.7 习题

1．以太网交换机中的端口/MAC 地址映射表（　　）。

A．是由交换机的生产厂商建立的

B．是交换机在数据转发过程中通过学习动态建立的

C．是由网络管理员建立的

D．是由网络用户利用特殊命令建立的

2．以太网使用什么协议在数据链路上发送数据帧（　　）。

A．HTTP

B．UDP

C．CSMA/CD

D．ARP

3．MAC 地址通常存储在计算机的（　　）。

A．网卡的 ROM 中

B．内存中

C．硬盘中

D．高速缓冲区中

4．在 Windows 系统中查看网卡的 MAC 地址的命令是（　　）。

A．ipconfig /all

B．netstat

C．arp　-a

D．ping

5．关于交换机组网，以下哪些说法是错误的？（　　）

A．交换机端口带宽独享，比集线器安全

B．接口工作在全双工模式下，不再使用 CSMA/CD 协议

C．能够隔绝广播

D．接口可以工作在不同的速率下

6．关于集线器，以下哪些说法是错误的？（　　）

A．网络中的计算机共享带宽，不安全。

B．使用集线器联网的计算机在一个冲突域中。

C．接入集线器的设备需要有 MAC 地址，集线器基于帧的 MAC 地址转发。

D．使用 CSMA/CD 协议进行通信，每个接口带宽相同。

7．如图 1-42 所示，计算机 C 给计算机 F 发送一个帧，在图 1-42 中写出网桥 1 和网桥 2 在 MAC 地址表中增加的内容，MA、MB、MC、MD、ME 和 MF 是计算机网卡的 MAC 地址。

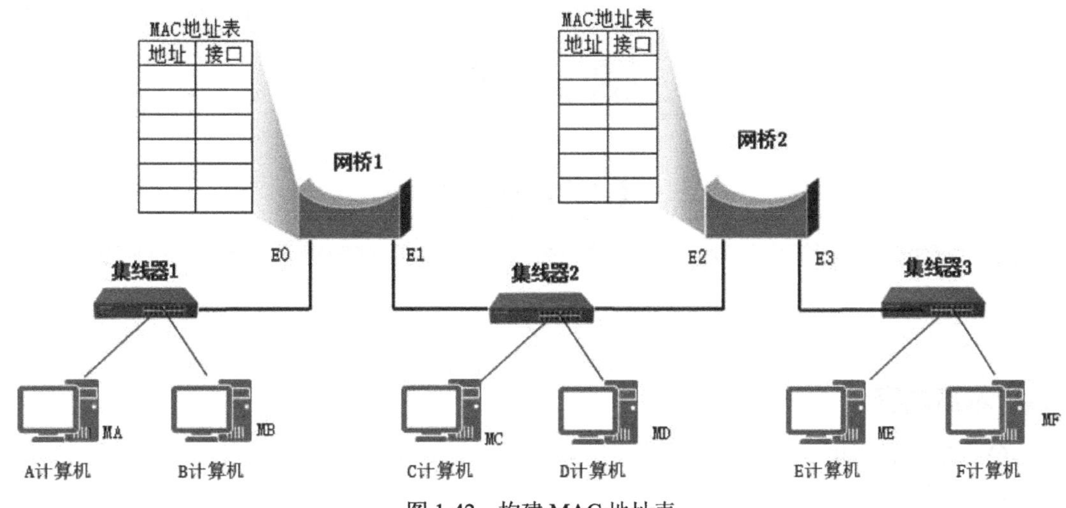

图 1-42 构建 MAC 地址表

8．网卡的 MAC 地址在出厂时就已固化到 ROM 中，但是我们可以配置计算机不使用网卡 ROM 中的 MAC 地址，而使用指定的 MAC 地址。上网查资料，将你的计算机网卡的 MAC 地址加 1，比如网卡的 MAC 地址是 F4-8E-38-E7-37-83，更改为 F4-8E-38-E7-37-84。

9．收发两端之间的传输距离为 1000km，信号在媒体上的传播速率为 2×10^8m/s。试计算以下两种情况的发送时延和传播时延。

（1）数据长度为 10^7bit，数据发送速率为 100kbit/s。

（2）数据长度为 10^3bit，数据发送速率为 1Gbit/s。

从以上计算结果可得出什么结论？

10．假设信号在媒体上的传播速率为 2.3×10^8m/s。媒体长度分别为：

（1）10cm（网络接口卡）

（2）100m（局域网）

（3）100km（城域网）

（4）5000km（广域网）

试计算当数据率为 1Mbit/s 和 10Gbit/s 时信号在以上媒体中正在传播的比特数。

第2章 TCP/IP

本章内容

- 介绍 TCP/IP
- 应用层协议
- 传输层协议
- 网络层协议
- 数据链路层协议
- 物理层协议
- OSI 参考模型和 TCP/IP

本章讲解计算机通信使用的 TCP/IP 及协议分层的标准和好处。

首先讲解什么是协议，签协议的意义和协议包含的内容。计算机通信使用的协议应该包含哪些约定，抓包分析应用层协议通信数据包，观察客户端发送请求和服务器端返回响应的交互过程，通过禁用应用层协议的特定方法限制客户端对服务器端的特定访问，实现高级安全控制。

然后讲解传输层协议 TCP 和 UDP 的应用场景，TCP 协议实现可靠传输的机制，传输层协议和应用层协议之间的关系，服务和端口的关系，端口和网络安全的关系，随后展示如何设置 Windows 防火墙，关闭端口以实现网络安全。

最后讲解网络层协议、数据链路层协议和物理层协议，以及 OSI 参考模型和 TCP/IP 协议之间的关系。

2.1 介绍 TCP/IP

学习计算机网络，最重要的就是掌握和理解计算机通信使用的协议。对很多学习计算机网络的人来说，协议是他们很不好理解的概念。因为计算机通信使用的协议，看不到摸不着，所以总是感觉非常抽象、难以想象。为此，在讲计算机通信使用的协议之前，先看一份租房协议，再去理解计算机通信使用的协议就不抽象了。

2.1.1 理解协议

先来看一个租房协议，我们先理解协议的目的、要素，进而理解计算机通信使用的协议。

其实大家对于协议并不陌生，大学生走出校门参加工作就要和用人单位签署就业协议，工作后还有可能要租房住，就要和房东签署租房协议。下面就通过一个租房协议，来理解签协议的意义以及协议包含的内容，进而理解计算机通信使用的协议。

如果出租方和承租方不签协议，只是口头和出租方约定，房租多少、每个月几号交房租、押金多少、家具家电设施损坏谁负责。时间一长这些约定大家就都记不清了，一旦出现某种情况，承租方和出租方的认识不一致，就容易产生误解和矛盾。

为了避免纠纷，出租方和承租方就需要签一份租房协议，将双方关心的事情协商一致并写到协议中，双方确认后签字，协议一式两份，双方都要遵守。签协议的双方有时候感觉会漏掉一些重要注意事项，于是就会从网上找一个公认的标准化的租房协议的模板。如图 2-1 所示，它是一份租房协议模板，约定事项已经定义好，出租方和承租方只需按模板填写指定内容即可。

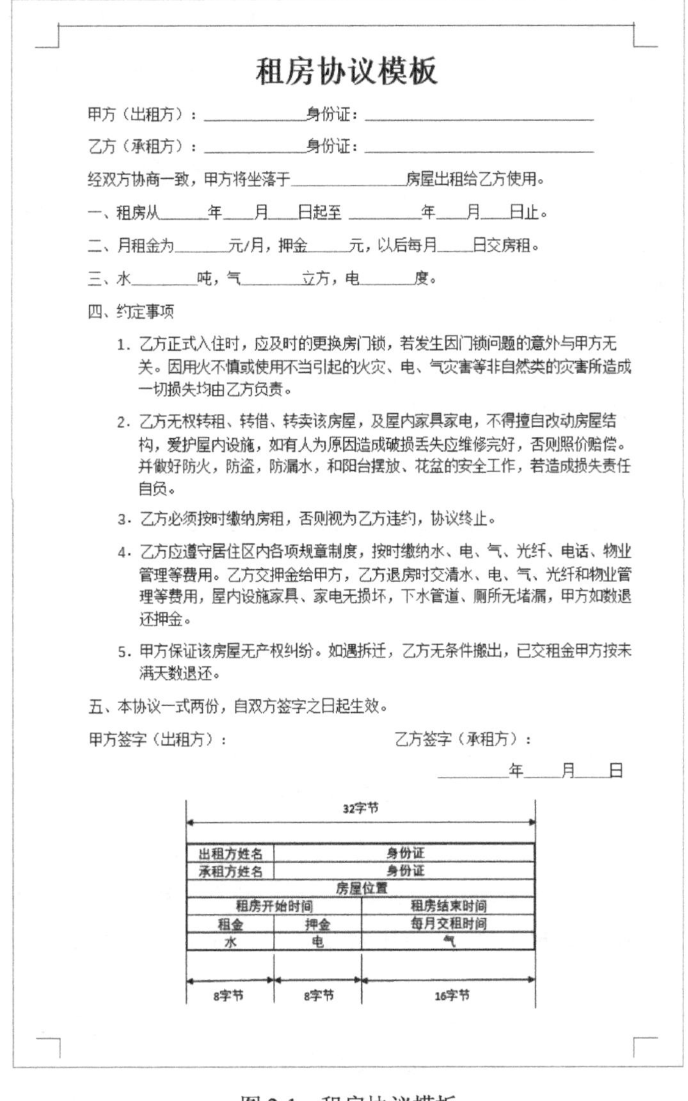

租房协议模板

甲方（出租方）：____________身份证：____________________________

乙方（承租方）：____________身份证：____________________________

经双方协商一致，甲方将坐落于______________房屋出租给乙方使用。

一、租房从______年____月____日起至 ________年____月____日止。

二、月租金为_______元/月，押金______元，以后每月_____日交房租。

三、水________吨，气________立方，电_______度。

四、约定事项

1. 乙方正式入住时，应及时的更换房门锁，若发生因门锁问题的意外与甲方无关。因用火不慎或使用不当引起的火灾、电、气灾害等非自然类的灾害所造成一切损失均由乙方负责。
2. 乙方无权转租、转借、转卖该房屋，及屋内家具家电，不得擅自改动房屋结构，爱护屋内设施，如有人为原因造成破损丢失应维修完好，否则照价赔偿。并做好防火，防盗，防漏水，和阳台摆放、花盆的安全工作，若造成损失责任自负。
3. 乙方必须按时缴纳房租，否则视为乙方违约，协议终止。
4. 乙方应遵守居住区内各项规章制度，按时缴纳水、电、气、光纤、电话、物业管理等费用。乙方交押金给甲方，乙方退房时交清水、电、气、光纤和物业管理等费用，屋内设施家具、家电无损坏，下水管道、厕所无堵漏，甲方如数退还押金。
5. 甲方保证该房屋无产权纠纷。如遇拆迁，乙方无条件搬出，已交租金甲方按未满天数退还。

五、本协议一式两份，自双方签字之日起生效。

甲方签字（出租方）：　　　　乙方签字（承租方）：

________年_____月____日

32字节

8字节	8字节	16字节
出租方姓名	身份证	
承租方姓名	身份证	
房屋位置		
租房开始时间		租房结束时间
租金	押金	每月交租时间
水	电	气

图 2-1　租房协议模板

为了简化协议填写，租房协议模板还定义了一个表格，如图 2-2 所示。出租房和承租方在签订租房协议时，只需将信息填写在表格规定的位置即可，协议的详细条款就不用再填写了。在表格中，出租方姓名、出租方身份证号、承租方姓名、承租方身份证号、房屋位置等称为字段，这些字段可以是定长，也可以是变长。如果是变长，那么要定义字段间的分界符。

图 2-3 所示的是根据租房协议模板定义的表格所填写的一个具体的租房协议，根据该表格就知道出租房和承租方、房屋位置、租金、押金等信息，甲乙双方遵循的协议约定事项无须填写，但双方都知道租房协议模板的约定事项。

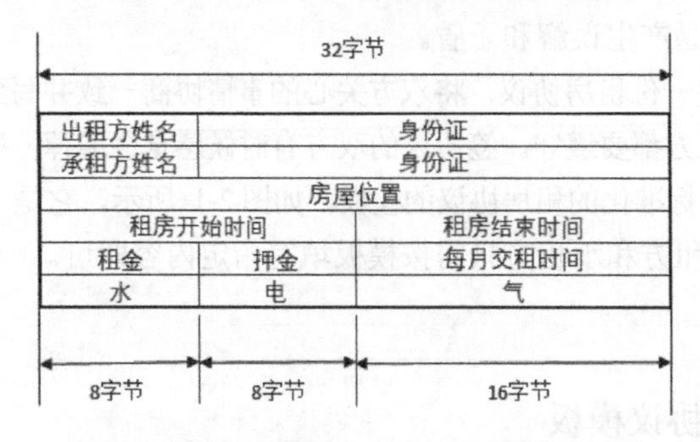

图 2-2 租房协议模板定义的需要填写的表格

李华	XXXXXXXXXXXXXXXXXX	
韩梅梅	XXXXXXXXXXXXXXXXXX	
河北省石家庄塔谈小区12-1-22		
2019-11-01		2020-11-01
1400	1000	15日
122	1444	32

图 2-3 具体的租房协议

计算机通信使用的协议也都进行了标准化，也就是形成了模板。像租房协议模板一样，计算机通信使用的协议有甲方和乙方，除了定义甲方和乙方遵循的约定外，它还会定义甲方和乙方交互信息时的报文格式。该格式通常包括请求报文和响应报文的格式，报文格式的定义如图 2-2 所示。在以后的学习中，如果使用抓包工具分析数据包，那么你看到的就是协议报文的各个字段，类似于图 2-3 中的租房协议中填写的各个字段。你看到的是每个字段的值，协议的具体条款看不到。图 2-4 所示的是 IP 定义的需要通信双方填写的表格，它叫作 IP 首部。网络中的计算机通信只需按着表格填写内容即可，这样通信双方的计算机和网络设备就能够按照 IP 的约定工作了。

0	4	8	16	19	24 31
版本	首部长度	区分服务	总长度		
标识			标志	片偏移	
生存时间		协议	首部检验和		
源 IP 地址					
目标 IP 地址					
可选字段（长度可变）				填充	

图 2-4 IP 首部

应用程序通信使用的协议叫作应用层协议，应用层协议定义的需要填写的表格叫作报文格式。有的协议需要定义多种报文格式，比如 ICMP，就有 3 种报文格式：ICMP 请求报文、ICMP 响应报文、ICMP 差错报告报文。再比如 HTTP，它定义了两种报文格式：HTTP 请求报文、HTTP 响应报文。

上面的租房协议是双方协议，协议中有甲、乙双方。有的协议是多方协议，比如大学生大四实习，要和实习单位签一份实习协议，实习协议就是三方协议：学生、学校和实习单位。协议规定了学生、学校以及实习单位需要遵循的约定。在很多计算机网络教材中，协议中的甲方和乙方被称为“对等实体”。

2.1.2 TCP/IPv4 栈的分层

现在互联网中计算机通信使用的协议是 TCP/IPv4 协议栈，它是目前最完整、使用最广泛的通信协议之一。如图 2-5 所示，TCP/IPv4 协议栈是一组协议，每一个协议都是独立的，有各自的甲方和乙方，有各自的目的和协议条款。这一组协议按功能分层，可分为应用层、传输层、网络层和数据链路层（网络接口层）。这一组协议共同工作才能实现网络中计算机之间的通信。

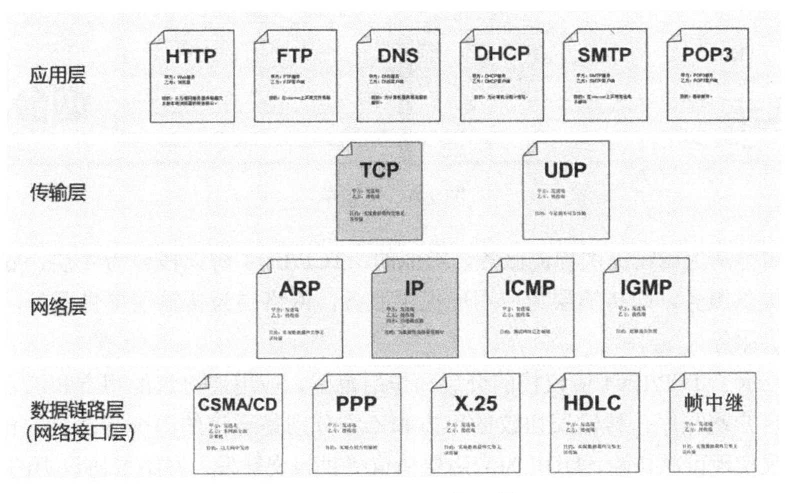

图 2-5　TCP/IPv4 协议栈

TCP/IPv4 协议栈的魅力在于可使具有不同硬件结构、不同操作系统的计算机相互通信。TCP/IPv4 协议栈既可用于广域网，也可用于局域网，它是 Internet/Intranet 的基石。如图 2-5 所示，TCP/IPv4 协议栈的主要协议有传输控制协议（TCP）和网际协议（IP）两个。

为什么说计算机通信需要这一组协议呢？怎么来理解分层呢？

大家想想网上购物，商家和顾客之间需要有购物协议，你也许没意识到这是购物协议，但商家和顾客在购物过程中一直按照购物平台要求的流程完成购物，顾客和商家的交互过程就相当于应用程序通信的交互过程，这是标准化的流程。商家提供商品，顾客浏览商品、选款式然后网上付款。接着商家发货，顾客收到货后确认收货，货款才能到商家账上，如果顾客不满意，还可以退货。购买了商品的顾客可以评价该商品。这就是购物需要的流程，可以认为是网络购物使用的协议。购物协议的甲方、乙方分别是商家和顾客，购物协议规定了购物流程、商家能做什么、顾客能做什么，操作顺序都定义好了。比如商家不能在付款前发货，顾客不能在未购物的情况下做出评价。这就相当于计算机通信使用的一个应用层协议。当然还有网上订餐，它也需要订餐流程，它相当于计算机通信中的另一个应用层协议。网络中的应用很多，比如访问网站、收发电子邮件、远程登录等，每一种应用都需要一个应用层协议。

只有购物协议就能实现网上购物了吗？购买的商品还需要快递到顾客家中，如果顾客不满意，可以将货品快递到商家。也就是说网上购物还需要快递公司提供的物流功能。顺丰快递、圆通快递、中通快递等快递公司实现的是相同的功能：为网上购物提供物流服务。

快递公司投递快件，也需要有快递协议。快递协议规定了快件投送的流程以及投送快递需要填写的快递单。客户按着快递单的格式，在指定的地方填写收件人和发件人等信息。快递单规定了为了实现物流功能需要填写的表格，表格规定了要填写的内容。快递公司根据收件人所在的城市分拣快递，选择托运路线。快递到达目标城市后，快递人员根据快递单具体地址信息将快递投送给收件人。如图 2-6 所示，快递公司的快递单就相当于计算机通信中的网络层的 IP 所定义的 IP 首部，其目的就是把数据包发送到目标地址。

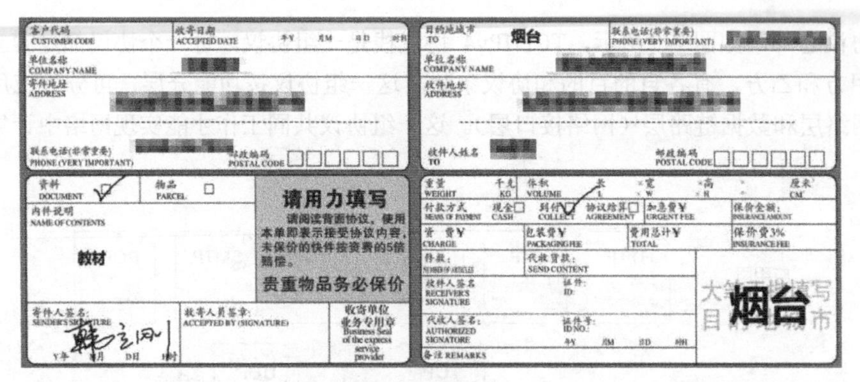

图 2-6 快递单

快递公司为网上购物提供物流服务，类似的，TCP/IPv4 协议栈分为 4 层，底层协议为它的上层协议提供服务，即传输层为应用层提供服务，网络层为传输层提供服务，数据链路层为网络层提供服务。

图 2-7 展示了 TCP/IPv4 协议栈的分层和作用范围。应用层协议的甲方和乙方分别是服务器端程序和客户端程序。传输层协议的甲方和乙方分别是通信的两个计算机的传输层，TCP 为应用层协议实现可靠传输，UDP 为应用层协议提供报文转发。网络层协议中的 IP 为数据包跨网段转发选择路径。IP 是多方协议，包括通信的两台计算机和沿途经过的路由器。路由器工作在网络层，网络层设备就是指路由器或三层交换机。数据链路层负责将网络层的数据包从链路的一端发送到另一端，数据链路层协议的作用范围是一段链路，不同的链路有不同的数据链路层协议。交换机负责将帧从一端发送到另一端，交换机属于数据链路层设备。

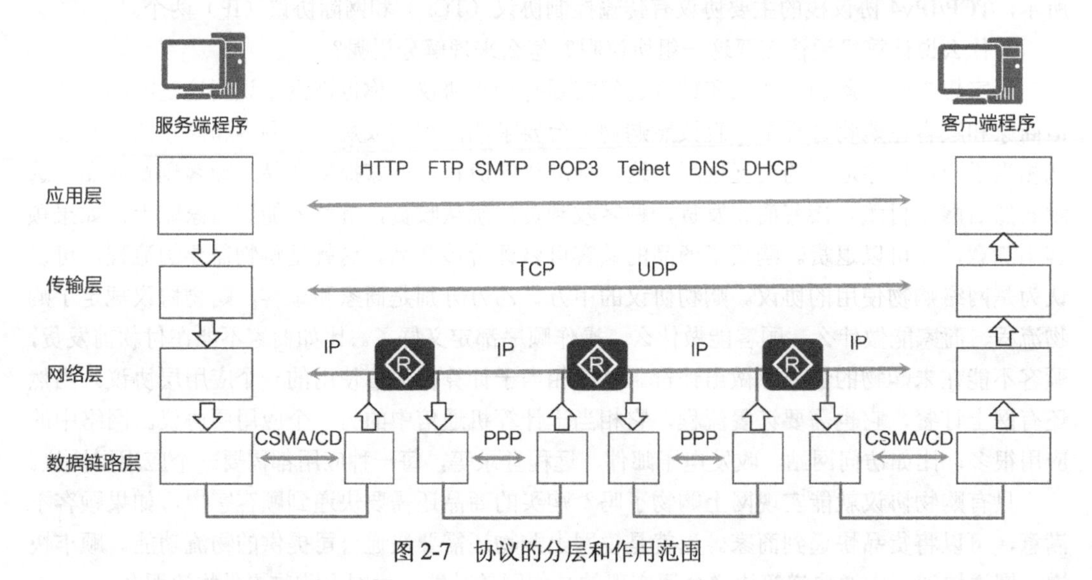

图 2-7 协议的分层和作用范围

2.1.3 TCP/IPv4 栈各层的功能

如图 2-8 所示，我们通常所说的 TCP/IPv4 栈不是一个协议，也不是 TCP 和 IP 两个协议，而是一组独立的协议。TCP/IPv4 栈中的协议，按功能划分为 4 层，最高层是应用层，依次是传输层、网络层、网络接口层，本书将网络接口层拆分成两层来讲，即数据链路层和物理层。

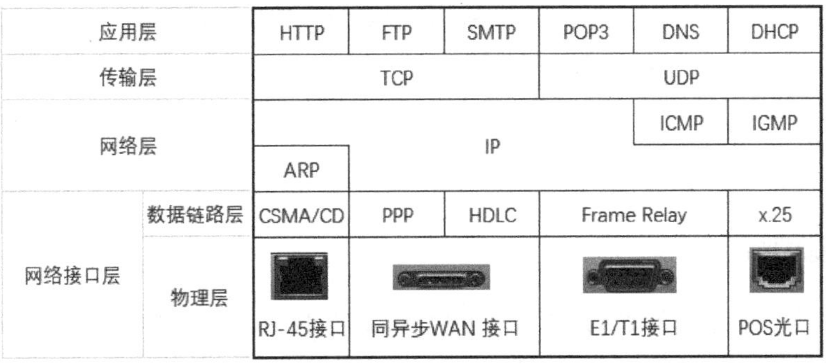

应用层		HTTP	FTP	SMTP	POP3	DNS	DHCP
传输层		TCP			UDP		
网络层			IP			ICMP	IGMP
		ARP					
网络接口层	数据链路层	CSMA/CD	PPP	HDLC	Frame Relay		x.25
	物理层	RJ-45接口	同异步WAN 接口		E1/T1接口		POS光口

图 2-8　TCP/IPv4 栈分层

下面介绍各层实现的功能。

1．应用层

应用层协议定义了互联网上常见的应用（服务器和客户端通信）通信规范。互联网中的应用很多，这就意味着应用层协议也很多，图 2-8 只列出了几个常见的应用层协议，但你不能认为就这几个。每个应用层协议定义了客户端能够向服务端发送哪些请求（也可以认为是哪些命令，这些命令发送的顺序），服务端能够向客户端返回哪些响应，这些请求报文和响应报文都有哪些字段，每个字段实现什么功能，每个字段的各种取值所代表的意思。

2．传输层

传输层有两个协议，TCP 和 UDP。如果要传输的数据需要分成多个数据包发送，那么发送端和接收端的 TCP 要确保接收端最终完整无误地收到所传数据。如果在传输过程中网络出现丢包，那么发送端会超时重传丢失的数据包。如果发送的数据包没有按发送顺序到达接收端，那么接收端会把数据包在缓存中排序，接着等待迟到的数据包，最终收到连续的、完整的数据。

UDP 适用于应用层协议发送的内容用一个数据包就能发送完的场景，这种情况无须分段发送，不存在数据包是否按顺序到达的问题。数据发送是否成功，由应用程序判断。UDP 要比 TCP 简单得多。

3．网络层

网络层协议负责在不同网段间转发数据包，为数据包选择最佳的转发路径。网络中的路由器负责在不同网段转发数据包，为数据包选择转发路径，因此我们称路由器工作在网络层，是网络层设备。

4．数据链路层

数据链路层协议负责把数据包从链路的一端发送到另一端。网络设备由网线或线缆连接，连接网络设备的这一段网线或线缆叫作一条链路。在不同的链路中传输数据有不同机制和方法，也就是有不同的数据链路层协议，比如以太网使用 CSMA/CD 协议，点到点链路使用 PPP。

5．物理层

物理层定义网络设备接口有关的一些特性，并对其进行标准化，比如接口的形状、尺寸、引脚数目和排列、固定和锁定装置、接口电缆的各条线上出现的电压范围等规定，这些都可以认为是物理层协议的内容。

协议按功能分层的好处就是，某一层的改变不会影响其他层。某层协议可以改进或改变，但它的功能是不变的。比如计算机通信可以使用 IPv4 也可以使用 IPv6。网络层协议改变了，但其功能依然是为数据包选择转发路径，不会引起传输层协议的改变，也不会引起数据链路层的改变。

这些协议，每一层为上一层提供服务，物理层为数据链路层提供服务，数据链路层为网络层提供服务、网络层为传输层提供服务，传输层为应用层提供服务。以后网络出现故障，比如你不能访问 Internet 了，排除网络故障时要从底层到高层逐一检查。比如先看看网线是否连接，这是物理层排错；再 ping Internet 上的一个公网地址看看是否畅通，这是网络层排错；最后再检查浏览器设置是否正确，这是应用层排错。

2.1.4 封装和解封

如图 2-9 所示，商家给顾客发货，需要将“商品”打包，贴上快递单，这个过程可以叫作“封装”，封装后的快递包裹，我们称其为“快件”。顾客收到快件后，快递单就没用了，撕掉快递单打开包裹，看到购买的“商品”，这个过程可以叫作“解封”。快递员看不到包裹中的商品，也不关心是什么商品，我们说快递员工作在物流层。当然商家和顾客也不关心包裹是走什么路线送达的，是空运还是铁路运输。类似的，计算机在通信过程也需要对要传输的数据进行封装和解封，封装后的数据有不同的名称。

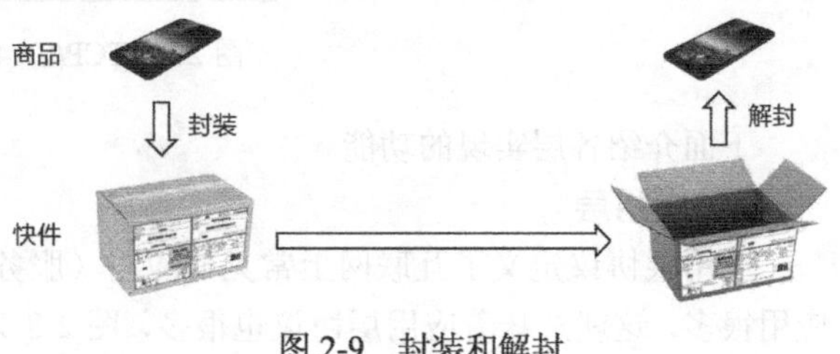

图 2-9　封装和解封

如图 2-10 所示，应用程序通信需要发送的数据叫作“报文”，报文的格式由应用层协议定义。为了实现可靠传输，需要在传输层添加 TCP 首部，这就是“封装”，封装后就是“段”，TCP 首部字段和格式由 TCP 协议定义。为了将数据段发送到目标计算机，需要在网络层为传输层的“段”添加 IP 首部，添加了 IP 首部的段称为“数据包”，IP 首部字段和格式由 IP 定义。为了把数据包从链路的一端传输到另一端，需要给“数据包”添加数据链路层首部，以将数据包封装成“帧”。接收端收到后会去掉这些封装并提交给上层协议，这就是“解封”过程。

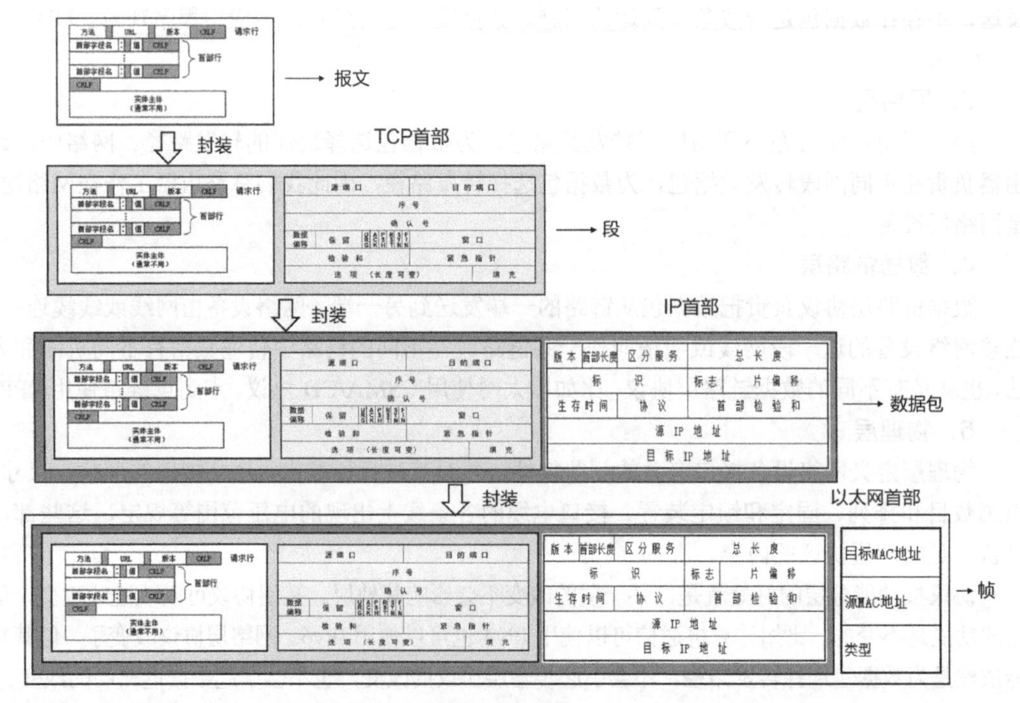

图 2-10　封装

2.2 应用层协议

2.2.1 应用和应用层协议

网络中的计算机通信，实际上是计算机上的应用程序之间的通信，比如打开 QQ 和别人聊天，打开浏览器访问网站，打开暴风影音在线看电影，这些都会产生网络流量。

应用程序通常分为客户端程序和服务器端程序，客户端程序向服务器端程序发送请求，服务器端程序向客户端程序返回响应，提供服务。服务器端程序运行后等待客户端的连接请求。比如百度网站，不管是否有人访问百度网站，百度 Web 服务就一直等待客户端的访问请求，如图 2-11 所示。

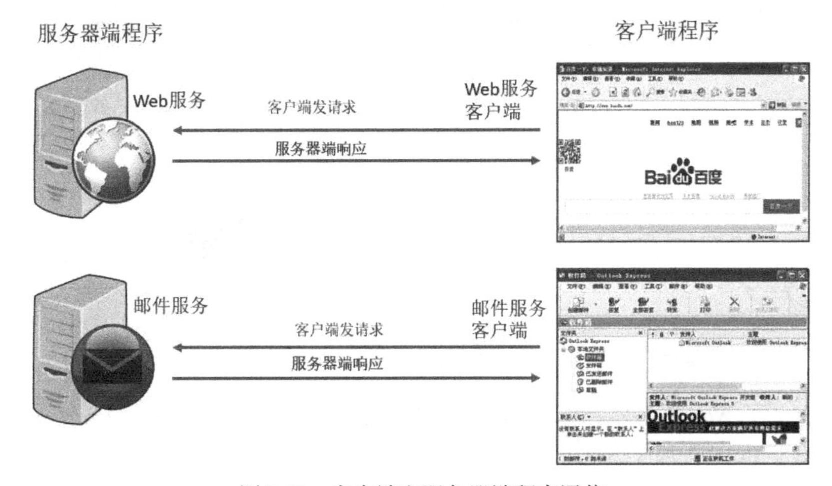

图 2-11 客户端和服务器端程序通信

客户端程序能够向服务器端程序发送哪些请求，也就是客户端能够向服务器端发送哪些命令，这些命令发送的顺序，发送的请求报文有哪些字段，分别代表什么意思，都需要提前约定好。

服务器端程序收到客户端发来的请求。应该有哪些响应，什么情况发送什么响应，发送的响应报文有哪些字段，分别代表什么意思，也需要提前约定好。

这些提前约定好的客户端程序和服务器端程序通信规范就是应用程序通信使用的协议，称为应用层协议。Internet 上有很多应用，比如访问网站的应用、收发电子邮件的应用、文件传输的应用、域名解析应用等，每一种应用都需要一个专门的应用层协议，这就意味着需要很多的应用层协议。

应用层协议的甲方和乙方是服务器端程序和客户端程序，在很多计算机网络原理的教材中，协议中的甲方和乙方称为对等实体。

2.2.2 应用层协议的标准化

TCP/IP 是互联网通信的工业标准，TCP/IP 中的应用层协议 HTTP、FTP、SMTP、POP3 都是标准化的应用层协议，应用层协议的标准化有什么好处呢？

Internet 上用于通信的服务器端软件和客户端软件往往不是一家公司开发的，比如 Web 服务器有微软公司的 IIS 服务器，还有开放源代码的 Apache、Nginx 等，浏览器有微软的 IE 浏览器、UC 浏览器、360 浏览器、火狐浏览器、谷歌浏览器等。你会发现 Web 服务器和浏览器虽然是不同公司开发的，但这些浏览器却能够访问全球所有的 Web 服务器，这是因为 Web 服务器和浏览器都是参照 HTTP 进行开发的，如图 2-12 所示。

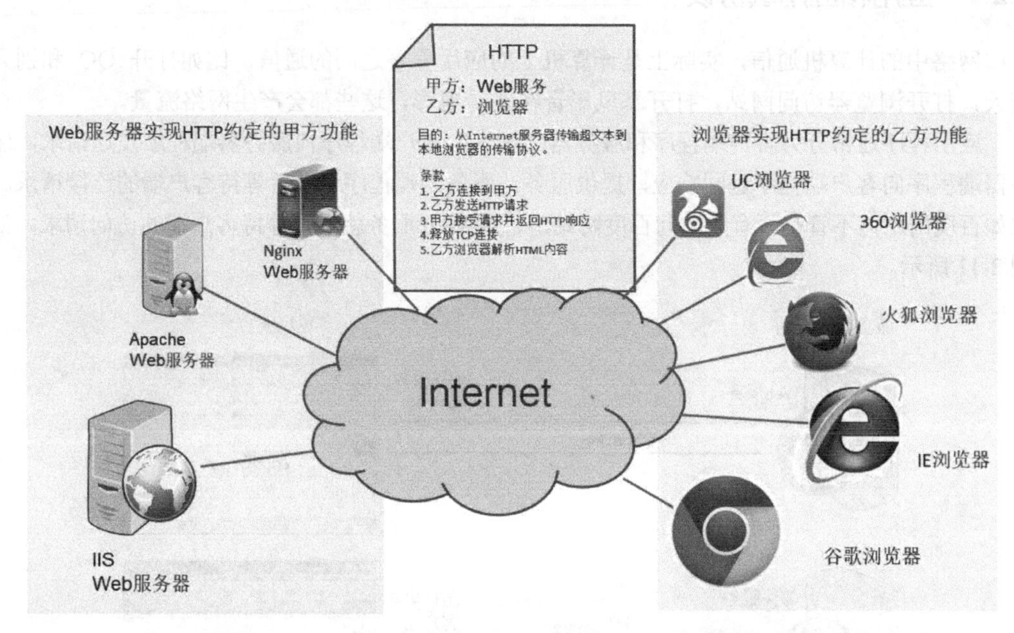

图 2-12 HTTP 使得各种浏览器能够访问各种 Web 服务器

HTTP 定义了 Web 服务器和浏览器通信的方法，协议双方就是 Web 服务器和浏览器。为了更形象，我们称 Web 服务器为甲方、浏览器为乙方。

HTTP 是 TCP/IP 中的一个标准协议，是一个开放式协议。由此你可以想到，肯定还有私有协议。比如在思科公司的路由器和交换机上运行的 CDP（思科发现协议），只有思科的设备支持。比如你公司开发的一款软件有服务器端和客户端，它们之间的通信规范由开发者定义，这就是应用层协议。不过那些做软件开发的人如果不懂网络，没有学过 TCP/IP，那么他们并不会意识到他们定义的通信规范就是应用层协议，以及这样的协议就是私有协议，而这些私有协议不属于 TCP/IP。

对于 Internet 上的常见应用，比如发送电子邮件、接收电子邮件、域名解析、文件传输、远程登录、地址自动配置等，它们通信使用的协议都已经成为 Internet 标准，并成为了 TCP/IP 中的应用层协议。下面列出了 TCP/IP 中常见的应用层协议。

- 超文本传输协议：HTTP，用于访问 Web 服务器。
- 安全的超级文本传输协议：HTTPS，能够对 HTTP 协议通信进行加密访问。
- 简单邮件传输协议：SMTP，用于发送电子邮件。
- 邮局协议版本 3：POP3 协议，用于接收电子邮件。
- 域名解析协议：DNS 协议，用于域名解析。
- 文件传输协议：FTP，用于上传和下载文件。
- 远程登录协议：Telnet 协议，用于远程配置网络设备和 Linux 系统。
- 动态主机配置协议：DHCP，用于计算机自动请求 IP 地址。

2.2.3 以 HTTP 为例认识应用层协议

下面参照租房协议的格式将 HTTP 的主要内容列出来（注意：不是完整的），从而让读者更清楚地认识应用层协议，如图 2-13 所示。

可以看到 HTTP 定义了浏览器访问 Web 服务器的步骤，能够向 Web 服务器发送哪些请求（方法），HTTP 请求报文格式（有哪些字段，分别代表什么意思），也定义了 Web 服务器能够向浏览器发送哪些响应（状态码），HTTP 响应报文格式（有哪些字段，分别代表什么意思）。

HTTP

甲方：___Web 服务___

乙方：___浏览器___

HTTP 是 Hyper Text Transfer Protocol（超文本传输协议）的缩写，是用于从万维网（***.World Wide Web）服务器传输超文本到本地浏览器的传送协议。HTTP 是一个基于 TCP/IP 来传递数据（HTML 文件、图片文件、查询结果等）应用层协议。

HTTP 工作于客户端-服务端架构之上。浏览器作为 HTTP 客户端通过 URL 向 HTTP 服务端即 WEB 服务器发送所有请求。Web 服务器根据接收到的请求，向客户端发送响应信息。

协议条款

一、HTTP 请求、响应的步骤

1．客户端连接到 Web 服务器

一个 HTTP 客户端（通常是浏览器）与 Web 服务器的 HTTP 端口（默认使用 TCP 的 80 端口）建立一个 TCP 套接字连接。

2．发送 HTTP 请求

通过 TCP 套接字，客户端向 Web 服务器发送一个文本的请求报文，请求报文由请求行、请求头部、空行和请求数据 4 部分组成。

3．服务器接受请求并返回 HTTP 响应

Web 服务器解析请求，定位请求资源。服务器将资源复本写到 TCP 套接字，由客户端读取。一个响应由状态行、响应头部、空行和响应数据 4 部分组成。

4．释放连接 TCP 连接

若 connection 模式为 close，则服务器主动关闭 TCP 连接，客户端被动关闭连接，释放 TCP 连接；若 connection 模式为 keepalive，则该连接会保持一段时间，在该时间段内可以继续接收请求。

5．客户端浏览器解析 HTML 内容

客户端浏览器首先解析状态行，查看表明请求是否成功的状态代码。客户端浏览器读取响应数据 HTML，根据 HTML 的语法对其进行格式化，并在浏览器窗口中显示。

二、请求报文格式

由于 HTTP 是面向文本的，所以在报文中的每一个字段都是一些 ASCII 码串，从而各个字段的长度都是不确定的。HTTP 请求报文由 3 个部分组成。

图 2-13 HTTP

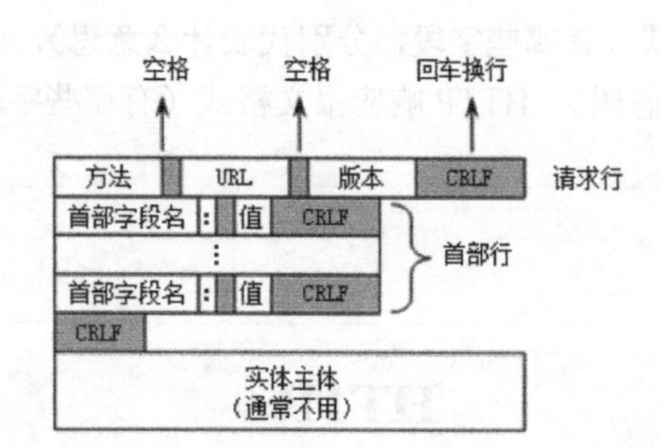

1. 开始行

用于区分是请求报文还是响应报文。请求报文中的开始行叫作请求行，而响应报文中的开始行叫作状态行。在开始行的3个字段之间都以空格分隔开，最后的“CR”和“LF”分别代表“回车”和“换行”。

2. 首部行

用来说明浏览器、服务器或报文主体的一些信息。首部可以有好几行，但也可以不使用。在每一个首部行中都有首部字段名和它的值，每一行在结束的地方都要有“回车”和“换行”。整个首部行结束时，还有一空行将首部行和后面的实体主体分开。

3. 实体主体

请求报文中一般都不用这个字段，而响应报文中也可能没有这个字段。

三、HTTP请求报文中的方法

浏览器能够向Web服务器发送以下8种方法（有时也叫“动作”）来表明对URL指定的资源的不同操作方式。

- GET：请求获取URL所标识的资源。使用在浏览器的地址栏中输入网址的方式访问网页时，浏览器采用GET方法向服务器请求网页。
- POST：在URL所标识的资源后附加新的数据。要求被请求服务器接收附在请求后面的数据，常用于提交表单，比如向服务器提交信息、发帖、登录。
- HEAD：请求获取由URL所标识的资源的响应消息报头。
- PUT：请求服务器存储一个资源，并用URL作为其标识。
- DELETE：请求服务器删除URL所标识的资源。
- TRACE：请求服务器回送收到的请求信息，主要用于测试或诊断。
- CONNECT：用于代理服务器。
- OPTIONS：请求查询服务器的性能，或者查询与资源相关的选项和需求。

图2-13 HTTP（续）

方法名称是区分大小写的。当某个请求所针对的资源不支持对应的请求方法的时候，服务器应当返回状态代码 405（Method Not Allowed）；当服务器不认识或者不支持对应的请求方法的时候，应当返回状态代码 501（Not Implemented）。

四、响应报文格式

每一个请求报文发出后，都能收到一个响应报文。响应报文的第一行就是状态行。状态行包括3 项内容，即 HTTP 的版本、状态代码，以及解释状态代码的简单短语，如下所示。

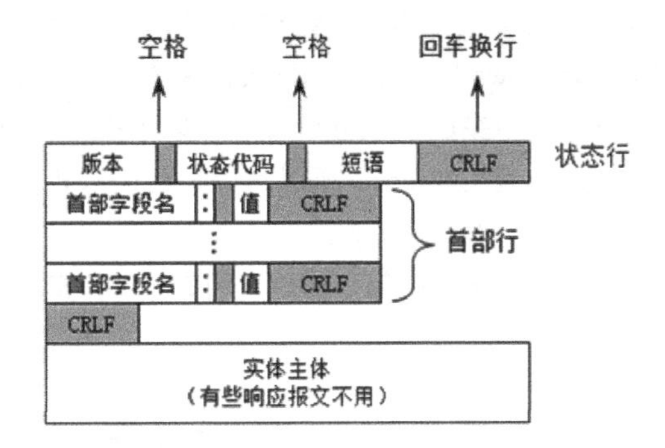

五、HTTP 响应报文状态码

状态代码（Status-Code）都是 3 位数字的，分为 5 大类共 33 种，例如：

- 1xx 表示通知信息，如请求收到了或正在进行处理；
- 2xx 表示成功，如接收或知道了；
- 3xx 表示重定向，如要完成请求还必须采取进一步的行动；
- 4xx 表示客户端错误，如请求中有错误的语法或不能完成；
- 5xx 表示服务器出现差错，如服务器失效无法完成请求。

下面几种状态行在响应报文中是经常见到的。

HTTP/1.1 202 Accepted （接收）

HTTP/1.1 400 Bad Request （错误的请求）

HTTP/1.1 404 Not Found （找不到）

图 2-13 HTTP（续）

举一反三，其他的应用层协议也需要定义以下内容。

- 客户端能够向服务器发送哪些请求（方法或命令）。
- 客户端和服务器命令的交互顺序，比如 POP3 协议，需要先验证用户身份才能收邮件。
- 服务器有哪些响应（状态代码），每种状态代码代表什么意思。
- 定义协议中每种报文的格式：有哪些字段，字段是定长还是变长，如果是变长，字段分割符是什么，这些都要在协议中定义。一个协议有可能需要定义多种报文格式，比如 ICMP 协议定义了 ICMP 请求报文格式、ICMP 响应报文格式和 ICMP 差错报告报文格式。

2.2.4 抓包分析应用层协议

在计算机中安装抓包工具可以捕获网卡发出和接收到的数据包，还能够捕获应用程序通信的数据包。这样就可以直观地看到客户端和服务器端的交互过程，如客户端发送了哪些请求，服务器返回了哪些响应等。这些也是应用层协议的工作过程。

接下来介绍使用抓包工具捕获 SMTP 客户端（Outlook Express）向 SMTP 服务器端发送电子邮件的过程，我们可以看到客户端向服务器发送的请求（命令）以及服务器向客户端发送的响应（状态代码）。

抓包工具 Ethereal 有两个版本，在 Windows XP 和 Windows Server 2003 上使用 Ethereal 抓包工具，在 Windows 7 和 Windows 10 上使用 Wireshark（Ethereal 的升级版）抓包工具。建议在 VMWare Workstation 虚拟机中完成抓包分析过程。以下操作在 Windows XP 虚拟机中进行。因为 Windows XP 中有 Outlook Express，所以将虚拟机网卡指定到 NAT 网络后，抓包工具就不会捕获物理网络中大量无关的数据包了。

登录网易邮箱的网站，申请一个电子邮箱，然后启用 POP3 和 SMTP 服务，如图 2-14 所示。

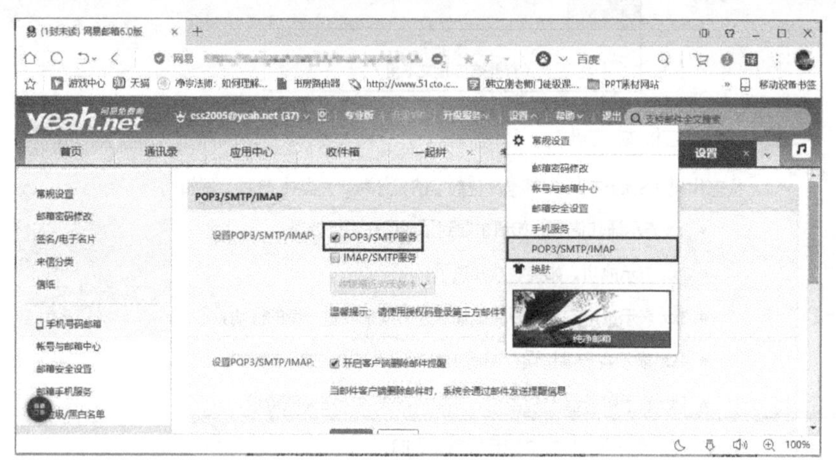

图 2-14 启用 POP3 和 SMTP 服务

在 Windows XP 上安装 Ethereal，然后运行抓包工具。再打开 Outlook Express，将申请的电子邮件账户连接到邮件服务器，给自己写一封邮件，单击“发送/接收”，停止抓包。如图 2-15 所示，可以看到发送邮件的协议 SMTP，右键单击该数据包，并单击 Follow TCP Stream。

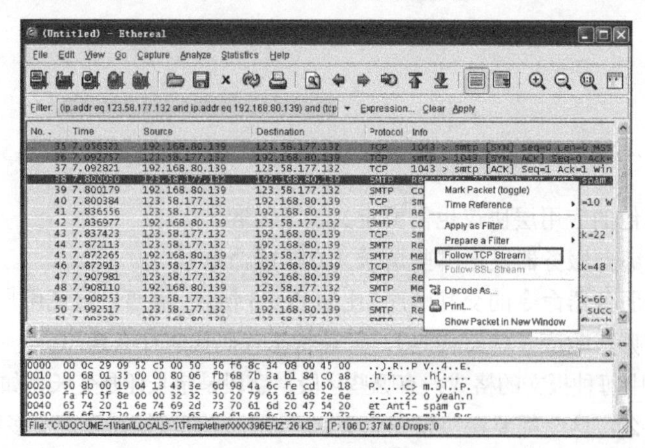

图 2-15 筛选数据包

Outlook Express 就是 SMTP 客户端，如图 2-16 所示，可以看到 SMTP 客户端向 SMTP 服务器发送电子邮件的交互过程。

图 2-16 发送电子邮件的交互过程

图 2-16 中 SMTP 客户端向 SMTP 服务器发送的命令以及顺序如下。

```
EHLO xp                           --EHLO 是对 HELO 的扩展，可以支持用户认证，xp 是客户端计算机名
AUTH LOGIN                        --需要身份验证
MAIL FROM: <ess2005@yeah.net>     --发件人
RCPT TO: <ess2005@yeah.net>       --收件人
DATA                              --邮件内容
.                                 --表示结束，将输入内容一起发送出去
QUIT                              --退出
```

图 2-16 中有状态代码的行是 SMTP 服务器向 SMTP 客户端返回的响应。

```
220<domain>       --服务器就绪
250               --要求的邮件操作完成
334               --服务器响应，已经过 BASE64 编码的用户名和密码
354               --开始邮件输入，以“.”结束
221               --服务关闭
```

从以上捕获到的数据包中，我们可以看到 SMTP、客户端向服务器发送的命令以及服务器返回的响应。

2.2.5 应用层协议和高级防火墙

高级防火墙能够识别应用层协议的方法，我们可以设置高级防火墙来禁止客户端向服务器发送某个请求，也就是禁用应用层协议的某个方法。比如浏览器请求网页使用的是 GET 方法，向 Web 服务器提交内容使用的是 POST 方法。如果企业不允许员工在 Internet 上的论坛发帖，那么可以在企业网络边缘部署高级防火墙以禁止 HTTP 的 POST 方法，如图 2-17 所示。

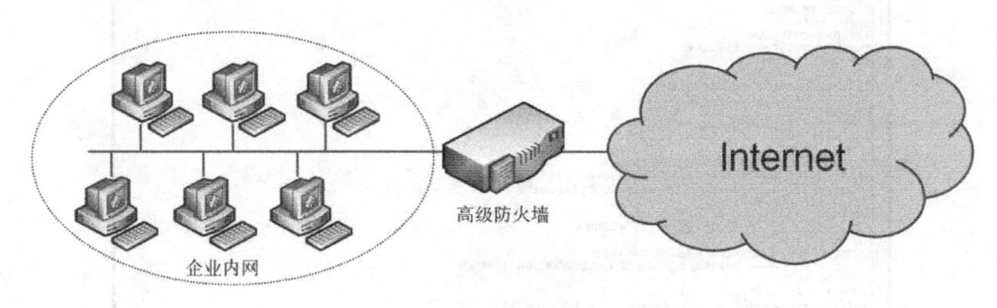

图 2-17 部署高级防火墙

图 2-18 所示的是微软企业级防火墙 TMG，配置 HTTP 以阻止 POST 方法。注意：方法名称区分大小写。

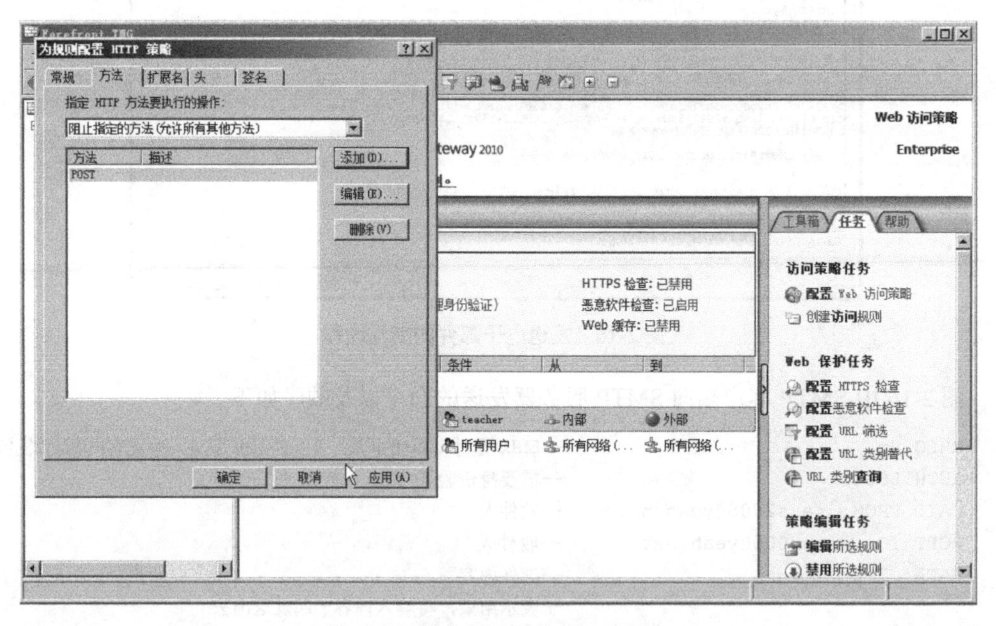

图 2-18 阻止 HTTP 的 POST 方法

在 Windows Server 2012 R2 上安装 FTP 服务，可以禁止 FTP 的某些方法。下面的操作就是在 Windows 7 中安装 Wireshark 抓包工具；开始抓包后，访问 Windows Server 2012 R2 上的 FTP 服务；然后上传一个 test.txt 文件，并将其重命名为 abc.txt；最后删除 FTP 服务器上的 abc.txt 文件，这样抓包工具会捕获 FTP 客户端发送的全部命令。

如图 2-19 所示，右键单击某个 FTP 协议数据包，然后单击“追踪流”→“TCP 流”。

接下来会出现图 2-20 所示的窗口，它将 FTP 客户端访问 FTP 服务器的所有交互过程中产生的数据整理到了一起。我们可以从中看到 FTP 中的方法，“STOR”方法上传 test.txt，“CWD”

方法改变工作目录，“RNFR”方法重命名 test.txt，“DELE”方法删除 abc.txt 文件。如果想看到 FTP 的其他方法，可以使用 FTP 客户端在 FTP 服务器上执行创建文件夹、删除文件夹、下载文件等操作，这些操作对应的方法使用抓包工具都能看到。

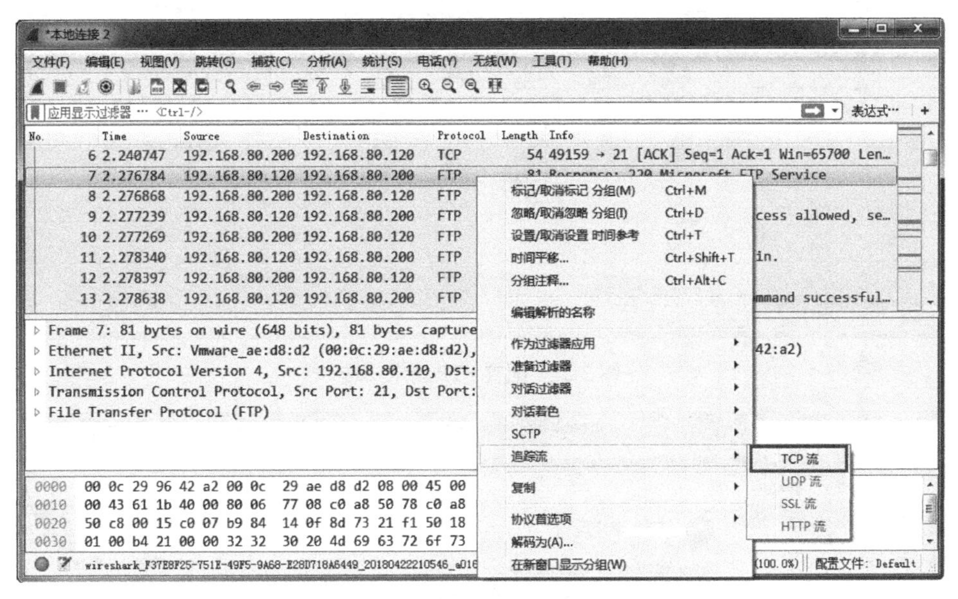

图 2-19 访问 FTP 服务器的数据包

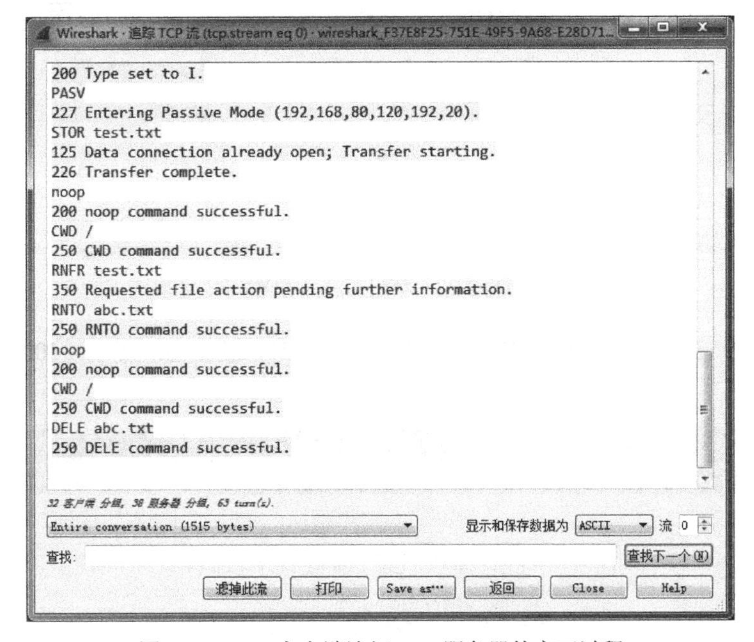

图 2-20 FTP 客户端访问 FTP 服务器的交互过程

我们也可以配置 FTP 服务器以禁止 FTP 中的一些方法。比如想要禁止 FTP 客户端删除 FTP 服务器上的文件，那么可以配置 FTP 请求筛选，从而禁止 DELE 方法。如图 2-21 所示，单击“FTP 请求筛选”。

如图 2-22 所示，在“FTP 请求筛选”界面中单击“命令”标签，然后单击“拒绝命令...”，在出现的“拒绝命令”对话框中输入“DELE”，单击“确定”按钮。

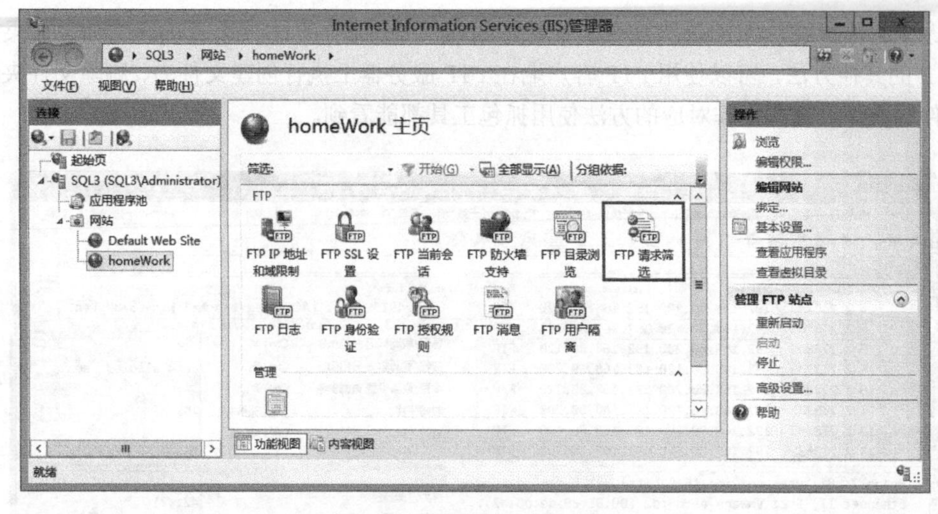

图 2-21　配置 FTP 请求筛选

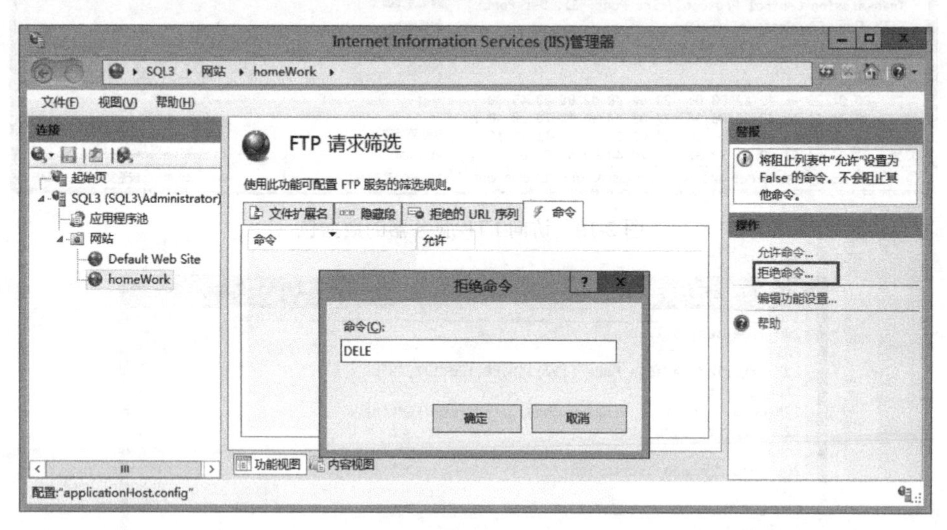

图 2-22　禁用 DELE 方法

此时再在 Windows 7 上删除 FTP 服务器上的文件时，就会出现提示“500 Command not allowed.”，如图 2-23 所示，意为命令不被允许。

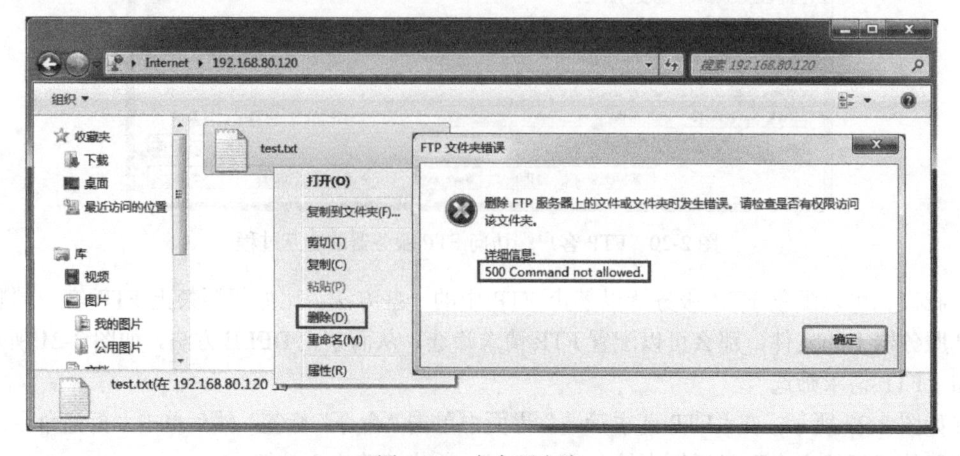

图 2-23　命令不允许

Windows Server 2012 R2 的 Web 站点也可以禁止 HTTP 的某些方法，如图 2-24 所示，单击“请求筛选”。

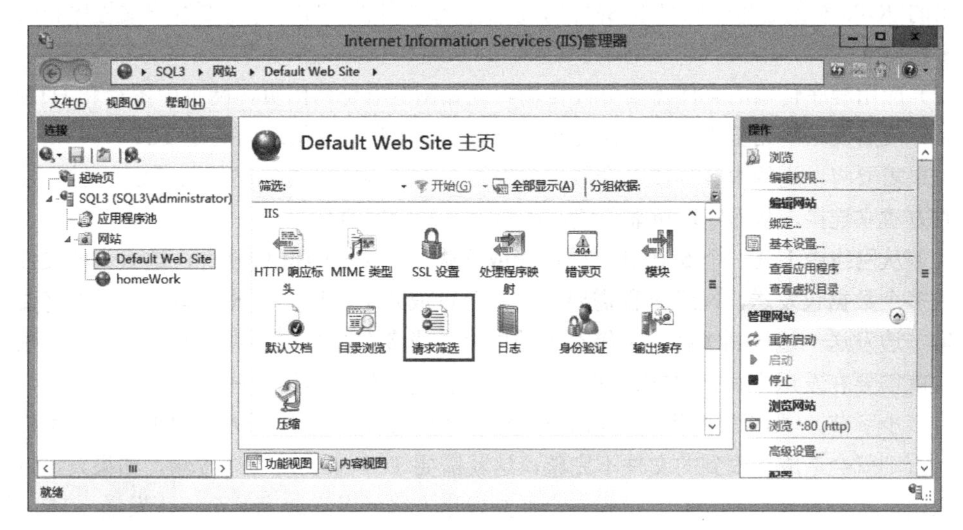

图 2-24 筛选 HTTP 协议请求

如图 2-25 所示，在“HTTP 谓词”标签下，单击“拒绝谓词...”，输入拒绝的方法“POST”，此时浏览器向该网站发送的 POST 请求就被拒绝。

图 2-25 禁用 HTTP 的“POST”方法

2.3 传输层协议

2.3.1 TCP 和 UDP 的应用场景

传输层的两个协议，传输控制协议（Transmission Control Protocol，TCP）和用户数据报协议（User Datagram Protocol，UDP）有各自的应用场景。

TCP 为应用层协议提供可靠传输，发送端按顺序发送，接收端按顺序接收。其间若出现丢包、乱序现象，TCP 负责重传和排序。下面是 TCP 的应用场景。

（1）客户端程序和服务端程序需要多次交互才能实现应用程序的功能，比如接收电子邮件使用的 POP3 和发送电子邮件的 SMTP，以及传输文件的 FTP，都需要客户端程序和服务端程序多次交互。

（2）应用程序传输的文件需要分段传输。比如浏览器访问网页，网页中图片和 HTML 文件需要分段后发送给浏览器，或 QQ 传文件，这些场景在传输层选用的是 TCP。

如果需要将发送的内容分成多个数据包发送，这就要求在传输层使用 TCP，并在发送方和接收方建立连接，从而实现可靠传输、流量控制和拥塞避免。

比如从网络中下载一个 500MBit 的电影或下载一个 200MBit 的软件，这么大的文件需要拆分成多个数据包发送，发送过程需要持续几分钟或几十分钟。在此期间，发送方将要发送的内容一边发送一边放到缓存，将缓存中的内容分成多个数据包并进行编号，然后按顺序发送。这就需要在发送方和接收方之间建立连接，协商通信过程的一些参数（比如一个数据包最大有多少字节），如果网络不稳定造成某个数据包丢失，那么发送方必须重新发送丢失的数据包，否则就会造成接收到的文件不完整，这就需要 TCP 来实现可靠传输。如果发送方发送速度太快，接收方来不及处理，接收方会通知发送方降低发送速度甚至停止发送。TCP 还能实现流量控制。互联网中的流量不固定，流量过高时会造成网络拥塞（这一点很好理解，就像城市上下班高峰时的交通堵塞一样），在整个传输过程中发送方要一直探测网络是否拥塞来调整发送速度。TCP 有拥塞避免机制。

如图 2-26 所示，发送方的发送速度由网络是否拥塞和接收端接收速度两个因素控制，哪个速度低，就用哪个速度发送。

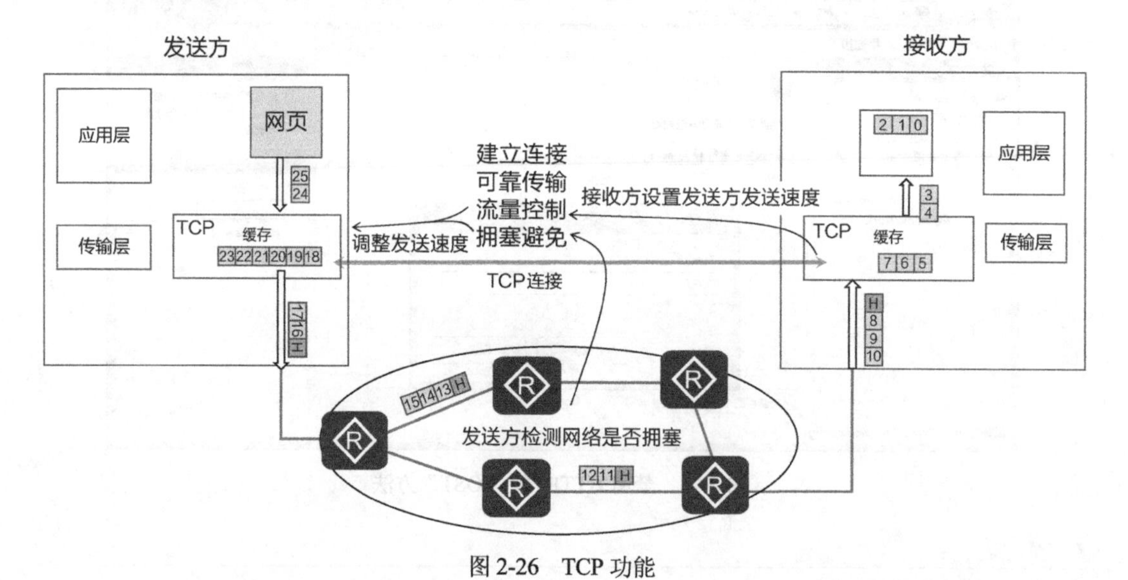

图 2-26 TCP 功能

在有些应用程序通信中，使用 TCP 就会降低效率。比如有些应用，客户端只需向服务器发送一个请求报文，服务器返回一个响应报文就实现其功能。这类应用如果使用 TCP，发送 3 个数据包建立连接，再发送 4 个数据包释放连接，就为了发送一个报文，就显得不值了。干脆让应用程序直接发送，如果丢包了，应用程序再发送一遍。面对这类应用，在传输层就使用 UDP。

UDP 的应用场景如下。

（1）客户端程序和服务端程序通信时，应用程序发送的数据包不需要分段。比如域名解析，DNS 协议就是用传输层的 UDP，客户端向 DNS 服务器发送一个报文以解析某个网站的域名，DNS 服务器将解析的结果使用一个报文返回给客户端。

（2）实时通信，比如 QQ 语音聊天、微信语音聊天或视频聊天。在这类应用中，发送端和接收端需要实时交互，也就是不允许较长延迟，即便有几句话因为网络堵塞没听清，也不允许使用 TCP 等待丢失的报文。等待的时间太长了，就不能愉快地聊天了。

（3）多播或广播通信。比如学校多媒体机房，老师的计算机屏幕需要教室的学生计算机接收，在老师的计算机上安装多媒体教室服务端软件，在学生计算机上安装多媒体教室客户端软件，老师计算机使用多播地址或广播地址发送报文，学生计算机都能收到。这类应用在传输层使用 UDP。

知道了传输层两个协议的特点和应用场景后，就很容易判断某个应用层协议在传输层使用什么协议了。

现在判断一下，QQ 聊天在传输层使用的是什么协议，QQ 传文件在传输层使用的是什么协议？

如果使用 QQ 给好友传输文件，且传输文件会持续几分钟或几十分钟，则肯定不是使用一个数据包就能把文件传输完的。我们需要将要传输的文件分段传输，在传输文件之前需要建立会话，并在传输过程中实现可靠传输、流量控制、拥塞避免等。我们需要在传输层中使用 TCP 来实现这些功能。

使用 QQ 聊天时，通常一次输入的聊天内容不会有太多文字，使用一个数据包就能把聊天内容发送出去。并且聊完第一句，也不一定什么时候聊第二句，此时发送数据是不持续的。若发送 QQ 聊天的内容需在传输层使用 UDP。

可见，应用程序通信可根据通信的特点来在传输层中选择不同的协议。

2.3.2 TCP 首部

接下来讲解 TCP 报文的首部格式。TCP 能够实现数据分段传输、可靠传输、流量控制、网络拥塞避免等功能。TCP 报文首部比 UDP 报文首部的字段要多，并且首部长度不固定。如图 2-27 所示，TCP 报文段首部的前 20 字节是固定的，后面有 4*N* 个字节是根据需要而增加的选项（*N* 是整数）。因此 TCP 首部的最小长度是 20 字节。

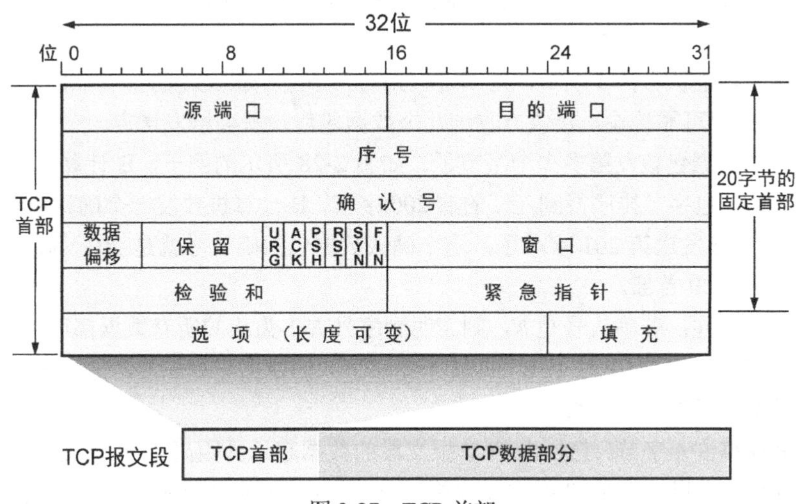

图 2-27 TCP 首部

首部固定部分各字段的意义如下。

（1）源端口和目的端口各占 2 字节，分别写入源端口号和目的端口号。

（2）序号占 4 字节。序号范围是$[0, 2^{32}-1]$，共 2^{32}（即 4 294 967 296）个序号。序号增加到 $2^{32}-1$ 后，下一个序号就又回到 0。TCP 是面向字节流的。在一个 TCP 连接中传送的字节流中的每一个字节都按顺序编号。整个要传送的字节流的起始序号必须在连接建立时设置。首部中的序号字段值则指的是本报文段所发送的数据的第一个字节的序号。如图 2-28 所示，以 A 计算机给 B 计算机发送一个文件为例来说明序号的用法。为了方便说明问题，传输层其他字段没有展现，第 1 个报文段的序号字段值是 1，而携带的数据共有 100 字节。这就表明：本报文段的数据的第一个字节的序号是 1，最后一个字节的序号是 100。下一个报文段的数据序号应当从 101 开始，即下一个报文段的序号字段值应为 101。这个字段的名称也叫作“报文段序号”。

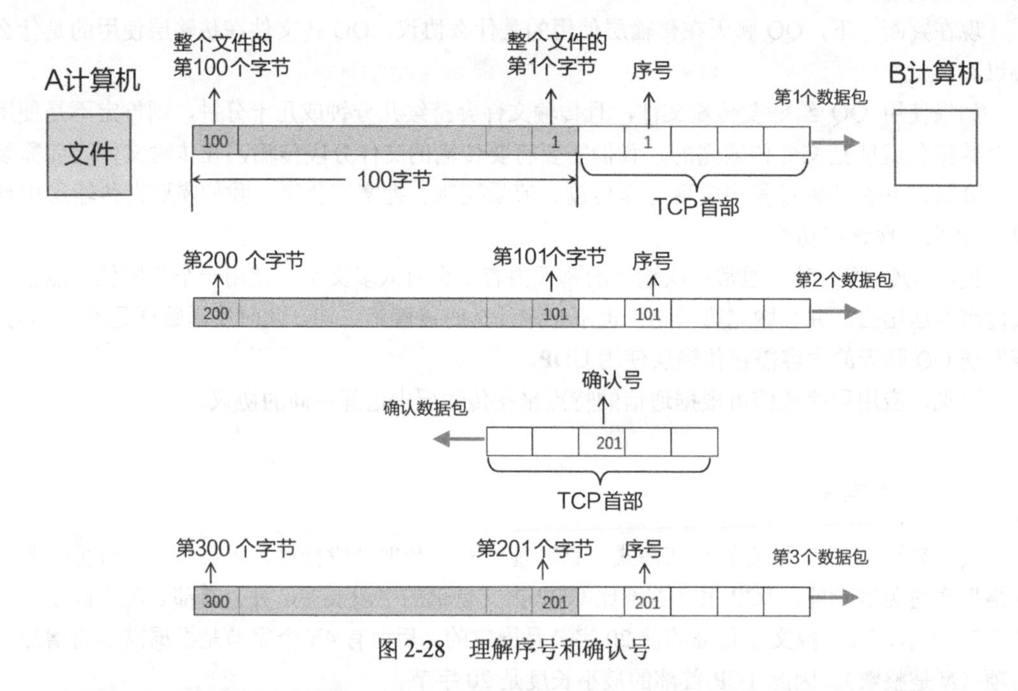

图 2-28 理解序号和确认号

B 计算机将收到的数据包放到缓存，根据序号对收到的数据包中的字节进行排序，B 计算机的程序会从缓存中读取编号连续的字节。

（3）确认号。确认号占 4 字节，是期望收到对方下一个报文段的第一个数据字节的序号。

TCP 能够实现可靠传输。接收方收到几个数据包后，就会给发送方一个确认数据包，告诉发送方下一个数据包该发第多少个字节了。如图 2-28 所示的例子，B 计算机收到了两个数据包，将两个数据包字节排序得到连续的前 200 字节，B 计算机要发一个确认包给 A 计算机，告诉 A 计算机应该发送第 201 字节了，这个确认数据包的确认号就是 201。确认数据包没有数据部分，只有 TCP 首部。

总之，应当记住：若确认号是 N，则表明到序号 N-1 为止的所有数据都已正确收到。

序号字段有 32 位长，可对 4GB（即 4 千兆字节）的数据进行编号。如果传输的文件大于 4GB，则序号就会再次从 1 开始。

（4）数据偏移占 4 字节。它指出 TCP 报文段的数据起始处距离 TCP 报文段的起始处有多远。这个字段实际上指出了 TCP 报文段的首部长度。由于首部中还有长度不确定的选项字段，因此数据偏移字段是必要的。但请注意，“数据偏移”的单位为 4 字节，由于 4 位二进制数能够表示的最大十进制数是 15，因此数据偏移的最大值是 60 字节，这也是 TCP 首部的最大长度，也就意味着选项长度不能超过 40 字节。

（5）保留占 6 字节。保留一般是后面会使用，目前应置为 0。

（6）紧急 URG（urgent）。当 URG=1 时，表明紧急指针字段有效。它告诉系统此报文段中有紧急数据，应尽快传送（相当于高优先级的数据），而不要按原来的排队顺序传送。例如，已经发送了一个很长的程序要在远地的主机上运行。但后来发现了一些问题，需要取消该程序的运行。因此用户从键盘发出中断命令（Control+C）。如果不使用紧急数据，那么这两个字符将存储在接收 TCP 的缓存末尾。只有在所有的数据被处理完毕后这两个字符才被交付到接收方的应用进程。这样做就浪费了许多时间。

当 URG 置 1 时，发送应用进程就告诉发送方的 TCP 有紧急数据要传送。于是发送方 TCP 就把紧急数据插入到本报文段数据的最前面，而在紧急数据后面的数据仍是普通数据。URG 要与首部中的紧急指针（Urgent Pointer）字段配合使用。

（7）确认 ACK（acknowlegment）。仅当 ACK=1 时确认号字段才有效。当 ACK=0 时，确认号字段无效。TCP 规定，在连接建立后所有传送的报文段都必须把 ACK 置 1。

（8）推送 PSH（push）。当两个应用进程进行交互式的通信时，有时一端的应用进程希望在键入一个命令后立即就能收到对方的响应。在这种情况下，TCP 就可以使用推送（push）操作。即发送方 TCP 把 PSH 置 1，并立即创建一个报文段发送出去。接收方 TCP 收到 PSH=1 的报文段后，就尽快地（即“推送”向前）交付给接收应用进程，而不再等到整个缓存都填满了后再向上交付。虽然应用程序可以选择推送操作，但推送操作很少使用。

（9）复位 RST（reset）。当 RST=1 时，表明 TCP 连接中出现严重差错（如主机崩溃或其他原因），必须释放连接，然后再重新建立传输连接。RST 置 1 还用来拒绝一个非法的报文段或拒绝打开一个连接。RST 也可称为重建位或重置位。

（10）同步 SYN（synchronization），在连接建立时用来同步序号。当 SYN=1 而 ACK=0 时，表明这是一个连接请求报文段。对方若同意建立连接，则应在响应的报文段中使 SYN=1 和 ACK=1。因此，SYN 置为 1 就表示这是一个连接请求或连接接受报文。关于连接的建立和释放，在后面 TCP 连接管理部分将详细讲解。

（11）终止 FIN（finish），用来释放一个连接。当 FIN=1 时，表明此报文段的发送方的数据已发送完毕，并要求释放传输连接。

（12）窗口，占 2 字节。窗口值是$[0,2^{16}-1]$的整数。TCP 有流量控制功能，窗口值用来告诉对方：从本报文段首部中的确认号算起，接收方目前允许对方发送的最大数据量（单位是字节）。之所以要有这个限制，是因为接收方的数据缓存空间是有限的。总之，窗口值作为接收方让发送方设置其发送窗口的依据。使用 TCP 传输数据的计算机会根据自己的接收能力随时调整窗口值，然后对方参照这个值及时调整发送窗口，从而达到流量控制功能。

（13）检验和占 2 字节。检验和字段检验的范围包括首部和数据两部分。

（14）紧急指针占 2 字节。紧急指针仅在 URG=1 时才有意义，它指出本报文段中的紧急数据的字节数（紧急数据结束后就是普通数据）。因此紧急指针指出了紧急数据的末尾在报文段中的位置。当所有紧急数据都处理完后，TCP 就告诉应用程序恢复正常操作。值得注意的是，即使窗口为零时也可发送紧急数据。

（15）选项的长度可变，最长可达 40 字节。当没有使用选项时，TCP 的首部长度是 20 字节。TCP 最初只规定了一种选项，即最大报文段长度（Maximum Segment Size，MSS）。

MSS 是每一个 TCP 报文段中的数据字段的最大长度。数据字段加上 TCP 首部才等于整个 TCP 报文段，因此 MSS 并不是整个 TCP 报文段的最大长度，而是“TCP 报文段长度减去 TCP 首部长度”。

2.3.3 TCP 连接管理

TCP 是可靠传输协议，使用 TCP 通信的计算机在正式通信之前需要先确保对方是否存在，并协商通信的参数，比如接收端的接收窗口大小、支持的最大报文段长度（MSS）、是否允许选择确认（SACK）、是否支持时间戳等。建立连接后就可以进行双向通信了，通信结束后，释放连接。

TCP 连接的建立采用客户/服务器方式。主动发起连接建立的应用进程叫作客户端（Client），而被动等待连接建立的应用进程叫作服务端（Server）。

1. TCP 的连接建立

如图 2-29 所示，客户端向服务端发起通信，客户端的 TCP 模块与服务端的 TCP 模块之间将通过“3 次握手”（Three-way Handshaking）来建立 TCP 会话。

所谓 3 次握手，是指在 TCP 会话的建立过程中总共交换了 3 个 TCP 控制段， 这 3 个数据包就是 TCP 建立连接的数据包。

TCP 建立连接的过程如图 2-29 所示，不同阶段在客户端和服务器端能够看到不同的状态。

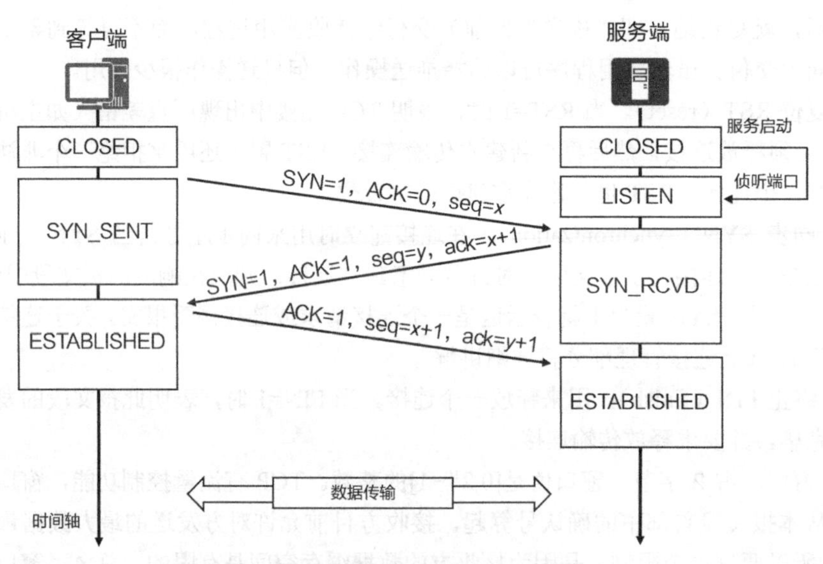

图 2-29 用 3 次握手建立 TCP 连接

服务端启动服务后，就会使用 TCP 的某个端口侦听客户端的请求，等待客户的连接，状态由 CLOSED 变为 LISTEN 状态。

3 次握手具体如下。

（1）客户端的应用程序发送 TCP 连接请求报文，把自己的状态告诉对方，这个报文的 TCP 首部 SYN 标记位是 1，ACK 标记位为 0，序号（seq）为 x，这个 x 被称为客户端的初始序列号，通常为 0。发送出连接请求报文后，客户端就处于 SYN_SENT 状态。

（2）服务端收到客户端的 TCP 连接请求后，发送确认连接报文，将自己的状态告诉给客户端，这个报文的 TCP 首部 SYN 标记位是 1，ACK 标记位为 1，确认号（ack）为 x+1，序号

（seq）为 *y*，*y* 为服务端的初始序列号。服务器端此时处于 SYN_RCVD 状态。

（3）客户端收到连接请求确认报文后，状态就变为 ESTABLISHED，然后再次发送给服务器一个确认报文，用于确认会话的建立。该报文 SYN 标记位为 0，ACK 标记位为 1，确认号（ack）为 *y*+1。服务器端收到确认报文后，状态变为 ESTABLISHED。

需要特别注意的是，经过 3 次握手之后，A、B 之间其实是建立起了两个 TCP 会话，一个是从客户端指向服务端的 TCP 会话，另一个是从服务端指向客户端的 TCP 会话。A 是发起通信的一方，说明客户端有信息要传递给服务端，于是客户端首先发送了一个 SYN 段，请求建立一个从客户端指向服务端的 TCP 会话，这个会话的目的是要控制信息能够正确且可靠地从客户端传递给服务端。服务端在收到 SYN 段后，会发送一个 SYN+ACK 段作为回应。SYN+ACK 段的含义是：服务端一方面同意了客户端的请求，另一方面也请求建立一个从服务端指向客户端的 TCP 会话，这个会话的目的是要控制信息能够正确且可靠地从服务端传递给客户端。客户端收到 SYN+ACK 段后，回应一个 ACK 段，表示同意服务端的请求。

以后就可以进行双向可靠通信了。

2. TCP 连接释放

TCP 通信结束后，需要释放连接。TCP 连接释放过程比较复杂，我们结合双方状态的改变来阐明连接释放的过程。数据传输结束后，通信的双方都可释放连接。如图 2-30 所示，现在 A 和 B 都处于 ESTABLISHED 状态，A 的应用进程先向其 TCP 发出连接释放报文段，并停止发送数据，主动关闭 TCP 连接。A 把连接释放报文段首部的 FIN 置 1，其序号 seq=*u*，它等于前面已传送过的数据的最后一个字节的序号加 1。这时 A 进入 FIN-WAIT-1（终止等待 1）状态，等待 B 的确认。

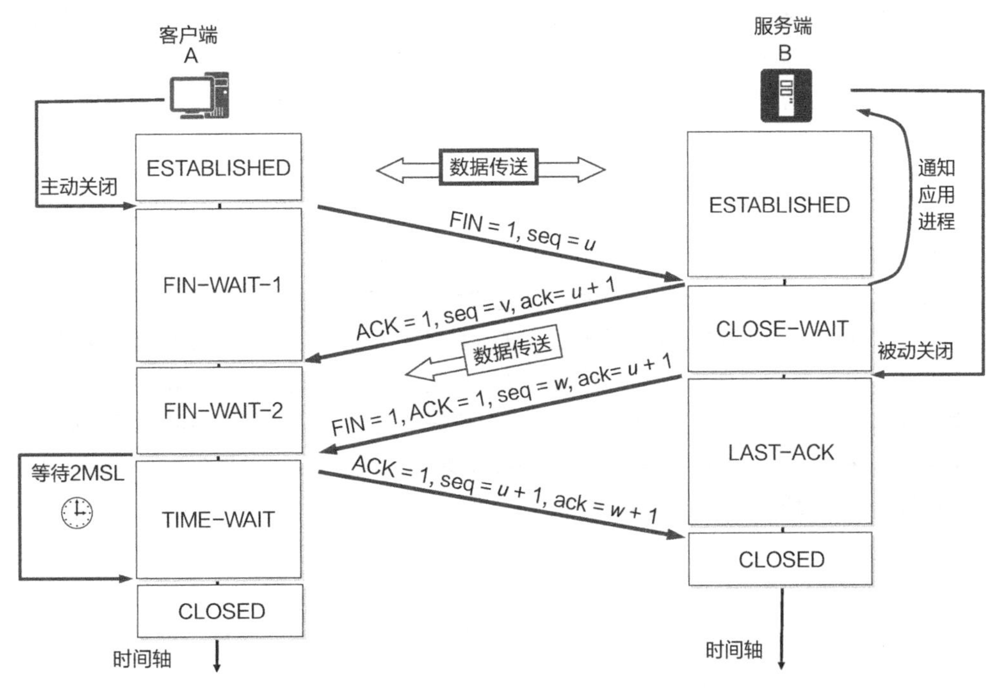

图 2-30 TCP 连接释放的过程

请注意，TCP 规定，FIN 报文段即使不携带数据，也会消耗掉一个序号。

B 收到连接释放报文段后立即发出确认，确认号是 ack=*u*+1，而这个报文段自己的序号是 *v*，等于 B 前面已传送过的数据的最后一个字节的序号加 1。然后 B 就进入 CLOSE-WAIT（关闭等待）状态。TCP服务器进程这时应通知高层应用进程，从而从A到B这个方向的连接就释放了，这时的TCP连接处于半关闭（half-dose）状态，即A已经没有数据要发送了，但若B发送数据，A仍要接收。也就是说，从B到A这个方向的连接并未关闭。这个状态可能会持续一些时间。

A收到来自B的确认后，就进入FIN-WAIT-2（终止等待2）状态，然后等待B发出连接释放报文段。若B已经没有要向A发送的数据，那么其应用进程就通知TCP释放连接。这时B发出的连接释放报文段必须使FIN=1。现假定B的序号为w（在半关闭状态B可能又发送了一些数据）。B还必须重复上次已发送过的确认号ack=u+1。这时B就进入LAST-ACK（最后确认）状态，等待A的确认。

A在收到B的连接释放报文段后，必须对此发出确认。在确认报文段中把ACK置1，确认ack=w+1，而自己的序号seq=u+1（根据TCP标准，前面发送过的FIN报文段要消耗一个序号）。然后进入到TIME-WAIT（时间等待）状态。请注意，现在TCP连接还没有释放掉。必须经过时间等待计时器（TIME-WAIT timer）设置的时间2MSL后，A才进入CLOSED状态。时间MSL叫作最长报文段寿命（Maximum Segment Lifetime），RFC793建议设为2分钟。但这完全是从工程上来考虑的，对于现在的网络，MSL=2分钟可能太长了。因此TCP允许不同的实现可根据具体情况使用更小的MSL值。因此，从A进入到TIME-WAIT状态后，要经过4分钟才能进入到CLOSED状态，才能开始建立下一个新的连接。

上述的TCP连接释放过程是4次握手，也可以看成是两个二次握手。除时间等待计时器外，TCP还设有一个保活计时器（Keepalive Timer）。设想有这样的情况：客户已主动与服务器建立了TCP连接，但后来客户端的主机突然出现故障。显然，服务器以后就不能再收到客户发来的数据了。因此，应当有措施使服务器不会再白白等待下去。这就要使用保活计时器。服务器每收到一次客户的数据，就重新设置保活计时器，时间的设置通常是两小时。若两小时后没有收到客户的数据，服务器就发送一个探测报文段，以后则每隔75分钟发送一次。若一连发送10个探测报文段后仍无客户的响应，服务器就认为客户端出了故障，接着就关闭这个连接。

2.3.4 TCP可靠传输的实现

TCP实现可靠传输使用的是连续自动重传请求（Automatic Repeat-reQuest，ARQ）协议和滑动窗口协议。下面就介绍连续ARQ和滑动窗口协议的工作过程。

TCP建立连接后，双方可以使用建立的连接相互发送数据。为了更方便地讨论问题，我们仅考虑A发送数据而B接收数据并发送确认。因此A叫作发送方，B叫作接收方。

滑动窗口是面向字节流的，为了方便大家记住每个分组的序号，下面的讲解就假设每一个分组是100字节。为了方便画图，我将分组进行编号以简化表示，如图2-31所示。不过你要记住，每一个分组的序号是多少。

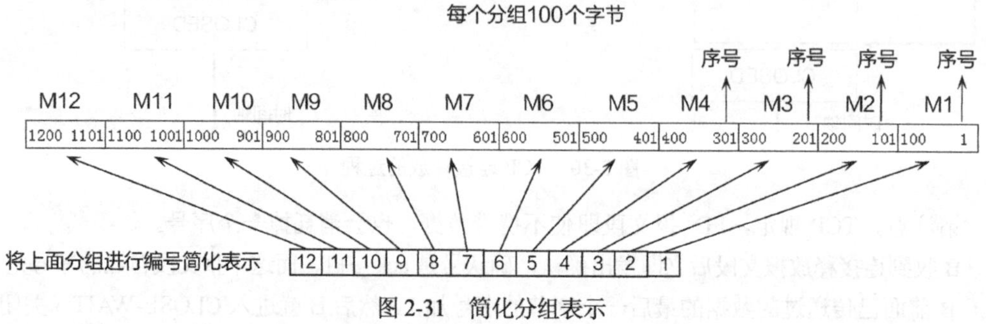

图2-31 简化分组表示

如图 2-32 所示，在建立 TCP 连接时，B 计算机告诉 A 计算机它的接收窗口为 400 字节，A 计算机就设置一个 400 字节大小的发送窗口。如果一个分组有 100 字节，那么在发送窗口中就有 M1、M2、M3 和 M4 4 个分组，发送端 A 就可以连续发送这 4 个分组，每一个分组都记录一个发送时间，如图 2-32 中 *t*1 时刻所示，发送完毕后，就停止发送。接收端 B 收到这 4 个连续分组，只需给 A 发送一个确认，确认号为 401，告诉 A 计算机 401 以前的字节已经全部收到。在 *t*2 时刻，发送端 A 收到 M4 分组的确认，发送窗口就向前滑动，M5、M6、M7 和 M8 分组就进入发送窗口，这 4 个分组就可以连续发送。发送完后，停止发送，等待确认。这就是滑动窗口协议。

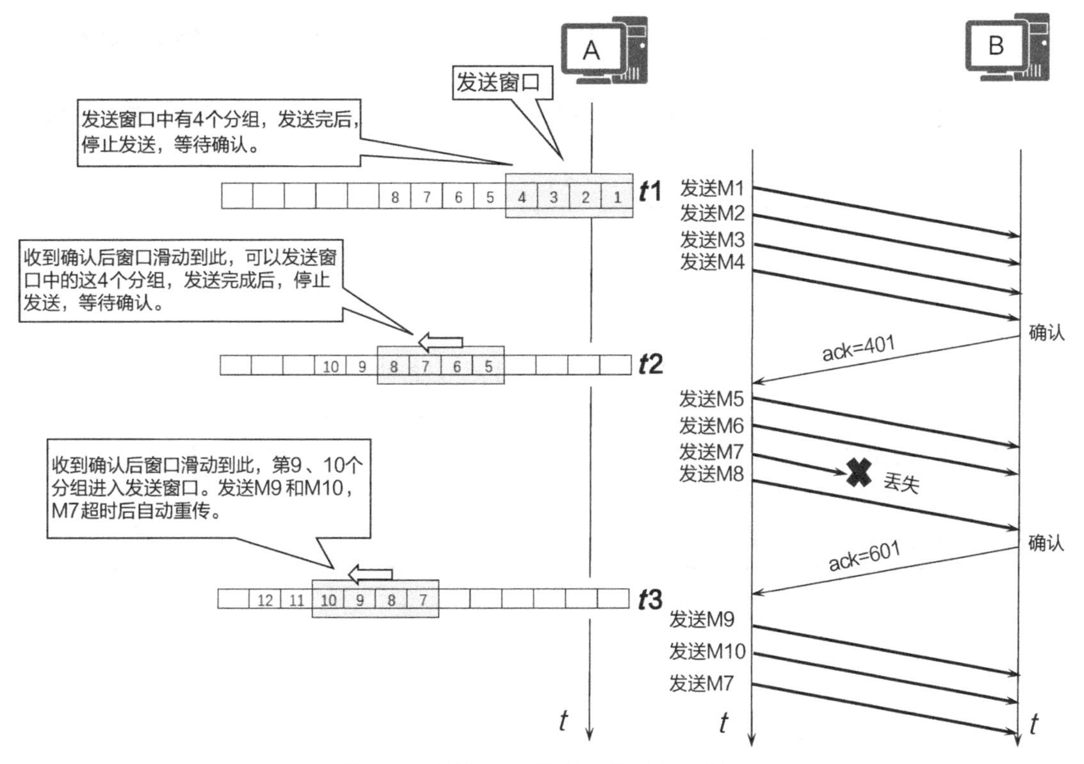

图 2-32 连续 ARQ 协议和滑动窗口协议

如果 M7 在传输过程中丢失，B 计算机只收到 M5、M6 和 M8 分组。B 收到连续的 M1、M2……M6 分组，就会给 A 计算机发送一个确认，该确认的序号为 601，告诉 A 计算机 600 以前的字节全部收到。在 *t*3 时刻，A 计算机收到确认，但并不是立即发送 M7，而是向前滑动发送窗口，M9 和 M10 进入发送窗口，发送 M9 和 M10。什么时候发送 M7 呢？M7 超时后就会自动重发。这个超时时间是一个比往返时间长一点的时间。如果发送了 M9 之后 M7 就超时了，此时发送顺序就变成了 M9、M7 和 M10。这就是连续 ARQ 协议。

2.3.5 UDP

UDP 与 TCP 一样用于处理数据包。在 OSI 模型中，两者都位于传输层，处于 IP 的上一层。传输层中的 UDP 是一个无连接的传输协议，UDP 为应用程序提供了一种无须建立连接就可以发送封装的 IP 数据包的方法。

UDP 的缺点为不提供数据包分组和组装的功能，且不能对数据包进行排序，也就是说，当报文发送之后，我们是无法得知其是否安全、完整到达的。UDP 用来支持那些需要在计算机之间传输数据的网络应用。包括网络视频会议系统在内的众多的客户/服务器模式的网络应用都需要使用UDP。UDP从问世至今已经被使用了很多年，虽然其最初的光彩已经被一些类似协议所掩盖，但即使在今天UDP仍然不失为一项非常实用和可行的网络传输层协议。

许多应用只支持UDP，如多媒体数据流，它不产生任何额外的数据，即使知道有破坏的包也不进行重发。当强调传输性能而不是传输的完整性时，如音频和多媒体应用，UDP是最好的选择。

2.3.6 传输层协议和应用层协议之间的关系

TCP/IP 中的应用层协议很多，而传输层只有两个协议，如何使用两个传输层协议来标识应用层协议呢？

传输层协议加一个端口号可以标识一个应用层协议。如图2-33所示，图中标明了传输层协议和应用层协议之间的关系。

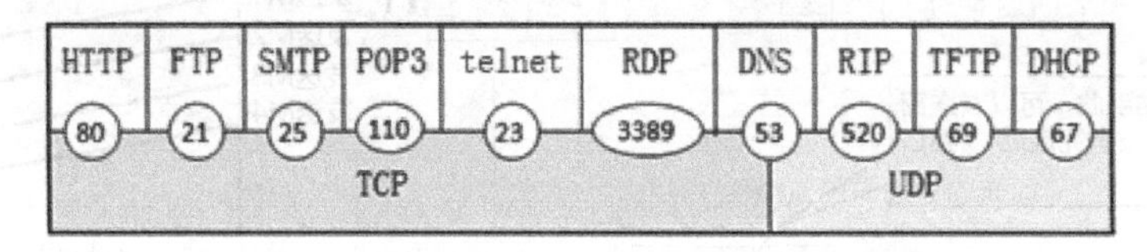

图2-33 传输层协议和应用层协议之间的关系

DNS同时占用UDP和TCP端口53是公认的，通过抓包分析，几乎所有的情况在使用UDP，这说明DNS主要还是使用UDP。DNS在进行区传送的情况下会使用TCP（区传送是指一个区域内主DNS服务器和辅助DNS服务器之间建立通信连接并进行数据传输的过程），这个存在疑问？

下面是一些常见的应用层协议和传输层协议之间的关系。

- HTTP默认使用TCP的80端口。
- FTP默认使用TCP的21端口。
- SMTP默认使用TCP的25端口。
- POP3默认使用TCP的110端口。
- HTTPS默认使用TCP的443端口。
- DNS使用TCP/UDP的53端口。
- telnet使用TCP的23端口。
- RDP远程桌面协议默认使用TCP的3389端口。

以上列出的都是默认端口，当然也可以更改应用层协议使用的端口。如果不使用默认端口，客户端访问服务器时需要指明所使用的端口。比如91学IT网站指定HTTP使用808端口，访问该网站时就需要指明使用的端口：http://www.91xueit.com:808，冒号后面的808指明HTTP使用端口808。如图2-34所示，远程桌面协议（RDP）没有使用默认端口，冒号后面的9090指定使用端口9090。

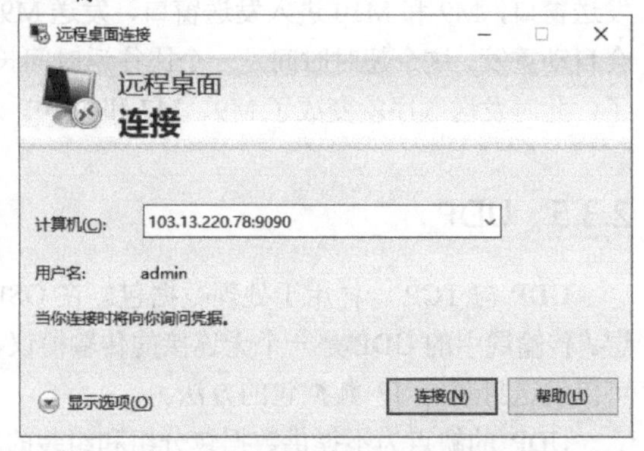

图2-34 为远程桌面协议指定使用的端口

如图2-35所示，一台服务器同时运行了

Web 服务、SMTP 服务和 POP3 服务，Web 服务一启动就用 TCP 的 80 端口侦听客户端请求，SMTP 服务一启动就用 TCP 的 25 端口侦听客户端请求，POP3 服务一启动就用 TCP 的 110 端口侦听客户端请求。现在网络中的 A 计算机、B 计算机和 C 计算机分别打算访问端口服务器的 Web 服务、SMTP 服务和 POP3 服务。它们发送 3 个数据包①、②、③，这 3 个数据包的目标端口分别是 80、25 和 110，服务器收到这 3 个数据包后，就根据目标端口将数据包提交给不同的服务进行处理。

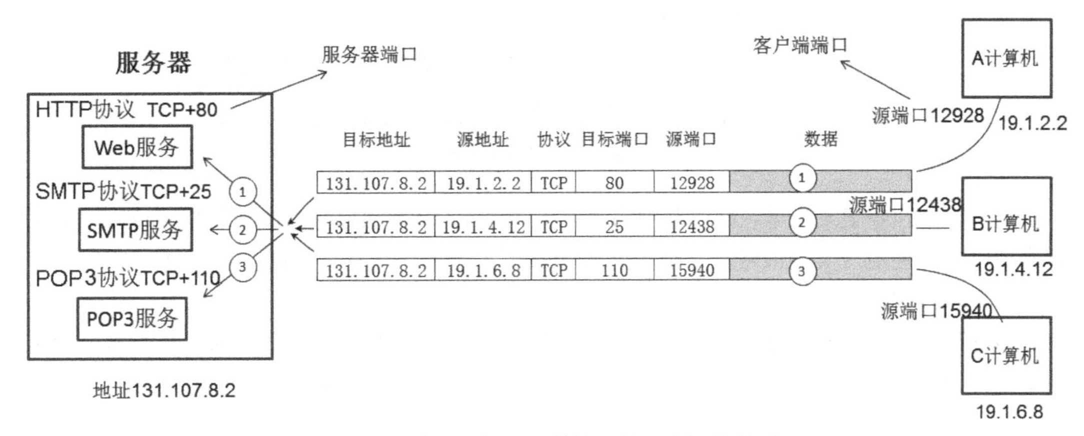

图 2-35 应用层协议和传输层协议之间的关系

现在大家就会明白，数据包的目标 IP 地址用来定位网络中的某台服务器，目标端口用来定位服务器上的某个服务。

图 2-35 给大家展示了 A、B、C 计算机访问服务器的数据包，该数据包目标端口和源端口，源端口是计算机临时为客户端程序分配的，服务器向 A、B、C 计算机发送数据包时，源端口就会变成目标端口。

如图 2-36 所示，A 计算机打开谷歌浏览器，一个窗口访问百度网站，另一个窗口访问 51CTO 网页，这就需要建立两个 TCP 连接。A 计算机会给每个窗口临时分配一个客户端端口（要求本地唯一），从 51CTO 返回的数据包的目标端口是 13456，从百度网站返回的数据包的目标端口是 12928，这样 A 计算机就知道这些数据包来自哪个网站，应给哪一个窗口。

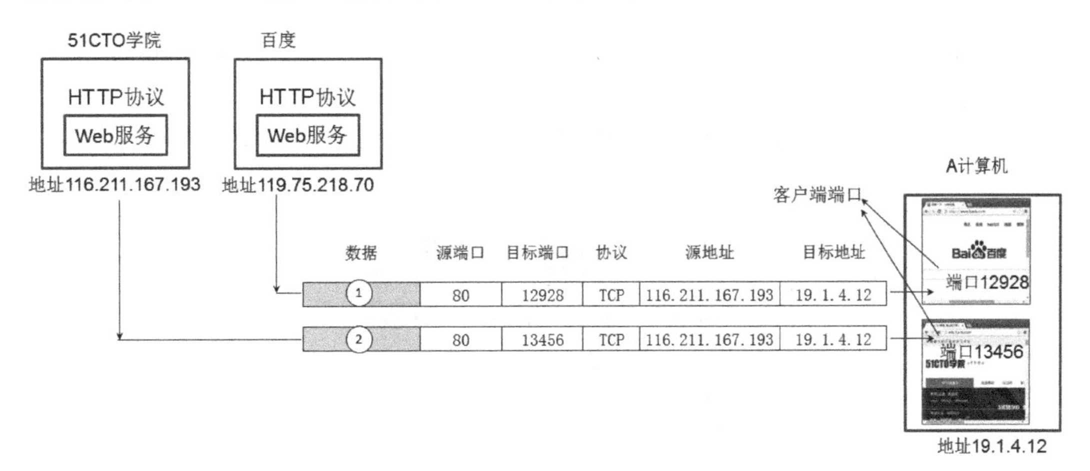

图 2-36 源端口的作用

传输层使用 16 位二进制来标识一个端口，端口号的取值范围是 0～65535，这个数目对一台计算机来说足够用了。

端口号分为如下两大类。

（1）服务器端使用的端口号。

服务器端使用的端口号在这里又分为两类，最重要的一类叫作熟知端口号（well-known port number）或系统端口号，取值范围为0～1023。这些数值可从iana网站中查到。iana把这些端口号指派给了TCP/IP中非常重要的一些应用程序，并让所有的用户都知道。下面给出一些常用的熟知端口号，如图2-37所示。

应用程序或服务	FTP	telnet	SMTP	DNS	TFTP	HTTP	SNMP
熟知端口号	21	23	25	53	69	80	161

图2-37 熟知端口号

另一类叫作登记端口号，取值范围为1024～49151。这类端口号由没有熟知端口号的应用程序使用。要使用这类端口号，必须在iana中按照规定的手续登记，以防止重复。

（2）客户端使用的端口号。

当打开浏览器访问网站，或登录 QQ 等客户端软件和服务器建立连接时，计算机会为客户端软件分配临时端口，这就是客户端端口，取值范围为49152～65535。由于这类端口号仅在客户进程运行时才动态选择，因此又叫作临时（短暂）端口号。这类端口号留给客户进程暂时使用。当服务器进程收到客户进程的报文时，就知道了客户进程所使用的端口号，因而可以把数据发送给客户进程。通信结束后，刚才已使用过的客户端口号就不复存在。这个端口号就可以供其他客户进程以后使用。

2.3.7 服务和端口之间的关系

计算机之间的通信，通常是服务器端程序（以后简称服务）运行等待客户端程序的连接请求。服务端器程序通常以服务的形式存在于 Windows 服务系统或 Linux 系统中。这些服务不需要用户登录服务器，系统启动后就可以自动运行。

服务运行后就要使用TCP或UDP的某个端口侦听客户端的请求，服务停止，则端口关闭，同一台计算机的不同服务使用的端口不能冲突（端口唯一）。

在 Windows Server 2003 系统中，在命令提示符下输入netstat -an可以查看侦听的端口，如图2-38所示。

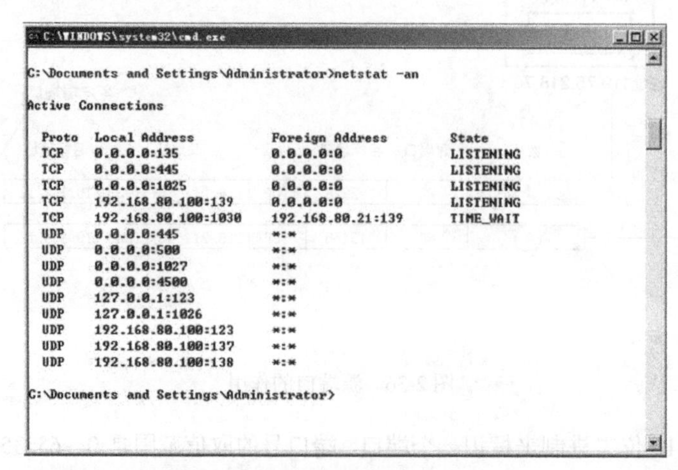

图2-38 Windows系统侦听的端口

如图 2-39 所示，设置 Windows Server 2003 系统属性。启用远程桌面（相当于启用远程桌面服务）后，再次运行 netstat-an 就会看到侦听的端口多了 TCP 的 3389 端口。关闭远程桌面，再次查看侦听端口，可以看到不再侦听 3389 端口。

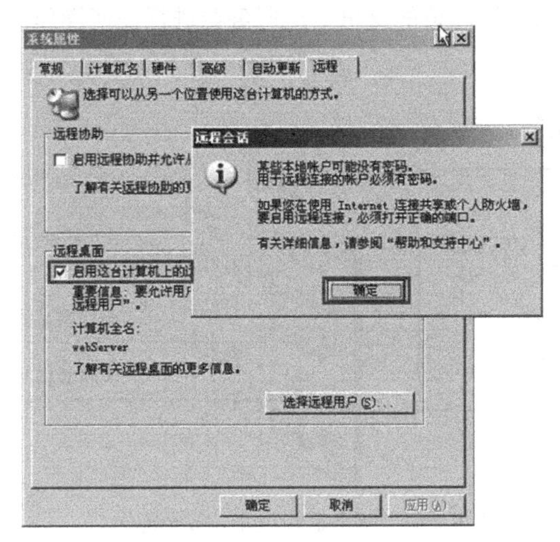

图 2-39 设置 Windows Server 2003 启用远程桌面

如图 2-40 所示，在命令提示符下使用 telnet 命令可以测试远程计算机是否侦听了某个端口，只要 telnet 没有提示端口打开失败，就意味着远程计算机侦听该端口。使用端口扫描工具也可以扫描远程计算机打开的端口，如果服务使用默认端口，那么根据服务器侦听的端口就能判断远程计算机开启了什么服务。你就明白了那些黑客入侵服务器时，为啥需要先进行端口扫描，扫描端口就是为了明白服务器开启了什么服务，知道运行了什么服务才可以进一步检测该服务是否有漏洞，然后进行攻击。

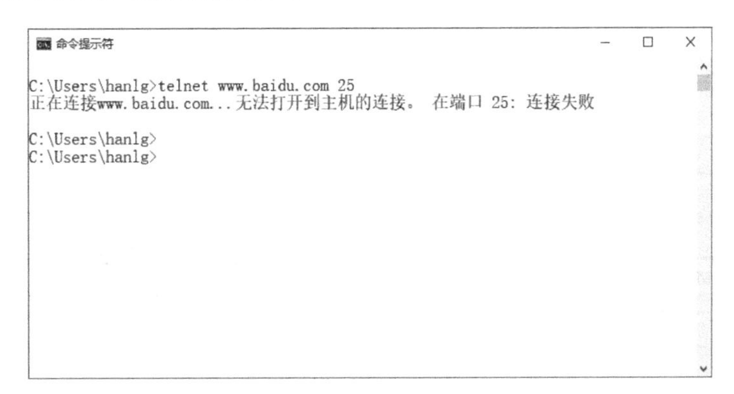

图 2-40 测试百度网站是否侦听 25 端口

2.3.8 端口和网络安全的关系

客户端和服务器之间的通信使用应用层协议，应用层协议使用传输层协议+端口标识，知道了这个关系后，网络安全也就应该了解了。

如果在一台服务器上安装了多个服务，其中一个服务有漏洞，被黑客入侵，黑客就能获得操作系统的控制权，进一步破坏其他服务。

如图 2-41 所示，服务器对外提供 Web 服务，在服务器上还安装了微软的数据库服务

（MySQL 服务），网站的数据就存储在本地的数据库中。如果没有配置服务器的防火墙对进入的流量做任何限制，且数据库的内置管理员账户 sa 的密码为空或弱密码，那么网络中的黑客就可以通过 TCP 的 1433 端口连接到数据库服务，猜测数据库的 sa 账户的密码，一旦猜对，就能获得服务器上操作系统管理员的身份，对服务器进行任何操作，这就意味着服务器被入侵了。

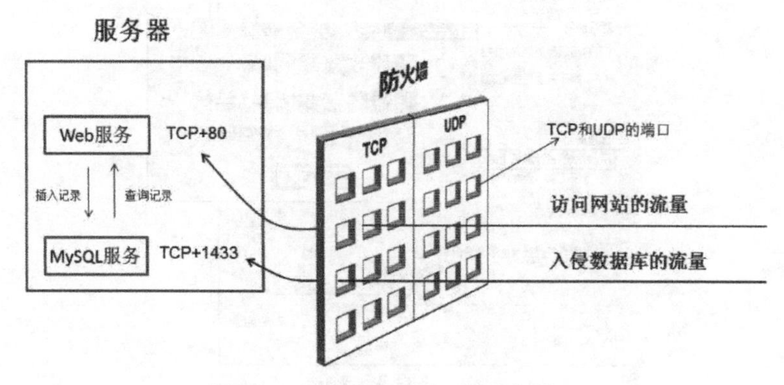

图 2-41 服务器防火墙开放全部端口

TCP/IP 在传输层中有两个协议：TCP 和 UDP，TCP 和 UDP 就相当于网络中的两扇大门。如图 2-41 所示，门上开的洞就相当于开放 TCP 和 UDP 的端口。

如果想让服务器更加安全，那就把 TCP 和 UDP 这两扇大门关闭，在大门上只开放必要的端口。如图 2-42 所示，如果服务器对外只提供 Web 服务，便可以设置 Web 服务器防火墙只对外开放 TCP 的 80 端口，其他端口都关闭。这样即便服务器上运行了数据库服务，并使用 TCP 的 1433 端口侦听客户端的请求，互联网上的入侵者也没有办法通过数据库入侵服务器。

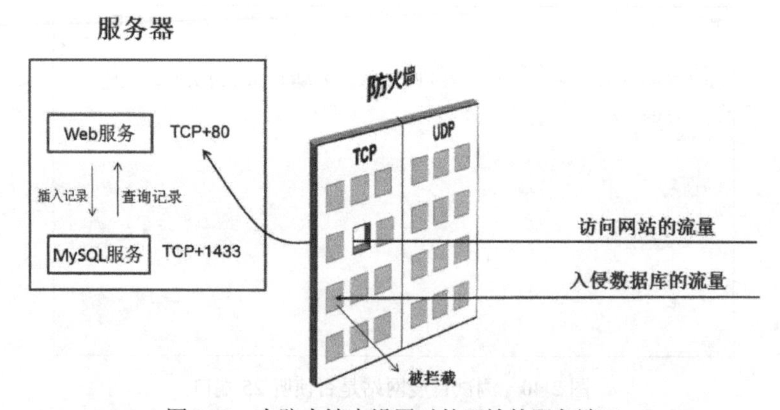

图 2-42 在防火墙中设置对外开放的服务端口

前面讲的是设置服务器的防火墙，只开放必要的端口以加强服务器的网络安全。

我们也可以在路由器上设置网络防火墙，控制内网访问 Internet 的流量。如图 2-43 所示，企业路由器只开放了 UDP 的 53 端口和 TCP 的 80 端口，允许内网的计算机将域名解析的数据包发送到 Internet 的 DNS 服务器，并允许内网计算机使用 HTTP 访问 Internet 的 Web 服务器。内网计算机不能访问 Internet 上的其他服务，比如邮件发送（使用 SMTP）和邮件接收（使用 POP3 协议）服务。

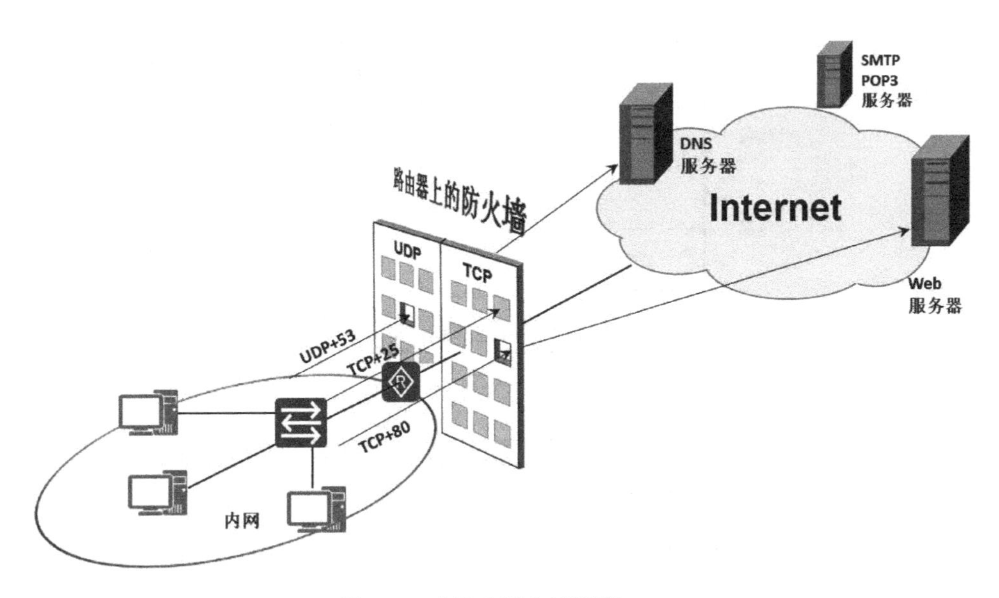

图 2-43 在路由器上封锁端口

现在大家就会明白，如果我们不能访问某台服务器上的服务，也有可能是沿途路由器封掉了该服务使用的端口。在图 2-43 中，访问内网计算机 telnet SMTP 服务器的 25 端口就会失败，这并不是因为 Internet 上的 SMTP 服务器上没有运行 SMTP 服务，而是沿途路由器封掉了访问 SMTP 服务器的端口。

2.4 网络层协议

2.4.1 网络层协议的两个版本

计算机通信使用的协议栈有两个，分别是 TCP/IPv4 协议栈和 TCP/IPv6 协议栈，TCP/IPv6 相对于 TCP/IPv4 的网络层进行了改进，但两者实现的功能是一样的。

网络层协议为传输层提供服务，负责把传输层的段发送到接收端。IP 实现网络层协议的功能，发送端将传输层的段加上 IP 首部。IP 首部包括源 IP 地址和目标 IP 地址，加了 IP 首部的段称为“数据包”，网络中的路由器根据 IP 首部转发数据包。

如图 2-44 所示，TCP/IPv4 协议栈的网络层有 4 个协议：ARP、IP、ICMP 和 IGMP。TCP 和 UDP 使用端口号标识应用层协议，TCP 段、UDP 报文、ICMP 报文、IGMP 报文都可以封装在 IP 数据包中，使用协议号区分，也就是说 IP 使用协议号标识上层协议，TCP 的协议号是 6，UDP 的协议号是 17，ICMP 的协议号是 1，IGMP 的协议号是 2。虽然 ICMP 和 IGMP 都在网络层，但从关系上来看 ICMP 和 IGMP 在 IP 之上，也就是 ICMP 和 IGMP 的报文要封装在 IP 数据包中。

ARP 在以太网中使用，用来将通信的目标地址解析为 MAC 地址，跨网段通信，并解析网关的 MAC 地址。解析出 MAC 地址才能将数据包封装成帧发送出去，因此 ARP 为 IP 提供服务，虽然将其归属到网络层，但从关系上来看 ARP 位于 IP 之下。

图 2-45 所示的是 TCP/IPv6 协议栈，它的网络层协议有了较大变化，但网络层功能和 IPv4 一样。

应用层
HTTP
FTP
TELNET
SMTP
POP3
RIP
TFTP
DNS
DHCP
80
21
23
25
110
520
69
53
67
传输层
TCP
UDP
6
17
网络层
IP
ICMP
IGMP
1
2
ARP
网络接口层
CSMA/CD
PPP
HDLC
Frame Relay
x.25

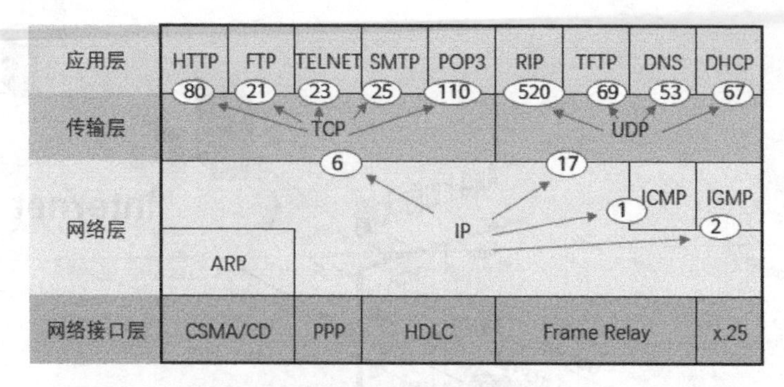

图 2-44 TCP/IPv4 协议栈

应用层
HTTP
FTP
TELNET
SMTP
POP3
RIP
TFTP
DNS
DHCP
传输层
TCP
UDP
ND
MLD
网络层
IPv6
ICMPv6
网络接口层
CSMA/CD
PPP
HDLC
Frame Relay
x.25

图 2-45 TCP/IPv6 协议栈

可以看到，IPv6 协议栈与 IPv4 协议栈相比，只是网络层发生了变化，不会影响 TCP 和 UDP，也不会影响数据链路层协议，网络层的功能和 IPv4 一样。IPv6 的网络层没有 ARP 和 IGMP，对 ICMP 的功能做了很大的扩展。IPv4 协议栈中 ARP 的功能和 IGMP 的多点传送控制功能也被嵌入到 ICMPv6 中，分别是邻居发现（Neighbor Discovery，ND）协议和多播侦听器发现（Multicast Listener Discovery，MLD）协议。

IPv6 在本书后面章节详细讲解，在这里不做过多讲述。

2.4.2 IPv4

不做特别说明，IP 默认是指 IPv4。IP（Internet Protocol）又称网际协议，它负责 Internet 上网络之间的通信，并规定了将数据从一个网络传输到另一个网络应遵循的规则。它是 TCP/IP 的核心。

IP 是点到点的。它很简单，但不能保证传输的可靠性。它采用的是无连接数据报机制，对数据是“尽力传递”，不验证正确与否，也不保证分组顺序，且不发确认。所以 IP 提供的是主机间不可靠的无连接数据报传送。

IP 的任务是对数据报进行相应的寻址和路由选择，并将其从一个网络转发到另一个网络。IP 在每个要发送的数据包前加入控制信息（IP 首部），其中包含了源主机的 IP 地址、目的主机的 IP 地址和其他一些信息。如果目的主机直接连在本网络中，那么 IP 可直接通过网络将数据报发给目的主机。如果目的主机在远端网络中，IP 则通过路由器传送数据报，而路由器则依次通过下一网络将数据报传送到目的主机或再下一个路由器，即一个 IP 数据报通过互联网络，从一个 IP 模块传到另一个 IP 模块，直到终点为止。

IP 数据包首部的格式能够说明 IP 都具有什么功能。在 TCP/IP 的标准中，各种数据格式常常以 32 位（即 4 字节）为单位来描述。图 2-46 是 IP 数据包的完整格式。

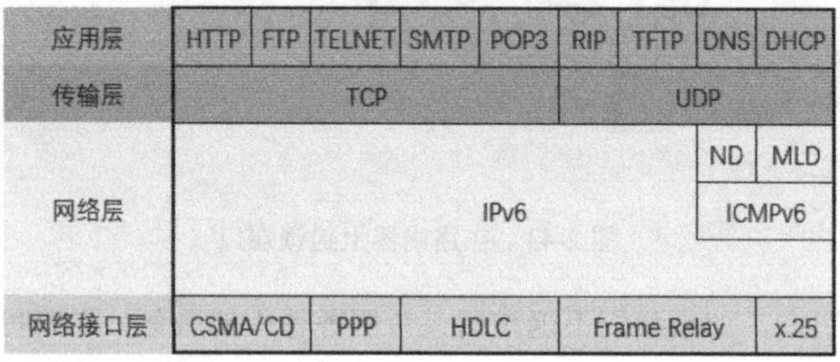

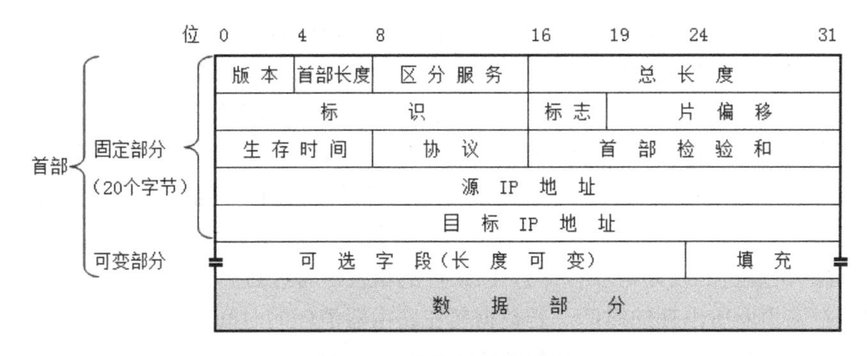

图 2-46 网络层首部格式

IP 数据包由首部和数据两部分组成。首部的前一部分是固定部分，共 20 字节，是所有 IP 数据包必须有的。在首部的固定部分的后面是可变部分，它是一些可选字段，其长度是可变的。

下面就网络层首部固定部分的各个字段进行详细讲解。

（1）版本占 4 位，指 IP 的版本。IP 目前有两个版本 IPv4 和 IPv6。通信双方使用的 IP 版本必须一致。目前广泛使用的 IP 版本号为 4（即 IPv4）。

（2）首部长度占 4 位，可表示的最大十进制数值是 15。请注意，这个字段所表示的数的单位是 32 位二进制数（即 4 字节），因此，当 IP 的首部长度为 1111 时（即十进制的 15），首部长度就达到 60 字节。当 IP 分组的首部长度不是 4 字节的整数倍时，必须利用最后的填充字段加以填充。因此数据部分永远以 4 字节的整数倍开始，这样在实现 IP 时较为方便。首部长度限制为 60 字节的缺点是有时可能不够用。但这样做是希望用户尽量减少开销。最常用的首部长度是 20 字节（即首部长度为 0101），这时不使用任何选项。

正是因为首部长度有可变部分，所以才需要有一个字段来指明首部长度，如果首部长度是固定的也就没有必要有“首部长度”这个字段了。

（3）区分服务占 8 位。配置计算机给特定应用程序的数据包添加一个标志，然后再配置网络中的路由器优先转发这些带标志的数据包，在网络带宽比较紧张的情况下，也能确保这种应用的带宽有保障，这就是区分服务。这个字段在旧标准中叫作服务类型，但实际上一直没有被使用过。1998 年 IETF 把这个字段改名为区分服务（Differentiated Service，DS）。只有在使用区分服务时，这个字段才起作用。

（4）总长度指 IP 首部和数据的长度，也就是数据包的长度，单位为字节。总长度字段为 16 位，因此数据包的最大长度为 $2^{16}-1=65535$ 字节。实际上传输这样长的数据包在现实中是极少遇到的。

（5）标识（identification）占 16 位。IP 在存储器中维持着一个计数器，每产生一个数据包，计数器就加 1，并将此值赋给标识字段。但这个“标识”并不是序号，因为 IP 是无连接服务，所以数据包不存在按序接收的问题。当数据包由于长度超过网络的 MTU 而必须分片时，同一个数据包被分成多个片，这些片的标识都一样，也就是数据包中标识字段的值被复制到所有的数据包分片的标识字段中。相同的标识字段的值使分片后的各数据包片能正确地重装成为原来的数据包。

（6）标志（flag）占 3 位，但目前只有两位有意义。

标志字段中的最低位记为 MF（more fragment）。MF=1 表示后面还有“分片”的数据包。MF=0 表示这是若干数据包片中的最后一个。

标志字段中间的一位记为 DF（don’t fragment），意思是“不能分片”。只有当 DF=0 时才允许分片。

（7）片偏移占13位。片偏移指出：较长的分组在分片后，某片在原分组中的相对位置。也就是说，相对于用户数据字段的起点，片偏移指出该片从何处开始。片偏移以 8 字节为偏移单位。这就是说，每个分片的长度一定是8字节（64位）的整数倍。

（8）生存时间。生存时间字段常用的英文缩写是TTL（Time To Live），表示数据包在网络中的寿命。由发出数据包的源点设置这个字段，其目的是防止无法交付的数据包无限制地在网络中兜圈子（例如从路由器R1，转发到R2，再转发到R3，然后又转发到R1，从而白白消耗网络资源）。最初的设计是以秒作为TTL值的单位。每经过一个路由器时，就在TTL中减去数据包在路由器所消耗的时间。若数据包在路由器消耗的时间小于1秒，就把TTL值减1。当TTL值减为零时，就丢弃这个数据包。

然而随着技术的进步，路由器处理数据包所需的时间不断在缩短，一般都远远小于1秒，后来就把TTL字段的功能改为“跳数限制”（但名称不变）。路由器在转发数据包之前就把TTL值减1。若TTL值减小到零，就丢弃这个数据包，不再转发。因此，现在TTL的单位不再是秒，而是跳数。TTL 的意义是指明数据包在网络中至多可经过多少个路由器。显然，数据包能在网络中经过的路由器的最大数值是255。若把TTL的初始值设置为1，就表示这个数据包只能在本局域网中传送。这个数据包一传送到局域网上的某个路由器，在被转发之前TTL值就减小到零，从而就会被这个路由器丢弃。

（9）协议占8位，协议字段指出此数据包携带的数据使用何种协议，以便使目的主机的网络层知道应将数据部分上交给哪个处理过程。常用的一些协议和相应的协议字段值如图2-47所示。

协议名	ICMP	IGMP	IP	TCP	EGP	IGP	UDP	IPv6	ESP	OSPF
协议字段值	1	2	4	6	8	9	17	41	50	89

图2-47 协议号

（10）首部检验和占 16 位，这个字段只检验数据报的首部，但不检验数据部分。这是因为数据报每经过一个路由器，路由器都要重新计算一下首部检验和（一些字段，如生存时间、标志、片偏移等可能发生变化）。不检验数据部分可减少计算的工作量。

（11）源IP地址占32位。

（12）目标IP地址占32位。

2.4.3 ICMP

ICMP Internet 控制报文协议（Internet Control Message Protocol，ICMP）是TCP/IPv4协议栈中网络层的一个协议，用于在IP主机、路由器之间传递控制消息。控制消息是指网络通不通、主机是否可达、路由是否可用等网络本身的消息。

ICMP报文是在IP数据报内部被传输的，它封装在IP数据报内。ICMP报文通常被IP层或更高层的协议（TCP或UDP）使用。一些ICMP报文把差错报文返回给用户进程。

接下来以抓包查看ICMP报文的格式。如图2-48所示，用PC1 ping PC2，ping命令产生一个 ICMP 请求报文，该报文被发送给目标地址，用来测试网络是否畅通。如果目标计算机收到ICMP 请求报文，就会返回ICMP 响应报文。下面的操作就是使用抓包工具捕获链路上ICMP请求报文和ICMP响应报文，请观察这两种报文的区别。

如图2-48所示，捕获AR1和AR2路由器链路上的数据包。

图2-49所示的是ICMP请求报文，请求报文中有ICMP报文类型字段、ICMP报文代码字

段、校验和字段以及 ICMP 数据部分。请求报文类型的值为 8，报文代码为 0。

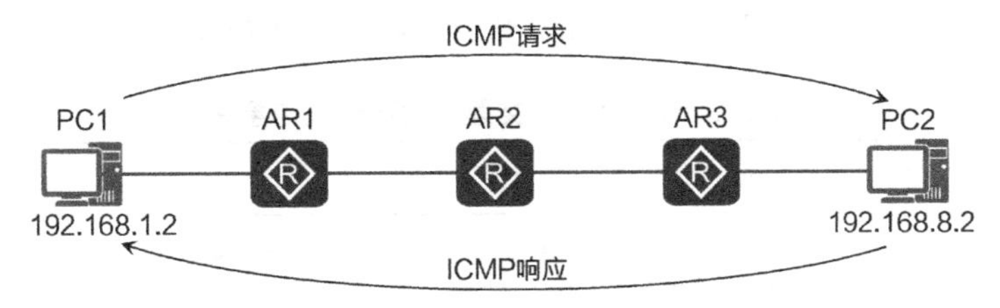

图 2-48 ICMP 请求和响应报文

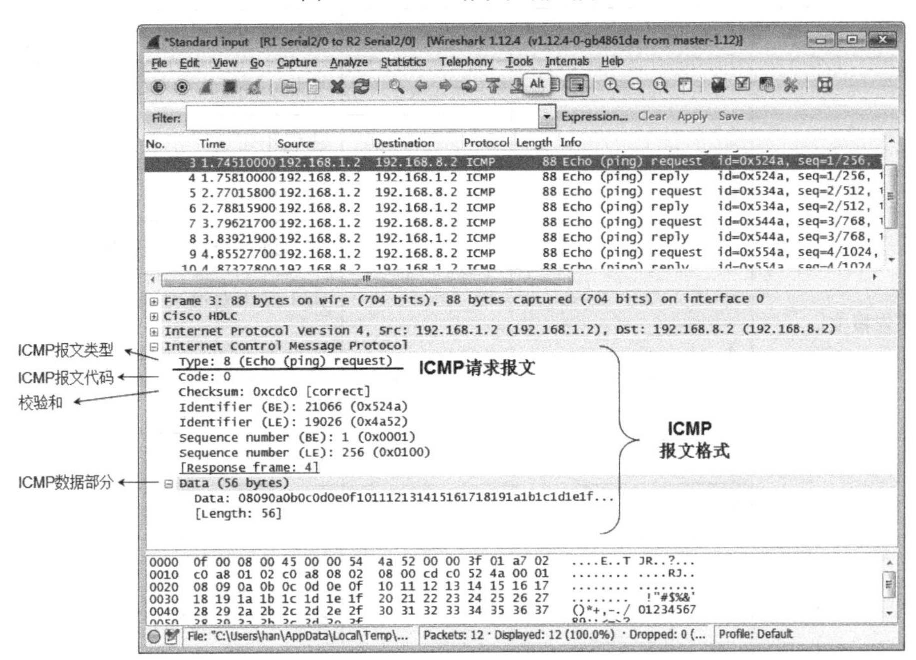

图 2-49 ICMP 请求报文

图 2-50 所示的是 ICMP 响应报文，响应报文类型的值为 0，报文代码为 0。

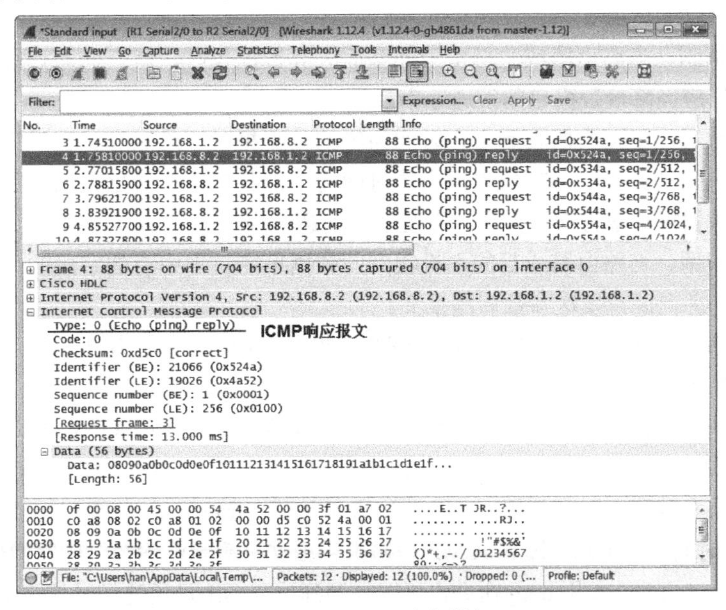

图 2-50 ICMP 响应报文

ICMP 报文分几种类型，每种类型又使用代码来进一步指明 ICMP 报文所代表的不同的含义。表 2-1 列出了常见的 ICMP 报文的类型和代码，以及代码所代表的含义。

表 2-1 ICMP 报文类型和代码代表的意义

报文种类	类型值	代码	描述
请求报文	8	0	请求回显报文
响应报文	0	0	回显应答报文
差错报告报文	3（终点不可到达）	0	网络不可达
		1	主机不可达
		2	协议不可达
		3	端口不可达
		4	需要进行分片，但设置了不分片
		13	由于路由器过滤，通信被禁止
	4	0	源端被关闭
	5（改变路由）	0	对网络重定向
		1	对主机重定向
	11	0	传输期间生存时间（TTL）为 0
	12（参数问题）	0	坏的 IP 首部
		1	缺少必要的选项

ICMP 差错报告共有 5 种，具体如下。

（1）终点不可到达。当路由器或主机没有到达目标地址的路由时，就丢弃该数据包，给源点发送终点不可到达报文。

（2）源点抑制。当路由器或主机由于拥塞而丢弃数据包时，就会向源点发送源点抑制报文，使源点知道应当降低数据包的发送速率。

（3）时间超时。当路由器收到生存时间为零的数据报时，除丢弃该数据报外，还要向源点发送时间超过报文。当终点在预先规定的时间内不能收到一个数据报的全部数据报片时，就把已收到的数据报片都丢弃，并向源点发送时间超过报文。

（4）参数问题。当路由器或目的主机收到的数据报的首部中有的字段的值不正确时，就丢弃该数据报，并向源点发送参数问题报文。

（5）改变路由（重定向）。路由器把改变路由报文发送给主机，让主机知道下次应将数据报发送给另外的路由器（可通过更好的路由）。

ping 命令并不能跟踪数据包从源地址到目标地址沿途经过了哪些路由器，而在 Windows 操作系统中，华为路由器可以使用 tracert 命令跟踪数据包转发路径，能够帮助我们发现在到达目标地址的众多链路中到底是哪一条链路出现了故障。tracert 命令是 ping 命令的扩展，它用 IP 报文生存时间（TTL）字段和 ICMP 差错报告报文来确定沿途经过的路由器。

不使用 tracert 命令，使用 ping 命令也可以得到到达目标地址沿途经过的路由器。如图 2-51

所示，如何在 PC1 上测试到达 PC2 所途经的路由器呢？下面演示如何使用 ping 命令和–i 参数确定数据包到达目的地途经的路由器。

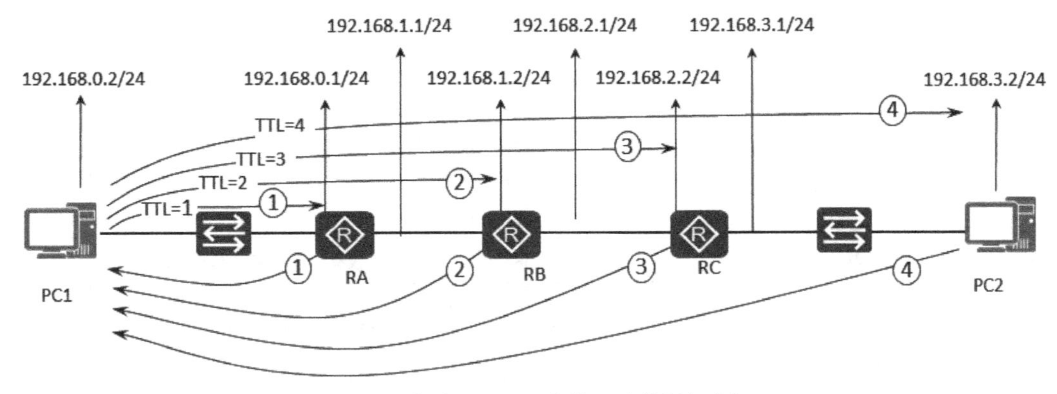

图 2-51 使用 ping 和-i 参数跟踪数据包路径

（1）在 PC1 上 ping PC2 的地址：ping 192.168.3.2 -i 1，给目标地址发送 ICMP 请求数据包时指定 TTL=1，就会由第 1 个路由器 RA 返回一个 TTL 耗尽的 ICMP 差错报告报文，PC1 得到途经的第 1 个路由器的地址 192.168.0.1。

```
C:\Users\han>ping 192.168.3.2 -i 1
正在 Ping 192.168.3.2 具有 32 字节的数据:
来自 192.168.0.1 的回复: TTL 传输中过期。
来自 192.168.0.1 的回复: TTL 传输中过期。
来自 192.168.0.1 的回复: TTL 传输中过期。
来自 192.168.0.1 的回复: TTL 传输中过期。
```

（2）PC1 再次 ping PC2 的地址：ping 192.168.3.2 -i 2，给目标地址发送 ICMP 请求数据包时指定 TTL=2，就会由第 2 个路由器 RB 返回一个 TTL 耗尽的 ICMP 差错报告报文，PC1 得到途经的第 2 个路由器的地址 192.168.1.2。

（3）以此类推，PC1 再次 ping PC2 的地址，指定 TTL 为 3，就能得到第 3 个路由器 RC 的地址 192.168.2.2。

tracert 命令的工作原理就是使用上述方法，给目标地址发送 TTL 逐渐增加的 ICMP 请求，根据返回的 ICMP 错误报告报文来确定沿途经过的路由器。

PC1 通过路由器返回的 TTL 耗尽的 ICMP 报文得到沿途的全部路由器。如果出现有的路由器不允许发送 TTL 差错报告报文的情况，那么使用 tracert 将不能得知该路由器。

如图 2-52 所示，tracert 91XUEIT 网站途经 17 个路由器，第 18 个是该网站的地址（终点）。可以看到第 12、第 16 和第 17 个路由器显示“请求超时”，这表明没有返回 ICMP 差错报告报文，因为这些路由器设置了访问控制列表（ACL）禁止路由器发出 ICMP 差错报告报文。

tracert 能够帮助我们发现路由配置错误的问题。观察图 2-53 中 tracert 的结果，能得到什么结论？你会发现数据包在 172.16.0.2 和 172.16.0.1 两个路由器之间往复转发，可以断定问题就出在这两个路由器的路由配置上，需要检查这两个路由器的路由表。

标记 C:\Windows\system32\cmd.exe
C:\Users\han>tracert www.91xueit.com
通过最多 30 个跃点跟踪
到 www.91xueit.com [59.46.80.160] 的路由:
第1个路由器
1 1 ms 1 ms 15 ms xueitPC [10.7.10.254]
第2个路由器
2 <1 毫秒 <1 毫秒 <1 毫秒 xueitPC [172.16.0.250]
3 17 ms 2 ms 2 ms 111.11.85.1
4 2 ms 2 ms 2 ms 111.11.24.141
5 6 ms 6 ms 6 ms 111.11.64.65
6 6 ms 6 ms 6 ms 221.183.26.205
7 9 ms 8 ms 9 ms 221.183.22.122
8 22 ms 22 ms 23 ms 221.183.23.161
9 19 ms 19 ms 19 ms 221.183.11.245
10 21 ms 21 ms 21 ms 221.183.20.86
11 25 ms 25 ms 25 ms 202.97.88.101
第12个路由器
12 * * * 请求超时。
没有发送ICMP差错报告报文
13 40 ms 36 ms 39 ms 219.148.224.54
14 22 ms 22 ms 21 ms 219.148.224.66
15 29 ms 29 ms 29 ms 126.23.44.59.broad.sy.ln.dynamic.163data.com.cn [59.44.23.126]
第16个路由器
16 * * * 请求超时。
没有发送ICMP差错报告报文
第17个路由器
17 * * * 请求超时。
没有发送ICMP差错报告报文
目标地址(终点)
18 32 ms 30 ms 29 ms 59.46.80.160
跟踪完成。
C:\Users\han>
半:

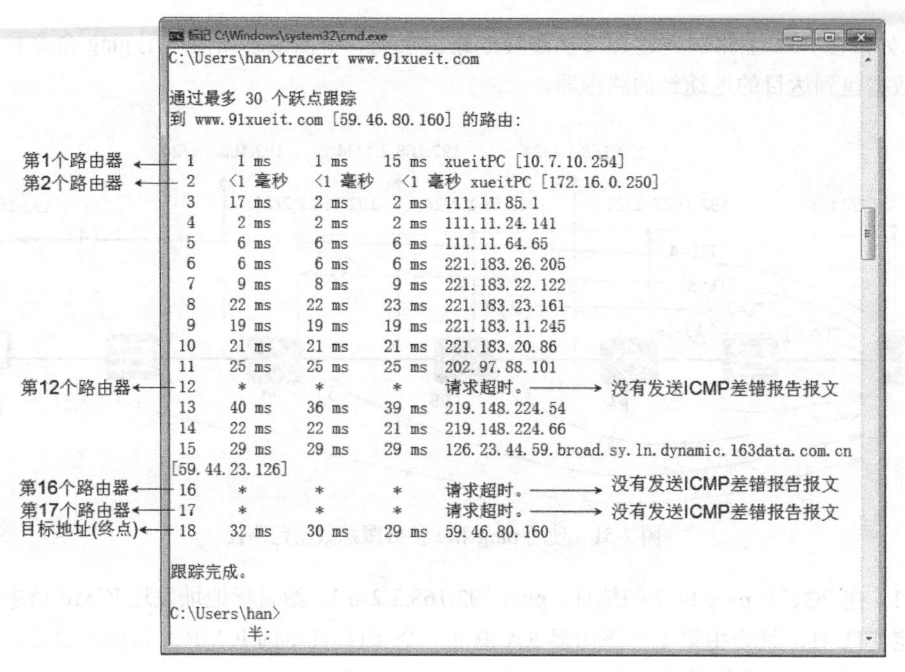

图 2-52 跟踪数据包路径

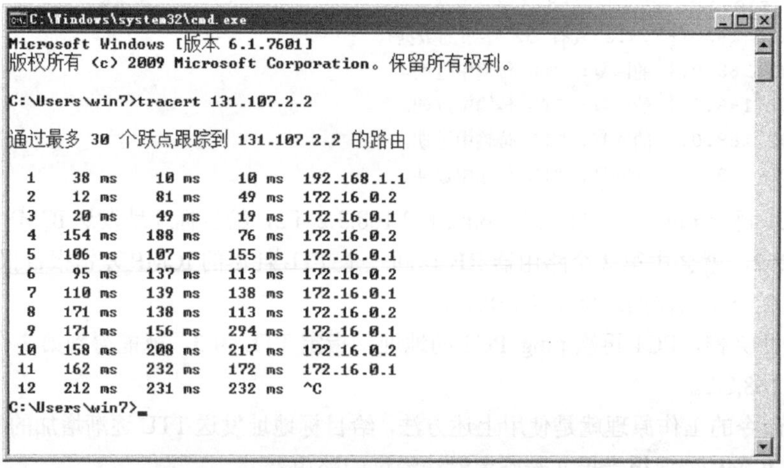

C:\Windows\system32\cmd.exe
Microsoft Windows [版本 6.1.7601]
版权所有 (c) 2009 Microsoft Corporation。保留所有权利。
C:\Users\win7>tracert 131.107.2.2
通过最多 30 个跃点跟踪到 131.107.2.2 的路由
1 38 ms 10 ms 10 ms 192.168.1.1
2 12 ms 81 ms 49 ms 172.16.0.2
3 20 ms 49 ms 19 ms 172.16.0.1
4 154 ms 188 ms 76 ms 172.16.0.2
5 106 ms 107 ms 155 ms 172.16.0.1
6 95 ms 137 ms 113 ms 172.16.0.2
7 110 ms 139 ms 138 ms 172.16.0.1
8 171 ms 138 ms 113 ms 172.16.0.2
9 171 ms 156 ms 294 ms 172.16.0.1
10 158 ms 208 ms 217 ms 172.16.0.2
11 162 ms 232 ms 172 ms 172.16.0.1
12 212 ms 231 ms 232 ms ^C
C:\Users\win7>_

图 2-53 数据包在两个路由器之间往复转发

2.4.4 ARP

网络层协议还包括 ARP，该协议只在以太网中使用，用来将计算机的 IP 地址解析出 MAC 地址。

如图 2-54 所示，网络中有两个以太网和一个点到点链路。计算机和路由器接口的地址在图 2-54 中标出，图中的 MA、MB、……、MH 代表对应接口的 MAC 地址。下面介绍计算机 A 和本网段计算机 C 的通信过程，以及计算机 A 和计算机 H 的跨网段通信过程。

如果计算机 A ping 计算机 C 的地址 192.168.0.4，计算机 A 判断出目标 IP 地址和自己在一个网段，那么数据链路层封装的目标 MAC 地址就是计算机 C 的 MAC 地址，图 2-55 所示的是计算机 A 发送给计算机 C 的帧。

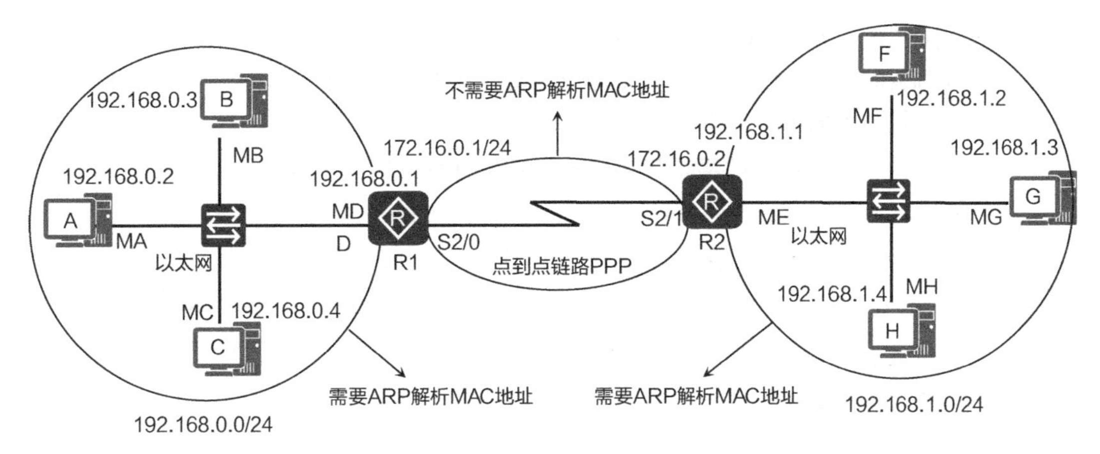

图 2-54 以太网需要 ARP

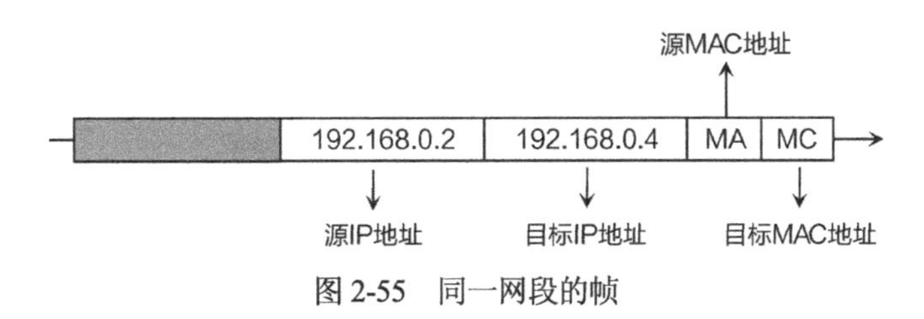

图 2-55 同一网段的帧

如果计算机 A ping 计算机 H 的地址 192.168.1.4，计算机 A 判断出目标 IP 地址和自己不在一个网段，那么数据链路层封装的目标 MAC 地址是网关的 MAC 地址，也就是路由器 R1 的 D 接口的 MAC 地址，如图 2-56 所示。

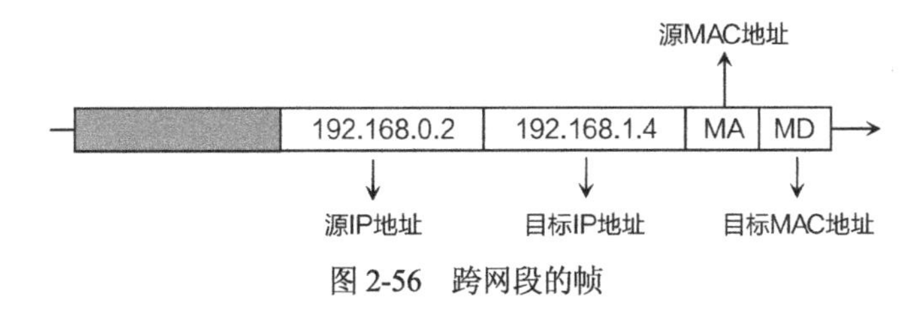

图 2-56 跨网段的帧

计算机接入以太网后，只给计算机配置了 IP 地址、子网掩码和网关，并没有告诉它网络中其他计算机的 MAC 地址。计算机和目标计算机通信前必须知道目标 MAC 地址，问题来了，计算机 A 是如何知道计算机 C 的 MAC 地址或网关的 MAC 地址的？

TCP/IP 协议栈的网络层有 ARP（Address Resolution Protocol）。在计算机和目标计算机通信之前，需要使用该协议解析到目标计算机的 MAC 地址（同一网段通信）或网关的 MAC 地址（跨网段通信）。

这里大家需要知道：ARP 只是在以太网中使用，点到点链路使用 PPP 通信，PPP 帧根本不需要地址，所以也不用 ARP 解析 MAC 地址。

图 2-57 所示的是使用抓包工具捕获的 ARP 请求数据包，第 27 帧是计算机 192.168.80.20 解析 192.168.80.30 的 MAC 地址发送的 ARP 请求数据包。注意观察目标 MAC 地址为 ff: ff: ff: ff: ff: ff。其中 Opcode 是选项代码，指示当前包是请求报文还是应答报文，ARP 请求报文的值是 0×0001，ARP 应答报文的值是 0×0002。

ARP 是建立在网络中各个主机互相信任的基础上的，计算机 A 发送 ARP 广播帧解析计算机 C 的 MAC 地址，同一个网段中的计算机都能够收到这个 ARP 请求消息，任何一个主机都可以给计算机 A 发送 ARP 应答消息。主机可能会告诉计算机 A 一个错误的 MAC 地址，计算机 A 收到 ARP 应答报文时并不会检测该报文的真实性，直接将其记入本机 ARP 缓存，这样就存在一个安全隐患——ARP 欺骗。

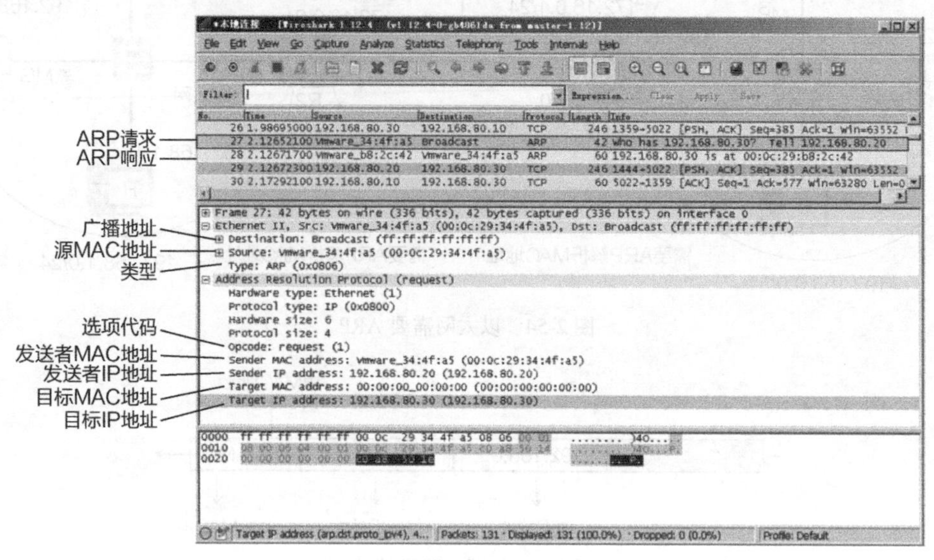

图 2-57 ARP 请求帧

在 Windows 系统中运行 arp -a 可以查看缓存的 IP 地址和 MAC 地址的对应表。

```
C:\Users\hanlg>arp -a
接口: 192.168.2.161 --- 0xb
  Internet 地址         物理地址              类型
  192.168.2.1          d8-c8-e9-96-a4-61     动态
  192.168.2.169        04-d2-3a-67-3d-92     动态
  192.168.2.182        c8-60-00-2e-6e-1b     动态
  192.168.2.219        6c-b7-49-5e-87-48     动态
  192.168.2.255        ff-ff-ff-ff-ff-ff     静态
```

2.4.5 IGMP

Internet 组管理协议（Internet Group Management Protocol，IGMP），是因特网协议家族中的一个组播协议。该协议运行在主机和组播路由器之间。

IGMP 提供了在转发组播数据包到目的地的最后阶段所需的信息，实现如下双向的功能：

- 主机通过 IGMP 通知路由器希望接收或离开某个特定组播组的信息；
- 路由器通过 IGMP 周期性地查询局域网内的组播组成员是否处于活动状态，实现所连网段组成员关系的收集与维护。

IGMP 共有 3 个版本，即 IGMP v1、IGMP v2 和 IGMP v3。

本书对 IGMP 不做过多介绍，读者若有需求可参考其他资料。

2.5 数据链路层协议

数据链路层协议负责将帧从链路的一端传到另一端。如图 2-58 所示，PC1 给 PC2 通信，需要经过链路 1、链路 2、……、链路 6。数据链路层协议负责将网络层的数据包封装成帧，将帧从链路的一端发送到另一端。

在图 2-58 中，计算机连接交换机的链路是以太网链路，使用的是带冲突检测的载波监听多路访问技术（Carrier Sense Multiple Access with Collision Detection，CSMA/CD）协议，该协议定义的帧成为以太网帧，以太网帧包含源 MAC 地址和目标 MAC 地址这些字段。路由器和路由器之间的连接为点到点连接，针对这种链路的数据链路层协议有点对点协议（Point-to-Point，PPP）、高级数据链路控制（High-Level Data Link Control，HDLC）等。不同的数据链路层协议定义了不同的帧格式。

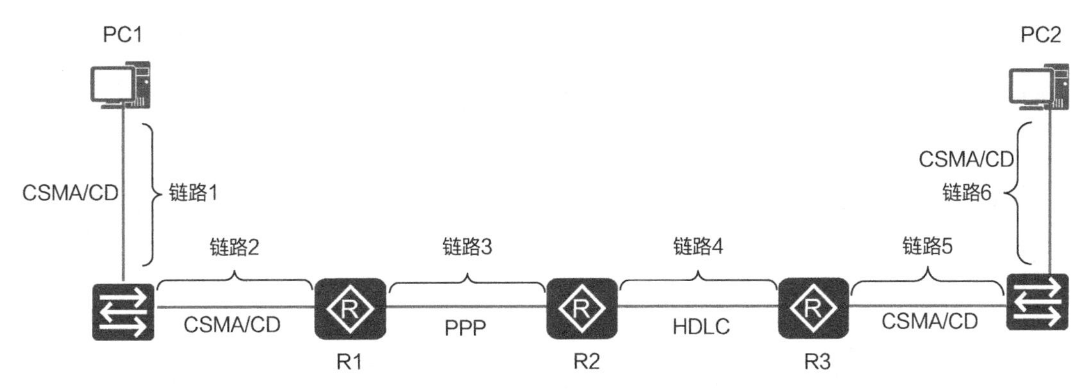

图 2-58 链路和数据链路层协议

数据链路层的协议有许多种，但有 3 个基本问题是共同的。这 3 个基本问题是：封装成帧、透明传输和差错检测。下面针对这 3 个问题进行详细讨论。

（1）封装成帧。

封装成帧，就是在网络层的 IP 数据报的前后分别添加首部和尾部，这样就构成了一个帧。不同的数据链路层协议的帧的首部和尾部包含的信息有明确的规定，如图 2-59 所示，帧的首部和尾部有帧开始符和帧结束符，称为帧定界符。接收端收到物理层传过来的数字信号并读取到帧开始符，然后一直读到帧结束符，就认为接收到了一个完整的帧。

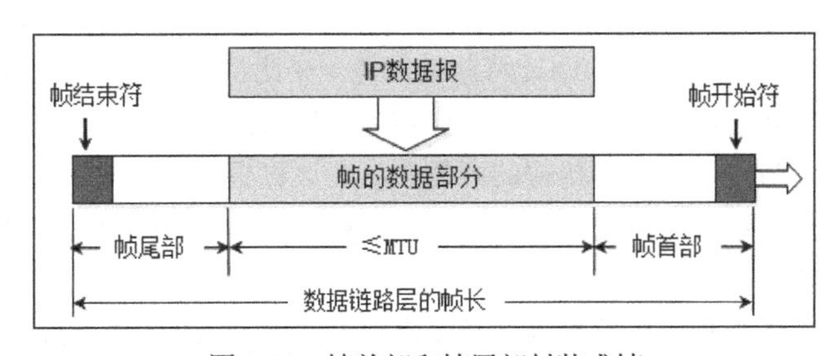

图 2-59 帧首部和帧尾部封装成帧

若数据传输过程出现差错，那么帧定界符的作用更加明显。如果发送端在尚未发送完一个帧时突然出现故障，中断发送，接收端收到了只有帧开始符没有帧结束符的帧，就认为是一个不完整的帧，必须丢弃。

为了提高数据链路层的传输效率，应当使帧的数据部分尽可能地大于首部和尾部的长度。但是每一种数据链路层协议都规定了所能够传送帧的数据部分长度的上限，即最大传输单元（Maximum Transfer Unit，MTU），以太网的 MTU 为 1500 字节，如图 2-59 所示，MTU 指的是数据部分长度。

（2）透明传输。

帧开始符和帧结束符最好选择不会出现在帧的数据部分的字符，如果帧数据部分出现帧的开始符和帧结束符，就要插入转义字符，接收端看到转义字符就去掉，然后把转义字符后面的字符当作数据来处理。这就是透明传输。

如图2-60所示，某数据链路层协议的帧开始符为SOH，帧结束符为EOT。转义字符选定为ESC。节点A给节点B发送数据帧，在被发送到数据链路之前，数据中出现SOH、ESC和EOT字符，现在需要在编码之前的位置插入转义字符ESC，这个过程就是字节填充。节点B接收到数据之后，再去掉填充的转义字符，视转义字符后的字符为数据。

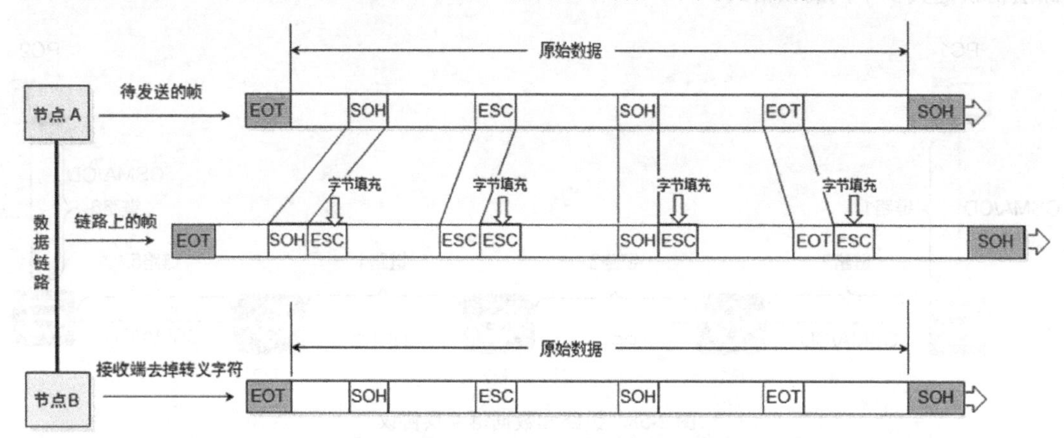

图2-60 使用字节填充法解决透明传输的问题

发送节点A在发送帧之前要在原始数据中的必要位置处插入转义字符，接收节点B收到后去掉转义字符，重新得到原始数据，插入转义字符是要让传输的原始数据原封不动地到达节点B，这个过程称为“透明传输”。

（3）差错检验。

现实的通信链路不会都是理想的。这就是说，比特在传输过程中可能会产生差错：1可能会变成0，而0也可能变成1，这就叫作比特差错。比特差错是传输差错中的一种。在一段时间内，传输错误的比特占所传输比特总数的比率称为误码率（Bit Error Rate，BER）。例如，误码率为10^{-10}，表示平均每传送10^{10}比特就会出现一个比特的差错。误码率与信噪比有很大的关系。提高信噪比就可以使误码率降低。但实际的通信链路并非理想的，它不可能使误码率下降到零。因此，为了保证数据传输的可靠性，在计算机网络传输数据时，必须采用各种差错检验措施。目前在数据链路层广泛使用的是循环冗余检验（Cyclic Redundancy Check，CRC）的差错检验技术。

要想让接收端能够判断帧在传输过程是否出现差错，则需要在传输的帧中包含用于检测错误的信息，这部分信息就叫作帧校验序列（Frame Check Sequence，FCS）。如图2-61所示，使用帧的数据部分和数据链路层首部来计算FCS，然后将其放到帧的末尾。接收端收到数据后，再使用数据部分和数据链路层首部计算一个FCS，比较两个FCS是否相同，如果相同则认为在传输过程中没有出现差错。如果出现差错，接收端丢弃该帧。

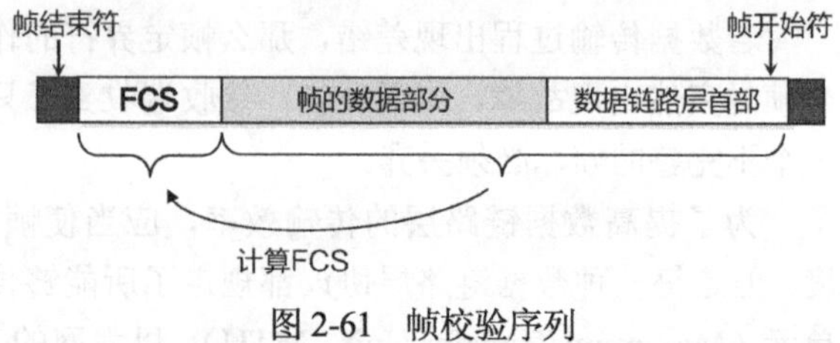

图2-61 帧校验序列

2.6 物理层协议

物理层协议定义了与传输媒体的接口有关的一些特性，如接口标准，有了接口标准，各厂家生产的网络设备接口才能相互连接和通信。比如定义了以太网接口标准，不同厂家的以太网设备就能相互连接。物理层为数据链路层提供服务。

物理层包括以下几方面的定义，也可以认为是物理层协议包括的内容。

（1）机械特性，指明接口所用接线器的形状和尺寸、引脚数目和排列、固定的锁定装置等，常见的各种规格的接插部件都有严格的标准化规定。这很像常见的各种规格的电源插头，其尺寸都有严格的规定。图 2-62 所示的是某广域网接口和线缆接口。

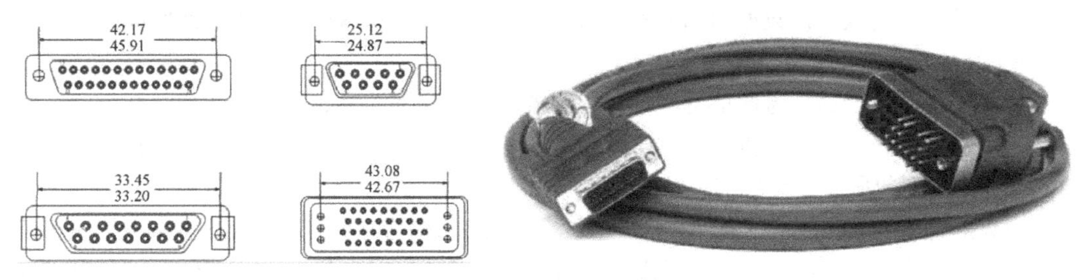

图 2-62 某广域网接口和线缆接口

（2）电气特性，指明在接口电缆的各条线上出现的电压范围，比如−10V～10V。

（3）功能特性，指明某条信号线上出现的某一电平的电压表示何种意义。

（4）过程特性，定义在信号线上进行二进制比特流传输的一组操作过程，包括各信号线的工作顺序和时序，使得比特流传输得以完成。

2.7 OSI 参考模型和 TCP/IP

前面给大家讲的 TCP/IPv4 协议是互联网通信的工业标准。当网络刚开始出现时，典型情况下只能在同一制造商制造的计算机产品之间进行通信。20 世纪 70 年代后期，国际标准化组织（International Organization for Standardization，ISO）创建了开放系统互连（Open Systems Interconnection，OSI）参考模型，从而打破了这一壁垒。

OSI 参考模型将计算机通信过程按功能划分为 7 层，并规定了每一层实现的功能。这样互联网设备的厂家以及软件公司就能参照 OSI 参考模型来设计自己的硬件和软件，不同供应商的网络设备之间就能够互相协同工作。

OSI 参考模型不是具体的协议，TCP/IPv4 协议栈是具体的协议，怎么来理解它们之间的关系呢？比如，国际标准组织定义了汽车参考模型，规定汽车要有动力系统、转向系统、制动系统、变速系统等，这就相当于 OSI 参考模型定义的计算机通信每一层要实现的功能。参照这个汽车参考模型汽车厂商可以研发自己的汽车，比如奥迪轿车，它实现了汽车参考模型的全部功能，此时奥迪汽车就相当于 TCP/IP。奥迪轿车，动力系统有的使用汽油，有的使用天然气，发动机有的是 8 缸，有的是 10 缸，实现的功能都是汽车参考模型要求的动力系统功能。变速系统有的是手动挡，有的是自动挡，有的是 4 级变速，有的是 6 级变速，有的是无级变速，实现的功能都是汽车参考模型要求的变速功能。

同样，OSI 参考模型只定义了计算机通信每层要实现的功能，并没有规定如何实现以及实现的细节，不同的协议栈实现方法可以不同。

国际标准化组织（ISO）制定的 OSI 参考模型把计算机通信分成了 7 层。

（1）应用层。应用层协议实现应用程序的功能，将实现方法标准化就形成了应用层协议。互联网中的应用很多，比如访问网站、收发电子邮件、访问文件服务器等，因此应用层协议也很多。定义客户端能够向服务器发送哪些请求（命令），服务器能够向客户端返回哪些响应，以及用到的报文格式、命令的交互顺序，都是应用层协议应该包含的内容。

（2）表示层。应用程序要将传输的信息转换成数据。如果传输的是字符文件，那么要使用字符集将文件转换成数据。如果是图片或应用程序这些二进制文件，也要被编码变成数据，数据在传输前是否压缩、是否加密处理都是表示层要解决的问题。发送端的表示层和接收端的表示层是协议的双方，数据的加密和解密、压缩和解压缩、编码和解码等都要遵循表示层协议的规范。

（3）会话层。会话层为通信的客户端和服务端程序建立会话、保持会话和断开会话。建立会话：A、B 两台计算机之间需要通信，要建立一条会话供它们使用，在建立会话的过程中会有身份验证、权限鉴定等环节。保持会话：通信会话建立后，A、B 两台计算机开始传递数据，当数据传递完成后，OSI 会话层不一定立即将这条通信会话断开，它会根据应用程序和应用层的设置对会话进行维护，在会话维持期间，双方可以随时使用会话传输数据。断开会话：当应用程序或应用层规定的超时时间到期后，或 A、B 重启、关机或手动断开会话时，OSI 会断开 A、B 之间的会话。

（4）传输层。传输层负责向两台主机进程之间的通信提供通用的数据传输服务。传输层有两种协议：传输控制协议（TCP）提供面向连接的、可靠的数据传输服务，其数据传输的单位是报文段；用户数据包协议（UDP）提供无连接的、尽最大努力的数据传输服务，其数据传输的单位是用户数据报。

（5）网络层。网络层为数据包跨网段通信选择转发路径。

（6）数据链路层。两台主机之间的数据通信，总是在一段一段的链路上传送的，这就需要专门的链路层协议。数据链路层就是将数据包封装成能够在不同链路上传输的帧。数据包在传递过程中要经过不同网络，比如集线器或交换机组建的网络就是以太网，以太网使用载波侦听多路访问协议（CSMA/CD），路由器和路由器之间的连接是点到点的链路，点到点链路可以使用 PPP 或帧中继（Frame Relay）协议。数据包要想在不同类型的链路传输就需要封装成不同的帧格式。比如以太网的帧，要加上目标 MAC 地址和源 MAC 地址，而点到点链路上的帧就不用添加 MAC 地址。

（7）物理层。物理层规定了网络设备的接口标准、电压标准，要是不定义这些标准，各个厂家生产的网络设备就不能连接到一起，更不可能相互兼容了。物理层也包括通信技术，那些专门研究通信的人就要想办法让物理线路（铜线或光纤）通过频分复用技术、时分复用技术或编码技术更快地传输数据。

TCP/IP 分层对 OSI 参考模型进行了合并简化，其应用层实现了 OSI 参考模型的应用层、表示层和会话层的功能，TCP/IP 分层还将数据链路层和物理层合并成网络接口层，如图 2-63 所示。

以下是将计算机通信分层的好处。

（1）各层之间是独立的。某一层并不需要知道它的下一层如何实现，仅需要知道该层通过层间接口所提供的服务。上层对下层来说就是要处理的数据，如图 2-64 所示。

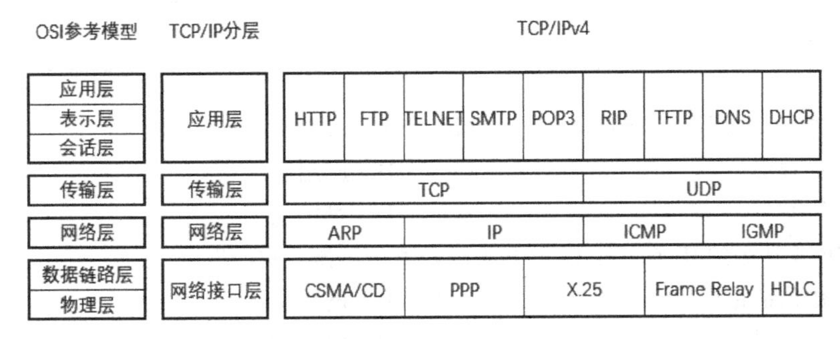

图 2-63　OSI 参考模型和 TCP/IP 分层

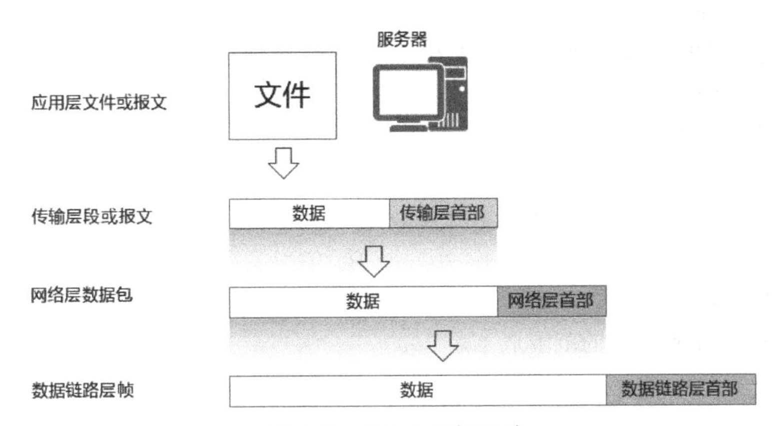

图 2-64　各层之间的关系

（2）灵活性好。每一层的改进和变化不会影响其他层。比如 IPv4 实现的是网络层功能，升级为 IPv6 后，实现的仍然是网络层功能，传输层 TCP 和 UDP 不用做任何变动，数据链路层使用的协议也不用做任何变动。如图 2-65 所示，计算机可以使用 IPv4 和 IPv6 进行通信。

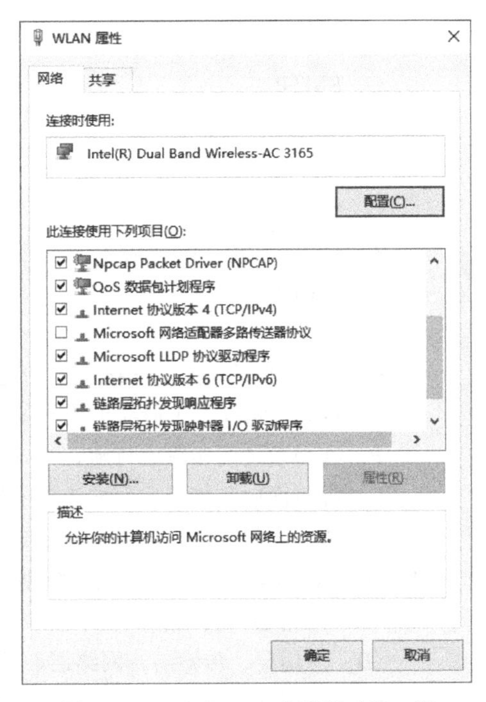

图 2-65　IPv4 和 IPv6 实现的功能一样

（3）各层都可以采用最合适的技术来实现，比如适合布线的就使用双绞线连接网络，有障碍物的就使用无线覆盖。

（4）促进标准化工作。路由器实现网络层功能，交换机实现数据链路层功能，不同厂家的路由器和交换机能够相互连接实现计算机通信，这是因为有了网络层标准和数据链路层标准。

（5）分层后有助于将复杂的计算机通信问题拆分成多个简单的问题，有助于排除网络故障。比如计算机没有设置网关造成的网络故障属于网络层问题，MAC 地址冲突造成的网络故障属于数据链路层问题，IE 浏览器设置了错误的代理服务器访问不了网站，属于应用层问题。

2.8　习题

1．计算机通信实现可靠传输的是TCP/IP的哪一层？（　　）

A．物理层　　B．应用层

C．传输层　　D．网络层

2．由IPv4升级到IPv6，对TCP/IP来说是哪一层做了更改？（　　）

A．数据链路层　　B．网络层

C．应用层　　D．物理层

3．ARP有何作用？（　　）

A．将计算机的MAC地址解析成IP地址

B．域名解析

C．可靠传输

D．将IP地址解析成MAC地址

4．以太网使用什么协议在链路上发送帧？（　　）

A．HTTP　　B．TCP

C．CSMA/CD　　D．ARP

5．TCP和UDP端口号的范围是（　　）。

A．0～256　　B．0～1023

C．0～65535　　D．1024～65535

6．下列网络协议中，默认使用TCP端口号25的是（　　）。

A．HTTP　　B．telnet

C．SMTP　　D．POP3

7．在Windows系统中，查看侦听的端口使用的命令是（　　）。

A．ipconfig /all　　B．netstat -an

C．ping　　D．telnet

8．在Windows中，ping命令使用的协议是（　　）。

A．HTTP　　B．IGMP

C．TCP　　D．ICMP

9．关于OSI参考模型中网络层的功能说法正确的是（　　）。

A．OSI参考模型中最靠近用户的一层，为应用程序提供网络服务

B．在设备之间传输比特流，规定了电平、速度和电缆针脚

C．提供面向连接或非面向连接的数据传递以及进行重传前的差错检测

D．提供逻辑地址，供路由器确定路径

10．OSI参考模型从高层到低层分别是（　　）。

A．应用层、会话层、表示层、传输层、网络层、数据链路层、物理层

B．应用层、传输层、网络层、数据链路层、物理层

C．应用层、表示层、会话层、传输层、网络层、数据链路层、物理层

D．应用层、表示层、会话层、网络层、传输层、数据链路层、物理层

11．网络管理员能使用ping来测试网络的连通性，在这个过程中下面哪些协议可能会被

使用到（　　）。（多选）

A．ARP　　B．TCP

C．ICMP　　D．UDP

12．计算机A给计算机D发送数据包要经过两个以太网帧，如图2-66所示，写出数据包的源IP地址和目标IP地址、源MAC地址和目标MAC地址。

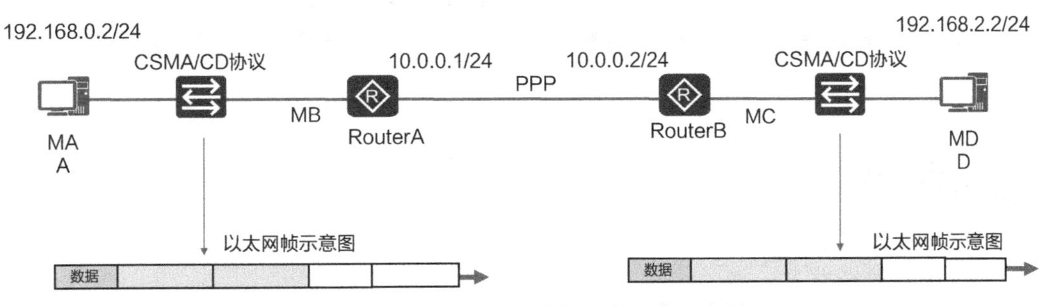

图2-66　计算机A与计算机D的通信示意图

13．TCP/IP按什么分层？写出每一层协议实现的功能。

14．列出几个常见的应用层协议。

15．应用层协议要定义哪些内容？

16．写出传输层的两个协议以及应用场景。

17．写出网络层的4个协议以及每个协议的功能。

第3章 IP地址和子网划分

本章内容

- IP 地址层次结构
- IP 地址分类
- 公网地址
- 私网地址
- 保留的 IP 地址
- 等长子网划分
- 变长子网划分
- 合并网段

本章讲解 IP 地址的格式、子网掩码的作用、IP 地址的分类以及一些特殊的地址，介绍什么是公网地址和私网地址，以及私网地址如何通过 NAT 访问 Internet。

为了避免 IP 地址的浪费，需要根据每个网段的计算机数量来分配合理的 IP 地址块，有可能需要将一个大的网段分成多个子网。本章讲解如何进行等长子网划分和变长子网划分。当然，如果一个网络中的计算机数量非常多，那么有可能一个网段的地址块容纳不下，也可以将多个网段合并成一个大的网段，这个大的网段就是超网。最后本章会介绍子网划分和合并网络的规律。

3.1 学习 IP 地址预备知识

网络中，计算机和网络设备接口的 IP 地址由 32 位的二进制数组成，在后面学习 IP 地址和子网划分时，需要我们将二进制数转化成十进制数，还需要将十进制数转化成二进制数。因此在学习 IP 地址和子网划分之前，先给大家补充一下二进制的相关知识，同时要求大家熟记下面讲到的二进制和十进制之间的关系。

3.1.1 二进制和十进制

学习子网划分需要读者看到一个十进制形式的子网掩码能很快判断出该子网掩码写成二进制形式有几个 1；看到一个二进制形式的子网掩码，也能熟练写出该子网掩码对应的十进制数。

二进制是计算机技术中广泛采用的一种数制。二进制数据是用 0 和 1 两个数码来表示的数。它的基数为 2，进位规则是“逢二进一”，借位规则是“借一当二”，当前的计算机系统使用的基本上是二进制。

下面所列的是二进制和十进制的对应关系。要求最好记住这些对应关系，其实也不用死记硬背，这里有规律可循，如下所示，二进制中的 1 向前移 1 位，对应的十进制乘以 2。

二进制	十进制
1	1
10	2
100	4
1000	8
1 0000	16
10 0000	32
100 0000	64
1000 0000	128

下面列出的二进制数和十进制数的对应关系最好也记住，要求做到：给出下面的一个十进制数，立即就能写出对应的二进制数；给出一个二进制数，能立即写出对应的十进制数。后面给出了记忆规律。

二进制	十进制	
1000 0000	128	
1100 0000	192	这样记 1000 0000+100 0000 也就是 128+64=192
1110 0000	224	这样记 1000 0000+100 0000+10 0000 也就是 128+64+32=224
1111 0000	240	这样记 128+64+32+16=240
1111 1000	248	这样记 128+64+32+16+8=248
1111 1100	252	这样记 128+64+32+16+8+4=252
1111 1110	254	这样记 128+64+32+16+8+4+2=254
1111 1111	255	这样记 128+64+32+16+8+4+2+1=255

可见 8 位二进制数的最大值就是 255。

万一忘记了上面的对应关系，可以使用下面的方法。如图 3-1 所示，只要记住数轴上的几个关键点，对应关系立刻就能想出来。我们画一条线，左端代表二进制数 0000 0000，右端代表二进制数 1111 1111。

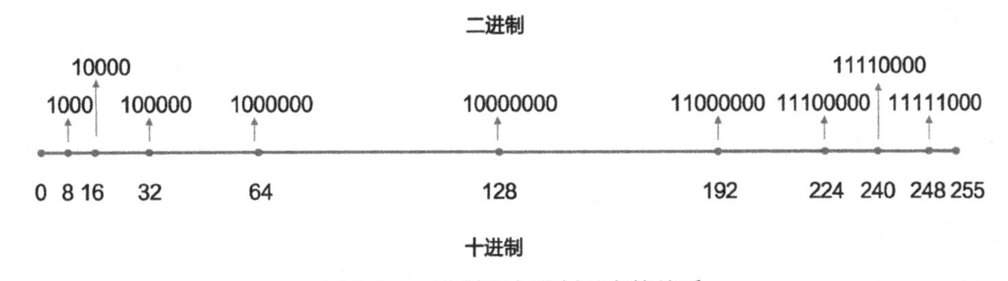

图 3-1 二进制和十进制对应的关系

可以看到 0～255 共计 256 个数字，中间的数字就是 128，128 对应的二进制数就是 1000 0000，这是一个分界点，128 以前的二进制数最高位是 0，128 之后的二进制数的最高位都是 1。

128～255 中间的数，就是 192，二进制是 1100 0000。这就意味着从 192 开始的数，其二进制数最前面的两位都是 1。

192～255 中间的数，就是 224，二进制是 1110 0000。这就意味着从 224 开始的数，其二进制最前面的三位都是 1。

通过这种方式很容易找出 0～128 的数 64 是二进制数 100 0000 对应的十进制数。0～64 的数 32 就是二进制数 10 0000 对应的十进制数。

即便忘记了对应关系，只要画一条数轴，按照上述方法就能很快找到二进制和十进制的对应关系。

3.1.2 二进制数的规律

在后面学习合并网段时需要大家判断给出的几个子网是否能够合并成一个网段，需要能够写出一个数转换成二进制后的形式。下面就介绍一下二进制数的规律，如表 3-1 所示。本节介绍一个快速写出一个数的二进制形式的后几位的方法。

表 3-1 二进制规律

十 进 制	二 进 制	十 进 制	二 进 制
0	0	11	1011
1	1	12	1100
2	10	13	1101
3	11	14	1110
4	100	15	1111
5	101	16	10000
6	110	17	10001

通过表 3-1 中的十进制和二进制的对应关系能找到以下规律。

- 能够被 2 整除的数，写成二进制形式，后一位是 0。如果余数是 1，则最后一位是 1。
- 能够被 4 整除的数，写成二进制形式，后两位是 00。如果余数是 2，那就把 2 写成二进制，后两位是 10。
- 能够被 8 整除的数，写成二进制形式，最后三位是 000。如果余 5，就把 5 写成二进制，后三位是 101。
- 能够被 16 整除的数，写成二进制形式，最后四位是 0000。如果余 6，就把 6 写成二进制，最后四位是 0110。
- 我们可以找出规律，如果让你写出一个十进制数转换成二进制数后后面的 n 位二进制数，可以将该数除以 2^n，将余数写成 n 位二进制即可。

根据前面的规律，写出十进制数 242 转换成二进制数后的最后 4 位。

2^4 是 16，242 除以 16，余 2，将余数写成 4 位二进制，就是 0010。

3.2 理解 IP 地址

IP 地址就是给每个连接在 Internet 上的主机分配的一个 32 位二进制地址。IP 地址用来定位网络中的计算机和网络设备。

3.2.1 MAC 地址和 IP 地址

计算机的网卡有物理层地址（MAC 地址），为什么还需要 IP 地址呢？

如图 3-2 所示，网络中有 3 个网段，一个交换机对应一个网段，使用两个路由器来连接这 3 个网段。图中 MA、MB、MC、MD、ME、MF 以及 M1、M2、M3 和 M4，分别代表计算机和路由器接口的 MAC 地址。

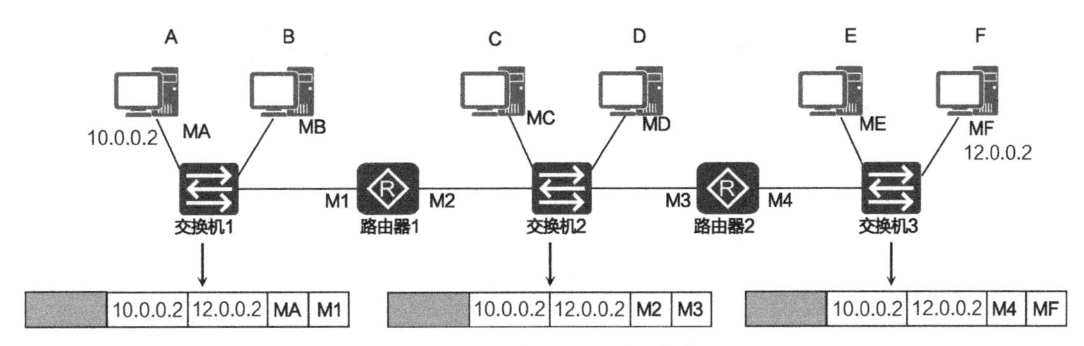

图 3-2 MAC 地址和 IP 地址的作用

假设计算机 A 给计算机 F 发送一个数据包，计算机 A 在网络层给数据包添加源 IP 地址（10.0.0.2）和目标 IP 地址（12.0.0.2）。

该数据包要想到达计算机 F，要经过路由器 1 转发，该数据包如何才能让交换机 1 转发到路由器 1 呢？那就需要在数据链路层添加 MAC 地址，源 MAC 地址为 MA，目标 MAC 地址为 M1。

路由器 1 收到该数据包，需要将该数据包转发到路由器 2，这就要求将数据包重新封装成帧。帧的目标 MAC 地址是 M3，源 MAC 地址是 M2，这也要求重新计算帧校验序列。

数据包到达路由器 2 后需要重新封装，目标 MAC 地址为 MF，源 MAC 地址为 M4。交换机 3 将该帧转发给计算机 F。

从图 3-2 可以看出，数据包的目标 IP 地址决定了数据包最终到达哪一个计算机，而目标 MAC 地址决定了该数据包下一跳由哪个设备接收，但不一定是终点。

如果全球计算机网络是一个大的以太网，那就不需要使用 IP 地址通信了，只使用 MAC 地址就可以了。大家想想那将是一个什么样的场景？一个计算机发广播帧，全球计算机都能收到，都要处理，整个网络的带宽将会被广播帧耗尽。所以还必须由网络设备路由器来隔绝以太网的广播，默认路由器不转发广播帧，路由器只负责在不同的网络间转发数据包。

3.2.2 IP 地址的组成

在讲解 IP 地址之前，先介绍一下大家熟知的电话号码，通过电话号码来理解 IP 地址。

大家都知道，电话号码由区号和本地号码组成。如图 3-3 所示，石家庄地区的区号是 0311，北京市的区号是 010，保定地区的区号是 0312。同一地区的电话号码有相同的区号，打本地电话不用拨区号，打长途才需要拨区号。

和电话号码一样，计算机的 IP 地址也由两部分组成，一部分为网络标识，一部分为主机标识，如图 3-4 所示，同一网段的计算机的 IP 地址的网络标识相同。路由器连接不同网段，负责不同网段之间的数据转发，交换机连接的则是同一网段的计算机。

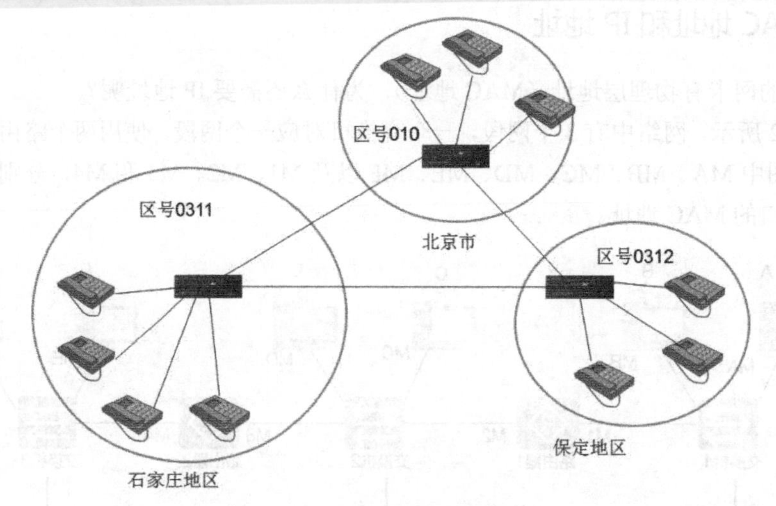

图3-3 区号和电话号

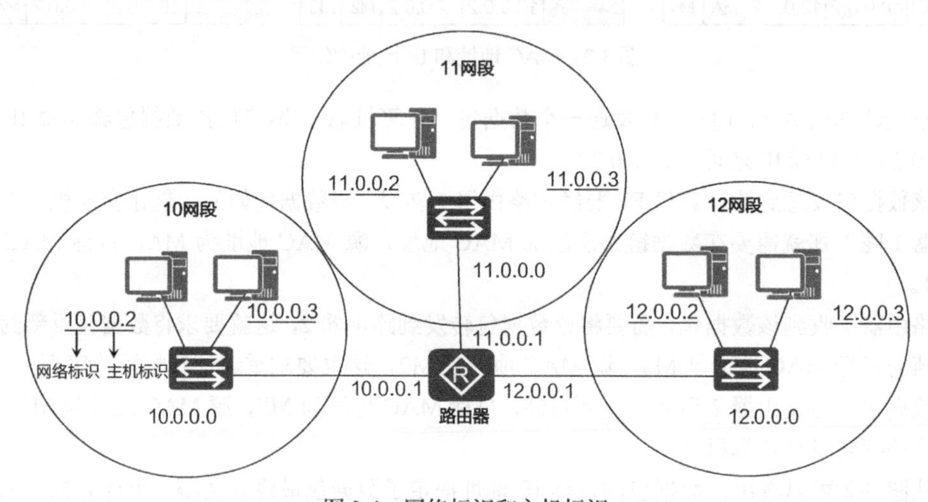

图3-4 网络标识和主机标识

计算机在和其他计算机通信之前，首先要判断目标IP地址和自己的IP地址是否在同一个网段，这决定了数据链路层的目标MAC地址是目标计算机的还是路由器接口的。

3.2.3 IP地址格式

按照TCP/IPv4协议栈规定，IP地址用32位二进制来表示，也就是32比特，换算成字节就是4字节。例如一个采用二进制形式的IP地址是“10101100000100000001111000111000”，这么长的地址，人们处理起来太费劲了。为了方便人们的使用，这些位被分割为4个部分，每一部分有8位，中间使用符号“.”分开。分成4部分的二进制IP地址10101100.00010000.00011110.00111000经常被写成十进制的形式，于是，上面的IP地址可以表示为“172.16.30.56”。IP地址的这种表示法叫作“点分十进制表示法”，这显然比1和0的组合容易记忆得多。

点分十进制记法可以方便我们书写和记忆。计算机配置IP地址时就使用的这种写法，如图3-5所示。本书为了方便描述，给IP地址的这4部分进行了编号，从左到右分别称为第1部分、第2部分、第3部分和第4部分。

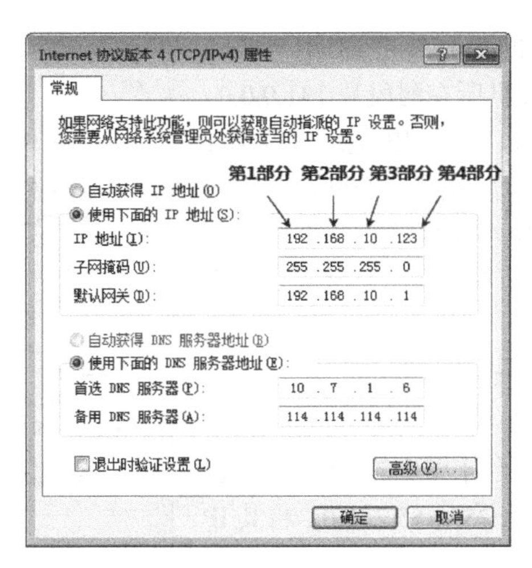

图 3-5 点分十进制记法

8 位二进制的 11111111 转换成十进制就是 255，因此点分十进制的每一部分最大不能超过 255。大家看到给计算机配置 IP 地址时，还会配置子网掩码和默认网关，下面就介绍子网掩码的作用。

3.2.4 子网掩码的作用

子网掩码（Subnet Mask）又叫子网掩码、地址掩码，它是一种用来指明一个 IP 地址的哪些位标识的是主机所在的子网以及哪些位标识的是主机的位掩码。子网掩码只有一个作用，就是将某个 IP 地址划分成网络地址和主机地址两部分。

如图 3-6 所示，计算机的 IP 地址是 131.107.41.6，子网掩码是 255.255.255.0，所在网段是 131.107.41.0，主机部分归零，这就是该主机所在的网段。该计算机和远程计算机通信，只要目标 IP 地址前面三部分是 131.107.41 就认为和该计算机在同一个网段，比如该计算机和 IP 地址 131.107.41.123 在同一个网段，和 IP 地址 131.107.42.123 不在同一个网段，因为网络部分不相同。

如图 3-7 所示，计算机的 IP 地址是 131.107.41.6，子网掩码是 255.255.0.0，计算机所在网段是 131.107.0.0。该计算机和远程计算机通信，目标 IP 地址只要前面两部分是 131.107 就认为和该计算机在同一个网段，比如该计算机和 IP 地址 131.107.42.123 在同一个网段，而和 IP 地址 131.108.42.123 不在同一个网段，因为网络部分不同。

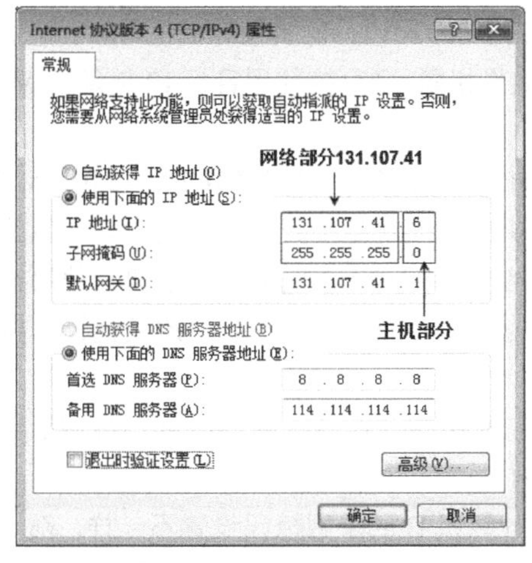

图 3-6 子网掩码的作用（一）

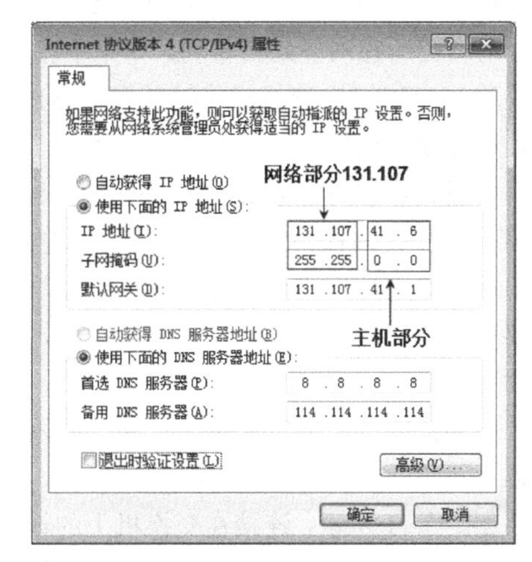

图 3-7 子网掩码的作用（二）

如图 3-8 所示，计算机的 IP 地址是 131.107.41.6，子网掩码是 255.0.0.0，计算机所在网段是 131.0.0.0。该计算机和远程计算机通信，目标 IP 地址只要第 1 部分是 131 就认为和该计算机在同一个网段。比如该计算机和 IP 地址 131.108.42.123 在同一个网段，而和 IP 地址 132.108.42.123 不在同一个网段，因为网络部分不同。

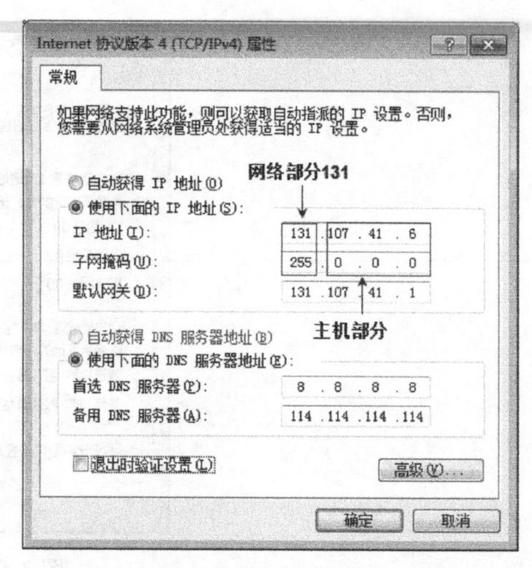

图 3-8 子网掩码的作用（三）

计算机如何使用子网掩码来计算自己所在的网段呢？

如图 3-9 所示，如果一台计算机的 IP 地址配置为 131.107.41.6，子网掩码为 255.255.255.0。将其 IP 地址和子网掩码都写成二进制，对应的二进制位进行“与”运算。两个都是 1 才得 1，否则都得 0，即 1 和 1 做“与”运算得 1，0 和 1 或 1 和 0 做“与”运算都得 0，0 和 0 做“与”运算得 0。这样将 IP 地址和子网掩码做完“与”运算后，主机位不管是什么值都归零，网络位的值保持不变，得到该计算机所处的网段为 131.107.41.0。

IP地址	131	107	41	6
二进制IP地址	1 0 0 0 0 0 1 1	0 1 1 0 1 0 1 1	0 0 1 0 1 0 0 1	0 0 0 0 0 1 1 0
与与				
子网掩码	255	255	255	0
二进制网络掩码	1 1 1 1 1 1 1 1	1 1 1 1 1 1 1 1	1 1 1 1 1 1 1 1	0 0 0 0 0 0 0 0
地址和网络掩码做"与"运算				
网络号	131	107	41	0
二进制网络号	1 0 0 0 0 0 1 1	0 1 1 0 1 0 1 1	0 0 1 0 1 0 0 1	0 0 0 0 0 0 0 0

图 3-9 子网掩码的作用（四）

子网掩码很重要，配置错误会造成计算机通信故障。计算机和其他计算机通信时，首先需要判断目标地址和自己是否在同一个网段，先用自己的子网掩码和自己的 IP 地址进行“与”运算得到自己所在的网段，再用自己的子网掩码和目标地址进行“与”运算，看看得到网络部分与自己所在网段是否相同。如果不相同，则不在同一个网段，封装帧时目标 MAC 地址用网关的 MAC 地址，交换机将帧转发给路由器接口；如果相同，则直接使用目标 IP 地址的 MAC 地址封装帧，直接把帧发给目标 IP 地址。

如图 3-10 所示，路由器连接两个网段 131.107.41.0 255.255.255.0 和 131.107.42.0 255.255.255.0，同一个网段中的计算机子网掩码相同，计算机的网关就是到其他网段的出口，也就是路由器接口地址。路由器接口使用的地址可以是本网段中任何一个地址，不过通常使用该网段第一个可用的地址或最后一个可用的地址，这是为了尽可能避免和网络中的其他计算机地址冲突。

如果计算机没有设置网关，那么跨网段通信时它就不知道谁是路由器，下一跳该给哪个设备。因此计算机要想实现跨网段通信，必须指定网关。

如图 3-11 所示，连接在交换机上的计算机 A 和计算机 B 的子网掩码设置不一样，都没有设置网关。思考一下，计算机 A 是否能够和计算机 B 通信？只有数据包能去能回网络才能通。

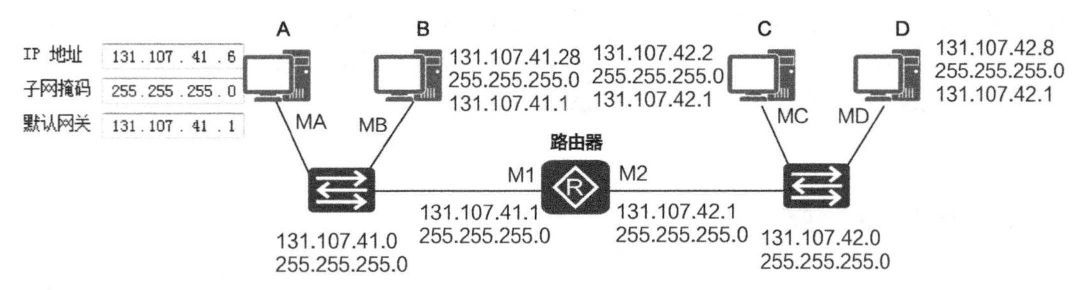

图 3-10 子网掩码和网关的作用

计算机 A 和自己的子网掩码做“与”运算，得到自己所在的网段 131.107.0.0，目标地址 131.107.41.28 也属于 131.107.0.0 网段，计算机 A 把帧直接发送给计算机 B。计算机 B 给计算机 A 发送返回的数据包，计算机 B 在 131.107.41.0 网段，目标地址 131.107.41.6 也属于 131.107.41.0 网段，所以计算机 B 也能够把数据包直接发送到计算机 A，因此计算机 A 能够和计算机 B 通信。

如图 3-12 所示，连接在交换机上的计算机 A 和计算机 B 的子网掩码设置不一样，IP 地址如图 3-12 所示，都没有设置网关。思考一下，计算机 A 是否能够和计算机 B 通信？

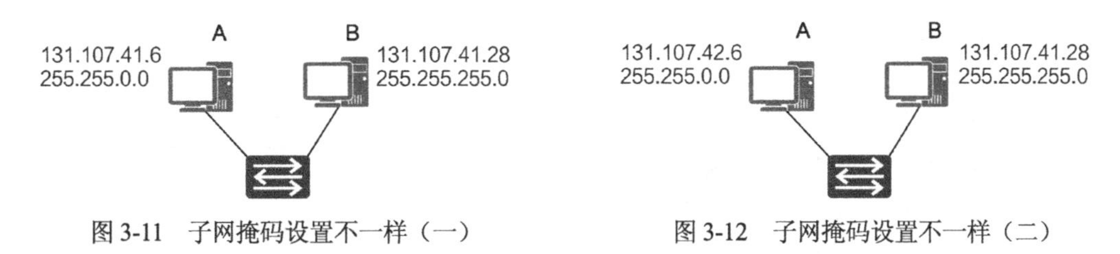

图 3-11 子网掩码设置不一样（一）

图 3-12 子网掩码设置不一样（二）

计算机 A 和自己的子网掩码做“与”运算，得到自己所在的网段 131.107.0.0，目标地址 131.107.41.28 也属于 131.107.0.0 网段，计算机 A 可以把数据包发送给计算机 B。计算机 B 给计算机 A 发送返回的数据包，计算机 B 使用自己的子网掩码计算自己所属网段，得到自己所在的网段为 131.107.41.0，目标地址 131.107.42.6 不属于 131.107.41.0 网段，计算机 B 没有设置网关，不能把数据包发送到计算机 A，因此计算机 A 能发送数据包给计算机 B，但是计算机 B 不能发送返回的数据包，因此网络不通。

3.2.5 子网掩码的另一种表示方法

IP 地址有“类”的概念，A 类地址默认子网掩码为 255.0.0.0，B 类地址默认子网掩码为 255.255.0.0、C 类地址默认子网掩码为 255.255.255.0。等长子网划分和变长子网划分打破了 IP 地址“类”的概念，子网掩码也打破了字节的限制，这种子网掩码被称为可变长子网掩码（Variable Length Subnet Masking，VLSM）。为了方便表示可变长子网掩码，子网掩码还有另一种写法。比如 131.107.23.32/25、192.168.0.178/26，反斜杠后面的数字表示将子网掩码写成二进制形式后 1 的个数。

这种方式打破了 IP 地址“类”的概念，使得 Internet 服务提供商（ISP）可以灵活地将大的地址块分成恰当的小地址块（子网）给客户，不会造成大量 IP 地址浪费。这种方式也可以使得 Internet 上的路由器路由表大大精简。这种方式叫作无类域间路由（Classless Inter-Domain Routing，CIDR），子网掩码中 1 的个数被称为 CIDR 值。

CIDR 的作用就是支持 IP 地址的无类规划，CIDR 采用 13～27 位可变网络 ID，而不是 A、

B、C类网络ID所用的固定的8、16和24位。在IP地址后面添加一个“/”，后面是二进制子网掩码的位数。比如192.168.10.32/24，意味着该地址子网掩码长度为24，即11111111.11111111.11111111. 00000000，等价于子网掩码255.255.255.0。

3.3 IP地址详解

3.3.1 IP地址分类

最初设计互联网络时，Internet委员会定义了5种IP地址类型以适合不同容量的网络，即A类～E类。其中A、B、C三类由InternetNIC在全球范围内统一分配，D、E类为特殊地址。

IPv4地址共32位二进制，分为网络ID和主机ID。哪些位是网络ID、哪些位是主机ID，最初是使用IP地址第1部分进行标识的。也就是说只要看到IP地址的第1部分就知道该地址的子网掩码。这种方式将IP地址分成了A类、B类、C类、D类和E类5类。

如图3-13所示，网络地址最高位是0的地址为A类地址。网络ID全0时不能用，127作为保留网段，因此A类地址的第1部分取值范围为1～126。

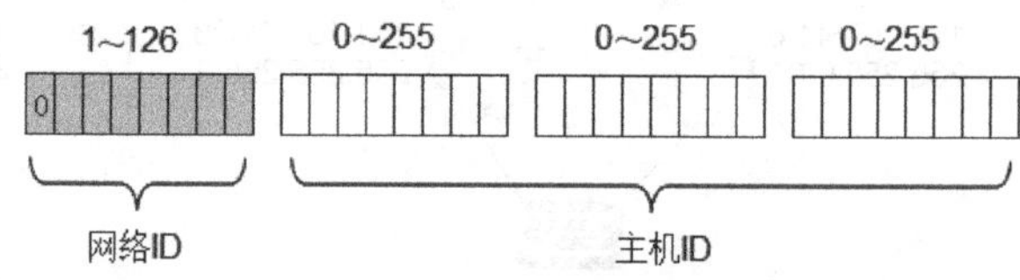

图3-13　A类地址网络位和主机位

A类网络的默认子网掩码为255.0.0.0。主机ID由第2部分、第3部分和第4部分组成，每部分的取值范围为0～255，共256种取值。学过排列组合就会知道，一个A类网络主机的数量是256×256×256=16777216，取值范围是0～16777215，0也算一个数。可用的地址还需减去2，主机ID全0的地址为网络地址，不能给计算机使用，而主机ID全1的地址为广播地址，也不能给计算机使用，因此可用的地址数量为16777214。如果给主机ID全1的地址发送数据包，那么计算机产生一个广播帧，然后发送到本网段全部计算机。

如图3-14所示，网络地址最高位是10的地址为B类地址。IP地址第1部分的取值范围为128～191。

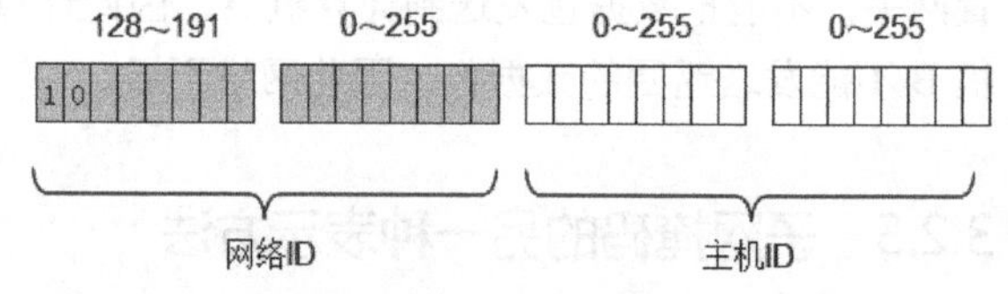

图3-14　B类地址网络位和主机位

B类网络的默认子网掩码为255.255.0.0。主机ID由第3部分和第4部分组成，每个B类网络可以容纳的最大主机数量为256×256=65536，取值范围为0～65535，去掉主机位全0和全1的地址，可用的地址数量为65534个。

如图3-15所示，网络地址最高位是110的地址为C类地址。IP地址第1部分的取值范围为192～223。

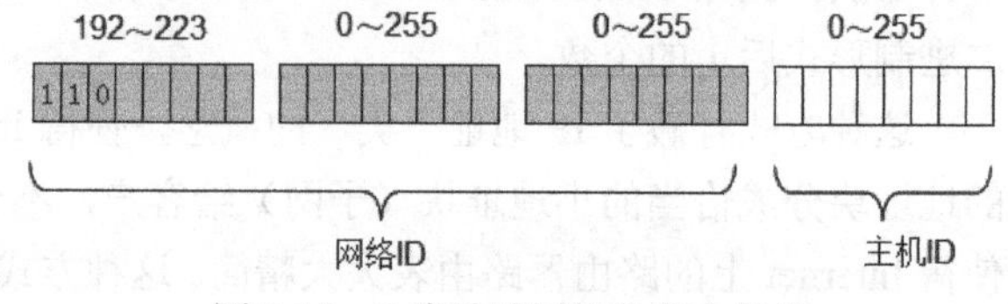

图3-15　C类地址网络位和主机位

C类网络的默认子网掩码为255.255.255.0。主机ID由第4部分组成，每个C类的网络地址数量为256，取值范围0～255，去掉主机位全0和全1的地址，可用地址数量为254。

如图3-16所示，网络地址最高位是1110的地址为D类地址。D类地址第1部分的取值范围为 224～239。D 类地址是用于多播（也称为组播）的地址，多播地址没有子网掩码。希望读者能够记住多播地址的范围，因为有些病毒除了在网络中发送广播外，还有可能发送多播数据包。当你使用抓包工具排除网络故障时，必须能够断定捕获的数据包是多播还是广播。

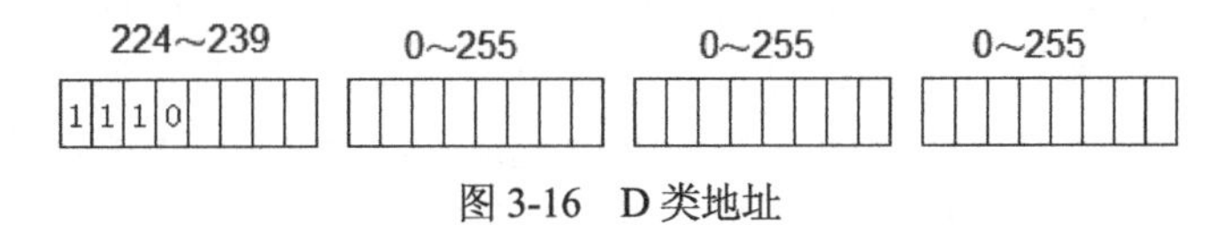

图 3-16　D 类地址

如图 3-17 所示，网络地址最高位是 11110 的地址为 E 类地址。第 1 部分的取值范围为 240～254，保留为今后使用。本书并不讨论这两个类型的地址（并且也不要求你了解这些内容）。

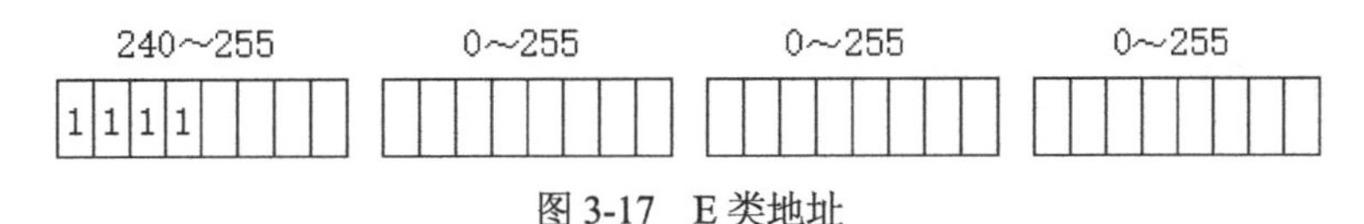

图 3-17　E 类地址

为了方便大家记忆，请观察图 3-18，将 IP 地址的第 1 部分画为一条数轴，数值范围从 0～255。A 类地址、B 类地址、C 类地址、D 类地址以及 E 类地址的取值范围，一目了然。

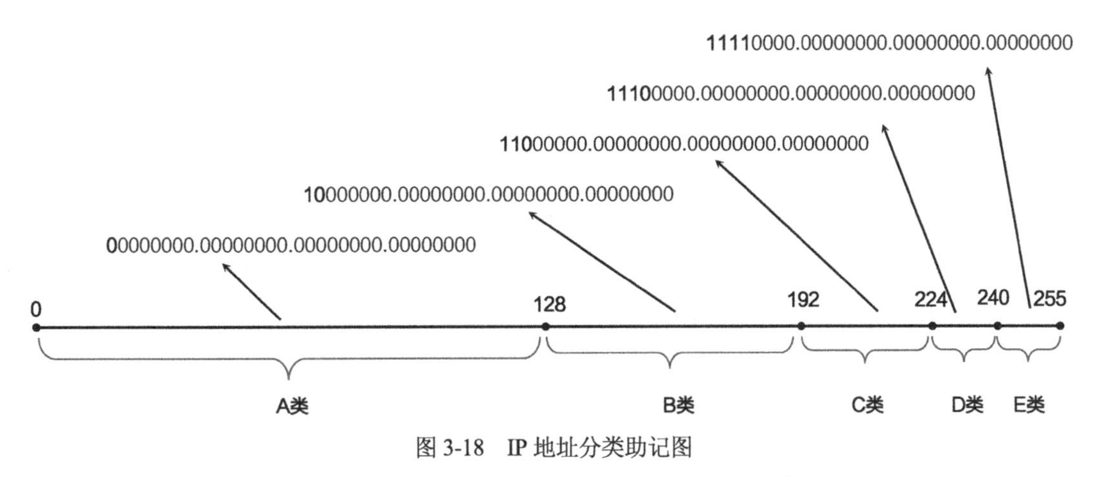

图 3-18　IP 地址分类助记图

3.3.2　特殊的 IP 地址

有些 IP 地址被保留用于某些特殊目的，网络管理员不能将这些地址分配给计算机。下面列出了这些被排除在外的地址，并说明为什么要保留它们。

- 主机 ID 全为 0 的地址：特指某个网段，比如 192.168.10.0、255.255.255.0。
- 主机 ID 全为 1 的地址：特指该网段的全部主机，如果你的计算机发送数据包时使用的是主机 ID 全是 1 的 IP 地址，那么数据链路层地址用广播地址 FF-FF-FF-FF-FF-FF。比如你的计算机 IP 地址是 192.168.10.10，子网掩码是 255.255.255.0，它要发送一个广播包，目标 IP 地址是 192.168.10.255，帧的目标 MAC 地址是 FF-FF-FF-FF-FF-FF，那么该网段中全部计算机都能收到。
- 127.0.0.1：回送地址，指本机地址，一般用作测试使用。回送地址（127.x.x.x）即本机回送地址（Loopback Address），指主机 IP 堆栈内部的 IP 地址，主要用于网络软件测试以及本地计算机进程间通信。无论什么程序，一旦使用回送地址发送数据，协议软件立即返回，不进行任何网络传输。任何计算机都可以用该地址访问自己的共享资源或网站，如果 ping 该地址能够通，说明你的计算机的 TCP/IP 协议栈工作正常，即便你的计算机没有网卡，ping 127.0.0.1 还是能够通的。

- 169.254.0.0：169.254.0.0～169.254.255.255 实际上是自动私有 IP 地址。在 Windows 2000 以前的操作系统中，如果计算机无法获取 IP 地址，则自动配置成“IP 地址：0.0.0.0”“子网掩码：0.0.0.0”的形式，导致其不能与其他计算机通信。而对于 Windows 2000 以后的操作系统，则在无法获取 IP 地址时自动配置成“IP 地址：169.254.×.×”“子网掩码：255.255.0.0”的形式，这样可以使所有获取不到 IP 地址的计算机之间能够通信，如图 3-19 和图 3-20 所示。

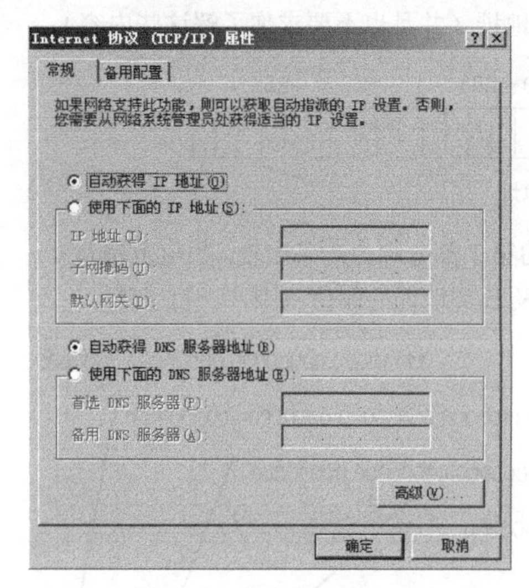

图 3-19　自动获得地址

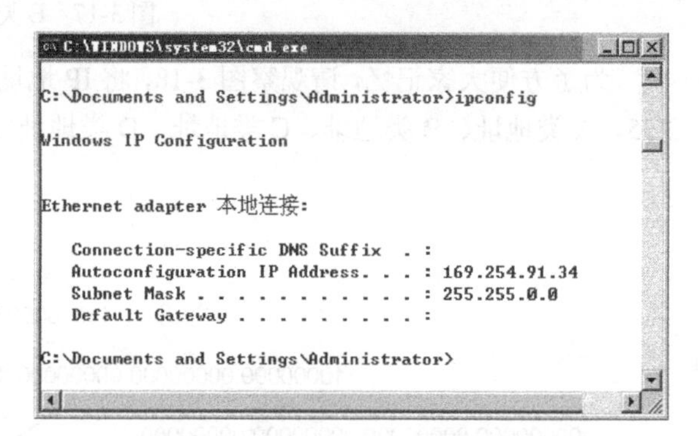

图 3-20　Windows 自动配置的 IP 地址

- 0.0.0.0：如果计算机的 IP 地址和网络中的其他计算机地址冲突，那么使用 ipconfig 命令看到的就是 0.0.0.0，子网掩码也是 0.0.0.0，如图 3-21 所示。

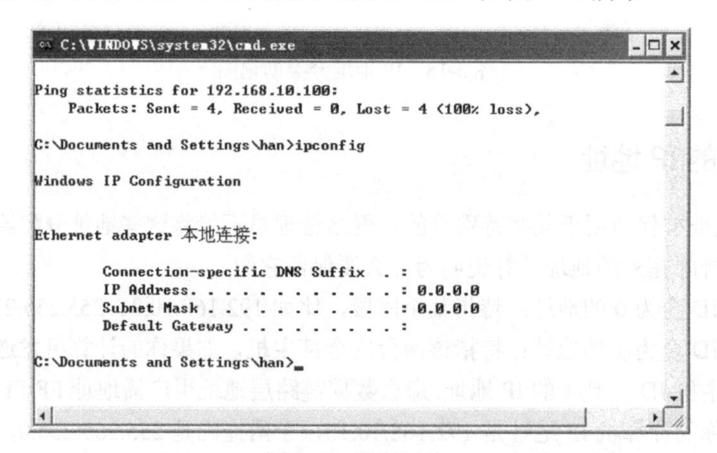

图 3-21　地址冲突

3.4　私网地址和公网地址

从事网络方面的工作必须了解公网 IP 地址和私网 IP 地址，下面就给大家进行详细讲解。

3.4.1 公网地址

在 Internet 网络上有千百万台主机，都需要使用 IP 地址进行通信，这就要求接入 Internet 的各个国家的各级 ISP 使用的 IP 地址块不能重叠，这需要互联网有一个组织进行统一的地址规划和分配。这些统一规划和分配的全球唯一的地址被称为“公网地址”（public address）。

公网地址的分配和管理由因特网信息中心（Internet Network Information Center，InterNIC）负责。各级 ISP 使用的公网地址都需要向 InterNIC 提出申请，由 InterNIC 统一发放，这样就能确保地址块不冲突。

正是因为 IP 地址是统一规划、统一分配的，所以我们只要知道 IP 地址，就能很方便地查到该地址是哪个城市的哪个 ISP。如果你的网站遭到了来自某个地址的攻击，通过以下方式就可以知道攻击者所在的城市和所属的运营商。

比如我们想知道淘宝网站位于哪个城市哪个 ISP 的机房。那么需要先解析出网站的 IP 地址，在用命令提示符 ping 该网站的域名，就能解析出该网站的 IP 地址。

如图 3-22 所示，在百度查找淘宝网站 IP 地址所属运营商和所在位置。

图 3-22 查看淘宝网站 IP 地址所属运营商和所在地

3.4.2 私网地址

创建 IP 寻址方案的人也创建了私网 IP 地址，这些地址可以被用于私有网络。Internet 上没有这些 IP 地址，Internet 上的路由器也没有到私有网络的路由。在 Internet 上不能访问这些私网地址，从这一点来说使用私网地址的计算机更加安全，同时也有效地节省了公网 IP 地址。

保留的私有 IP 地址如下所列。

- A 类：10.0.0.0 255.0.0.0，保留了一个 A 类网络。
- B 类：172.16.0.0 255.255.0.0～172.31.0.0 255.255.0.0，保留了 16 个 B 类网络。
- C 类：192.168.0.0 255.255.255.0～192.168.255.0 255.255.255.0，保留了 256 个 C 类网络。

如果你负责为一个公司规划网络，那么到底使用哪一类私有地址呢？如果公司目前有 7 个部门，每个部门不超过 200 台计算机，你可以考虑使用保留的 C 类私有地址；如果你为石家庄市教委规划网络，石家庄市教委要和石家庄地区的几百所中小学的网络连接，网络规模较大，那就选择保留的 A 类私有网络地址，最好用 10.0.0.0 网络地址并带有/24 的子网掩码，这样可以有 65536 个网络供你使用，并且每个网络都允许带有 254 台主机，这样会给学校留有非常大的地址空间。

3.5 子网划分

3.5.1 为什么需要子网划分

现在在 Internet 上使用的协议是 TCP/IP 第 4 版，也就是 IPv4，其 IP 地址由 32 位的二进制数组成，这些地址如果全部能分配给计算机，共计 2^{32} = 4294967296，大约 40 亿个可用地址，这些地址去除掉 D 类地址和 E 类地址，还有保留的私网地址后，能够在 Internet 上使用的公网地址就变得越发紧张。并且我们每个人需要使用的地址也不止 1 个，现在智能手机、智能家电接入互联网都需要 IP 地址。

在 IPv6 还没有完全在互联网普遍应用的 IPv4 和 IPv6 共存阶段，IPv4 公网地址资源日益紧张，这就需要用到本章讲到的子网划分技术，使得 IP 地址能够充分利用，减少地址浪费。

如图 3-23 所示，按照 IP 地址传统的分类方法，一个网段有 200 个计算机，分配一个 C 类网络 212.2.3.0 255.255.255.0，可用的地址范围为 212.2.3.1～212.2.5.254，尽管没有全部用完，但这种情况还不算是极大浪费。

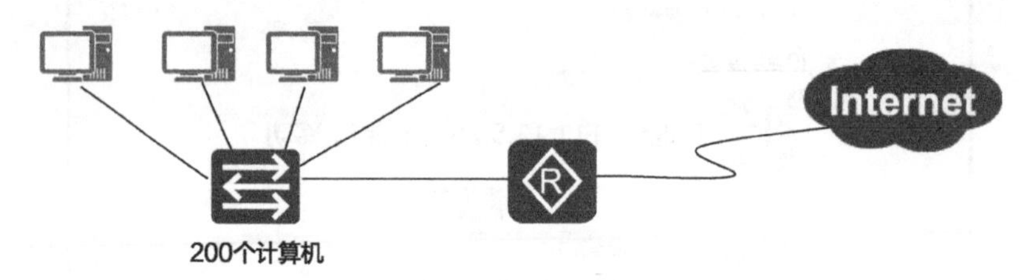

图 3-23 地址浪费的情况

如果一个网络中有 400 台计算机，分配一个 C 类网络，地址就不够用了，那就分配一个 B 类网络 131.107.0.0 255.255.0.0，该 B 类网络可用的地址范围为 131.107.0.1～131.107.255.254，一共有 65534 个地址可用，这就造成了极大浪费。

下面讲的子网划分，就是要打破 IP 地址的分类所限定的地址块，使得 IP 地址的数量和网络中的计算机数量更加匹配。由简单到复杂，我们先讲等长子网划分，再讲变长子网划分。

3.5.2 等长子网划分

等长子网划分就是将一个网段等分成多个网段，也就是等分成多个子网。

子网划分就是借用现有网段的主机位做子网位，划分出多个子网。子网划分的任务包括两部分：

- 确定子网掩码的长度；
- 确定子网中第一个可用的 IP 地址和最后一个可用的 IP 地址。

等长子网划分就是将一个网段等分成多个网段。

1. 等分成两个子网

下面以一个 C 类网络划分为两个子网为例，讲解子网划分的过程。

如图 3-24 所示，某公司有两个部门，每个部门有 100 台计算机，都通过路由器连接 Internet。给这 200 台计算机分配一个 C 类网络 192.168.0.0，该网段的子网掩码为 255.255.255.0，连接局域网的路由器接口使用该网段的第一个可用的 IP 地址 192.168.0.1。

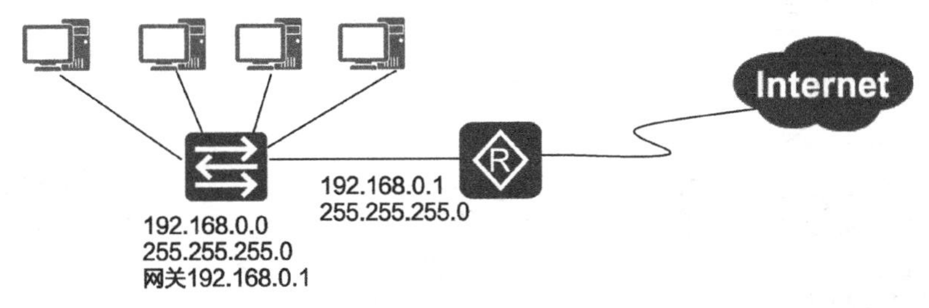

图 3-24 一个网段的情况

为了安全考虑，我们打算将这两个部门的计算机分为两个网段，中间使用路由器隔开。计算机数量没有增加，还是 200 台，因此一个 C 类网络的 IP 地址是足够用的。现在将 192.168.0.0 255.255.255.0 这个 C 类网络划分成两个子网。

如图 3-25 所示，将 IP 地址的第 4 部分写成二进制形式，子网掩码使用两种方式表示：二进制和十进制。子网掩码往右移一位，这样 C 类地址主机 ID 的第 1 位就成为网络位，该位为 0 是 A 子网，该位为 1 是 B 子网。

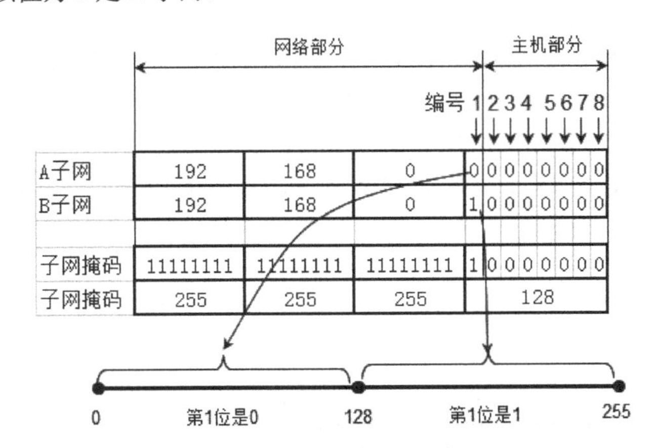

规律：如果想要一个子网是原来网络的$\frac{1}{2}$，那么需要将子网掩码往后移1位。

图 3-25 等分成两个子网

如图 3-25 所示，IP 地址的第 4 部分，其值在 0 到 127 之间的，第 1 位均为 0；其值在 128 到 255 之间的，第 1 位均为 1。这样，原来的网络分成了 A、B 两个子网，以 128 为界。现在的子网掩码中的 1 变成了 25 个，写成十进制就是 255.255.255.128。子网掩码向后移动了 1 位（即子网掩码中 1 的数量增加 1），就划分出 2 个子网。

A 和 B 两个子网的子网掩码都为 255.255.255.128。

A 子网可用的地址范围为 192.168.0.1～192.168.0.126，IP 地址为 192.168.0.0。由于主机位全为 0，所以不能分配给计算机使用。如图 3-26 所示，192.168.0.127 由于主机位全为 1，也不能分配计算机。

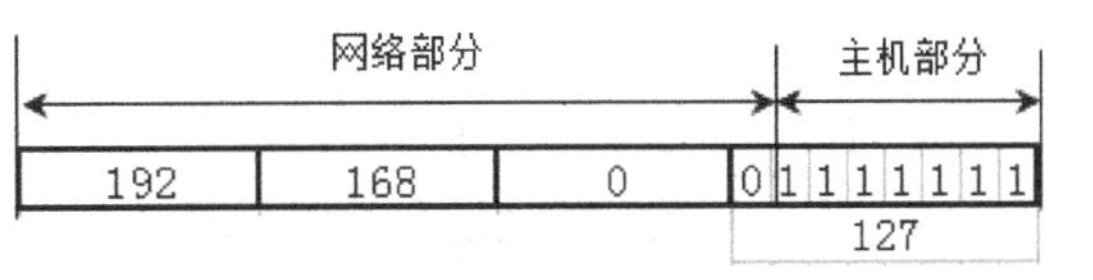

图 3-26 网络部分和主机部分

B 子网可用的地址范围为 192.168.0.129～192.168.0.254。IP 地址 192.168.0.128 由于主机位全为 0，所以不能分配给计算机使用；IP 地址 192.168.0.255 由于主机位全为 1，也不能分配给计算机。

划分成两个子网后的网络规划如图 3-27 所示。

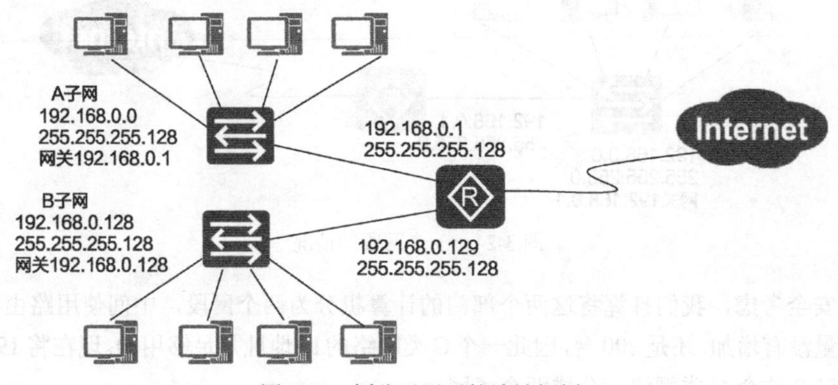

图 3-27　划分子网后的地址规划

2．等分成 4 个子网

假如公司有 4 个部门，每个部门有 50 台计算机，现在使用 192.168.0.0/24 这个 C 类网络。从安全方面考虑，我打算将每个部门的计算机放置到独立的网段中，这就要求将 192.168.0.0 255.255.255.0 这个 C 类网络划分为 4 个子网，那么如何划分成 4 个子网呢？

如图 3-28 所示，将 192.168.0.0 255.255.255.0 网段的 IP 地址的第 4 部分写成二进制，要想分成 4 个子网，需要将子网掩码往右移动两位，这样第 1 位和第 2 位就变为网络位。这就可以分成 4 个子网，第 1 位和第 2 位为 00 是 A 子网，为 01 是 B 子网，为 10 是 C 子网，为 11 是 D 子网。

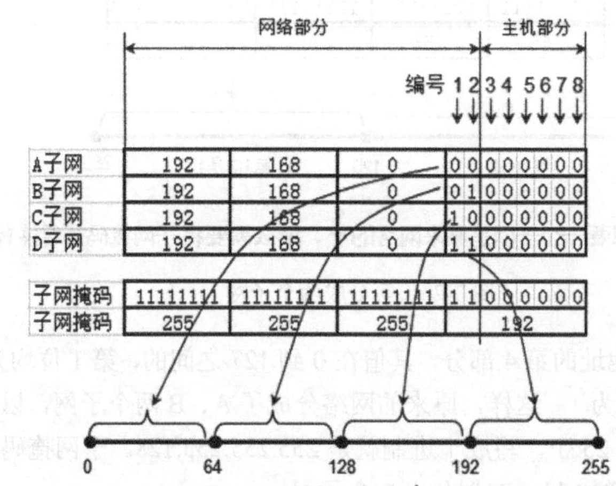

规律：如果一个子网是原来网络的 $\frac{1}{2}\times\frac{1}{2}=\frac{1}{4}$，那就需要子网掩码往后移2位。

图 3-28　等分为 4 个子网

A、B、C、D 子网的子网掩码都为 255.255.255.192。

A 子网可用的开始地址和结束地址为 192.168.0.1～192.168.0.62。

B 子网可用的开始地址和结束地址为 192.168.0.65～192.168.0.126。

C 子网可用的开始地址和结束地址为 192.168.0.129～192.168.0.190。

D 子网可用的开始地址和结束地址为 192.168.0.193～192.168.0.254。

注意：如图 3-29 所示，每个子网的最后一个地址都是本子网的广播地址，不能分配给计算机使用，如 A 子网的 63、B 子网的 127、C 子网的 191 和 D 子网的 255。

	网络部分				主机位全1
A子网	192	168	0	00	111111
					63
B子网	192	168	0	01	111111
					127
C子网	192	168	0	10	111111
					191
D子网	192	168	0	11	111111
					255
子网掩码	11111111	11111111	11111111	11	000000
子网掩码	255	255	255	192	

图 3-29　网络部分和主机部分

3．等分为 8 个子网

如果想把一个 C 类网络等分成 8 个子网，如图 3-30 所示，那么子网掩码需要往右移 3 位，这样才能划分出 8 个子网。第 1 位、第 2 位和第 3 位都变成网络位。

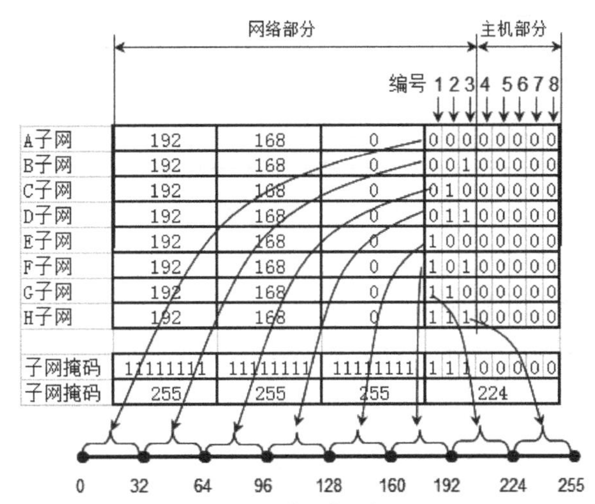

规律：如果一个子网是原来网络的 $\frac{1}{2}\times\frac{1}{2}\times\frac{1}{2}=\frac{1}{8}$，那么需要子网掩码往后移3位。

图 3-30　等分成 8 个子网

每个子网的子网掩码都一样，为 255.255.255.224。

A 子网可用的开始地址和结束地址为 192.168.0.1～192.168.0.30。

B 子网可用的开始地址和结束地址为 192.168.0.33～192.168.0.62。

C 子网可用的开始地址和结束地址为 192.168.0.65～192.168.0.94。

D 子网可用的开始地址和结束地址为 192.168.0.97～192.168.0.126。

E 子网可用的开始地址和结束地址为 192.168.0.129～192.168.0.158。

F 子网可用的开始地址和结束地址为 192.168.0.161～192.168.0.190。

G 子网可用的开始地址和结束地址为 192.168.0.193～192.168.0.222。

H子网可用的开始地址和结束地址为192.168.0.225～192.168.0.254。

注意：每个子网能用的主机IP地址，都要去掉主机位全为0和主机位全为1的地址。31、63、95、127、159、191、223、255都是相应子网的广播地址。

每个子网是原来的$\frac{1}{2}\times\frac{1}{2}\times\frac{1}{2}$，即3个$\frac{1}{2}$，子网掩码往右移3位。

总结：如果一个子网地址块是原来网段的$\left(\frac{1}{2}\right)^n$，那么子网掩码就在原网段的基础上后移$n$位。

3.5.3 等长子网划分示例

上一节使用一个C类网络讲解了等长子网划分，总结的规律照样也适用于B类网络的子网划分。在不太熟悉的情况下容易出错，最好将主机位写成二进制的形式，确定子网掩码和每个子网第一个和最后一个能用的地址。

如图3-31所示，将131.107.0.0 255.255.0.0等分成2个子网。子网掩码往右移动1位，就能等分成两个子网。

	网络部分		主机部分	
A子网	131	107	0 0000000	00000000
B子网	131	107	1 0000000	00000000
子网掩码	11111111	11111111	1 0000000	00000000
子网掩码	255	255	128	0

图3-31 B类网络的子网划分

这两个子网的子网掩码都是255.255.128.0。

先确定A子网的第一个可用地址和最后一个可用地址，大家在不熟悉的情况下最好按照图3-32的形式将主机部分写成二进制，主机位不能全是0，也不能全是1，然后再根据二进制写出第一个可用地址和最后一个可用地址。

	网络部分		主机部分	
A子网第一个可用的地址	131	107	0 0000000	00000001
	131	107	0	1
A子网最后一个可用的地址	131	107	0 1111111	11111110
	131	107	127	254

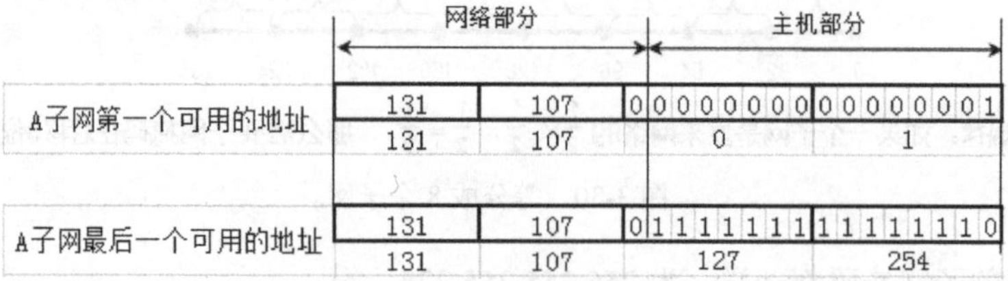

图3-32 A子网地址范围

A子网的第一个可用地址是131.107.0.1，最后一个可用地址是131.107.127.254。大家思考一下，A子网中的131.107.0.255这个地址是否可以给计算机使用？

如图3-33所示，B子网的第一个可用地址是131.107.128.1，最后一个可用地址是131.107.255.254。

这种方式虽然步骤烦琐一点，但不容易出错，等熟悉了之后就可以直接写出子网的第一个可用地址和最后一个可用地址了。

	网络部分		主机部分	
B子网第一个可用的地址	131	107	10000000	00000001
	131	107	128	1
B子网最后一个可用的地址	131	107	11111111	11111110
	131	107	255	254

图 3-33 B 子网地址范围

前面给大家讲的都是将一个网段等分成多个子网。如果每个子网中计算机的数量不一样，就需要将该网段划分成地址空间不等的子网，这就是变长子网划分。有了等长子网划分的基础，划分变长子网也就容易了。

3.5.4 变长子网划分

如图 3-34 所示，有一个 C 类网络 192.168.0.0 255.255.255.0，需要将该网络划分成 5 个网段以满足以下网络需求：该网络中有 3 个交换机，分别连接 20 台计算机、50 台计算机和 100 台计算机，路由器之间的连接接口也需要地址，这两个地址也是一个网段，这样网络中一共有 5 个网段。

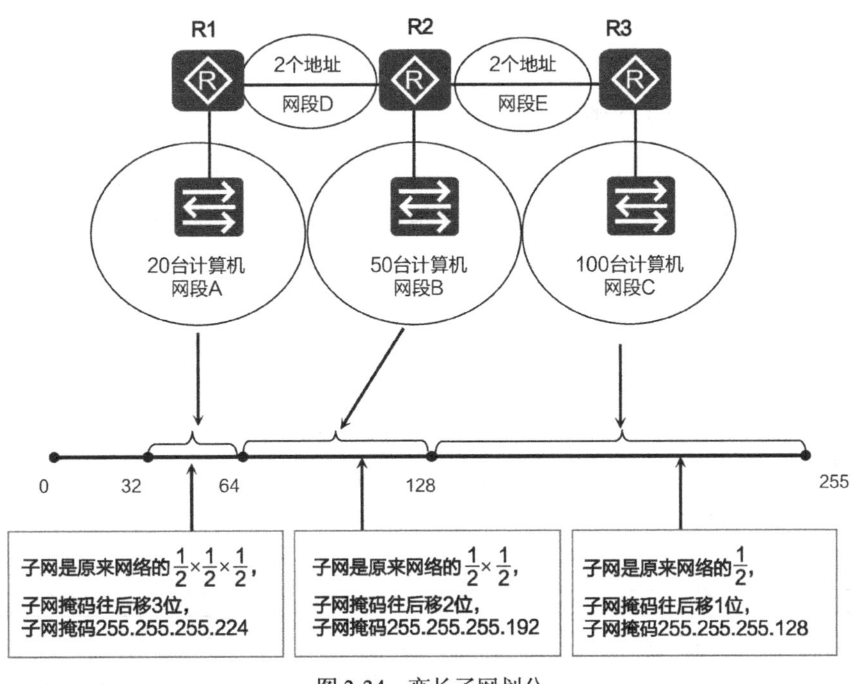

图 3-34 变长子网划分

如图 3-34 所示，将 192.168.0.0 255.255.255.0 的主机位从 0～255 画一条数轴，将 128～255 的地址空间给 100 台计算机的网段比较合适，该子网的地址范围是原来网络的$\frac{1}{2}$，子网掩码往后移 1 位，写成十进制形式就是 255.255.255.128。第一个能用的地址是 192.168.0.129，最后一个能用的地址是 192.168.0.254。

64～127 的地址空间给 50 台计算机的网段比较合适，该子网的地址范围是原来的$\frac{1}{2}\times\frac{1}{2}$，子网掩码往后移 2 位，写成十进制就是 255.255.255.192。第一个能用的地址是 192.168.0.65，最后一个能用的地址是 192.168.0.126。

32～63 的地址空间给 20 台计算机的网段比较合适，该子网的地址范围是原来的$\frac{1}{2}\times\frac{1}{2}\times\frac{1}{2}$，子网掩码往后移 3 位，写成十进制就是 255.255.255.224。第一个能用的地址是 192.168.0.33，最后一个能用的地址是 192.168.0.62。

当然我们也可以使用以下的子网划分方案，100 台计算机的网段可以使用 0～127 的子网，50 台计算机的网段可以使用 128～191 的子网，20 台计算机的网段可以使用 192～223 的子网，如图 3-35 所示。

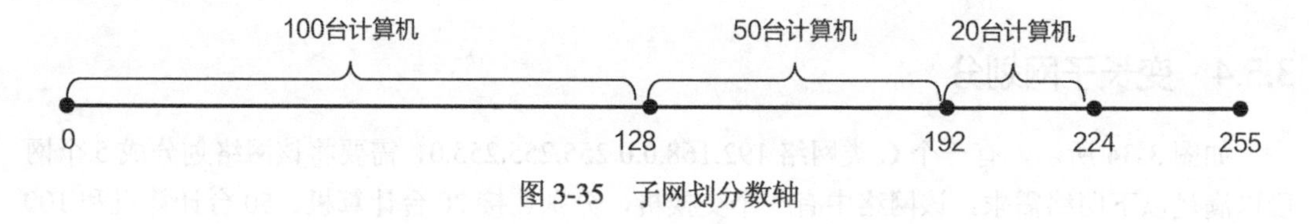

图 3-35　子网划分数轴

规律：如果一个子网地址块是原来网段的$\left(\frac{1}{2}\right)^n$，子网掩码就在原网段的基础上后移 n 位，不等长子网的子网掩码也不同。

3.5.5　点到点网络的子网掩码

如果某个网络中就需要两个 IP 地址，那么子网掩码该是多少呢？如图 3-34 所示，路由器之间连接的接口也是一个网段，且只需要两个地址。下面看看如何给图 3-34 中的 D 网络和 E 网络规划子网。

如图 3-36 所示，0～3 的子网可以给 D 网络中的两个路由器接口，第一个可用的地址是 192.168.0.1，最后一个可用的地址是 192.158.0.2，192.168.0.3 是该网络中的广播地址。

4～7 的子网可以给 E 网络中的两个路由器接口，第一个可用的地址是 192.168.0.5，最后一个可用的地址是 192.158.0.6，192.168.0.7 是该网络中的广播地址，如图 3-37 所示。

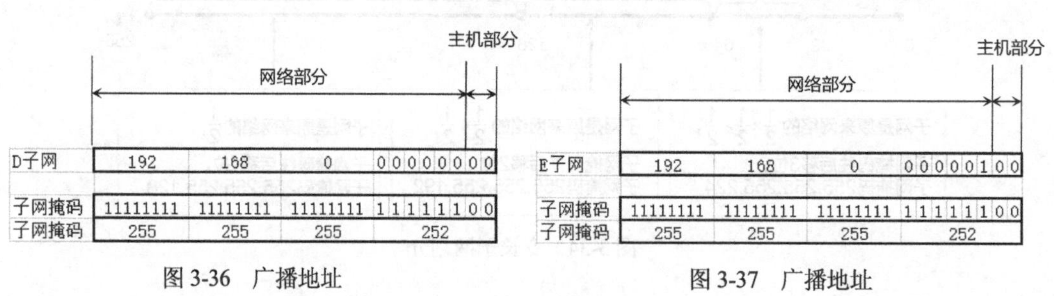

图 3-36　广播地址　　　　图 3-37　广播地址

每个子网是原来网络的$\frac{1}{2}\times\frac{1}{2}\times\frac{1}{2}\times\frac{1}{2}\times\frac{1}{2}\times\frac{1}{2}$，也就是$\left(\frac{1}{2}\right)^6$，子网掩码向后移动 6 位，11111111.11111111.11111111.11111100 写成十进制也就是 255.255.255.252。

子网划分的最终结果如图 3-38 所示。经过精心规划，该方案不但满足了 5 个网段的地址需求，还剩余了两个地址块，8～16 地址块和 16～32 地址块没有被使用。

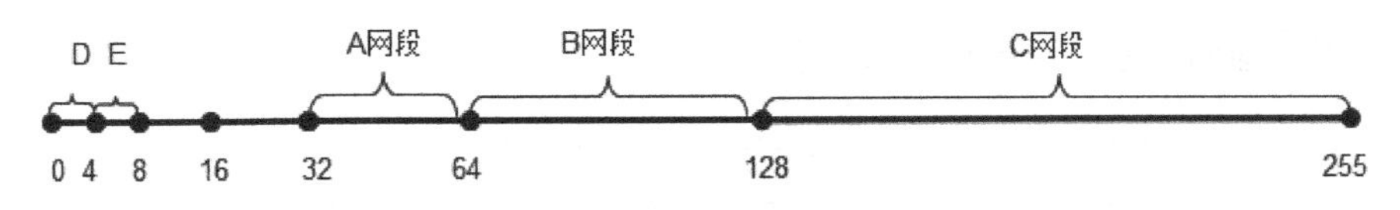

图 3-38 分配的子网和剩余的子网

3.5.6 判断 IP 地址所属的网段

下面来学习根据给出的 IP 地址和子网掩码判断该 IP 地址所属的网段。前面说过，将 IP 地址中的主机位归 0，此时的地址就是该主机所在的网段。

判断 192.168.0.101/26 所属的子网。

该地址为 C 类地址，默认子网掩码为 24 位，现在是 26 位。子网掩码往右移了两位，根据以上总结的规律，每个子网是原来的 $\frac{1}{2}\times\frac{1}{2}$，即将这个 C 类网络等分成了 4 个子网。如图 3-39 所示，101 所处的位置位于 64～128，主机位归 0 后等于 64，因此该地址所属的子网是 192.168.0.64。

判断 192.168.0.101/27 所属的子网。

该地址为 C 类地址，默认子网掩码为 24 位，现在是 27 位。子网掩码往右移了 3 位，根据以上总结的规律，每个子网是原来的 $\frac{1}{2}\times\frac{1}{2}\times\frac{1}{2}$，即将这个 C 类网络等分成 8 个子网。如图 3-40 所示，101 所处的位置位于 96～128，主机位归 0 后等于 96。因此该地址所属的子网是 192.168.0.96。

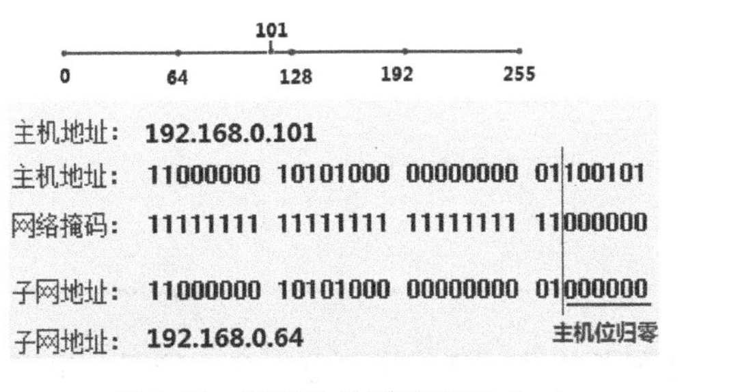

图 3-39 判断地址所属子网（一）

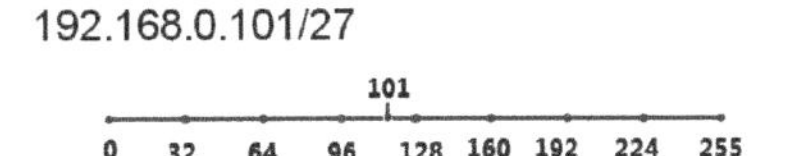

图 3-40 判断地址所属子网（二）

总结如下：

IP 地址 192.168.0.0～192.168.0.63 都属于 192.168.0.0/26 子网；

IP 地址 192.168.0.64～192.168.0.127 都属于 192.168.0.64/26 子网；

IP 地址 192.168.0.128～192.168.0.191 都属于 192.168.0.128/26 子网；

IP 地址 192.168.0.192～192.168.0.255 都属于 192.168.0.192/26 子网，如图 3-41 所示。

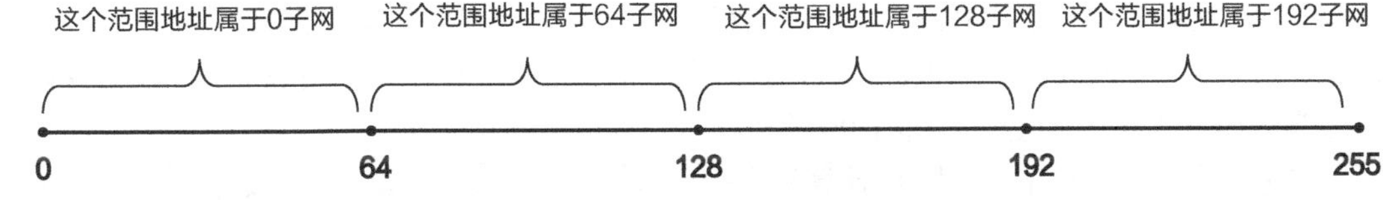

图 3-41 断定 IP 地址所属子网的规律

3.5.7 子网划分需要注意的几个问题

- 将一个网络等分成两个子网，每个子网肯定是原来网络的一半。

比如将192.168.0.0/24分成两个子网，要求一个子网能够放140台主机，另一个子网放60台主机，能实现吗？

从主机数量来说，总数没有超过254台，该C类网络能够容纳这些地址，但划分成两个子网后却发现，这140台主机在这两个子网中都不能容纳，如图3-42所示，因此不能实现。140台主机最少占用一个C类地址。

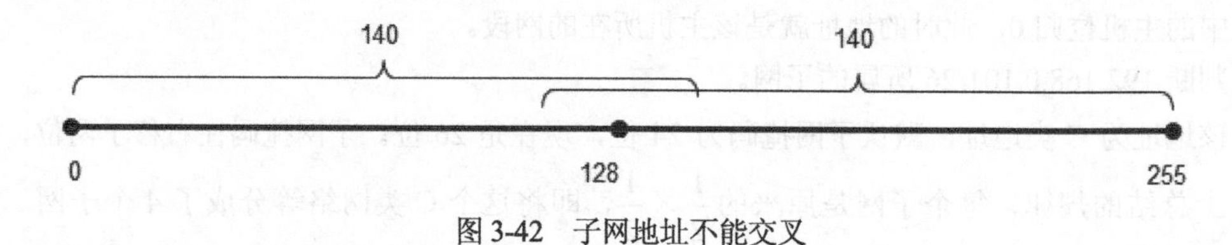

图3-42 子网地址不能交叉

- 子网地址不可重叠。

如果将一个网络划分多个子网，这些子网的地址空间不能重叠。

将192.168.0.0/24划分成3个子网，子网A 192.168.0.0/25、子网C 192.168.0.64/26和子网B 192.168.0.128/25，这就出现了地址重叠，如图3-43所示，子网A和子网C的地址重叠了。

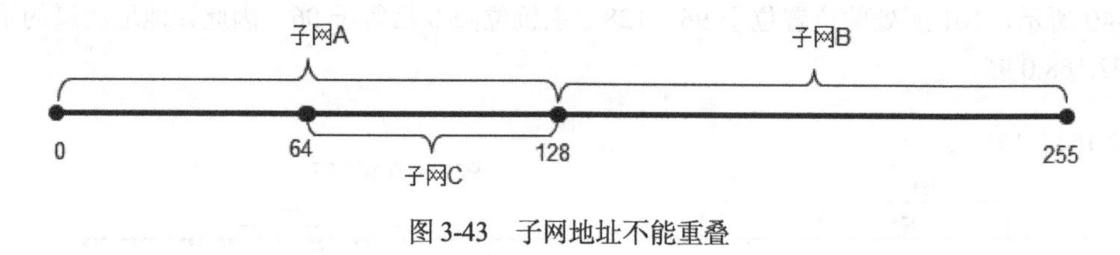

图3-43 子网地址不能重叠

3.6 合并网段

前面讲解的子网划分，就是将一个网络的主机位当作网络位来划分出多个子网。也可以将多个网段合并成一个大的网段，合并后的网段称为超网，下面介绍合并网段的方法。

3.6.1 合并网段的方法

如图3-44所示，某企业有一个网段，该网段有200台计算机，使用192.168.0.0 255.255.255.0网段，后来计算机数量增加到400台。

在该网络中添加交换机，可以扩展网络的规模。一个C类IP地址不够用，再添加一个C类地址192.168.1.0 255.255.255.0。这些计算机物理上在一个网段，但是IP地址没在一个网段，即逻辑上不在一个网段。如果想让这些计算机之间能够通信，可以在路由器的接口添加这两个C类网络的地址作为这两个网段的网关。

在这种情况下，A计算机与B计算机进行通信，必须通过路由器转发，这样两个子网才能够通信。本来这些计算机物理上在同一个网段，但还需要路由器转发，可见效率不高。

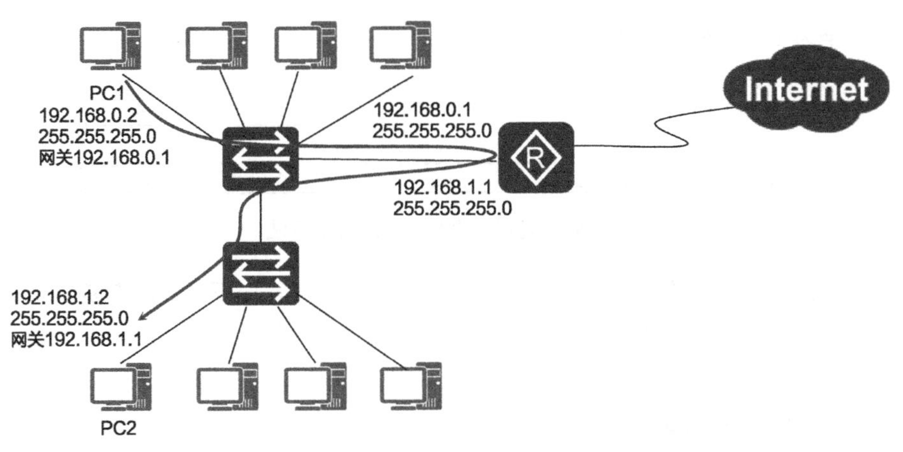

图 3-44 两个网段的地址

有没有更好的办法，可以让这两个 C 类网段的计算机逻辑上在一个网段？这就需要将 192.168.0.0/24 和 192.168.1.0/24 这两个 C 类网络合并。

如图 3-45 所示，将这两个网段的 IP 地址的第 3 部分和第 4 部分写成二进制，可以看到将子网掩码往左移动 1 位（子网掩码中 1 的数量减少 1），两个网段的网络部分就一样了，两个网段就在一个网段了。

	网络部分			主机部分	
192.168.0.0	192	168	0 0 0 0 0 0 0	0	0 0 0 0 0 0 0 0
192.168.1.0	192	168	0 0 0 0 0 0 0	1	0 0 0 0 0 0 0 0
子网掩码	11111111	11111111	1 1 1 1 1 1 1	0	0 0 0 0 0 0 0 0
子网掩码	255	255	254		0

图 3-45 合并两个子网

合并后的网段为 192.168.0.0/23，子网掩码写成十进制为 255.255.254.0，可用地址为 192.168.0.1～192.168.1.254。网络中计算机的 IP 地址和路由器接口的地址配置，如图 3-46 所示。

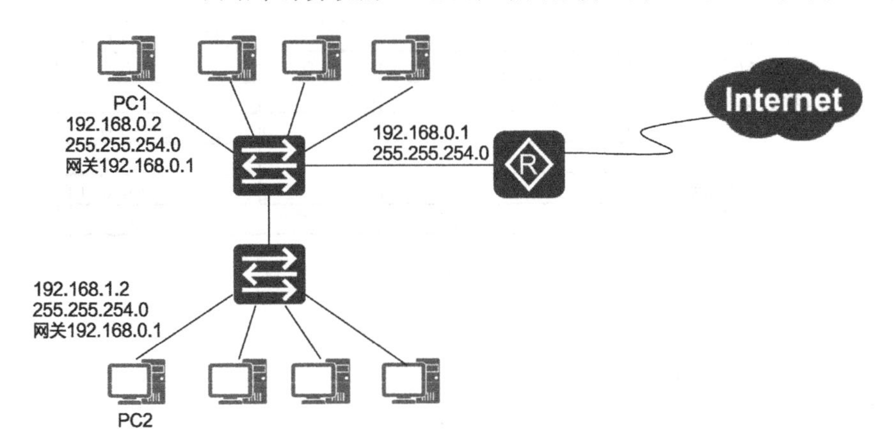

图 3-46 合并后的地址配置

合并之后，IP 地址 192.168.0.255/23 就可以给计算机使用。你也许觉得该地址的主机位全部是 1，不能给计算机使用。但是把这个 IP 地址的第 3 部分和第 4 部分写成二进制就会看出主机位并不全为 1，如图 3-47 所示。

网络部分
主机部分
192.168.0.255/23
192
168
0 0 0 0 0 0 0 0
1 1 1 1 1 1 1 1

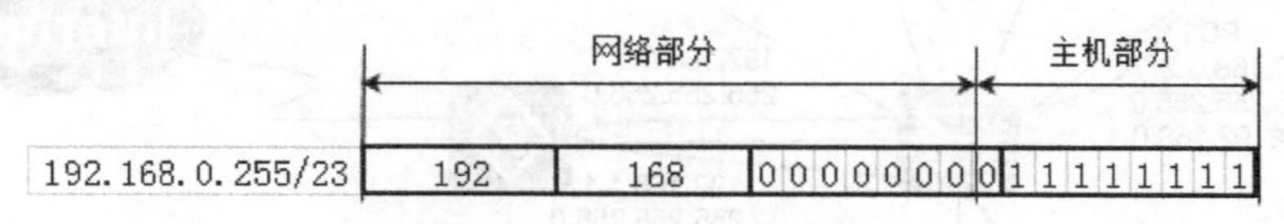

图 3-47 确定是否是广播地址的方法

规律：子网掩码往左移 1 位，能够合并两个连续的网段，但不是任何连续的网段都能合并。下面讲解合并网段的规律。

3.6.2 合并网段的规律

前面讲了子网掩码往左移动 1 位，能够合并两个连续的网段，但不是任何两个连续的网段都能通过该方法合并成 1 个网段。

比如 192.168.1.0/24 和 192.168.2.0/24 就不能通过向左移动 1 位子网掩码来合并成一个网段。将这两个网段的第 3 部分和第 4 部分写成二进制能够看出来，如图 3-48 所示，向左移动 1 位子网掩码，这两个网段的网络部分还是不相同，说明不能合并成一个网段。

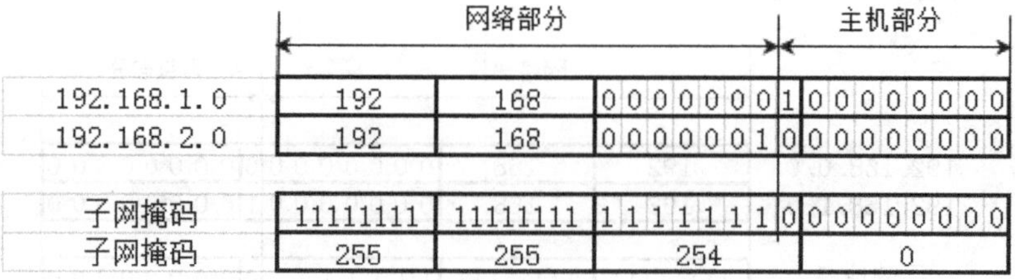

网络部分
主机部分
192.168.1.0
192
168
0 0 0 0 0 0 0 1
0 0 0 0 0 0 0 0
192.168.2.0
192
168
0 0 0 0 0 0 1 0
0 0 0 0 0 0 0 0
子网掩码
11111111
11111111
1 1 1 1 1 1 1 0
0 0 0 0 0 0 0 0
子网掩码
255
255
254
0

图 3-48 合并网段的规律

子网掩码向左移动 2 位，其实就是合并了 4 个网段，如图 3-49 所示。

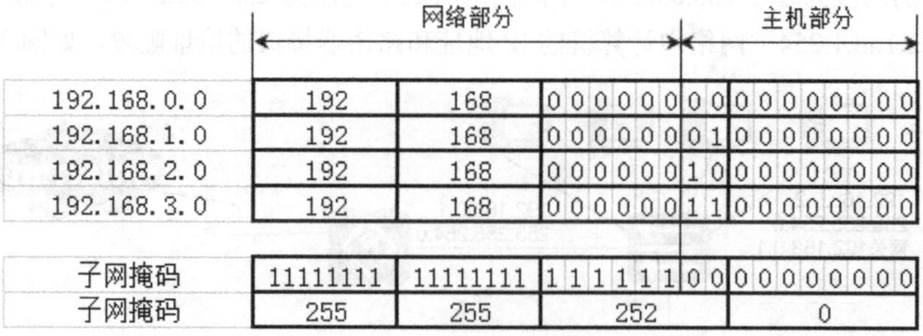

网络部分
主机部分
192.168.0.0
192
168
0 0 0 0 0 0 0 0
0 0 0 0 0 0 0 0
192.168.1.0
192
168
0 0 0 0 0 0 0 1
0 0 0 0 0 0 0 0
192.168.2.0
192
168
0 0 0 0 0 0 1 0
0 0 0 0 0 0 0 0
192.168.3.0
192
168
0 0 0 0 0 0 1 1
0 0 0 0 0 0 0 0
子网掩码
11111111
11111111
1 1 1 1 1 1 0 0
0 0 0 0 0 0 0 0
子网掩码
255
255
252
0

图 3-49 合并网段的规律

下面讲解哪些连续的网段能够合并，即合并网段的规律。

（1）判断两个子网能否合并。

如图 3-50 所示，192.168.0.0/24 和 192.168.1.0/24 子网掩码往左移 1 位，可以合并为一个网段 192.168.0.0/23。

如图 3-51 所示，192.168.2.0/24 和 192.168.3.0/24 子网掩码往左移 1 位，可以合并为一个网段 192.168.2.0/23。

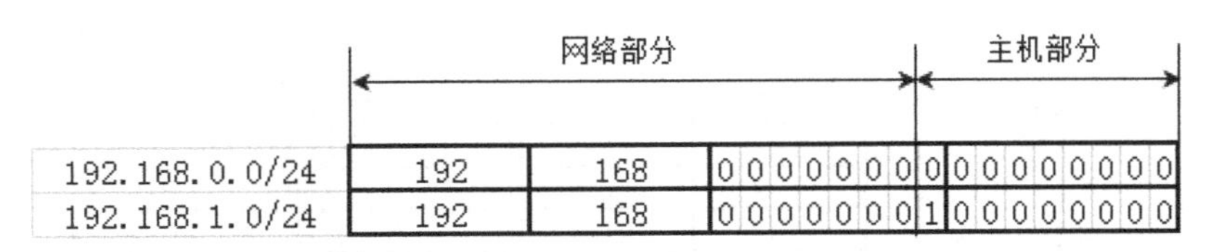

图 3-50　合并 192.168.0.0/24 和 192.168.1.0/24

	网络部分			主机部分
192.168.2.0/24	192	168	0 0 0 0 0 0 1 0	0 0 0 0 0 0 0 0
192.168.3.0/24	192	168	0 0 0 0 0 0 1 1	0 0 0 0 0 0 0 0

图 3-51　合并 192.168.2.0/24 和 192.168.3.0/24

可以看出规律，合并两个连续的网段，第一个网段的网络号写成二进制的最后一位是 0，这两个网段就能合并。由 3.1.2 节所讲的规律，只要一个数能够被 2 整除，写成二进制最后一位肯定是 0。

结论：判断连续的两个网段是否能够合并，只要第一个网络号能被 2 整除，就能够通过左移 1 位子网掩码合并成一个网段。

131.107.31.0/24 和 131.107.32.0/24 是否能够左移 1 位子网掩码合并？

131.107.142.0/24 和 131.107.143.0/24 是否能够左移 1 位子网掩码合并？

根据上面的结论：31 除 2，余 1，131.107.31.0/24 和 131.107.32.0/24 不能通过左移 1 位子网掩码合并成一个网段。

142 除 2，余 0，131.107.142.0/24 和 131.107.143.0/24 能通过左移 1 位子网掩码合并成一个网段。

（2）判断 4 个网段能否合并。

如图 3-52 所示，合并 192.168.0.0/24、192.168.1.0/24、192.168.2.0/24 和 192.168.3.0/24 4 个子网，子网掩码需要向左移动 2 位。

	网络部分				主机部分
192.168.0.0	192	168	0 0 0 0 0 0	0 0	0 0 0 0 0 0 0 0
192.168.1.0	192	168	0 0 0 0 0 0	0 1	0 0 0 0 0 0 0 0
192.168.2.0	192	168	0 0 0 0 0 0	1 0	0 0 0 0 0 0 0 0
192.168.3.0	192	168	0 0 0 0 0 0	1 1	0 0 0 0 0 0 0 0

子网掩码	11111111	11111111	1 1 1 1 1 1 0 0	0 0 0 0 0 0 0 0
子网掩码	255	255	252	0

图 3-52　合并 4 个网段

可以看到，合并 192.168.4.0/24、192.168.5.0/24、192.168.6.0/24 和 192.168.7.0/24 4 个子网，子网掩码需要向左移动 2 位，如图 3-53 所示。

规律：要合并连续的 4 个网络，只要第一个网段的网络号写成二进制后最后两位是 00，这 4 个网段就能合并。根据 3.1.2 节讲到的二进制数的规律，只要一个数能够被 4 整除，写成二进制的最后两位肯定是 00。

	网络部分			主机部分	
192.168.4.0/24	192	168	0 0 0 0 0 1	0 0	0 0 0 0 0 0 0 0
192.168.5.0/24	192	168	0 0 0 0 0 1	0 1	0 0 0 0 0 0 0 0
192.168.6.0/24	192	168	0 0 0 0 0 1	1 0	0 0 0 0 0 0 0 0
192.168.7.0/24	192	168	0 0 0 0 0 1	1 1	0 0 0 0 0 0 0 0
子网掩码	11111111	11111111	1 1 1 1 1 1	0 0	0 0 0 0 0 0 0 0
子网掩码	255	255	252		0

图 3-53 合并 4 个网段

结论：判断连续的 4 个网段是否能够合并，只要第一个网段的网络号能被 4 整除，就能够通过左移 2 位子网掩码将这 4 个网段合并。

如图 3-54 所示，网段合并的规律如下：子网掩码左移 1 位能够合并 2 个网段，左移 2 位能够合并 4 个网段，左移 3 位能够合并 8 个网段。

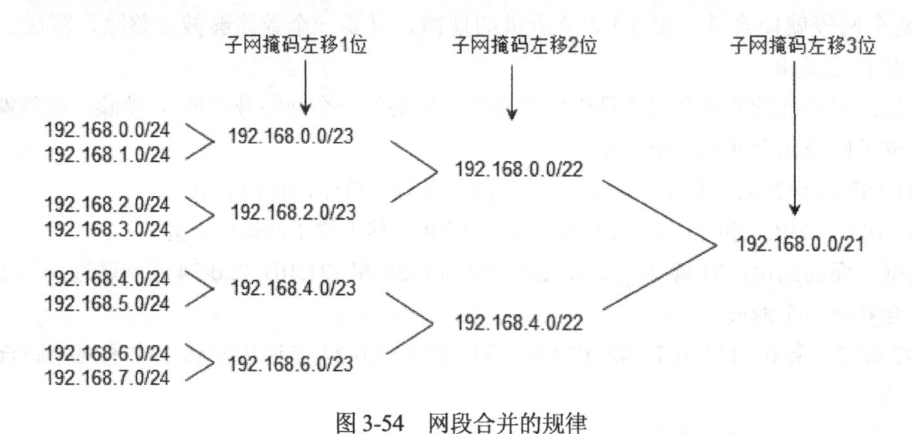

图 3-54 网段合并的规律

规律：子网掩码左移 n 位，能合并的网段数量是 2^n。

3.6.3 判断一个网段是超网还是子网

左移子网掩码可合并多个网段，右移子网掩码可将一个网段划分成多个子网，这使得 IP 地址打破了传统的 A 类、B 类、C 类网络的界限。

判断一个网段到底是子网还是超网，就要看该网段是 A 类网络、B 类网络还是 C 类网络。默认 A 类地址的子网掩码是/8、B 类地址的子网掩码是/16、C 类地址的子网掩码是/24。如果该网段的子网掩码比默认子网掩码长（子网掩码 1 的个数多于默认子网掩码 1 的个数），就是子网；如果该网段的子网掩码比默认子网掩码短（子网掩码 1 的个数少于默认子网掩码 1 的个数），则是超网。

12.3.0.0/16 是 A 类网络还是 C 类网络呢？是超网还是子网呢？该 IP 地址的第一部分是 12，这是一个 A 类网络，A 类地址的默认子网掩码是/8，该 IP 地址的子网掩码是/16，比默认子网掩码长，所以说这是 A 类网结的一个子网。

222.3.0.0/16 是 C 类网络还是 B 类网络呢？是超网还是子网呢？该 IP 地址的第一部分是 222，这是一个 C 类网络，C 类地址的默认子网掩码是/24，该 IP 地址的子网掩码是/16，比默认子网掩码短，所示说这是一个合并了 222.3.0.0/24～222.3.255.0/24 共 256 个 C 类网络的超网。

3.7 习题

1．根据图 3-55 所示的网络拓扑和网络中的主机数量，将左侧的 IP 地址拖放到合适的接口。

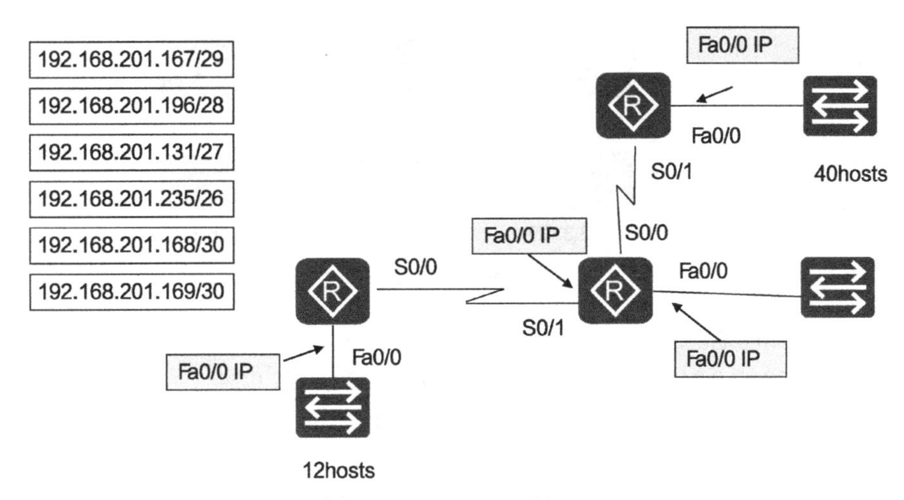

图 3-55 网络规划

2．以下哪几个地址属于 115.64.4.0/22 网段？（　　）（选择 3 个答案）

A．115.64.8.32　　B．115.64.7.64

C．115.64.6.255　　D．115.64.3.255

E．115.64.5.128　　F．115.64.12.128

3．子网（　　）被包含在 172.31.80.0/20 网络。（选择 2 个答案）

A．172.31.17.4/30　　B．172.31.51.16/30

C．172.31.64.0/18　　D．172.31.80.0/22

E．172.31.92.0/22　　F．172.31.192.0/18

4．某公司设计网络，需要 300 个子网，每个子网的主机数量最大为 50，对一个 B 类网络进行子网划分，下面的子网掩码（　　）可以采用。（选择 2 个答案）

A．255.255.255.0　　B．255.255.255.128

C．255.255.255.224　　D．255.255.255.192

5．网段 172.25.0.0/16 被分成 8 个等长子网，下面的地址（　　）属于第三个子网。（选择 3 个答案）

A．172.25.78.243　　B．172.25.98.16

C．172.25.72.0　　D．172.25.94.255

E．172.25.96.17　　F．172.25.100.16

6．根据图 3-56，以下网段（　　）能够指派给网络 A 和链路 A。（选择 2 个答案）

A．网络 A——172.16.3.48/26　　B．网络 A——172.16.3.128/25

C．网络 A——172.16.3.192/26　　D．链路 A——172.16.3.0/30

E．链路 A——172.16.3.40/30　　F．链路 A——172.16.3.112/30

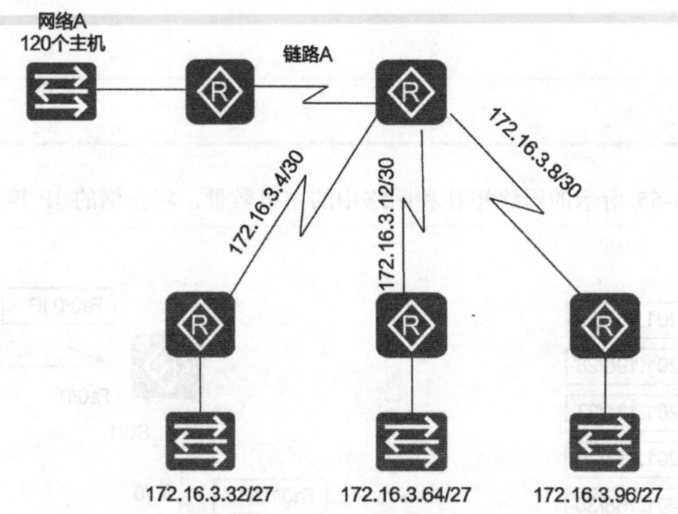

图3-56 网络拓扑

7．以下属于私网地址的是（ ）。

A．192.178.32.0/24　　B．128.168.32.0/24

C．172.15.32.0/24　　D．192.168.32.0/24

8．网络122.21.136.0/22中可用的最大地址数量是（ ）。

A．102　　B．1023

C．1022　　D．1000

9．主机地址192.15.2.160所在的网络是（ ）。

A．192.15.2.64/26　　B．192.15.2.128/26

C．192.15.2.96/26　　D．192.15.2.192/26

10．某公司的网络地址为192.168.1.0/24，要划分成5个子网，每个子网最多20台主机，则适用的子网掩码是（ ）。

A．255.255.255.192　　B．255.255.255.240

C．255.255.255.224　　D．255.255.255.248

11．某端口的IP地址为202.16.7.131/26，该IP地址所在网络的广播地址是（ ）。

A．202.16.7.255　　B．202.16.7.129

C．202.16.7.191　　D．202.16.7.252

12．在IPv4中，组播地址是（ ）地址。

A．A类　　B．B类

C．C类　　D．D类

13．某主机的IP地址为180.80.77.55、子网掩码为255.255.252.0，该主机向所在的子网发送广播分组，则目的地址可以是（ ）。

A．180.80.76.0　　B．180.80.76.255

C．180.80.77.255　　D．180.80.79.255

14．某网络的IP地址空间为192.168.5.0/24，采用等长子网划分，子网掩码为255.255.255.248，则划分的子网个数为（ ），每个子网中的最大可分配地址数量为（ ）。

A．32，6　　B．32，8

C．8，32　　D．8，30

15．网络管理员希望能够有效利用 192.168.176.0/25 网段的 IP 地址，现公司市场部门有 20 台主机，则最好分配下面哪个网段给市场部？（　　）

A．192.168.176.0/25　　B．192.168.176.160/27

C．192.168.176.48/29　　D．192.168.176.96/27

16．一台 Windows 主机初次启动，如果无法从 DHCP 服务器获取 IP 地址，那么此主机可能会使用下列哪个 IP 地址？（　　）

A．0.0.0.0　　B．127.0.0.1

C．169.254.2.33　　D．255.255.255.255

17．对于地址 192.168.19.255/20，下列说法中正确的是（　　）。

A．这是一个广播地址　　B．这是一个网络地址

C．这是一个私有地址　　D．该地址在 192.168.19.0 网段上

18．将 192.168.10.0/24 网段划分成 3 个子网，每个子网的计算机数量如图 3-57 所示，写出各个网段的子网掩码和能够分配给计算机使用的第一个可用地址和最后一个可用地址。

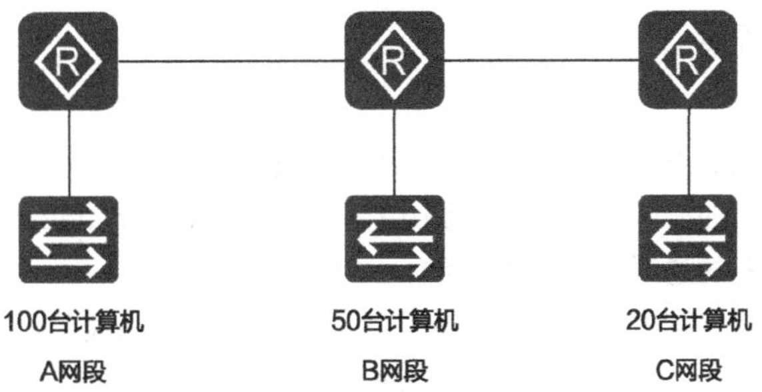

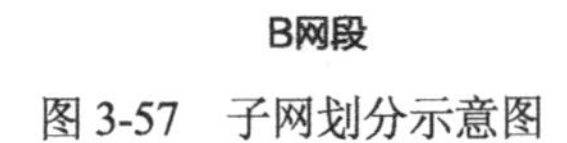

图 3-57　子网划分示意图

	第一个可用地址	最后一个可用地址	子网掩码
A 网段	________	________	________
B 网段	________	________	________
C 网段	________	________	________

第4章 管理华为设备

本章内容

- 介绍华为网络设备操作系统
- eNSP 简介
- 路由器的基本操作
- 配置文件的管理
- 捕获数据包

配置华为的路由器、交换机以及防火墙等网络设备就要熟悉其操作系统。华为公司为这些网络设备开发了通用的操作系统，通用路由平台（Versatile Routing Platform，VRP）就是华为公司为网络设备准备的通用网络操作系统。

在本章，你将配置 eNSP 中的网络设备，以实现和物理机的通信。

VRP 为用户提供了命令行界面（Command-Line Interface，CLI），管理网络设备需要用户掌握命令行的使用方法。

第一次配置华为网络设备时通常通过 Console 口登录。配置好网络后，就可以通过 telnet、SSH、Web 登录网络设备以进行设备配置操作。网络设备的常规配置包括更改设备名称、设置设备时钟、给网络设备接口配置 IP 地址以及设置登录密码等。

设备配置完成后会立即生效，此时可输入 display current-configuration 命令来查看当前生效的配置；输入 display saved-configuration 命令来保存当前配置，也可以更改下一次启动加载的配置文件。

VRP 通过文件系统来对设备上的所有文件（包括设备的配置文件、系统文件、License 文件、补丁文件）和目录进行管理。VRP 文件系统主要用来创建、删除、修改、复制和显示文件及目录。管理存储中的文件，设置启动配置文件，将这些配置文件通过 TFTP 和 FTP 导出以实现备份。

4.1 介绍华为网络设备操作系统

通用路由平台（Versatile Routing Platform，VRP）是华为公司数据通信产品的通用网络操作系统。目前，在全球各地的网络通信系统中，华为设备几乎无处不在，因此，学习、了解 VRP 的相关知识对于网络通信技术人员来说就显得尤为重要。

VRP 是华为公司具有完全自主知识产权的网络操作系统，可以运行在从低端到高端的全系列路由器、交换机等数据通信产品的通用网络操作系统中，如同微软公司的 Windows 操作系统，苹果公司的 iOS 操作系统。VRP 可以运行在多种硬件平台之上，如图 4-1 所示，包括路由器、局域网交换机、ATM 交换机、拨号访问服务器、IP 电话网关、电信级综合业务接入平台、智能业务选择网关，以及专用硬件防火墙等。VRP 拥有一致的网络界面、用户界面和管理界面，为用户提供了灵活丰富的应用解决方案。

图 4-1 运行 VRP 平台的设备

VRP 平台以 TCP/IP 簇为核心，实现了数据链路层、网络层和应用层的多种协议，在操作系统中集成了路由交换技术、QoS 技术、安全技术和 IP 语音技术等功能，并以 IP 转发引擎技术作为基础，为网络设备提供了出色的数据转发能力。

4.2 eNSP 简介

eNSP（Enterprise Network Simulation Platform）是由华为提供的一款免费、可扩展、图形化操作的网络仿真工具平台，主要用于对企业网络路由器、交换机等设备进行软件仿真，可完美呈现真实设备实景，支持大型网络模拟，让广大用户有机会在没有真实设备的情况下进行模拟演练，学习网络技术。

eNSP 最大的特点是高度仿真，其他特点具体如下。

- 可模拟华为 AR 路由器、x7 系列交换机的大部分特性。
- 可模拟 PC 终端、Hub、云、帧中继交换机。
- 具备仿真设备配置功能，可快速学习华为命令行。
- 可模拟大规模网络。
- 可通过网卡实现与真实网络设备间的通信。
- 可以抓取任意链路中的数据包，直观展示协议交互过程。

4.2.1 安装 eNSP

eNSP 需要 Virtual Box 来运行路由器和交换机操作系统，使用 Wireshark 捕获链路中的数据包。当前华为官网提供的 eNSP 安装包中包含这两款软件，当然这两款软件也可以单独下载安装，先安装 Virtual Box 和 Wireshark，最后安装 eNSP。

下面的操作在 Windows 10 企业版（X64）上进行，先安装 VirtualBox-5.2.6-120294-Win. exe，

再安装 Wireshark-win64-2.4.4.exe，最后安装 eNSP V100R002C00B510 Setup.exe。

安装 eNSP 时，出现图 4-2 所示的 eNSP 安装界面，不要选择“安装 WinPcap4.1.3”“安装 Wireshark”和“安装 VirtualBox5.1.24”，因为这些都已经提前安装好了。

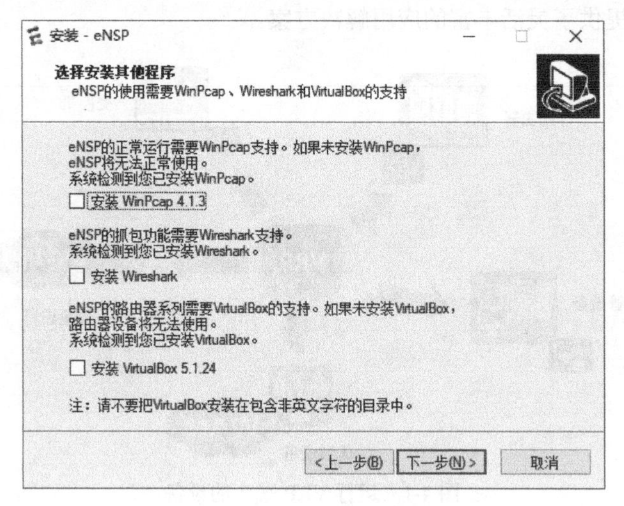

图 4-2 eNSP 安装界面

4.2.2 华为设备型号

华为交换机和路由设备有不同的型号，下面讲解华为设备的命名规则。

S 系列是以太网交换机。从交换机的主要应用环境或用户定位来划分，企业园区网接入层主要应用的是 S2700 和 S3700 两大系列，汇聚层主要应用的是 S5700 系列，核心层主要应用的是 S7700、S9300 和 S9700 系列。同一系列交换机版本分为精简版（LI）、标准版（SI）、增强版（EI）、高级版（HI）。如：S2700-26TP-PWR-EI 表示 VRP 设备软件版本类型为增强版。

AR 系列是访问路由器。路由器型号前面的 AR 是 Access Router（访问路由器）单词的首字母组合。AR 系列的企业路由器有多个型号，包括 AR150、AR200、AR1200、AR2200、AR3200。它们是华为第三代路由器产品，提供路由、交换、无线、语音和安全等功能。AR 路由器被部署在企业网络和公网之间，作为两个网络间传输数据的入口和出口。在 AR 路由器上部署多种业务能降低企业的网络建设成本和运维成本。根据一个企业的用户数和业务的复杂程度可以选择将不同型号的 AR 路由器部署到网络中。

下面就以 AR201 路由器为例，可以看到该型号路由的接口（见图 4-3）和支持的模块。可以看到有 CON/AUX 端口，一个 WAN 口和 8 个 FE（FastEthernet，快速以太网接口，100M 口）接口。

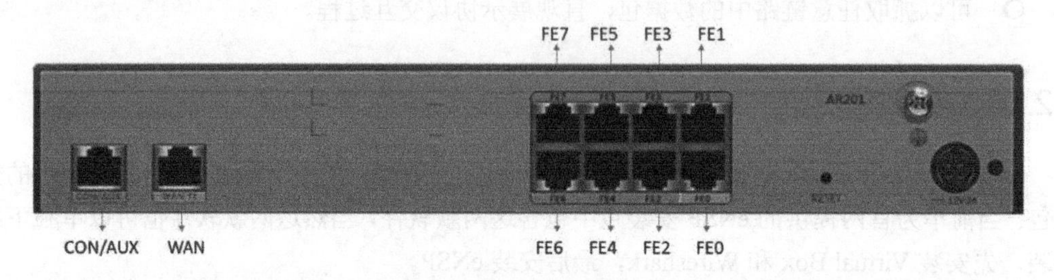

图 4-3 AR201 路由器接口

AR201 路由器是面向小企业网络的设备，相当于一台路由器和一台交换机的组合。8 个 FE 端口是交换机端口，WAN 端口就是路由器端口（路由器端口连接不同的网段，可以设置 IP 地址作为计算机的网关；交换机端口连接计算机，不能配置 IP 地址）。路由器使用逻辑接口 Vlanif 1 和交换机连接，交换机的所有端口默认都属于 VLAN1，AR201 路由器逻辑结构如图 4-4 所示。

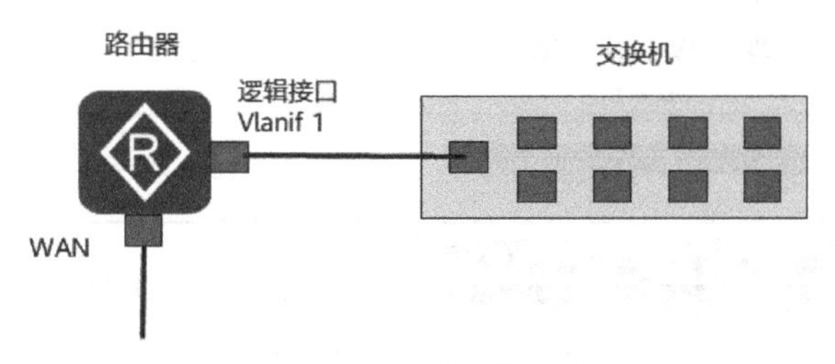

图 4-4　AR201 路由器等价的逻辑结构

以 AR1220 系列路由器为例说明模块化路由器的接口类型。AR1220 是面向中型企业总部或大中型企业分支，以宽带、专线接入、语音和安全场景为主的多业务路由器。该型号的路由器是模块化路由器，有两个插槽可以根据需要插入合适的模块，有两个吉比特以太网接口，分别是 GE0 和 GE1，这两个接口是路由器接口，8 个 FE 接口是交换机接口。该设备也相当于两个设备——路由器和交换机，如图 4-5 所示。

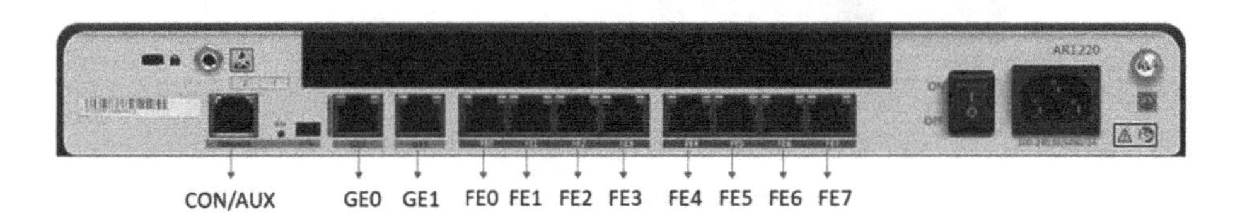

图 4-5　AR1220 路由器

接下来介绍端口命名规则，以 4GEW-T 为例。

- 4：表示 4 个端口。
- GE：表示千兆以太网。
- W：表示 WAN 接口板，这里的 WAN 表示三层接口。
- T：表示电接口。

端口命中还有以下标识。

- FE：表示快速以太网接口。
- L2：表示 2 层接口，即交换机接口。
- L3：表示 3 层接口，即路由器接口。
- POS：表示光纤接口。

图 4-6 列出了常见的接口图片和接口描述。

接口	描述
1GEC	1 端口-GE COMBO WAN 接口卡
2FE	2 端口-FE WAN 接口卡
4GEW-T	4 端口-GE 电口 WAN 接口卡
8FE1GE	9 端口-8FE/1GE L2/L3 以太接口卡
24GE	24 端口-GE L2/L3 以太接口卡
2SA	2 端口-同异步WAN 接口卡
1POS	1 端口-POS 光口 接口卡
2E1-F	2 端口-非通道化E1/T1 WAN 接口卡
4G.SHDSL	4 线对G.SHDSL WAN 接口卡

图 4-6　接口和描述

4.3 VRP 命令行

4.3.1　命令行的基本概念

1．命令行

华为网络设备功能的配置和业务的部署是通过 VRP 命令行来完成的。命令行是在设备内部注册的、具有一定格式和功能的字符串。一条命令行由关键字和参数组成，关键字是一组与命令行功能相关的单词或词组，通过关键字可以唯一确定一条命令行。参数是为了完善命令行的格式或指示命令的作用对象而指定的相关单词或数字等，包括整数、字符串、枚举值等数据类型，本书正文中采用斜体字体方式来标识命令行的参数。例如，测试设备间连通性的命令行 ping *ip-address* 中，ping 为命令行的关键字，*ip-address* 为参数（取值为一个 IP 地址）。

新购买的华为网络设备的初始配置为空。若希望它能够具有诸如文件传输、网络互通等功能，则需要首先进入到该设备的命令行界面，并使用相应的命令进行配置。

2．命令行界面

命令行界面是用户与设备之间的文本类指令交互的界面，就如同 Windows 操作系统中的 DOS（Disk Operation System）窗口一样。VRP 命令行界面如图 4-7 所示。

VRP 命令的总数达上千条之多，为了实现对它们的分级管理，VRP 系统将这些命令按照功能类型的不同分别注册在了不同的视图之下。

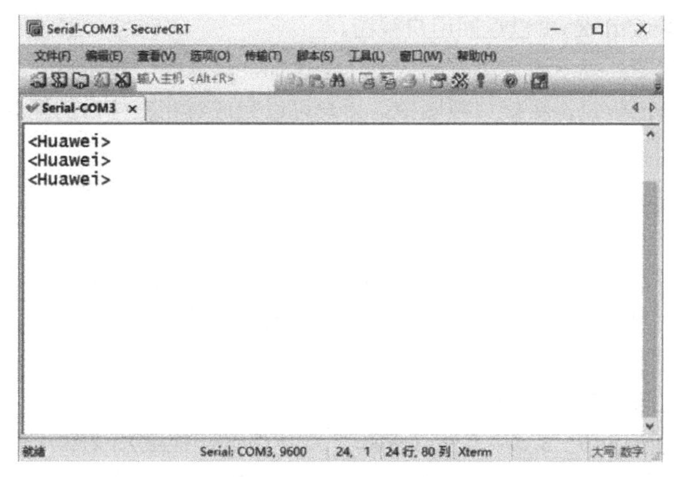

图 4-7　VRP 命令行界面

3．命令行视图

命令行界面分成了若干种命令行视图，使用某个命令行时，需要先进入到该命令行所在的视图。最常用的命令行视图有用户视图、系统视图和接口视图，三者之间既有联系，又有一定的区别。

如图 4-8 所示，华为设备登录后，先进入用户视图<R1>，提示符”<R1>”中，“<>”表示用户视图，“R1”是设备的主机名。在用户视图下，用户可以了解设备的基础信息、查询设备状态，但不能进行与业务功能相关的配置。如果需要对设备进行业务功能配置，则需要进入到系统视图。

输入 system-view 进入系统视图[R1]，此时你可以配置系统参数。提示符“[R1]”中使用了方括号“[ ]”。系统视图下可以使用绝大部分的基础功能配置命令，在系统视图下可以配置路由器的一些全局参数，比如路由器主机名称等。

在系统视图下可以进入接口视图、协议视图、AAA 视图等。配置接口参数、配置路由协议参数、配置 IP 地址池参数等都要进入相应的视图。进入不同的视图，就能使用该视图下的命令。若希望进入其他视图，必须先进入系统视图。

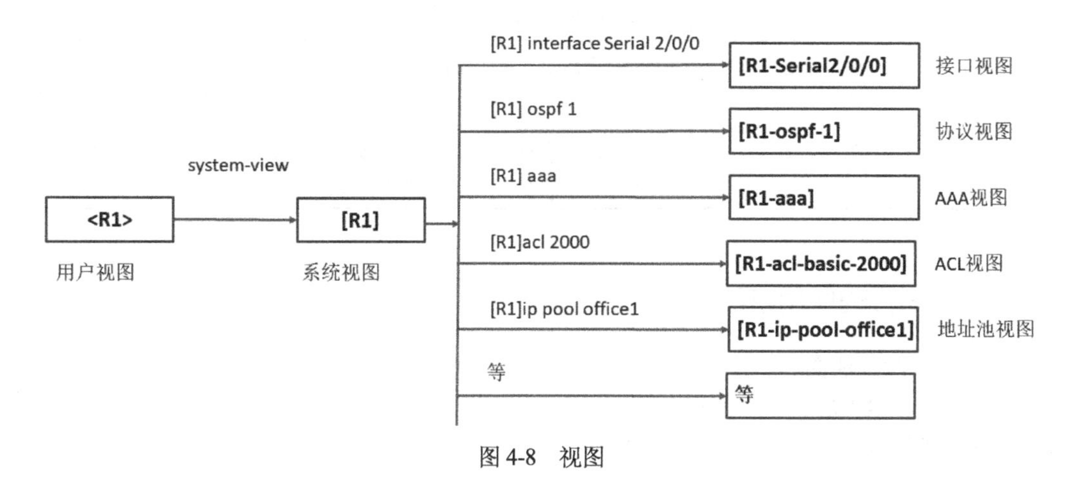

图 4-8　视图

- 输入 quit 命令可以返回上一级视图。
- 输入 return 直接返回用户视图。

- 按快捷键<Ctrl+Z>可以返回用户视图。

进入不同的视图，提示内容会有相应变化，比如，进入接口视图后，主机名后会追加接口类型和接口编号的信息。在接口视图中，用户可以完成对相应接口的配置操作，例如配置接口的IP地址等。

```
[R1]interface GigabitEthernet 0/0/0
[R1-GigabitEthernet0/0/0]ip address 192.168.10.111 24
```

VRP系统将命令和用户进行了分级，每条命令都有相应的级别，每个用户也都有自己的权限级别，并且用户权限级别与命令级别具有一定的对应关系。具有一定权限级别的用户登录以后，只能执行等于或低于自己级别的命令。

4．命令级别与用户权限级别

VRP命令级别分为0～3级：0级（参观级）、1级（监控级）、2级（配置级）、3级（管理级）。网络诊断类命令属于参观级命令，用于测试网络是否连通等。监控级命令用于查看网络状态和设备基本信息。对设备进行业务配置时，需要用到配置级命令。对于一些特殊的功能，如上传或下载配置文件，则需要用到管理级命令。

用户权限分为0～15共16个级别。默认情况下，3级用户就可以操作VRP系统的所有命令，也就是说4～15级的用户权限在默认情况下与3级用户的权限一致的。4～15级的用户权限一般与提升命令级别的功能一起使用，例如当设备管理员较多时，需要在管理员中再进行权限细分，这时可以将某条关键命令所对应的用户级别提高，如提高到15级，这样一来，默认的3级管理员便不能再使用该关键命令了。

命令级别与用户权限级别的对应关系如表4-1所示。

表4-1 对应关系

用户级别	命令级别	说明
0	0	网络诊断类命令（ping、tracert）、从本设备访问其他设备的命令（telnet）等
1	0、1	系统维护命令，包括display等。但并不是所有的display命令都是监控级的，例如display current-configuration和display saved-configuration都是管理级命令
2	0、1、2	业务配置命令，包括路由、各个网络层次的命令等
3～15	0、1、2、3	涉及系统基本运行的命令，如文件系统、FTP下载、配置文件切换命令、用户管理命令、命令级别设置命令、系统内部参数设置命令等，还包括故障诊断的debugging命令

4.3.2 命令行的使用方法

1．进入命令视图

用户进入VRP系统后，首先进入的就是用户视图。如果出现<Huawei>，并有光标在“>”右边闪动，则表明用户已成功进入了用户视图。

```
<Huawei>
```

进入用户视图后，用便可以通过命令来了解设备的基础信息、查询设备状态等。如果需要对 GigabitEthernet1/0/0 接口进行配置，则需先使用 system-view 命令进入系统视图，再使用 interface *interface-type interface-number* 命令进入相应的接口视图。

```
<Huawei>system-view                          -- 进入系统视图
[Huawei]
[Huawei]interface gigabitethernet 1/0/0     --进入接口视图
[Huawei-GigabitEthernet1/0/0]
```

2．退出命令视图

quit 命令的功能是从任何一个视图退出到上一层视图。例如，接口视图是从系统视图进入的，所以系统视图是接口视图的上一层视图。

```
[Huawei-GigabitEthernet1/0/0] quit          --退出到系统视图
[Huawei]
```

如果希望继续退出至用户视图，可再次执行 quit 命令。

```
[Huawei]quit                                --退出到用户视图
<Huawei>
```

有些命令视图的层级很深，从当前视图退出到用户视图，需要多次执行 quit 命令。使用 return 命令，可以直接从当前视图退出到用户视图。

```
[Huawei-GigabitEthernetI/0/0]return         --退出到用户视图
<Huawei>
```

另外，在任意视图下，使用快捷键<Ctrl+Z>，可以达到与使用 return 命令相同的效果。

3．输入命令行

VRP 系统提供了丰富的命令行输入方法，支持多行输入，每条命令的最大长度为 510 个字符，命令关键字不区分大小写，同时支持不完整关键字输入。表 4-2 列出了命令行输入过程中常用的一些功能键。

表 4-2　常用的功能键

功　能　键	功　　能
退格键 BackSpace	删除光标位置的前一个字符，光标左移，若已经到达命令起始位置，则停止
左光标键←或快捷键<Ctrl+B>	光标向左移动一个字符位置，若已经到达命令起始位置，则停止
右光标键→或快捷键<Ctrl+F>	光标向右移动一个字符位置：若已经到达命令尾部，则停止
删除键 Delete	删除光标所在位置的一个字符，光标位置保持不动，光标后方字符向左移动一个字符位置：若已经到达命令尾部，则停止
上光标键↑或快捷键<Ctrl+P>	显示上一条历史命令。如果需显示更早的历史命令，可以重复使用该功能键
下光标键↓或快捷键<Ctrl+N>	显示下一条历史命令，可重复使用该功能键

4．不完整关键字输入

为了提高命令行输入的效率和准确性，VRP 系统能够支持不完整的关键字输入功能，即在当前视图下，当输入的字符能够匹配唯一的关键字时，可以不必输入完整的关键字。例如，当需要输入命令 display current-configuration 时，可以通过输入 d cu、di cu 或 discu 来实现，但不能输入 d c 或 dis c 等，因为系统内有多条以 d c、dis c 开头的命令，如：display cpu-defend、 display clock 和 display current-configuration。

5．在线帮助

在线帮助是 VRP 系统提供的一种实时帮助功能。在命令行输入过程中，用户可以随时键入“？”以获得在线帮助信息。命令行在线帮助可分为完全帮助和部分帮助。

关于完全帮助，我们来看一个例子。假如我们希望查看设备的当前配置情况，但在进入用户视图后不知道下一步该如何操作，这时就可以键入“？”，得到如下的回显帮助信息。

```
<Huawei>?
User view commands:
  arp-ping                ARP-ping
  autosave                <Group> autosave command group
  backup                  Backup  information
 ……
  dialer                  Dialer
  dir                     List files on a filesystem
  display                 Display information
  factory-configuration  Factory configuration
---- More ----
```

从显示的关键字中可以看到“display”，对此关键字的解释为 Display information。我们自然会想到，要查看设备的当前配置情况，很可能会用到“display”这个关键字。于是，按任意字母键退出帮助后，键入 display 和空格，再键入问号“？”，得到如下的回显帮助信息。

```
<Huawei>display ?
  Cellular                 Cellular interface
  aaa                      AAA
  access-user              User access
  accounting-scheme        Accounting scheme
……
  cpu-usage                Cpu usage information
  current-configuration Current configuration
  cwmp                      CPE WAN Management Protocol
---- More ----
```

从回显信息中，我们发现了“current-configuration”。通过简单的分析和推理，我们便知道，要查看设备的当前配置情况，应该输入的命令行是“displaycurrent-configuration”。

再来看一个部分帮助的例子。通常情况下，我们不会完全不知道需要输入的命令行，会知道命令行关键字的部分字母。假如我们希望输入 display current-configuration 命令，但不记得完整的命令格式，只是记得关键字 display 的开头字母为 dis，current-configuration 的开头字母为 c。此时，我们就可以利用部分帮助功能来确定出完整的命令。键入 dis 后，再键入问号“？”。

```
<Huawei>dis?
display Display information
```

回显信息表明，以 dis 开头的关键字只有 display。根据不完整关键字输入原则，用 dis 就可以唯一确定关键字 display。所以，在输入 dis 后直接输入空格，然后输入 c，最后输入“？”，以获取下一个关键字的帮助。

```
<Huawei>dis c?
  <0-0>                      Slot number
  Cellular                 Cellular interface
```

```
calibrate               Global calibrate
capwap                   CAPWAP
channel                   Informational channel status and configuration
                          information
clock                     Clock status and configuration information
config                    System config
controller                Specify controller
cpos                      CPOS controller
cpu-defend                Configure CPU defend policy
cpu-usage                 Cpu usage information
current-configuration   Current configuration
cwmp                      CPE WAN Management Protocol
```

回显信息表明，关键字 display 后，以 c 开头的关键只有为数不多的十几个，从中很容易找到 current-configuration。至此，我们便从 dis 和 c 这样的记忆片段中恢复出了完整的命令行 display current-configuration。

6. 快捷键

快捷键的使用可以进一步提高命令行的输入效率。VRP 系统已经定义了一些快捷键，称为系统快捷键。系统快捷键的功能固定，用户不能再重新定义。常见的系统快捷键如表 4-3 所示。

表 4-3 常见 VRP 系统快捷键

快 捷 键	功 能
Ctrl+A	将光标移动到当前行的开始
Ctrl+E	将光标移动到当前行的末尾
ESC+N	将光标向下移动一行
ESC+P	将光标向上移动一行
Ctrl+C	停止当前正在执行的功能
Ctrl+Z	返回到用户视图，功能相当于 return 命令
<Tab>键	部分帮助的功能，输入不完整的关键字后按下<Tab>键，系统自动补全关键字

VRP 系统还允许用户自定义一些快捷键，但自定义快捷键可能会与某些操作命令发生混淆，所以一般情况下最好不要自定义快捷键。

4.4 登录设备

配置华为网络设备，可以使用 Console 口、telnet 或 SSH 方式。本节介绍用户界面配置和登录设备的各种方式。

4.4.1 用户界面配置

1. 用户界面的概念

在与设备进行信息交互的过程中，不同的用户拥有不同的用户界面。使用 Console 口登录设备的用户，其用户界面对应了设备的物理Console接口；使用Telnet登录设备的用户，其用户界面对应了设备的虚拟接口（Virtual Type Terminal，VTY）。不同的设备支持的VTY总数可能不同。

如果希望对不同的用户进行登录控制，则需要首先进入到对应的用户界面视图进行相应的配置（如，规定用户权限级别、设置用户名和密码等）。例如，假设规定通过Console口登录的用户的权限级别为3级，则相应的操作如下。

```
<Huawei>system-view
[Huawe]user-interface console 0                        --进入Console口用户的用户界面视图
[Huawei-ui-console0]user privilege level 3             --设置Console登录用户的权限级别为3
```

如果有多个用户登录设备，且每个用户都会有自己的用户界面，那么设备如何识别这些不同的用户界面呢？

2．用户界面的编号

用户登录设备时，系统会根据该用户的登录方式，自动分配一个当前空闲且编号最小的相应类型的用户界面给该用户。用户界面的编号包括以下两种。

（1）相对编号。

相对编号的形式是：用户界面类型+序号。一般地，一台设备只有1个Console口（插卡式设备可能有多个Console口，每个主控板提供1个Console口），VTY类型的用户界面一般有15个（默认情况下，开启了其中的5个）。所以，相对编号的具体形式如下。

- Console口的编号：CON 0。
- VTY的编号：第一个为VTY 0，第二个为VTY 1，以此类推。

（2）绝对编号。

绝对编号仅仅是一个数值，用来唯一标识一个用户界面。绝对编号与相对编号具有一一对应的关系：Console用户界面的相对编号为CON0，对应的绝对编号为0；VTY用户界面的相对编号为VTY0～VTY14，对应的绝对编号为129～143。

使用display user-interface命令可以查看设备当前支持的用户界面信息，操作如下。可以看到CON 0有一个用户连接，权限级别为15，有一个用户通过虚拟接口连接VTY 0，权限级别为2，Auth表示身份验证模式，P代表password（只需输入密码），A代表AAA验证（需要输入用户名和密码）。

```
<Huawei>display user-interface
  Idx  Type     Tx/Rx    Modem Privi ActualPrivi  Auth  Int
+ 0    CON 0    9600     -     15     15           P     -
+ 129  VTY 0             -     2      2            A     -
  130  VTY 1             -     2     -             A     -
  131  VTY 2             -     2     -             A     -
  132  VTY 3             -     0     -             P     -
  133  VTY 4             -     0     -             P     -
  145  VTY 16            -     0     -             P     -
  146  VTY 17            -     0     -             P     -
  147  VTY 18            -     0     -             P     -
  148  VTY 19            -     0     -             P     -
  149  VTY 20            -     0     -             P     -
  150  Web 0    9600     -     15    -             A     -
  151  Web 1    9600     -     15    -             A     -
  152  Web 2    9600     -     15    -             A     -
```

```
  153  Web 3   9600    -     15    -                 A     -
  154  Web 4   9600    -     15    -                 A     -
  155  XML 0   9600    -     0     -                 A     -
  156  XML 1   9600    -     0     -                 A     -
  157  XML 2   9600    -     0     -                 A     -
UI(s) not in async mode -or- with no hardware support:
1-128
  +    : Current UI is active.
  F    : Current UI is active and work in async mode.
  Idx  : Absolute index of UIs.
  Type : Type and relative index of UIs.
  Privi: The privilege of UIs.
  ActualPrivi: The actual privilege of user-interface.
  Auth : The authentication mode of UIs.
      A: Authenticate use AAA.
      N: Current UI need not authentication.
      P: Authenticate use current UI's password.
   Int : The physical location of UIs.
```

回显信息中，第一行 Idx 表示绝对编号，第二行 Type 为对应的相对编号。

3．用户验证

每个用户登录设备时都会有一个用户界面与之对应。那么，如何做到只有合法用户才能登录设备呢？答案是通过用户验证机制。设备支持的验证方式有 3 种：Password 验证、AAA 验证和 None 验证。

（1）Password 验证。只需输入密码，密码验证通过后，即可登录设备。默认情况下，设备使用的是 Password 验证方式。使用该方式时，如果没有配置密码，则无法登录设备。

（2）AAA 验证。需要输入用户名和密码，只有输入正确的用户名和与其对应的密码时，才能登录设备。由于需要同时验证用户名和密码，所以 AAA 验证方式的安全性比 Password 验证方式高，并且该方式可以区分不同的用户，用户之间互不干扰。使用 Telnet 登录时，一般都采用 AAA 验证方式。

（3）None 验证。不需要输入用户名和密码，可直接登录设备，即无须进行任何验证。安全起见，不推荐使用这种验证方式。

用户验证机制保证了用户登录的合法性。默认情况下，通过 Telnet 登录的用户，在登录后的权限级别是 0 级。

4．用户权限级别

前面已经对用户权限级别的含义以及它与命令级别的对应关系进行了介绍。用户权限级别也称为用户级别，默认情况下，用户级别在 3 级及以上时，便可以操作设备的所有命令。用户的级别可以在对应用户界面视图下执行 user privilege level *level* 命令进行配置，其中 *level* 为指定的用户级别。

有了以上这些关于用户界面的相关知识后，我们接下来通过两个实例来说明 Console 和 VTY 用户界面的配置方法。

4.4.2 通过 Console 口登录设备

路由器初次配置时，需要使用 Console 通信电缆来连接路由器的 Console 口和计算机的 COM 口，不过现在的笔记本大多没有 COM 口了。如图 4-9 所示，可以使用 COM 口转 USB

接口线缆，从而接入计算机的USB接口。

如图4-10所示，在“计算机管理”界面，单击“设备管理器”。安装驱动后，可以看到USB接口充当了COM3接口。

打开SecureCRT软件，如图4-11所示，在“SecureCRT®协议”选项卡中选“Serial”，单击“下一步”。在出现的端口选择界面，如图4-12所示，在USB设备模拟出的“端口”选项卡中选择“COM3”。其他设置参照图4-12进行设置，然后单击“下一步”。

图4-9 Console配置路由器

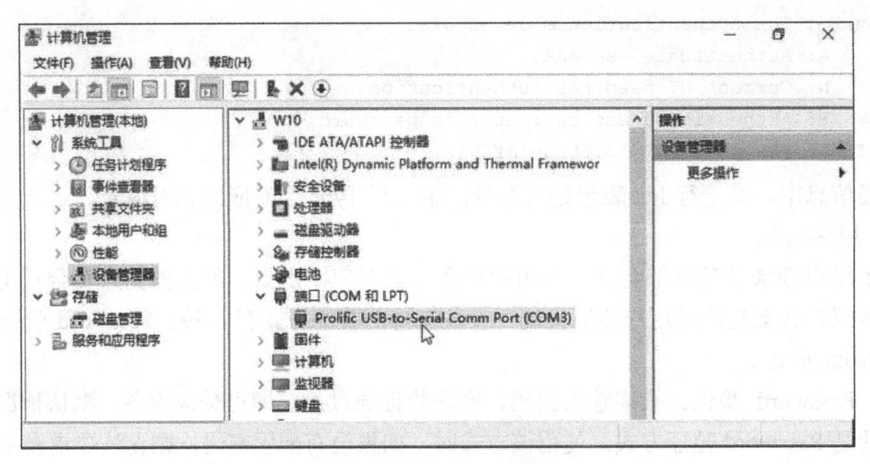

图4-10 查看USB接口充当的COM口

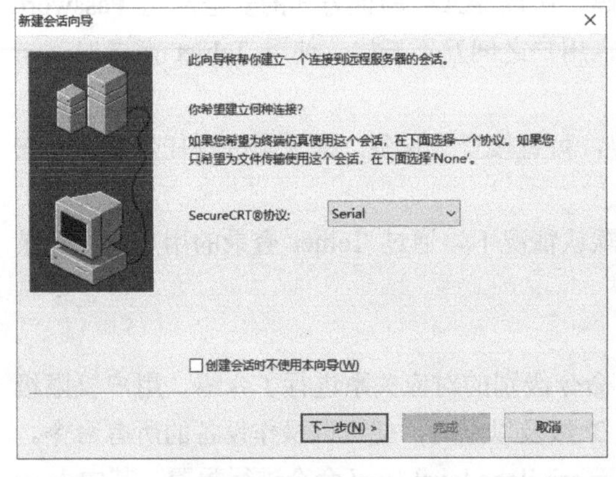

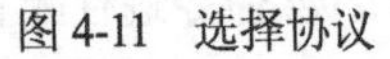

图4-11 选择协议

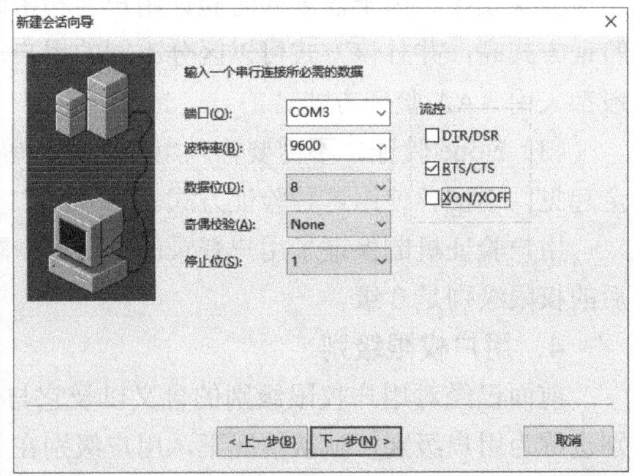

图4-12 选择端口、波特率等设置

Console用户界面对应从Console口直连登录的用户，一般采用Password验证方式。通过Console口登录的用户一般为网络管理员，需要最高级别的用户权限。

（1）进入Console用户界面。

进入Console用户界面使用的命令为user-interface console *interface-number*，*interface-number*表示console用户界面的相对编号，取值为0。

```
[Huawei]user-interface console 0
```

（2）配置用户界面。

在 Console 用户界面视图下配置验证方式为 Password 验证，并配置密码为 91xueit，且密码将以密文形式保存在配置文件中。

配置用户界面的用户验证方式的命令为 authentication-mode {aaa l password}。

```
[Huawei-ui-console0]authentication-mode ?
  aaa       AAA authentication
  password  Authentication through the password of a user terminal interface
[Huawei-ui-console0]authentication-mode password
Please configure the login password (maximum length 16):91xueit
```

如果打算重设密码，可以输入以下命令，将密码设置为 91xueit。

```
[Huawei-ui-console0]set authentication password cipher 91xueit
```

配置完成后，配置信息会保存在设备的内存中，使用命令 display current-configuration 即可进行查看。如果不进行存盘保存，则这些信息在设备通电或重启时将会丢失。

输入 display current-configuration section user-interface 命令会显示当前配置中 user-interface 的设置。如果只输入 display current-configuration 会显示全部设置。

```
<Huawei>display current-configuration section user-interface
[V200R003C00]
#
user-interface con 0
 authentication-mode password
 set authentication password
cipher %$%${PA|GW3~G'2AJ%@K{;MA,$/:\,wmOC*yI7U_x!,wkv].$/=,%$%$
user-interface vty 0 4
user-interface vty 16 20
#
return
```

4.4.3 通过 Telnet 登录设备

VTY 用户界面对应于使用 Telnet 方式登录的用户。考虑到 Telnet 是远程登录，存在安全隐患，所以在用户验证方式上采用了 AAA 验证。一般地，设备调试阶段需要登录设备的人员较多，并且需要进行业务方面的配置，所以通常将 VTY 用户界面数配置为最大——15，即允许最多 15 个用户同时使用 Telnet 方式登录到设备。同时，将用户级别设置为 2 级，即配置级，以便可以进行正常的业务配置。

（1）配置最大 VTY 用户界面数为 15。

配置最大 VTY 用户界面数使用的命令是 user-interface maximum-vty *number*。如果希望最大 VTY 用户界面数为 15 个，则 *number* 应取值为 15。

```
[Huawei]user-interface maximum-vty 15
```

（2）进入 VTY 用户界面视图。

使用 user-interface vty *first-ui-number* [*last-ui-number*]命令进入 VTY 用户界面视图，其中 *first-ui-number* 和 *last-ui-number* 为 VTY 用户界面的相对编号，方括号“[ ]”表示该参数为可选参数。假设现在需要对 15 个 VTY 用户界面进行整体配置，则 *first-ui-number* 应取值为 0，*last-ui-number* 取值为 14。

```
[Huawei]user-interface vty 0 14
```

进入VTY用户界面视图：

```
[Huawei-ui-vty0-14]
```

（3）配置VTY用户界面的用户级别为2级。

配置用户级别的命令为user privilege level *level*。因为现在需要配置用户级别为2级，所以*level*的取值为2。

```
[Huawei-ui-vty0-14]user privilege level 2
```

（4）配置VTY用户界面的用户验证方式为AAA。

配置用户验证方式的命令为authentication-mode {aaa l password}，其中大括号“{ }”表示其中的参数应任选其一。

```
[Huawei-ui-vty0-14]authentication-mode aaa
```

（5）配置AAA验证方式的用户名和密码。

首先退出VTY用户界面视图，执行命令aaa，进入AAA视图。再执行命令local-user *user-name* password cipher *password*，配置用户名和密码。*user-name*表示用户名，*password*表示密码，关键字cipher表示配置的密码将以密文形式保存在配置文件中。最后，执行命令local-user *user-name* service-type telnet，定义这些用户的接入类型为Telnet。

```
[Huawei-ui-vty0-14]quit
[Huawei]aaa
[Huawei-aaa]local-user admin password cipher admin@123
[Huawei-aaa]local-user admin service-type telnet
[Huawei-aaa]quit
```

配置完成后，当用户通过Telnet方式登录设备时，设备会自动分配一个编号最小的可用VTY用户界面给用户使用，进入命令行界面之前需要输入上面配置的用户名（admin）和密码（admin@123）。

Telnet协议是TCP/IP协议族中应用层协议的一员。Telnet的工作方式为“服务器/客户端”方式，它提供了从一台设备（Telnet客户端）远程登录到另一台设备（Telnet服务器）的方法。Telnet服务器与Telnet客户端之间需要建立TCP连接，Telnet服务器的默认端口号为23。

VRP系统既支持Telnet服务器功能，也支持Telnet客户端功能。利用VRP系统，用户还可以先登录到某台设备，然后将这台设备作为Telnet客户端再通过Telnet方式远程登录到网络上的其他设备，从而可以更为灵活地实现对网络的维护操作。如图4-13所示，路由器R1既是PC的Telnet服务器，又是路由器的Telnet客户端。

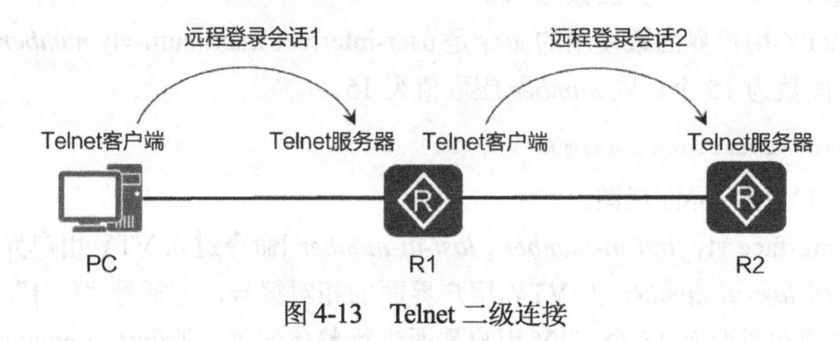

图4-13 Telnet二级连接

在Windows系统中，打开命令行工具，确保Windows系统和路由器的网络畅通。输入

telnet *ip-address* 后，再输入账户和密码，就能远程登录路由器进行配置。如图 4-14 所示，输入 telnet 192.168.10.111 后输入账户和密码，登录<Huawei>成功。再输入 telnet 172.16.1.2 后输入密码，登录<R2>路由器成功。若想退出 telnet，可输入 quit。

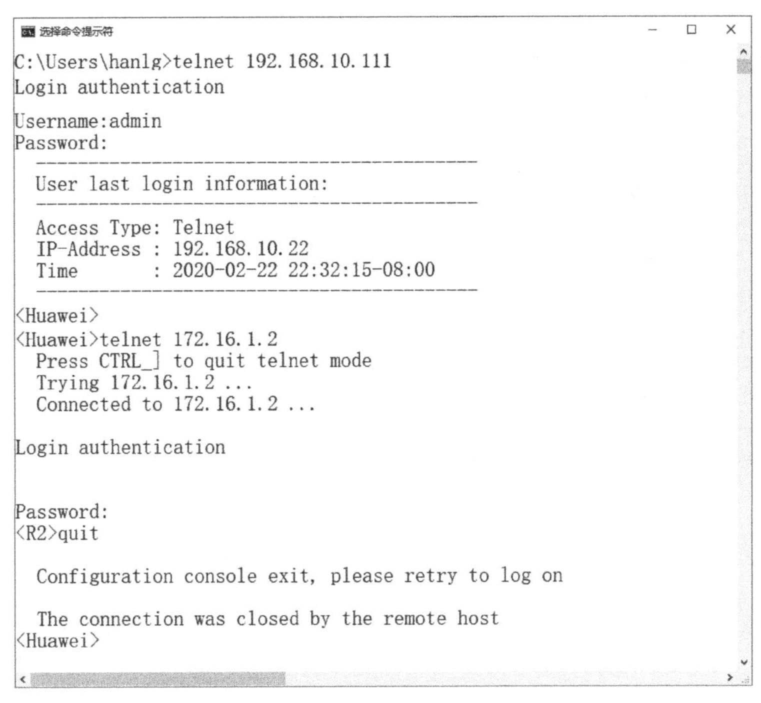

图 4-14 在 Windows 上使用 Telnet 登录路由器

4.4.4 通过 SSH 登录设备

使用 Telnet 登录路由器，账号密码在网上是明文传输，不安全。通过网络登录路由器时使用 SSH 比 telnet 更安全。

SSH（Secure Shell）由 IETF 的网络小组（Network Working Group）所制定；SSH 为建立在应用层基础上的安全协议。SSH 是较可靠、专为远程登录会话和其他网络服务提供安全性的协议。利用 SSH 协议可以有效防止远程管理过程中的信息泄露问题。

从客户端来看，SSH 提供两种级别的安全验证。

第一种级别是基于口令的安全验证。只要你知道自己的账号和口令，就可以登录到远程主机。所有传输的数据都会被加密，但是不能保证你正在连接的服务器就是你想连接的服务器。可能会有别的服务器冒充真正的服务器，也就是受到“中间人”方式的攻击。

第二种级别是基于密钥的安全验证。

该级别需要依靠密钥，也就是你必须为自己创建一对密钥，并把公用密钥放在需要访问的服务器上。如果你要连接到 SSH 服务器上，客户端软件就会向服务器发出请求，请求用你的密钥进行安全验证。服务器收到请求之后，先在该服务器上你的主目录中寻找你的公用密钥，然后把它和你发送过来的公用密钥进行比较。如果两个密钥一致，服务器就用公用密钥加密“质询”（challenge）并把它发送给客户端软件。客户端软件收到“质询”之后就可以用你的私人密钥解密再把它发送给服务器。

用这种方式，你必须知道自己密钥的口令。但是，与第一种级别相比，第二种级别不需要在网络上传送口令。

下面的操作将会把上面创建的 admin 用户的登录类型更改为 SSH，设置 SSH 用户 admin 的认证模式是密码认证，开启路由器的 SSH 认证服务，生成本地认证密钥，并配置 VTY 使用 SSH 协议。

```
[Huawei-aaa]local-user admin service-type ?
  8021x       802.1x user
  bind        Bind authentication user
  ftp         FTP user
  http        Http user
  ppp         PPP user
  ssh         SSH user
  sslvpn      Sslvpn user
  telnet      Telnet  user
  terminal    Terminal user
  web         Web authentication user
  x25-pad     X25-pad user
[Huawei-aaa]local-user admin service-type ssh             --用户 admin 认证默认是 SSH
[Huawei-aaa]quit

[Huawei]ssh user admin authentication-type password     -- SSH 用户 admin 认证模式是
密码认证
[Huawei]stelnet server enable                           --开启 SSH 认证服务

[Huawei]rsa local-key-pair create                       -- 生成本地认证密钥
The key name will be: Host
% RSA keys defined for Host already exist.
Confirm to replace them? (y/n)[n]:y
The range of public key size is (512 ~ 2048).
NOTES: If the key modulus is greater than 512,
       It will take a few minutes.
Input the bits in the modulus[default = 512]:
Generating keys...
.........+++++++++++
.....++++++++++++
.........++++++++
.......++++++++

[Huawei]user-interface vty 0 14
[Huawei-ui-vty0-14]authentication-mode aaa          --设置虚拟终端认证模式为 AAA
[Huawei-ui-vty0-14]protocol inbound ssh             --开启 SSH
[Huawei-ui-vty0-14]quit
```

在 Windows 上安装 SecureCRT。SecureCRT 是一款支持 SSH（SSH1 和 SSH2）的终端仿真程序，简单地说是在 Windows 系统中登录 UNIX、Linux 服务器主机、华为网络设备的软件。打开 SecureCRT，创建新的连接。如图 4-15 所示，选择连接使用的协议为 SSH2，单击“下一步”。如图 4-16 所示，输入路由器的地址、端口和登录账户，单击“下一步”。

当单击创建的连接时，会出现一个对话框，如图 4-17 所示。输入登录账户的密码，单击“OK”。登录成功后进入用户视图，如图 4-18 所示。

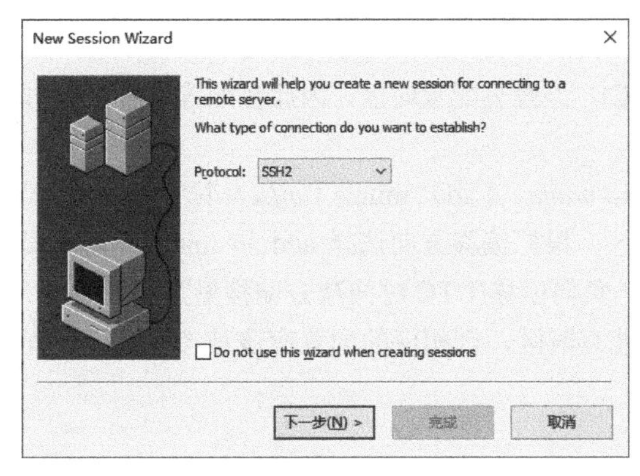

图 4-15 选择协议

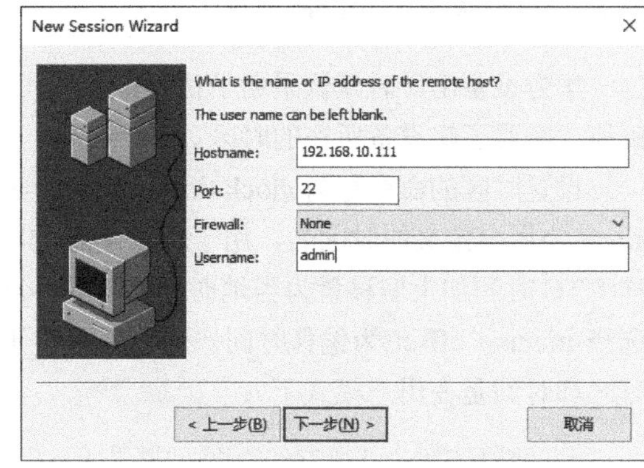

图 4-16 输入路由器地址和登录账户

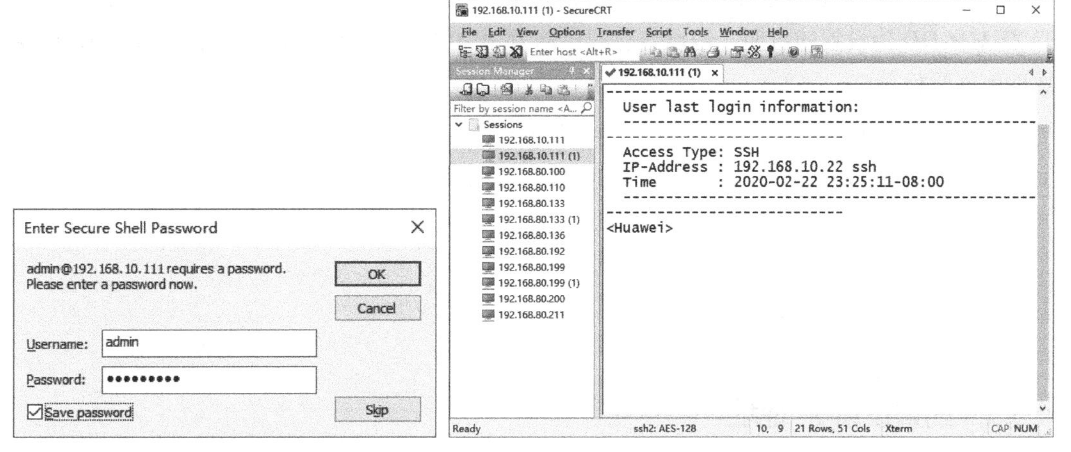

图 4-17 输入账户的密码

图 4-18 用户视图

4.5 基本配置

下面讲述华为网络设备的一些基本配置，包括设置设备名称、更改系统时间、给接口设置 IP 地址，禁用启用接口等。

4.5.1 配置设备名称

命令行界面中的尖括号“< >”或方括号“[ ]”中包含设备的名称，它也称为设备主机名。默认情况下，设备名称为“Huawei”。为了更好地区分不同的设备，通常需要修改设备名称。我们可以通过命令加 sysname *hostname* 来对设备名称进行修改，其中 sysname 是命令行的关键字，*hostname* 为参数，表示希望设置的设备名称。

例如，通过如下操作，就可以将设备名称设置为 Huawei-AR-01。

```
<Huawei>?                            --查看用户视图下可以执行的命令
<Huawei>system-view                  --进入系统视图
[Huawei]sysname Huawei-AR-01         --更改路由器名称为 Huawei-AR-01
[Huawei-AR-01]
```

4.5.2 配置设备时钟

华为设备出厂时默认采用了协调世界时(UTC)，但没有配置时区，因此在配置设备系统时钟前，需要了解设备所在的时区。

设置时区的命令行为 clock timezone *time-zone-name* { add | minus } *offset*，其中 *time-zone-name* 为用户定义的时区名，用于标识配置的时区；根据偏移方向选择 add 和 minus，正向偏移(UTC 时间加上偏移量为当地时间）选择 add，负向偏移(UTC 时间减去偏移量为当地时间）选择 minus；offset 为偏移时间。假设设备位于北京时区，则相应的配置应该是（注意：设置时区和时间是在用户模式下）：

```
<Huawei>clock timezone BJ add 8:00
```

设置好时区后，就可以设置设备当前的日期和时间了。华为设备仅支持 24 小时制，使用的命令行为 clock datetime *HH：MM：YYYY-MM-DD*，其中 *HH：MM：SS* 为设置的时间，*YYYY-MM-DD* 为设置的日期。假设当前的日期为 2020 年 2 月 23 日，时间是 16:37:00，则相应的配置应该是：

```
<Huawei>clock datetime 16:37:00 2020-02-23
```

输入 display clock 来显示当前设备的时区、日期和时间：

```
<Huawei>display clock
2020-02-23 16:37:07
Sunday
Time Zone(BJ) : UTC+08:00
```

4.5.3 配置设备 IP 地址

用户可以通过不同的方式登录到设备命令行界面，包括 Console 口登录和 Telnet 登录。首次登录新设备时，由于新设备为空配置设备，所以只能通过 Console 口或 MiniUSB 口登录。首次登录到新设备后，便可以给设备配置一个 IP 地址，然后开启 Telnet 功能。

IP 地址是针对设备接口的配置，通常一个接口配置一个 IP 地址。配置接口 IP 地址的命令为 ip address *ip-address* { *mask* | *mask-length* }，其中 ip address 是命令关键字，*ip-address* 为希望配置的 IP 地址。*mask* 表示点分十进制方式的子网掩码；*mask-length* 表示子网掩码的长度，即子网掩码中二进制数 1 的个数。

假设设备 Huawei 的接口 Ethernet 0/0/0，分配的 IP 地址为 192.168.1.1，子网掩码为 255.255.255.0，则相应的配置应该是：

```
[Huawei]interface Ethernet 0/0/0     --进入接口视图
[Huawei-Ethernet0/0/0]ip address 192.168.1.1 255.255.255.0 --添加 IP 地址和子网掩码
[Huawei-Ethernet0/0/0]undo shutdown                          --启用接口
 [Huawei-Ethernet0/0/0]ip address 192.168.2.1 24 ?
  sub    Indicate a subordinate address
  <cr>   Please press ENTER to execute command
[Huawei-Ethernet0/0/0]ip address 192.168.2.1 24 sub          --给接口添加第二个地址
[Huawei-Ethernet0/0/0]display this                           --显示接口的配置
[V200R003C00]
#
interface Ethernet0/0/0
```

```
ip address 192.168.1.1 255.255.255.0
 ip address 192.168.2.1 255.255.255.0 sub
#
return
[Huawei-Ethernet0/0/0]quit                       --退出接口配置模式
```

输入 display ip interface brief 命令显示接口 IP 地址相关的摘要信息。

```
<Huawei>display ip interface brief
*down: administratively down
^down: standby
(l): loopback
(s): spoofing
The number of interface that is UP in Physical is 3
The number of interface that is DOWN in Physical is 1
The number of interface that is UP in Protocol is 3
The number of interface that is DOWN in Protocol is 1

Interface                          IP Address/Mask      Physical   Protocol
Ethernet0/0/0                      192.168.1.1/24       up         up
Ethernet0/0/8                      unassigned           down       down
NULL0                              unassigned           up         up(s)
Vlanif1                            192.168.10.1/24      up         up
```

从以上输出可以看到，Ethernet0/0/0 接口 PHY（物理层）UP（启用），Protocol（数据链路层）也启用。

输入 undo ip address 删除接口配置的 IP 地址。

```
[Huawei-Ethernet0/0/0]undo ip address
```

4.6 配置文件的管理

华为设备配置更改后的设置会立即生效，成为当前配置，保存在内存中。如果设备断电重启或关机重启，则内存的配置会丢失；如果想让当前的配置在重启后依然生效，就需要将配置保存。下面就讲解华为网络设备中的配置文件，以及如何管理华为设备中的文件。

4.6.1 华为设备配置文件

本节介绍路由器的配置和配置文件。涉及 3 个概念：当前配置、配置文件和下次启动的配置文件。

1. 当前配置

设备内存中的配置就是当前配置，进入系统视图更改路由器的配置，就是更改当前配置。设备断电或重启时，内存中的所有信息（包括配置信息）全部消失。

2. 配置文件

包含设备配置信息的文件称为配置文件，它存在于设备的外部存储器中（注意，不是内存中），其文件名的格式一般为“*.cfg”或“*.zip”，用户可以将当前配置保存到配置文件中。设备重启时，配置文件的内容可以被重新加载到内存，成为新的当前配置。配置文件除了可以保存配置信息，还可以方便维护人员查看、备份以及移植配置信息用于以其他设备。默认情况下，在保存当前配置时，设备会将配置信息保存到名为“vrpcfg.zip”的配置文件中，并将该文件保存到设备的外部存储器的根目录下。

3. 下次启动配置文件

保存配置时可以指定配置文件的名称，也就是保存的配置文件可以有多个。下次启动加载哪个配置文件，可以指定。默认情况下，下次启动的配置文件名为“vrpcfg.zip”。

4.6.2 保存当前配置

保存当前配置的方式有两种：手动保存和自动保存。

1. 手动保存配置

用户可以使用 save [*configuration-file*] 命令随时将当前配置以手动方式保存到配置文件中，参数 *configuration-file* 为指定的配置文件名，格式必须为“*.cfg”或“*.zip”。如果未指定配置文件名，则配置文件名默认为“vrpcfg.zip”。

例如，需要将当前配置保存到文件名为“vrpcfg.zip”的配置文件中时，可进行如下操作。

在用户视图中，使用 save 命令，再输入 y 以进行确认，从而保存路由器的配置。如果不指定保存配置的文件名，配置文件就是“vrpcfg.zip”。dir 命令可以列出 flash 根目录下的全部文件和文件夹，这样就能看到这个配置文件。路由器中的 flash 相当于计算机中的硬盘，可以存放文件和保存的配置。

```
<R1>save
  The current configuration will be written to the device.
  Are you sure to continue? (y/n)[n]:y                              --输入 y
  It will take several minutes to save configuration file, please wait.......
  Configuration file had been saved successfully
  Note: The configuration file will take effect after being activated
```

如果还需要将当前配置保存到文件名为“backup.zip”的配置文件中，作为对 vrpcfg.zip 的备份，则可进行如下操作。

```
<Huawei>save backup.zip
 Are you sure to save the configuration to backup.zip? (y/n)[n]:y
  It will take several minutes to save configuration file, please wait.....
  Configuration file had been saved successfully
  Note: The configuration file will take effect after being activated
```

2. 自动保存配置

自动保存配置功能可以有效降低用户因忘记保存配置而导致配置丢失的风险。自动保存功能分为周期性自动保存和定时自动保存两种方式。

在周期性自动保存方式下，设备会根据用户设定的保存周期，自动完成配置保存。无论设备的当前配置相比配置文件是否有变化，设备都会进行自动保存操作。在定时自动保存方式下，用户设定一个时间点，设备会每天在此时间点自动进行一次保存。默认情况下，设备的自动保存功能是关闭的，需要用户开启之后才能使用。

周期性自动保存的设置方法如下：首先执行命令 autosave interval on，开启设备的周期性自动保存功能，然后执行命令 autosave intervale *time* 设置自动保存周期。*time* 为指定的时间周期，单位为分钟，默认值为 1440 分钟（24 小时）。

定时自动保存的设置方法如下：首先执行命令 autosave time on，开启设备的定时自动保存功能，然后执行命令 autosave time *time-value*，设置自动保存的时间点。*time-value* 为指定的时间点，格式为 hh:mm:ss。

以下命令打开周期性保存功能，设置自动保存间隔为 120 分钟。

```
<R1>autosave interval on                  --打开周期性保存功能
  System autosave interval switch: on
  Autosave interval: 1440 minutes         --默认 1440 分钟保存一次
  Autosave type: configuration file
  System autosave modified configuration switch: on --如果配置更改为 30 分钟自动保存
  Autosave interval: 30 minutes
  Autosave type: configuration file

<R1>autosave interval 120                  --设置每隔 120 分钟自动保存
  System autosave interval switch: on
  Autosave interval: 120 minutes
  Autosave type: configuration file
```

周期性保存和定时保存不能同时启用。关闭周期性保存功能，再打开定时自动保存功能，更改定时保存时间为中午 12 点。

```
<R1>autosave interval off                  --关闭周期性保存功能
<R1>autosave time on                       --开启定时保存
  System autosave time switch: on
  Autosave time: 08:00:00                  --默认每天 8 点定时保存
  Autosave type: configuration file
<R1>autosave time ?                        --查看 time 后可以输入的参数
  ENUM<on,off>     Set the switch of saving configuration data automatically by
                   absolute time
  TIME<hh:mm:ss>   Set the time for saving configuration data automatically
<R1>autosave time 12:00:00                 --更改定时保存时间为 12 点
  System autosave time switch: on
  Autosave time: 12:00:00
  Autosave type: configuration file
```

默认情况下，设备会保存当前配置到“vrpcfg.zip”文件中。如果用户指定了另外一个配置文件作为设备下次启动的配置文件，则设备会将当前配置保存到新指定的下次启动的配置文件中。

4.6.3 设置下一次启动加载的配置文件

设备支持设置任何一个存在于设备的外部存储器的根目录下（如：flash:/）的“*.cfg”或“*.zip”文件作为设备的下次启动的配置文件。我们可以通过 startup saved-configuration *configuration-file* 命令来设置设备下次启动的配置文件，其中 *configuration-file* 为指定配置文件名。如果设备的外部存储器的根目录下没有该配置文件，则系统会提示设置失败。

例如，如果需要指定已经保存的 backupzip 文件作为下次启动的配置文件，可执行如下操作。

```
<R1>startup saved-configuration backup.zip          --指定下一次启动加载的配置文件
This operation will take several minutes, please wait......
Info: Succeeded in setting the file for booting system
<R1>display startup          --显示下一次启动加载的配置文件
MainBoard:
  Startup system software:                  null
```

```
Next startup system software:       null
Backup system software for next startup: null
Startup saved-configuration file:      flash:/vrpcfg.zip
Next startup saved-configuration file: flash:/backup.zip  --下一次启动的配置文件
```

设置了下一次启动的配置文件后，再保存当前配置时，默认会将当前配置保存到所设置的下一次启动的配置文件中，从而覆盖了下次启动的配置文件的原有内容。周期性保存配置和定时保存配置，也会保存到指定的下一次启动的配置文件。

4.6.4 文件管理

VRP 通过文件系统来对设备上的所有文件（包括设备的配置文件、系统文件、License 文件、补丁文件）和目录进行管理。VRP 文件系统主要用于创建、删除、修改、复制和显示文件及目录，这些文件和目录都存储于设备的外部存储器中。华为路由器支持的外部存储器一般有 Flash 和 SD 卡，交换机支持的外部存储器一般有 Flash 和 CF 卡。

设备的外部存储器中的文件类型是多种多样的，除了之前提到过的配置文件，还有系统软件文件、License 文件、补丁文件等。在这些文件中，系统软件文件具有特别的重要性，因为它其实就是设备的 VRP 操作系统本身。系统软件文件的扩展名为“.cc”，并且必须存放在外部存储器的根目录下。设备上电时，系统软件文件的内容会被加载至内存并运行。

下面就以备份配置文件为例，展示文件管理的过程。

（1）查看当前路径下的文件，并确认需要备份的文件名称与大小。

dir [**/all**] [*filename* | *directory*]命令可用来查看当前路径下的文件，**all** 表示查看当前路径下的所有文件和目录，包括已经删除至回收站的文件。*filename* 表示待查看文件的名称，*directory* 表示待查看目录的路径。

路由器的默认外部存储器为 Flash，执行如下命令可查看路由器 R1 的 Flash 存储器的根目录下的文件和目录。

```
<R1>dir  --列出当前目录文件和文件夹
Directory of flash:/
  Idx  Attr     Size(Byte)  Date          Time(LMT)  FileName
    0  drw-              -  May 01 2018 02:51:18   dhcp --d 代表这是一个文件夹
    1  -rw-        121,802  May 26 2014 09:20:58   portalpage.zip
    2  -rw-          2,263  May 01 2018 08:13:21   statemach.efs
    3  -rw-        828,482  May 26 2014 09:20:58   sslvpn.zip
    4  -rw-            408  May 01 2018 07:27:28   private-data.txt
    5  -rw-            897  May 01 2018 08:18:00   backup.zip
    6  -rw-            872  May 01 2018 07:27:28   vrpcfg.zip

1,090,732 KB total (784,452 KB free)
```

从回显信息中，我们看到了名为“vrpcfg.zip”的配置文件，大小为 872 字节，假设它就是我们需要备份的配置文件。

（2）新建目录。

创建目录的命令为 **mkdir** *directory*, *directory* 表示需要创建的目录。在 Flash 的根目录下创建一个名为 backup 的目录。

```
<R1>mkdir /backup --创建一个文件夹
Info: Create directory flash:/backup......Done
```

（3）复制并重命名文件。

复制文件的命令为 copy *source-filenames destination-filename*，*source-filenames* 表示被复制文件的路径及源文件名，*destination-filename* 表示目标文件的路径及目标文件名。把需要备份的配置文件 vrpcfg.zip 复制到新目录 backup 下，并重命名为 cfgbak.zip。

```
<R1>copy vrpcfg.zip flash:/backup/cfgbak.zip   --将 vrpcfg.zip 复制到 backup 文件夹
Copy flash:/vrpcfg.zip to flash:/backup/cfgbak.zip? (y/n)[n]:y
100%  complete
Info: Copied file flash:/vrpcfg.zip to flash:/backup/cfgbak.zip...Done
```

（4）查看备份后的文件。

cd directory 命令用来修改当前的工作路径。我们可以执行如下操作来查看文件备份是否成功。

```
<R1>dir flash:/backup/   --列出 Flash:/backup 目录内容
Directory of flash:/backup/
  Idx  Attr     Size(Byte)  Date          Time(LMT)     FileName
    0  -rw-                872  May 01 2018 08:58:49   cfgbak.zip
```

回显信息表明，backup 目录下已经有了文件 cfgbak.bak，配置文件 vrpcfg.zip 的备份已顺利完成。

（5）删除文件。

当设备的外部存储器的可用空间不够时，我们就很可能需要删除其中的一些无用文件。删除文件的命令为 delete [/unreserved][/force] *filename*，其中/unreserved 表示彻底删除指定文件，删除的文件将不可恢复；/force 表示无须确认直接删除文件；*filename* 表示要删除的文件名。

如果不使用/unreserved，则 delete 命令删除的文件将被保存到回收站中，而使用 undelete 命令则可恢复回收站中的文件。注意，保存到回收站中的文件仍然会占用存储器空间。reset recycle-bin 命令将会彻底删除回收站中的所有文件，这些文件将被永久删除，不能再被恢复。

以下操作为删除文件，查看删除的文件，清空回收站中的文件。

```
<R1>delete backup.zip --删除文件
Delete flash:/backup.zip? (y/n)[n]:y
Info: Deleting file flash:/backup.zip...succeed.
<R1>dir /all --参数 all，显示所有文件，包括回收站中的文件
Directory of flash:/
  Idx  Attr    Size(Byte)  Date          Time(LMT)    FileName
    0  drw-             -  May 01 2018 02:51:18   dhcp
    1  -rw-       121,802  May 26 2014 09:20:58   portalpage.zip
    2  drw-             -  May 01 2018 08:58:49   backup
    3  -rw-         2,263  May 01 2018 08:13:21   statemach.efs
    4  -rw-       828,482  May 26 2014 09:20:58   sslvpn.zip
    5  -rw-           408  May 01 2018 07:27:28   private-data.txt
    6  -rw-           872  May 01 2018 07:27:28   vrpcfg.zip
    7  -rw-           897  May 01 2018 09:11:32   [backup.zip] --回收站中的文件

1,090,732 KB total (784,440 KB free)
<R1>reset recycle-bin  --清空回收站
Squeeze flash:/backup.zip? (y/n)[n]:y
Clear file from flash will take a long time if needed...Done.
%Cleared file flash:/backup.zip.
```

使用 move 命令移动文件。

```
<R1>move backup.zip flash:/backup/backup1.zip
```

进入 backup 目录。

```
<R1>cd backup/
```

使用 pwd 显示当前目录。

```
<R1>pwd
flash:/backup
```

在同一个目录中可以使用 move 命令，以下命令将 backup1.zip 重命名为 backup2.zip。

```
<R1>move backup1.zip backup2.zip
```

4.6.5 将配置导出到 FTP 或 TFTP 服务器

简易文件传输协议（Trivial File Transfer Protocol，TFTP）是 TCP/IP 中一个用来在客户机与服务器之间进行简单文件传输的协议，提供不复杂、开销不大的文件传输服务，端口号为69。此协议专门为小文件传输而设计的。因此它不具备 FTP 的许多功能，它只能从文件服务器上获得或写入文件，不能列出目录，不进行认证。

下面的操作将演示如何把路由器的配置文件备份到 TFTP。在物理机上运行 TFTP，单击“查看”→“选项”，如图 4-19 所示。如图 4-20 所示，在出现的“选项”对话框中指定“TFTP 服务器根目录”，上传的文件就保存在根目录中。

确保 R1 路由器和物理机之间的网络畅通。通过执行以下命令将配置文件上传到 TFTP。

```
<R1>tftp 192.168.1.11 put vrpcfg.zip vrpcfg.zip     --将配置文件上传到 TFTP
<R1>tftp 192.168.1.11 get vrpcfg.zip backup.zap     --从 TFTP 下载配置文件
```

put 和 get 命令后面跟的是源文件名和目标文件名。

TFTP 的安全性差，任何用户都可以接入 TFTP 进行文件的上传和下载。而使用 FTP 就需要进行身份验证，因而比 TFTP 安全。

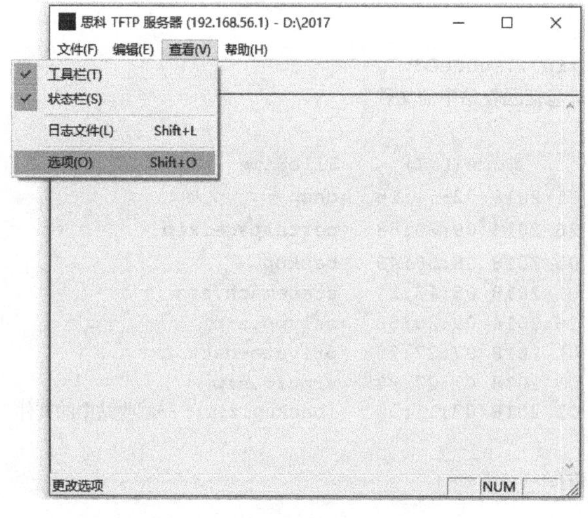

图 4-19 单击“查看”→“选项”

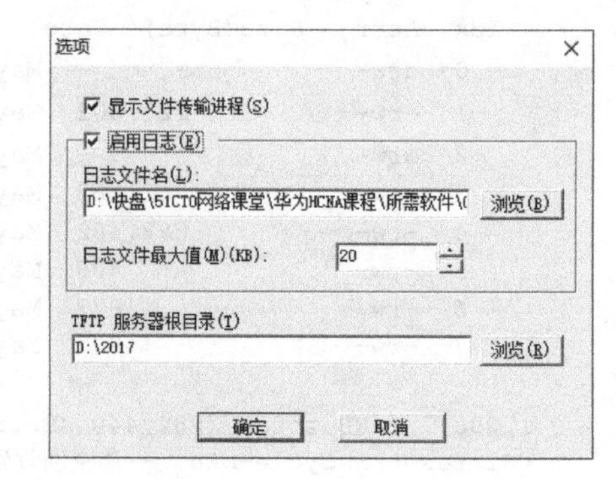

图 4-20 “选项”对话框

下面在 Windows 10 上安装 FTP 服务。

打开控制面板，单击“程序”，出现的页面如图 4-21 所示，在“程序”对话框中单击“启用或关闭 Windows 功能”选项。

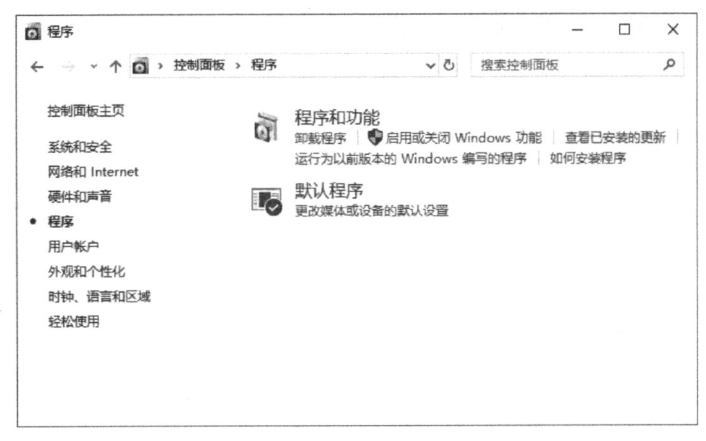

图 4-21　启用或关闭 Windows 功能

“Windows 功能”对话框出现，如图 4-22 所示，选中“FTP 服务器”下的“FTP 服务”，单击“确定”按钮。

打开 IIS 管理器，如图 4-23 所示，右键单击“网站”，在弹出的菜单中单击“添加 FTP 站点”。

图 4-22　选中“FTP 服务”

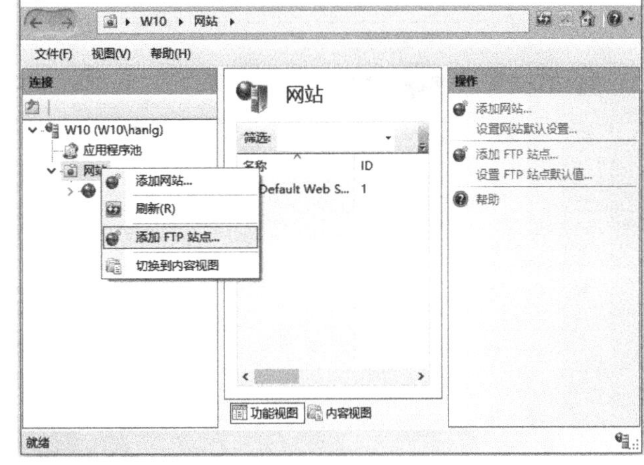

图 4-23　添加 FTP 站点

如图 4-24 所示，在出现的设置站点信息对话框中指定“FTP 站点名称”和“物理路径”，单击“下一步”按钮。

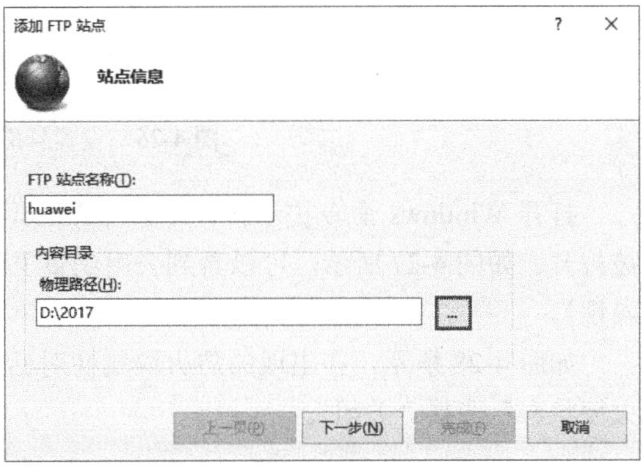

如图 4-25 所示，在出现的“绑定和 SSL 设置”对话框中，为“IP 地址”选择“全部未分配”，选中“自动启动 FTP 站点”，为“SSL”选择“无 SSL”，单击“下一步”按钮。

如图 4-26 所示，在出现的“身份验证和授权信息”对话框中，选中“基本”，设置允许所有用户读写，再单击“完成”按钮。

图 4-24　设置 FTP 站点信息

将来访问 FTP 站点的账户就可以使用计算机账户了。

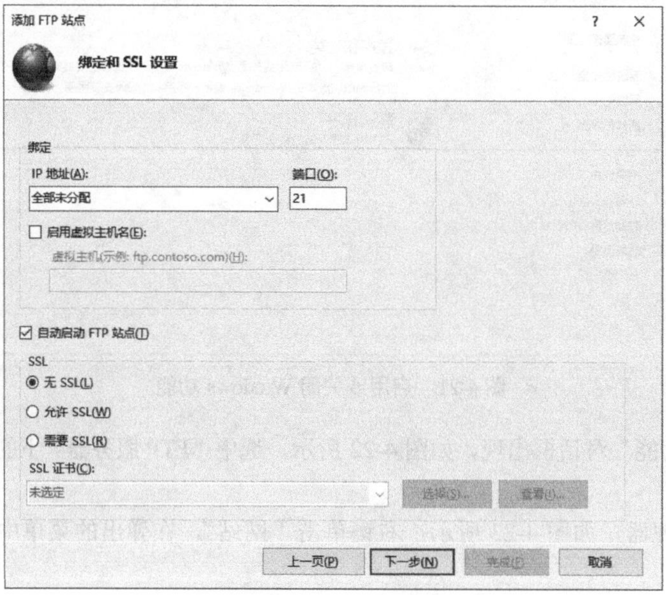

图 4-25 指定使用的地址

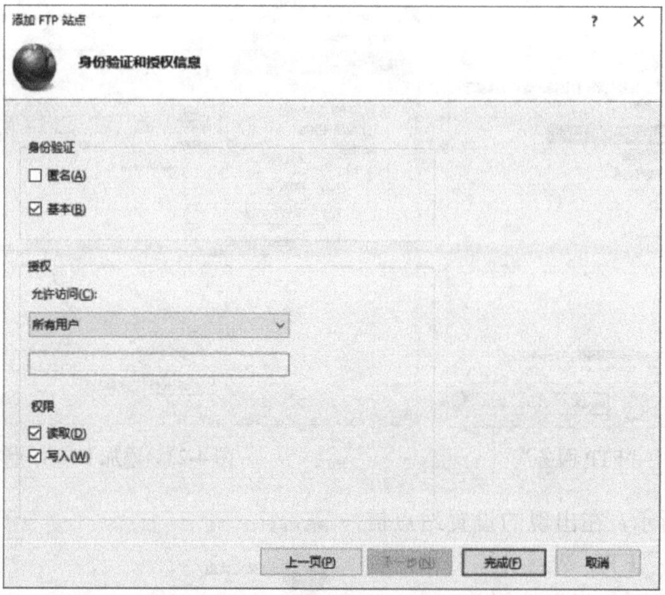

图 4-26 设置身份验证和授权信息

打开 Windows 命令提示符，输入 wf.msc，按回车键后，Windows 高级防火墙设置界面被打开。如图 4-27 所示，可以看到公用配置文件是活动的，单击“Windows Defender 防火墙属性”。

如图 4-28 所示，在出现的防火墙属性对话框中，在“公用配置文件”选项卡下，为“防火墙状态”选择“关闭”。

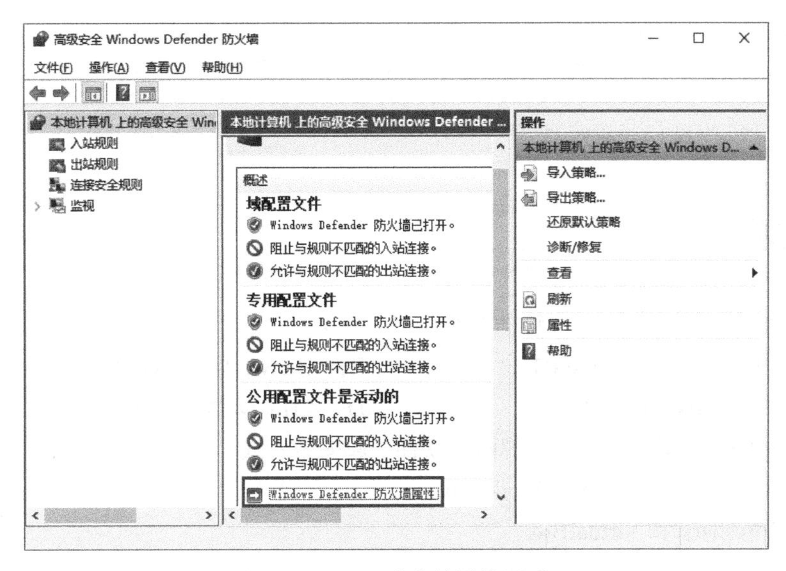

图 4-27 打开防火墙属性界面

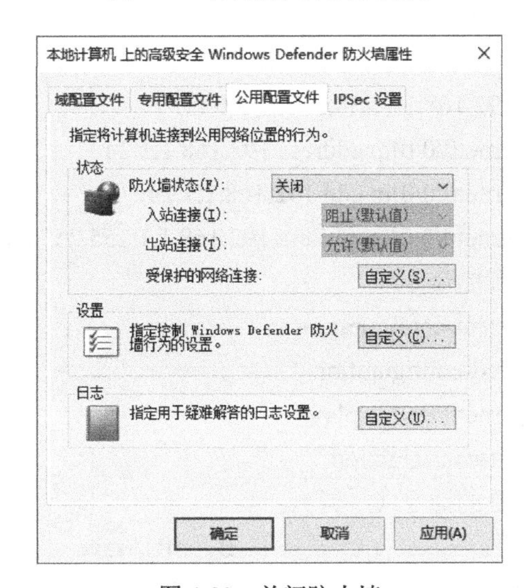

图 4-28 关闭防火墙

在路由器 R1 上将配置上传到 FTP 服务器。

```
<R1>ftp 192.168.1.11
Trying 192.168.1.11 ...
Press CTRL+K to abort
Connected to 192.168.1.11.
220 Microsoft FTP Service
User(192.168.1.11:(none)):han                    --输入用户名
331 Password required                            --输入密码
Enter password:
230 User logged in.
[R1-ftp]put vrpcfg.zip vrpcfg.zip.bak            --上传 vrpcfg.zip 到 FTP 服务器
[R1-ftp]dir    --查看 FTP 目录的内容
200 PORT command successful.
125 Data connection already open; Transfer starting.
05-01-18  11:50PM                872 vrpcfg.zip.bak    --上传的文件
```

```
226 Transfer complete.
FTP: 55 byte(s) received in 0.020 second(s) 2.75Kbyte(s)/sec.

[R1-ftp]get vrpcfg.zip.bak vrpcfg2.zip  --从 FTP 服务器下载文件 vrpcfg.zip.bak
```

4.7 习题

1. 下面哪个是更改路由器名称的命令？（ ）

A. < Huawei > sysname R1　　B. [Huawei]sysname R1

C. [Huawei]system R1　　D. < Huawei > system R1

2. 本章 eNSP 模拟软件需要和哪两款软件一起安装？（ ）

A. Wireshark 和 VMWareWorkstation

B. Wireshark 和 VirtualBox

C. VirtualBox 和 VMWareWorkstation

D. VirtualBox 和 Ethereal

3. 给路由器接口配置 IP 地址，下面哪条命令是错误的？（ ）

A. [R1]ip address 192.168.1.1 255.255.255.0

B. [R1-GigabitEthernet0/0/0]ip address 192.168.1.1 24

C. [R1-GigabitEthernet0/0/0]ip add 192.168.1.1 24

D. [R1-GigabitEthernet0/0/0]ip address 192.168.1.1 255.255.255.0

4. 查看路由器当前配置的命令（ ）。

A. <R1>display current-configuration

B. <R1>display saved-configuration

C. [R1-GigabitEthernet0/0/0]display

D. [R1]show current-configuration

5. 华为路由器保存配置的命令（ ）。

A. [R1]save　　B. <R1>save

C. <R1>copy current startup　　D. [R1] copy current startup

6. 更改路由器下一次启动加载的配置文件使用哪个命令？（ ）

A. <R1>startup saved-configuration backup.zip

B. <R1>display startup

C. [R1]startup saved-configuration

D. [R1]display startup

7. 配置路由器的 console 口只需要密码验证，需要执行以下哪条命令？（ ）

A. [R1-ui-console0]authentication-mode password

B. [R1-ui-console0]authentication-mode aaa

C. [R1-ui-console0]authentication-mode Radius

D. [R1-ui-console0]authentication-mode scheme

8. 在路由器上创建用户 han，允许通过 Telnet 配置路由器，且用户权限级别为 3，需要执行哪两条命令？（ ）

A. [R1-aaa]local-user han password cipher 91xueit3 privilege level 3

B. [R1-aaa]local-user han service-type telnet

C. [R1-aaa]local-user han password cipher 91xueit3

D. [R1-aaa]local-user hanservice-type terminal

9. 在系统视图下键入什么命令可以切换到用户视图？（　　）

A. system-view　　B. router

C. quit　　D. user-view

10. 管理员想要彻底删除旧的设备配置文件 config.zip，则下面的命令正确的是（　　）。

A. delete /force config.zip　　B. delete /unreserved config.zip

C. reset config.zip　　D. clear config.zip

11. 华为 AR 路由器的命令行界面下，Save 命令的作用是保存当前的系统时间。（　　）

A. 正确　　B. 错误

12. 保存路由器的配置文件时，一般是保存在下面哪种储存介质上？（　　）

A. SDRAM　　B. NVRAM

C. Flash　　D. Boot ROM

13. VRP 的全称是什么？（　　）

A. Versatile Routine Platform　　B. Virtual Routing Platform

C. Virtual Routing Plane　　D. Versatile Routing Platform

14. VRP 操作系统命令划分为访问级、监控级、配置级、管理级 4 个级别。能运行各种业务配置命令但不能操作文件系统的是哪一级？（　　）

A. 访问级　　B. 监控级

C. 配置级　　D. 管理级

15. 管理员在哪个视图下才能为路由器修改设备名称？（　　）

A. User-view　　B. System-view

C. Interface-view　　D. Protocol-view

16. 目前，公司有一个网络管理员，公司网络中的 AR2200 通过 Telent 直接输入密码后就可以实现远程管理。新来了两个管理员后，公司希望给所有的管理员分配各自的用户名和密码，以及不同的权限等级。那么应该如何操作呢？（　　）（选择 3 个答案）

A. 在 AAA 视图下配置 3 个用户名和各自对应的密码

B. Telent 配置的用户认证模式必须为 AAA 模式

C. 在配置每个管理员的账户时，需要配置不同的权限级别

D. 每个管理员在运行 Telent 命令时，使用设备的不同公网 IP 地址

17. VRP 支持通过哪几种方式对路由器进行配置？（　　）（选择 3 个答案）

A. 通过 Console 口对路由器进行配置

B. 通过 Telent 对路由器进行配置

C. 通过 mini USB 口对路由器进行配置

D. 通过 FTP 对路由器进行配置

18. 操作用户成功 Telnet 到路由器后，无法使用配置命令配置接口 IP 地址，可能的原因有（　　）。

A. 操作用户的 Telnet 终端软件不允许用户对设备的接口配置 IP 地址

B. 没有正确设置 Telnet 用户的认证方式

C. 没有正确设置 Telnet 用户的级别

D．没有正确设置 SNMP 参数

19．关于下面的 display 信息描述正确的是（ ）。

[R1]display interface g0/0/0 GigabitEthernet0/0/0 current state:Administratively DOWN Line protocol current state:DOWN

A．Gigabit Ethernet 0/0/0 接口连接了一条错误的线缆

B．Gigabit Ethernet 0/0/0 接口没有配置 IP 地址

C．Gigabit Ethernet 0/0/0 接口没有启用动态路由协议

D．Gigabit Ethernet 0/0/0 接口被管理员手动关闭了

20．路由器上电时，会从默认存储路径中读取配置文件进行路由器的初始化工作。如果默认存储路径中没有配置文件，则路由器会使用什么来进行初始化？

A．当前配置　　B．新建配置

C．默认参数　　D．起始配置

第5章

静态路由

本章内容

- 路由基础
- 路由汇总
- 默认路由
- 网络排错案例

路由器负责在不同网段间转发数据包，根据路由表为数据包选择转发路径。路由表中有多条路由信息，一条路由信息也被称为一个路由项或一个路由条目，一个路由条目记录一个网段的路由。路由条目可以由管理员用命令输入，称为静态路由；也可以由路由协议（RIP、OSPF 协议）生成，称为动态路由。路由表中的条目可以由动态路由和静态路由组成。

本章将讲述网络畅通的条件，给路由器配置静态路由的方法，如何合理规划 IP 地址以使用路由汇总和默认路由从而简化路由表。

本章还讲解了排除网络故障的方法，使用 ping 命令测试网络是否畅通，使用 pathping 和 tracert 命令跟踪数据包的路径。同时也讲解 Windows 操作系统中的路由表，给 Windows 系统添加路由的方式。

本章只讲静态路由，第 6 章介绍动态路由。

5.1 路由基础

5.1.1 什么是路由

在网络通信中，“路由”（route）是网络层的一个术语，它是指从某一网络设备出发去往某个目的地的路径。网络中的路由器（或三层交换机）负责为数据包选择转发路径。如图 5-1 所示，路由器中有路由表（routing table），路由表是若干条路由信息的一个集合体。在路由表中，一条路由信息也被称为一个路由项或一个路由条目，路由器根据路由表为数据包选择转发路径。路由表只存在于终端计算机和路由器（以及三层交换机）中，二层交换机中是不存在路由表的。

如图 5-1 所示，PC1 给 PC2 发送一个数据包，源 IP 地址是 11.1.1.2，目标 IP 地址是 12.1.1.2。R1 路由器收到该数据包，查路由表发现有到 12.1.1.0/24 网段的路由，下一跳是 172.16.0.2，于是该数据包就从 R1 路由器的 GE 0/0/0 接口发送给 R2 路由器。R2 路由器收到后查看路由表，发现有到 12.1.1.0/24 网段的路由，下一跳是 172.16.1.2，于是该数据包就从 R2 路由器的 GE 0/0/1

接口发送给 R3 路由器。R3 路由器收到该数据包后查路由表，发现有到 12.1.1.0/24 网段的路由，下一跳是 12.1.1.1，该地址是 R3 路由器 GE 0/0/1 接口的地址，该数据包就从 GE 0/0/1 发送出去，最终到达 PC2。PC2 给 PC1 发送数据包，也需要沿途路由器查询路由表以决定转发路径。

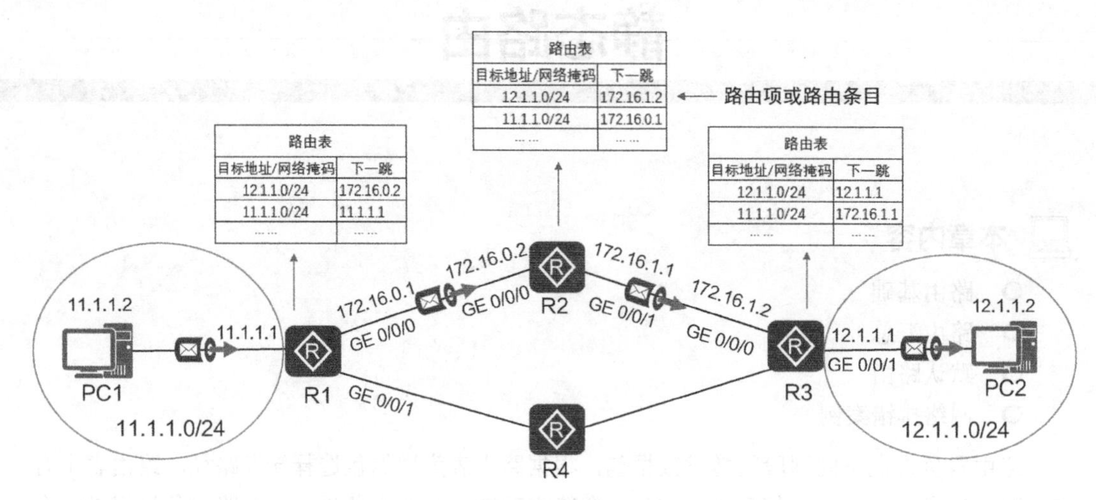

图 5-1　IP 路由

需要指出的是，如果一个路由项的下一跳 IP 地址与出接口的 IP 地址相同，则说明出接口已经直连到了该路由项所指的目的网络（也就是说，出接口已经位于目的网络之中了）。还需要指出的是，下一跳 IP 地址所对应的那个主机接口与出接口一定是位于同一个二层网络（二层广播域）中。

下面是实际路由器上的路由表，输入 display ip routing-table 便可看到路由表。可以看到该路由表有 14 个目标网段（destination）、14 条路由（route）。

```
[AR1]display ip routing-table
Route Flags: R - relay, D - download to fib
------------------------------------------------------------------------------
Routing Tables: Public
         Destinations : 14        Routes : 14

Destination/Mask   Proto   Pre  Cost      Flags  NextHop         Interface
           ......
    172.16.0.0/24  Direct  0    0           D    172.16.0.1       Serial2/0/0
    172.16.0.2/32  Direct  0    0           D    172.16.0.2       Serial2/0/0
    172.16.1.0/24  OSPF    10   96          D    172.16.0.2       Serial2/0/0
   192.168.0.0/24  Direct  0    0           D    192.168.0.1      Vlanif1
   192.168.1.0/24  OSPF    10   97          D    172.16.0.2       Serial2/0/0
  192.168.10.0/24  Static  60   0           RD   172.16.0.2       Serial2/0/0
           ......
```

下面对路由条目的各个字段进行解释。

- Destination/Mask 表示目标网段和子网掩码。
- Proto 即 Protocol（协议）的简写，表明该路由条目是通过什么协议生成的。Direct 是直连网段，即自动发现的路由。OSPF 表明该路由条目是通过 OSPF 协议构建的动态路由，Static 表明该路由条目是手动配置的静态路由。

- Pre 即 Preference（优先级）的简写，用来反映路由信息来源的优先级。
- Cost 表示开销，路由的开销是路由的一个非常重要的属性，路由器为数据包选择最佳转发路径，最佳路径也就是开销小的路径。
- Flags 表示路由标记，R 表示该路由是迭代路由，D 表示该路由下发到 FIB 表。
- NextHop 表示下一跳，即到达目标网段。路由器通过下一跳就能够断定该数据包应该从哪个接口发送出去。
- Interface 表示到达目标网段的下一跳出口。

5.1.2 路由信息的来源

路由表包含了若干条路由信息，这些路由信息的生成方式总共有 3 种：设备自动发现、手动配置、通过动态路由协议生成，这 3 种方式生成的路由分别叫作直连路由、静态路由和动态路由。

1. 直连路由

我们把设备自动发现的路由信息称为直连路由（Direct Route）。网络设备启动之后，如果接口配置了 IP 地址和子网掩码，当接口状态为 UP 时，路由器就能够自动发现接口所在网段，并把该网段添加到路由表。

如图 5-2 所示，路由器 R1 的 GE 0/0/1 接口的状态为 UP 时，R1 便可以根据 GE 0/0/1 接口的 IP 地址 11.1.1.1/24 推断出 GE 0/0/1 接口所在网络的网络地址为 11.1.1.0/24。于是，R1 便会将 11.1.1.0/24 作为一个路由项填进自己的路由表，这条路由的目的地/掩码为 11.1.1.0/24，出接口为 GE 0/0/1，下一跳的 IP 地址是与出接口的 IP 地址相同的，即 11.1.1.1。由于这条路由是直连路由，所以其 Protocol 属性为 Direct。另外，对于直连路由，其 cost 的值总是为 0。

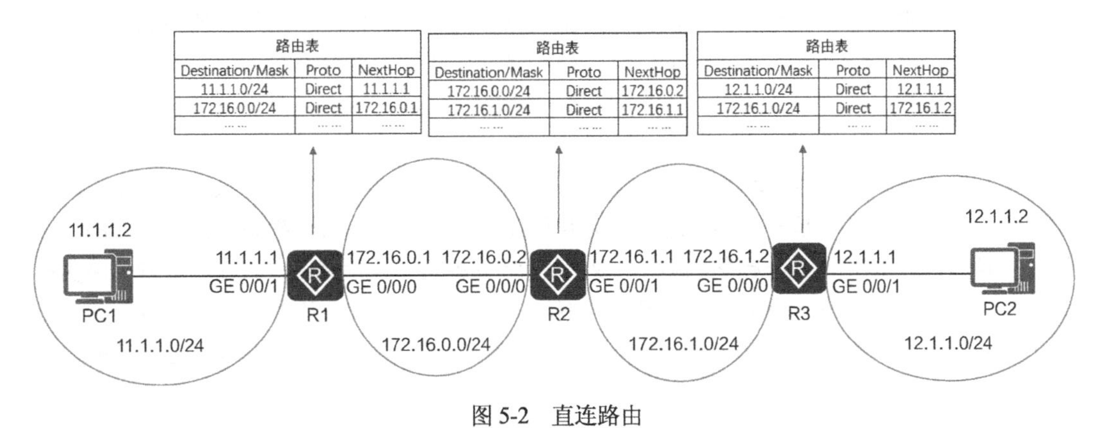

图 5-2 直连路由

类似，路由器 R1 还会自动发现另外一条直连路由，该路由的目的地/掩码为 172.16.0.0/24，出接口为 GE 0/0/0，下一跳地址是 172.16.0.1，Protocol 属性为 Direct，Cost 的值为 0。

可以看到当网络中的 R1、R2、R3 路由器开机，且端口状态 UP 时，这些端口连接的网段就会出现在路由表中。

2. 静态路由

要想让网络中的计算机能够访问任何网段，那么网络中的路由器必须有到全部网段的路由。对于路由器直连的网段，路由器能够自动发现它并将其加入到路由表。对于没有直连的网络，管理员需要手动添加到这些网段的路由。在路由器上手动配置的路由信息被称为静态路由（Static Route），它适合规模较小的网络或网络不怎么变化的情况。

如图5-3所示，网络中有4个网段，每个路由器直连两个网段，对于没有直连的网段，需要手动添加静态路由。我们需要在每个路由器上添加两条静态路由。注意观察静态路由的下一跳，在R1上添加到12.1.1.0/24网段的路由，下一跳是172.16.0.2，而不是R3的GE0/0/0接口的172.16.1.2。很多初学者对“下一跳”的理解会出现错误。

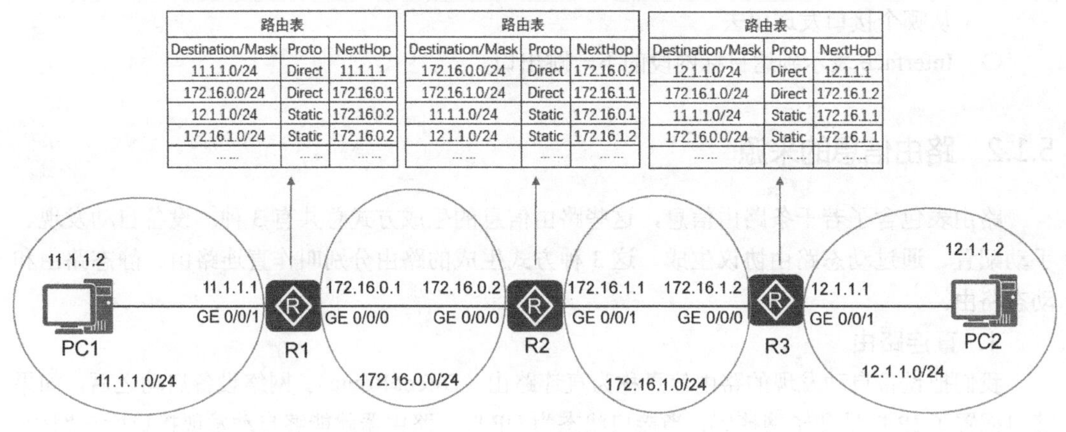

图5-3 手动配置静态路由

3．动态路由

路由器使用动态路由协议（RIP、OSPF）而获得路由信息被称为动态路由（Dynamic Route）。动态路由适合规模较大的网络，能够针对网络的变化自动选择最佳路径。

如果网络规模不大，我们可以通过手动配置的方式“告诉”网络设备去往哪些非直接相连的网络的路由。然而，如果非直接相连的网络的数量众多，必然会耗费大量的人力来进行手动配置，这在现实中往往是不可取的，甚至是不可能的。另外，手动配置的静态路由还有一个明显的缺陷，就是它不具备自适应性。当网络发生故障或网络结构发生改变而导致相应的静态路由发生错误或失效时，必须手动对这些静态路由进行修改，而这在现实中也往往是不可取的，或是不可能的。

事实上，网络设备还可以通过运行路由协议来获取路由信息。“路由协议”和“动态路由协议”这两个术语其实是一回事，这是因为我们还未曾有过被称为“静态路由协议”的路由协议（我们有静态路由，但无静态路由协议）。网络设备通过运行路由协议而获取到的路由称为动态路由。如果网络新增了网段、删除了网段、改变了某个接口所在的网段，或网络拓扑发生了变化（网络中断了一条链路或增加了一条链路），那么路由协议能够及时地更新路由表中的胴体路由信息。

需要特别指出的是，一台路由器是可以同时运行多种路由协议的。如图5-4所示，R2路由器同时运行RIP路由协议和OSPF路由协议。此时，该路由器除了会创建并维护一个IP路由表，还会分别创建并维护一个RIP路由表和一个OSPF路由表。RIP路由表用来专门存放RIP发现的所有路由，OSPF路由表用来专门存放OSPF协议发现的所有路由。

RIP路由表和OSPF路由表中的路由项都会加进IP路由表中，如果RIP路由表和OSPF路由表都有到某一网段的路由项，那就要比较路由协议优先级了。在图5-4中，R2路由器的RIP路由表和OSPF路由表都有24.6.10.0/24网段的路由信息，由于OSPF协议的优先级高于RIP，所以OSPF路由表中的24.6.10.0/24路由项被加进IP路由表。而路由器最终是根据IP路由表来进行IP报文的转发工作的。

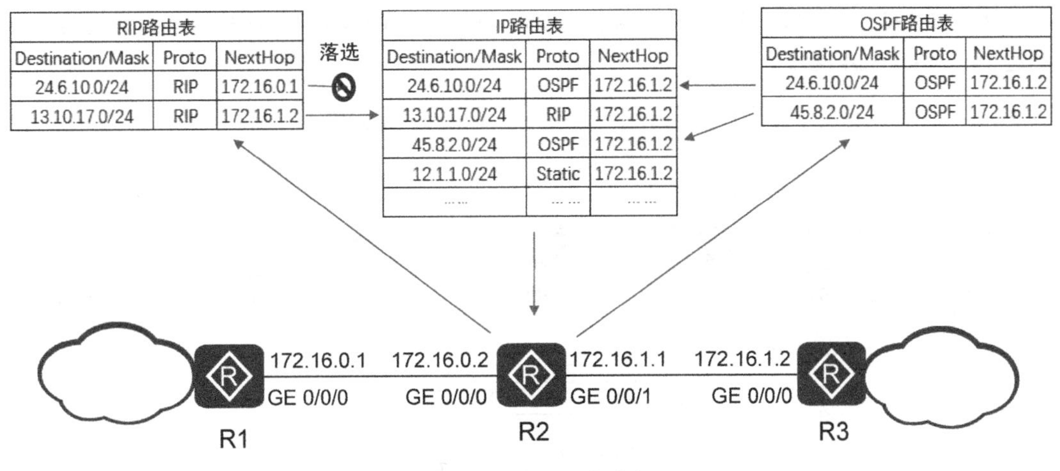

图 5-4　动态路由优先级

5.1.3　路由优先级

假设一台华为 AR 路由器同时运行了 RIP 和 OSPF 这两种路由协议，RIP 发现了一条去往目的地/掩码为 z/y 的路由，OSPF 也发现了一条去往目的地/掩码为 z/y 的路由。另外，我们还手动配置了一条去往目的地/掩码为 z/y 的路由。也就是说，该设备同时获取了去往同一目的地/掩码的三条不同的路由，那么该设备究竟会采用哪一条路由来进行 IP 报文的转发呢？或者说，这三条路由中的哪一条会被加入 IP 路由表呢？

事实上，我们给不同来源的路由规定了不同的优先级（preference），并规定优先级的值越小，则路由的优先级就越高。这样，当存在多条目的地/掩码相同，但来源不同的路由时，则具有最高优先级的路由便成为了最优路由，并被加入 IP 路由表中，而其他路由则处于未激活状态，不显示在 IP 路由表中。

设备上的路由优先级一般都具有默认值。不同厂家的设备对于优先级的默认值的规定可能不同。华为 AR 路由器上部分路由优先级的默认值的规定如表 5-1 所示。这些都是默认的优先级。我们可以更改优先级，比如添加静态路由时指定该静态路由的优先级。

表 5-1　路由的优先级

路由来源	优先级的默认值
直连路由	0
OSPF	10
静态路由	60
RIP	100
BGP	255

5.1.4　网络畅通的条件

计算机网络畅通的条件就是数据包能去能回，道理很简单，却是我们排除网络故障的理论依据。

如图 5-5 所示，网络中的计算机 A 要想实现和计算机 B 通信，沿途的所有路由器必须有到目标网络 192.168.1.0/24 的路由。计算机 B 给计算机 A 返回数据包，途径的所有路由器必须到达 192.168.0.0/24 网段的路由。

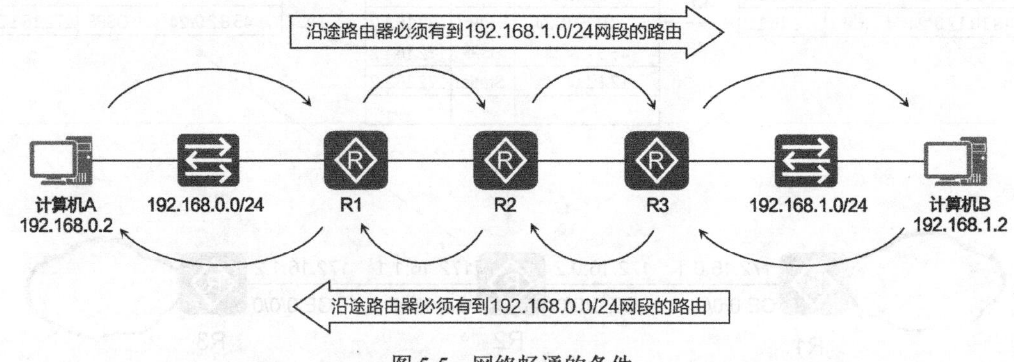

图 5-5　网络畅通的条件

基于以上原理，网络排错就变得简单了。如果网络不通，就要检查计算机是否配置了正确的 IP 地址子网掩码以及网关，首先逐一检查沿途路由器上的路由表，查看是否有到达目标网络的路由；然后逐一检查沿途路由器上的路由表，检查是否有数据包返回所需的路由。

5.1.5　配置静态路由示例

下面就通过一个案例来学习静态路由的配置，网络拓扑如图 5-6 所示，设置网络中的计算机和路由器接口的 IP 地址，PC1 和 PC2 都要设置网关。可以看到，该网络中有 4 个网段。现在需要在路由器上添加路由，实现这 4 个网段间网络的畅通。

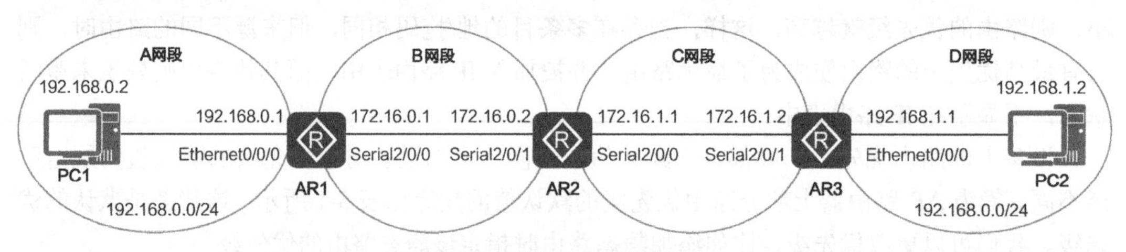

图 5-6　静态路由网络拓扑

前面讲过，只要给路由器接口配置了 IP 地址和子网掩码，路由器的路由表就有了到直连网段的路由，不需要再添加到直连网段的路由。在添加静态路由之前先看看路由器的路由表。

在 AR1 路由器上，进入系统视图，输入命令 display ip routing-table 可以看到两个直连网段的路由。

```
[AR1]display ip routing-table
Route Flags: R - relay, D - download to fib
------------------------------------------------------------------------------
Routing Tables: Public
    Destinations : 11     Routes : 11
Destination/Mask    Proto  Pre  Cost     Flags NextHop    Interface
   127.0.0.0/8    Direct 0    0        D   127.0.0.1  InLoopBack0
   127.0.0.1/32  Direct 0    0        D   127.0.0.1  InLoopBack0
127.255.255.255/32  Direct 0  0        D   127.0.0.1     InLoopBack0
   172.16.0.0/24  Direct 0  0        D   172.16.0.1  Serial2/0/0    --直连网段路由
```

```
      172.16.0.1/32  Direct  0    0       D   127.0.0.1      Serial2/0/0
      172.16.0.2/32  Direct  0    0       D   172.16.0.2     Serial2/0/0
    172.16.0.255/32  Direct  0    0       D   127.0.0.1      Serial2/0/0
     192.168.0.0/24  Direct  0    0       D   192.168.0.1    Vlanif1--直连网段路由
     192.168.0.1/32  Direct  0    0       D   127.0.0.1      Vlanif1
   192.168.0.255/32  Direct  0    0       D   127.0.0.1      Vlanif1
255.255.255.255/32  Direct  0    0       D   127.0.0.1      InLoopBack0
```

可以看到路由表中已经有了到两个直连网段的路由条目。

在路由器 AR1、AR2 和 AR3 上添加静态路由。

（1）在路由器 AR1 上添加到 172.16.1.0/24、192.168.1.0/24 网段的路由，并显示添加的静态路由。

```
[AR1]ip route-static 172.16.1.0 24 172.16.0.2          --添加静态路由、下一跳地址
[AR1]ip route-static 192.168.1.0 255.255.255.0 Serial 2/0/0   --添加静态路由、出口
[AR1]display ip routing-table                           --显示路由表
[AR1]display ip routing-table protocol static           --只显示静态路由表
Route Flags: R - relay, D - download to fib
------------------------------------------------------------------------------
Public routing table : Static
      Destinations : 2       Routes : 2        Configured Routes : 2
Static routing table status : <Active>
      Destinations : 2       Routes : 2
Destination/Mask    Proto   Pre  Cost     Flags  NextHop        Interface
   172.16.1.0/24  Static 60   0       RD     172.16.0.2     Serial2/0/0
  192.168.1.0/24  Static 60   0        D     172.16.0.1     Serial2/0/0
Static routing table status : <Inactive>
       Destinations : 0        Routes : 0
```

（2）在路由器 AR2 上添加到 192.168.0.0/24、192.168.1.0/24 网段的路由。

```
[AR2]ip route-static 192.168.0.0 24 172.16.0.1
[AR2]ip route-static 192.168.1.0 24 172.16.1.2
```

（3）在路由器 AR3 上添加到 192.168.0.0/24、172.16.0.0/24 网段的路由。

```
[AR3]ip route-static 192.168.0.0 24 172.16.1.1
[AR3]ip route-static 172.16.0.0 24 172.16.1.1
```

在 R2 路由器上删除到 192.168.1.0/24 网络的路由。

```
[AR2]undo ip route-static 192.168.1.0 24     --删除到某个网段的路由，不用指定下一跳地址
```

PC1 ping PC2，显示 Request timeout!（请求超时！），实际上是目标主机不可到达。

并不是所有的“请求超时”都是路由器的路由表造成的，其他的原因也可能导致请求超时，比如对方的计算机启用防火墙或对方的计算机关机，这些都能引起“请求超时”。

5.1.6 浮动静态路由

浮动路由又称为路由备份，两条或多条链路组成浮动路由。当到达某一网络有多条路径时，通过为静态路由设置不同的优先级，你可以指定主用路径和备用路径。当主用路径不可用时，走备用路径的静态路由进入路由表，数据包通过备用路径被转发到目标网络，这就是浮动路由。

如图 5-7 所示，从 A 网段到 B 网段的最佳路径是从 AR1→AR3。当最佳路径不可用时，

可以走备用路径 AR1→AR2→AR3。这就是需要在 AR1 和 AR3 上配置浮动静态路由的原因，即为添加到同一网段的路由指定不同的优先级。指定路由优先级的参数是 preference，取值 1～255，值越大，优先级越低，直连网络的优先级为 0，静态路由的优先级默认为 60。

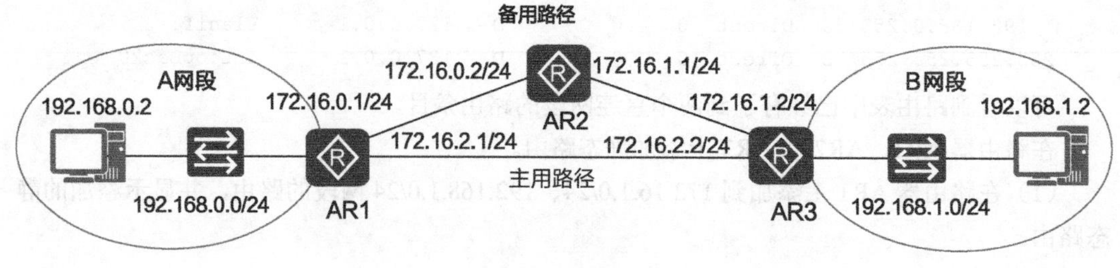

图 5-7　备用路径

在 AR1 上添加两条到 192.168.1.0/24 网段的静态路由，主用路径优先级使用默认值，备用路径的静态路由优先级设置成 100。

```
[AR1]ip route-static 192.168.1.0 24 172.16.2.2
[AR1]ip route-static 192.168.1.0 24 172.16.2.2 preference ?
  INTEGER<1-255>  Preference value range
[AR1]ip route-static 192.168.1.0 24 172.16.0.2 preference 100
```

在 AR3 上添加两条到 192.168.0.0/24 网段的静态路由，主用路径优先级使用默认值，备用路径的静态路由优先级设置成 100。

```
[AR3]ip route-static 192.168.0.0 24 172.16.2.1
[AR3]ip route-static 192.168.0.0 24 172.16.1.1 preference 100
```

在 AR2 上添加到 192.168.0.0/24 和 192.168.1.0/24 网段的静态路由。

```
[AR2]ip route-static 192.168.0.0 24 172.16.0.1
[AR2]ip route-static 192.168.1.0 24 172.16.1.2
```

在 AR1 上查看路由表，可以看到主用路径的路由，备用路径的静态路由没有加入路由表。

```
[AR1]display ip routing-table
Route Flags: R - relay, D - download to fib
------------------------------------------------------------------------------
Routing Tables: Public
         Destinations : 14      Routes : 14
Destination/Mask    Proto   Pre  Cost      Flags  NextHop         Interface
 ......
 192.168.0.0/24     Direct   0    0          D   192.168.0.1      Vlanif1
 192.168.0.1/32     Direct   0    0          D   127.0.0.1        Vlanif1
 192.168.0.255/32   Direct   0    0          D   127.0.0.1        Vlanif1
 192.168.1.0/24     Static   60   0          RD  172.16.2.2      GigabitEthernet0/0/1
255.255.255.255/32  Direct   0    0          D   127.0.0.1        InLoopBack0
```

查看全部静态路由，此时能够显示主路由和备用路由。Active 表示该路由加入了 IP 路由表，Inactive 表示该路由没有加入 IP 路由表。

```
<AR1>display ip routing-table protocol static
Route Flags: R - relay, D - download to fib
------------------------------------------------------------------------------
Public routing table : Static
```

```
        Destinations : 1         Routes : 2        Configured Routes : 2
Static routing table status : <Active>
            Destinations : 1     Routes : 1
Destination/Mask    Proto   Pre  Cost      Flags NextHop      Interface
    192.168.1.0/24  Static  60   0          RD   172.16.2.2  GigabitEthernet0/0/1
Static routing table status : <Inactive>
             Destinations : 1     Routes : 1
Destination/Mask    Proto   Pre  Cost      Flags NextHop         Interface
    192.168.1.0/24  Static  100  0           R  172.16.0.2  GigabitEthernet0/0/0
```

在 AR1 上关闭主用路径的接口，再次查看路由表，可以看到备用路由生效。

```
[AR1]interface GigabitEthernet 0/0/1
[AR1-GigabitEthernet0/0/1]shutdown
<AR1>display ip routing-table
Route Flags: R - relay, D - download to fib
------------------------------------------------------------------------------
......
Destination/Mask    Proto   Pre  Cost     Flags NextHop         Interface
  192.168.0.255/32  Direct  0    0         D     127.0.0.1     Vlanif1
  192.168.1.0/24  Static  100    0       RD    172.16.0.2    GigabitEthernet0/0/0
```

5.2 路由汇总

Internet 是全球最大的互联网，如果 Internet 上的路由器把全球所有的网段都添加到路由表中，那将是一张非常庞大的路由表。路由器每转发一个数据包，都要检查路由表，并为该数据包选择转发出口。庞大的路由表势必会增加处理时延。

如果为物理位置连续的网络分配地址连续的网段，就可以在边界路由器上将远程的网段合并成一条路由，这就是路由汇总。路由汇总能够大大减少路由器上的路由表条目。

5.2.1 通过路由汇总精简路由表

下面以实例来说明如何实现路由汇总。

如图 5-8 所示，北京市的网络可以认为是物理位置连续的网络，为北京市的网络分配连续的网段，即从 192.168.0.0/24、192.168.1.0/24、192.168.2.0/24、192.168.3.0/24、192.168.4.0/24 一直到 192.168.255.0/24 的网段。

石家庄市的网络也可以认为是物理位置连续的网络，为石家庄市的网络分配连续的网段，即从 172.16.0.0/24、172.16.1.0/24、172.16.2.0/24、172.16.3.0/24、172.16.4.0/24 一直到 172.16.255.0/24 的网段。

在北京市的路由器中添加到石家庄市全部网段的路由，如果为每一个网段添加一条路由，需要添加 256 条路由。在石家庄市的路由器中添加到北京市全部网络的路由，如果为每一个网段添加一条路由，也需要添加 256 条路由。

石家庄市的这些子网 172.16.0.0/24、172.16.1.0/24、172.16.2.0/24、…、172.16.255.0/24 都属于 172.16.0.0/16 网段，这个网段包括全部以 172.16 开始的网段。因此，在北京市的路由器中添加一条到 172.16.0.0/16 这个网段的路由即可。

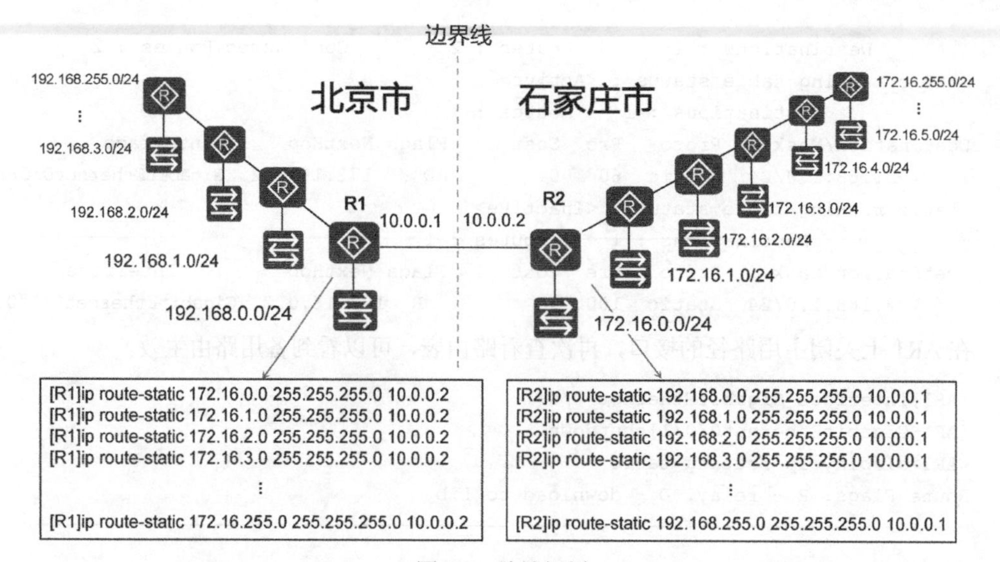

图 5-8 地址规划

北京市的网段从 192.168.0.0/24、192.168.1.0/24、192.168.2.0/24、192.168.3.0/24、192.168.4.0/24 一直到 192.168.255.0/24，也可以合并成一个网段 192.168.0.0/16（这时候一定要能够想起第 3 章讲到的使用超网合并网段，192.168.0.0/16 就是一个超网，子网掩码前移了 8 位，合并了 256 个 C 类网络），这个网段包括全部以 192.168 开始的网段。因此，在石家庄市的路由器中添加一条到 192.168.0.0/16 这个网段的路由即可。

汇总北京市的路由器 R1 中的路由和石家庄市的路由器 R2 中的路由后，路由表得到极大的精简，如图 5-9 所示。

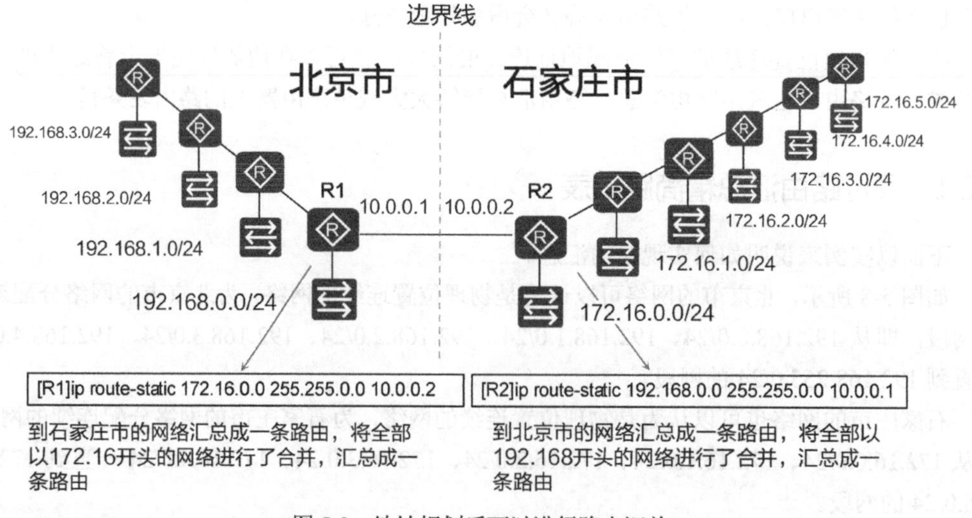

图 5-9 地址规划后可以进行路由汇总

进一步，如图 5-10 所示，如果石家庄市的网络使用 172.0.0.0/16、172.1.0.0/26、172.2.0.0/16、…、172.255.0.0/16 这些网段，总之，凡是以 172 打头的网络都在石家庄市，那么可以将这些网段合并为一个网段 172.0.0.0/8。在北京市的边界路由器 R1 中只需要添加一条路由即可。如果北京市的网络使用 192.0.0.0/16、192.1.0.0/16、192.2.0.0/16、…、192.255.0.0/26 这些网段，总之，凡是以 192 打头的网络都在北京市，那么也可以将这些网段合并为一个网段 192.0.0.0/8。

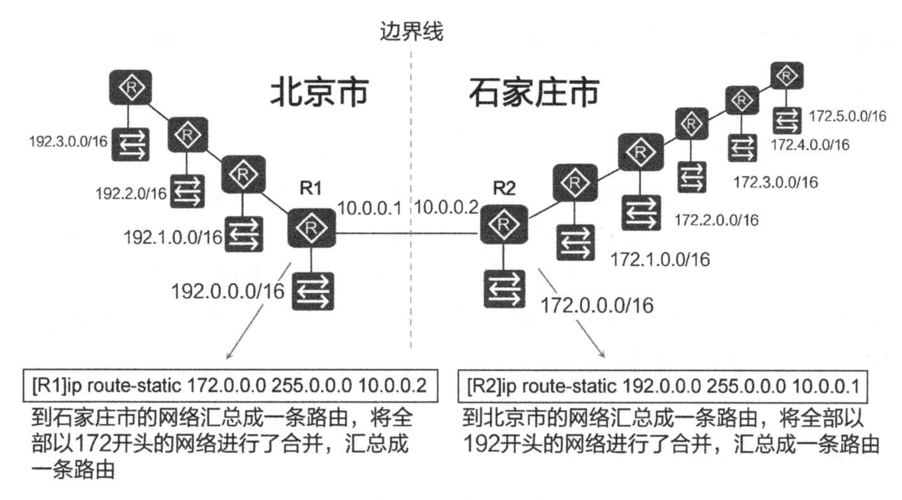

图 5-10 路由汇总

可以看出规律，添加路由时，网络位越少（子网掩码中 1 的个数越少），路由汇总的网段越多。

5.2.2 路由汇总例外

如图 5-11 所示，在北京市有个网络使用了 172.16.10.0/24 网段，后来石家庄的网络连接北京市的网络，石家庄市的网络规划使用 172.16 打头的网段。在这种情况下，北京市网络的路由器还能不能把石家庄市的网络汇总成一条路由呢？

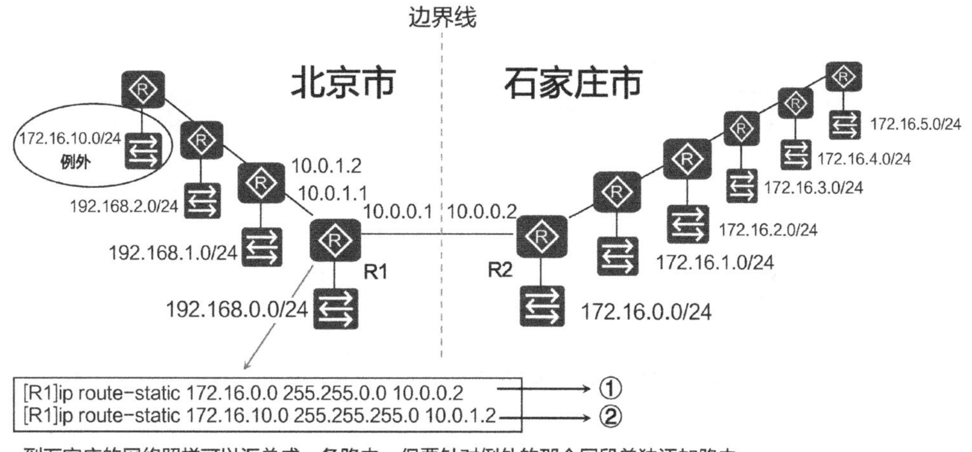

图 5-11 路由汇总例外

在这种情况下，在北京市的路由器中照样可以把到石家庄市网络的路由汇总成一条路由，但要针对例外的网段单独再添加一条路由，如图 5-10 所示。

如果路由器 R1 收到目标地址是 172.16.10.2 的数据包，应该使用哪一条路由进行路径选择呢？

因为该数据包的目标地址与第①条路由和第②条路由都匹配，路由器将使用最精确匹配的那条路由来转发数据包，这叫作最长前缀匹配（Longest Prefix Match）。它是指在 IP 中被路由器用于在路由表中进行选择的一种算法。因为路由表中的每个表项都指定了一个网络，所以一个目的地址可能与多个表项匹配。最明确的一个表项（即子网掩码最长的一个）就叫作最长前缀匹配。之所以这样称呼它，是因为这个表项也是路由表中，与目的地址的高位匹配得最多的表项。

下面举例说明什么是最长前缀匹配算法，比如在路由器中添加了 3 条路由：

```
[R1]ip route-static 172.0.0.0 255.0.0.0  10.0.0.2              --第 1 条路由
[R1]ip route-static 172.16.0.0  255.255.0.0  10.0.1.2          --第 2 条路由
[R1]ip route-static 172.16.10.0  255.255.255.0  10.0.3.2       --第 3 条路由
```

路由器 R1 收到一个目标地址是 172.16.10.12 的数据包，会使用第 3 条路由转发该数据包。路由器 R1 收到一个目标地址是 172.16.7.12 的数据包，会使用第 2 条路由转发该数据包。路由器 R1 收到一个目标地址是 172.18.17.12 的数据包，会使用第 1 条路由转发该数据包。

路由表中常常包含一个默认路由。这个路由在所有表项都不匹配的时候有着最短的前缀匹配。本章 5.3 节讲解默认路由。

5.2.3 无类域间路由（CIDR）

为了让初学者容易理解，以上讲述的路由汇总通过将子网掩码向左移 8 位，合并了 256 个网段。无类域间路由（CIDR）采用 13～27 位可变网络 ID，而不是 A、B、C 类网络 ID 所用的固定的 8、16 和 24 位。这样可以将子网掩码向左移动 1 位以合并两个网段；向左移动 2 位以合并 4 个网段；向左移动 3 位以合并 8 个网段；向左移动 n 位，就可以合并 2^n 个网段。

下面就举例说明 CIDR 如何灵活地对连续的子网进行精确合并。如图 5-12 所示，在 A 区有 4 个连续的C类网络，通过将子网掩码前移2位，可以将这4个C类网络合并到192.168.16.0/22 网段。在B 区有 2 个连续的子网，通过将子网掩码左移 1 位，可以将这两个网段合并到10.7.78.0/23 网段。

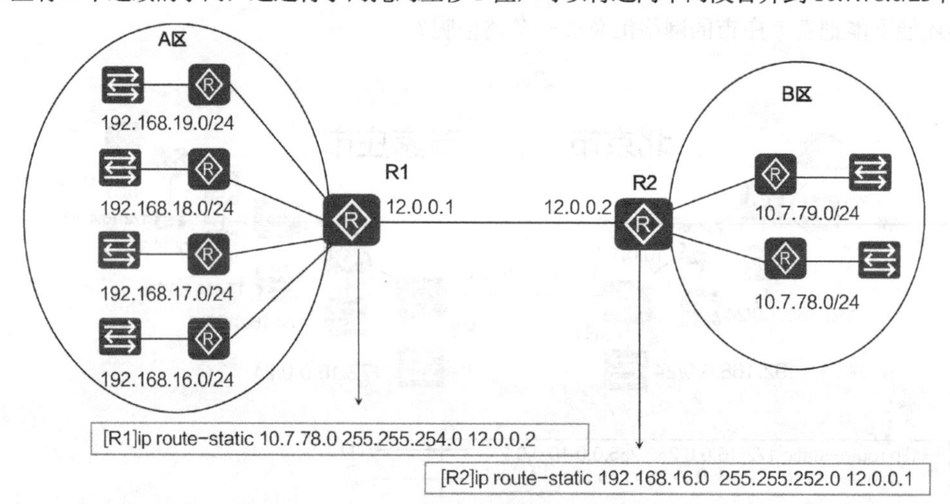

图 5-12 使用 CIDR 简化路由表

学习本节知识时，一定要和第 3 章所讲的使用超网合并网段结合起来理解。

5.3 默认路由

默认路由是一种特殊的静态路由，指的是当路由表中没有与数据包的目的地址相匹配的路由时路由器能够做出的选择。如果没有默认路由，那么目的地址在路由表中没有匹配的路由的包将被丢弃。默认路由在某些时候非常有用，如连接末端网络的路由器，使用默认路由会大大简化路由器的路由表，减轻管理员的工作负担，提高网络性能。

5.3.1 全球最大的网段

在理解默认路由之前，先看看全球最大的网段在路由器中如何表示。在路由器中添加以下 3 条路由。

```
[R1]ip route-static 172.0.0.0  255.0.0.0  10.0.0.2              --第 1 条路由
[R1]ip route-static 172.16.0.0  255.255.0.0  10.0.1.2           --第 2 条路由
[R1]ip route-static 172.16.10.0  255.255.255.0  10.0.3.2        --第 3 条路由
```

从上面 3 条路由可以看出，子网掩码越短（子网掩码写成二进制形式后 1 的个数越少），主机位越多，该网段的地址数量就越大。

如果想让一个网段包括全部的 IP 地址，就要求子网掩码短到极限，最短就是 0，子网掩码变成了 0.0.0.0，这也意味着该网段的 32 位二进制形式的 IP 地址都是主机位，任何一个地址都属于该网段。因此，子网掩码为 0.0.0.0 的网段包括全球所有的 IPv4 地址，也就是全球最大的网段，换一种写法就是 0.0.0.0/0。

在路由器中添加到 0.0.0.0 0.0.0.0 网段的路由，即默认路由。

```
[R1]ip route-static 0.0.0.0 0.0.0.0 10.0.0.2                    --第 4 条路由
```

任何一个目标地址都与默认路由匹配，根据前面所讲的“最长前缀匹配”算法，可知默认路由是在路由器没有为数据包找到更为精确匹配的路由时最后匹配的一条路由。

下面的内容给大家讲解默认路由的几个经典应用场景。

5.3.2 使用默认路由作为指向 Internet 的路由

本案例是默认路由的一个应用场景。

某公司内网有 A、B、C 和 D 共 4 个路由器，有 10.1.0.0/24、10.2.0.0/24、10.3.0.0/24、10.4.0.0/24、10.5.0.0/24、10.6.0.0/24 共 6 个网段，网络拓扑和地址规划如图 5-13 所示。现在要求在这 4 个路由器中添加路由，使内网的 6 个网段之间能够相互通信，同时这 6 个网段也要能够访问 Internet。

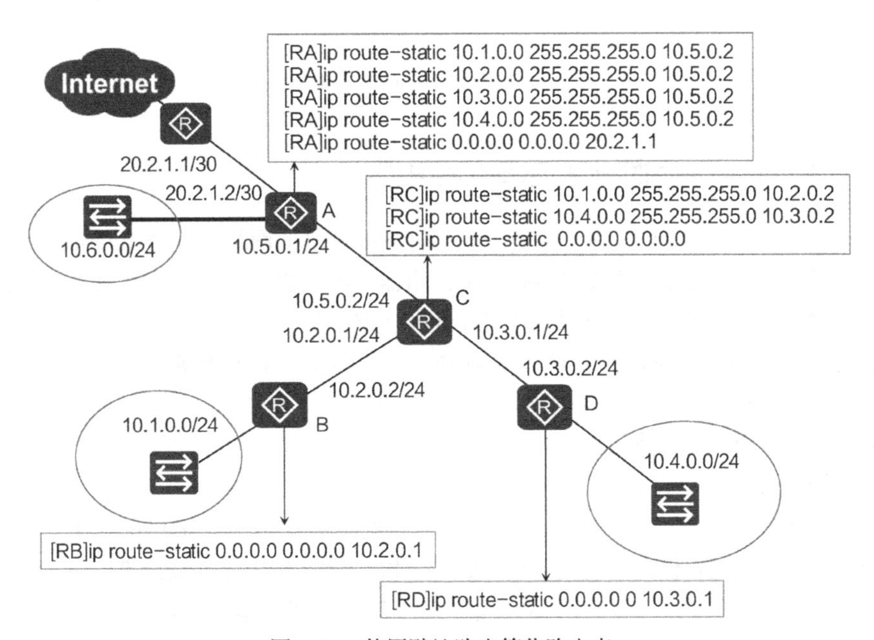

图 5-13 使用默认路由简化路由表

路由器B和D是网络的末端路由器，直连两个网段，到其他网络都需要转发到路由器C，在这两个路由器中只需要添加一条默认路由即可。

对于路由器C来说，直连了3个网段，到10.1.0.0/24、10.4.0.0/24两个网段的路由需要单独添加，到Internet或10.6.0.0/24网段的数据包，都需要转发给路由器A，此时再添加一条默认路由即可。

对于路由器A来说，直连3个网段，对于没有直连的几个内网，需要单独添加路由，到Internet的访问只需要添加一条默认路由即可。

到Internet上所有网段的路由，只需要添加一条默认路由即可。

观察图5-13，看看A路由器中的路由表是否可以进一步简化。企业内网使用的网段可以合并到10.0.0.0/8网段中，因此在路由器A中，到内网网段的路由可以汇总成一条，如图5-14所示。大家想想路由器C中的路由表还能简化吗？

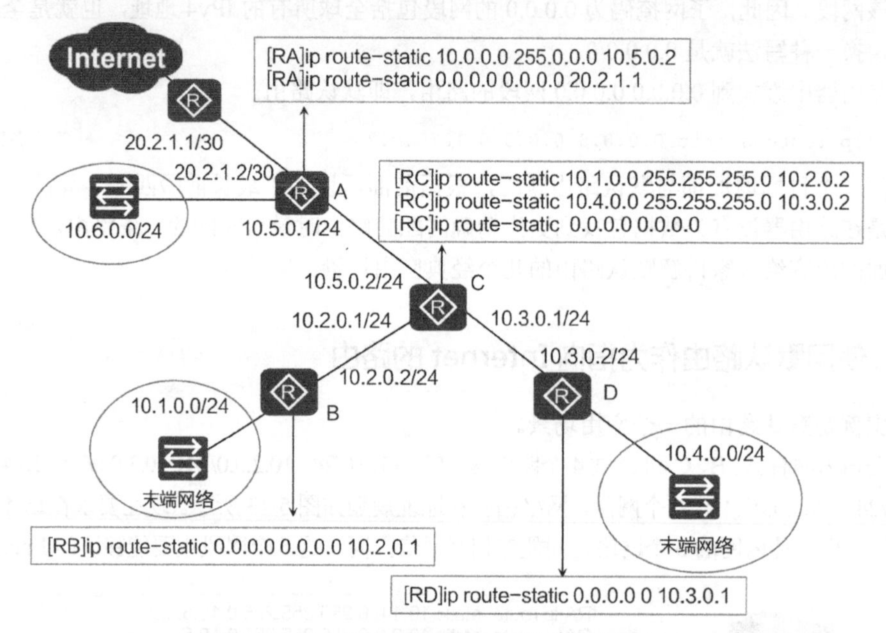

图5-14 路由器路由汇总和默认路由简化路由表

5.3.3 使用默认路由和路由汇总简化路由表

Internet是全球最大的互联网，也是全球拥有最多网段的网络。整个Internet上的计算机要想实现互相通信，就要正确配置Internet上路由器中的路由表。如果公网IP地址规划得当，就能够使用默认路由和路由汇总大大简化Internet上路由器中的路由表。

下面就举例说明Internet上的IP地址规划，以及网络中的各级路由器如何使用默认路由和路由汇总简化路由表。为了方便说明，在这里只画出了3个国家。

国家级网络规划：英国使用30.0.0.0/8网段，美国使用20.0.0.0/8网段，中国使用40.0.0.0/8网段，一个国家分配一个大的网段，方便路由汇总。

中国国内的地址规划：对于省级IP地址规划，河北省使用40.2.0.0/16网段，河南省使用40.1.0.0/16网段，其他省份分别使用40.3.0.0/16、40.4.0.0/16、…、40.255.0.0/16网段。

河北省内的地址规划：石家庄地区使用40.2.1.0/24网段，秦皇岛地区使用40.2.2.0/24网段，保定地区使用40.2.3.0/24网段，如图5-15所示。

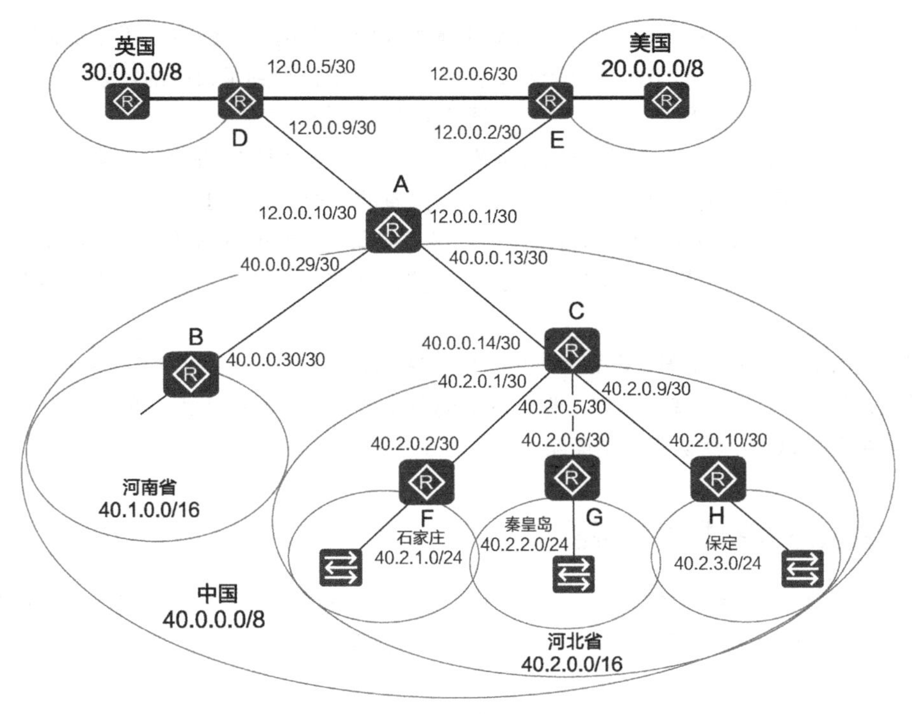

图 5-15　Internet 地址规划示意图

路由表的添加如图 5-16 所示，路由器 A、D 和 E 是中国、英国和美国的国际出口路由器。这一级别的路由器，到中国的只需要添加一条 40.0.0.0 255.0.0.0 路由，到美国的只需要添加一条 20.0.0.0 255.0.0.0 路由，到英国的只需要添加一条 30.0.0.0 255.0.0.0 路由。由于很好地规划了 IP 地址，所以可以将一个国家的网络汇总为一条路由，这一级路由器中的路由表就变得精简了。

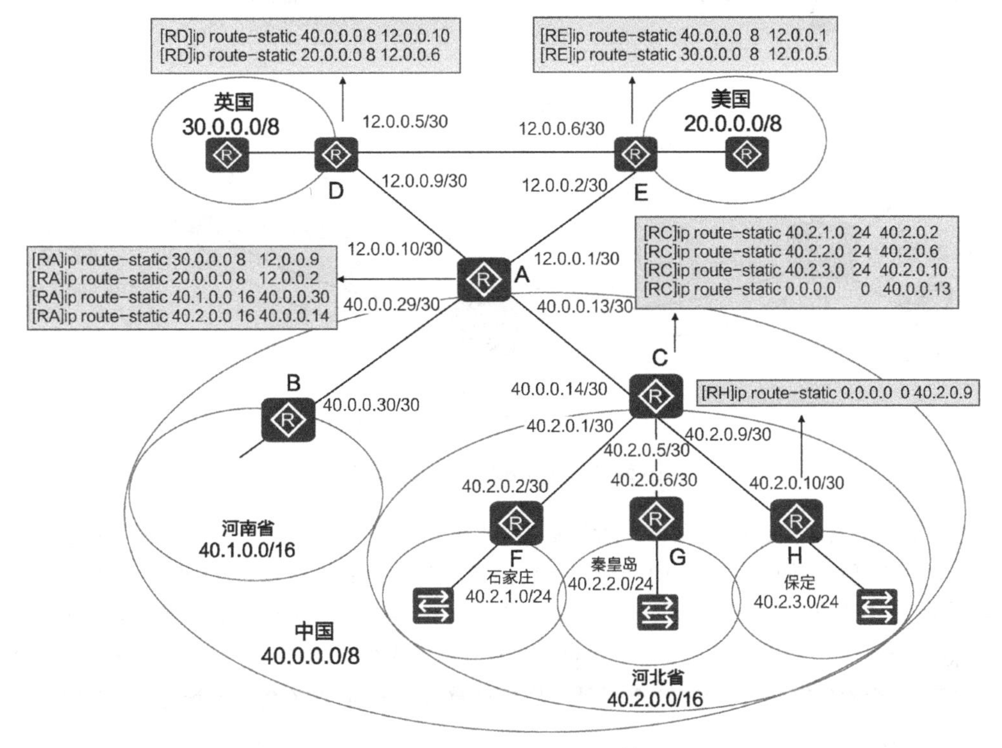

图 5-16　使用路由汇总和默认路由简化路由表

中国的国际出口路由器 A，除了添加到美国和英国两个国家的路由，还需要添加到河南省、河北省以及其他省份的路由。由于各个省份的 IP 地址也得到了很好的规划，所以一个省份的网络可以汇总成一条路由，这一级路由器的路由表也很精简。

对于河北省的路由器 C，它的路由如何添加呢？对于路由器 C 来说，数据包除了到石家庄、秦皇岛和保定地区的网络以外，其他要么是出省的，要么是出国的，都需要转发到路由器 A。在省级路由器 C 中要添加到石家庄、秦皇岛或保定地区的网络的路由，到其他网络的路由则使用一条默认路由指向路由器 A。这一级路由器使用默认路由，也能够使路由表变得精简。

对于网络末端的路由器 H、G 和 F 来说，只需要添加一条默认路由指向省级路由器 C 即可。

总结：要想网络地址规划合理，骨干网上的路由器可以使用路由汇总精简路由表，网络末端的路由器可以使用默认路由精简路由表。

5.3.4　默认路由造成路由环路

如图 5-17 所示，网络中的路由器 A、B、C、D、E、F 连成一个环，要想让整个网络畅通，只需要在每个路由器中添加一条默认路由以指向下一个路由器的地址即可，配置方法如图 5-17 所示。

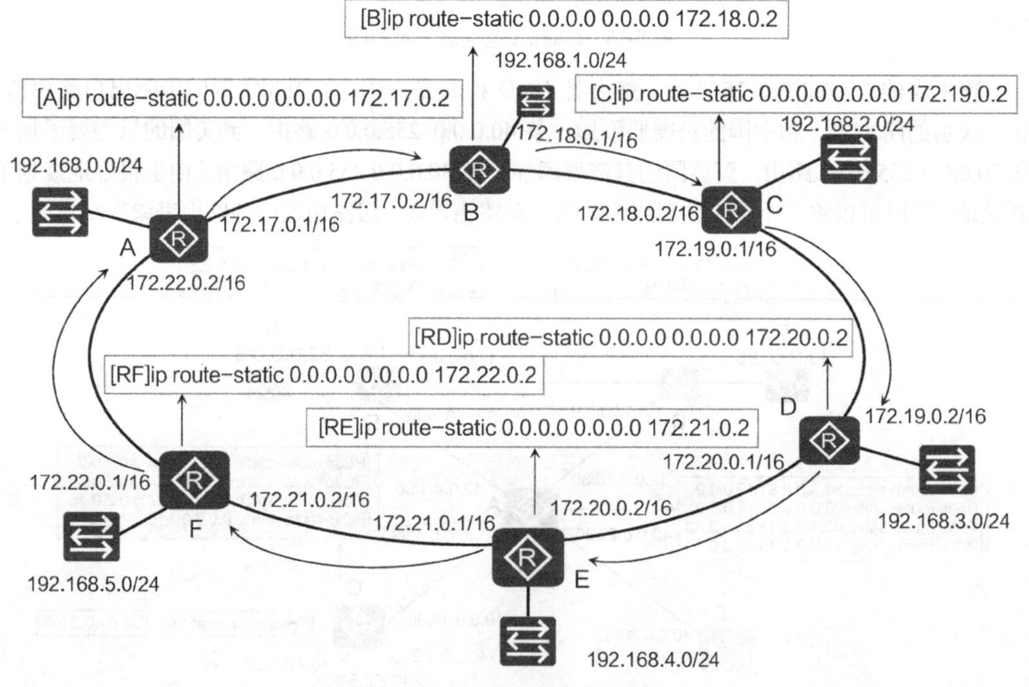

图 5-17　环形网络使用默认路由

通过这种方式配置路由，网络中的数据包就沿着环路顺时针传递。下面就以网络中的计算机 A 和计算机 B 通信为例，如图 5-18 所示，计算机 A 到计算机 B 的数据包途经路由器 F→A→B→C→D→E，计算机 B 到计算机 A 的数据包途经路由器 E→F。如图 5-18 所示，可以看到数据包到达目标地址的路径和返回的路径不一定是同一条路径，数据包走哪条路径，完全由路由表决定。

该环状网络没有 40.0.0.0/8 这个网段，如果计算机 A ping 40.0.0.2 这个地址，会出现什么情况呢？分析一下。

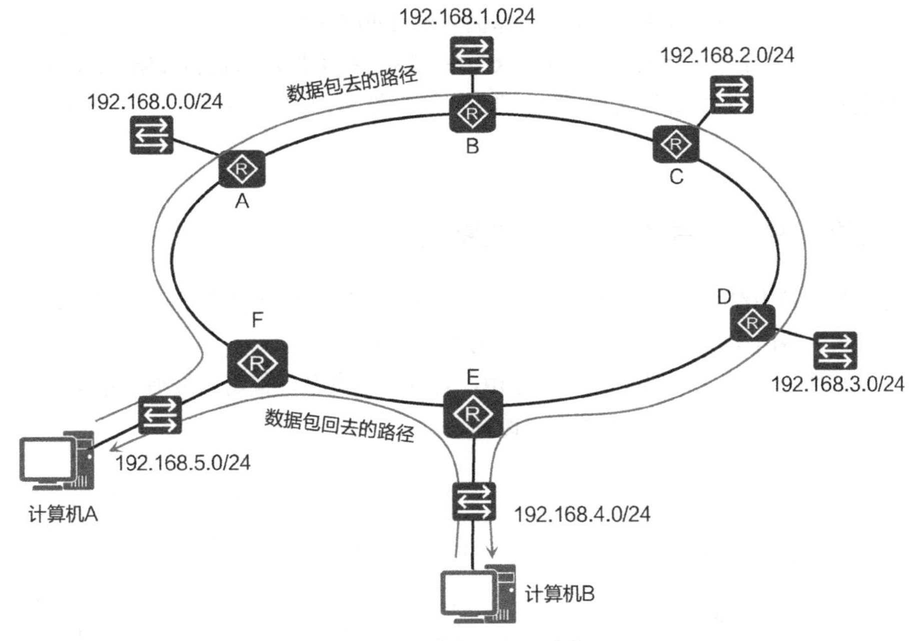

图 5-18 数据包往返路径

如果计算机 A ping 40.0.0.2 这个地址，那么所有的路由器都会使用默认路由将数据包转发到下一个路由器。数据包会在这个环状网络中一直顺时针转发，永远也不能到达目标网络，并一直消耗网络带宽，这就形成一个路由环路。幸好数据包的网络层首部有一个字段用来指定数据包的生存时间，生存时间（time to live，TTL）是一个数值，TTL 的作用是限制 IP 数据包在计算机网络中存在的时间。TTL 的最大值是 255，推荐值是 64。

虽然 TTL 从字面上翻译，是指可以存活的时间，但实际上，TTL 是 IP 数据包在计算机网络中可以经过的路由器的数量。TTL 字段由 IP 数据包的发送者设置，在 IP 数据包从源地址到目标地址的整条转发路径上，每经过一个路由器，路由器都会修改 TTL 字段的值。具体的做法是把 TTL 的值减 1，然后将 IP 数据包转发出去。如果在 IP 数据包到达目标地址之前，TTL 减少为 0，路由器将会丢弃收到的 TTL=0 的 IP 数据包，并向 IP 数据包的发送者发送 ICMP time exceeded 消息。

上面讲到环状网络使用默认路由，造成数据包在环状网络中一直顺时针转发的情况。即便不是环状网络，使用默认路由也可能造成数据包在链路上往复转发，直到数据包的 TTL 耗尽。

如图 5-19 所示，网络中有 3 个网段、两个路由器。在 RA 路由器中添加默认路由，下一跳指向 RB 路由器；在 RB 路由器中也添加默认路由，下一跳指向 RA 路由器，从而实现这 3 个网段（172.16.0.0/24、172.17.0.0/24、172.18.0.0/24）间网络的畅通。

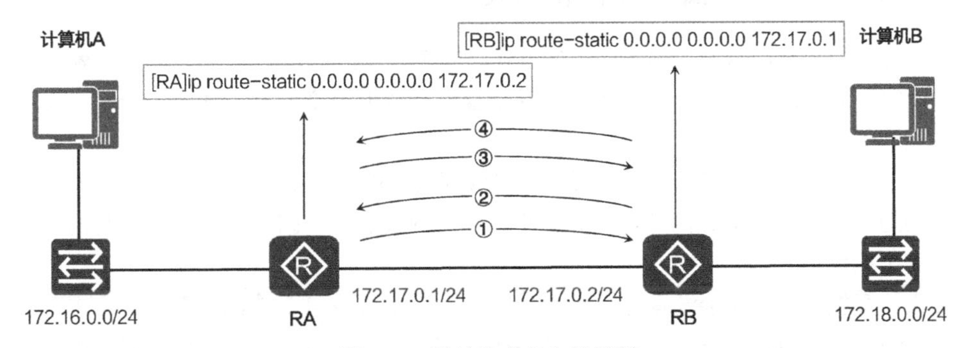

图 5-19 默认路由产生的问题

该网络中没有 40.0.0.0/8 网段，如果计算机 A ping 40.0.0.2 这个地址，数据包会转发给 RA，RA 根据默认路由将该数据包转发给 RB，RB 使用默认路由将数据包转发给 RA，RA 再转发给 RB，直到该数据包的 TTL 减为 0。路由器丢弃该数据包，向发送者发送 ICMP time exceeded 消息。

5.3.5 让默认路由代替大多数网段的路由

在同一个网络中给路由器添加静态路由，不同的管理员可能会有不同的配置。总的原则是尽量使用默认路由和路由汇总让路由器上的路由表精简。

如图 5-20 所示，在路由器 C 上添加路由，有两种方案可以使网络畅通，第 1 种方案只需添加 3 条路由，第 2 种方案需要添加 4 条路由。

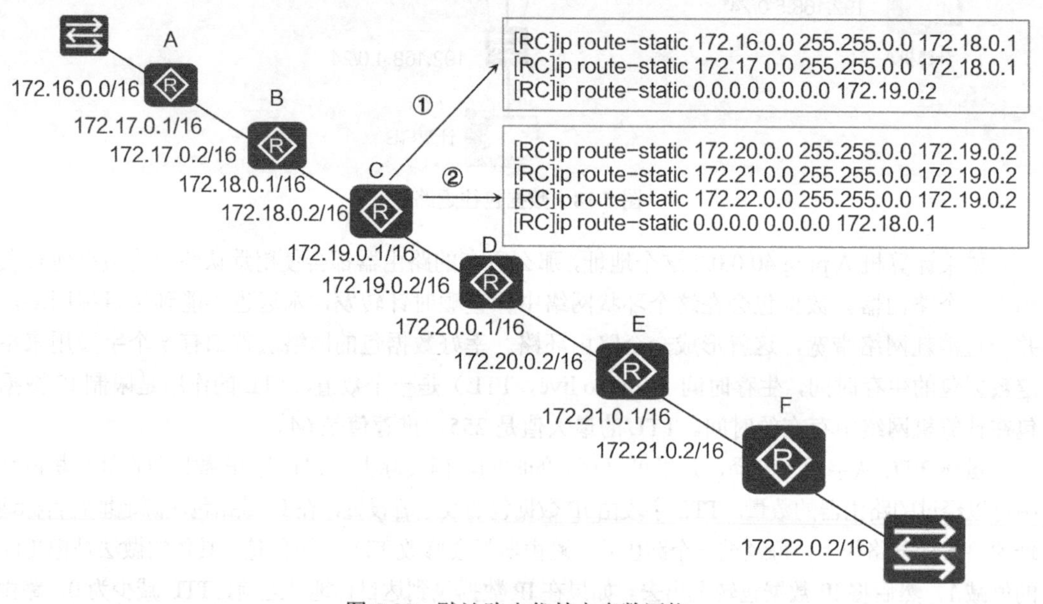

图 5-20 默认路由代替大多数网络

让默认路由替代大多数网段的路由是明智的选择。在给路由器添加静态路由时，先要判断一下路由器哪边的网段多，针对这些网段使用一条默认路由，然后再针对其他网段添加路由。

5.3.6 Windows 上的默认路由和网关

以上介绍了为路由器添加静态路由的方式。其实计算机也有路由表，可以在 Windows 操作系统上执行 route print 命令来显示 Windows 操作系统上的路由表，执行 netstat -r 命令也可以实现相同的效果。

如图 5-21 所示，给计算机配置网关就是为计算机添加默认路由，网关通常是本网段路由器接口的地址。如果不配置网关，计算机将不能跨网段通信，因为不知道把到其他网段的下一跳给哪个接口。

如果计算机的本地连接没有配置网关，那么使用 route add 命令添加默认路由也可以。如图 5-22 所示，去掉本地连接的网关，在命令提示符下执行“netstat –r”将显示路由表，可以看到没有默认路由了。

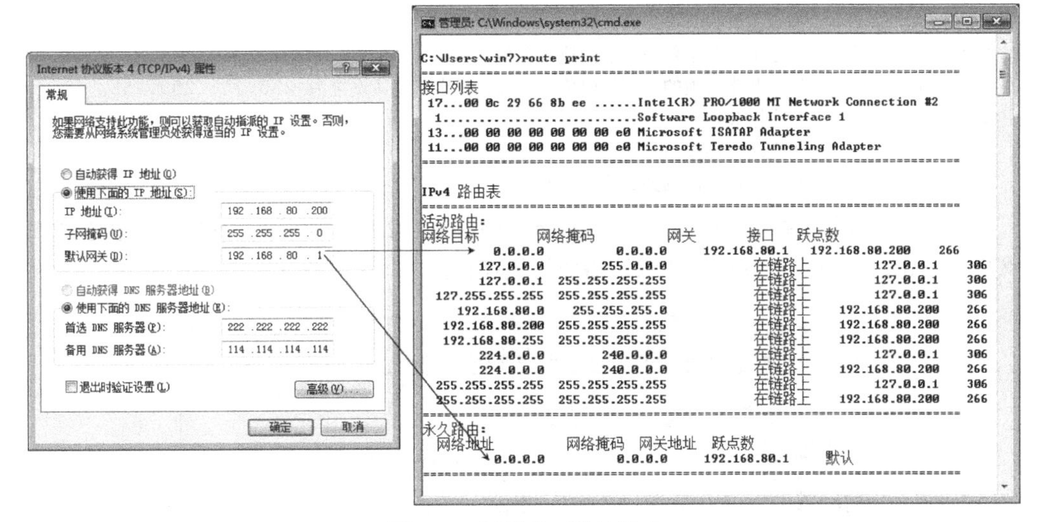

图 5-21 网关等于默认路由

```
C:\Users\win7>netstat -r
===========================================================================
接口列表
 17...00 0c 29 66 8b ee ......Intel(R) PRO/1000 MT Network Connection #2
  1...........................Software Loopback Interface 1
 13...00 00 00 00 00 00 00 e0 Microsoft ISATAP Adapter
 11...00 00 00 00 00 00 00 e0 Microsoft Teredo Tunneling Adapter
===========================================================================

IPv4 路由表
===========================================================================
活动路由:
网络目标        网络掩码          网关       接口   跃点数
        127.0.0.0        255.0.0.0            在链路上         127.0.0.1    306
        127.0.0.1  255.255.255.255            在链路上         127.0.0.1    306
  127.255.255.255  255.255.255.255            在链路上         127.0.0.1    306
     192.168.80.0    255.255.255.0            在链路上    192.168.80.200    266
   192.168.80.200  255.255.255.255            在链路上    192.168.80.200    266
   192.168.80.255  255.255.255.255            在链路上    192.168.80.200    266
        224.0.0.0        240.0.0.0            在链路上         127.0.0.1    306
        224.0.0.0        240.0.0.0            在链路上    192.168.80.200    266
  255.255.255.255  255.255.255.255            在链路上         127.0.0.1    306
  255.255.255.255  255.255.255.255            在链路上    192.168.80.200    266
===========================================================================
永久路由:
  无
```

图 5-22 查看路由表

在命令提示符下执行“route /?”可以看到该命令的帮助信息。

```
C:\Users\win7>route /?
```

操作网络路由表。

```
UTE [-f] [-p] [-4|-6] command [destination]
           [MASK netmask]  [gateway] [METRIC metric]  [IF interface]
```

-f　　清除所有网关项的路由表。如果与某个命令结合使用，在运行该命令前，应清除路由表。

-p　　与 ADD 命令结合使用时，将路由设置为在系统引导期间保持不变。默认情况下，重新启动系统时不保存路由。忽略所有其他命令，这始终会影响相应的永久路由。Windows 95 不支持此选项。

-4　　强制使用 IPv4。

-6　　强制使用 IPv6。

```
command        其中之一:
     PRINT     打印路由
     ADD       添加路由
```

```
        DELETE    删除路由
        CHANGE    修改现有路由
destination       指定主机。
MASK              指定下一个参数为“子网掩码”值。
netmask           指定此路由项的子网掩码值。如果未指定，默认设置为 255.255.255.255。
gateway           指定网关。
interface         指定路由的接口号码。
METRIC            指定跃点数，例如目标的成本。
```

如图 5-23 所示，输入 route add 0.0.0.0 mask 0.0.0.0 192.168.80.1 -p，-p 参数代表添加一条永久默认路由，即重启计算机后该默认路由依然存在。

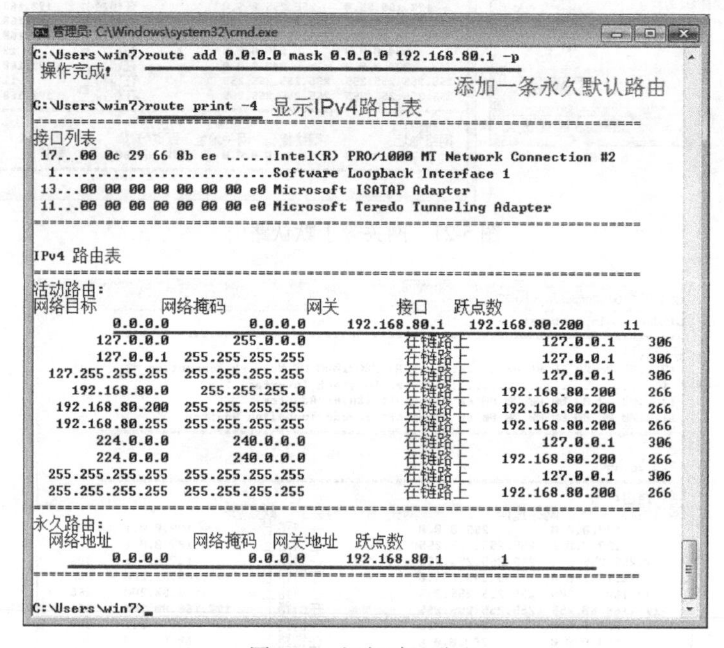

图 5-23　添加默认路由

什么情况下会给计算机添加路由呢？下面介绍一个应用场景。

如图 5-24 所示，某公司在电信机房部署了一个 Web 服务器，该 Web 服务器需要访问数据库服务器。安全起见，将数据库单独部署到一个网段（内网）。该公司在电信机房又部署了一个路由器和一个交换机，并将数据库服务器部署在内网。

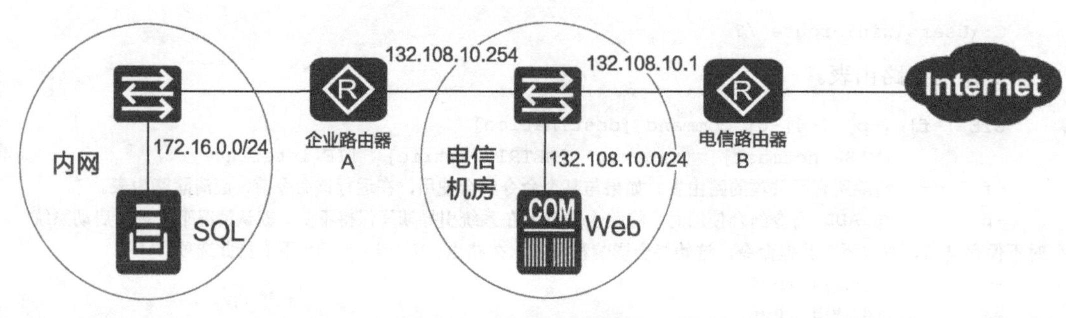

图 5-24　需要添加静态路由

企业路由器没有添加任何路由，电信路由器也没有添加到内网的路由（关键是电信机房的网络管理员也不同意添加到内网的路由）。

在这种情况下，需要在Web服务器上添加一条到Internet的默认路由，再添加一条到内网的路由，如图5-25所示。

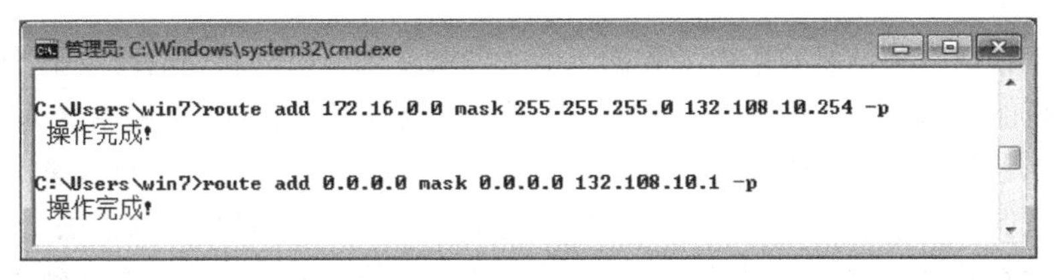
```
C:\Users\win7>route add 172.16.0.0 mask 255.255.255.0 132.108.10.254 -p
 操作完成!

C:\Users\win7>route add 0.0.0.0 mask 0.0.0.0 132.108.10.1 -p
 操作完成!
```

图5-25 添加路由

这种情况下千万别在Web服务器上添加两条默认路由（一条指向132.108.10.1，另一条指向132.108.10.254），或在本地连接中添加两个默认网关。如果添加两条默认路由，就相当于到Internet有两条等价路径，到Internet的一半流量将被发送到企业路由器，被企业路由器丢掉。

如果想删除到172.16.0.0 255.255.255.0网段的路由，执行以下命令：

```
route delete 172.16.0.0 mask 255.255.255.0
```

5.4 网络排错案例

前面给大家讲了网络畅通的条件，如何使用路由汇总和默认路由来简化路由表，以及如何管理Windows操作系统的路由表。道理虽然简单，但是应用到实际环境解决问题时却需要你真正理解并能够灵活应用。下面给大家讲解几个案例，希望能起到抛砖引玉、举一反三的作用。

5.4.1 站在全局的高度排除网络故障

石家庄车辆厂（中车石家庄公司）和唐山车辆厂（中车唐山公司）使用电信的专线连接。这两个公司都有自己的信息部门，肖工负责石家庄车辆厂的网络，张工负责唐山车辆厂的网络。

有一天石家庄车辆厂的肖工打来电话，说他在网络中新增加了一个网段：192.168.10.0/24，该网段不能访问唐山车辆厂的网络，如图5-26所示，让我帮忙分析一下。

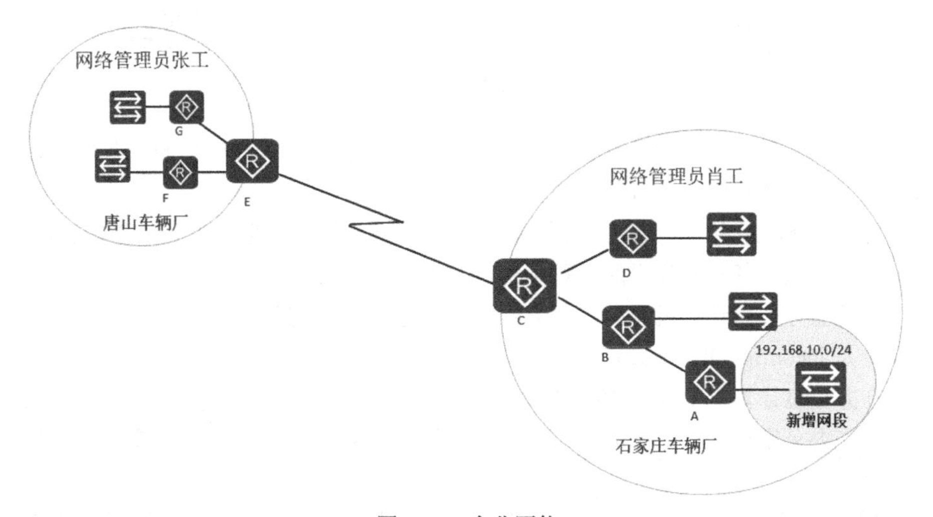

图5-26 企业网络

我首先想到的是路由问题，我问他是否在网络中的路由器上添加了到新增网段的路由，他回答“添加了”，新增网段中的计算机能够访问石家庄车辆厂的任何网段，就是不能访问唐山车辆厂的网络。

然后我就根据网络畅通的条件（数据包能去能回）来分析，新增的网段中的计算机发送的数据包是否能够到达唐山车辆厂的网络。让肖工检查石家庄车辆厂的路由器A、B、C、D，查看这些路由器的路由表，查看是否有到唐山车辆厂网络的路由。发现有到唐山车辆厂网络的路由，这就保证石家庄车辆厂发送的数据包能够到唐山车辆厂的网络（能去）。

下面该检查数据包是否能回了，让肖工检查唐山车辆厂的路由器是否有到达新增网段的路由，肖工说：“唐山车辆厂的网络不归我管，要想添加路由需要联系张工。”可见问题就出在这儿！

唐山车辆厂网络中的路由器没有到新增网段的路由，新增网段的计算机给唐山车辆厂发送数据包将有去无回。周一上班，肖工联系了唐山车辆厂的网络管理员张工，添加了到新增网段的路由，网络畅通。

从本案例来说，网络不通除了检查你所管辖的网络中路由器是否配置了正确的路由，还要检查远端网络的路由器是否配置了正确的路由。

5.4.2　计算机网关也很重要

某医院信息中心张主任，有一天给我打电话说他们的计算机不能访问服务器，上百度查了很多文章也没搞定，让我帮忙分析一下。我让他给我画了一张网络拓扑的草图，如图 5-27 所示。

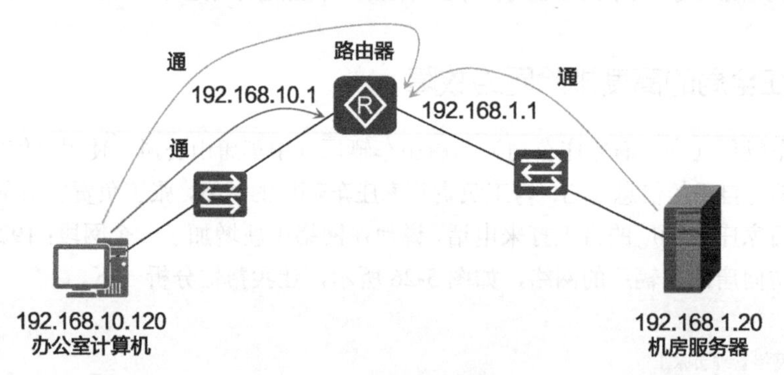

图 5-27　服务器没有设置网关

网络很简单，路由器连接两个网段，办公室的计算机不能访问机房的服务器，在办公室的计算机上 ping 192.168.1.20，请求超时。

来看网络拓扑，路由器直接连接两个网段，根本不需要添加路由，这个网络就应该能畅通。

电话里我让张主任按照我说的步骤排错，并告诉我测试结果，过程如下。

（1）先检查办公室计算机和机房服务器的网线连接是否正常，IP 地址是否正确，查看 IP 地址的命令是 ipconfig /all。网线连接正常，办公室计算机和机房服务器 IP 地址正确。

（2）在办公室计算机上 ping 192.168.10.1，先测试一下是否和网关能通，测试结果“通”。

（3）再在办公室计算机上 ping 192.168.1.1，测试结果“通”，说明办公室的计算机能够访问服务器网段。

（4）然后在机房服务器上 ping 192.168.1.1，测试一下是否和服务器的网关能通，测试结果“通”。

我只好怀疑是不是机房服务器启用了防火墙，让张主任关闭机房服务器的防火墙，结果办公室的计算机还是不能 ping 通机房服务器。

这就百思不得其解了，能想到的原因都检查了还是找不到原因，只能去现场解决问题了。去现场后，第一件事情就是检查计算机的网络设置，输入“ipconfig /all”查看 IP 地址、子网掩码和网关，结果发现服务器没有设置网关，只是设置了 IP 地址和子网掩码。电话里我只是让张主任检查 IP 地址是否正确，忘了说也要检查网关。

服务器不设置网关，办公室计算机 ping 192.168.1.20 数据包是能够到达服务器的，但服务器返回响应数据包却不知道下一跳应该给哪个接口。这就是数据包有去无回造成的网络故障。

总结：我们排除网络故障，除了检查沿途路由器的路由表，还要检查相互通信的计算机是否设置了正确的网关。

5.5 习题

1．华为路由器静态路由的配置命令为（　　）。

A．ip route-static　　B．ip route static

C．route-static ip　　D．route static ip

2．假设有下面 4 条路由：170.18.129.0/24、170.18.130.0/24、170.18.132.0/24 和 170.18.133.0/24。如果进行路由汇总，能覆盖这 4 条路由的地址是（　　）。

A．170.18.128.0/21　　B．170.18.128.0/22

C．170.18.130.0/22　　D．170.18.132.0/23

3．假设有两条路由 21.1.193.0/24 和 21.1.194.0/24，如果进行路由汇总，覆盖这两条路由的地址是（　　）。

A．21.1.200.0/22　　B．21.1.192.0/23

C．21.1.192.0/22　　D．21.1.224.0/20

4．路由器收到一个 IP 数据包，其目标地址为 202.31.17.4，与该地址匹配的子网是（　　）。

A．202.31.0.0/21　　B．202.31.16.0/20

C．202.31.8.0/22　　D．202.31.20.0/22

5．假设有两个子网 210.103.133.0/24 和 210.103.130.0/24，如果进行路由汇总，得到的网络地址是（　　）。

A．210.103.128.0/21　　B．210.103.128.0/22

C．210.103.130.0/22　　D．210.103.132.0/20

6．在路由表中设置一条默认路由，目标地址和子网掩码应为（　　）。

A．127.0.0.0　255.0.0.0　　B．127.0.0.1　0.0.0.0

C．1.0.0.0　255.255.255.255　　D．0.0.0.0　0.0.0.0

7．网络 122.21.136.0/24 和 122.21.143.0/24 经过路由汇总后，得到的网络地址是（　　）。

A．122.21.136.0/22　　B．122.21.136.0/21

C．122.21.143.0/22　　D．122.21.128.0/24

8．路由器收到一个数据包，其目标地址为 195.26.17.4，该地址属于（　　）子网。

A．195.26.0.0/21　　B．195.26.16.0/20

C．195.26.8.0/22　　　　　　　　　　D．195.26.20.0/22

9．如图5-28所示，R1路由器连接的网段在R2路由器上汇总成一条路由192.1.144.0/20，(　　)数据包会被R2路由器使用这条汇总的路由转发给R1。

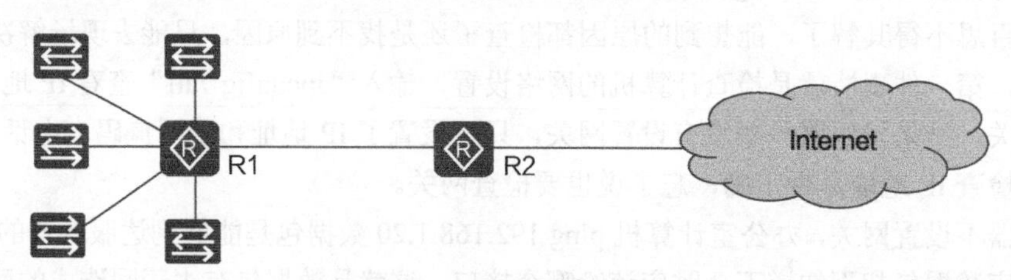

图5-28　示例网络（一）

A．192.1.159.2　　　　　　　　　　B．192.1.160.11

C．192.1.138.41　　　　　　　　　　D．192.1.1.144

10．如图5-29所示，需要在RouterA和RouterB路由器中添加路由表，让A网段和B网段能够相互访问。

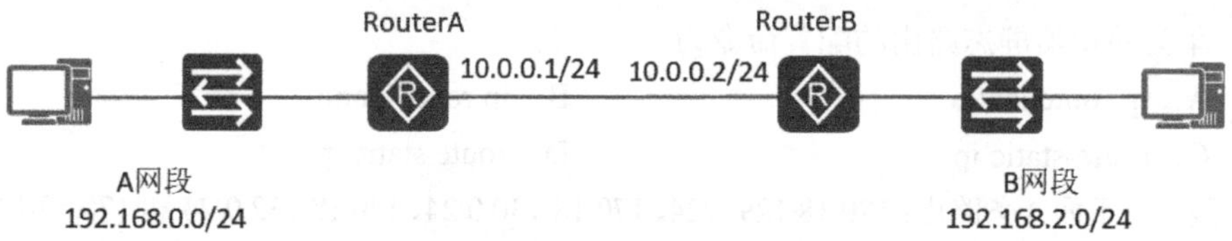

RouterA　RouterB
10.0.0.1/24　10.0.0.2/24
A网段
192.168.0.0/24
B网段
192.168.2.0/24

图5-29　示例网络（二）

[RouterA]ip route-static ________ ____________ ________

[RouterB]ip route-static ________ ____________ ________

11．如图5-30所示，要求192.168.1.0/24网段到达192.168.2.0/24网段的数据包，经过R1→R2→R4；192.168.2.0/24网段到达192.168.1.0/24网段的数据包，经过R4→R3→R1。在这4个路由器上添加静态路由，让192.168.1.0/24和192.168.2.0/24两个网段能够相互通信。

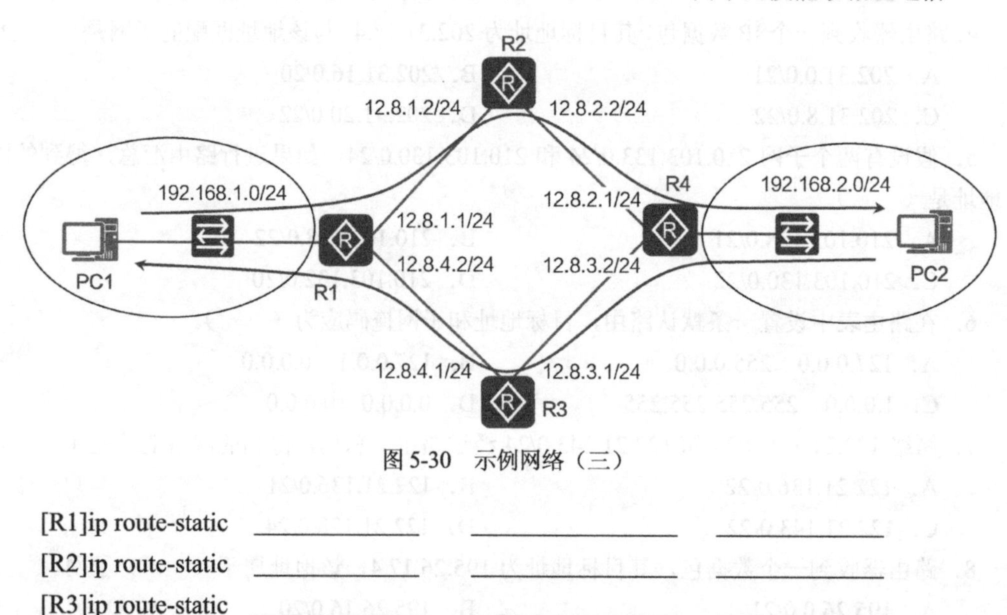

图5-30　示例网络（三）

[R1]ip route-static ________ ____________ ________

[R2]ip route-static ________ ____________ ________

[R3]ip route-static ________ ____________ ________

[R4]ip route-static ______________ ________________ ______________

12. 在路由器上执行以下命令来添加静态路由。

[R1]ip route-static 0.0.0.0 0 192.168.1.1

[R1]ip route-static 10.1.0.0 255.255.0.0 192.168.3.3

[R1]ip route-static 10.1.0.0 255.255.255.0 192.168.2.2

连线图 5-31 左侧的目标 IP 地址和右侧路由器的下一跳地址。

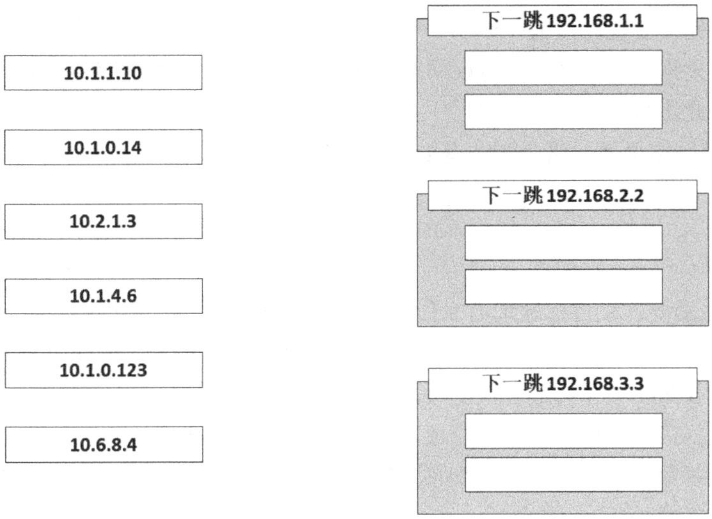

10.1.1.10

10.1.0.14

10.2.1.3

10.1.4.6

10.1.0.123

10.6.8.4

下一跳 192.168.1.1

下一跳 192.168.2.2

下一跳 192.168.3.3

图 5-31 连线目标 IP 地址和下一跳地址

13. 下列静态路由配置中正确的是（ ）。

A. [R1]ip route-static 129.1.4.0 16 serial 0

B. [R1]ip route-static 10.0.0.2 16 129.1.0.0

C. [R1]ip route-static 129.1.0.0 16 10.0.0.2

D. [R1]ip route-static 129.1.2.0 255.255.0.0 10.0.0.2

14. IP 报文头部有一个 TTL 字段，以下关于该字段的说法中正确的是（ ）。

A. 该字段长度为 7 位　　B. 该字段用于数据包分片

C. 该字段用于数据包防环　　D. 该字段用来表述数据包的优先级

15. 路由器在转发某个数据包时，如果未匹配到对应的明细路由且无默认路由，将直接丢弃该数据包，正确与否？（ ）。

A. 正确　　B. 错误

16. 以下哪一项不包含在路由表中？（ ）

A. 源地址　　B. 下一跳

C. 目标网络　　D. 路由开销

17. 下列关于华为设备中静态路由的优先级说法中，错误的是（ ）。

A. 静态路由器优先级值的范围为 0～65535

B. 静态路由器优先级的默认值为 60

C. 静态路由的优先级值可以指定

D. 静态路由的优先级值为 255 表示该路由不可用

18. 下面关于 IP 报文头部中 TTL 字段的说法中，正确的是（ ）。

A．TTL 定义了源主机可以发送的数据包数量

B．TTL 定义了源主机可以发送数据包的时间间隔

C．IP 报文每经过一台路由器时，其 TTL 值会被减一

D．IP 报文每经过一台路由器时，其 TTL 值会被加一

19．对于命令 ip route-static 10.0.12.0 255.255.255.0 192.168.11，以下描述中正确的是（　　）。

A．此命令配置一条到达 192.168.1.1 网络的路由

B．此命令配置一条到达 10.0.12.0/24 网络的路由

C．该路由的优先级为 100

D．如果路由器通过其他协议学习到和此路由相同的网络的路由，路由器将会优先选择此路由

20．已知某台路由器的路由表中有如下两个条目：

```
Destination/Mask    Proto   Pre  Cost      NextHop     Interface
   9.0.0.0/8        OSPF    10   50         1.1.1.1     Serial0
   9.1.0.0/16       RIP     100   5         2.2.2.2     Ethernet0
```

如果该路由器要转发目标地址为 9.1.4.5 的报文，则下列说法中正确的是（　　）。

A．选择第一项作为最优匹配项，因为 OSPF 协议的优先级较高

B．选择第二项作为最优匹配项，因为 RIP 的开销较小

C．选择第二项作为最优匹配项，因为出口是 Ethternet0，比 Serial 0 速度快

D．选择第二项作为最优匹配项，因为该路由项对于目标地址 9.1.4.5 来说，是更为精确的匹配

21．下面哪个程序或命令可以用来探测从源节点到目标节点数据报文所经过的路径？（　　）

A．route　　　　B．netstat

C．tracert　　　　D．send

22．如图 5-32 所示，和总公司网络连接的网络是分公司的内网。分公司为了访问 Internet，又组建了公司外网，分公司内网和外网的地址规划如图 5-31 所示。分公司计算机有两根网线，访问 Internet 时接分公司外网，访问总公司网络时接分公司内网。现在需要规划一下分公司的网络，在不用切换网络的情况下，让分公司计算机既能访问 Internet，又能访问总公司网络。

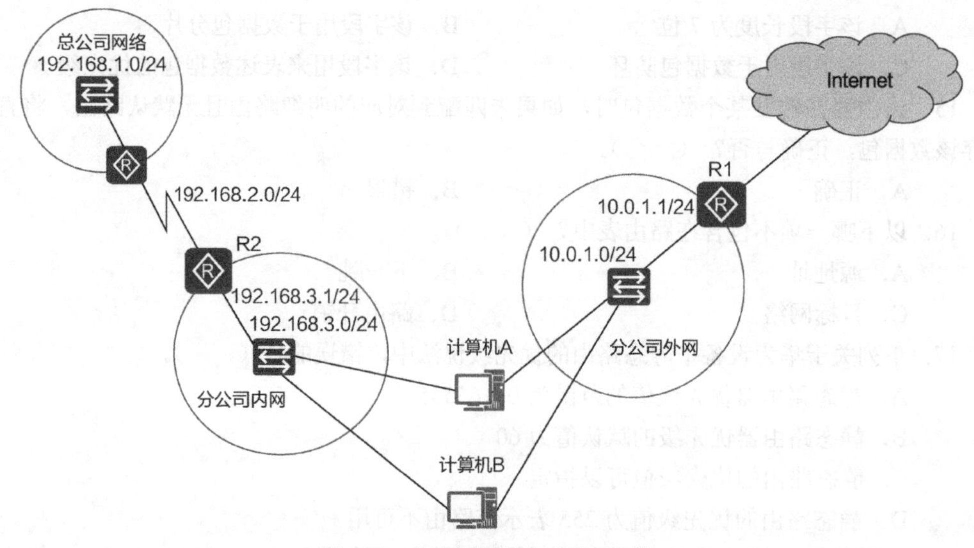

图 5-32　总公司网络和分公司网络

第6章 动态路由

本章内容

- 什么是动态路由
- 动态路由——OSPF 协议
- 配置 OSPF 协议

静态路由不能随着网络的变化自动调整，且在大规模网络中，人工管理路由器的路由表是一件非常艰巨的任务且容易出错。本章讲解动态路由 OSPF 协议，让路由器使用动态路由协议自动构建路由表。

本章讲解 OSPF 协议的工作过程，OSPF 协议选择最佳路径的标准，将网络中的路由器配置为使用 OSPF 协议构建路由表，查看 OSPF 协议邻居表、路由表、链路状态表。

6.1 什么是动态路由

第 5 章介绍了在路由器上通过 ip route-static 添加的路由是静态路由。如果网络有变化，比如增加一个网段，就需要为网络中的所有没有直连的路由器添加到新网段的路由。如果某个网段更改成新的网段，就需要在网络中的路由器上删除到原来网段的路由，并添加到新网段的路由。如果网络中的某条链路断了，静态路由依然会把数据包转发到该链路，这就造成了网络不通。

总之，静态路由不能随着网络的变化自动调整路由器的路由表。在网络规模比较大的情况下，人工添加路由也是一件很麻烦的事情。下面要讲的动态路由能够让路由器自动学习构建路由表，并根据链路的状态动态寻找到各个网段的最佳路径。

动态路由就是配置网络中的路由器以运行动态路由协议。路由表项是通过相互连接的路由器之间交换彼此信息、然后按照一定的算法计算出来的，而这些路由信息是周期性更新的，以适应不断变化的网络，并及时获得最优的寻径效果。

动态路由协议有以下功能。

- 知道有哪些邻居路由器。
- 学习到网络中有哪些网段。
- 学习到某个网段的所有路径。
- 从众多的路径中选择最佳的路径。
- 维护和更新路由信息。

下面来学习动态路由协议，也就是配置路由器使用动态路由协议 RIP 和 OSPF 来构造路由表。

6.2 动态路由——OSPF 协议

下面学习能够在 Internet 上使用的动态路由协议——OSPF 协议。

OSPF（Open Shortest Path First）协议是开放式最短路径优先协议，该协议是链路状态协议。OSPF 协议通过路由器之间通告链路的状态来建立链路状态数据库。网络中所有的路由器具有相同的链路状态数据库，通过链路状态数据库就能构建出网络拓扑（即哪个路由器连接哪个路由器，以及连接的开销，带宽越高开销越低）。运行 OSPF 协议的路由器通过网络拓扑计算到各个网络的最短路径（即开销最小的路径），路由器使用这些最短路径来构造路由表。

6.2.1 OSPF 协议简介

OSPF 协议是一种典型的链路状态（link-state）路由协议。运行 OSPF 协议的路由器（OSPF 路由器）之间交互的是链路状态（Link State，LS）信息，而不是直接交互路由。OSPF 路由器将网络中的链路状态信息收集起来，存储在链路状态数据库（LSDB）中。网络中的路由器都有相同的链路状态数据库，也就是相同的网络拓扑结构。每台 OSPF 路由器都采用最短路径优先（SPF）算法计算到达各个网段的最短路径，并将这些最短路径形成的路由加载到路由表中。

OSPF 协议主要有以下优点。

（1）OSPF 支持可变长子网掩码（Variable Length Subnet Mask，VLSM）和手动路由汇总。

（2）OSPF 协议能够避免路由环路。每个路由器通过链路状态数据库使用最短路径的算法，这样不会产生环路。

（3）OSPF 收敛速度快，能够在最短的时间内将路由变化传递到整个自治系统。

（4）OSPF 适合大范围的网络。OSPF 协议对于路由的跳数是没有限制的。多区域的设计使得 OSPF 能够支持更大规模的网络。

（5）以开销作为度量值。OSPF 协议在设计时，就考虑到了链路带宽对路由度量值的影响。OSPF 协议以开销值为标准，而链路开销和链路带宽，正好形成了反比的关系，带宽越高，开销就会越小，这样一来，OSPF 选路主要基于带宽因素。

6.2.2 由最短路径生成路由表

运行 OSPF 协议的路由器，根据链路状态数据库就能生成一个完整的网络拓扑，所有的路由器都有相同的网络拓扑。如图 6-1 所示，它标出了路由器连接的网段和每条链路上由带宽计算出来的开销。为了便于计算，标出的开销值都比较小。为了描述简练，路由器之间的连接占用的网段在这里没有画出，也不参与下面的讨论。

每个路由器都利用最短路径优先算法计算出以自己为根的、无环路的、拥有最短路径的一棵树。在这里不阐述最短路径算法的过程，只展现结果。图 6-2 展示了 RA 路由器的最短路径树，即到其他网段累计开销最低的线路，该路线是无环路的。

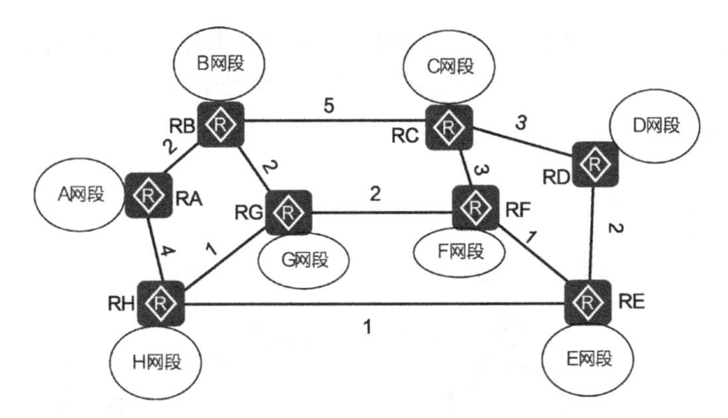

图 6-1 链路状态生成的网络拓扑

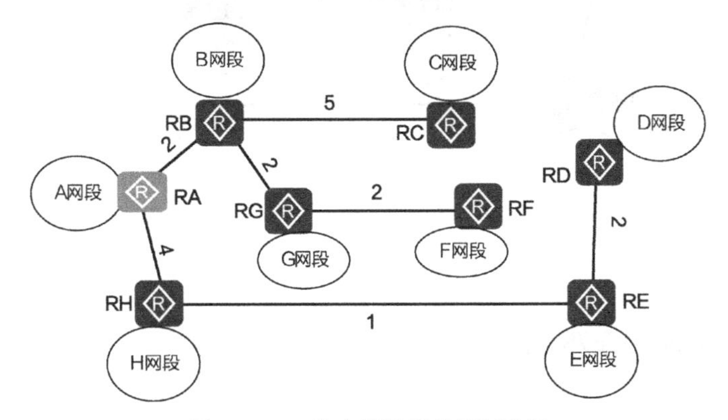

图 6-2 RA 路由器计算的最短路径

由图 6-2 可知从 RA 路由器到网段的最小累计开销，具体如下所示。

到 B 网段：RA→RB，累计开销 2。

到 C 网段：RA→RB→RC，累计开销 7。

到 D 网段：RA→RH→RE→RD，合计 7。

到 E 网段：RA→RH→RE，合计 5。

到 F 网段：RA→RB→RG→RF，合计 6。

到 G 网段：RA→RB→RG，合计 4。

到 H 网段：RA→RH，合计 4。

图 6-3 展示了 RH 路由器的最短路径树，即到其他网段累计开销最低的路径，该路径也是无环路的。

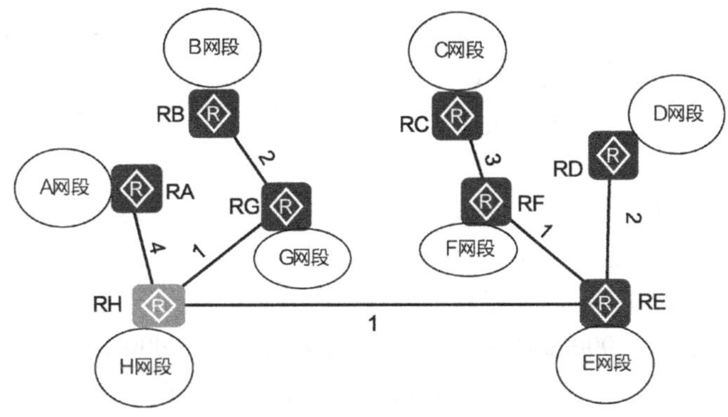

图 6-3 RH 路由器计算的最短路径

为了快速为数据包选择转发路径，每个路由器还要根据计算的最短路径树生成到各个网段的路由。如图 6-4 所示，展示了 RA 路由器根据最短路径生成的路由。

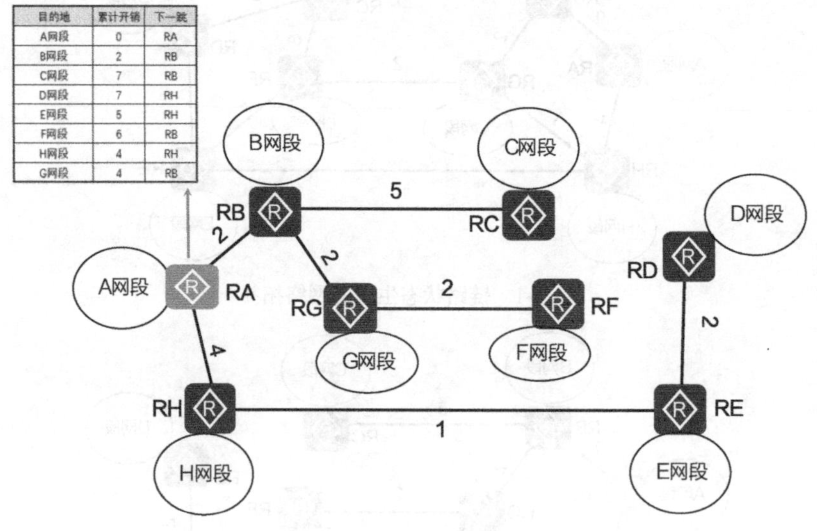

目的地	累计开销	下一跳
A网段	0	RA
B网段	2	RB
C网段	7	RB
D网段	7	RH
E网段	5	RH
F网段	6	RB
H网段	4	RH
G网段	4	RB

图 6-4 生成路由表

6.2.3 OSPF 协议相关术语

（1）Router-ID。

网络中运行 OSPF 协议的路由器都要有一个唯一的标识——Router-ID。Router-ID 在网络中不可以重复，否则路由器收到的链路状态就无法确定发起者的身份。OSPF 路由器发出的链路状态都有自己的 Router-ID。Router-ID 使用 IP 地址的形式表示，确定 Router-ID 的方法有以下几种。

- 手动指定 Router-ID。
- 选择路由器上环回接口中最大的 IP 地址，也就是数字最大的 IP 地址，例如，C 类地址优先于 B 类地址，一个非活动接口的 IP 地址是不能用作 Router-ID 的。
- 如果没有活动的 Loopback 接口，则选择活动物理接口中最大的 IP 地址。

在实际项目中，通常会通过手动配置的方式为设备指定 Router-ID。通常的做法是将 Route-ID 配置为与该设备某个接口（通常为 Loopback 接口）的 IP 地址一致的值。

（2）度量值。

OSPF 使用 Cost（开销）作为路由的度量值。每个激活了 OSPF 的接口都会维护一个接口 Cost 值，默认接口 Cost 值=$\frac{100\text{Mbit/s}}{\text{接口带宽}}$。其中 100Mbit/s 为 OSPF 指定的默认参考值，该值是可配置的。

从公式可以看出，OSPF 协议选择最佳路径的标准是带宽，带宽越高，计算出来的开销越低。到达目标网络的各条链路中累计开销最低的就是最佳路径。

例如一个带宽为 10Mbit/s 的接口，计算开销的方法为：将 10Mbit 换算成 bit，为 10000000bit，然后用 100000000 除以该带宽，结果为 100000000/10000000 = 10，所以一个 10Mbit/s 的接口，OSPF 认为该接口的度量值为 10。需要注意的是，在计算中，带宽的单位取 bit/s 而不是 kbit/s，例如一个带宽为 100Mbit/s 的接口，开销值为 100000000/100000000=1，因为开销值必须为整数，所以即使是一个带宽为 1000Mbit/s（1Gbit/s）的接口，开销值也和 100Mbit/s 一样，为 1。如果路由器要经过两个接口才能到达目标网络，那么很显然，两个接口的开销值要累加起来，才算是到达目标网络的度量值。所以 OSPF 路由器计算到达目标网络的度量值时，必须要将沿途所有接口的开销值累加起来，在累加时，只计算出接口，不计算进接口。如图 6-5 所示，它展示了接口开销和累计开销。

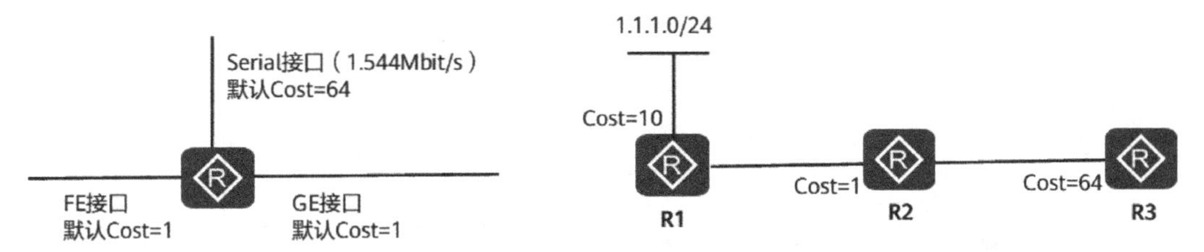

图 6-5 接口开销和累计开销

OSPF 会自动计算接口上的开销值，但也可以手动指定接口的开销值，手动指定的优先于自动计算的。

（3）链路（Link）。

链路是路由器上的接口，这里指运行在 OSPF 进程下的接口。

（4）链路状态（link-state）。

链路状态就是 OSPF 接口的描述信息，例如接口的 IP 地址、子网掩码、网络类型、开销值等。OSPF 路由器之间交换的并不是路由表，而是链路状态。

（5）邻居（Neighbor）。

同一个网段上的路由器可以成为邻居。通过 Hello 报文发现邻居，Hello 报文使用 IP 多播方式在每个端口定期发送。路由器一旦在其相邻路由器的 Hello 报文中发现自己，则它们就成为邻居关系了。在这种方式中，需要通信的双方确认。

（6）邻接状态。

邻接状态是相邻路由器交互数据库描述、链路状态请求、链路状态更新、链路状态确认报文完成后，两端设备的链路状态数据库完全相同，从而进入邻接状态。

6.2.4 OSPF 工作过程

运行 OSPF 协议的路由器有 3 张表，分别是邻居表、链路状态表（链路状态数据库）和路由表。下面以这 3 张表的产生过程为基础，分析在这个过程中路由器发生了哪些变化，从而说明 OSPF 协议的工作过程。

（1）生成邻居表。

OSPF 区域的路由器首先要跟邻居路由器建立邻接关系。当一个路由器刚开始工作时，每隔 10s 就发送一个 Hello 数据包，它通过发送 Hello 数据包得知它有哪些相邻的路由器在工作，以及将数据发往相邻路由器所付出的“代价”，然后生成“邻居表”。

若 40s 后没有收到某个相邻路由器发来的 Hello 数据包，则可认为该相邻路由器是不可到达的，路由器会立即修改链路状态数据库，并重新计算路由表。

图 6-6 展示了 R1 和 R2 路由器通过 Hello 数据包建立邻居表的过程。一开始 R1 路由器接

口的OSPF状态为down state，R1路由器发送一个Hello数据包之后，状态变为init state，等收到R2路由器发过来的Hello数据包，看到自己的Router-ID出现在其他路由器应答的邻居表中，这就建立了邻居关系，并将状态更改为two-way state。

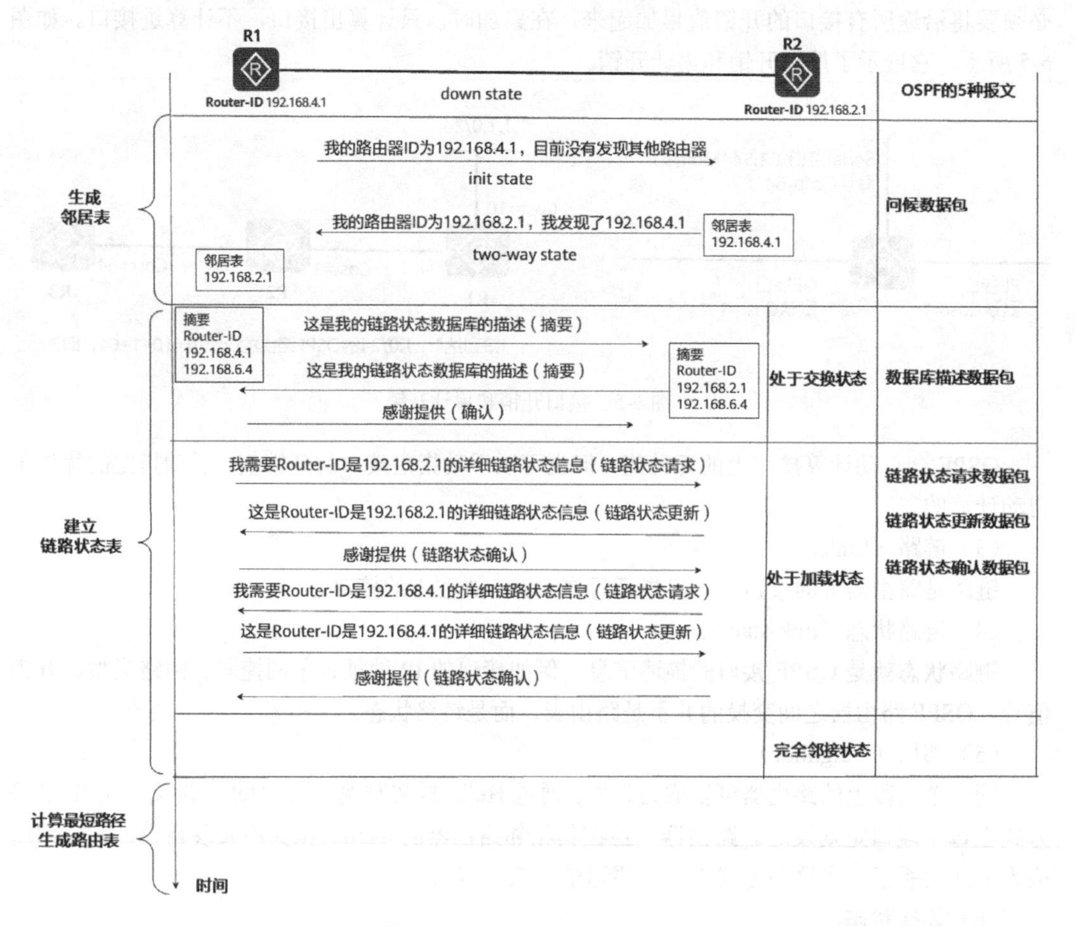

图6-6 OSPF协议的工作过程

（2）建立链路状态表。

如图6-6所示，建立邻居表之后，相邻路由器就要交换链路状态建立链路状态表。在建立链路状态表的时候，路由器要经历交换状态、加载状态、完全邻接状态。

交换状态：OSPF让每一个路由器用数据库描述数据包和相邻路由器交换本数据库中已有的链路状态摘要（描述）信息。发送的摘要信息包含自己链路状态表中所有的路由器（Router-ID）。

加载状态：经过与相邻路由器交换数据库描述数据包后，路由器就使用链路状态请求数据包，向对方请求自己所缺少的某些路由器相关的链路状态的详细信息。通过这一系列的分组交换，全网同步的链路状态数据库（Link State DataBase，LSDB）就建立了。

完全邻接状态：邻居间的链路状态数据库同步完成，至此网络中所有路由器都有了相同的链路状态数据库，已掌握全网拓扑。

（3）计算最短路径生成路由表。

每台路由器基于链路状态数据库，使用最短路径优先（Short Path First，SPF）算法计算出一棵以自己为根的、无环的、拥有最短路径的“树”，产生到达目标网络的路由条目。

6.2.5 OSPF 报文类型

OSPF 共有 5 种报文类型，图 6-6 标出了 OSPF 运行各个阶段用到的报文类型。

类型 1：问候（Hello）数据包，用于发现与维持邻居。

类型 2：数据库描述（Database Description，DD）数据包，向邻居给出自己的链路状态数据库中所有链路状态项目的摘要信息，摘要信息是链路状态表中的所有路由器（Router-ID）。

类型 3：链路状态请求（Link State Request，LSR）数据包，向对方请求缺少的某个路由器相关的链路状态的详细信息。

类型 4：链路状态更新（Link State Update，LSU）数据包，发送详细的链路状态信息。路由器使用这种数据包将其链路状态通知给相邻路由器。在 OSPF 中，只有 LSU 需要显示确认。

类型 5：链路状态确认（Link State Acknowledgement，LSAck）数据包，对 LSU 做确认。

6.2.6 OSPF 三张表

OSPF 有三张重要的表：OSPF 邻居表、LSDB 表和 OSPF 路由表。

OSPF 在传递链路状态信息之前，需要建立邻居关系。邻居关系通过交互 Hello 报文建立。OSPF 邻居表显示了 OSPF 路由器之间的邻居状态，使用 display ospf peer 可查看邻居表。

运行链路状态路由协议的路由器在网络中泛洪链路状态信息。在 OSPF 中，这些信息被称为 LSA，LSDB 会保存自己产生的以及从邻居收到的 LSA 信息，因此 LSDB 可以当作路由器对网络的完整认知。在华为设备上查看设备的 LSDB 的命令是 display ospf lsdb。

OSPF 根据 LSDB 中的数据，运行 SPF 算法并且得到一棵以自己为根的、无环的最短路径树。基于这棵树，OSPF 能够发现到达网络中各个网段的最佳路径，从而得到路由信息并将其加载到 OSPF 路由表中。当然，这些 OSPF 路由表中的路由最终是否会被加载到全局路由表，还要经过进一步比较路由优先级等过程。在华为设备上查看设备的 OSPF 路由表的命令是 display ospf routing。

6.2.7 OSPF 区域

为了使 OSPF 能够用于规模很大的网络，OSPF 将一个自治系统再划分为若干更小的范围，该范围叫作区域（area）。划分区域的好处，就是可以把洪泛法交换链路状态信息的范围控制在一个区域而不是整个自治系统，这就减少了整个网络上的通信量，从而减小链路状态数据库 LSDB 大小、提高网络的可扩展性以达到快速收敛。一个区域内部的路由器只需要知道本区域的完整网络拓扑，而不需要知道其他区域的网络拓扑情况。为了使一个区域能够和本区域以外的区域进行通信，OSPF 使用层次结构的区域划分。

当网络中包含多个区域时，OSPF 协议有一个特殊的规定，即其中必须有一个 Area 0，通常也叫作骨干区域（Backbone Area）。当设计 OSPF 网络时，一个很好的方法就是从骨干区域开始，然后再扩展到其他区域。骨干区域在所有其他区域的中心，即所有区域都必须与骨干区域物理或逻辑上相连。这种设计思想产生的原因是，OSPF 协议要把所有区域的路由信息引入骨干区域，然后再将路由信息从骨干区域分发到非骨干区域中。

图 6-7 展示了一个有 3 个区域的自治系统（Autonomous System，AS）。每一个区域都有一个 32 位的区域标识符（用点分十进制表示）。一个区域的规模不能太大，区域内的路由器

最好不超过 200 个。

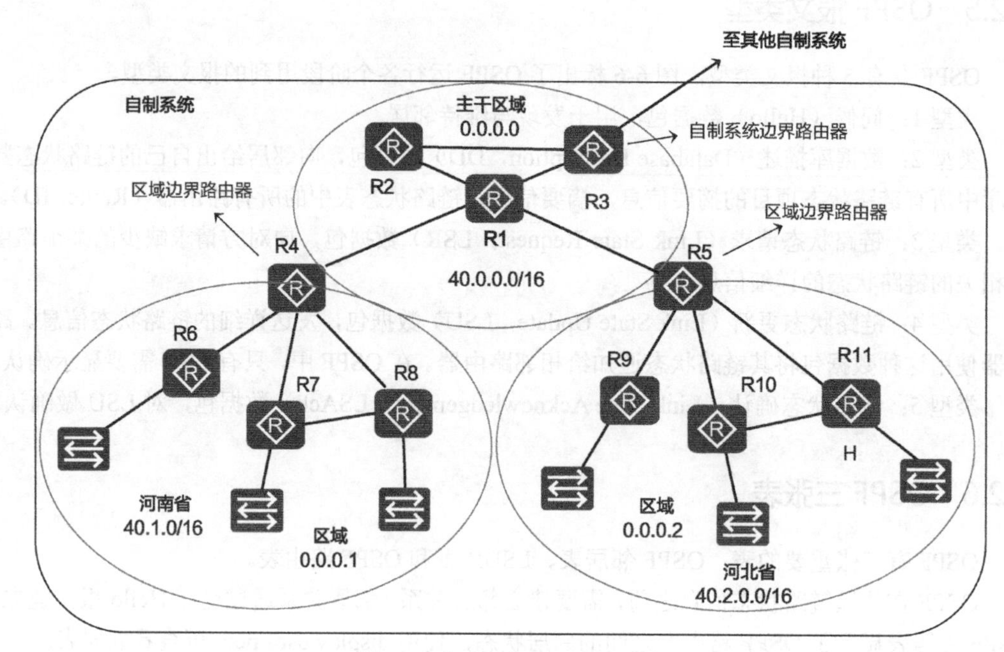

图 6-7 自治系统和 OSPF 区域

如图 6-7 所示，使用多区域划分要和 IP 地址规划相结合，以确保一个区域的地址空间连续，这样才能在区域边界路由器上将一个区域的网络汇总成一条路由并通告给其他区域。

上层的区域叫作骨干区域，骨干区域的标识符规定为 0.0.0.0。骨干区域的作用是连通其他下层的区域。从其他区域发来的信息都由区域边界路由器（Area Border Router，ABR）进行路由汇总。如图 6-7 所示，路由器 R4 和 R5 都是区域边界路由器。显然，每一个区域至少应当有一个区域边界路由器。骨干区域内的路由器叫作骨干路由器（Backbone Router），如 R1、R2、R3、R4 和 R5。骨干路由器可以同时是区域边界路由器，如 R4 和 R5。骨干区域内还要有一个路由器（图 6-7 中的 R3）专门和本自治系统外的其他自治系统交换路由信息，这样的路由器叫作自治系统边界路由器（Autonomous System Boundary Router，ASBR）。

需要说明的是，ABR 连接骨干区域和非骨干区域，ASBR 连接其他 AS。

6.3 配置 OSPF 协议

前面讲解了 OSPF 协议的特点和工作过程，本节来学习配置网络中的路由使用 OSPF 协议来构建路由表。

6.3.1 OSPF 多区域配置

参照图 6-8 搭建网络环境，网络中的路由器按照图 6-8 中的拓扑连接，按照规划的网段来配置接口 IP 地址。一定要确保直连的路由器能够相互 ping 通。以下操作用于配置这些路由器使用 OSPF 协议来构造路由表。将这些路由器配置在一个区域中，如果只有一个区域，那么该区域只能是主干区域，区域编号是 0.0.0.0，也可以写成 0。

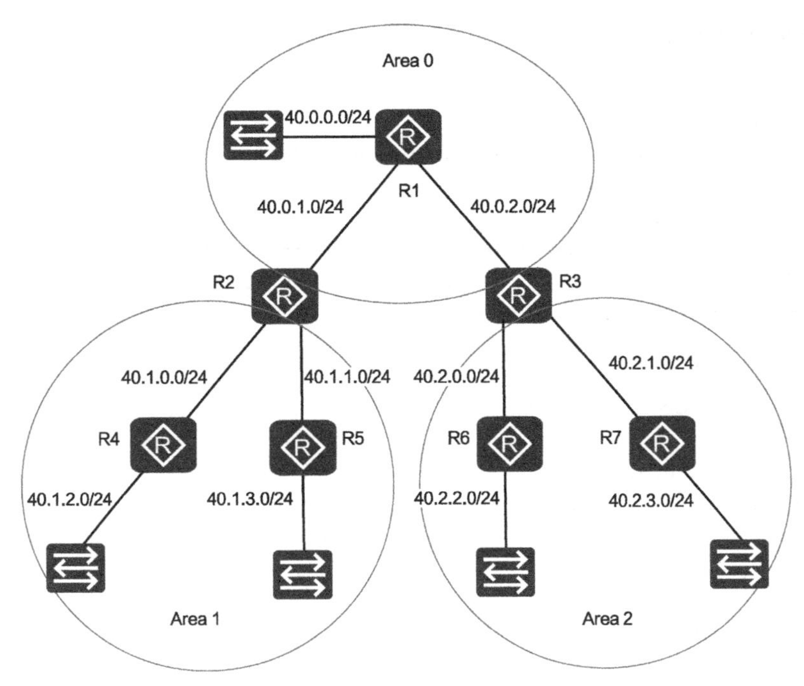

图 6-8　多区域 OSPF 网络拓扑

路由器 R1 的配置如下，R1 是骨干区域路由器。

```
<R1>display router id
RouterID:40.0.0.1                                --查看路由器的当前 ID
<R1>system
[R1]ospf 1 router-id 1.1.1.1                     --启用 OSPF 1 进程并指明使用的 Router-ID
[R1-ospf-1]area 0.0.0.0                          --创建区域并进入区域 0.0.0.0
[R1-ospf-1-area-0.0.0.0]network 40.0.0.0 0.0.255.255 --指定工作在 Area 0 的地址接口
[R1-ospf-1-area-0.0.0.0]quit
```

路由器 R2 的配置如下，R2 是区域边界路由器，要指定工作在 Area 0 的接口和工作在 Area 1 的接口。

```
[R2]ospf 1 router-id 2.2.2.2
[R2-ospf-1]area 0
[R2-ospf-1-area-0.0.0.0]network 40.0.0.0 0.0.255.255  --指定工作在 Area 0 的接口
[R2-ospf-1-area-0.0.0.0]quit

[R2-ospf-1]area 0.0.0.1
[R2-ospf-1-area-0.0.0.1]network 40.1.0.0 0.0.255.255  --指定工作在 Area 1 的接口
[R2-ospf-1-area-0.0.0.1]quit
[R2-ospf-1]display this                               --显示 OSPF 1 的配置
[V200R003C00]
#
ospf 1 router-id 2.2.2.2
 area 0.0.0.0
  network 40.0.0.0 0.0.255.255
 area 0.0.0.1
  network 40.1.0.0 0.0.255.255
#
return
```

路由器R3的配置如下。

```
[R3]ospf 1 router-id 3.3.3.3
[R3-ospf-1]area 0.0.0.0
[R3-ospf-1-area-0.0.0.0]network 40.0.0.0 0.0.255.255
[R3-ospf-1-area-0.0.0.0]quit
[R3-ospf-1]area 0.0.0.2
[R3-ospf-1-area-0.0.0.2]network 40.2.0.1 0.0.0.0  --写接口地址，wildcard-mask为0.0.0.0
[R3-ospf-1-area-0.0.0.2]network 40.2.1.1 0.0.0.0  --写接口地址，wildcard-mask为0.0.0.0
[R3-ospf-1-area-0.0.0.2]quit
```

路由器R4的配置如下。

```
[R4]ospf 1 router-id 4.4.4.4
[R4-ospf-1]area 1
[R4-ospf-1-area-0.0.0.1]net
[R4-ospf-1-area-0.0.0.1]network 40.1.0.0 0.0.255.255
[R4-ospf-1-area-0.0.0.1]quit
```

路由器R5的配置如下。

```
[R5]ospf 1 router-id 5.5.5.5
[R5-ospf-1]area 1
[R5-ospf-1-area-0.0.0.1]network 40.1.0.0 0.0.255.255
[R5-ospf-1-area-0.0.0.1]quit
```

路由器R6的配置如下。

```
[R6]ospf 1 router-id 6.6.6.6
[R6-ospf-1]area 2
[R6-ospf-1-area-0.0.0.2]network 40.2.0.0 0.0.255.255
[R6-ospf-1-area-0.0.0.2]quit
```

路由器R7的配置如下。

```
[R7]ospf 1 router-id 7.7.7.7
[R7-ospf-1]area 2
[R7-ospf-1-area-0.0.0.2]network 40.2.0.0 0.0.255.255
[R7-ospf-1-area-0.0.0.2]quit
```

6.3.2 查看OSPF协议的3张表

运行OSPF协议的路由器有3张表，分别是邻居表、链路状态表和OSPF路由表，下面就介绍这3张表。

先来查看R1路由器的邻居表。在系统视图下输入display ospf peer，可以显示邻居路由器信息，输入display ospf peer brief可以显示邻居路由器摘要信息。

```
<R1>display ospf peer brief              --显示邻居路由器摘要信息
     OSPF Process 1 with Router ID 1.1.1.1
            Peer Statistic Information
 ----------------------------------------------------------------------------
 Area Id          Interface                      Neighbor id       State
 0.0.0.0          Serial2/0/0                   2.2.2.2           Full
 0.0.0.0          Serial2/0/1                   3.3.3.3           Full
 ----------------------------------------------------------------------------
<R1>display ospf peer                     --显示邻居详细信息
```

在 Full 状态下，路由器及其邻居会达到完全邻接状态。所有路由器和网络 LSA 都会交换，并且路由器链路状态表会达到同步状态。

显示链路状态表。以下命令显示链路状态表中有几个路由器通告了链路状态。通告链路状态的路由器就是 AdvRouter。

```
<R1>display ospf lsdb

      OSPF Process 1 with Router ID 1.1.1.1
          Link State Database

                   Area: 0.0.0.0
 Type       LinkState ID    AdvRouter           Age  Len   Sequence   Metric
 Router      2.2.2.2         2.2.2.2            1260  48    80000011      48
 Router      1.1.1.1         1.1.1.1            1218  84    80000013       1
 Router      3.3.3.3         3.3.3.3            1253  48    80000010      48
 Sum-Net    40.1.3.0         2.2.2.2             301  28    80000001      49
 Sum-Net    40.1.2.0         2.2.2.2             221  28    80000001      49
 Sum-Net    40.1.1.0         2.2.2.2             932  28    80000001      48
 Sum-Net    40.1.0.255       2.2.2.2             932  28    80000001      48
 Sum-Net    40.2.3.0         3.3.3.3             856  28    80000001      49
 Sum-Net    40.2.2.0         3.3.3.3             856  28    80000001      49
 Sum-Net    40.2.1.0         3.3.3.3             856  28    80000001      48
 Sum-Net    40.2.0.255       3.3.3.3             856  28    80000001      48
```

从以上输出可以看到骨干区域路由器 R1 的链路状态表出现了 Area 1 和 Area 2 的子网信息。这些子网信息是由区域边界路由器通告到骨干区域的。在区域边界路由器上配置了路由汇总，这样 Area 1、Area 2 就被汇总成一条链路状态。

前面给大家讲了 OSPF 是怎样根据链路状态表计算最短路径的。链路状态表记录了运行 OSPF 的路由器有哪些，每个路由器连接几个网段（subnet），每个路由器有哪些邻居，通过什么链路连接（点到点还是以太网链路）。如果想查看完整的链路状态表，需要输入 display ospf lsdb router 命令，可以看到每个路由器的相关链路状态。

输入 display ip routing-table 可以查看路由表。Proto 是通过 OSPF 协议学到的路由，OSPF 协议的优先级（也就是 pre）是 10，Cost 是通过带宽计算的到达目标网段的累计开销。

```
<R1>display ip routing-table protocol ospf                      --查看 OSPF 路由
Route Flags: R - relay, D - download to fib
------------------------------------------------------------------------------
Public routing table : OSPF
         Destinations : 8        Routes : 8

OSPF routing table status : <Active>
        Destinations : 8        Routes : 8

Destination/Mask    Proto   Pre  Cost     Flags  NextHop         Interface

       40.1.0.0/24  OSPF    10   96        D   40.0.1.2        Serial2/0/0
       40.1.1.0/24  OSPF    10   96        D   40.0.1.2        Serial2/0/0
       40.1.2.0/24  OSPF    10   97        D   40.0.1.2        Serial2/0/0
       40.1.3.0/24  OSPF    10   97        D   40.0.1.2        Serial2/0/0
```

```
    40.2.0.0/24  OSPF    10   96         D   40.0.2.2        Serial2/0/1
    40.2.1.0/24  OSPF    10   96         D   40.0.2.2        Serial2/0/1
    40.2.2.0/24  OSPF    10   97         D   40.0.2.2        Serial2/0/1
    40.2.3.0/24  OSPF    10   97         D   40.0.2.2        Serial2/0/1

OSPF routing table status : <Inactive>
        Destinations : 0                Routes : 0
```

输入以下命令，只显示 OSPF 协议生成的路由，能够看到通告者的 ID——AdvRouter。可以看到直连的以太网开销默认为 1，串口的默认开销为 48。

```
<R1>display ospf routing

   OSPF Process 1 with Router ID 1.1.1.1
       Routing Tables

Routing for Network
Destination      Cost  Type          NextHop         AdvRouter        Area
40.0.0.0/24      1      Stub          40.0.0.1        1.1.1.1          0.0.0.0
40.0.1.0/24      48     Stub          40.0.1.1        1.1.1.1          0.0.0.0
40.0.2.0/24      48     Stub          40.0.2.1        1.1.1.1          0.0.0.0
40.1.0.0/24      96     Inter-area    40.0.1.2        2.2.2.2          0.0.0.0
40.1.1.0/24      96     Inter-area    40.0.1.2        2.2.2.2          0.0.0.0
40.1.2.0/24      97     Inter-area    40.0.1.2        2.2.2.2          0.0.0.0
40.1.3.0/24      97     Inter-area    40.0.1.2        2.2.2.2          0.0.0.0
40.2.0.0/24      96     Inter-area    40.0.2.2        3.3.3.3          0.0.0.0
40.2.1.0/24      96     Inter-area    40.0.2.2        3.3.3.3          0.0.0.0
40.2.2.0/24      97     Inter-area    40.0.2.2        3.3.3.3          0.0.0.0
40.2.3.0/24      97     Inter-area    40.0.2.2        3.3.3.3          0.0.0.0

Total Nets: 11
Intra Area: 3  Inter Area: 8  ASE: 0  NSSA: 0
```

6.3.3 在区域边界路由器上进行路由汇总

在区域边界路由器 R2 上进行路由汇总。将 Area 1 汇总成 40.1.0.0 255.255.0.0，开销指定为 10，将 Area 0 汇总成 40.0.0.0 255.255.0.0，指定开销为 10。

```
[R2]ospf 1
[R2-ospf-1]area 1
[R2-ospf-1-area-0.0.0.1]abr-summary 40.1.0.0 255.255.0.0 cost 10
[R2-ospf-1-area-0.0.0.1]quit

[R2-ospf-1]area 0
[R2-ospf-1-area-0.0.0.0]abr-summary 40.0.0.0 255.255.0.0 cost 10
[R2-ospf-1-area-0.0.0.0]quit
```

在区域边界路由器 R3 上进行路由汇总。将 Area 2 汇总成 40.2.0.0 255.255.0.0，开销指定为 20，将 Area 0 汇总成 40.0.0.0 255.255.0.0，指定开销为 10。

```
[R3]ospf 1
[R3-ospf-1]area 0
[R3-ospf-1-area-0.0.0.0]abr-summary 40.0.0.0 255.255.0.0 cost 10
```

```
[R3-ospf-1-area-0.0.0.0]quit
[R3-ospf-1]area 2
[R3-ospf-1-area-0.0.0.2]abr-summary 40.2.0.0 255.255.0.0 cost 20
[R3-ospf-1-area-0.0.0.2]quit
[R3-ospf-1]quit
```

在区域边界路由器上汇总后，在 R1 上查看 OSPF 链路状态，可以看到 Area 1 和 Area 2 在 R1 的链路状态表中只显示一条记录。

```
<R1>display ospf lsdb

     OSPF Process 1 with Router ID 1.1.1.1
        Link State Database

                      Area: 0.0.0.0
 Type       LinkState ID    AdvRouter          Age  Len    Sequence   Metric
 Router      2.2.2.2         2.2.2.2           1732  48     80000011       48
 Router      1.1.1.1         1.1.1.1           1690  84     80000013        1
 Router      3.3.3.3         3.3.3.3           1725  48     80000010       48
 Sum-Net    40.1.0.0         2.2.2.2             99  28      80000001      10
 Sum-Net    40.2.0.0         3.3.3.3             26  28      80000001      20
```

在 R1 上显示 OSPF 协议生成的路由。可以看到 Area 0 和 Area 1 汇总成一条路由，开销分别是 58 和 68，这和汇总时指定的开销有关。

```
<R1>display ospf routing

    OSPF Process 1 with Router ID 1.1.1.1
         Routing Tables

 Routing for Network
 Destination        Cost  Type         NextHop          AdvRouter       Area
 40.0.0.0/24        1     Stub         40.0.0.1         1.1.1.1         0.0.0.0
 40.0.1.0/24        48    Stub         40.0.1.1         1.1.1.1         0.0.0.0
 40.0.2.0/24        48    Stub         40.0.2.1         1.1.1.1         0.0.0.0
 40.1.0.0/16        58    Inter-area   40.0.1.2         2.2.2.2         0.0.0.0
 40.2.0.0/16        68    Inter-area   40.0.2.2         3.3.3.3         0.0.0.0

 Total Nets: 5
 Intra Area: 3  Inter Area: 2  ASE: 0  NSSA: 0
```

6.3.4 OSPF 协议配置排错

如果为网络中的路由器配置了 OSPF 协议，但在查看路由表后发现有些网段没有通过 OSPF 学到，那么需要检查路由器接口是否配置了正确的 IP 地址和子网掩码。除了进行这些常规检查，还要检查 OSPF 协议的配置。

要查看 OSPF 协议的配置，可以输入 display current-configuration。

```
[R1]display current-configuration
......
ospf 1 router-id 1.1.1.1
 area 0.0.0.0
  network 172.16.0.0 0.0.255.255
```

……

也可以进入 ospf 1 视图，输入 display this，显示 OSPF 协议的配置。

```
[R1]ospf 1
 [R1-ospf-1]display this
[V200R003C00]
#
ospf 1 router-id 1.1.1.1
 area 0.0.0.0
  network 172.16.0.0 0.0.255.255
#
return
```

输入 display ospf interface 可以查看运行 OSPF 协议的接口。如果发现缺少路由器的某个接口，那么需要使用 network 添加该接口。

```
<R1>display ospf interface

     OSPF Process 1 with Router ID 1.1.1.1
       Interfaces

 Area: 0.0.0.0        (MPLS TE not enabled)
 IP Address       Type          State     Cost     Pri    DR             BDR
 172.16.1.1       Broadcast       DR        1       1     172.16.1.1     0.0.0.0
 172.16.0.1       P2P           P-2-P      48       1     0.0.0.0        0.0.0.0
 172.16.0.17      P2P           P-2-P      48       1     0.0.0.0        0.0.0.0
```

可以看到，配置 OSPF 协议时用 network 添加的 3 个网段和所属的区域。如果 network 后面的 3 个网段和路由器的接口所在的网段不一致，则该接口就不能发送和接收 OSPF 协议相关数据包，该网段也不会包含在链路状态中。或者，如果 network 后面的区域编号和相邻路由器配置的区域编号不一致，那也不能交换链路状态信息，也可能导致错误。

如果配置 OSPF 时 network 写错网段，可以使用 undo network 命令删除该网段，然后用 network 添加正确的网段。

可以在路由器上使用以下命令取消 192.168.0.0/24 网段参与 OSPF 协议。

```
[R3]ospf 1
[R3-ospf-1]display this
[V200R003C00]
#
ospf 1 router-id 3.3.3.3
 area 0.0.0.0
  network 172.16.0.6 0.0.0.0
  network 172.16.0.9 0.0.0.0
  network 172.16.2.1 0.0.0.0
#
return
[R3-ospf-1]area 0
[R3-ospf-1-area-0.0.0.0]undo network 172.16.2.1 0.0.0.0
```

6.4 虚拟路由冗余协议（VRRP）

虚拟路由冗余协议（Virtual Router Redundancy Protocol，VRRP）是由 IETF 提出的解决局

域网中配置静态网关出现单点失效现象的路由协议，1998 年已推出正式的 RFC2338 协议标准。

VRRP 广泛应用在边缘网络中，VRRP 的作用是充当网络中的一个默认网关，可以说计算机定义的网关不生效的话，则整个网络都用不了，只能访问同一个 VLAN 内的计算机。VRRP 解决的问题就是，通过 VRRP 技术协商让连接网络的多个路由器的接口虚拟一个 IP 地址出来，充当该网络的网关。这样做的好处就是，网络中的计算机只需要指定路由器接口虚拟的那个 IP 地址作为网关即可，当主设备出现故障后，该虚拟 IP 地址会自动切换到备用设备上，对计算机来说是透明的。

如图 6-9 所示，企业内网为了确保 Internet 连接的可靠性，有两个路由器连接 Internet。AR1 作为连接 Internet 的主链路，AR3 作为内网连接 Internet 的备用链路。当主链路断开时，内网计算机通过 AR3 走备用链路访问 Internet。

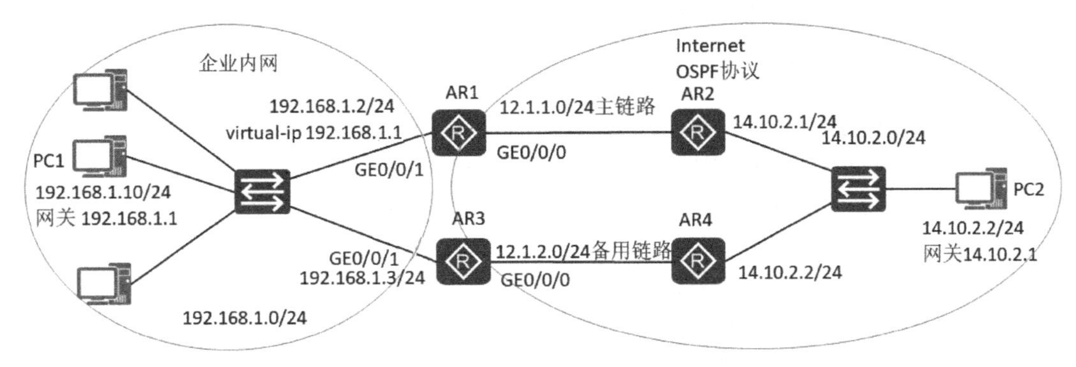

图 6-9 VRRP 实验环境

这就要求配置 AR1 的 GE0/0/1 接口和 AR3 的 GE0/0/1 接口使用 VRRP 配置一个虚拟 IP 作为内网的网关，本例中虚拟 IP 为 192.168.1.1。AR1、AR2、AR3 和 AR4 均运行 OSPF 动态路由协议。

在 AR1 上的配置如下。

```
<Huawei>sys
[Huawei]sysname AR1
[AR1]interface GigabitEthernet 0/0/1
[AR1-GigabitEthernet0/0/1]ip add
[AR1-GigabitEthernet0/0/1]ip address 192.168.1.2 24
[AR1-GigabitEthernet0/0/1]quit
[AR1]interface GigabitEthernet 0/0/0
[AR1-GigabitEthernet0/0/0]ip address 12.1.1.1 24
[AR1-GigabitEthernet0/0/0]quit
[AR1]ospf router-id 1.1.1.1
[AR1-ospf-1-area-0.0.0.0]network 192.168.1.0 0.0.0.255
[AR1-ospf-1-area-0.0.0.0]network 12.1.1.0 0.0.0.255
[AR1-ospf-1-area-0.0.0.0]quit
[AR1-ospf-1]quit
```

在 AR2 上的配置如下。

```
<Huawei>sys
[Huawei]sysname AR2
[AR2]interface GigabitEthernet 0/0/0
[AR2-GigabitEthernet0/0/0]ip address 12.1.1.2 24
[AR2-GigabitEthernet0/0/0]interface GigabitEthernet 0/0/1
```

```
[AR2-GigabitEthernet0/0/1]ip address 14.10.2.1 24
[AR2-GigabitEthernet0/0/1]quit
[AR2]ospf router-id 2.2.2.2
[AR2-ospf-1-area-0.0.0.0]network 12.1.1.0 0.0.0.255
[AR2-ospf-1-area-0.0.0.0]network 14.10.2.0 0.0.0.255
[AR2-ospf-1-area-0.0.0.0]quit
```

在 AR3 上的配置如下。

```
[Huawei]sys
[Huawei]sysname AR3
[AAR3]interface GigabitEthernet 0/0/1
[AAR3-GigabitEthernet0/0/1]ip address 192.168.1.3 24
[AR3-GigabitEthernet0/0/1]interface GigabitEthernet 0/0/0
[AR3-GigabitEthernet0/0/0]ip address 12.1.2.1 24.
[AR3-GigabitEthernet0/0/0]quit
[AR3]ospf router-id 3.3.3.3
[AR3-ospf-1]area 0
[AR3-ospf-1-area-0.0.0.0]network 192.168.1.0 0.0.0.255
[AR3-ospf-1-area-0.0.0.0]network 12.1.2.0 0.0.0.255
```

在 AR4 上的配置如下。

```
[Huawei]sysname AR4
[AR4]interface GigabitEthernet 0/0/0
[AR4-GigabitEthernet0/0/0]ip address 12.1.2.2 24
[AR4-GigabitEthernet0/0/0]interface GigabitEthernet 0/0/1
[AR4-GigabitEthernet0/0/1]ip address 14.10.2.254 24
[AR4-GigabitEthernet0/0/1]quit
[AR4]ospf router-id 4.4.4.4
[AR4-ospf-1]area 0
[AR4-ospf-1-area-0.0.0.0]network 14.10.2.0 0.0.0.255
[AR4-ospf-1-area-0.0.0.0]network 12.1.2.0 0.0.0.255
```

在 AR1 上配置 VRRP。配置 AR1 在接口 GE 0/0/1 配置虚拟 IP 地址，一个虚拟地址就相当于一个虚拟路由器，一个路由器可以创建多个虚拟路由器，用 vrid 标识，即 Virtual Router ID。使用 priority 指定优先级，AR1 为连接 Internet 的主链路，优先级设置为 120，默认优先级为 100，如果连接 Internet 的接口 GE0/0/0 接口断开或 down 掉，将优先级减少 40。Preempt-mode 参数用来设置当主链路恢复后延迟多少秒恢复到主链路。

```
[AR1]interface GigabitEthernet 0/0/1
[AR1-GigabitEthernet0/0/1]vrrp vrid 1 virtual-ip 192.168.1.1
[AR1-GigabitEthernet0/0/1]vrrp vrid 1 priority ?
  INTEGER<1-254>  The level of priority(default is 100)
[AR1-GigabitEthernet0/0/1]vrrp vrid 1 priority 120
[AR1-GigabitEthernet0/0/1]vrrp vrid 1 track interface GigabitEthernet 0/0/0 reduced 40
[AR1-GigabitEthernet0/0/1]vrrp vrid 1 preempt-mode ?
  disable  Cancel current configuration
  timer    Specify timer
[AR1-GigabitEthernet0/0/1]vrrp vrid 1 preempt-mode timer delay 30
[AR1-GigabitEthernet0/0/1]
```

在 AR3 上配置 VRRP。AR3 接口 GE0/0/1 的 VRRP 优先级使用默认值 100。这样当主链路不可用后，AR1 的 GE0/0/1 接口的 VRRP 优先级就降为 80，虚拟 IP 地址就绑定到 AR3 的 GE0/0/1 接口，AR3 就成为连接 Internet 的主链路。不设置优先级，就使用默认优先级，在备用链路的路由器上不用设置跟踪接口，也不用使用 Preempt-mode 参数设置恢复时间。

```
[RA3]interface GigabitEthernet 0/0/1
[RA3-GigabitEthernet0/0/1]vrrp vrid 1 virtual-ip 192.168.1.1
```

在 AR1 上查看 VRRP 1 的状态。

```
<R1>display vrrp 1
  GigabitEthernet0/0/1 | Virtual Router 1
    State : Master
    Virtual IP : 192.168.1.1
    Master IP : 192.168.1.2
    PriorityRun : 120
    PriorityConfig : 120
    MasterPriority : 120
    Preempt : YES   Delay Time : 30 s
    TimerRun : 1 s
    TimerConfig : 1 s
    Auth type : NONE
    Virtual MAC : 0000-5e00-0101
    Check TTL : YES
    Config type : normal-vrrp
    Backup-forward : disabled
    Track IF : GigabitEthernet0/0/0   Priority reduced : 40
    IF state : UP
    Create time : 2020-04-11 16:54:08 UTC-08:00
    Last change time : 2020-04-11 17:17:30 UTC-08:00
```

6.5 习题

1. 以下关于 OSPF 协议的描述中，最准确的是（　　）。
   A. OSPF 协议根据链路状态法计算最佳路由
   B. OSPF 协议是用于自治系统之间的外部网关协议
   C. OSPF 协议不能根据网络通信情况动态地改变路由
   D. OSPF 协议只能适用于小型网络
2. 关于 OSPF 协议，下面的描述中不正确的是（　　）。
   A. OSPF 是一种链路状态协议
   B. OSPF 使用链路状态公告（LSA）扩散路由信息
   C. OSPF 网络中用区域 1 表示主干网段
   D. OSPF 路由器中可以配置多个路由进程
3. OSPF 支持多进程，如果不指定进程号，则默认使用的进程号是（　　）。
   A. 0　　B. 1
   C. 10　　D. 100

4. 如图 6-10 所示，为网络中的路由器配置了 OSPF 协议，在路由器 A 和 B 上进行以下配置。

```
[A]ospf 1 router-id 1.1.1.1
[A-ospf-1]area 0.0.0.0
```

```
[A-ospf-1-area-0.0.0.0]network 172.16.0.0 0.0.255.255
[A-ospf-1-area-0.0.0.0]network 192.168.0.0 0.0.0.255
[B]ospf 1 router-id 1.1.1.2
[B-ospf-1]area 0.0.0.0
[B-ospf-1-area-0.0.0.0]network 192.168.0.0 0.0.255.255
```

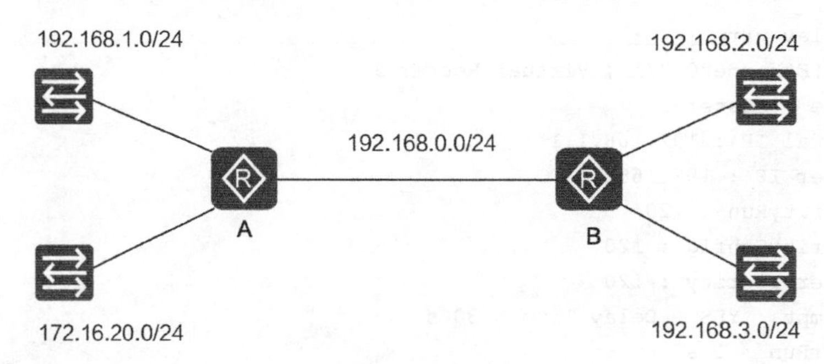

图6-10 网络拓扑

以下哪些说法不正确？（ ）

A．在路由器B上能够通过OSPF协议学到到172.16.0.0/24网段的路由

B．在路由器B上能够通过OSPF协议学到到192.168.1.0/24网段的路由

C．在路由器A上能够通过OSPF协议学到到192.168.2.0/24网段的路由

D．在路由器A上能够通过OSPF协议学到到192.168.3.0/24网段的路由

5．在一台路由器上配置OSPF，必须手动进行的配置有（ ）。（选择3个答案）

A．配置Router-ID　　B．开启OSPF进程

C．创建OSPF区域　　D．指定每个区域中包含的网段

6．在VRP平台上，直连路由、静态路由、RIP、OSPF的默认协议优先级从高到低依次是（ ）。

A．直连路由、静态路由、RIP、OSPF

B．直连路由、OSPF、静态路由、RIP

C．直连路由、OSPF、RIP、静态路由

D．直连路由、RIP、静态路由、OSPF

7．管理员在某台路由器上配置OSPF，但该路由器上未配置back接口，则以下关于Router-ID的描述中正确的（ ）。

A．该路由器物理接口的最小IP地址将会成为Router-ID

B．该路由器物理接口的最大IP地址将会成为Router-ID

C．该路由器管理接口的IP地址将会成为Router-ID

D．该路由器的优先级将会成为Router-ID

8．以下关于OSPF中Router-ID的描述中正确的是（ ）。

A．同一区域内Router-ID必须相同，不同区域内的Router-ID可以不同

B．Router-ID必须是路由器某接口的IP地址

C．必须通过手动配置的方式来指定Router-ID

D．OSPF协议正常运行的前提条件是路由器有Router-ID

9．一台路由器通过RIP、OSPF和静态路由学习到了到达同一目标地址的路由。默认情况下，VRP将最终选择通过哪种协议学习到的路由？（ ）

A．RIP　　B．OSPF

C．RIP　　D．静态路由

10．假定配置如下所示：

```
[R1]ospf
[R1-ospf-1]area 1
[R1-ospf-1-area-0.0.0.1]network 10.0.12.0 0.0.0.255
```

管理员在路由器 R1 上配置了 OSPF，但路由器 R1 学习不到其他路由器的路由，那么可能的原因是（　　）。（选择 3 个答案）

A．此路由器配置的区域 ID 和它的邻居路由器的区域 ID 不同

B．此路由器没有配置认证功能，但是邻居路由器配置了认证功能

C．此路由器有配置时没有配置 OSPF 进程号

D．此路由器在配置 OSPF 时没有宣告连接邻居的网络

11．OSPFv3 使用哪个区域号标识骨干区域？（　　）

A．0

B．3

C．1

D．2

第7章 交换机组网

本章内容

- 交换机常规配置
- 交换机端口安全
- 生成树协议
- 创建和管理 VLAN
- 实现 VLAN 间路由
- 端口隔离技术
- 链路聚合

本章讲解交换机组网的相关技术，包括设置交换机管理地址和交换机登录密码，以及允许 telnet 配置交换机。

交换机基于 MAC 地址转发帧，可以设置交换机端口以启用安全功能，交换机端口可以限制连接的计算机数量并绑定 MAC 地址。可以设置交换机监控端口以监控网络中的流量。

在进行交换机组网时，为了避免单台设备的故障造成网络长时间中断，往往需要设计成有冗余的网络结构，比如双汇聚层网络，但这样会形成环路。为了避免广播帧在环路中无限转发，交换机使用生成树协议来阻断环路。本章讲解生成树协议的工作过程，并指定根网桥和备用根网桥。

交换机组网使网段划分变得非常灵活，可以根据部门而不是物理位置划分网段，一个部门的计算机使用一个网段，占用一个 VLAN。本章先讲解使用一个交换机划分多个 VLAN，再讲解跨交换机的 VLAN、交换机的端口类型，使用三层交换实现 VLAN 间路由以及使用单臂路由器实现 VLAN 间路由。

端口隔离技术可以使同一个 VLAN 内的计算机不能相互通信，只能访问 Internet，这种技术在很多单位用得到。

交换机之间的多条物理链路可以使用 Eth-Trunk 技术捆绑在一起，形成一条逻辑链路，从而实现带宽加倍、流量负载均衡和链路容错。

7.1 交换机常规配置

在连接计算机时，交换机的端口不能设置 IP 地址，也不能充当计算机的网关。但是为了远程管理交换机，需要给交换机设置管理地址。该地址不充当计算机的网关，目的就是使用 telnet 远程管理交换机。

如图 7-1 所示，交换机 LSW1 和 LSW2 的管理地址分别是它们所在网段的一个地址，并且需要设置网关。

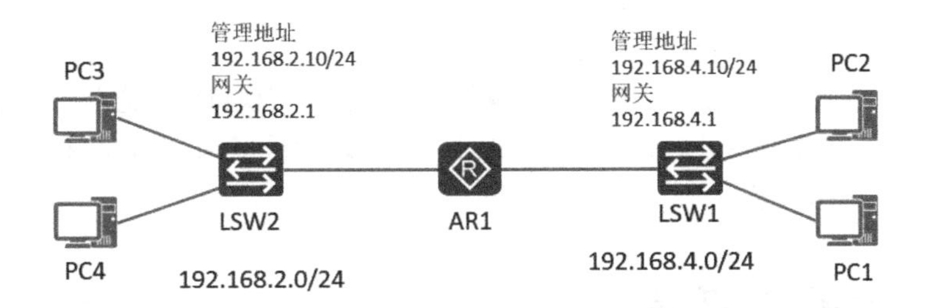

图 7-1 交换机的管理地址

下面为 LSW1 配置管理地址。默认情况下交换机的所有接口都在 VLAN 1，交换机的每个 VLAN 都有一个对应的虚拟接口（Vlanif），可以为虚拟接口设置 IP 地址以作为管理地址，关于 VLAN 的知识本章后面会讲到。

```
[LSW1]interface Vlanif 1                              --为 VLanif 1 接口设置管理地址
[LSW1-Vlanif1]ip address 192.168.4.10 24              --设置管理地址
[LSW1-Vlanif1]quit
[LSW1]ip route-static 0.0.0.0 0.0.0.0 192.168.4.1     --添加默认路由，也就是网关
```

设置 Console 口的身份验证模式和密码，和配置路由器的 Console 口的方法类似。

```
[LSW1]user-interface console 0
[LSW1-ui-console0]authentication-mode password
[LSW1-ui-console0]set authentication password cipher 91xueit
[LSW1-ui-console0]idle-timeout 5 30
```

设置 VTY 接口的身份验证模式和密码。

```
[LSW1]user-interface vty 0 4
[LSW1-ui-vty0-4]authentication-mode password
[LSW1-ui-vty0-4]set authentication password cipher 51cto
[LSW1-ui-vty0-4]idle-timeout 3 30
```

7.2 交换机端口安全

如果企业网络对安全要求比较高，那么通常会对接入网络的计算机进行控制。在交换机上启用端口安全，以对接入的计算机进行控制。

7.2.1 交换机端口安全详解

- 启用端口安全。

在交换机接口上激活 Port-Security 后，该接口就有了安全功能，例如能够限制接口的最大 MAC 地址数量，从而限制接入的主机数量；也可以将接口和 MAC 地址绑定，从而实现接入安全。

- 保护措施（protect-action）。

如果违反了端口的安全设置，比如一个端口的 MAC 地址数量超过设定数量，或这个端口

绑定的 MAC 地址有变化，那么该端口将会启动保护措施。

保护措施有 protect（丢弃违反安全设置的帧）、restrict（丢弃违反安全设置的帧并产生警报）、shutdown（关闭端口，需要人工启用端口才能恢复）3 种，默认是 restrict。

- Port-Security 与 Sticky MAC 地址。

配置端口和进行 MAC 地址绑定的工作量很大。可以让交换机将动态学习到的 MAC 地址变成“粘滞状态”。可以简单理解为：先动态地学，学完之后再将 MAC 地址和端口粘起来（进行绑定），形成“静态”条目。

7.2.2 配置交换机端口安全

如图 7-2 所示，在 LSW2 交换机上设置端口安全，端口 Ethernet 0/0/1 只允许连接 PC1，端口 Ethernet 0/0/2 只允许连接 PC2，端口 Ethernet 0/0/3 只允许连接 PC3，端口 Ethernet 0/0/4 最多只允许连接两台计算机且只能是 PC4 和 PC5。若违反安全规则，端口关闭（shutdown）。

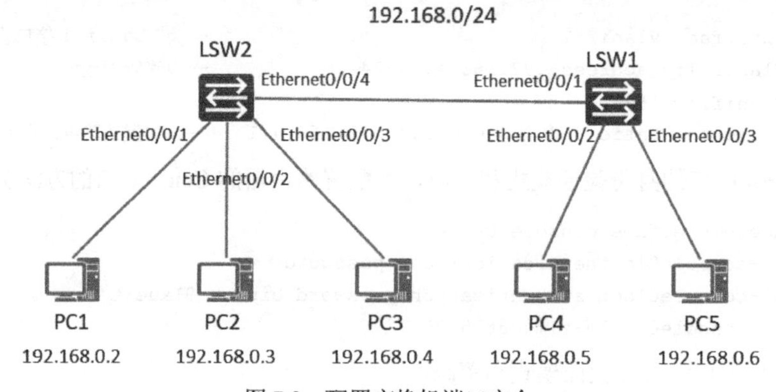

图 7-2 配置交换机端口安全

以下操作将设置交换机 LSW2，为 Ethernet 0/0/1～Ethernet 0/0/3 启用端口安全，每个端口只允许连接一个 MAC 地址（计算机），端口和 MAC 地址的绑定通过 Sticky 方式实现。为 Ethernet 0/0/4 启用端口安全，设置最多允许两个 MAC 地址，并且人工绑定 PC4 和 PC5 两个 MAC 地址。

LSW2 上的配置如下。

```
[Huawei]sysname LSW2                    --改名为 LSW2
```

在 PC1 上 ping PC2、PC3、PC4、PC5，LSW2 完成了 MAC 地址表的构建。

```
[LSW2]display mac-address               --显示 MAC 地址表
MAC address table of slot 0:
-------------------------------------------------------------------------------
MAC Address    VLAN/       PEVLAN CEVLAN Port        Type      LSP/LSR-ID
               VSI/SI                                          MAC-Tunnel
-------------------------------------------------------------------------------
5489-9854-3d93  1          -      -      Eth0/0/1    dynamic   0/-
5489-9813-531a  1          -      -      Eth0/0/2    dynamic   0/-
5489-9889-60df  1          -      -      Eth0/0/3    dynamic   0/-
5489-9809-119b  1          -      -      Eth0/0/4    dynamic   0/-
5489-98bd-0b2c  1          -      -      Eth0/0/4    dynamic   0/-
-------------------------------------------------------------------------------
Total matching items on slot 0 displayed = 5
```

可以看到MAC地址表列出了每个MAC地址所属的VLAN、对应的接口和类型。

设置Ethernet 0/0/1～Ethernet 0/0/3端口安全，将现有计算机的MAC地址和端口绑定。可以逐个端口进行设置，也可以定义一个端口组，添加端口成员，进行批量安全设置。

```
[LSW2]port-group 1to3                        --定义端口组 1to3
[LSW2-port-group-1to3]group-member Ethernet 0/0/1 to Ethernet 0/0/3  --添加成员
[LSW2-port-group-1to3]display this           --显示端口组设置
#
port-group 1to3
 group-member Ethernet 0/0/1
 group-member Ethernet 0/0/2
 group-member Ethernet 0/0/3
#
Return
```

对于以下操作，步骤不能少，且顺序不能颠倒。

```
[LSW2-port-group-1to3]port-security enable                    --启用端口安全
[LSW2-port-group-1to3]port-security protect-action shutdown --违反安全规定，关闭端口
[LSW2-port-group-1to3]port-security mac-address sticky --将现有端口与对应的MAC地址绑定
[LSW2-port-group-1to3]quit
```

交换机的MAC地址表中的条目有老化时间，默认为300秒。如果某条目没有被刷新，那么300秒后就会被从MAC地址表中清除。再次在PC1上ping PC2、PC3、PC4、PC5，交换机会自动重新构建MAC地址表。

查看MAC地址表，可以看到端口Ethernet 0/0/1～Ethernet 0/0/3的Type为sticky，端口Ethernet 0/0/4的Type依然是dynamic。

```
[LSW2]display mac-address vlan 1          --只显示VLAN 1的MAC地址表
MAC address table of slot 0:
-------------------------------------------------------------------------------
MAC Address    VLAN/       PEVLAN CEVLAN Port            Type      LSP/LSR-ID
               VSI/SI                                              MAC-Tunnel
-------------------------------------------------------------------------------
5489-9854-3d93  1            -      -      Eth0/0/1        sticky    -
5489-9889-60df  1            -      -      Eth0/0/3        sticky    -
5489-9813-531a  1            -      -      Eth0/0/2        sticky    -
-------------------------------------------------------------------------------
Total matching items on slot 0 displayed = 3

MAC address table of slot 0:
-------------------------------------------------------------------------------
MAC Address    VLAN/       PEVLAN CEVLAN Port            Type      LSP/LSR-ID
               VSI/SI                                              MAC-Tunnel
-------------------------------------------------------------------------------
5489-9809-119b 1            -      -      Eth0/0/4        dynamic   0/-
5489-98bd-0b2c 1            -      -      Eth0/0/4        dynamic   0/-
-------------------------------------------------------------------------------
Total matching items on slot 0 displayed = 2
```

设置交换机的Eth0/0/4端口安全：只允许连接两台计算机。

```
[LSW2]interface Ethernet 0/0/4                               --接入接口视图
[LSW2-Ethernet0/0/4]port-security enable
```

```
[LSW2-Ethernet0/0/4]port-security protect-action shutdown
[LSW2-Ethernet0/0/4]port-security max-mac-num 2          --设置最大数量
```

再次查看 MAC 地址表，可以看到端口 Ethernet 0/0/4 的 Type 为 security，说明启用了端口安全。

```
[LSW2]display mac-address
MAC address table of slot 0:
-------------------------------------------------------------------------------
MAC Address    VLAN/       PEVLAN CEVLAN Port            Type      LSP/LSR-ID
               VSI/SI                                              MAC-Tunnel
-------------------------------------------------------------------------------
5489-9813-531a 1           -      -      Eth0/0/2        sticky    -
5489-9809-119b 1           -      -      Eth0/0/4        security  -
5489-98bd-0b2c 1           -      -      Eth0/0/4        security  -
5489-9889-60df 1           -      -      Eth0/0/3        sticky    -
5489-9854-3d93 1           -      -      Eth0/0/1        sticky    -
-------------------------------------------------------------------------------
Total matching items on slot 0 displayed = 5
```

上面的设置只是指定了 Ethernet 0/0/4 端口的 MAC 地址数量。如果进一步打算将 Ethernet 0/0/4 端口和指定的两个 MAC 地址绑定，就需要在端口视图中启用 sticky，并绑定 MAC 地址。

因为前面设置 Ethernet 0/0/4 端口对应的 MAC 地址的最大数量为 2，所以这里可以设置两个 MAC 地址。默认只允许 1 个端口绑定 1 个 MAC 地址。

```
[LSW2]interface Ethernet 0/0/4                                          --接入接口视图
[LSW2-Ethernet0/0/4]port-security mac-address sticky                    --启用 sticky
[LSW2-Ethernet0/0/4]port-security mac-address sticky 5489-9809-119b vlan 1 --绑定 MAC 地址
[LSW2-Ethernet0/0/4]port-security mac-address sticky 5489-98bd-0b2c vlan 1 --绑定 MAC 地址
```

以上操作设置了交换机端口安全。若违反安全规则，那么端口将处于关闭状态，需要运行 undo shutdown 启用端口。

运行以下命令，清除端口的全部配置。配置清除后，端口将处于关闭状态，需要执行 undo shutdown 重新启用端口。

```
[LSW2]clear configuration interface Ethernet 0/0/4
```

7.2.3 镜像端口监控网络流量

如图 7-3 所示，如果打算在 PC4 上安装抓包工具或流量监控软件来监控网络中的计算机上网流量，那么 PC4 只能捕获自己发送和接收的数据包，PC1、PC2、PC3 的上网流量由交换机直接转发到路由器的 GE0/0/0 端口，PC4 上的抓包工具或流量监控软件是没有办法捕获这些数据包的。

为了让 PC4 上的抓包工具或流量监控软件能够捕获分析内网计算机访问 Internet 的流量，可以将交换机的 Ethernet 0/0/4 端口设置为监控端口，为 Ethernet 0/0/5 端口指定镜像端口（监控端口）。这样进出 Ethernet 0/0/5 端口的帧会同时转发给 Ethernet 0/0/4 端口。

由于在 eNSP 软件中模拟的交换机不支持镜像端口功能，因此我们使用 AR1220 路由器替代交换机来做镜像端口实验，如图 7-4 所示。

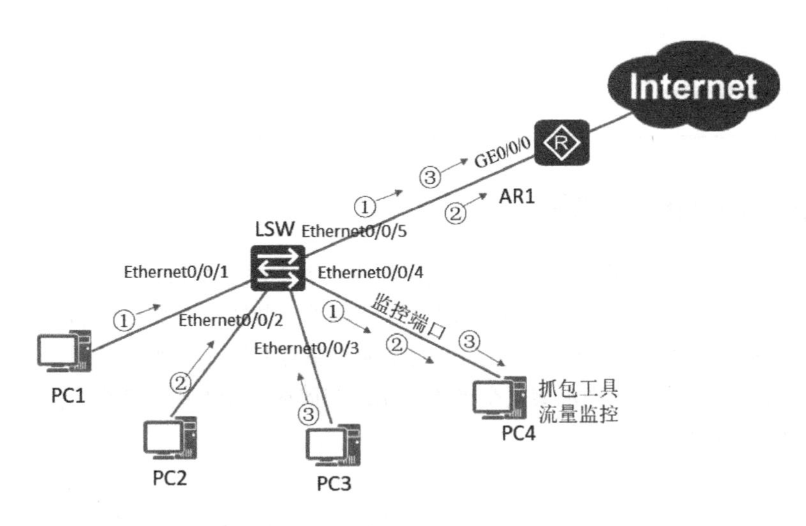

图 7-3 镜像端口监控网络流量

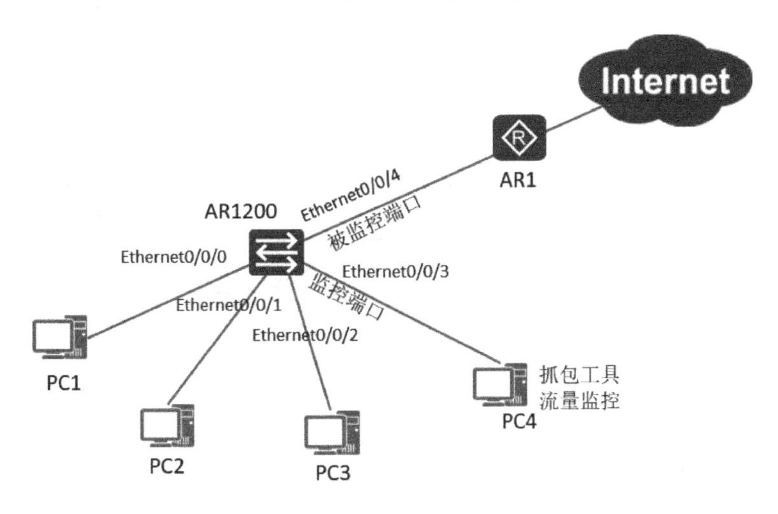

图 7-4 通过 AR1220 路由器做镜像端口实验

```
[AR1200]observe-port interface Ethernet 0/0/3                    --指定监控端口
[AR1200]interface Ethernet 0/0/4
[AR1200-Ethernet0/0/4]mirror to observe-port ?
  both      Assign Mirror to both inbound and outbound of an interface --出入端口的流量
  inbound   Assign Mirror to the inbound of an interface           --进端口的流量
  outbound  Assign Mirror to the outbound of an interface          --出端口的流量
[AR1200-Ethernet0/0/4]mirror to observe-port both --将出入端口的流量同时发送到监控端口
```

验证镜像端口，捕获 PC4 Ethernet 0/0/1 端口的数据包，用 PC1 ping 网关 192.168.0.1，可以看到捕获了 PC1 到网关的数据包。

注意：华为交换机只能设置一个 observe-port 监控端口。如果打算取消监控端口，需要先在被监视端口上取消镜像，然后再取消监控端口，配置命令如下。

```
[AR1200]interface Ethernet 0/0/4
[AR1200-Ethernet0/0/4]undo mirror both
[AR1200-Ethernet0/0/4]quit
[AR1200]undo observe-port
```

7.3 生成树协议

7.3.1 交换机组网环路问题

如图 7-5 所示，企业组建局域网，接入层交换机连接汇聚层交换机，如果汇聚层交换机出现故障，两台接入层交换机就不能相互访问，这就是单点故障。某些企业和单位不允许因设备故障造成网络长时间中断，为了避免汇聚层交换机单点故障，在组网时通常会部署两台汇聚层交换机。如图 7-6 所示，当汇聚层交换机 1 出现故障时，接入层的 2 台交换机可以通过汇聚层交换机 2 进行通信。

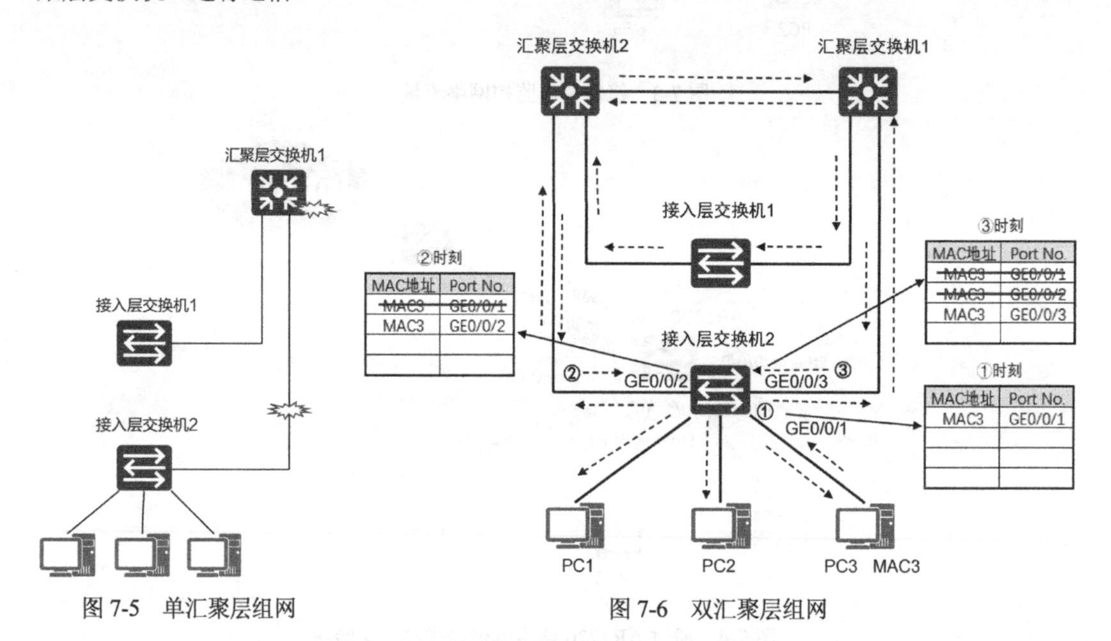

图 7-5 单汇聚层组网　　图 7-6 双汇聚层组网

这样一来，交换机组建的网络则会形成环路。如图 7-6 所示，如果网络中计算机 PC3 发送广播帧，广播帧会在环路中一直转发，占用交换机的接口带宽，消耗交换机的资源，网络中的计算机会一直重复收到该帧，从而影响计算机接收正常通信的帧，这就是广播风暴。

交换机组建的网络如果有环路，还会出现交换机 MAC 地址表的快速翻摆。如图 7-6 所示，在①时刻接入层交换机 2 的 GE0/0/1 接口收到了 PC3 的广播帧，会在 MAC 地址表添加一条 MAC3 和 GE0/0/1 接口的映射。该广播帧会从接入层交换机 2 的 GE0/0/3 和 GE0/0/2 接口发送出去。在②时刻接入层交换机 2 的 GE0/0/2 从汇聚层交换机收到该广播帧，将 MAC 地址表中 MAC3 对应的端口修改为 GE0/0/2。在③时刻接入层交换机 2 的 GE0/0/3 接口从汇聚层交换机 1 收到该广播帧，将 MAC 地址表中 MAC3 对应的端口更改为 GE0/0/3。这样一来，接入层交换机 2 的 MAC 地址表中关于 PC3 的 MAC 地址的表项内容就会无休止地、快速地变来变去，这就是翻摆现象。接入层交换机 1 和汇聚层交换机 1、2 的 MAC 地址表也会出现完全一样的快速翻摆现象。MAC 地址表的快速翻摆会大量消耗交换机的处理资源，甚至可能会导致交换机瘫痪。

这就要求交换机能够有效解决环路的问题。交换机使用生成树协议来阻断环路，大家都知道树型结构是没有环路的。

7.3.2 生成树协议概述

STP（Spanning Tree Protocol）是生成树协议的英文缩写，是在 IEEE 802.1D 中定义的数据链路层协议，可应用于计算机网络中树形拓扑结构的建立，主要作用是防止网桥网络中的冗余链路形成环路工作。生成树协议适用于所有厂商的网络设备，在配置和体现功能强度上有所差别，但是其原理和应用效果是一致的。

通过在交换机之间传递网桥协议数据单元（Bridge Protocol Data Unit，BPDU），并采用 STA 生成树算法选举根桥、根端口和指定端口的方式，可以将网络形成一个树形结构的网络，其中，根端口、指定端口都处于转发状态，其他端口处于禁用状态。如果网络拓扑发生改变，将重新计算生成树拓扑。生成树协议的存在，既解决了核心层网络需要冗余链路的网络健壮性要求，又解决了冗余链路形成的物理环路而导致的“广播风暴”问题。

生成树协议有 3 个版本，具体如下。

- CTP--Common Spanning Tree。

CST 的协议号有 802.1D，如果交换机运行在 CST 模式下，那么不管交换机中有多少个 VLAN，所有的流量都会走相同的路径。

- RSTP--Rapid Spanning Tree Protocol。

RSTP 称为快速生成树协议，协议号为 802.1W。在运行 CST 时，接口的状态有 Blocking、Listening、Disabled、Learning、Forwarding 几种状态，其中 Blocking、Listening、Disabled 状态是不发送数据的。RSTP 将这三种状态归为一个状态，那就是 Discarding 状态，所以在 RSTP 中，接口的状态只有三种，分别是 Discarding、Learning、Forwarding。

在 CST 模式中，如果根交换机失效了，那么需要等待 50s 才可以启用 block 端口；而 RSTP 只需要 6s 便可以发现根交换机失效。一旦发现根交换机失效，RSTP 会立刻启用 discarding 端口。

- MSTP--Mutiple Spanning Tree Protocol。

RSTP 和 STP 存在同一个缺陷，即局域网内所有的 VLAN 共享一棵生成树，链路被阻塞后将不承载任何流量，从而造成带宽浪费。多生成树协议（Multiple Spanning Tree Protocol，MSTP）是 IEEE 802.1s 中定义的一种新型生成树协议。MSTP 中引入了“实例”（instance）和“域”（region）的概念。所谓“实例”，就是多个 VLAN 的一个集合，这种将多个 VLAN 捆绑到一个实例中的方法可以节省通信开销和资源占用率。MSTP 中各个实例拓扑的计算是独立的，在这些实例上就可以实现负载均衡。使用的时候，可以把多个相同拓扑结构的 VLAN 映射到某个实例中，这些 VLAN 在端口上的转发状态将取决于对应实例在 MSTP 中的转发状态。

华为交换机生成树协议默认使用 MSTP，本课程重点讲解 STP，也就是 CTP，在华为路由器上 CTP 就是 STP。在描述 STP 协议之前，我们还需要了解几个基本术语：桥、桥的 MAC 地址、桥 ID、端口 ID。

- 桥（Bridge）。

因为性能方面的限制等因素，早期的交换机一般只有两个转发端口（如果端口多了，交换的转发速度就会慢得无法接受），所以那时的交换机常常被称为“网桥”，或简称“桥”。在 IEEE 的术语中，“桥”这个术语一直沿用至今，但并不只是指只有两个转发端口的交换机，而是泛指具有任意多端口的交换机。目前，“桥”和“交换机”这两个术语是完全混用的，本书也采用了这一混用习惯。

❍ 桥的MAC地址（Bridge MAC Address）。

我们知道，一个桥有多个转发端口，每个端口有一个MAC地址。通常，我们把端口编号最小的那个端口的MAC地址作为整个桥的MAC地址。

❍ 桥ID（Bridge Identifier，BID）。

如图7-7所示，一个桥（交换机）的桥ID由两部分组成，前面的2字节是这个桥的桥优先级，后面的6字节是这个桥的MAC地址。桥优先级的值可以人为设定，默认值为0x8000（相当于十进制的32768）。

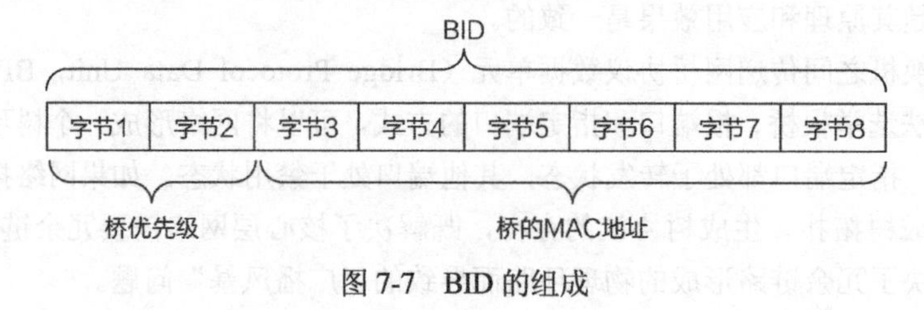

图7-7 BID的组成

❍ 端口ID（Port Identifier，PID）。

桥（交换机）的端口ID的定义方法有很多种，图7-8给出了其中的两种定义。在第一种定义中，端口ID由2字节组成，第一个字节是该端口的端口优先级，后一个字节是该端口的端口编号。在第二种定义中，端口ID由16比特组成，前4比特是该端口的端口优先级，后12比特是该端口的端口编号。端口优先级的值是可以人为设定的。不同的设备商所采用的PID的定义方法可能不同。

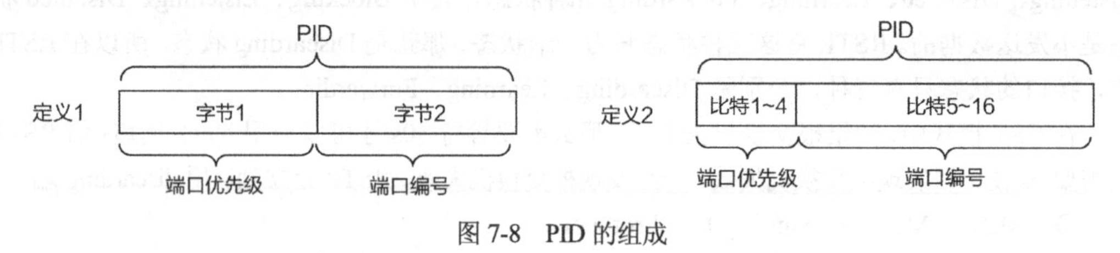

图7-8 PID的组成

7.3.3 生成树协议基本概念和工作原理

生成树协议的基本原理，就是在具有物理环路的交换网络中，交换机通过运行STP自动生成没有环路的网络拓扑。

STP的任务是找到网络中的所有链路，并关闭所有冗余的链路，这样就可以防止网络环路的产生。为了达到这个目的，STP首先需要选举一个根桥（根交换机），由根桥负责决定网络拓扑。一旦所有的交换机都同意将某台交换机选举为根桥，就必须为其余的交换机选定唯一的根端口，还必须为两台交换机之间的每一条链路两端连接的端口（一根网线就是一条链路）选定一个指定端口。既不是根端口也不是指定端口的端口就成为了备用端口，备用端口不转发计算机通信的帧，从而阻断环路。

下面将以图7-9所示的网络拓扑为例讲解生成树的工作过程，分为以下4个步骤。

（1）选举根桥（root bridge）。

（2）为非根桥交换机选定根端口（Root Port，RP）。

（3）为每条链路两端连接的端口选定一个指定端口（Designated Port，DP）。

（4）阻塞备用端口（Alternate Port，AP）。

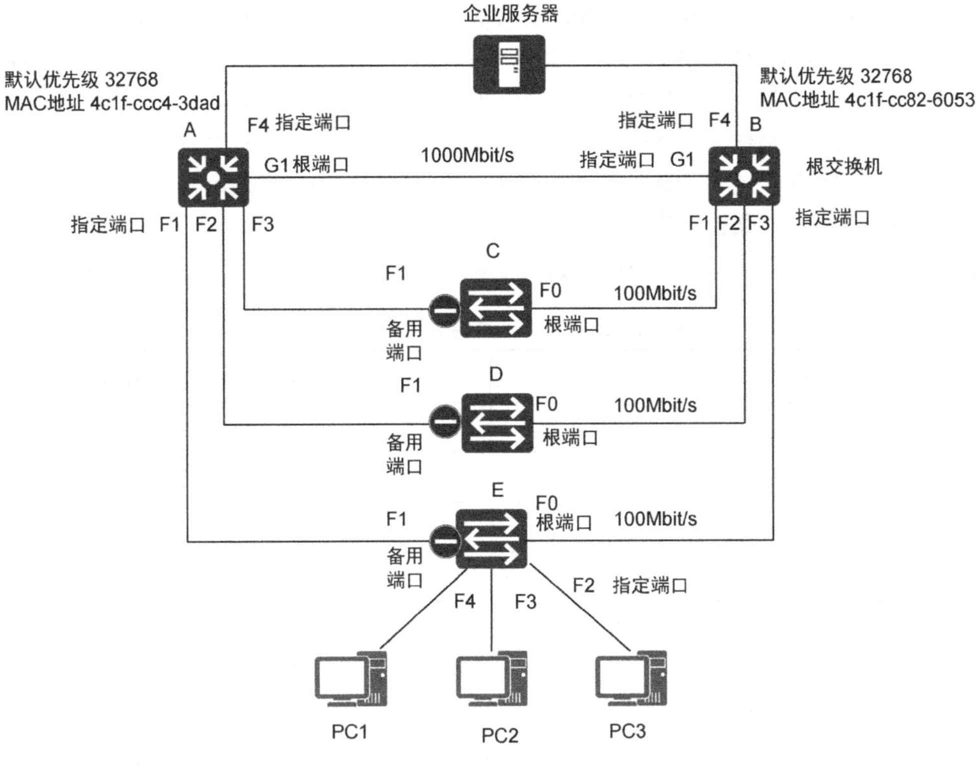

图 7-9 生成树的工作过程

1．选举根桥

根桥是 STP 树的根节点。要生成一棵 STP 树，首先要确定出一个根桥。根桥是整个交换网络的逻辑中心，但不一定是它的物理中心。当网络的拓扑发生变化时，根桥也可能会发生变化。

运行 STP 的交换机（简称为 STP 交换机）会相互交换 STP 协议帧，这些协议帧的载荷数据被称为 BPDU（Bridge Protocol Data Unit，网桥协议数据单元）。虽然 BPDU 是 STP 协议帧的载荷数据，但它并非网络层的数据单元。BPDU 的产生者、接收者、处理者都是 STP 交换机本身，而非终端计算机。BPDU 中包含了与 STP 相关的所有信息（后续会对 BPDU 进行专门的讲解），其中就有 BID。

STP 交换机初始启动之后，都会认为自己是根桥，并在发送给别的交换机的 BPDU 中宣告自己是根桥。当交换机从网络中收到其他设备发送过来的 BPDU 时，会比较 BPDU 指定的根桥 BID 和自己的 BID。交换机不断地交互 BPDU，同时与 BID 进行比较，直至最终选举出一台 BID 最小的交换机作为根桥。

图 7-9 所示的网络中有 A、B、C、D、E 这 5 台交换机，BID 最小的将被选举为根桥。

默认每隔 2s 发送一次 BPDU。在本例中，交换机 A 和交换机 B 的优先级相同，交换机 B 的 MAC 地址为 4c1f-cc82-6053，比交换机 A 的 MAC 地址 4c1f-ccc4-3dad 小，交换机 B 的就更有可能成为根桥。此外可以通过更改交换机的优先级来指定成为根桥的首选交换机和备用交换机。通常我们会事先指定性能较好、距离网络中心较近的交换机作为根桥。在本示例中显然让交换机 A 和交换机 B 成为根桥的首选和备用交换机最佳。

2．选定根端口

根桥确定后，其他没有成为根桥的交换机都被称为非根桥。非根桥设备上可能会有多个端口与网络相连，为了保证从某台非根桥设备到根桥设备的工作路径是最优且唯一的，就必须从该非根桥设备的端口中确定一个被称为“根端口”的端口，由根端口来作为该非根桥设备与根桥设备之间进行报文交互的端口。一台非根桥设备上最多只能有一个根端口。

STP 把根路径开销作为确定根端口的一个重要依据。一个运行 STP 的网络中，我们将某个交换机的端口到根桥的累计路径开销（即从该端口到根桥所经过的所有链路的路径开销的和）称为这个端口的根路径开销（Root Path Cost，RPC）。链路的路径开销（path cost）与端口速率有关，端口速率越大，则路径开销越小。端口速率与路径开销的对应关系可参考表 7-1。

表 7-1　端口速率和路径开销的对应关系

端 口 速 率	路径开销（IEEE 802.1t 标准）
10Mbit/s	2000000
100Mbit/s	200000
1000Mbit/s	20000
10Gbit/s	2000

在本例中，确定了交换机 B 为根桥后，交换机 A、C、D 和 E 就是非根桥，每个非根桥要选择一个到达根桥最近（累计开销最小）的端口作为根端口。对于 A 的 G1 接口，C、D、E 的 F0 接口成为这些交换机的根端口。

如图 7-10 所示，S1 为根桥，假设 S4 到根桥的路径 1 的开销和路径 2 的开销相同，则 S4 会对上行设备 S2 和 S3 的网桥 ID 进行比较，如果 S2 的网桥 ID 小于 S3 的网桥 ID，那么 S4 会将自己的 G0/0/1 确定为自己的根端口；如果 S3 的网桥 ID 小于 S2 的网桥 ID，那么 S4 会将自己的 G0/0/2 确定为自己的根端口。

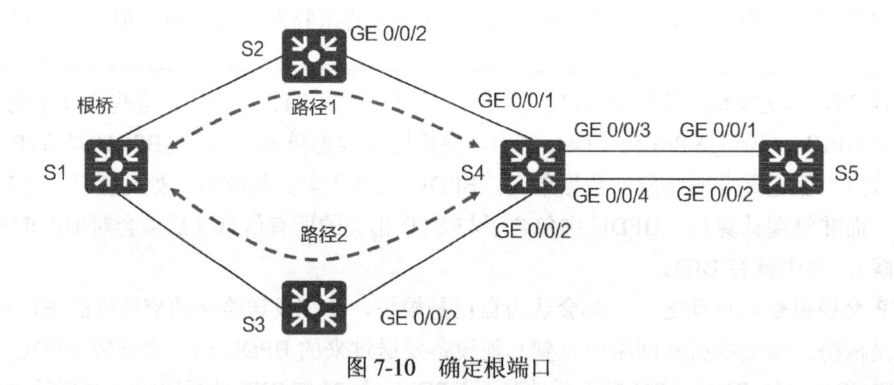

图 7-10　确定根端口

对于 S5 而言，假设其 GE 0/0/1 端口的 RPC 与 GE0/0/2 的端口 RPC 相同，由于这两个接口的上行设备同为 S4，所以 S5 还会对 S4 的 GE0/0/3 和 GE0/0/4 端口的 PID 进行比较。如果 S4 的 GE0/0/3 端口 PID 小于 GE0/0/4 的 PID，则 S5 会将自己的 GE0/0/1 作为根端口；如果 S4 的 GE0/0/4 端口 PID 小于 GE0/0/3 的 PID，则 S5 会将自己的 GE0/0/2 作为根端口。

3．选定指定端口

根端口保证了交换机与根桥之间工作路径的唯一性和最优性。为了防止工作环路存在，连接交换机的每根网线两端连接的端口要确定一个指定端口。当一个网段有两条及两条以上的路径通往根桥时（该网段连接了不同的交换机，或者该网段连接了同台交换机的不同端 ID），与该网段相连的交换机（可能不止一台）就必须确定出一个唯一的指定端口。

指定端口也是通过比较 RPC 来确定的。RPC 较小的端口将成为指定端口，如果 RPC 相同，则先比较 BID，如果 BID 相同再比较设备的 PID，值小的那个接口成为指定端口。

如图 7-11 所示，假定 S1 已被选举为根桥，并且假定各链路的开销均相等。显然，S3 的 GE0/0/1 端口的 RPC 小于 S3 的 GE0/0/2 端口的 RPC，所以 S3 将自己的 GE0/0/1 端口确定为自己的根端口。类似地，S2 的 GE0/0/1 端口的 RPC 小于 S2 的 GE0/0/2 端口的 RPC，所以 S2 将自己的 GE0/0/1 端口确定为自己的根端口。

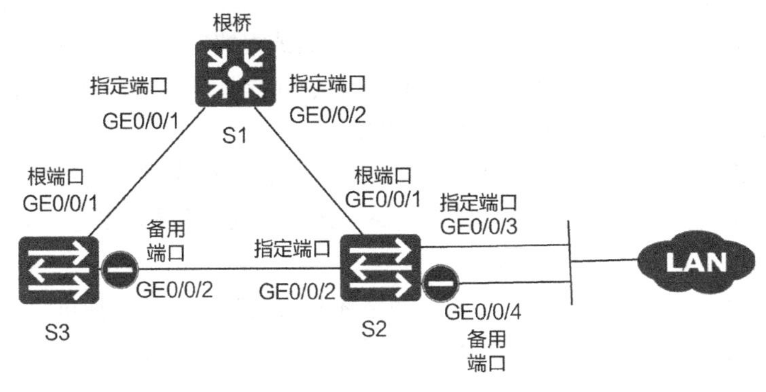

图 7-11 确定指定端口

对于 S3 的 GE0/0/2 和 S2 的 GE0/0/2 之间的网段来说，S3 的 GE0/0/2 端口的 RPC 是与 S2 的 GE0/0/2 端口的 RPC 相等的，所以需要比较 S3 的 BID 和 S2 的 BID。假定 S2 的 BID 小于 S3 的 BID，则 S2 的 GE0/0/2 端口将被确定为 S3 的 GE0/0/3 和 S2 的 GE0/0/2 之间的网段的指定端口。

对于网段 LAN 来说，与之相连的交换机只有 S2。在这种情况下，就需要比较 S2 的 GE0/0/3 端口的 PID 和 GE0/0/4 端口的 PID。假定 GE0/0/3 端口的 PID 小于 GE0/0/4 端口的 PID，则 S2 的 GE0/0/3 端口将被确定为网段 LAN 的指定端口。

在图 7-9 所示的网络中，由于交换机 A 和 B 之间的连接带宽为 1000Mbit/s，因此交换机 A 的 F1、F2、F3 端口比交换机 C、D 和 E 的 F1 端口的 RPC 小，因此交换机 A 的 F1、F2 和 F3 端口成为指定端口。根桥的所有端口都是指定端口，E 交换机连接计算机的 F2、F3、F4 端口为指定端口。

4. 阻塞备用端口

确定了根端口和指定端口后，剩下的端口就是非指定端口和非根端口，这些端口统称为备用端口。STP 会对这些备用端口进行逻辑阻塞。所谓逻辑阻塞，是指这些备用端口不能转发由终端计算机产生并发送的帧，这些帧也被称为用户数据帧。不过，备用端口可以接收并处理 STP 协议帧，根端口和指定端口既可以发送和接收 STP 协议帧，又可以转发用户数据帧。

一旦备用端口被逻辑阻塞后，STP 树（无环工作拓扑）的生成过程便已完成。

7.3.4 生成树的端口状态

对于运行 STP 的网桥或交换机来说，其端口状态会在下列 5 种状态之间转变。

- 阻塞（Blocking）：被阻塞的端口将不能转发帧，它只监听 BPDU。设置阻塞状态的意图是防止使用有环路的路径。当交换机加电时，默认情况下所有的端口都处于阻塞状态。

- 侦听（Listening）：端口都会侦听 BPDU，以确信在传送数据帧之前，网络上没有环路产生。处于侦听状态的端口没有形成 MAC 地址表时，就准备转发数据帧。
- 学习（Learning）：交换机端口侦听 BPDU，并学习交换式网络中的所有路径。处在学习状态的端口形成 MAC 地址表，但不能转发数据帧。转发延迟是指将端口从侦听状态转换到学习状态所花费的时间，默认设置为 15s，可以执行命令 display spanning-tree 来查看。
- 转发（Forwarding）：在桥接的端口上，处在转发状态的端口发送并接收所有的数据帧。如果在学习状态结束时，端口仍然是指定端口或根端口，它就会进入转发状态。
- 禁用（Disabled）：从管理上讲，处于禁用状态的端口不能参与帧的转发或形成 STP。在禁用状态下，端口实质上是不工作的。

在大多数情况下，交换机端口都处在阻塞或转发状态。转发端口是指到根桥开销最低的端口，但如果网络的拓扑发生改变（可能是链路失效了，或者有人添加了一台新的交换机），交换机上的端口就会处于侦听或学习状态。

正如前面提到的，阻塞端口是一种防止网络环路的策略。一旦交换机决定了到根桥的最佳路径，所有其他的端口就将处于阻塞状态。被阻塞的端口仍然能接收 BPDU，它们只是不能发送任何帧。

7.3.5 STP 的缺点和 RSTP 概述

在 STP 网络中，如果新增或减少交换机，或者更改了交换机的网桥优先级，或者某条链路失效，那么 STP 就有可能重新选定根桥，为非根桥重新选定根端口，并为每条链路重新选定指定端口。那些处于阻塞状态的端口有可能变成转发端口，这个过程需要十几秒的时间（这段时间又称为收敛时间），在此期间网络会中断。为了缩短收敛时间，IEEE 802.1w 定义了快连生成树协议（Rapid Spanning Tree Protocol，RSTP），RSTP 在 STP 的基础上进行了许多改进，使收敛时间大大减少，一般只需要几秒。在现实网络中 STP 几乎已经停止使用，取而代之的是 RSTP，RSTP 最重要的一个改进就是端口状态只有 3 种：放弃、学习和转发。

7.3.6 查看和配置 STP

用 3 台交换机 S1、S2 和 S3 组建企业局域网，网络拓扑如图 7-12 所示，下面的操作可实现以下功能。

- 启用 STP。
- 确定根桥。
- 查看端口状态。
- 配置 STP 模式为 RSTP。
- 指定根桥和备用的根桥。
- 配置边缘端口。

在 S1 上显示生成树运行状态。

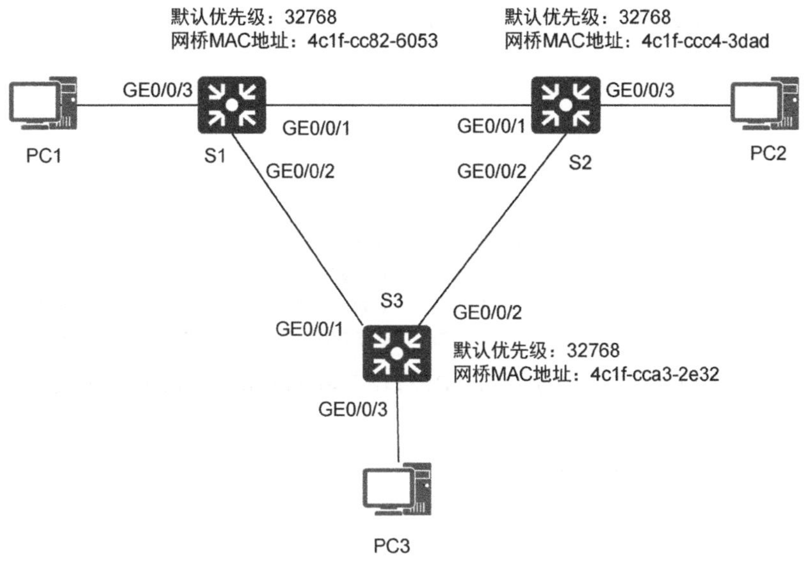

图 7-12　生成树实验网络拓扑

```
[S1]display stp
-------[CIST Global Info][Mode MSTP]-------       --全局设置，STP 模式默认为 MSTP
CIST Bridge       :32768.4c1f-cc82-6053            --交换机 S1 的 ID，32768 是优先级
Config Times      :Hello 2s MaxAge 20s FwDly 15s MaxHop 20
Active Times      :Hello 2s MaxAge 20s FwDly 15s MaxHop 20
CIST Root/ERPC    :32768.4c1f-cc82-6053 / 0        --根交换机 ID，S1 就是根交换机
CIST RegRoot/IRPC     :32768.4c1f-cc82-6053 / 0
CIST RootPortId       :0.0
BPDU-Protection       :Disabled
TC or TCN received    :7
TC count per hello    :0
STP Converge Mode     :Normal
Time since last TC    :0 days 0h:3m:23s
Number of TC          :8
Last TC occurred      :GigabitEthernet0/0/1
----[Port1(GigabitEthernet0/0/1)][FORWARDING] - -   --端口 GigabitEthernet 0/0/1
处于转发状态
 Port Protocol         :Enabled
 Port Role             :Designated Port
 Port Priority         :128                             --端口优先级，默认为 128
 Port Cost(Dot1T )     :Config=auto / Active=20000
 Designated Bridge/Port     :32768.4c1f-cc82-6053 / 128.1
 Port Edged            :Config=default / Active=disabled
 Point-to-point        :Config=auto / Active=true
 Transit Limit         :147 packets/hello-time
 Protection Type       :None
 Port STP Mode         :MSTP
 Port Protocol Type    :Config=auto / Active=dot1s
 BPDU Encapsulation    :Config=stp / Active=stp
 PortTimes             :Hello 2s MaxAge 20s FwDly 15s RemHop 20
 TC or TCN send        :1
 TC or TCN received    :0
 BPDU Sent             :96
```

```
    TCN: 0, Config: 0, RST: 0, MST: 96
 BPDU Received          :1
    TCN: 0, Config: 0, RST: 0, MST: 1
    ......
```

显示STP端口状态。

```
[S1]display stp brief
 MSTID  Port                  Role  STP   State  Protection
  0     GigabitEthernet0/0/1    DESI  FORWARDING      NONE         --指定端口，转发状态
  0     GigabitEthernet0/0/2    DESI  FORWARDING      NONE         --指定端口，转发状态
  0     GigabitEthernet0/0/3    DESI  FORWARDING      NONE         --指定端口，转发状态
```

根交换机上的所有端口都是指定端口（DESI），其中GigabitEthernet 0/0/3端口连接计算机，也会参与到生成树协议中。

执行以下命令关闭生成树协议。

```
[S1]stp disable
```

执行以下命令启用生成树协议。华为交换机STP默认已经启用。

```
[S1]stp enable
```

配置STP模式为RSTP。

```
[S1]stp mode ?              --查看生成树有几种模式
  mstp  Multiple Spanning Tree Protocol (MSTP) mode
  rstp  Rapid Spanning Tree Protocol (RSTP) mode
  stp   Spanning Tree Protocol (STP) mode
[S1]stp mode rstp           --设置STP模式为RSTP
```

虽然STP会自动选举根桥，但一般情况下，网络管理员会事先指定性能较好、距离网络中心较近的交换机作为根桥。可以更改交换机的优先级来指定根桥和备用的根桥。

下面更改交换机S2的优先级，让其优先成为根桥；更改S1的优先级，让其成为备用根桥。

```
[S2]stp priority ?
  INTEGER<0-61440>  Bridge priority, in steps of 4096 --优先级取值范围，取值是4096的倍数
[S2]stp priority 0                                    --优先级设置为0
[S1]stp priority 4096                                 --优先级设置为4096
```

也可以使用以下命令将S2的优先级设置为0。

```
[S2]stp root primary
```

也可以使用以下命令将S1的优先级设置为4096。

```
[S1]stp root secondary
```

在S2上查看STP信息。

```
 [S2]display stp
-------[CIST Global Info][Mode RSTP]-------           --STP模式为RSTP
CIST Bridge      :0     .4c1f-ccc4-3dad               --优先级为0
Config Times     :Hello 2s MaxAge 20s FwDly 15s MaxHop 20
Active Times     :Hello 2s MaxAge 20s FwDly 15s MaxHop 20
CIST Root/ERPC      :0     .4c1f-ccc4-3dad / 0
CIST RegRoot/IRPC :0     .4c1f-ccc4-3dad / 0
…
```

在 S3 上查看 STP 摘要信息。

```
<S3>display stp brief
 MSTID  Port                    Role  STP State    Protection
   0   GigabitEthernet0/0/1      ALTE  DISCARDING      NONE
   0   GigabitEthernet0/0/2      ROOT  FORWARDING      NONE
   0   GigabitEthernet0/0/3      DESI  FORWARDING      NONE
```

可以看到 GigabitEthernet 0/0/1 为备用端口，状态为 DISCARDING（丢弃）。GigabitEthernet 0/0/2 为根端口，状态为 FORWARDING（转发）。GigabitEthernet 0/0/3 为指定端口，状态为 FORWARDING（转发）。

ROOT 表示端口角色为根端口。

ALTE 是英文单词 Alternative 的缩写，端口角色为备用端口。

DESI 是英文单词 Designation 的缩写，端口角色为指定端口。

生成树的计算主要发生在交换机互连的链路上，而连接 PC 的端口没有必要参与生成树计算。为了优化网络，并降低生成树计算机对终端设备的影响，可把交换机连接 PC 的端口配置成边缘端口。

以下操作禁止启用交换机的端口 GigabitEthernet 0/0/3，可以看到端口的初始状态为丢弃；15s 后，端口进入学习状态；30s 后才最终进入转发状态。

```
[S3]display stp brief
 MSTID  Port                    Role   STP State    Protection
   0   GigabitEthernet0/0/1      ALTE   DISCARDING      NONE
   0   GigabitEthernet0/0/2      ROOT   FORWARDING      NONE
   0   GigabitEthernet0/0/3      DESI   FORWARDING      NONE      --处于转发状态
[S3]interface GigabitEthernet 0/0/3
[S3-GigabitEthernet0/0/3]shutdown                                 --关闭端口
[S3-GigabitEthernet0/0/3]undo shutdown                            --启用端口
<S3>display stp brief
 MSTID  Port                    Role   STP State     Protection
   0   GigabitEthernet0/0/1      ALTE    DISCARDING      NONE
   0   GigabitEthernet0/0/2      ROOT    FORWARDING      NONE
   0   GigabitEthernet0/0/3      DESI    DISCARDING      NONE     --初始状态
```

7.4 VLAN

7.4.1 什么是 VLAN

VLAN（Virtual Local Area Network）的中文名为“虚拟局域网”。

虚拟局域网（VLAN）是一组逻辑上的设备和用户，这些设备和用户并不受物理位置的限制，这使管理员可以根据实际应用需求，把同一物理局域网内的不同用户逻辑地划分成不同的广播域。每一个 VLAN 都包含一组有着相同需求的计算机工作站，它们相互之间的通信就好像它们在同一个网段中一样，由此得名虚拟局域网。VLAN 是一种比较新的技术，工作在 OSI 参考模型的第 2 层和第 3 层，一个 VLAN 就是一个广播域，VLAN 之间的通信是通过第 3

层的路由器来完成的。

如图 7-13 所示，公司在办公大楼的第一层、第二层和第三层部署了交换机，这 3 台交换机均为接入层交换机，通过汇聚层交换机进行连接。公司的销售部、研发部和财务部的计算机在每一层都有。从安全和控制网络广播方面考虑，可以为每一个部门创建一个 VLAN。在交换机的不同的 VLAN 上使用数字对其进行标识，可以将销售部的计算机指定到 VLAN 1，为研发部创建 VLAN 2，为财务部创建 VLAN 3。

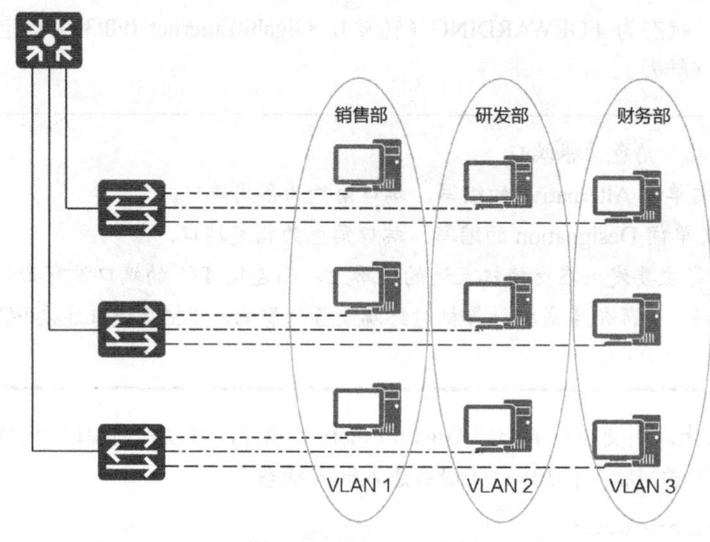

图 7-13 VLAN 示意图

一个 VLAN 就是一个广播域，同一个 VLAN 中的计算机 IP 地址在同一个网段。

VLAN 的优势如下。

- 广播风暴防范。

限制网络上的广播，将网络划分为多个 VLAN 可减少参与广播风暴的设备数量。VLAN 分段可以防止广播风暴波及整个网络。VLAN 可以提供防火墙建立的机制，防止交换网络的过量广播。使用 VLAN 可以将交换端口或计算机指定到某一个特定的 VLAN，该 VLAN 可以在一个交换机中，也可跨多个交换机，在一个 VLAN 中的广播不会发送到 VLAN 之外。这样可以把广播控制在一个 VLAN 内，减少广播造成的影响。

- 安全。

增强局域网的安全性，含有敏感数据的用户组可与网络的其余部分隔离，从而降低泄露机密信息的可能性。不同 VLAN 内的报文在传输时是相互隔离的，即一个 VLAN 内的用户不能和其他 VLAN 内的用户直接通信。如果不同 VLAN 要进行通信，则需要通过路由器或三层交换机等三层设备。

- 成本降低。

成本高昂的网络升级需求减少，现有带宽和上行链路的利用率更高，从而可节约成本。

- 性能提高。

将第二层平面网络划分为多个逻辑工作组（广播域）可以减少网络上不必要的流量并提高性能。

- 提高人员工作效率。

VLAN 为网络管理带来了方便，因为有相似网络需求的用户将共享同一个 VLAN。

7.4.2 理解 VLAN

交换机的所有端口默认都属于 VLAN 1，VLAN 1 是默认的 VLAN，不能删除。如图 7-14 所示，交换机 S1 的所有端口都在 VLAN 1 中，进入交换机端口的帧自动加上端口所属 VLAN 的标记，出交换机端口则会去掉 VLAN 标记。在图 7-14 中，计算机 A 给计算机 D 发送一个帧，帧进入 F0 端口，加上 VLAN 1 的标记，出 F3 端口，去掉 VLAN 1 的标记。对于通信的计算机 A 和 D 而言，这个过程是透明的。如果计算机 A 发送一个广播帧，该帧会加上 VLAN 1 的标记，并转发到 VLAN 1 的所有端口。

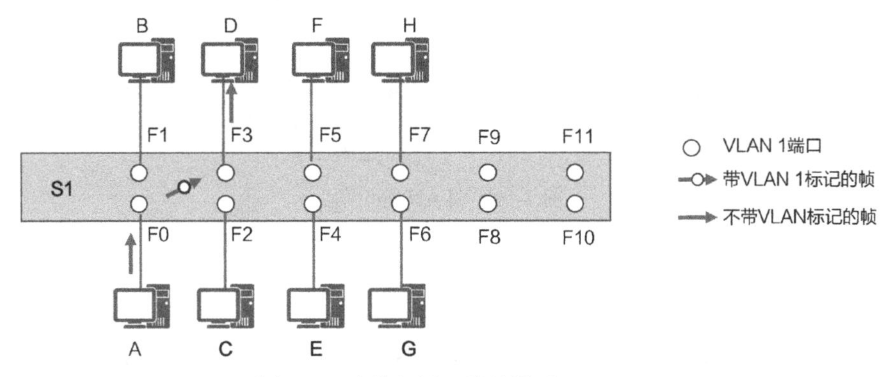

图 7-14 交换机端口默认属于 VLAN 1

假如交换机 S1 连接了两个部门的计算机，A、B、C、D 是销售部门的计算机，E、F、G、H 是研发部门的计算机。为了安全考虑，将销售部门的计算机指定到 VLAN 1，将研发部门的计算机指定到 VLAN 2。如图 7-15 所示，计算机 E 给计算机 H 发送一个帧，进入 F8 端口，该帧加上了 VLAN 2 的标记，从 F11 端口出去，去掉了 VLAN 2 的标记。计算机发送和接收的帧不带 VLAN 标记。

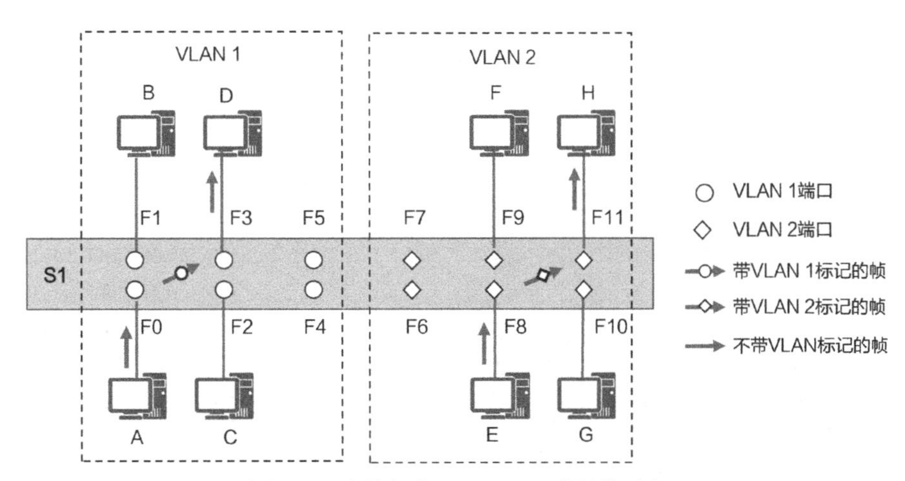

图 7-15 交换机上同一 VLAN 的通信过程

交换机 S1 划分了两个 VLAN，等价于把该交换机逻辑上分成了两个独立的交换机 S1-VLAN1 和 S1-VLAN2，等价图见图 7-16。看到这幅等价图，你就知道，不同 VLAN 的计算机即便 IP 地址设置成一个网段，也不能通信了。要想实现 VLAN 间通信，必须经过路由器（三层设备）转发，这就要求不同 VLAN 分配不同网段的 IP 地址，图 7-16 中 S1-VLAN 1 分配的网段是 192.168.1.0/24，S1-VLAN 2 分配的网段是 192.168.2.0/24。图 7-16 添加了一个路由器来展示 VLAN 间的通信过程，路由器的F0端口连接S1-VLAN 1的F5端口，F1端口连接S1-VLAN 2的F7端口。图7-16标记了计算机C给计算机E发送数据包，帧进出交换机端口，以及VLAN标记的变化。

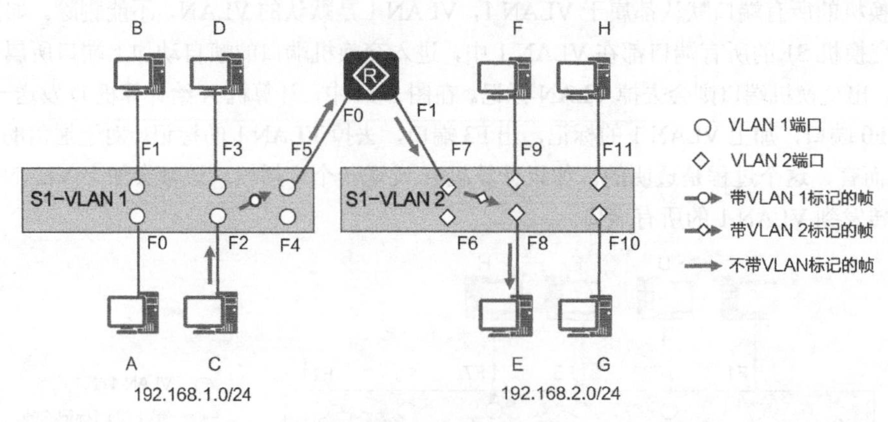

图7-16　VLAN等价图

7.4.3　跨交换机VLAN

前面讲了在一台交换机上可以创建多个 VLAN，有时候同一个部门的计算机接到不同的交换机，也要把它们划分到同一个VLAN，这就是跨交换机VLAN。

如图7-17所示，网络中有两台交换机S1和S2，计算机A、B、C、D属于销售部门，计算机E、F、G、H属于研发部门。按部门划分VLAN，销售部门为VLAN 1，研发部门为VLAN 2。为了让S1的VLAN 1和S2的VLAN 1能够通信，需要对两台交换机的VLAN 1端口进行连接，这样计算机A、B、C、D就属于同一个VLAN，VLAN 1跨两台交换机。同样对两台交换机上的VLAN 2端口进行连接，VLAN 2也跨两台交换机。注意观察，计算机D与计算机C通信时帧的VLAN标记变化。

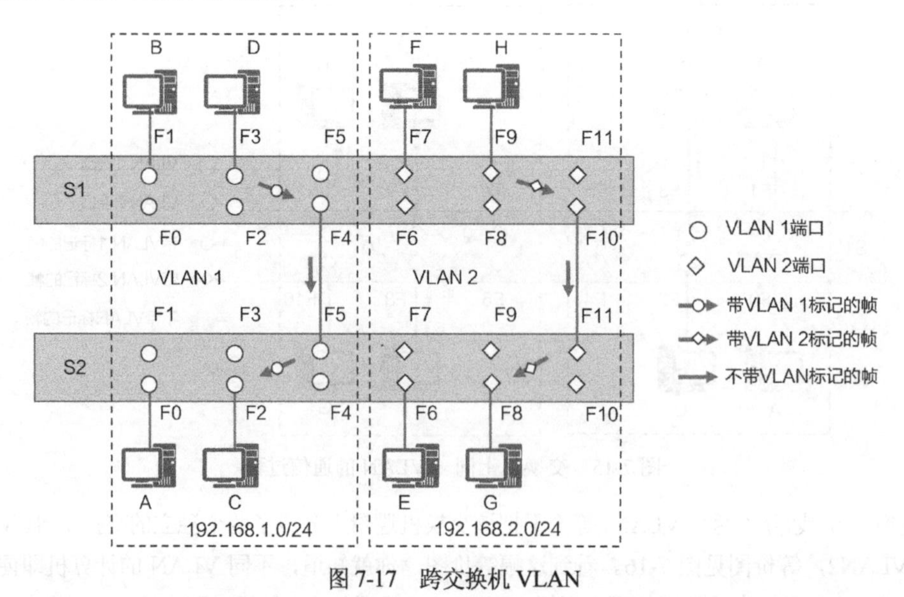

图7-17　跨交换机VLAN

通过图7-17，大家能够很容易地理解跨交换机VLAN如何实现。上面给大家展示了两个跨交换机的VLAN，每个VLAN使用单独的一根网线进行连接。跨交换机的多个VLAN

也可以共用同一根网线，这根网线就称为干道链路，干道链路连接的交换机端口就称为干道端口，如图 7-18 所示。

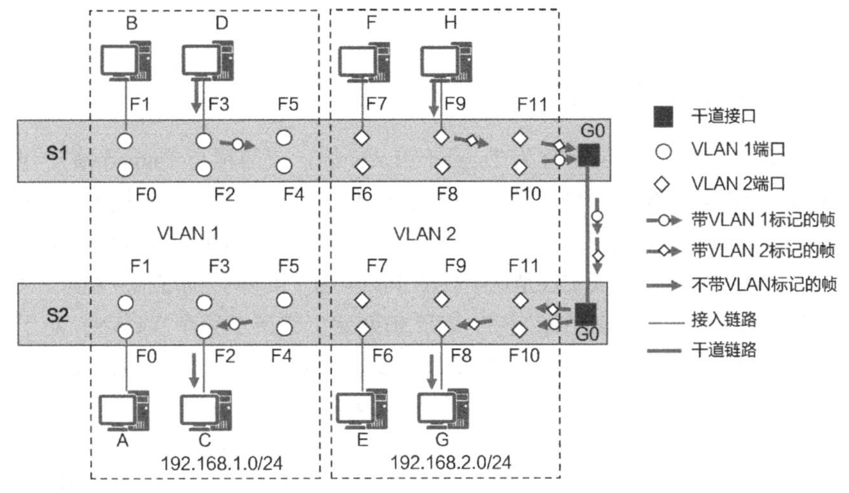

图 7-18 干道链路的帧有 VLAN 标记

在以上网络中，计算机连接交换机的链路称为接入（Access）链路。允许多个 VLAN 的帧通过的交换机之间的链路称为干道（Trunk）链路。Access 链路上的帧不带 VLAN 标记（Untagged 帧），Trunk 链路上的帧带有 VLAN 标记（Tagged 帧）。通过干道传递帧，VLAN 信息不会丢失。比如计算机 B 发送一个广播帧，该帧通过干道链路传到交换机 S2，交换机 S2 就知道这个广播帧来自 VLAN 1，就把该帧转发到 VLAN 1 的全部端口。

交换机上的端口分为 Access 端口、Trunk 端口和混合（Hybrid）端口。Access 端口只能属于一个 VLAN，一般用于连接计算机端口；Trunk 端口可以允许多个 VLAN 的帧通过，进出端口的帧带 VLAN 标记。

两台交换机、三个 VLAN，思考一下，由 VLAN 1 中的计算机 A 发送的一个广播帧能否发送到 VLAN 2 和 VLAN 3？

由图 7-19 可以看到计算机 A 发出的广播帧，从 F2 端口发送出去就不带 VLAN 标记，该帧进入 S2 的 F3 端口后加了 VLAN 2 标记，S2 就会把该帧转发到所有 VLAN 2 端口。计算机 B 能够收到该帧，该帧从 S2 的 F5 端口发送出去，去掉 VLAN 2 标记。S1 的 F6 端口收到该帧，加上 VLAN 3 标记后，就把该帧转发给所有的 VLAN 3 端口，计算机 C 也能收到该帧。

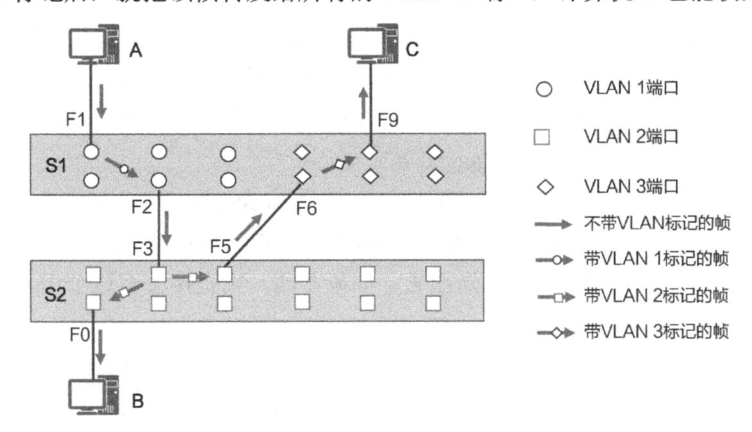

图 7-19 交换机之间不要使用 Access 端口连接

从以上分析可以看到创建了VLAN的交换机，交换机之间的连接最好不要使用Access端口，因为如果连接错误，会造成莫名其妙的网络故障。本来VLAN是隔绝广播帧的，这种连接使得广播帧能够扩散到3个VLAN中。

7.4.4 链路类型和端口类型

一个VLAN帧可能带有Tag（称为Tagged VLAN帧，或简称为Tagged帧），也可能不带Tag（称为Untagged VLAN帧，或简称为Untagged帧）。在谈及VLAN技术时，如果一个帧被交换机划分到VLAN *i*（*i*=1，2，3，……，4094），我们就把这个帧简称为一个VLAN *i*帧。对于带有Tag的VLAN *i*帧，*i*其实就是这个帧的Tag中的VID字段的取值。注意，对于Tagged VLAN帧，交换机显然能够从其Tag中的VID值判定出它属于哪个VLAN；对于Untagged VLAN帧（例如终端计算机发出的帧），交换机需要根据某种原则（比如根据这个帧是从哪个端口进入交换机的）来判定或划分它属于哪个VLAN。

在一个支持VLAN特性的交换网络中，我们把交换机与终端计算机直接相连的链路称为Access链路(Access Link)，把Access链路上交换机一侧的端口称为Access端口(Access Port)。同时，我们把交换机之间直接相连的链路称为Trunk链路（Trunk Link），把Trunk链路上两侧的端口称为Trunk端口（Trunk Port）。在一条Access链路上运动的帧只能是（或者说应该是）Untagged帧，并且这些帧只能属于某个特定的VLAN；在一条Trunk链路上运动的帧只能是（或者说应该是）Tagged帧，并且这些帧可以属于不同的VLAN。一个Access端口只能属于某个特定的VLAN，并且只能让属于这个特定VLAN的帧通过；一个Trunk端口可以同时属于多个VLAN，并且可以让属于不同VLAN的帧通过。

每一个交换机的端口（无论是Access端口还是Trunk端口）都应该配置一个PVID（Port VLAN ID)，到达这个端口的Untagged帧将一律被交换机划分到PVID所指代的VLAN。例如，如果一个端口的PVID被配置为5，则所有到达这个端口的Untagged帧都将被认定为是属于VLAN5的帧。在默认情况下，PVID的值为1。

概括地讲，链路（线路）上运动的帧，可能是Tagged帧，也可能是Untagged帧。但一台交换机内部不同端口之间运动的帧则一定是（或者说应该是）Tagged帧。

接下来，我们具体地描述一下Access端口和Trunk端口对于帧的处理和转发规则。

（1）Access端口。

当Access端口从链路（线路）上收到一个Untagged帧后，交换机会在这个帧中添加上VID为PVID的Tag，然后对得到的Tagged帧进行转发操作（泛洪，点到点转发，丢弃）。

当Access端口从链路（线路）上收到一个Tagged帧后，交换机会检查这个帧的Tag中的VID是否与PVID相同。如果相同，则对这个Tagged帧进行转发操作（泛洪，点到点转发，丢弃）；如果不同，则直接丢弃这个Tagged帧。

当一个Tagged帧从本交换机的其他端口到达一个Access端口后，交换机会检查这个帧的Tag中的VID是否与PVID相同。如果相同，则将这个Tagged帧的Tag进行剥离，然后将得到的Untagged帧从链路（线路）上发送出去；如果不同，则直接丢弃这个Tagged帧。

（2）Trunk端口。

对于每一个Trunk端口，除了要配置PVID，还必须配置允许通过的VLAN ID列表。

当Trunk端口从链路（线路）上收到一个Untagged帧后，交换机会在这个帧中添加VID为PVID的Tag，然后查看PVID是否在允许通过的VLAN ID列表中。如果在，则对得到的Tagged

帧进行转发操作（泛洪，点到点转发，丢弃）；如果不在，则直接丢弃得到的 Tagged 帧。

当 Trunk 端口从链路（线路）上收到一个 Tagged 帧后，交换机会查看这个帧的 Tag 中的 VID 是否在允许通过的 VLAN ID 列表中。如果在，则对该 Tagged 帧进行转发操作（泛洪，点到点转发，丢弃）：如果不在，则直接丢弃该 Tagged 帧。

当一个 Tagged 帧从本交换机的其他端口到达一个 Trunk 端口后，如果这个帧的 Tag 中的 VID 不在允许通过的 VLAN ID 列表中，则该 Tagged 帧会被直接丢弃。

当一个 Tagged 帧从本交换机的其他端口到达一个 Trunk 端口后，如果这个帧的 Tag 中的 VID 在允许通过的 VLAN ID 列表中，且 VID 与 PVID 相同，则交换机会对这个 Tagged 帧的 Tag 进行剥离，然后将得到的 Untagged 帧从链路（线路）上发送出去。

当一个 Tagged 帧从本交换机的其他端口到达一个 Trunk 端口后，如果这个帧的 Tag 中的 VID 在允许通过的 VLAN ID 列表中，但 VID 与 PVID 不相同，则交换机不会对这个 Tagged 帧的 Tag 进行剥离，而是直接将它从链路（线路）上发送出去。

以上是对 Access 端口和 Trunk 端口的工作机制的描述。在实际的 VLAN 技术实现中，还常常会定义并配置另外一种类型的端口，称为 Hybrid 端口。工作人员既可以将交换机上与终端计算机相连的端口配置为 Hybrid 端口，也可以将交换机上与其他交换机相连的端口配置为 Hybrid 端口。

（3）Hybrid 端口。

Hybrid 端口除了需要配置 PVID，还需要配置两个 VLAN ID 列表，一个是 Untagged VLAN ID 列表，另一个是 Tagged VLAN ID 列表。这两个 VLAN ID 列表中的所有 VLAN 的帧都是允许通过这个 Hybrid 端口的。

当 Hybrid 端口从链路（线路）上收到一个 Untagged 帧后，交换机会在这个帧中添加 VID 为 PVID 的 Tag，然后查看它是否在 Untagged VLAN ID 列表或 Tagged VLANID 列表中。如果在，则对得到的 Tagged 帧进行转发操作（泛洪，点到点转发，丢弃）：如果不在，则直接丢弃得到的 Tagged 帧。

当 Hybrid 端口从链路（线路）上收到一个 Tagged 帧后，交换机会查看这个帧的 Tag 中的 VID 是否在 Untagged VLAN ID 列表或 Tagged VLAN ID 列表中。如果在，则对该 Tagged 帧进行转发操作（泛洪，点到点转发，丢弃）；如果不在，则直接丢弃该 Tagged 帧。

当一个 Tagged 帧从本交换机的其他端口到达一个 Hybrid 端口后，如果这个帧的 Tag 中的 VID 既不在 Untagged VLAN ID 列表中，也不在 Tagged VLAN ID 列表中，则该 Tagged 帧会被直接丢弃。

当一个 Tagged 帧从本交换机的其他端口到达一个 Hybrid 端口后，如果这个帧的 Tag 中的 VID 在 Untagged VLAN ID 列表中，则交换机会对这个 Tagged 帧的 Tag 进行剥离，然后将得到的 Untagged 帧从链路（线路）上发送出去。

当一个 Tagged 帧从本交换机的其他端口到达一个 Hybrid 端口后，如果这个帧的 Tag 中的 VID 在 Tagged VLAN ID 列表中，则交换机不会对这个 Tagged 帧的 Tag 进行剥离，而是直接将它从链路（线路）上发送出去。

Hybrid 端口的工作机制比 Trunk 端口和 Access 端口的更为丰富而灵活：Trunk 端口和 Access 端口可以看作 Hybrid 端口的特例。当 Hybrid 端口配置中的 Untagged VLAN ID 列表中有且只有 PVID 时，Hybrid 端口就等效于一个 Trunk 端口；当 Hybrid 端口配置中的 Untagged VLAN ID 列表中有且只有 PVID，并且 Tagged VLAN ID 列表为空时，Hybrid 端口就等效于一个 Access 端口。

7.4.5 VLAN的类型

计算机发送的帧都是不带Tag的。对于一个支持VLAN特性的交换网络来说，当计算机发送的Untagged帧一旦进入交换机，交换机就必须通过某种划分原则把这个帧划分到某个特定的VLAN中。根据划分原则的不同，VLAN便有了不同的类型。

（1）基于端口的VLAN（Port-based VLAN）。

划分原则：将VLAN的编号（VLAN ID）配置影射到交换机的物理端口上。从某一物理端口进入交换机的、由终端计算机发送的Untagged帧都被划分到该端口的VLAN ID所指明的那个VLAN。这种划分原则简单而直观，实现也很容易，并且也比较安全可靠。注意，对于这种类型的VLAN，当计算机接入交换机的端口发生变化时，该计算机发送的帧的VLAN归属可能会发生改变。基于端口的VLAN通常也称为物理层VLAN，或一层VLAN。

（2）基于MAC地址的VLAN（MAC-based VLAN）。

划分原则：交换机内部建立并维护了一个MAC地址与VLAN ID的对应表。当交换机接收到计算机发送的Untagged帧时，交换机将分析帧中的源MAC地址，然后查询MAC地与VLAN ID的对应表，并根据对应关系把这个帧划分到相应的VLAN中。这种划分原则实现起来稍显复杂，但灵活性得到了提高。例如，当计算机接入交换机的端口发生了变化时，该计算机发送的帧的VLAN归属并不会发生改变（因为计算机的MAC地址不会发生变化）。但需要指出的是，这种类型的VLAN的安全性不是很高，因为一些恶意的计算机是很容易伪造自己的MAC地址的。基于MAC地址的VLAN通常也称为二层VLAN。

（3）基于协议的VLAN（Protocol-based VLAN）。

划分原则：交换机根据计算机发送的Untagged帧中的帧类型字段的值来决定帧的VLAN归属。例如，可以将类型值为0x0800的帧划分到一个VLAN，将类型值为0x86dd的帧划分到另一个VLAN；这实际上是将载荷数据为IPv4 Packet的帧和载荷数据为IPv6 Packet的帧分别划分到了不同的VIAN。基于协议的VLAN通常也称为三层VLAN。

以上介绍了3种不同类型的VLAN。从理论上说，VLAN的类型远远不止这些，因为划分VLAN的原则可以是灵活而多变的，并且某一种划分原则还可以是另外若干种划分原则的某种组合。在现实中，究竟该选择什么样的划分原则，需要根据网络的具体需求、实现成本等因素决定。就目前来看，基于端口的VLAN在实际的网络中应用最为广泛。如无特别说明，本书中所提到的VLAN，均是指基于端口的VLAN。

7.4.6 配置基于端口的VLAN

下面就以二层结构的局域网为例创建基于端口的跨交换机的VLAN。

如图7-20所示，网络中有两台接入层交换机LSW2和LSW3、一台汇聚层交换机LSW1；网络中有6台计算机，PC1和PC2在VLAN 1，PC3和PC4在VLAN 2，PC5和PC6在VLAN 3，VLAN1所在的网段是192.168.1.0/24，VLAN2所在的网段是192.168.2.0/24，VLAN3所在的网段是192.168.3.0/24。

我们需要完成以下功能。

（1）每个交换机都创建VLAN1、VLAN2和VLAN3，VLAN1指默认VLAN不需要创建。

（2）将接入层交换机端口Ethernet 0/0/1～Ethernet 0/0/5指定到VLAN 1。

（3）将接入层交换机端口Ethernet 0/0/6～Ethernet 0/0/10指定到VLAN 2。

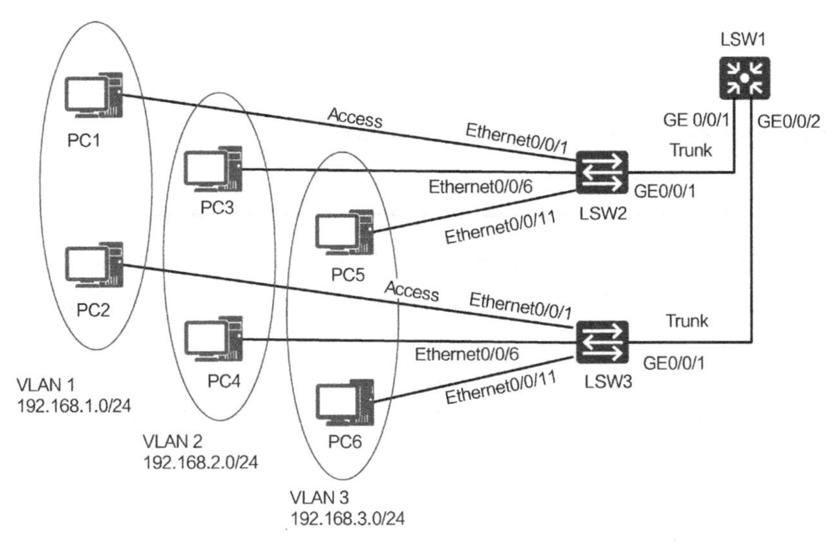

图 7-20 跨交换机 VLAN

（4）将接入层交换机端口 Ethernet 0/0/11～Ethernet 0/0/15 指定到 VLAN 3。

（5）将连接计算机的端口设置成 Access 端口。

（6）将交换机之间的连接端口设置成 Trunk，允许 VLAN 1、VLAN 2、VLAN 3 的帧通过。

（7）捕捉、分析干道链路上带 VLAN 标记的帧。

在这里你要记住将交换机接计算机的端口要设置成 Access 端口，交换机和交换机连接的端口要设置成 Trunk 端口。也可以这样记，如果接口需要多个 VLAN 的帧通过，就需要将其设置成 Trunk 端口。同时还要记住交换机的这些 Trunk 端口的 PVID 要一致。汇聚层交换机虽然没有连接 VLAN 2 和 VLAN 3 的计算机，但也需要创建 VLAN2 和 VLAN 3，也就是说网络中的这三台交换机要有相同的 VLAN。

在交换机 LSW2 上创建 VLAN。

```
[LSW2]vlan ?
 INTEGER<1-4094>  VLAN ID                       --支持的 VLAN 数量，最大 4094
 batch     Batch process                        --可以批量创建 VLAN
[LSW2]vlan 2                                    --创建 VLAN 2
[LSW2-vlan2]quit
[LSW2]vlan 3                                    --创建 VLAN 3
[LSW2-vlan3]quit
[LSW2]display vlan summary                      --显示 VLAN 摘要信息
static vlan:
Total 3 static vlan.                            --总共 3 个 VLAN
  1 to 3
dynamic vlan:
Total 0 dynamic vlan.
reserved vlan:
Total 0 reserved vlan.
[LSW2]
```

VLAN 1 是默认 VLAN，不用创建。

以下命令可批量创建 VLAN 4、VLAN 5 和 VLAN 6。

```
[LSW2]vlan batch 4 5 6
```

以下命令可批量创建 VLAN 10 ~ VLAN 20 共 11 个 VLAN。

```
vlan batch 10 to 20
```

以下命令可批量删除 VLAN 4、VLAN 5 和 VLAN 6。

```
[LSW2]undo vlan batch 4 5 6
```

由于要批量设置端口，所以有必要创建端口组以进行批量设置。下面的操作将创建端口组 vlan1port，将 Ethernet 0/0/1～Ethernet 0/0/5 端口设置为 Access 端口，并将它们指定到 VLAN 1。

```
[LSW2]port-group vlan1port
[LSW2-port-group-vlan1port]group-member Ethernet 0/0/1 to Ethernet 0/0/5
[LSW2-port-group-vlan1port]port link-type ?          --查看支持的端口类型
  access    Access port
  dot1q-tunnel  QinQ port
  hybrid    Hybrid port
  trunk     Trunk port
[LSW2-port-group-vlan1port]port link-type access     --将端口设置成 Access
[LSW2-port-group-vlan1port]port default vlan 1       --指定到 VLAN 1
[LSW2-port-group-vlan1port]quit
```

为 VLAN 2 创建端口组 vlan2port，将 Ethernet 0/0/6～Ethernet 0/0/10 端口设置为 Access 端口，并将它们指定到 VLAN 2。

```
[LSW2]port-group vlan2port
[LSW2-port-group-vlan2port]group-member Ethernet 0/0/6 to Ethernet 0/0/10
[LSW2-port-group-vlan2port]port link-type access
[LSW2-port-group-vlan2port]port default vlan 2
[LSW2-port-group-vlan2port]quit
```

为 VLAN 3 创建端口组 vlan3port，将 Ethernet 0/0/11～Ethernet 0/0/15 端口设置为 Access 端口，并将它们指定到 VLAN 3。

```
[LSW2]port-group vlan3port
[LSW2-port-group-vlan3port]group-member Ethernet 0/0/11 to Ethernet 0/0/15
[LSW2-port-group-vlan3port]port link-type access
[LSW2-port-group-vlan3port]port default vlan 3
[LSW2-port-group-vlan3port]quit
```

将 GigabitEthernet 0/0/1 端口配置为 Trunk 类型，允许 VLAN 1、VLAN 2 和 VLAN3 的帧通过。

```
[LSW2]interface GigabitEthernet 0/0/1
[LSW2-GigabitEthernet0/0/1]port link-type trunk
[LSW2-GigabitEthernet0/0/1]port trunk allow-pass vlan ?
  INTEGER<1-4094>  VLAN ID
  all      All                              --允许所有 VLAN 的帧通过
[LSW2-GigabitEthernet0/0/1]port trunk allow-pass vlan 1 2 3 --指定允许通过的 VLAN
```

显示 VLAN 设置，可以看到端口 GE 0/0/1 同时属于 VLAN 1、VLAN 3 和 VLAN 3。

```
[LSW2]display vlan
The total number of vlans is : 3                 --VLAN 数量
--------------------------------------------------------------------------------
U: Up;   D: Down;   TG: Tagged;   UT: Untagged; --TG:带 VLAN 标记。UT：不带 VLAN 标记
MP: Vlan-mapping;        ST: Vlan-stacking;
#: ProtocolTransparent-vlan;    *: Management-vlan;
```

```
---------------------------------------------------------------------------
VID  Type    Ports
---------------------------------------------------------------------------
1    common  UT:Eth0/0/1(U)     Eth0/0/2(D)     Eth0/0/3(D)     Eth0/0/4(D)
         Eth0/0/5(D)     Eth0/0/16(D)    Eth0/0/17(D)    Eth0/0/18(D)
         Eth0/0/19(D)    Eth0/0/20(D)    Eth0/0/21(D)    Eth0/0/22(D)
         GE0/0/1(U)      GE0/0/2(D)
2    common  UT:Eth0/0/6(U)     Eth0/0/7(D)     Eth0/0/8(D)     Eth0/0/9(D)
         Eth0/0/10(D)
         TG:GE0/0/1(U)
3    common  UT:Eth0/0/11(U)    Eth0/0/12(D)    Eth0/0/13(D)    Eth0/0/14(D)
         Eth0/0/15(D)
         TG:GE0/0/1(U)

......
```

参照 LSW2 的配置在 LSW3 上进行配置，创建 VLAN 并指定端口类型。

在汇聚层交换机 SW1 上创建 VLAN 2、VLAN 3，并将两个端口类型设置成 Trunk，允许 VLAN 1、VLAN 2、VLAN 3 的帧通过。

```
[LSW1]vlan batch  2 3                              --批量创建 VLAN 2 和 VLAN 3
[LSW1]interface GigabitEthernet 0/0/1
[LSW1-GigabitEthernet0/0/1]port link-type trunk
[LSW1-GigabitEthernet0/0/1]port trunk allow-pass vlan 1 2 3
[LSW1-GigabitEthernet0/0/1]quit
[LSW1]interface GigabitEthernet 0/0/2
[LSW1-GigabitEthernet0/0/2]port link-type trunk
[LSW1-GigabitEthernet0/0/2]port trunk allow-pass vlan 1 2 3
[LSW1-GigabitEthernet0/0/2] quit
```

抓包来捕获干道链路的帧，可以看到华为交换机的干道链路帧在数据链路层和网络层之间插入了 VLAN 标记，使用的是 IEEE 802.1Q 帧格式。VLAN ID 使用 12 位表示，VLAN ID 的取值范围为 0～4095，由于 0 和 4095 为协议保留取值，因此 VLAN ID 的有效取值范围为 1～4094，图 7-21 展示的帧是 VLAN 2 的帧。

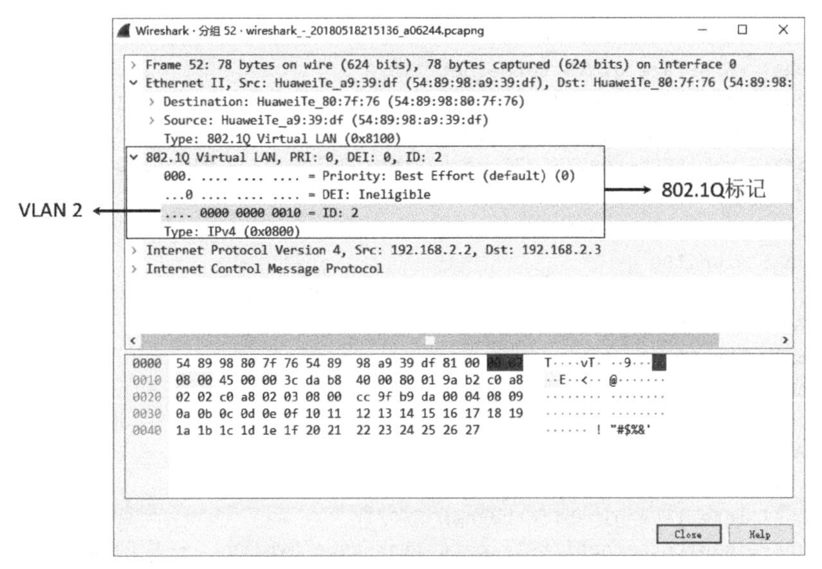

图 7-21　带 VLAN 标记的帧结构

7.4.7 配置基于 MAC 地址的 VLAN

基于 MAC 地址划分 VLAN 的方式适用于位置经常移动但网卡不经常更换的小型网络，如移动 PC。

如图 7-22 所示，SwitchA 和 SwitchB 的 GE1/0/1 接口分别连接两会议室，Laptop1 和 Laptop2 是会议用便携式计算机，在两个会议室间移动使用。Laptop1 和 Laptop2 分别属于两个部门，两个部门间使用 VLAN 100 和 VLAN 200 进行隔离。现要求这两台便携式计算机无论在哪个会议室使用，均只能访问自己部门的服务器，即 Server1 和 Server2。Laptop1 和 Laptop2 的 MAC 地址分别 0001-00ef-00c0 和 0001-00ef-00c1。

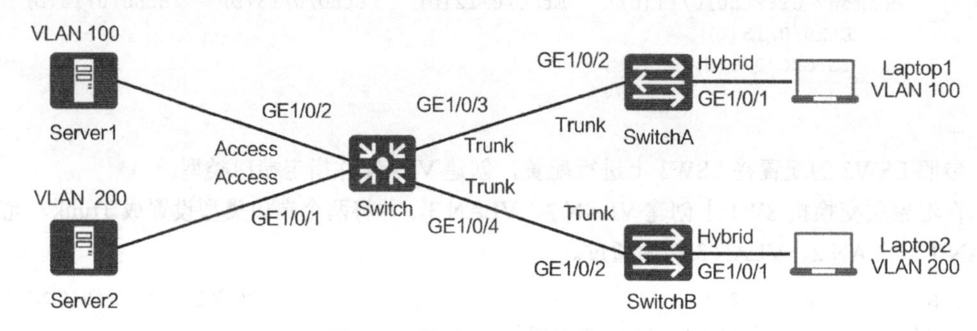

图 7-22 基于 MAC 地址的 VLAN

采用如下思路配置基于 MAC 地址的 VLAN。

1. 在 SwitchA 和 SwitchB 上创建 VLAN，并配置 Trunk 接口和 Hybrid 接口。
2. 在 SwitchA 和 SwitchB 基于 MAC 地址划分 VLAN。
3. 在 Switch 上创建 VLAN，并配置 Trunk 和 Access 接口，保证便携式计算机可以访问服务器。

操作步骤如下。

（1）配置 SwitchA。SwitchB 的配置与 SwitchA 相似，不再赘述。

```
<HUAWEI> system-view
[HUAWEI] sysname SwitchA
[SwitchA] vlan batch 100 200                                    --创建 VLAN 100 和 VLAN 200
[SwitchA] interface gigabitethernet 1/0/2
[SwitchA-GigabitEthernet1/0/2] port link-type trunk --交换机之间相连的接口类型建议
使用 trunk。若接口默认类型不是 trunk，需要手动配置为 trunk
[SwitchA-GigabitEthernet1/0/2] port trunk allow-pass vlan 100 200 --接口 GE1/0/2
加入 VLAN 100 和 VLAN 200
[SwitchA-GigabitEthernet1/0/2] quit
[SwitchA] vlan 100
[SwitchA-vlan100] mac-vlan mac-address 0001-00ef-00c0  --MAC 地址为 0001-00ef-00c0
的报文在 VLAN 100 内转发
[SwitchA-vlan100] quit
[SwitchA] vlan 200
[SwitchA-vlan200] mac-vlan mac-address 0001-00ef-00c1   --MAC 地址为 0001-00ef-00c1
的报文在 VLAN 200 内转发
[SwitchA-vlan200] quit
[SwitchA] interface gigabitethernet 1/0/1
[SwitchA-GigabitEthernet1/0/1] port link-type hybrid    --基于 MAC 划分 VLAN 的方式只
能应用在类型为 hybrid 的接口上。V200R005C00 及之后版本的默认接口类型不是 hybrid，需要手动配置
```

```
[SwitchA-GigabitEthernet1/0/1] port hybrid untagged vlan 100 200   --对 VLAN 为
100、200 的报文，剥掉 VLAN Tag
[SwitchA-GigabitEthernet1/0/1] mac-vlan enable  --使能接口的 MAC-VLAN 功能
[SwitchA-GigabitEthernet1/0/1] quit
```

（2）检查配置结果，在任意视图下执行 display mac-vlan mac-address all 命令，查看基于 MAC 地址的 VLAN 配置。

```
[SwitchA] display mac-vlan mac-address all
------------------------------------------------------
MAC Address         MASK                 VLAN    Priority
------------------------------------------------------
0001-00ef-00c0      ffff-ffff-ffff  100      0
0001-00ef-00c1      ffff-ffff-ffff  200      0

Total MAC VLAN address count: 2
```

（3）配置 Switch，GE1/0/3 和 GE1/0/4 的配置相同，将其配置成 Trunk 接口，并允许 VLAN 100、VLAN200 的帧通过，不再赘述。接口 GE1/0/2 与 GE1/0/1 的配置相同，即配置成 Access 接口，不再赘述。

```
<HUAWEI> system-view
[HUAWEI] sysname Switch
[Switch] vlan batch 100 200                    --创建 VLAN 100、VLAN 200
[Switch] interface gigabitethernet 1/0/3
[Switch-GigabitEthernet1/0/3] port link-type trunk
[Switch-GigabitEthernet1/0/3] port trunk allow-pass vlan 100 200  --将接口 GE1/0/2
加入 VLAN 100 和 VLAN 200
[Switch-GigabitEthernet1/0/3] quit
[Switch] interface gigabitethernet 1/0/2
[Switch-GigabitEthernet1/0/2] port link-type access
[Switch-GigabitEthernet1/0/2] port default vlan 100
[Switch-GigabitEthernet1/0/2] quit
```

7.5 实现 VLAN 间通信

7.5.1 使用多臂路由器实现 VLAN 间路由

在交换机上创建多个 VLAN，VLAN 间的通信可以使用路由器实现。如图 7-23 所示，两台交换机使用干道链路连接，创建了 3 个 VLAN，路由器的 F0、F1 和 F2 端口连接 3 个 VLAN 的 Access 端口，路由器在不同 VLAN 间转发数据包。路由器的一条物理链路被形象地称为“手臂”，VLAN 1、VLAN 2 和 VLAN 3 中的计算机网关分别是路由器 F0、F1、F2 接口的地址。图 7-23 展示了如何使用多臂路由器实现 VLAN 间路由，另外还展示了 VLAN 1 中的计算机 A 与 VLAN 3 中的计算机 L 通信的过程，注意观察帧在途经每条链路上的 VLAN 标记。思考一下计算机 H 给计算机 L 发送数据时，帧的路径和经过每条链路时的 VLAN 标记。

将路由器的一个端口连接 VLAN 的 Access 端口，一个 VLAN 需要路由器的一个物理端口，这样增加 VLAN 时就要考虑路由器的端口是否够用。也可以将路由器的物理端口连接到交换机的干道接口。如图 7-24 所示，将路由器的物理端口划分成多个子端口，每个子端口对应一个 VLAN，在子端口设置 IP 地址作为对应 VLAN 的网关。一个物理端口就可以实现 VLAN 间路由，这就是使用单臂路由器实现 VLAN 间路由的过程。图 7-24 展示了 VLAN 1 中的计算机 A 给 VLAN 3 中的计算机 L 发送数据包时经过的链路。

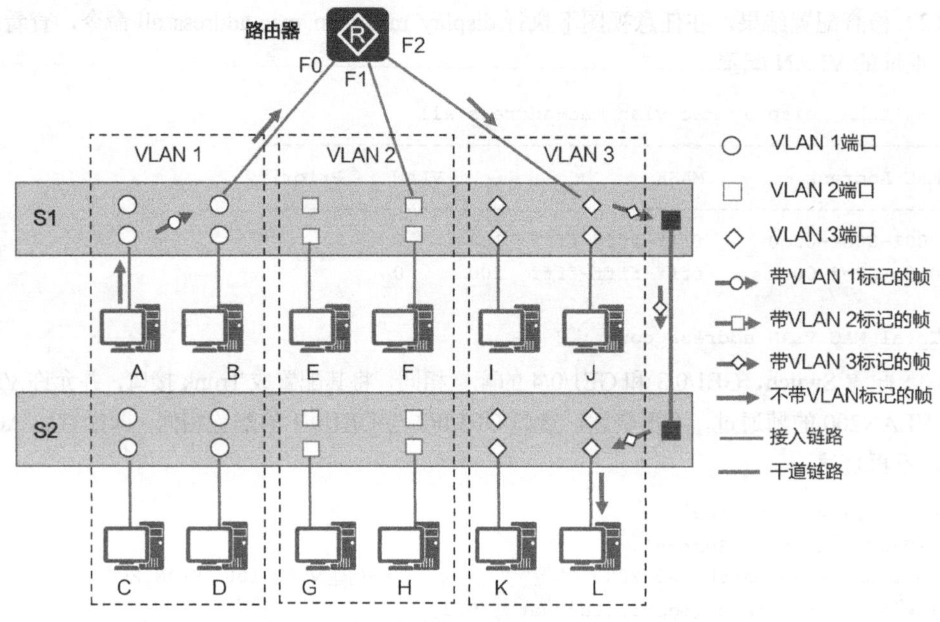

图 7-23 使用多臂路由器实现 VLAN 间路由

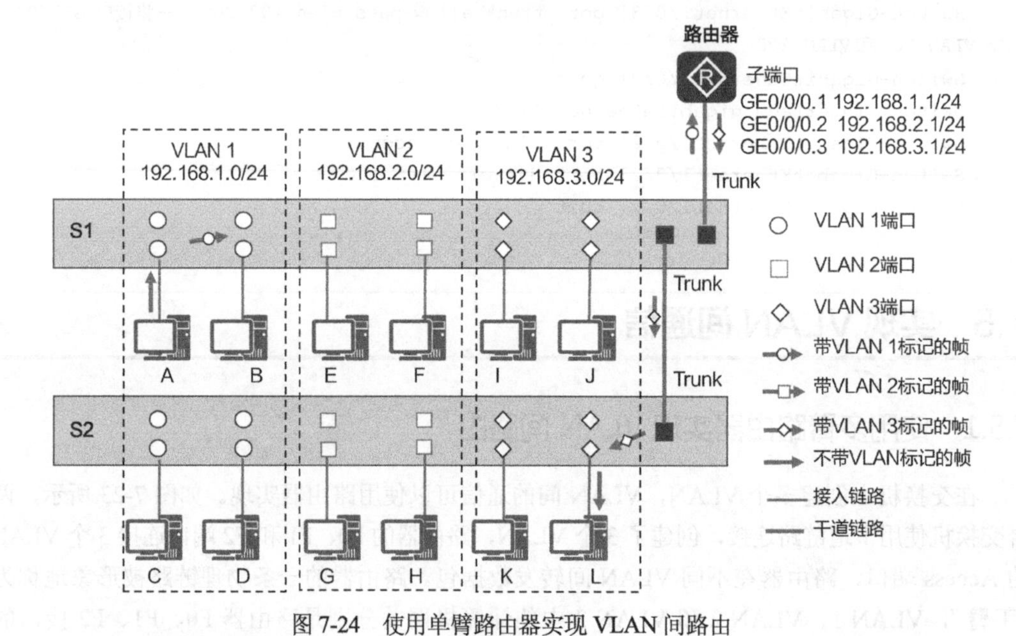

图 7-24 使用单臂路由器实现 VLAN 间路由

7.5.2 使用单臂路由器实现 VLAN 间路由

如图 7-25 所示，跨交换机的 3 个 VLAN 已经创建完成，在 LSW1 交换机上连接一个路由器以实现 VLAN 间通信，需要将 LSW1 交换机的 GE 0/0/3 配置成 Trunk 端口，并允许 VLAN 1、VLAN 2 和 VLAN 3 通过。配置 AR1 路由器的 GE 0/0/0 物理端口作为 VLAN 1 的网关，配置 GE 0/0/0.2 子端口作为 VLAN 2 的网关，配置 GE 0/0/0.3 子端口作为 VLAN 3 的网关。

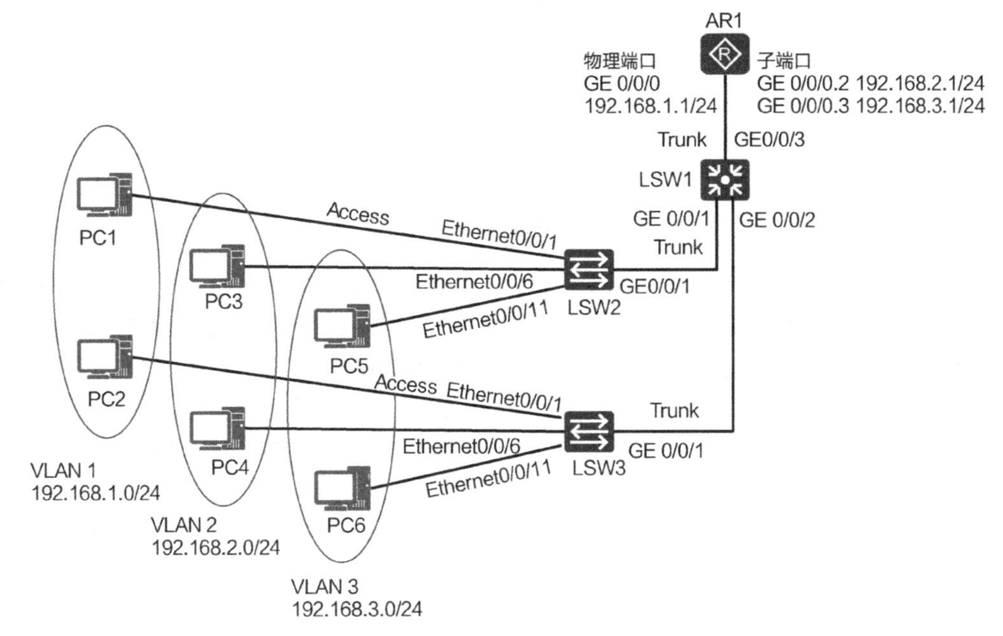

图 7-25 配置单臂路由器实现 VLAN 间路由

配置 LSW1 上连接路由器的端口 GigabitEthernet 0/0/3 为 Trunk 端口，以允许所有 VLAN 的帧通过。

```
[LSW1]interface GigabitEthernet 0/0/3
[LSW1-GigabitEthernet0/0/3]port link-type trunk
[LSW1-GigabitEthernet0/0/3]port trunk allow-pass vlan all
```

交换机的所有端口都有一个基于端口的 VLAN ID（Port-base Vlan ID，PVID），Trunk 端口也不例外。显示 GigabitEthernet 0/0/3，可以看到 GigabitEthernet 0/0/3 的 PVID 是 1。该端口发送 VLAN 1 的帧时会去掉 VLAN 标记，接收到没有 VLAN 标记的帧时加上 VLAN 1 标记。发送和接收其他 VLAN 的帧时，帧的 VLAN 标记不变。

```
[LSW1]display interface GigabitEthernet 0/0/3
GigabitEthernet 0/0/3 current state : UP
Line protocol current state : UP
Description:
Switch Port, PVID :    1, TPID : 8100(Hex), The Maximum Frame Length is 9216   --PVID是1
```

配置 AR1 路由器的 GE 0/0/0 端口和子端口。由于连接路由器的交换机的端口 PVID 是 VLAN 1，所以就让物理端口作为 VLAN 1 的网关，并接收不带 VLAN 标记的帧。在物理端口后面加一个数字就代表该物理端口的一个子端口，子端口编号和 VLAN 编号不要求一致。这里为了好记，子端口编号和 VLAN 编号设置的一样。

```
[AR1]interface GigabitEthernet 0/0/0             --配置物理端口作为 VLAN 1 的网关
[AR1-GigabitEthernet0/0/0]ip address 192.168.1.1 24
[AR1-GigabitEthernet0/0/0]quit
[AR1]interface GigabitEthernet 0/0/0.2           --进入子端口
[AR1-GigabitEthernet0/0/0.2]ip address 192.168.2.1 24
[AR1-GigabitEthernet0/0/0.2]dot1q termination vid 2   --指定子端口对应的 VLAN
[AR1-GigabitEthernet0/0/0.2]arp broadcast enable      --开启 ARP 广播功能
```

```
[AR1-GigabitEthernet0/0/0.2]quit
[AR1]interface GigabitEthernet 0/0/0.3
[AR1-GigabitEthernet0/0/0.3]ip address 192.168.3.1 24
[AR1-GigabitEthernet0/0/0.3]dot1q termination vid 3  --指定子端口对应的 VLAN
[AR1-GigabitEthernet0/0/0.3]arp broadcast enable
[AR1-GigabitEthernet0/0/0.3]quit
```

7.5.3 使用三层交换实现 VLAN 间路由

三层交换是指在网络交换机中引入路由模块，从而取代传统路由器以实现交换与路由相结合的网络技术。具有三层交换功能的设备是指带有三层路由功能的二层交换机。三层交换机在 IP 路由的处理上进行了改进，实现了简化的 IP 转发流程。它利用专用的 ASIC 芯片实现了硬件的转发，这样绝大多数的报文处理就可以在硬件中实现了，只有极少数报文才需要使用软件转发，这样整个系统的转发性能得以提升千倍，相同性能的设备在成本上也得到大幅下降。

具有三层交换功能的交换机，到底是交换机还是路由器？这对很多读者来说不好理解。大家可以把三层交换机理解成虚拟路由器和交换机的组合。在交换机上有几个 VLAN，在虚拟路由器上就有几个虚拟端口（Vlanif）和这几个 VLAN 相连接。

如图 7-26 所示，在三层交换机上创建两个 VLAN——VLAN 1 和 VLAN 2，在虚拟路由器上就有两个虚拟端口 Vlanif 1 和 Vlanif 2，这两个虚拟端口相当于分别接入 VLAN 1 的某个接口和 VLAN 2 的某个接口。图 7-26 中的端口 F5 和 Vlanif 1 连接，端口 F7 和 Vlanif 2 连接。图 7-26 纯属为了展示，虚拟路由器其实是不可见的，也不占用交换机的物理端口和 Vlanif 端口连接。我们能够操作的就是为虚拟端口配置 IP 地址和子网掩码，让其充当 VLAN 的网关，让不同 VLAN 中的计算机能够相互通信。

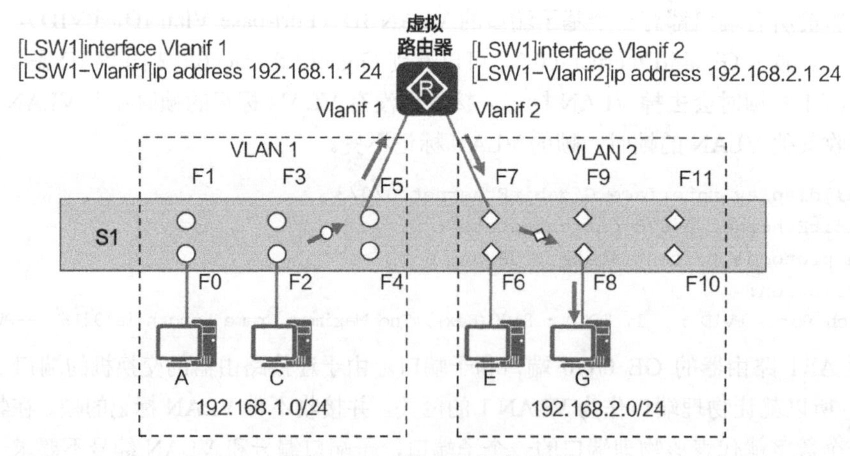

图 7-26 三层交换机等价图

7.4.6 节的实验只配置了跨交换机的 VLAN。继续上面的实验，LSW1 是三层交换机，配置 LSW1 交换机以实现 VLAN 1、VLAN 2 和 VLAN 3 的路由。

```
[LSW1]interface Vlanif 1
[LSW1-Vlanif1]ip address 192.168.1.1 24
[LSW1-Vlanif1]quit
[LSW1]interface Vlanif 2
```

```
[LSW1-Vlanif2]ip address 192.168.2.1 24
[LSW1-Vlanif2]quit
[LSW1]interface Vlanif 3
[LSW1-Vlanif3]ip address 192.168.3.1 24
[LSW1-Vlanif3]quit
```

输入 display ip interface brief 显示 vlanif 接口的 IP 地址信息以及状态。

```
<LSW1>display ip interface brief
*down: administratively down
^down: standby
(l): loopback
(s): spoofing
The number of interface that is UP in Physical is 4
The number of interface that is DOWN in Physical is 1
The number of interface that is UP in Protocol is 4
The number of interface that is DOWN in Protocol is 1

Interface                          IP Address/Mask      Physical   Protocol
MEth0/0/1                          unassigned           down          down
NULL0                              unassigned           up            up(s)
Vlanif1                            192.168.1.1/24       up            up
Vlanif2                            192.168.2.1/24       up            up
Vlanif3                            192.168.3.1/24       up            up
```

7.6 端口隔离

端口隔离可以实现在同一个 VLAN 内对端口进行逻辑隔离。端口隔离分为 L2 层隔离和 L3 层隔离，在这里只讲解和演示 L2 层隔离。

如图 7-27 所示，PC1、PC2 和 PC3 在同一个 VLAN，不允许它们之间相互通信，但允许它们访问 Internet。这就要求设置交换机以实现端口隔离，但不能隔离它们和路由器 AR1 的 GE 0/0/0 之间的相互通信。

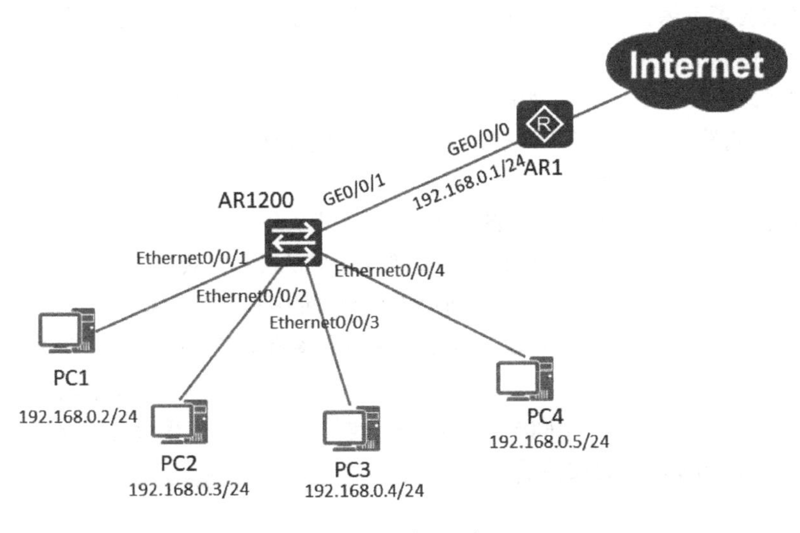

图 7-27 端口隔离

下面是交换机S1上的配置步骤，由于要设置多个端口隔离，因此需要定义一个端口组以进行批量设置。

```
[S1]port-isolate mode ?
  all  All
  l2   L2 only
[S1]port-isolate mode l2                                          --启用L2层隔离功能
[S1]port-group vlan1port                                          --定义一个端口组
[S1-port-group-vlan1port]group-member Ethernet 0/0/1 to Ethernet 0/0/4
[S1-port-group-vlan1port]port link-type access
[S1-port-group-vlan1port]port default vlan 1
[S1-port-group-vlan1port]port-isolate enable group ?
  INTEGER<1-64>  Port isolate group-id
[S1-port-group-vlan1port]port-isolate enable group 1   --隔离组内的端口不能相互通信
```

交换机S1的GE 0/0/1不能加入端口隔离组1，处于同一隔离组的各个端口间不能通信。

7.7 链路聚合

7.7.1 链路聚合的基本概念

首先，我们来说明一些常见的说法。读者朋友们可能经常会听到这样一些说法，例如：标准以太口、FE端口、百兆口、GE端口、千兆口，如此等。那么，这些说法究竟是什么意思呢？

其实，这些说法都跟以太网技术的规范有关，特别是跟以太网的信息传输率规范有关。IEEE在制定关于以太网的信息传输率的规范时，信息传输率几乎总是按照十倍关系来递增的。目前，规范化的以太网的信息传输率主要有：10Mbit/s，100Mbit/s，1000Mbit（1Gbit/s），10Gbit/s，100Gbit/s。这种按十倍关系递增的方式既能很好地匹配微电子技术及光学技术的发展，又能控制关于以太网信息传输率规范的散乱性。试想一下，如果IEEE今天推出了一个信息传输率为415Mbit/s的规范，明天又推出了一个信息传输率为624Mbit/s的规范，那么以太网网卡的生产厂家必定会苦不堪言。并且，在实际搭建以太网的时候，以太网链路两端的端口速率匹配问题也会变得非常散乱。

以太网链路的说法是与以太网端口的说法相对应的。例如，如果一条链路两端的端口是GE口，则这条链路就称为一条GE链路；如果一条链路两端的端口是FE口，则这条链路就称为一条FE链路，如此等等。

现在说说什么是链路聚合技术。图7-28展示了某个公司的网络结构；接入层交换机和汇聚层交换机使用GE链路连接。如果打算提高接入层交换机和汇聚层交换机的连接带宽，那么从理论上来讲可以再增加一条GE链路，但STP会阻断其中一条链路的一个端口。

根据扩展链路带宽的需求，需要让链路两端的设备将多条链路视为一条逻辑链路来进行处理，这就是链路聚合技术。如图7-29所示，链路聚合可以实现流量负载均衡和链路冗余，从而节省设备成本。如果两条1000Mbit/s链路构建的2000Mbit/s聚合链路就能满足要求，就不用购买10000Mbit/s接口的设备了。

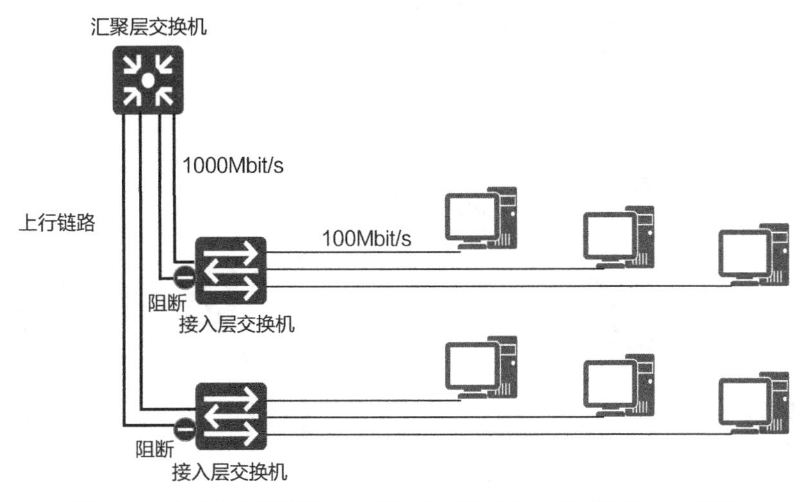

图 7-28　在多条上行链路中，STP 会阻塞其中一条链路的一个端口

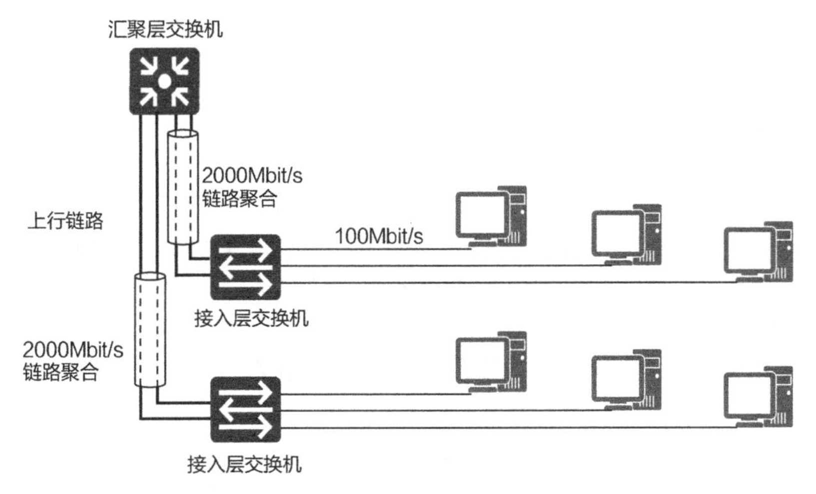

图 7-29　链路聚合

7.7.2　链路聚合技术的使用场景

链路聚合也称为链路绑定，英文的说法有：Link Aggregation、Link Trunking、Link Bonding。需要说明的是，这里所说的链路聚合技术，针对的都是以太网链路。

在 7.7.1 节里提到的例子中，我们是将链路聚合技术应用在了两台交换机之间。事实上，链路聚合技术还可以应用在交换机与路由器之间，路由器与路由器之间，交换机与服务器之间，路由器与服务器之间，服务器与服务器之间，如图 7-30 所示。注意，从理论上讲，个人计算机（PC）也是可以实现链路聚合的，但实际上考虑到成本等因素，没人会在现实中去真正实现。另外，从原理角度来看，服务器不过就是高性能的计算机。但从网络应用的角度来看，服务器的地位是非常重要的，我们必须保证服务器与其他设备之间的连接具有非常高的可靠性。因此，服务器上经常需要用到链路聚合技术。

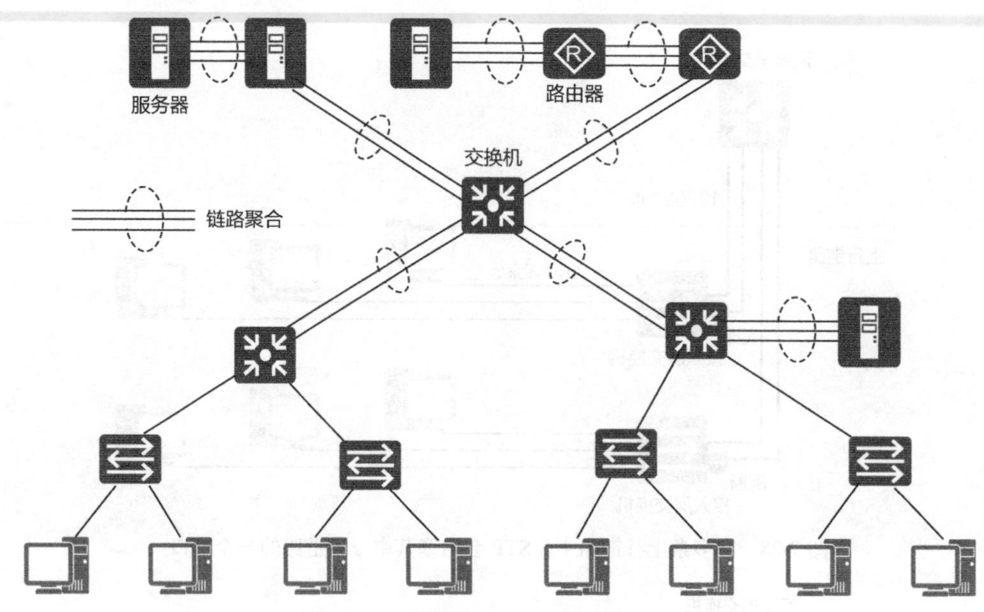

图 7-30 链路聚合技术的适用场景

7.7.3 链路聚合的模式

建立链路聚合（后文称为 Eth-Trunk）也像设置端口速率一样有手动配置和通过双方动态协商两种方式。在华为的 Eth-Trunk 语境中，前者称为手动模式（Manual Mode），而后者则根据协商协议被命名为了 LACP 模式（LACP Mode）。我们先从非常简单的手动配置方法说起。

1. 手动模式

采用 Eth-Trunk 的手动模式就像配置静态路由，或者在本地设置端口速率一样，都是一种把功能设置本地化、静态化的操作方式。说得具体一些，就是管理员在一台设备上创建出 Eth-Trunk，然后根据自己的需求将多条连接到同一台交换机上的端口都添加到这个 Eth-Trunk 中，然后再在对端交换机上执行对应的操作。既然操作逻辑是把功能设置本地化，因此对于采用手动模式配置的 Eth-Trunk，设备之间不会就建立 Eth-Trunk 而交互信息，它们只会按照管理员的操作执行链路捆绑，然后采用负载分担的方式通过捆绑的链路发送数据。

手动模式建立的 Eth-Trunk 就像静态添加到路由表中的路由条目那样，它比动态学习到的路由更加稳定，但缺乏灵活性。如果在手动模式配置的 Eth-Trunk 中有一条链路出现了故障，那么双方设备可以检测到这一点，并且不再使用那条故障链路，而继续使用仍然正常的链路来发送数据。尽管因为链路故障导致一部分带宽无法使用，但通信的效果仍然可以得到保障，如图 7-31 所示。

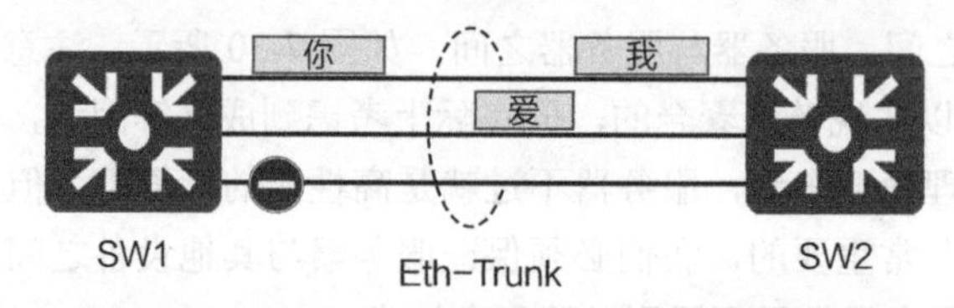

图 7-31 手动模式 Eth-Trunk 使用故障链路外的其他链路执行负载分担

如图 7-32 所示，管理员误以为交换机 SW1 的接口 GE0/0/0、GE0/0/1、GE0/0/2 都和交换机 SW2 连接，因此将这三个接口划分到 Eth-Trunk1 的逻辑端口中了，SW1 将毫不知情地使用

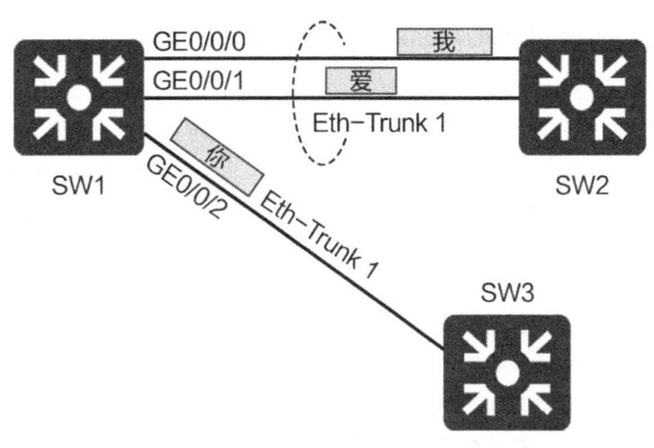

图 7-32　手动模式 Eth-Trunk 配置错误无法正常通信

GE0/0/2 这个端口进行负载均衡，很显然“你”这个帧不能发送到交换机 SW2。如果采用 LACP 模式，那么 SW1 和 SW2 之间使用 LACP 进行自动协商，从而可以容易地发现问题所在，SW1 自动将 GE0/0/2 从 Eth-Trunk 中删除。

2．LACP 模式

LACP 为链路聚合控制协议（Link Aggregation Control Protocol），这个协议旨在为已建立链路聚合的设备之间提供协商和维护这条 Eth-Trunk 的标准。LACP 模式 Eth-Trunk 的配置也不复杂，管理员只需要先在两边的设备上创建 Eth-Trunk 逻辑端口，然后将这个端口配置为 LACP 模式，最后再把需要捆绑的物理端口添加到这个 Eth-Trunk 中即可。

7.7.4　链路聚合配置示例

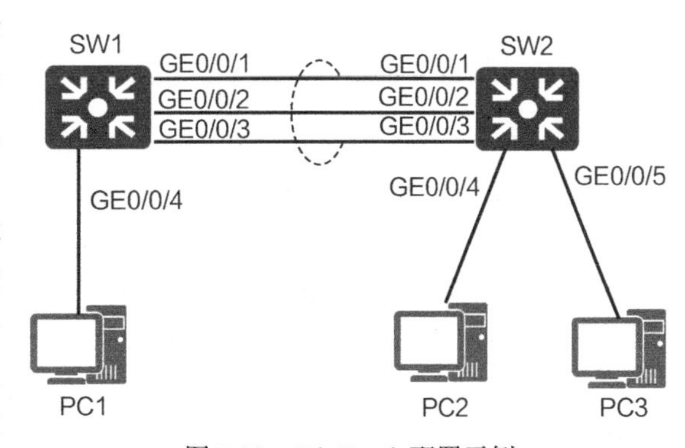

图 7-33　Eth-Trunk 配置示例

如图 7-33 所示，将交换机 SW1 的 GE0/0/1、GE0/0/2、GE0/0/3 和交换机 SW2 的 GE0/0/1、GE0/0/2、GE0/0/3 接口相连的三条链路配置成一条聚合链路。

在 SW1 上创建编号为 1 的 Eth-Trunk 端口，端口编号要和 SW2 的一致。配置 Eth-Trunk 1 端口的工作模式为手工负载分担模式，将端口 GE0/0/1～GE0/0/3 加入 Eth-Trunk 端口，将 Eth-Trunk 1 配置成干道链路，以允许所有 VLAN 通过。

```
[SW1]interface Eth-Trunk 1
[SW1-Eth-Trunk1]mode ?
  lacp-static  Static working mode
  manual            Manual working mode
[SW1-Eth-Trunk1]mode manual load-balance
[SW1-Eth-Trunk1]trunkport GigabitEthernet 0/0/1 to 0/0/3
[SW1-Eth-Trunk1]port link-type trunk
[SW1-Eth-Trunk1]port trunk allow-pass vlan all
[SW1-Eth-Trunk1]quit
```

在 SW2 上创建编号为 1 的 Eth-Trunk 端口，端口编号要和 SW1 的一致。配置 Eth-Trunk 1 端口的工作模式为手工负载分担模式，将端口 GE0/0/1～GE0/0/3 加入 Eth-Trunk 端口，将 Eth-Trunk 1 配置成干道链路，以允许所有 VLAN 通过。

```
[SW2]interface Eth-Trunk 1
[SW2-Eth-Trunk1]mode manual load-balance
[SW2-Eth-Trunk1]trunkport GigabitEthernet 0/0/1 to 0/0/3
[SW2-Eth-Trunk1]port link-type trunk
[SW2-Eth-Trunk1]port trunk allow-pass vlan all
[SW2-Eth-Trunk1]quit
```

查看 Eth-Trunk1 端口的配置信息。

```
[SW1]display eth-trunk 1
Eth-Trunk1's state information is:
WorkingMode: NORMAL           Hash arithmetic: According to SIP-XOR-DIP
Least Active-linknumber: 1  Max Bandwidth-affected-linknumber: 8
Operate status: up          Number Of Up Port In Trunk: 3
--------------------------------------------------------------------------------
PortName                      Status      Weight
GigabitEthernet0/0/1          Up          1
GigabitEthernet0/0/2          Up          1
GigabitEthernet0/0/3          Up          1
```

在上面的回显信息中，“WorkingMode：NORMAL”表示 Eth-Trunk1 端口的工作模式为 NORMAL，即手工负载分担模式（如果显示 LACP，则表示工作模式为 LACP 模式）。“LeastActive-linknumber：1”表示处于 Up 状态的成员链路的下限阈值为 1。“Operate status：up”表示 Eth-Trunk 1 端口的状态为 Up。“Operate status: Up”表示 Eth-Trunk1 端口的状态为 Up。“Number Of Up Port In Trunk:3”表明 Eth-Trunk1 有 3 个端口，PortName 是端口名称。

7.8 习题

1．在下面关于 VLAN 的描述中，不正确的是（　　）。

A．VLAN 把交换机划分成多个逻辑上独立的交换机

B．主干（Trunk）链路可以提供多个 VLAN 之间通信的公共通道

C．由于包含多个交换机，VLAN 扩大了冲突域

D．一个 VLAN 可以跨越交换机

2．如图 7-34 所示，主机 A 跟主机 C 通信时，SWA 与 SWB 间的 Trunk 链路传递的是不带 VLAN 标记的数据帧，但是当主机 B 跟主机 D 通信时，SWA 与 SWB 之间的 Trunk 链路传递的是带 VLAN 标记 20 的数据帧。

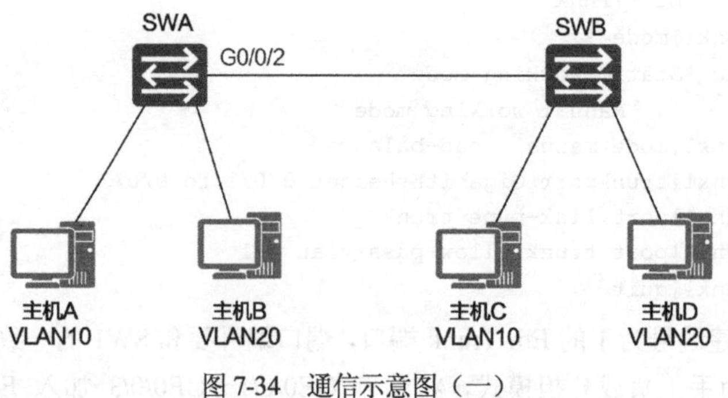

图 7-34　通信示意图（一）

根据以上信息，下列描述中正确的是（　　）。

A．SWA 上的 G0/0/2 端口不允许 VLAN 10 通过

B．SWA 上的 G0/0/2 端口的 PVID 是 10

C．SWA 上的 G0/0/2 端口的 PVID 是 20

D．SWA 上的 G0/0/2 端口的 PVID 是 1

3．以下关于生成树协议中的 Forwarding 状态的描述中，错误的是（　　）。

A．Forwarding 状态的端口可以接收 BPDU 报文

B．Forwarding 状态的端口不学习报文的源 MAC 地址

C．Forwarding 状态的端口可以转发数据报文

D．Forwarding 状态的端口可以发送 BPDU 报文

4．以下信息是运行 STP 的某交换机上所显示的端口状态信息。根据这些信息，以下描述中正确的是（　　）。

```
<S3>display stp brief
MSTID  Port                       Role    STP State        Protection
0      GigabitEthernet0/0/1       ALTE    DISCARDING       NONE
0      GigabitEthernet0/0/2       ROOT    FORWARDING       NONE
0      GigabitEthernet0/0/3       DESI    FORWARDING       NONE
```

A．此网络中有可能只包含这一台交换机

B．此交换机是网络中的根交换机

C．此交换机是网络中的非根交换机

D．此交换机肯定连接了 3 台其他的交换机

5．如图 7-35 所示，交换机与主机连接的端口均为 Access 端口，SWA 的 G0/0/1 的 PVID 为 2，SWB 的 G0/0/1 的 PVID 为 2，SWB 的 G0/0/3 的 PVID 为 3。SWA 的 G0/0/2 为 Trunk 端口，PVID 为 2，且允许所有 VLAN 通过。SWB 的 G0/0/2 为 Trunk 端口，PVID 为 3，且允许所有 VLAN 通过。

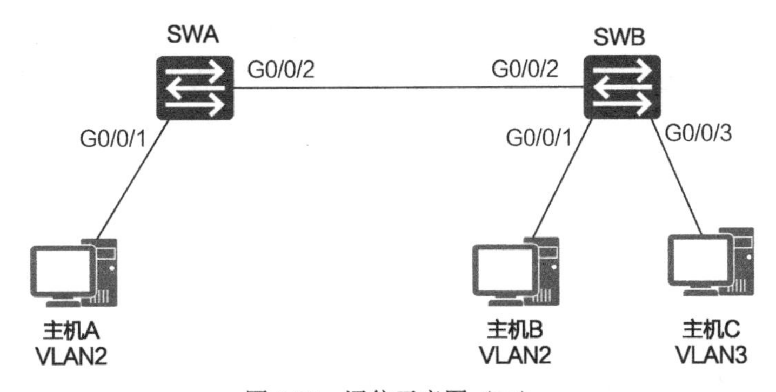

图 7-35　通信示意图（二）

如果主机 A、B 和 C 的 IP 地址在一个网段，那么下列描述中正确的是（　　）。

A．主机 A 只可以与主机 B 通信

B．主机 A 只可以与主机 C 通信

C．主机 A 既可以与主机 B 通信，也可以与主机 C 通信

D．主机 A 既不能与主机 B 通信，也不能与主机 C 通信

6．使用单臂路由器实现 VLAN 间通信时，通常的做法是采用子端口，而不是直接采用物理端口，这是因为（　　）。

A．物理端口不能封装 802.1Q

B．子端口转发速度更快

C．用子端口能节约物理端口

D．子端口可以配置 Access 端口或 Trunk 端口

7. 使用命令“vlan batch 10 20”“vlan batch 10 to 20”分别能创建的 VLAN 数量是（　　）。

A. 2 和 2　　　　B. 11 和 11

C. 11 和 2　　　　D. 2 和 11

8. 如图 7-36 所示，在 SWA 与 SWB 上创建 VLAN 2，将连接主机的端口配置为 Access 端口，且属于 VLAN 2。SWA 的 G 0/0/1 与 SWB 的 G 0/0/2 都是 Trunk 端口，且允许所有 VLAN 通过。如果要使主机间能够正常通信，则网络管理员需要（　　）。

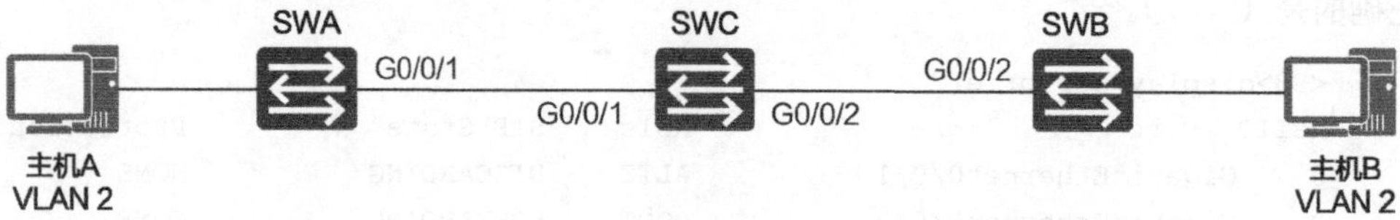

图 7-36　通信示意图（三）

A. 在 SWC 上创建 VLAN 2 即可

B. 配置 SWC 上的 G0/0/1 为 Trunk 端口且允许 VLAN 2 通过即可

C. 配置 SWC 上的 G0/0/1 和 G0/0/2 为 Trunk 端口且允许 VLAN 2 通过即可

D. 在 SWC 上创建 VLAN 2，配置 G0/0/1 和 G0/0/2 为 Trunk 端口，且允许 VLAN 2 通过

9. 当二层交换网络中出现冗余路径时，用什么方法可以阻止环路产生、提高网络的可靠性？（　　）

A. 生成树协议　　　　B. 水平分割

C. 毒性逆转　　　　D. 触发更新

10. 有用户反映在使用网络传输文件时，速度非常低，管理员在网络中使用 Wireshark 抓包工具发现了一些重复的帧，下面关于可能的原因或解决方案的描述中，正确的是（　　）。

A. 交换机在 MAC 地址表中查不到数据帧的目的 MAC 地址时，会泛洪该数据帧

B. 网络中的交换设备必须进行升级改造

C. 网络的二层存在环路

D. 网络中没有配置 VLAN

11. 链路聚合有什么作用？（　　）（选择 3 个答案）

A. 增加带宽　　　　B. 实现负载分担

C. 提升网络可靠性　　　　D. 便于对数据进行分析

12. 在交换机上，哪些 VLAN 可以使用 undo 命令来删除？（　　）（选择 3 个答案）

A. VLAN 1　　　　B. VLAN 2

C. VLAN 1024　　　　D. VLAN 4096

13. 如何保证某台交换机成为整个网络的根交换机？（　　）

A. 为该交换机配置一个低于其他交换机的 IP 地址

B. 设置该交换机的根路径开销值为最低

C. 为该交换机配置一个低于其他交换机的优先级

D. 为该交换机配置一个低于其他交换机的 MAC 地址

14. 如图 7-37 所示，两台主机通过单臂路由器实现 VLAN 间通信，当 RTA 的 G0/0/1.2 子端口收到主机 B 发送给主机 A 的数据帧时，RTA 将执行下列哪项操作？（　　）

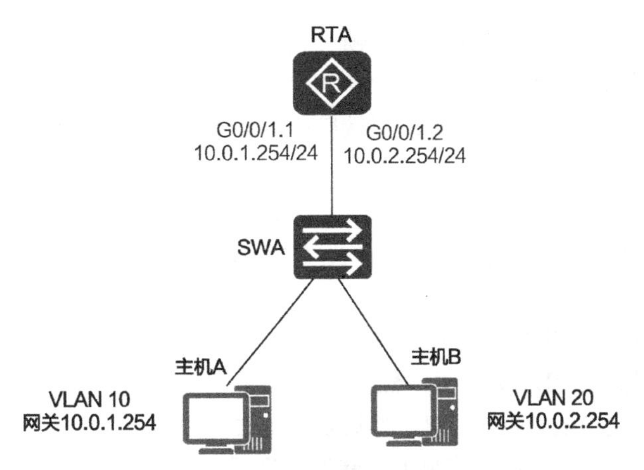

图 7-37 通信示意图（四）

A．RTA 将数据帧通过 G0/0/1.1 子端口直接转发出去

B．RTA 删除 VLAN 标记 20 后，由 G0/0/1.1 端口发送出去

C．RTA 首先要删除 VLAN 标记 20，然后添加 VLAN 标记 10，再由 G0/0/1.1 端口发送出去

D．RTA 将丢弃数据帧

15．下列关于 VLAN 配置的描述中，正确的是（　　）。

A．可以删除交换机上的 VLAN 1

B．VLAN 1 可以配置成 Voice VLAN

C．所有 Trunk 端口默认允许 VLAN 1 的数据帧通过

D．用户能够配置使用 VLAN 4095

16．交换机收到一个带有 VLAN 标记的数据帧，但是在 MAC 地址表中查不到该数据帧的目的 MAC 地址，下列描述中正确的是（　　）。

A．交换机会向所有端口广播该数据帧

B．交换机会向该数据帧所在 VLAN 的所有端口（除接收端口）广播此数据帧

C．交换机会向所有 Access 端口广播该数据帧

D．交换机会丢弃该数据帧

17．命令 port trunk allow-pass vlan all 有什么作用？（　　）

A．在该端口上允许所有 VLAN 的数据帧通过

B．与该端口相连接的对端端口必须同时配置 port trunk permit vlan all

C．相连的对端设备可以动态确定允许哪些 VLAN ID 通过

D．如果为相连的远端设备配置了 port default vlan 3 命令，则两台设备之间的 VLAN 3 无法互通

18．在 RSTP 标准中，交换机直接与终端相连接而不是与其他网桥相连的端口被定义为（　　）。

A．快速端口　　　　B．备份端口

C．根端口　　　　D．边缘端口

19．下列关于 Trunk 端口与 Access 端口的描述中，正确的是（　　）。

A．Access 端口只能发送 untagged 帧

B．Access 端口只能发送 tagged 帧

C．Trunk 端口只能发送 untagged 帧

D．Trunk 端口只能发送 tagged 帧

20．STP 计算的端口开销（port cost）和端口带宽有一定关系，即带宽越大，开销越（　　）。

A．小　　B．大

C．一致　　D．不一定

21．Access 类型的端口在发送报文时，会（　　）。

A．发送带标记的报文

B．剥离报文的 VLAN 信息，然后发送出去

C．添加报文的 VLAN 信息，然后发送出去

D．添加本端口的 PVID 信息，然后发送出去

22．如图 7-38 所示，在默认情况下，网络管理员希望使用 Eth-Trunk 手动聚合 SWA 与 SWB 之间的两条物理链路，下面描述中正确的是（　　）。

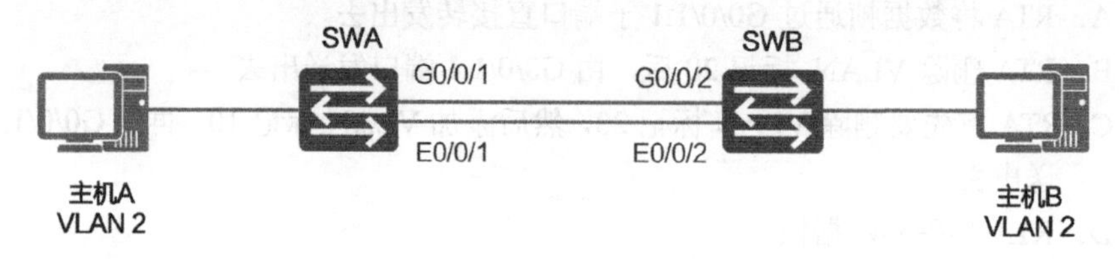

图 7-38　通信示意图（五）

A．聚合后可以正常工作

B．可以聚合，聚合后只有 G 端口能收发数据

C．可以聚合，聚合后只有 E 端口能收发数据

D．不能聚合

23．某交换机端口属于 VLAN 5，现在从 VLAN 5 中将该端口删除后，该端口属于哪个 VLAN？（　　）

A．VLAN 0　　B．VLAN 1

C．VLAN 1023　　D．VLAN 1024

24．RSTP 包含以下哪些端口状态？（　　）（多选）

A．Forwarding　　B．Discarding

C．Listening　　D．Learning

25．设备链路聚合支持哪些模式？（　　）（多选）

A．混合模式　　B．手动负载分担模式

C．手动主备模式　　D．LACP 模式

第8章 网络安全

本章内容

- ACL 简介
- 基本 ACL
- 高级 ACL
- AAA

路由器在不同网段转发数据包，为数据包选择路径。路由器也可以根据数据包的源 IP 地址、目标 IP 地址、协议、源端口、目标端口等信息过滤数据包。

数据包过滤通常控制哪些网段允许访问哪些网段，哪些网段禁止访问哪些网段。从源地址到目标地址画一个箭头，就能看到数据包经过哪些路由到达目的地，可以在数据包途经的任何路由器（当然这些路由器归你管理才行）上进行数据包过滤，数据包过滤可以在进路由器的端口或出路由器的端口上进行。确定了在哪个路由器的哪个端口，以及在哪个端口的哪个方向进行数据包过滤后，再创建访问控制列表（Access Control List，ACL），并在 ACL 中添加包过滤规则。

ACL 分为基本 ACL 和高级 ACL，基本 ACL 只能基于数据包的源地址、报文分片标记和时间段来定义规则。高级 ACL 可以根据数据包的源 IP 地址、目标 IP 地址、协议、目标端口、源端口、数据包的长度值来定义规则。高级 ACL 与基本 ACL 相比，高级 ACL 在控制上更精准、更灵活、更复杂。

本章讲解基本 ACL 和高级 ACL 的用法，ACL 规则的应用顺序，在 ACL 中添加规则、删除规则、插入规则，以及将 ACL 应用到路由器的端口。本章还会讲解 AAA 的工作方式和在路由器上的配置。

8.1 ACL 简介

8.1.1 ACL 的组成

如图 8-1 所示，一个 ACL 由若干条“拒绝 1 允许”（deny | permit）语句组成，每条语句都是该 ACL 的一条规则，每条语句中的 deny 或 permit 就是与这条规则相对应的处理动作。处理动作 permit 的含义是“允许”，处理动作 deny 的含义是“拒绝”。需要特别说明的是，ACL 技术总是与其他技术结合在一起使用的，因此，所结合的技术不同，“允许”（permit）及“拒绝”（deny）的内涵及作用也会不同。例如，当 ACL 技术与流量过滤技术结合使用时，permit

就是“允许通行”的意思，deny 就是“拒绝通行”的意思。

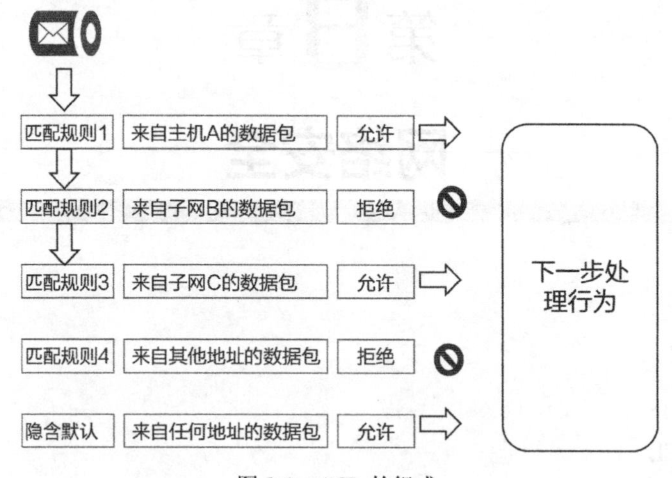

图 8-1 ACL 的组成

配置了 ACL 的设备在接收到一个报文之后，会将该报文与 ACL 中的规则逐条进行匹配。如果不能匹配上当前这条规则，则会继续尝试去匹配下一条规则。一旦报文匹配上了某条规则，则设备会对该报文执行这条规则中定义的处理动作（permit 或 deny），并且不再继续尝试与后续规则进行匹配。如果报文不能匹配 ACL 的任何一条规则，则设备会对该报文执行 permit 这个处理动作。在华为路由器中的 ACL 隐含默认最后一条规则是任何地址都允许通过的。你也可以在 ACL 最后添加一条规则：拒绝来自任何地址的数据包。隐含默认的规则就没机会起作用了。

一个 ACL 中的每一条规则都有一个相应的编号，称为规则编号（rule-id）。默认情况下，报文总是按照规则编号从小到大的顺序与规则进行匹配。默认情况下，设备会在创建 ACL 的过程中自动为每一条规则分配一个编号。如果将规则编号的步长设定为 10（注：规则编号的步长的默认值为 5），则规则编号将按照 10、20、30、40…这样的规律自动进行分配。如果将规则编号的步长设定为 2，则规则编号将按照 2、4、6、8…，这样的规律自动进行分配。步长的大小反映了相邻规则编号之间的间隔大小。间隔的存在，实际上是为了便于在两个相邻的规则之间插入新的规则。

8.1.2 ACL 设计思路

使用 ACL 控制网络流量时，先考虑使用基本 ACL 还是使用高级 ACL。如果只基于数据包源 IP 地址进行控制，就使用基本 ACL。如果需要基于数据包的源 IP 地址、目标 IP 地址、协议、目标端口进行控制，那就需要高级 ACL。然后再考虑在哪个路由器上的哪个接口的哪个方向进行控制。确定了这些才能确定 ACL 规则中的哪些 IP 地址是源地址，哪些 IP 指定是目标地址。

在创建 ACL 规则前，还要确定 ACL 中规则的顺序，如果每条规则中的地址条件不叠加，则规则编号顺序无关紧要；如果多条规则中用到的地址有叠加，就要把地址块小的规则放到前面，地址块大的规则放到后面。

在路由器的每个接口的出向和入向的每个方向只能绑定一个 ACL，一个 ACL 可以绑定多个接口。

如图 8-2 所示，R2 路由器是企业内网连接 Internet 的路由器，在 R2 路由器上创建 ACL 以控制内网对 Internet 的访问。

在本节中，我们只想控制内网到 Internet 的访问，这是基于源 IP 地址的控制，因此使用基本 ACL 就可以实现。内网计算机访问 Internet 要经过 R1 和 R2 两个路由器，这就要考虑要在哪个路由器上进行控制，以及绑定到哪个接口。若在 R1 路由器上创建 ACL，就要绑定到 R1 路由器的 GE0/0/1 的出向，在出去的时候检查应用 ACL。本例在 R2 路由器上创建 ACL，绑定到 R2 路由器的 GE0/0/0 的入向。

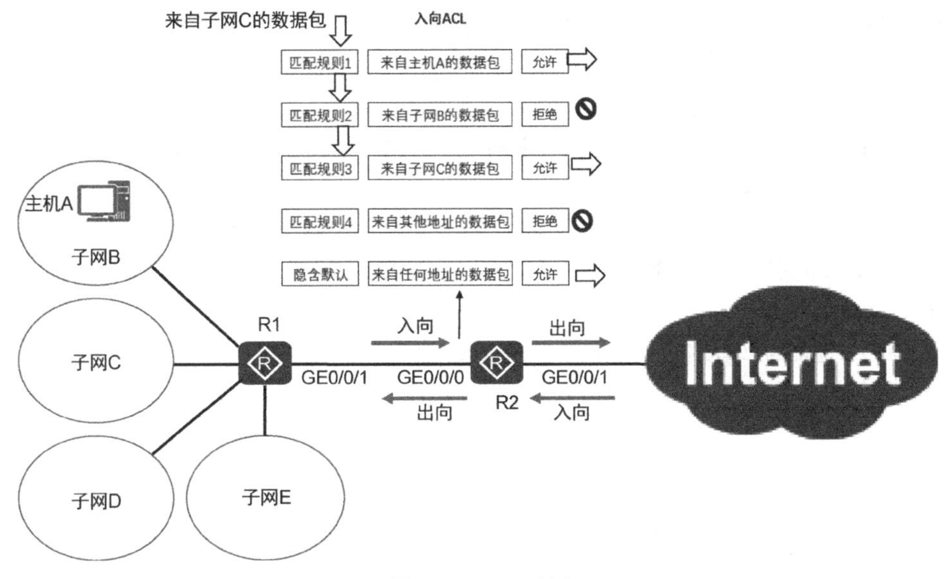

图 8-2 ACL 示例

可以看到图 8-2 中 ACL 中有 4 个匹配规则，在华为路由器中 ACL 隐含默认的最后一条规则是任何地址允许通过。本例中创建的匹配规则 4 为任何地址拒绝通过，则隐含默认规则就没机会用上了。因为 ACL 中的规则是按编号从小到大进行匹配，所以一旦匹配成功，就不再匹配下面的规则。

如果 ACL 中的每条规则包含的地址不叠加，则规则的应用顺序无关紧要，如果规则中地址有叠加，就要把地址块小的放到前面。比如图 8-2 中主机 A 的 IP 地址在子网 B 中，这就要求针对主机 A 的规则在针对子网 C 的规则前面，如果顺序颠倒，针对主机 A 的规则就没机会匹配上了。

创建好的 ACL 需要在接口进行绑定，并且要指明方向。方向是从路由器的方向来看的，从接口进入路由器就是入向，从接口出路由器就是出向。本例中定义好的 ACL 绑定到 R2 路由器的 GE0/0/0 接口，那就是入向，绑定到 R2 路由器的 GE0/0/1 接口就是出向。

图 8-2 中来自子网 C 的数据包从 R2 路由器的 GE0/0/0 进入，将会依次比对规则 1、规则 2，最后匹配规则 3，行为是允许进入。子网 E 在规则中没有明确指明，但会匹配规则 4，拒绝进入，隐含默认那条规则没机会用到。

大家想一下，该 ACL 绑定到 R2 路由器的 GE 0/0/1 的出向是否可以？绑定到 R2 路由器的 GE 0/0/1 的入向是否可以？

8.2 使用基本 ACL 实现网络安全

ACL 分为基本 ACL 和高级 ACL。基本 ACL 只能基于数据包的源地址、报文分片标记和时间段来定义规则。根据数据包从源网络到目标网络的路径，在必经之地（某个路由器的端口）进行数据包过滤。在创建 ACL 之前，需要先确定在沿途的哪个路由器以及在哪个端口的哪个方向进行数据包过滤。

8.2.1 使用基本 ACL 实现内网安全

基本 ACL 只能基于 IP 报文的源 IP 地址、报文分片标记和时间段信息来定义规则。下面就以一家企业的网络为例，来讲述基本 ACL 的用法。

根据数据包从源网络到目标网络的路径，在必经之地（某个路由器的接口）进行数据包过滤。在创建 ACL 之前，需要先确定在沿途的哪个路由器的哪个接口的哪个方向进行包过滤，才能确定 ACL 规则的源地址。

如图 8-3 所示，某企业内网有三个网段，VLAN 10 是财务部服务器，VLAN 20 是工程部服务器，VLAN 30 是财务部服务器。企业路由器 AR1 连接 Internet，现需要在 AR1 上创建 ACL 以实现以下功能。

- 源 IP 地址为私有地址的流量不能从 Internet 进入企业网络。
- 财务部服务器只能由财务部中的计算机访问。

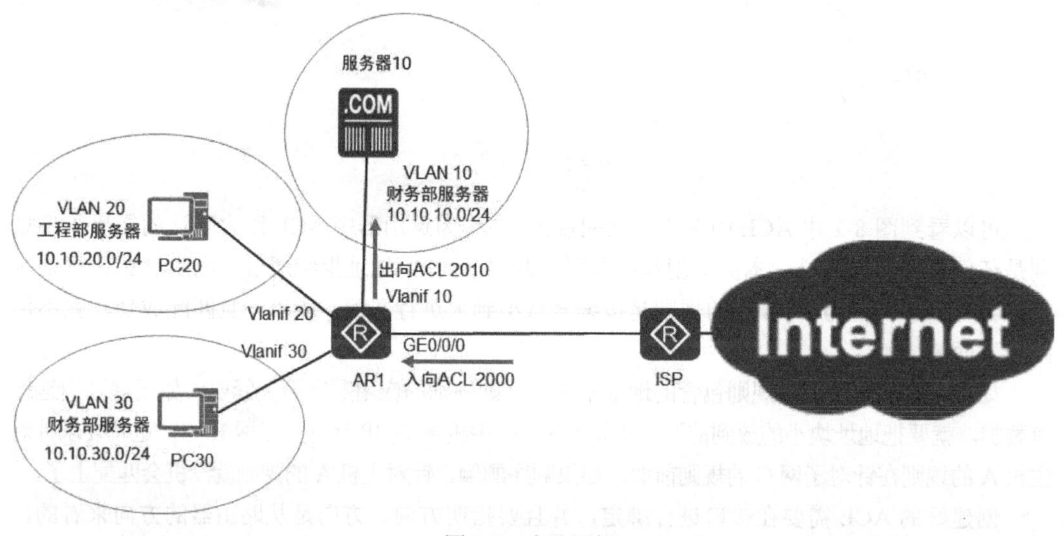

图 8-3 企业网络

首先确定需要创建两个 ACL，一个绑定到 AR1 路由器的 GE0/0/0 接口的入向，一个绑定到 AR1 的 vlanif 10 接口的出向。

在 AR1 上创建两个基本 ACL：2000 和 2010。

```
[RA1]acl ?
  INTEGER<2000-2999>  Basic access-list(add to current using rules) --基本ACL编号范围
  INTEGER<3000-3999>  Advanced access-list(add to current using rules)--高级ACL编号范围
  INTEGER<4000-4999>  Specify a L2 acl group
  ipv6                ACL IPv6
  name                Specify a named ACL
  number              Specify a numbered ACL

[AR1]acl 2000
```

```
[AR1-acl-basic-2000]rule deny source 10.0.0.0 0.255.255.255
[AR1-acl-basic-2000]rule deny source 172.16.0.0 0.15.255.255
[AR1-acl-basic-2000]rule deny source 192.168.0.0 0.0.255.255
[AR1-acl-basic-2000]quit
[AR1]acl 2010
[AR1-acl-basic-2010]rule permit source 10.10.30.0 0.0.0.255
[AR1-acl-basic-2010]rule 20 deny source any                  --指定规则编号
[AR1-acl-basic-2010]quit
```

在一个 ACL 中可以添加多条规则（rule），每条规则指定一个编号（Rule-ID），如果不指定，就由系统自动根据步长生成，默认步长为 5。Rule-ID 默认按照配置的先后顺序分配 0、5、10、15，匹配顺序按照 ACL 的 Rule-ID 的值，从小到大进行匹配。不连续的 Rule-ID 编号方便我们以后插入规则，比如在 Rule-ID 为 5 和 10 的中间插入一条 Rule-ID 为 7 的规则。也可以根据 Rule-ID 删除规则。

输入 display acl all 查看全部 ACL，输入 display acl 2000 可以查看编号是 2000 的 ACL。

```
[AR1]display acl all
 Total quantity of nonempty ACL number is 2

Basic ACL 2000, 3 rules
Acl's step is 5
 rule 5 deny source 10.0.0.0 0.255.255.255
 rule 10 deny source 172.16.0.0 0.15.255.255
 rule 15 deny source 192.168.0.0 0.0.255.255

Basic ACL 2010, 2 rules
Acl's step is 5
 rule 5 permit source 10.10.30.0 0.0.0.255
 rule 20 deny
```

将创建好的 ACL 绑定到接口。

```
[AR1]interface GigabitEthernet 0/0/0
[AR1-GigabitEthernet0/0/0]traffic-filter inbound acl 2000
[AR1-GigabitEthernet0/0/0]quit
[AR1]interface Vlanif 1
[AR1-Vlanif1]quit
[AR1]interface Vlanif 10
[AR1-Vlanif10]traffic-filter outbound acl 2010
[AR1-Vlanif10]quit
```

定义好 ACL 之后，还可以对其进行编辑，可以删除其中的规则，也可以在指定位置插入规则。

现在修改 ACL 2000，删除其中的规则 10，然后添加一条规则，以允许 10.30.30.0/24 网段通过。大家想想这条规则应该放到什么位置。

```
[RA1]acl 2000
[RA1-acl-basic-2000]undo rule 10  --删除 rule 10
[RA1-acl-basic-2000]rule 2 permit source 10.30.30.0 0.0.0.255 --插入 rule 2，编号
要小于 5
[RA1-acl-basic-2000]rule 15 permit source 192.168.0.0 0.0.255.255 --修改 rule 15，将
其改成 permit
[AR1-acl-basic-2000]display this
```

```
[V200R003C00]
#
acl number 2000
 rule 2 permit source 10.30.30.0 0.0.0.255
 rule 5 deny source 10.0.0.0 0.255.255.255
 rule 15 permit source 192.168.0.0 0.0.255.255
#
return
```

删除ACL，这并不自动删除接口的绑定，还需要在接口删除绑定的ACL。

```
[RA1]undo acl 2000
[RA1]interface GigabitEthernet 0/0/0
[AR1-GigabitEthernet0/0/0]display this
[V200R003C00]
#
interface GigabitEthernet0/0/0
 ip address 20.1.1.1 255.255.255.0
 traffic-filter inbound acl 2000                    --acl 2000依然绑定在出口
#
return
[AR1-GigabitEthernet0/0/0]undo traffic-filter inbound                  --解除绑定
```

8.2.2 使用基本ACL保护路由器安全

网络中的路由器如果配置了VTY端口，那么只要网络畅通，任何计算机都可以telnet到路由器进行配置。一旦telnet路由器的密码被泄露，路由器的配置就有可能被非法更改。可以创建标准ACL，只允许特定IP地址能够telnet到路由器进行配置。

路由器AR1只允许PC3对其进行telnet登录。在AR1路由器上创建基本ACL 2001，并将之绑定到user-interface vty进站方向。

```
[RA1]acl 2001
[RA1-acl-basic-2001]rule permit source 192.168.2.2 0          --不指定步长，默认是5
[RA1-acl-basic-2001]rule deny source any                      --拒绝所有
```

提示：拒绝所有的代码可以简写成[RA1-acl-basic-2001]rule deny。

查看定义好的ACL 2001配置。

```
<RA1>display acl 2001
Basic ACL 2001, 2 rules
Acl's step is 5                                    --步长为5
 rule 5 permit source 192.168.2.2 0 (1 matches)
 rule 10 deny (3 matches)
```

设置telnet端口的身份验证模式和登录密码，为用户权限级别绑定基本ACL 2001。

```
[RA1]user-interface vty 0 4
[RA1-ui-vty0-4]authentication-mode password                          --设置身份验证模式
Please configure the login password (maximum length 16):91xueit --设置登录密码91xueit
[RA1-ui-vty0-4]user privilege level 3
[RA1-ui-vty0-4]acl 2001 inbound                                     --绑定ACL 2001进站方向
```

删除绑定，请执行以下命令。

```
[RA1-ui-vty0-4]undo acl inbound
```

8.3 使用高级 ACL 实现网络安全

如图 8-4 所示，在 AR1 路由器上创建高级 ACL 以实现以下功能。

- 允许工程部访问 Internet。
- 允许财务部访问 Internet，但只允许访问网站和收发电子邮件。
- 允许财务部使用 ping 命令测试到 Internet 网络是否畅通。
- 禁止财务部服务器访问 Internet。

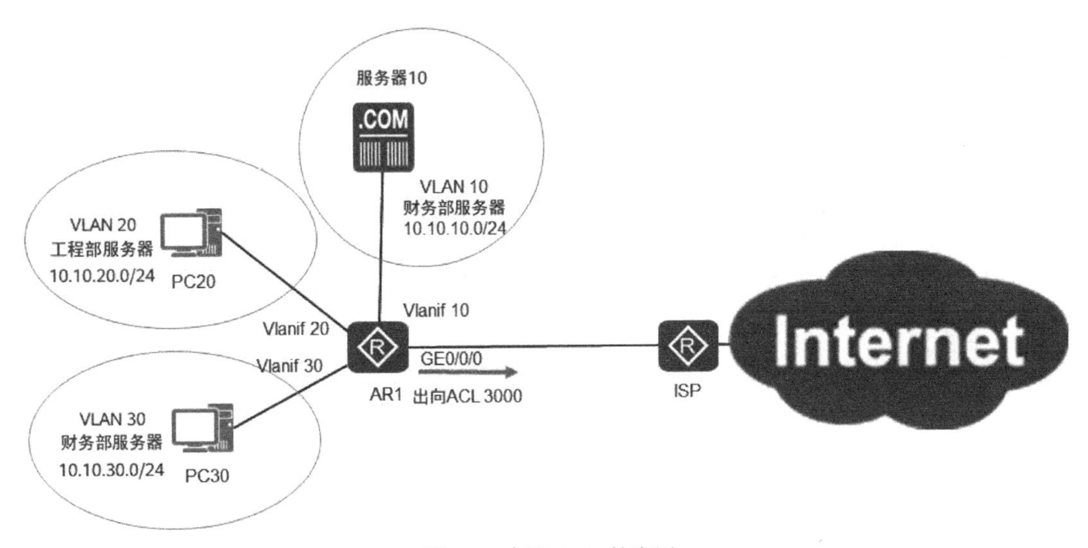

图 8-4 高级 ACL 的应用

本案例实现的功能基于源地址和协议，此时就要使用高级 ACL 来实现。在 AR1 上创建一个高级 ACL，将该 ACL 绑定到 AR1 的 GE 0/0/0 接口的出向。

允许财务部访问 Internet 网站，访问网站需要域名解析，域名解析使用的协议是 DNS。DNS 协议使用的是 UDP 的 53 端口，访问网站使用的协议是 HTTP 和 HTTPS。HTTP 使用的是 TCP 的 80 端口，HTTPS 使用的是 TCP 的 443 端口。

为了避免以上实验创建的基本 ACL 对本实验的影响，先删除全部 ACL，再在 Vlanif 10 和 GE0/0/0 上解除绑定的 ACL。

```
[AR1]undo acl all        --删除以上实验创建的全部 ACL
[AR1]interface Vlanif 10
[AR1-Vlanif10]undo traffic-filter outbound                    --删除接口上的绑定
```

在 AR1 上创建高级 ACL，规则中的协议是 TCP 或 UDP 时需要指定目标端口。

```
[AR1]acl 3000      --创建高级 ACL
[AR1-acl-adv-3000]rule 5 permit ?      --查看可用的协议
```

```
  <1-255>  Protocol number
  gre      GRE tunneling(47)
  icmp     Internet Control Message Protocol(1)
  igmp     Internet Group Management Protocol(2)
  ip       Any IP protocol     --IP 包含了 TCP、UDP 和 ICMP
  ipinip  IP in IP tunneling(4)
  ospf     OSPF routing protocol(89)
  tcp      Transmission Control Protocol (6)
  udp      User Datagram Protocol (17)
[AR1-acl-adv-3000]rule 5 permit ip source 10.10.20.0 0.0.0.255 destination any
[AR1-acl-adv-3000]rule 10 permit udp source 10.10.30.0 0.0.0.255 destination any  ?
                     --udp 需要指定端口
  destination-port       Specify destination port
  dscp                   Specify dscp
  fragment               Check fragment packet
  none-first-fragment  Check the subsequence fragment packet
……

[AR1-acl-adv-3000]rule 10 permit udp source 10.10.30.0 0.0.0.255 destination any
 destination-port ? --指定大于、小于或等于哪个端口或端口范围
  eq        Equal to given port number
  gt        Greater than given port number
  lt        Less than given port number
  range     Between two port numbers
[AR1-acl-adv-3000]rule 10 permit udp source 10.10.30.0 0.0.0.255 destination any
 destination-port eq ? --可以指定端口号或应用层协议名称
  <0-65535>          Port number
  biff               Mail notify (512)
  bootpc             Bootstrap Protocol Client (68)
  bootps             Bootstrap Protocol Server (67)
  discard            Discard (9)
  dns                Domain Name Service (53)
  dnsix              DNSIX Security Attribute Token Map (90)
  echo               Echo (7)
  ……
[AR1-acl-adv-3000]rule 10 permit udp source 10.10.30.0 0.0.0.255 destination any
 destination-port eq dns
[AR1-acl-adv-3000]rule 15 permit tcp source 10.10.30.0 0.0.0.255 destination-port eq www
[AR1-acl-adv-3000]rule 20 permit tcp source 10.10.30.0 0.0.0.255 destination-port eq 443
[AR1-acl-adv-3000]rule 25 permit icmp source 10.10.30.0 0.0.0.255
[AR1-acl-adv-3000]rule 30 deny ip
[AR1-acl-adv-3000]quit
```

将 ACL 绑定到接口。

```
[AR1]interface GigabitEthernet 0/0/0
[AR1-GigabitEthernet0/0/0]traffic-filter outbound acl 3000
```

8.4 AAA

网络设备或操作系统通常有多个用户登录访问，不同的用户可以设置不同的访问权限，

为了安全还需要跟踪并记录用户的访问行为。

用户登录系统或网络设备时需要输入账户密码来验证用户的身份，这个过程叫作身份认证（authentication）。不同的用户被授予了不同的权限，这个过程叫作授权（authorization）。为了安全，用户登录后对系统资源的访问或更改进行记录，这个过程叫作审计（accounting），这三项独立安全功能总称为 AAA。审计功能不在本节讨论。

8.4.1 AAA 工作方式

网络设备可以通过两种不同的方式对发起管理访问的用户执行认证、授权和审计，其中一种方式是在本地完成的。如图 8-5 所示，网络设备通过自己本地数据库中的用户名和密码信息来完成身份验证、权限指定和操作记录。

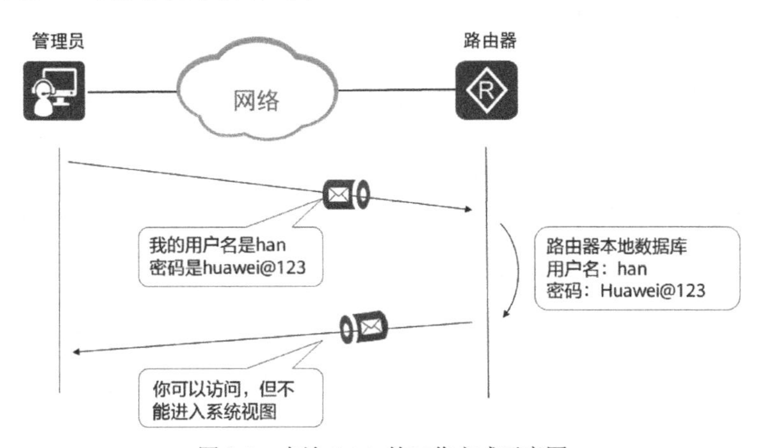

图 8-5 本地 AAA 的工作方式示意图

另一种方式是通过外部的 AAA 服务器来完成。当用户向网络设备发起管理访问时，网络设备向位于指定地址的 AAA 服务器发送查询信息，让 AAA 服务器判断是否允许这位用户访问，以及这位用户拥有什么权限等，如图 8-6 所示。

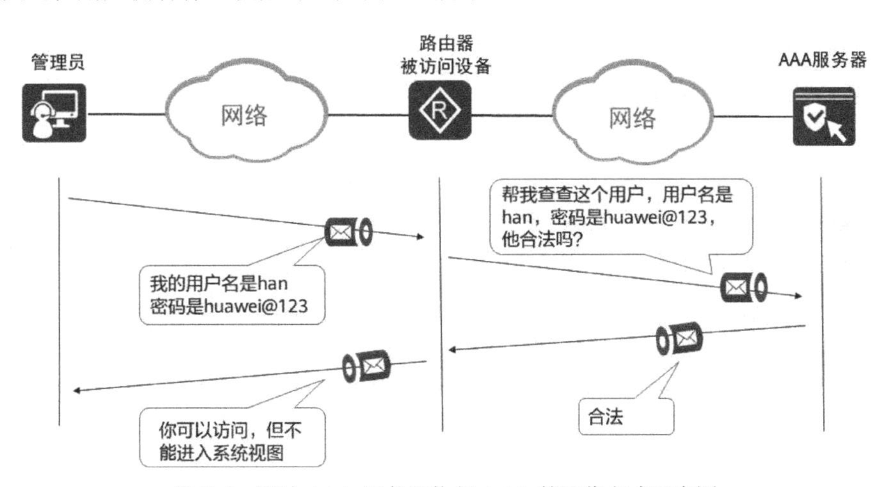

图 8-6 通过 AAA 服务器执行 AAA 的工作方式示意图

与在设备本地执行 AAA 操作相比，通过 AAA 服务器来为网络集中提供 AAA 服务最直接的优势源于扩展性。因此，在中到大规模网络中，图 8-5 所示的这种依靠 AAA 服务器来集中提供 AAA 服务的做法更加常见。在这种环境中，人们当然需要定义被管理设备与 AAA 服务器之间通信的标准。RADUIS 协议就是被管理设备和 AAA 服务器通信的标准协议，即远程认证拨入用户服务（Remote Authentication Dial In User Service），AAA 服务器是 RADUIS 服务器，路由器是 RADUIS 客户端。

通过 AAA 服务器执行 AAA 工作方式以及 RADIUS 协议在本书不做过多介绍。

8.4.2 AAA 的配置

本节展示如何配置华为路由器 AAAA 本地认证。使用 telnet 远程登录华为路由器时，可以使用密码（password）认证，但使用密码认证没有办法针对不同的用户设置不同的权限。为了提高安全性，为不同的用户授予不同的访问权限，就需要设置 telnet 登录使用 AAA 进行本地认证。本示例使用的网络环境如图 8-7 所示。

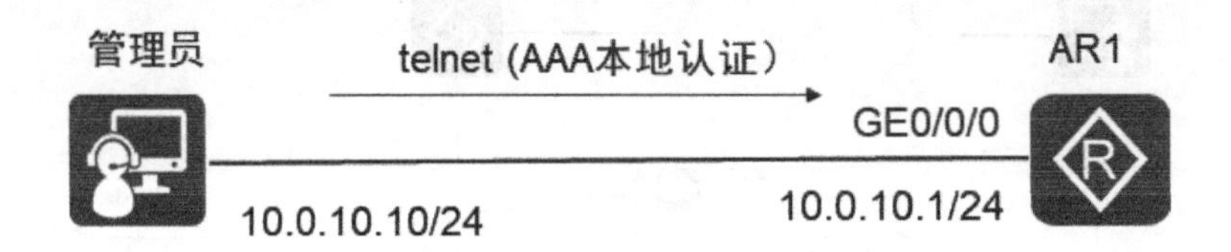

图 8-7 使用 AAA 本地认证的方式进行登录验证

在这个环境中，我们要在路由器 AR1 上针对 telnet 启用 AAA 本地认证，对通过 telnet 向 AR1 发起管理访问的用户进行认证。用户只有输入了正确的用户名和密码，才能够成功登录 AR1。

在华为网络设备上，默认情况下有一个名为 default 的认证方案（authentication-scheme），管理员不能删除这个认证方案，但能够对其进行修改。在认证方案 default 中，默认的认证模式为本地认证（local，也就是说，路由器会使用本地数据库对用户的登录行为进行认证。在这个示例中，我们就直接使用认证方案 default，并且保留默认认证模式 local 不做修改。

查看 AR1 上默认的 AAA 配置信息：

```
[AR1]aaa
[AR1-aaa]display this
[V200R003C00]
#
aaa
 authentication-scheme default
 authorization-scheme default
 accounting-scheme default
 domain default
 domain default_admin
 local-user admin password cipher %$%$K8m.Nt84DZ}e#<0`8bmE3Uw}%$%$
 local-user admin service-type http
#
return
[AR1-aaa]
```

在本例中管理员先使用系统视图命令 aaa 进入了 AAA 视图，然后在 AAA 视图中使用了命令 display this，这条命令能够查看当前视图中的配置命令。在命令 display this 的输出内容中，重点介绍 authentication-scheme default 和 domain default_admin。

- authentication-scheme default：这是默认的认证方案 default。如果在 AAA 视图中输入命令 authentication-scheme default，就可以进入 default 认证方案的视图，并修改 default 中的参数。在 default 认证方案视图中，管理员可以使用 authentication-mode local 命令设置本地认证模式。由于这是默认的认证模式，所以即使管理员输入了这条命令，在配置中也看不到该设置。

```
[AR1-aaa]authentication-scheme default
[AR1-aaa-authen-default]authentication-mode ?
  hwtacacs    HWTACACS
  local       Local
  none        None
  radius      RADIUS
[AR1-aaa-authen-default]authentication-mode local
```

- domain default_admin：这是默认的管理员域 default_admin，也就是通过 HTTP、SSH、Telnet、Terminal 或 FTP 方式进行设备登录的用户所属的域。如果在 AAA 视图中输入命令 domain default_admin，就可以进入 default_admin 域视图，并修改这个域中的参数。

```
[AR1-aaa]domain default_admin
[AR1-aaa-domain-default_admin]?
aaa-domain-default_admin view commands:
  accounting-scheme       Configure accounting scheme
  arp-ping                ARP-ping
  authentication-scheme   Configure authentication scheme
  authorization-scheme    Configure authorization scheme
  backup                  Backup  information
 ......
```

对于通过 Telnet 的方式登录设备的用户来说，用户属于 default_admin 域，这个域使用默认的 default 认证方案，default 认证方案中又设置了默认的本地认证模式。在这个层层嵌套的配置中，如果想要通过 AAA 本地认证对 Telnet 进行保护，那么管理员无须进行任何修改。因此接下来需要做的是创建用来进行 Telnet 登录的本地用户。

以下命令在 AR1 路由器上创建了两个用户 user1 和 user2。在创建 user1 时，管理员指定了用户名（user1）和密码（huawei111），并且把 user1 的接入服务类型设置为 Telnet。在创建 user2 时，管理员除了指定用户名（user2）和密码（huawei222），并且把 user2 的接入服务类型也设置为 Telnet 外，还指定了 user2 的级别 15，也就是最高级别。管理员没有为 user1 指定级别，因此 user1 的级别为默认级别 0，也就是最低级别。

```
[AR1]aaa
[AR1-aaa]local-user user1 password cipher huawei111
Info: Add a new user.
[AR1-aaa]local-user user1 service-type telnet
[AR1-aaa]local-user user2 privilege level 15 password cipher huawei222
Info: Add a new user.
[AR1-aaa]local-user user2 service-type telnet
```

最后，管理员还需要配置 VTY 线路，把它的认证模式设置为 AAA。

```
[AR1]user-interface vty 0 4
[AR1-ui-vty0-4]authentication-mode aaa
[AR1-ui-vty0-4]quit
```

使用 user1 账户 Telnet AR1 路由器。登录成功后，输入问号查询当前能够使用的命令，发现命令非常有限，因为 user1 的级别是 0。图 8-8 展示了 user1 登录后可用的命令。

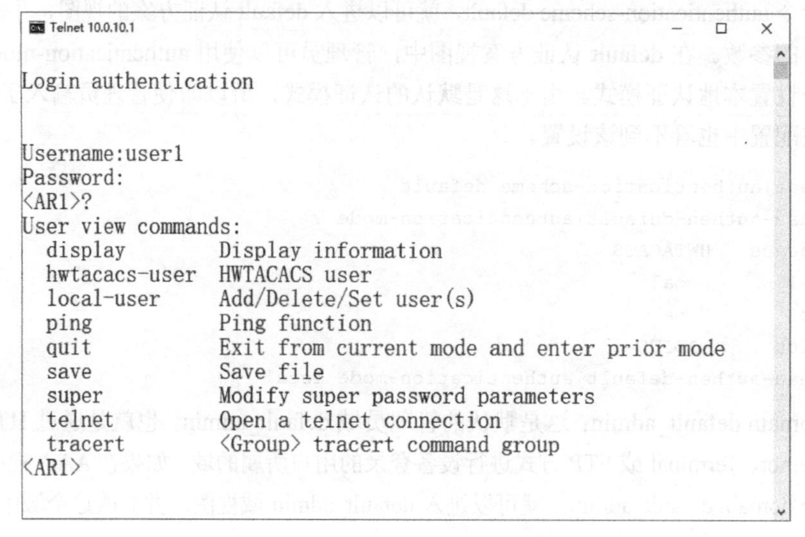

图 8-8　使用 user1 进行登录测试

使用 user2 登录，结果如图 8-9 所示。输入问号查询当前能够输入的配置命令，发现 user2 能够使用的命令非常多，这是因为 user2 的级别是 15，也就是最高级别，说明 user2 能够使用全部命令。

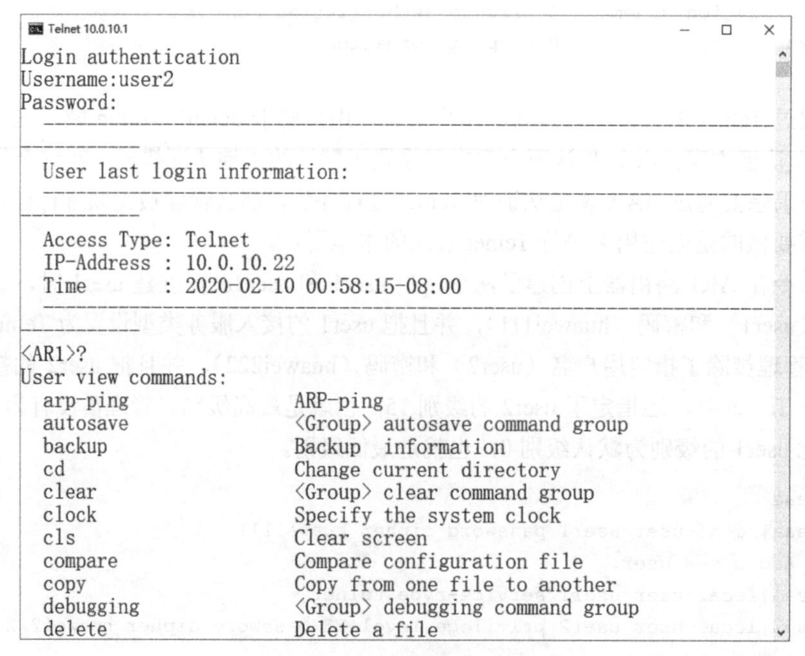

图 8-9　使用 user2 进行登录测试

通过命令 display local-user，可以查看设备本地配置的用户信息。

```
[AR1]display local-user
----------------------------------------------------------------------------
User-name                          State    AuthMask   AdminLevel
```

```
------------------------------------------------------------------------------
  admin                              A      H         -
  user1                              A      T         -
  user2                              A      T         15
------------------------------------------------------------------------------
  Total 3 user(s)
[AR1]
```

在以上输出中，State 是 A（Active）标明该用户处于活动状态，B（Block）标明该用户处于禁用状态。AuthMask 表示本地用户的接入类型，admin 的接入类型为 H（HTTP），user1 和 user2 的接入类型为 T（telnet），接入类型还有 S（SSH）、F（FTP）等。AdminLevel 表示本地用户的管理员用户级别，从这里也可以看出 user2 的级别为 15。

通过命令 display local-user username *username*，可以查看某个用户的信息，下面查看 user2 的信息。

```
[AR1]display local-user username user2
  The contents of local user(s):
  Password              : ****************
  State                 : active
  Service-type-mask     : T
  Privilege level       : 15
  Ftp-directory         : -
  Access-limit          : -
  Accessed-num          : 0
  Idle-timeout          : -
  User-group            : -
```

8.5 习题

1．关于访问控制列表编号与类型的对应关系，下列描述中正确的是（　　）。

A．基本的访问控制列表编号范围是 1000～2999

B．高级的访问控制列表编号范围是 3000～4000

C．二层的访问控制列表编号范围是 4000～4999

D．基于端口的访问控制列表编号范围是 1000～2000

2．在路由器 RTA 上完成如下所示的 ACL 配置，则下面描述中正确的是（　　）。

```
[RTA]acl 2001
[RTA-acl-basic-2001]rule 20 permit source 20.1.1.0 0.0.0.255
[RTA-acl-basic-2001]rule 10 deny source 20.1.1.0 0.0.0.255
```

A．VRP 系统将会自动按配置的先后，顺序调整第一条规则的顺序编号为 5

B．VRP 系统不会调整顺序编号，但是会先匹配第一条配置的规则 permit source 20.1.1.0 0.0.0.255

C．配置错误，规则的顺序编号必须从小到大配置

D．VRP 系统将会按照顺序编号，先匹配第二条规则 deny source 20.1.1.0 0.0.0.255

3．ACL 中的每条规则都有相应的规则编号以表示匹配顺序。在如下所示的配置中，关于两条规则的编号的描述中，正确的是（　　）。（选择两个答案）

```
[RTA]acl 2002
[RTA-acl-basic-2002]rule permit source 20.1.1.10
[RTA-acl-base-2002]rule permit source 30.1.1.10
```

A．第一条规则的顺序编号是1　　　　B．第一条规则的顺序编号是5

C．第二条规则的顺序编号是2　　　　D．第二条规则的顺序编号是10

4．如图8-10所示，网络管理员希望主机A不能访问WWW服务器，但是不限制其访问其他服务器，则下列RTA的ACL中能够满足需求的是（　　）。

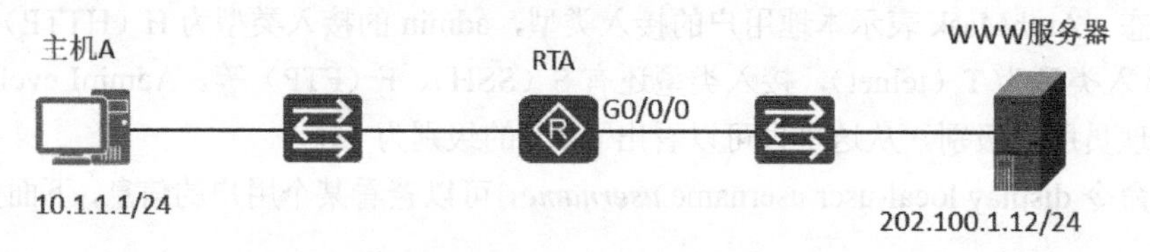

图8-10　通信示意图（一）

A．rule deny tcp source 10.1.1.10 destination 202.100.1.12 0.0.0.0 destination-port eq 21

B．rule deny tcp source 10.1.1.10 destination 202.100.1.12 0.0.0.0 destination-port eq 80

C．rule deny udp source 10.1.1.10 destination 202.100.1.12 0.0.0.0 destination-port eq 21

D．rule deny udp source 10.1.1.10 destination 202.100.1.12 0.0.0.0 destination-port eq 80

5．一台AR2220路由器上使用如下ACL配置来过滤数据包，则下列描述中正确的是（　　）。

```
[RTA]acl 2001
[RTA-acl-basic-2001]rule permit source 10.0.1.0 0.0.0.255
[RTA-acl-basic-2001]rule deny source 10.0.1.0 0.0.0.255
```

A．10.0.1.0/24网段的数据包将被拒绝　　B．10.0.1.0/24网段的数据包将被允许

C．该ACL配置有误　　　　　　　　　　D．以上选项都不正确

6．如图8-11所示，网络管理员在路由器RTA上使用ACL 2000过滤数据包，则下列描述中正确的是（　　）。(选择两个答案)

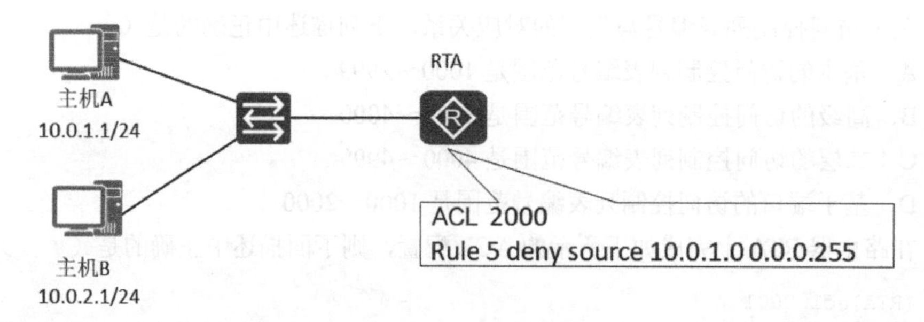

图8-11　通信示意图（二）

A．RTA转发来自主机A的数据包　　　B．RTA丢弃来自主机A的数据包

C．RTA转发来自主机B的数据包　　　D．RTA丢弃来自主机B的数据包

7．在路由器PTA上使用如下所示的ACL匹配路由条目，则下列哪些条目将会被匹配上？(选择两个答案)

```
[RTA]acl 2002
[RTA-acl-basic-2002]rule deny source 172.16.1.1 0.0.0.0
[RTA-acl-basic-2002]rule deny source 172.16.0.0 0.0.255.255
```

A．172.16.1.1/32　　B．172.16.1.0/24

C．192.17.0.0/24　　D．172.18.0.0/16

8．下列哪项参数不能用于高级访问控制列表？（　　）

A．物理端口　　B．目的端口号

C．协议号　　D．时间范围

9．某个 ACL 规则如下，则下列哪些 IP 地址可以被 permit 规则匹配？（　　）（多选）

```
rule 5 permit ip source 10.1.1.0 255.0.254.255
```

A．7.1.2.1　　B．6.1.3.1

C．8.2.2.1　　D．9.1.1.1

10．用 Telnet 方式登录路由器时，可以选择哪几种认证方式？（　　）（多选）

A．AAA 本地认证　　B．不认证

C．password 认证　　D．MD5 密文认证

11．如图 8-12 所示，在 RTA 路由器上创建 ACL，禁止 10.0.1.1/24、10.0.2.1/24 和 10.0.3.1/24 网段之间相互访问，并允许这 3 个网段访问 Internet。考虑使用基本 ACL 还是高级 ACL，考虑 ACL 绑定的位置和方向。创建 ACL，并绑定到适当端口。

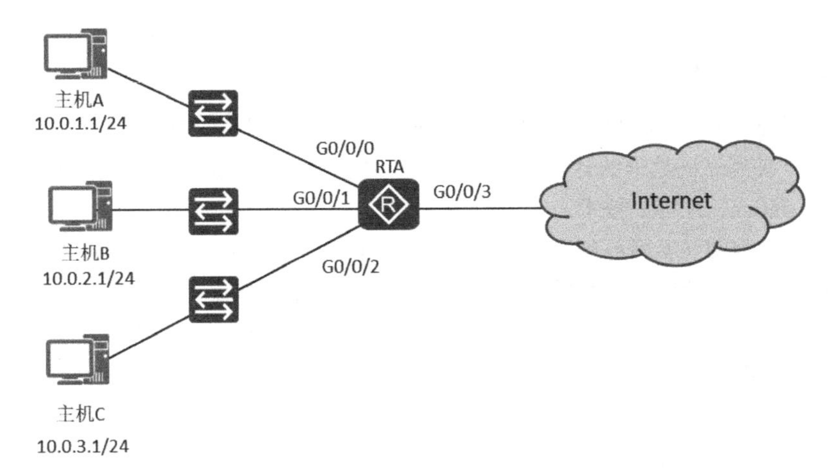

图 8-12　通信示意图（三）

第9章 网络地址转换和端口映射

本章内容

- 介绍公网地址和私网地址
- NAT 的类型
- 静态 NAT 的实现
- NAPT 的实现
- Easy IP 的实现
- 配置端口映射
- 灵活运用 NAPT

本章介绍公网 IP 地址和私网 IP 地址，企业内网通常使用私网 IP 地址，Internet 使用的是公网 IP 地址。使用私网地址的计算机访问 Internet（公网）时需要用到网络地址转换（Network Address Translation，NAT）技术。

在连接企业内网（私网地址）和 Internet 的路由器上配置网络地址转换（NAT）。一个私网地址需要占用一个公网地址做转换。NAT 分为静态 NAT 和动态 NAT。

如果内网计算机数量（私网地址数量）比可用的公网地址多，就需要做网络地址端口转换（Network Address and Port Translation，NAPT）。NAPT 技术允许企业内网的计算机使用公网 IP 地址进行网络地址端口转换。

如果企业的服务器部署在内网，使用私网地址，若想让 Internet 上的计算机访问内网服务器，就需要在连接 Internet 的路由器上配置端口映射。

9.1 公网地址和私网地址

公网指的是 Internet，公网 IP 地址指的是 Internet 上全球统一规划的 IP 地址，网段地址块不能重叠。Internet 上的路由器能够转发目标地址为公网地址的数据包。

在 IP 地址空间中，A、B、C 3 类地址中各保留了一部分地址作为私网地址。私网地址不能在公网上出现，只能用在内网中，Internet 中的路由器没有到私网地址的路由。

保留的 A、B、C 类私网地址的范围分别如下。

A 类地址：10.0.0.0～10.255.255.255。

B 类地址：172.16.0.0～172.31.255.255。

C 类地址：192.168.0.0～192.168.255.255。

企业或学校的内部网络，可以根据计算机数量、网络规模大小来选用适当的私网地址段。

小型企业或家庭网络可以选择保留的 C 类私网地址，大中型企业网络可以选择保留的 B 类地址或 A 类地址。如图 9-1 所示，A 学校选用 10.0.0.0/28 作为内网地址，B 学校也选择 10.0.0.0/28 作为内网地址，反正这两个学校的网络现在不需要相互通信，将来也不打算相互访问，因此使用相同的网段或地址重叠也没关系。如果以后 A 学校和 B 学校的网络需要相互通信，就不能使用重叠的地址段了，就要重新规划这两个学校的内网地址。

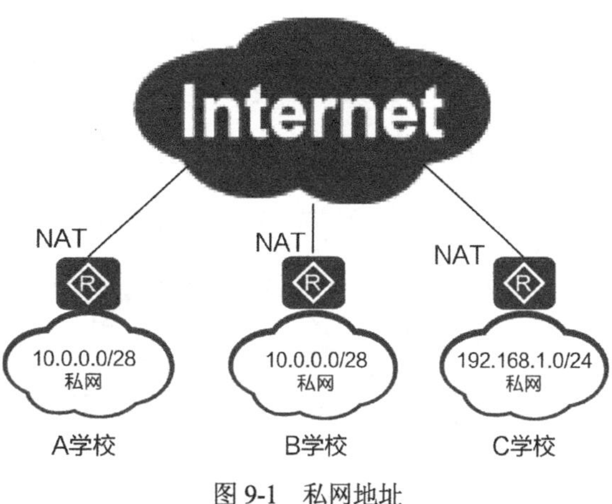

图 9-1 私网地址

企业内网使用私网地址，可以减少对公网地址的占用。NAT 一般应用在边界路由器中，比如公司连接 Internet 的路由器上。NAT 的优缺点如表 9-1 所示。

表 9-1 NAT 的优缺点

优　　点	缺　　点
❍ 通过使用 NAPT 技术，企业私网访问 Internet 时可以使用公网地址，节省公网 IP 地址 ❍ 更换 ISP，内网地址不用更改，增强 Internet 连接的灵活性 ❍ 私网在 Internet 上不可直接访问，增强内网的安全性	❍ 在路由器上做 NAT 或 NAPT，都需要修改数据包的网络层和传输层，并且会在路由器中保留、记录端口地址转换对应关系。这相比路由数据包会产生较大的交换延迟，同时会消耗路由器较多的资源 ❍ 使用私网地址访问 Internet，源地址被替换成公网地址。如果某学校的学生在论坛上发布谣言，论坛只能记录发帖人的 IP 地址是该学校的公网地址，没办法跟踪到是内网的哪个地址，也就是无法进行端到端的 IP 跟踪 ❍ 公网不能访问私网计算机，如需访问，要做端口映射 ❍ 某些应用无法在 NAT 网络中运行，比如 IPSec 不允许中间数据包被修改

9.2 NAT 的类型

下面介绍 NAT 的 4 种类型：静态 NAT、动态 NAT、地址池 NAPT 和 Easy IP。

9.2.1 静态 NAT

静态 NAT 在连接私网和公网的路由器上进行配置，一个私网地址对应一个公网地址，这种方式不节省公网 IP 地址。

如图 9-2 所示，在 R1 路由器上配置静态映射，内网 192.168.1.2 访问 Internet 时使用公网地址 12.2.2.2 替换源 IP 地址；内网 192.168.1.3 访问 Internet 时使用公网地址 12.2.2.3 替换源 IP 地址。图 9-2 展现了 PC1、PC2 访问 Web 服务器，数据包在内网时的源地址和目标地址，以及数据包发送到 Internet 后的源地址和目标地址，也展现了 Web 服务器发送给 PC1 和 PC2 的数据包在 Internet 的源地址和目标地址，以及进入内网后的源地址和目标地址。

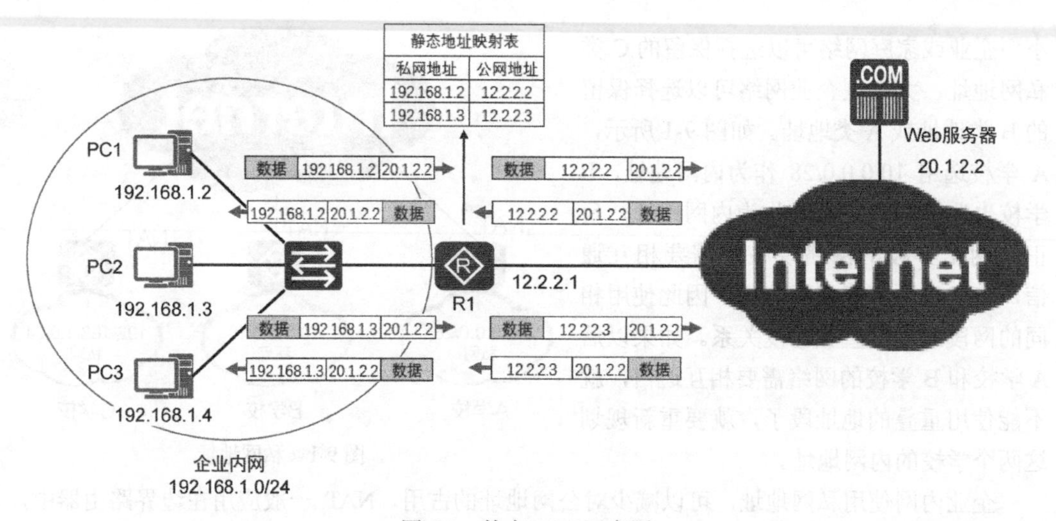

图 9-2 静态 NAT 示意图

PC3 不能访问 Internet，因为 R1 路由器没有为 IP 地址 192.168.1.4 指定用来替换的公网地址。配置好了静态 NAT，Internet 上的计算机就能通过访问 12.2.2.2 来访问内网的 PC1，通过访问 12.2.2.3 来访问内网的 PC2。

静态 NAT 使得内网能够访问 Internet，同样 Internet 上的计算机通过访问静态地址映射表中的某个公网地址来访问对应的内网计算机。

9.2.2 动态 NAT

动态 NAT 在连接私网和公网的路由器上进行配置，在路由器上创建公网地址池（地址段），并使用 ACL 定义内网地址，并不指定用哪个公网地址替换哪个私网地址。内网计算机访问 Internet 时，路由器会从公网地址池中随机选择一个没被使用的公网地址做源地址替换。动态 NAT 只允许内网主动访问 Internet，Internet 上的计算机不能通过公网地址访问内网的计算机，这和静态 NAT 不一样。

如图 9-3 所示，内网有 4 台计算机，公网地址池有 3 个公网 IP 地址，这只允许内网的 3 台计算机访问 Internet，到底谁能访问 Internet，那就看谁先上网了。图 9-3 中 PC4 没有可用的公网地址，就不能访问 Internet 了。

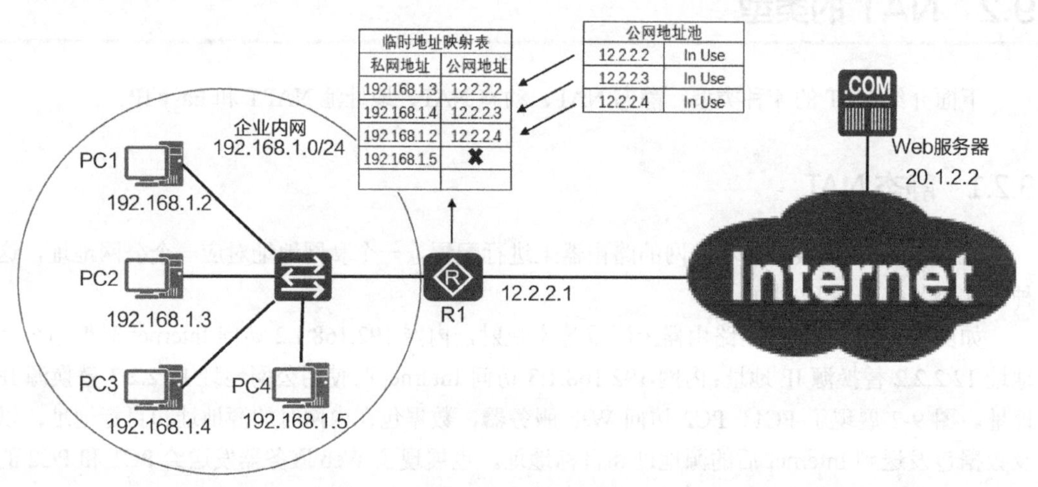

图 9-3 动态 NAT

9.2.3 网络地址端口转换（NAPT）

如果用于 NAT 的公网地址少于内网中上网计算机的数量，那么在内网计算机使用公网地址池中的 IP 地址访问 Internet 时，出去的数据包就要替换源 IP 地址和源端口。路由器中有一张表用于记录端口地址转换，如图 9-4 所示。

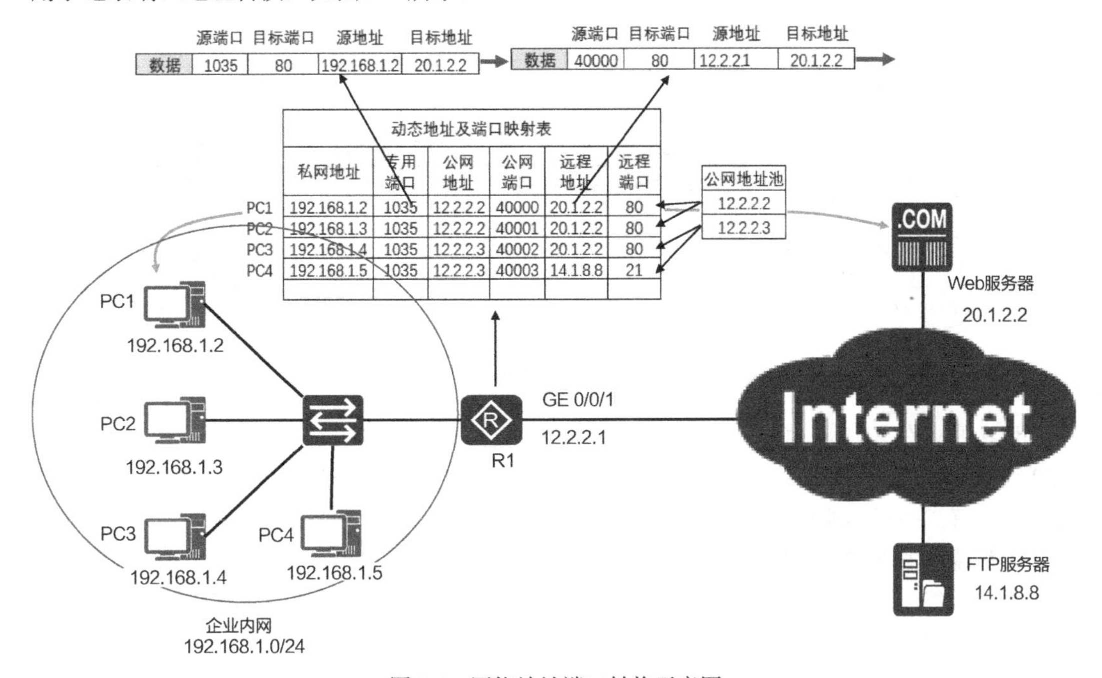

图 9-4 网络地址端口转换示意图

源端口（图 9-4 中的公网端口）由路由器统一分配，不会重复。R1 收到返回来的数据包，根据目标端口就能判定应该给内网中的哪台计算机。这就是网络地址端口转换（Network Address and Port Translation，NAPT），应用 NAPT 会节省公网地址。

NAPT 只允许内网主动访问 Internet，Internet 中的计算机不能主动向内网发起通信，这使得内网更加安全。

9.2.4 Easy IP

Easy IP 技术是 NAPT 的一种简化情况。Easy IP 无须建立公有 IP 地址资源池，因为 Easy IP 只会用到一个公有地址，该地址就是路由器 R1 的 GE 0/0/1 接口的 IP 地址。Easy IP 也会建立并维护一张动态地址及端口映射表，并且，Easy IP 会将这张表中的公有 IP 地址与 GE 0/0/1 接口的 IP 地址绑定。R1 的 GE 0/0/1 接口的 IP 地址如果发生了变化，那么，这张表中的公有 IP 地址也会自动跟着变化。GE 0/0/1 接口的 IP 地址可以是手动配置的，也可以是动态分配的。

在其他方面，Easy IP 是与 NAPT 完全一样的，这里不再赘述。

9.3 静态 NAT 的实现

在连接 Internet 的路由器上配置静态 NAT。

如图 9-5 所示，企业内网的私网地址是 192.168.0.0/24，AR1 路由器连接 Internet，有一条默认路由指向 AR2 的 GE 0/0/0 端口地址。AR2 代表 ISP 的 Internet 上的路由器，该路由器没有到私网的路由。ISP 给企业分配了 3 个公网地址 12.2.2.1、12.2.2.2、12.2.2.3，其中 12.2.2.1 指定给 AR1 的 GE 0/0/1 端口。

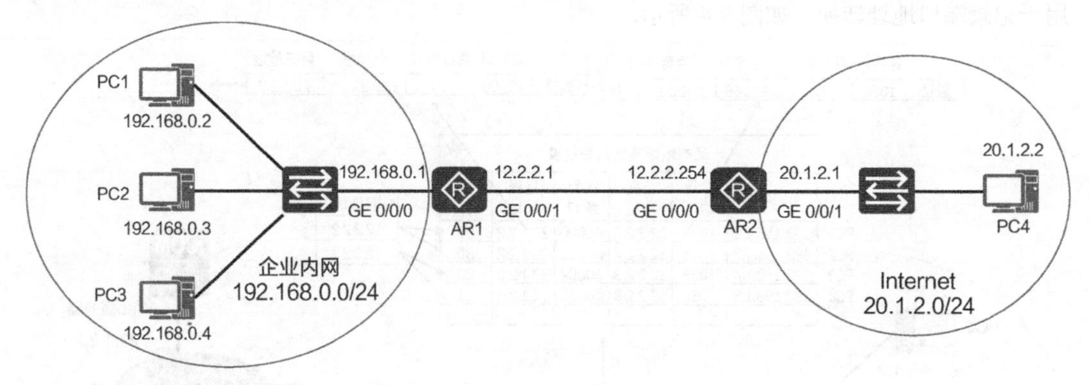

图 9-5 配置静态 NAT

现在要求在 AR1 路由器上配置静态 NAT，PC1 访问 Internet 的 IP 地址使用 12.2.2.2 替换、PC2 访问 Internet 的 IP 地址使用 12.2.2.3 替换。12.2.2.1 地址已经分配给 AR1 的 GE 0/0/1 端口使用了，静态映射不能再使用这个地址。

在配置静态 NAT 之前，内网计算机是不能访问 Internet 上的计算机的。思考一下为什么？是数据包不能到达目标地址，还是 Internet 上的计算机发出的响应数据包不能返回内网？

在 AR1 上配置静态 NAT。

```
[AR1]interface GigabitEthernet 0/0/1
[AR1-GigabitEthernet0/0/1]nat static global 12.2.2.2 inside 192.168.0.2
[AR1-GigabitEthernet0/0/1]nat static global 12.2.2.3 inside 192.168.0.3
```

查看 NAT 静态映射。

```
<AR1>display nat static
 Static Nat Information:
 Interface  : GigabitEthernet0/0/1
   Global IP/Port     : 12.2.2.2/----
   Inside IP/Port    : 192.168.0.2/----
   Protocol : ----
   VPN instance-name  : ----
   Acl number      : ----
   Netmask  : 255.255.255.255
   Description : ----

   Global IP/Port    : 12.2.2.3/----
   Inside IP/Port    : 192.168.0.3/----
   Protocol : ----
   VPN instance-name  : ----
   Acl number       : ----
   Netmask  : 255.255.255.255
   Description : ----

 Total :    2
```

配置完成后，PC1 和 PC2 能 ping 通 20.1.2.2。PC3 不能 ping 通 Internet 上计算机的 IP 地址。Internet 上的 PC4 能够通过 12.2.2.2 地址访问内网的 PC1，能够通过 12.2.2.3 地址访问内网的 PC3。

测试完成后，删除静态 NAT 设置，配置 NAPT 初始化环境。

```
[AR1-GigabitEthernet0/0/1]undo nat static global 12.2.2.2 inside 192.168.0.2
[AR1-GigabitEthernet0/0/1]undo nat static global 12.2.2.3 inside 192.168.0.3
```

9.4 NAPT 的实现

本节网络环境如图 9-5，假如 ISP 给企业分配了 12.2.2.1、12.2.2.2、12.2.2.3 3 个公网地址，12.2.2.1 给 AR1 路由器的 GE 0/0/1 端口使用，12.2.2.2 和 12.2.2.3 这两个地址给内网计算机做 NAPT 使用，这就需要定义公网地址池来做 NAPT。

创建公网地址池。

```
[AR1]nat address-group 1 ?                          --指定公网地址池编号 1
  IP_ADDR<X.X.X.X>  Start address
[AR1]nat address-group 1 12.2.2.2 12.2.2.3          --指定开始地址和结束地址
```

如果企业内网有多个网段，那么也许只允许几个网段能够访问 Internet。需要通过 ACL 来定义允许通过 NAPT 访问 Internet 的内网网段，在本示例中内网就一个网段。

```
[AR1]acl 2000
[AR1-acl-basic-2000]rule 5 permit source 192.168.0.0 0.0.0.255
[AR1-acl-basic-2000]rule deny
[AR1-acl-basic-2000]quit
```

为 AR1 上连接 Internet 的端口 GigabitEthernet 0/0/1 配置 NAPT。

```
[AR1]interface GigabitEthernet 0/0/1
[AR1-GigabitEthernet0/0/1]nat outbound 2000 address-group 1 ? --指定使用的公网地址池
  no-pat   Not use PAT                              --如果带 no-pat，就是动态 NAT
  <cr>     Please press ENTER to execute command
[AR1-GigabitEthernet0/0/1]nat outbound 2000 address-group 1
```

在 PC1、PC2、PC3 上 ping Internet 上的 PC4，看看是否能通。

9.5 Easy IP 的实现

如图 9-6 所示，企业内网使用私网地址 192.168.0.0/24，ISP 只给了企业一个公网地址 12.2.2.1/24。在 AR1 上配置 NAPT，允许内网计算机使用 AR1 路由器上 GE 0/0/1 端口的公网地址做地址转换以访问 Internet。使用路由器端口的公网 IP 地址做 NAPT，该操作称为 Easy-IP。

企业内网有多个网段，但也许只允许几个网段能够访问 Internet。需要通过 ACL 来定义允许通过 NAPT 访问 Internet 的内网网段，在本示例中内网就一个网段。

```
[AR1]acl 2000
[AR1-acl-basic-2000]rule 5 permit source 192.168.0.0 0.0.0.255
[AR1-acl-basic-2000]rule deny
[AR1-acl-basic-2000]quit
```

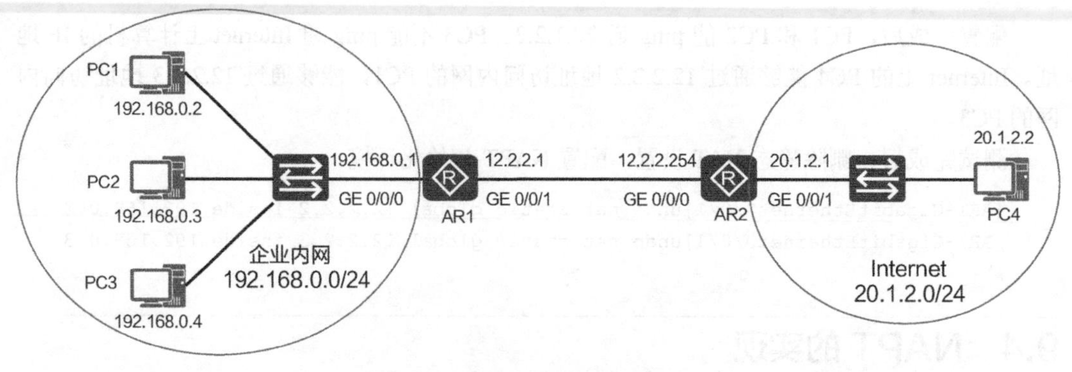

图 9-6 使用外网端口地址做 NAPT

为 AR1 上连接 Internet 的端口 GigabitEthernet 0/0/1 配置 NAPT。

```
[AR1]interface GigabitEthernet 0/0/1
[AR1-GigabitEthernet0/0/1]nat outbound 2000         --指定允许 NAPT 的 ACL
```

9.6 配置端口映射

Internet 上的计算机是无法直接访问企业内网（私网 IP 地址）中的计算机或服务器的。如果打算让 Internet 上的计算机访问企业内网中的服务器，那么需要在企业连接 Internet 的路由器上配置端口映射，即 NAT Server。该路由器必须有公网 IP 地址。

如图 9-7 所示，某公司内网使用的是 192.168.0.0/24 网段，用 AR1 路由器连接 Internet，有公网 IP 地址 12.2.2.1，该公司内网中的 Web 服务器需要供 Internet 上的计算机访问，该公司 IT 部门的员工下班回家后，需要用远程桌面连接企业内网的 Server1 和 PC3。

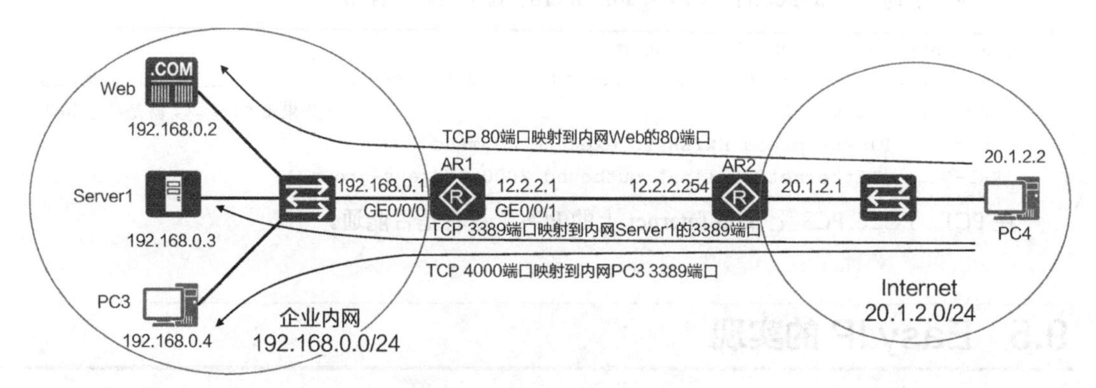

图 9-7 配置 NAT Server

访问网站使用的是 HTTP，该协议默认使用 TCP 的 80 端口，将 12.2.2.1 的 TCP 的 80 端口映射到内网 192.168.0.2 的 TCP 的 80 端口。

远程桌面使用的是 RDP，该协议默认使用 TCP 的 3389 端口，将 12.2.2.1 的 TCP 的 3389 端口映射到内网的 192.168.0.3 的 TCP 的 3389 端口。

TCP 的 3389 端口已经映射到内网的 Server1 了，使用远程桌面连接 PC3 时就不能再使用 3389 端口了，可以将 12.2.2.1 的 TCP 的 4000 端口映射到内网 192.168.0.4 的 3389 端口。通过访问 12.2.2.1 的 TCP 的 4000 端口就可以访问 PC3 的远程桌面（3389 端口）。

下面在 AR1 上配置 NAT Server。AR1 路由器的 GE 0/0/1 端口只有一个公网地址 12.2.2.1，先配置 Easy IP 允许内网访问 Internet，再配置 NAT Server，允许 Internet 访问内网中的 Web 服务器、Server1 和 PC3 的远程桌面。

通过 ACL 定义允许通过 NAPT 访问 Internet 的内网，在本示例中内网就一个网段。

```
[AR1]acl 2000
[AR1-acl-basic-2000]rule 5 permit source 192.168.0.0 0.0.0.255
[AR1-acl-basic-2000]rule deny
[AR1-acl-basic-2000]quit
```

在 AR1 上配置使用 GigabitEthernet 0/0/1 端口 IP 地址做网络地址端口转换。

```
[AR1]interface GigabitEthernet 0/0/1
[AR1-GigabitEthernet0/0/1]nat outbound 2000
```

将 AR1 上的 GigabitEthernet 0/0/1 端口的地址从 TCP 的 80 端口映射到内网的 192.168.0.2 地址的 80 端口。

```
[AR1-GigabitEthernet0/0/1]nat server protocol tcp global current-interface ?
 <0-65535>  Global port of NAT           --可以跟端口号
 ftp    File Transfer Protocol (21)
 pop3    Post Office Protocol v3 (110)
 smtp    Simple Mail Transport Protocol (25)
 telnet  Telnet (23)
 www     World Wide Web (HTTP, 80)       --www 相当于 80 端口
[AR1-GigabitEthernet0/0/1]nat server protocol tcp global current-interface www
inside 192.168.0.2 www
Warning:The port 80 is well-known port. If you continue it may cause function
failure.
Are you sure to continue?[Y/N]:y
```

将 AR1 上的 GigabitEthernet 0/0/1 端口的地址从 TCP 的 3389 端口映射到内网的 192.168.0.3 地址的 3389 端口。

```
[AR1-GigabitEthernet0/0/1]nat server protocol tcp global current-interface 3389
inside 192.168.0.3 3389
```

将 AR1 上的 GigabitEthernet 0/0/1 端口的地址从 TCP 的 4000 端口映射到内网的 192.168.0.4 地址的 3389 端口。

```
[AR1-GigabitEthernet0/0/1]nat server protocol tcp global current-interface 4000
inside 192.168.0.4 3389
```

查看 AR1 上 GigabitEthernet 0/0/1 接口的 NAT Server 配置。

```
<AR1>display nat server interface GigabitEthernet 0/0/1

 Nat Server Information:
 Interface : GigabitEthernet0/0/1
   Global IP/Port    : current-interface/80(www) (Real IP : 12.2.2.1)
   Inside IP/Port    : 192.168.0.2/80(www)
   Protocol : 6(tcp)
   VPN instance-name  : ----
   Acl number        : ----
   Description : ----

   Global IP/Port    : current-interface/3389 (Real IP : 12.2.2.1)
```

```
    Inside IP/Port      : 192.168.0.3/3389
    Protocol : 6(tcp)
    VPN instance-name   : ----
    Acl number          : ----
    Description : ----

    Global IP/Port      : current-interface/4000 (Real IP : 12.2.2.1)
    Inside IP/Port      : 192.168.0.4/3389
    Protocol : 6(tcp)
    VPN instance-name   : ----
    Acl number          : ----
    Description : ----

  Total :    3
```

9.7 灵活运用 NAPT

NAT 和 NAPT 的产生就是为了解决私网地址访问公网（Internet）的问题，但不能将 NAT 和 NAPT 的应用局限于此。下面就介绍 NAPT 的其他几个应用场景。

9.7.1 “悄悄”在公司网络中接入一个网段

“悄悄”指的是增加一个网段，而无须让网络管理员配置企业路由器以增加到该网段的路由。内网（私网）在公网上是不可见的，在公网的路由器上无须添加到内网的路由。利用这一特点，我们只要有一个能上网的地址，就可以增加一个网段，然后通过该地址来上网。

某学院的网络如图 9-8 所示，三层交换机 LSW1 可连接各个教室的交换机，AR1 路由器连接 Internet。学院内网使用的是 10.0.0.0/8 私有网段，在 AR1 路由器上实现 NAPT。图 9-8 还显示了在 LSW1 和 AR1 上添加的路由。

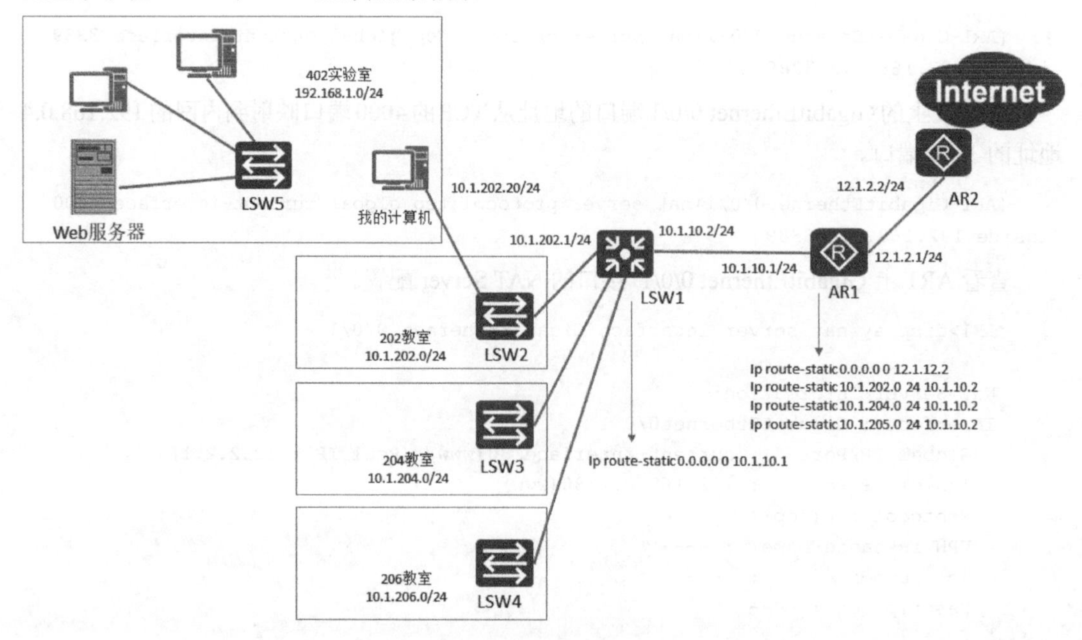

图 9-8 学院网络拓扑

如图 9-8 所示，402 实验室是专门为企业用户做培训使用的，使用的网段是 192.168.1.0/24，没有接入学院的网络。402 实验室在给企业用户做培训时，需要访问 Internet。学院的网络管理员拉了一根网线到 402 实验室，给一台计算机分配了一个地址 10.1.202.20，然后将子网掩码设置成 255.255.255.0，将网关设置成 10.1.202.1，这台计算机就可以通过学院的网络访问 Internet 了。

参加培训的企业客户提议让 402 实验室的其他计算机也能够访问 Internet。要想在学院的网络中增加一个网段，就需要让网络管理员在 LSW1 和 AR1 上增加一个路由。如何在不惊动网络管理员的情况下让 402 实验室的计算机都能访问 Internet 呢？

在 402 实验室有一台闲置的路由器 AR3，将连接这台计算机的网线连接到 AR3 路由器的 GE 0/0/0 端口，将 AR3 路由器的 GE 0/0/1 端口连接到 402 实验室的 LSW5 交换机，如图 9-9 所示。将学院的网络和 Internet 看作公网，将 402 实验室的网络看作私网，配置 AR3 路由器以实现 NAPT。

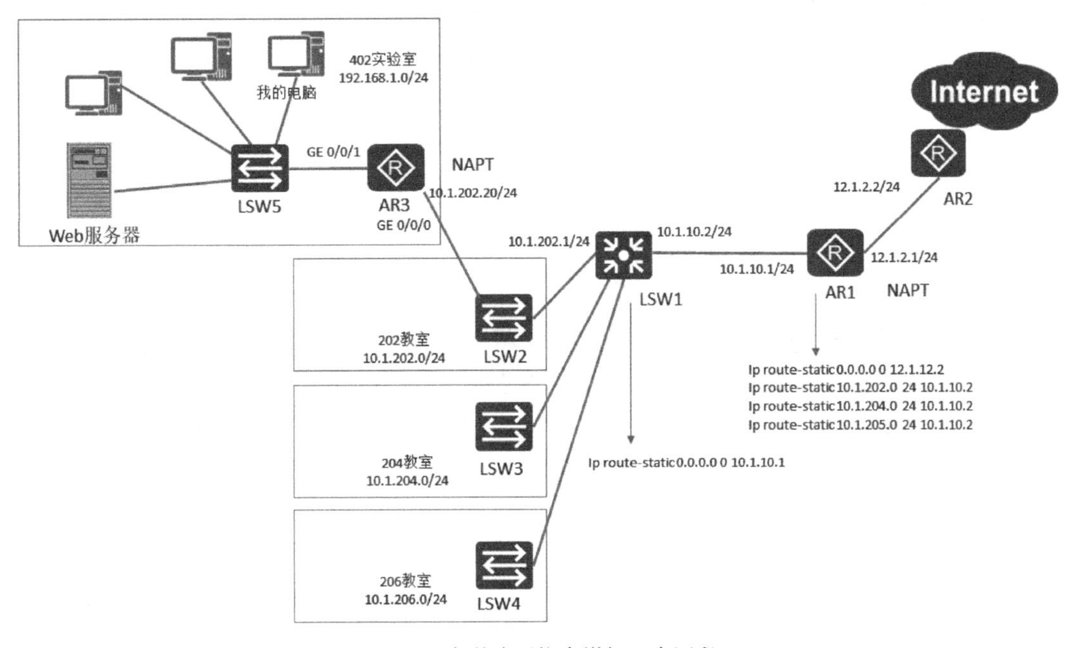

图 9-9 在学院网络中增加一个网段

这样 402 实验室的计算机在访问 Internet 时需要做两次网络端口地址转换，先经过 AR3 将源地址替换成 10.1.202.20，再经过 AR1 将数据包的源地址替换成 12.1.2.1。

如果 Internet 上的计算机要访问 402 实验室的 Web 服务器，那么需要在 AR1 上做端口映射，将 TCP 的 80 端口映射到 10.1.202.20 的 80 端口；接下来在 AR3 路由器上做端口映射，将 TCP 的 80 端口映射到 402 实验室的 Web 服务器地址的 80 端口。

后来学院增加了一台限速设备，每个 IP 地址访问 Internet 时的限速为 10Mbit/s，402 实验室的学生反映访问 Internet 的速度非常慢。下面分析原因：402 实验室的计算机访问 Internet 时，源地址都被替换成 10.1.202.20 了，这就意味着 402 实验室的所有计算机的上网带宽总共是 10Mbit/s。解决办法：删除 AR3 路由器上的 NAPT 设置，让网络管理员在学院的网络设备上增加到 192.168.1.0/24 网段的路由，402 实验室的计算机就可以都分配到 10Mbit/s 带宽了。

9.7.2 实现单向访问

NAPT 还有一个特点，内网的计算机能够主动发起对公网的访问，公网的计算机却不能主动发起对内网的访问。可以认为这是单向访问。

某企业的网络如图 9-10 所示，研发部的网络为了安全，没有和其他网络进行连接，市场部的网络允许访问 Internet。现在研发部的计算机需要访问市场部的计算机上的资源，又不想让市场部的计算机访问研发部的计算机上的资源。如何实现呢？

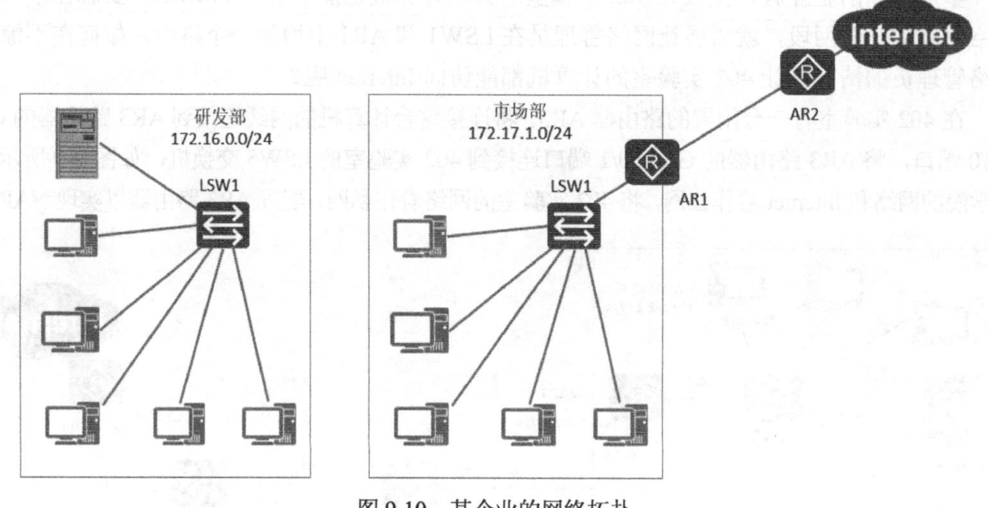

图 9-10 某企业的网络拓扑

使用路由器连接研发部和市场部的网络，如图 9-11 所示。在 AR3 路由器上配置 NAPT，将研发部的网络视为私网，将市场部的网络视为公网。这样研发部就能够访问市场部，而市场部却不能访问研发部。

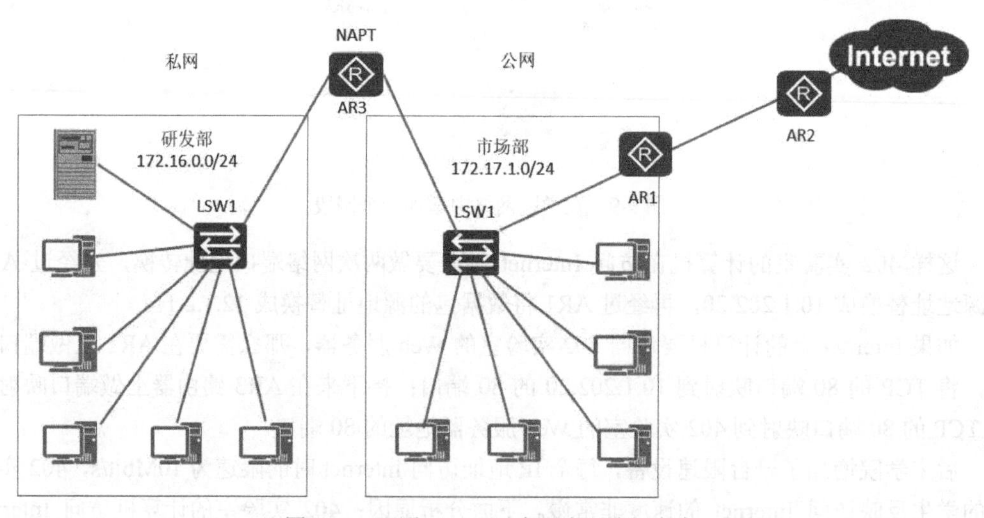

图 9-11 配置 NAPT 以实现内网访问安全

9.8 习题

1．如图 9-12 所示，为了使主机 A 能访问公网，且公网用户也能主动访问主机 A，此时在路由器 R1 上应该配置哪种 NAT 转换模式呢？（ ）

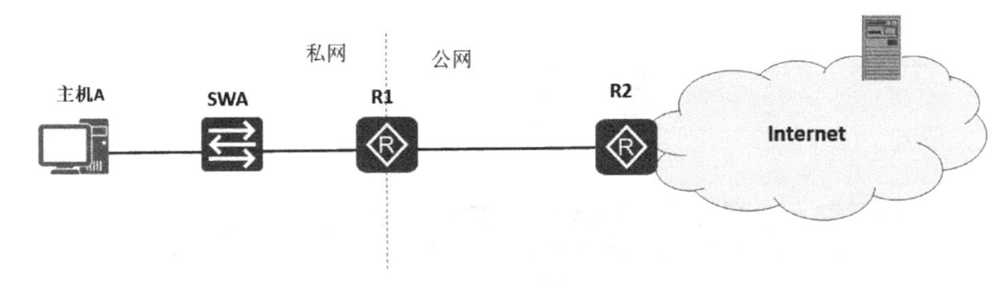

图 9-12 通信示意图（一）

A. 静态 NAT　　　　B. 动态 NAT

C. Easy-IP　　　　D. NAPT

2. 如图 9-13 所示，RTA 使用 NAT 技术，且通过定义地址池来实现多对多的非 NAPT 地址转换，使得私网主机能够访问公网。假设地址池中仅有两个公网 IP 地址，并且已经分配给主机 A 与 B，且做了地址转换。此时若主机 C 也希望访问公网，则下列描述中正确的是（　　）。

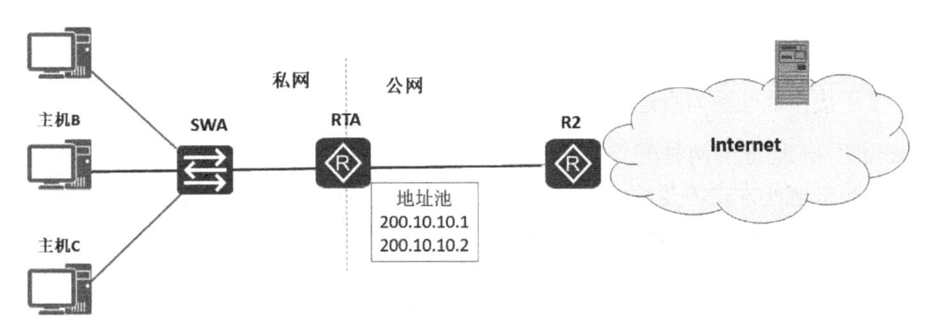

图 9-13 通信示意图（二）

A. RTA 给主机 C 分配第一个公网地址，主机 A 被踢下线

B. RTA 给主机 C 分配最后一个公网地址，主机 B 被踢下线

C. 无法给主机 C 分配公网地址，不能访问公网

D. 所有主机轮流使用公网地址，都可以访问公网

3. 下面有关 NAT 的描述中，正确的是（　　）。（选择 3 个答案）

A. NAT 的全称是网络地址转换，又称为地址翻译

B. NAT 通常用来实现私有网络地址与公用网络地址之间的转换

C. 当使用具有私有地址的内部网络的主机访问外部公用网络的时候，一定不需要 NAT

D. NAT 技术为解决 IP 地址紧张的问题提供了很大的帮助

4. 某公司的网络中有 50 个私有 IP 地址。网络管理员使用 NAT 技术接入公网，且该公司仅有一个公网地址可用，则下列哪种 NAT 转换方式符合要求？（　　）

A. 静态转换　　　　B. 动态转换

C. Easy-IP　　　　D. NAPT

5. NAPT 允许多个私有 IP 地址通过不同的端口号映射到同一个公有 IP 地址。下列关于 NAPT 中端口号的描述中，正确的是（　　）。

A. 必须手动配置端口号和私有地址的对应关系

B. 只需要配置端口号的范围

C. 不需要做任何关于端口号的配置

D. 需要使用 ACL 分配端口号

第 10 章 将路由器配置为 DHCP 服务器

本章内容

- 静态地址和动态地址
- 将华为路由器配置为 DHCP 服务器
- 抓包分析 DHCP 分配 IP 地址的过程
- 跨网段分配 IP 地址
- 使用接口地址池为直连网段分配地址

本章介绍 IP 地址的两种配置方式：静态地址分配和动态地址分配，以及这两种方式的适用场景。动态地址方式需要网络中有 DHCP 服务器，Windows 服务器和 Linux 服务器都可以被配置为 DHCP 服务器。本章展示将华为路由器配置为 DHCP 服务器，然后为网络中的计算机分配地址。

路由器打算为多少个网段分配地址，就要创建多少个 IP 地址池。路由器既可以为直连网段中的计算机分配 IP 地址，也可以为远程网段（没有直连网段）中的计算机分配 IP 地址。

如果路由器为直连网段中的计算机分配地址，那么也可以不单独创建 IP 地址池，而是使用接口地址池为直连网段分配地址。

10.1 静态地址和动态地址

为计算机配置 IP 地址有两种方式：一种是人工指定 IP 地址、子网掩码、网关和 DNS 等配置信息，这种方式获得的 IP 地址称为静态地址；另一种是使用 DHCP 服务器为计算机分配 IP 地址、子网掩码、网关和 DNS 配置信息，这种方式获得的地址称为动态地址。

适用于静态地址的情况如下所示。

- 计算机在网络中不经常改变位置，比如学校机房，台式机的位置是固定的，这种情况通常使用静态地址。有时为了方便学生访问资源，IP 地址还按一定规则进行设置，比如第一排第四列的计算机 IP 地址设置为 192.168.0.14，第三排第二列的计算机 IP 地址设置为 192.168.0.32 等。
- 企业的服务器也通常使用固定的 IP 地址（静态地址），这是为了方便用户使用 IP 地址访问服务器，比如企业 Web 服务器、FTP 服务器、域控制器、文件服务器、DNS 服务器等通常使用静态地址。

适用于动态地址的情况如下所示。

- 网络中的计算机不固定，比如软件学院，每个教室一个网段，202 教室的网络是

10.7.202.0/24 网段，204 教室的网络是 10.7.204.0/24 网段。学生从 202 教室下课后再去 204 教室上课，便携式计算机就要更改 IP 地址了。如果让学生自己更改 IP 地址（静态地址），那么设置的地址有可能已经被其他学生的便携式计算机占用了。人工为移动设备指定地址不仅麻烦，而且指定的地址还容易发生冲突。如果使用 DHCP 服务器统一分配地址，就不会产生冲突。

- 通过 Wi-Fi 联网的设备，地址通常也是由 DHCP 服务器自动分配的。通过 Wi-Fi 联网本来就是为了方便，如果连上 Wi-Fi 后，还要设置 IP 地址、子网掩码、网关和 DNS 才能上网，那就不方便了。

10.2 将华为路由器配置为 DHCP 服务器

如图 10-1 所示，某企业有 3 个部门，销售部的网络使用 192.168.1.0/24 网段、市场部的网络使用 192.168.2.0/24 网段、研发部的网络使用 172.16.5.0/24 网段。现在要将 AR1 路由器配置为 DHCP 服务器，来为这 3 个部门的计算机分配 IP 地址。

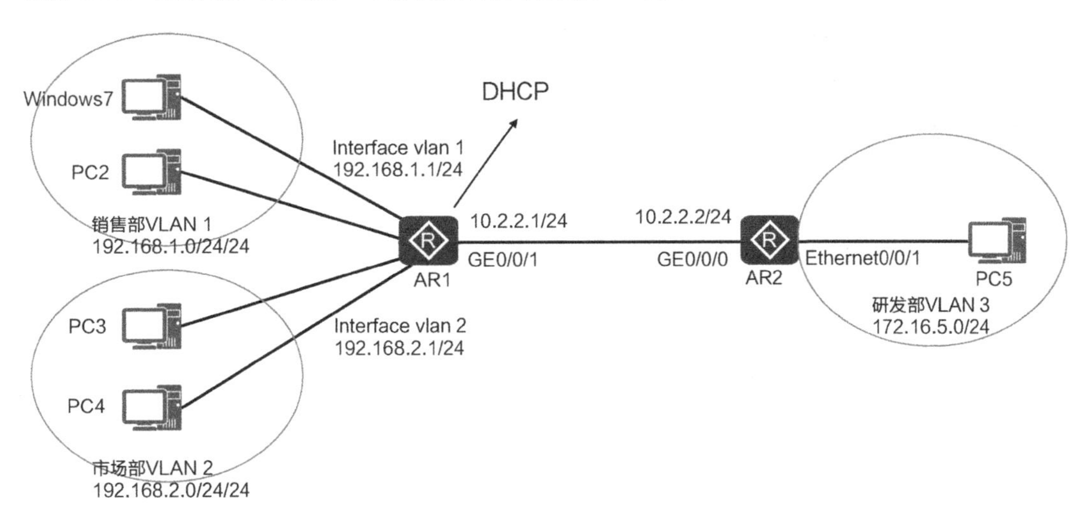

图 10-1 DHCP 网络拓扑

在 AR1 上为销售部创建地址池 vlan1，vlan1 是地址池的名称，地址池名称可以随便指定。

```
[AR1]dhcp enable                                    --全局启用 DHCP 服务
[AR1]ip pool vlan1                                  --为 vlan 1 创建地址池
[AR1-ip-pool-vlan1]network 192.168.1.0 mask 24      --指定地址池所在的网段
[AR1-ip-pool-vlan1]gateway-list 192.168.1.1         --指定该网段的网关
[AR1-ip-pool-vlan1]dns-list 8.8.8.8                 --指定 DNS 服务器
[AR1-ip-pool-vlan1]dns-list 222.222.222.222         --指定第二个 DNS 服务器
[AR1-ip-pool-vlan1]lease day 0 hour 8 minute 0      --地址租约，允许客户端使用多长时间
[AR1-ip-pool-vlan1]excluded-ip-address 192.168.1.1 192.168.1.10 --指定排除的地址范围
Error:The gateway cannot be excluded.               --不能包括网关
[AR1-ip-pool-vlan1]excluded-ip-address 192.168.1.2 192.168.1.10 --指定排除的地址范围
[AR1-ip-pool-vlan1]excluded-ip-address 192.168.1.50 192.168.1.60 --指定排除的地址范围
[AR1-ip-pool-vlan1]display this                     --显示地址池的配置
[V200R003C00]
#
```

```
ip pool vlan1
 gateway-list 192.168.1.1
 network 192.168.1.0 mask 255.255.255.0
 excluded-ip-address 192.168.1.2 192.168.1.10
 excluded-ip-address 192.168.1.50 192.168.1.60
 lease day 0 hour 8 minute 0
 dns-list 8.8.8.8 222.222.222.222
#
Return
```

配置 Vlanif 1 接口从全局地址池选择地址。以上创建的 vlan1 地址池是全局（global）地址池。

```
[AR1]interface Vlanif 1
[AR1-Vlanif1]dhcp select global
```

一个网段只能创建一个地址池，如果该网段中有些地址已经被占用，就要在该地址池中排除，避免 DHCP 分配的地址和其他计算机冲突。DHCP 分配给客户端的 IP 地址等配置信息是有时间限制的（租约时间），对于网络中计算机变换频繁的情况，租约时间设置得短一些；如果网络中的计算机相对稳定，租约时间设置得长一点。软件学院的学生 2 小时就有可能更换教室听课，可把租约时间设置成 2 小时。通常情况下，客户端在租约时间过去一半就会自动找到 DHCP 服务器续约。如果到期了，客户端没有找 DHCP 服务器续约，DHCP 就认为该客户端已经不在网络中，该地址就被收回，以后就可以分配给其他计算机了。

为市场部创建地址池。

```
[AR1]ip pool vlan2
[AR1-ip-pool-vlan2]network 192.168.2.0 mask 24
[AR1-ip-pool-vlan2]gateway-list 192.168.2.1
[AR1-ip-pool-vlan2]dns-list 114.114.114.114
[AR1-ip-pool-vlan2]lease day 0 hour 2 minute 0
[AR1-ip-pool-vlan2]quit
```

配置 Vlanif 2 接口以从全局地址池选择地址。

```
[AR1]interface Vlanif 2
[AR1-Vlanif2]dhcp select global
```

输入 display ip pool 以显示定义的地址池。

```
<AR1>display ip pool
 -----------------------------------------------------------------------
 Pool-name      : vlan1
 Pool-No        : 0
 Position       : Local           Status           : Unlocked
 Gateway-0      : 192.168.1.1
 Mask           : 255.255.255.0
 VPN instance   : --
 -----------------------------------------------------------------------
 Pool-name      : vlan2
 Pool-No        : 1
 Position       : Local           Status           : Unlocked
 Gateway-0      : 192.168.2.1
 Mask           : 255.255.255.0
 VPN instance   : --
```

```
IP address Statistic
 Total       :506
 Used        :4           Idle        :482
 Expired     :0           Conflict    :0          Disable    :20
```

在 Windows 7 上运行抓包工具，将 IP 地址设置成自动获得，这能够捕获请求 IP 地址的过程。可以看到 DHCP 客户端和 DHCP 服务器交互的 4 个数据包，也就是 DHCP 协议的工作过程，如图 10-2 所示。

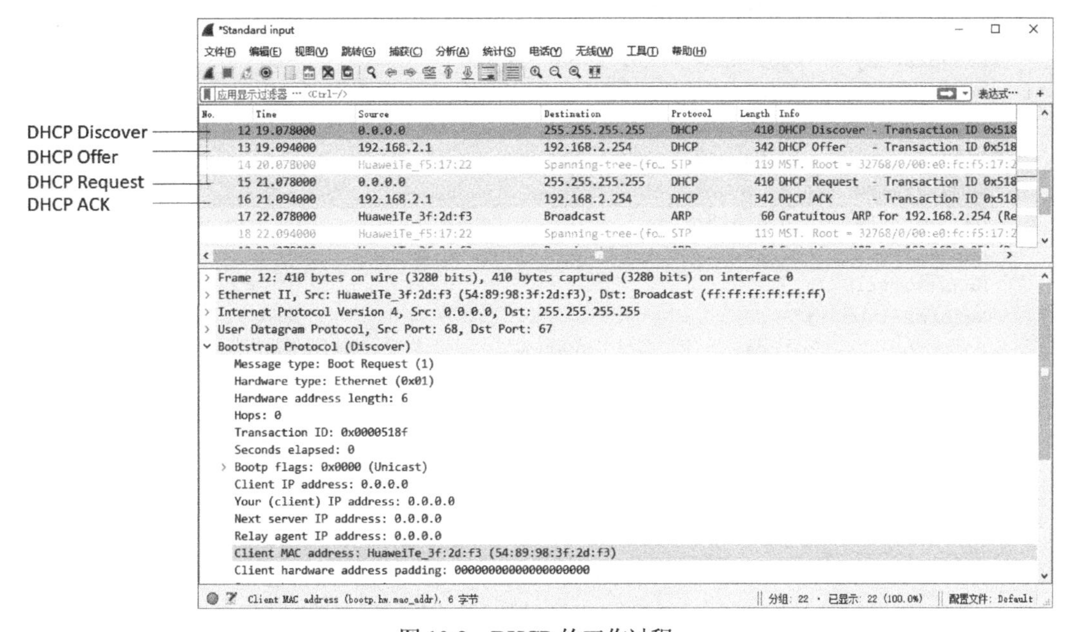

图 10-2 DHCP 的工作过程

DHCP 通过 4 个步骤将 IP 地址信息以租约的方式提供给 DHCP 客户端。这 4 个步骤分别以 DHCP 数据包的类型命名。

步骤 1：DHCP Discover（DHCP 发现）。

DHCP 客户端通过向网络广播一个 DHCP Discover 数据包来发现可用的 DHCP 服务器。

将 IP 地址设置为自动获得的计算机就是 DHCP 客户端，它不知道网络中谁是 DHCP 服务器，自己也没地址，DHCP 客户端就发送广播包来请求地址，网络中的设备都能收到该请求。广播包的源 IP 地址为 0.0.0.0，目标 IP 地址为 255.255.255.255。

步骤 2：DHCP Offer（DHCP 提供）。

DHCP 服务器通过向网络广播一个 DHCP Offer 数据包来应答客户端的请求。

当 DHCP 服务器接收到 DHCP 客户端广播的 DHCP Discover 数据包后，网络中的所有 DHCP 服务器都会向网络广播一个 DHCP Offer 数据包。所谓 DHCP Offer 数据包，就是 DHCP 服务器用来将 IP 地址提供给 DHCP 客户端的信息。

步骤 3：DHCP Request（DHCP 选择）。

DHCP 客户端向网络广播一个 DHCP Request 数据包来选择多个服务器提供的 IP 地址。

DHCP 客户端接收到服务器的 DHCP Offer 数据包后，会向网络广播一个 DHCP Request 数据包以接受分配。DHCP Request 数据包包含了为客户端提供租约的 DHCP 服务器的标识，这样其他DHCP服务器收到这个数据包后，就会撤销对这个客户端的分配，而将本该分配的IP地址收回用于响应其他客户端的租约请求。

步骤4：DHCP ACK （DHCP确认）。

被选择的DHCP服务器向网络广播一个DHCP ACK数据包，用以确认客户端的选择。

在DHCP服务器接收到客户端广播的DHCP Request数据包后，随即向网络广播一个DHCP ACK数据包。所谓DHCP ACK数据包，就是DHCP服务器发给DHCP客户端的用以确认IP地址租约成功生成的信息。此信息包含该IP地址的有效租约和其他的IP配置信息。

显示地址池vlan1的地址租约使用情况。

```
<AR1>display ip pool name vlan1 used
  Pool-name       : vlan1
  Pool-No         : 0
  Lease           : 0 Days 8 Hours 0 Minutes
  Domain-name     : -
  DNS-server0     : 8.8.8.8
  DNS-server1     : 222.222.222.222
  NBNS-server0    : -
  Netbios-type    : -
  Position        : Local           Status           : Unlocked
  Gateway-0       : 192.168.1.1
  Mask            : 255.255.255.0
  VPN instance    : --
------------------------------------------------------------------------------
     Start         End     Total  Used  Idle(Expired)  Conflict  Disable
------------------------------------------------------------------------------
   192.168.1.1  192.168.1.254   253     2      231(0)        0       20
------------------------------------------------------------------------------

  Network section :
  ---------------------------------------------------------------------------
  Index     IP         MAC               Lease   Status
  ---------------------------------------------------------------------------
    252   192.168.1.253    5489-9851-4a95   335    Used   --租约，有客户端MAC地址
    253   192.168.1.254    5489-9831-72f6   344    Used   --租约，有客户端MAC地址
  ---------------------------------------------------------------------------
```

10.3 跨网段分配IP地址

在AR1路由器上创建地址池remoteNet，从而为研发部的计算机分配地址。研发部的网络没有和AR1路由器直连，AR1路由器收不到研发部的计算机发送的DHCP发现数据包，路由器隔绝广播。这就需要配置AR2路由器的Vlanif 1接口，启用DHCP中继功能，然后将收到的DHCP发现数据包转换成定向DHCP发现数据包，其中目标地址为10.2.2.1，源地址为接口Vlanif 1的地址172.16.5.1。AR1路由器一旦收到这样的数据包，就知道这是来自172.16.5.0/24网段的请求，于是就从remoteNet地址池中选择一个IP地址提供给PC5，如图10-3所示。完成本实验的前提是确保这几个网络畅通。

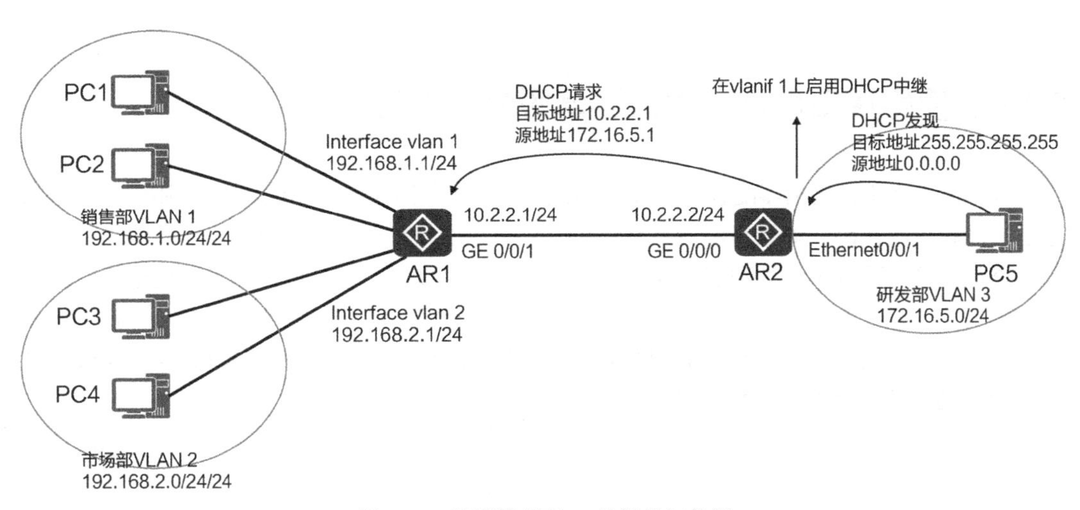

图 10-3 跨网段分配 IP 地址的拓扑图

下面就在 AR1 上为研发部的网络创建地址池 remoteNet。远程网段的地址池必须设置网关。

```
[AR1]ip pool remoteNet
[AR1-ip-pool-remoteNet]network 172.16.5.0 mask 24
[AR1-ip-pool-remoteNet]gateway-list 172.16.5.1            --必须设置网关
[AR1-ip-pool-remoteNet]dns-list 8.8.8.8
[AR1-ip-pool-remoteNet]lease day 0 hour 2 minute 0
[AR1-ip-pool-remoteNet]quit
```

配置 AR1 的 GE 0/0/0 接口从全局地址池选择地址。

```
[AR1]interface GigabitEthernet 0/0/0
[AR1-GigabitEthernet0/0/0]dhcp select global
[AR1-GigabitEthernet0/0/0]quit
```

在 AR2 路由器上启用 DHCP 功能，配置 AR2 路由器的 Vlanif 1 接口，启用 DHCP 中继功能，指明 DHCP 服务器的地址。

```
[AR2]dhcp enable
[AR2]interface Vlanif 1
[AR2-Vlanif1]dhcp select relay
[AR2-Vlanif1]dhcp relay server-ip 10.2.2.1
```

将 PC5 的地址设置成 DHCP 动态分配，输入 ipconfig 以查看获得的 IP 地址，并验证跨网段分配。如果不成功，检查 AR1 和 AR2 路由器上的路由表。要确保网络畅通，DHCP 才能跨网段分配 IP 地址。

```
PC>ipconfig
Link local IPv6 address...........: fe80::5689:98ff:fe61:65d
IPv6 address......................: :: / 128
IPv6 gateway......................: ::
IPv4 address......................: 172.16.5.254
Subnet mask.......................: 255.255.255.0
Gateway...........................: 172.16.5.1
Physical address..................: 54-89-98-61-06-5D
DNS server........................: 8.8.8.8
```

10.4 使用接口地址池为直连网段分配地址

以上操作将华为路由器配置为 DHCP 服务器，一个网段创建一个地址池，还为地址池指定了网段和子网掩码。如果路由器为直连网段分配地址，那么可以不用创建地址池。既然已经为路由器接口配置了地址和子网掩码，那么可以使用接口所在的网段作为地址池的网段和子网掩码。

如图 10-4 所示，AR1 路由器连接两个网段 192.168.1.0/24 和 192.168.2.0/24。要求配置 AR1 路由器为这两个网段分配 IP 地址。

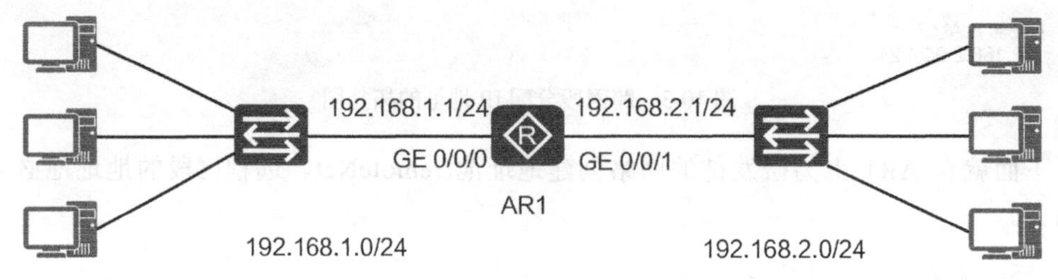

图 10-4 使用接口地址池为直连网段分配地址的拓扑图

配置 AR1 的 GigabitEthernet 0/0/0 和 GigabitEthernet 0/0/1 接口地址。

```
[AR1]interface GigabitEthernet 0/0/0
[AR1-GigabitEthernet0/0/0]ip address 192.168.1.1 24
[AR1-GigabitEthernet0/0/0]quit
[AR1]interface GigabitEthernet 0/0/1
[AR1-GigabitEthernet0/0/1]ip address 192.168.2.1 24
[AR1-GigabitEthernet0/0/1]
```

启用 DHCP 服务，配置 GigabitEthernet 0/0/0 接口从接口地址池选择地址。

```
[AR1]dhcp enable                                          --全局启用 DHCP 服务
[AR1]interface GigabitEthernet 0/0/0
[AR1-GigabitEthernet0/0/0]dhcp select interface           --从接口地址池选择地址
[AR1-GigabitEthernet0/0/0]dhcp server dns-list 114.114.114.114
[AR1-GigabitEthernet0/0/0]dhcp server ?                   --可以看到全部配置项
 dns-list           Configure DNS servers
 domain-name        Configure domain name
 excluded-ip-address  Mark disable IP addresses
 ......
 lease          Configure the lease of the IP pool
[AR1-GigabitEthernet0/0/0]dhcp server excluded-ip-address 192.168.1.2 192.168.1.20
                                                          --排除地址
```

配置 GigabitEthernet 0/0/1 接口从接口地址池选择地址。

```
[AR1]interface GigabitEthernet 0/0/1
[AR1-GigabitEthernet0/0/1]dhcp select interface
[AR1-GigabitEthernet0/0/1]dhcp server dns-list 8.8.8.8
[AR1-GigabitEthernet0/0/1]dhcp server lease day 0 hour 4 minute 0
```

10.5 习题

1．管理员在网络中部署了一台 DHCP 服务器之后，发现部分主机获取到非该 DHCP 服务器指定的地址，可能的原因有哪些？（　　）（选择 3 个答案）

A．网络中存在另一台工作效率更高的 DHCP 服务器。

B．部分主机无法与该 DHCP 服务器正常通信，这些主机客户端系统自动生成了 169.254.0.0 范围内的地址

C．部分主机无法与该 DHCP 服务器正常通信，这些主机客户端系统自动生成了 127.254.0.0 范围内的地址

D．DHCP 服务器的地址池已经全部分配完毕

2．管理员在配置 DHCP 服务器时，下面哪条命令配置的租期时间最短？（　　）

A．dhcp select　　B．lease day 1

C．lease 24　　D．lease 0

3．主机从 DHCP 服务器 A 获取到 IP 地址后进行了重启，则重启事件会向 DHCP 服务器 A 发送下面哪种消息？（　　）

A．DHCP Discover　　B．DHCP Request

C．DHCP Offer　　D．DHCP ACK

4．如图 10-5 所示，在 RA 路由器上启用 DHCP 服务，为 192.168.3.0/24 网段创建地址池，需要在 RB 路由器上做哪些配置，才能使 PC2 从 RA 路由器获得 IP 地址？（　　）

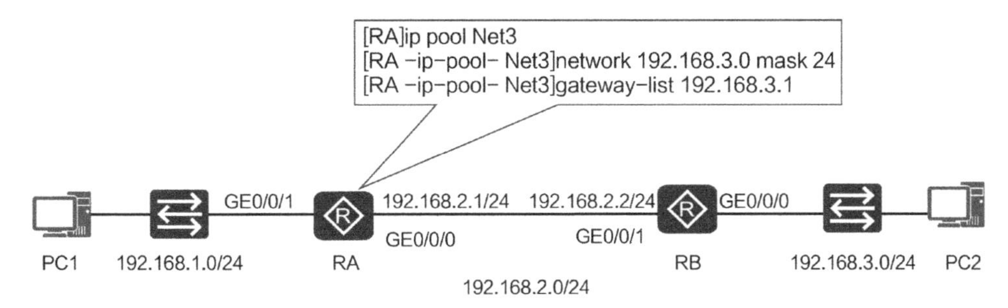

图 10-5　通信示意图

A．
```
[RB]dhcp enable
[RB]interface GigabitEthernet 0/0/0
[RB-GigabitEthernet 0/0/0]dhcp select global
```

B．
```
[RB]dhcp enable
[RB]interface GigabitEthernet 0/0/0
[RB-GigabitEthernet 0/0/0]dhcp select relay
[RB-GigabitEthernet 0/0/0]dhcp relay server-ip 192.168.2.1
```

C．
```
[RB]dhcp enable
[RB]interface GigabitEthernet 0/0/1
[RB-GigabitEthernet 0/0/0]dhcp select relay
[RB-GigabitEthernet 0/0/0]dhcp relay server-ip 192.168.2.1
```

D. [RB]interface GigabitEthernet 0/0/0

```
[RB-GigabitEthernet 0/0/0]dhcp select relay
[RB-GigabitEthernet 0/0/0]dhcp relay server-ip 192.168.2.1
```

5. 使用动态主机配置协议DHCP分配IP地址有哪些优点？（　　）（多选）

A. 可以实现IP地址重复利用

B. 避免IP地址冲突

C. 工作量大且不好管理

D. 配置信息发生变化（如DNS），只需要管理员在DHCP服务器上修改，方便统一管理

6. 以下哪条命令可以开启路由器接口的DHCP中继功能？（　　）

A. dhcp select server

B. dhcp select global

C. dhcp select interface

D. dhcp select relay

第 11 章 IPv6

本章内容

- IPv6 的优势
- IPv6 地址
- 自动配置 IPv6 地址
- IPv6 路由

本章介绍 IPv6 协议相对于 IPv4 有哪些改进，IPv6 网络层协议相对于 IPv4 网络层协议有哪些变化，以及 ICMPv6 协议有哪些功能上的扩展。

IPv6 地址由 128 位二进制数构成，解决了 IPv4 公网地址紧张的问题。本章讲解 IPv6 地址的格式、简写规则及分类。

计算机的 IPv6 地址可以人工指定静态地址，也可以设置为自动获取，自动获取分为“无状态自动配置”和“有状态自动配置”，本章介绍这两种自动配置如何实现。

IPv6 的功能和 IPv4 一样，都是为数据包选择转发路径。网络要想畅通，需要给路由器添加静态路由，或使用动态路由协议学习到各个网段的路由。本章展示 IPv6 的静态路由配置和动态路由 OSPFv3 配置。

11.1 IPv6 的优势

与 IPv4 相比，IPv6 具有以下几个优势。

- 近乎无限的地址空间：与 IPv4 相比，这是最明显的好处。IPv6 地址是由 128 位（bit）构成。单从数量级来说，IPv6 所拥有的地址容量是 IPv4 的约 2×10^{96} 倍。这使得海量终端同时在线、统一编址管理变为可能，它为万物互联提供了强有力的支撑。
- 层次化的地址结构：正因为有了近乎无限的地址空间，IPv6 在地址规划时就可以根据使用场景划分各种地址段。IPv6 严格要求单播 IPv6 地址段的连续性，这便于 IPv6 路由聚合，缩小 IPv6 地址表规模。
- 即插即用：任何计算机或者终端要获取网络资源，传输数据，都必须有明确的 IP 地址。传统的分配 IP 地址方式是手动或者 DHCP 自动获取。除了上述两个方式外，IPv6 还支持无状态地址自动配置（Stateless Address Autoconfiguration，SLAAC）。
- 端到端网络的完整性：大面积使用 NAT 技术的 IPv4 网络，从根本上破坏了端到端连接的完整性。使用 IPv6 之后，上网将不再需要 NAT 网络设备，上网行为管理、网络监管等将变得简单。

- 安全性得到增强：IPsec（Internet Protocol Security，Internet 协议安全协议）最初是为 IPv6 设计的，基于 IPv6 的各种协议报文（路由协议、邻居发现等）都可以端到端地加密，当然该功能目前的应用并不多。而 IPv6 的数据包文安全性与 IPv4+IPsec 的能力基本相同。
- 可扩展性强：IPv6 的扩展首部并不是网络层首部的一部分，但是在必要的时候，这些扩展首部插在 IPv6 基本首部和有效载荷之间，能够协助 IPv6 完成加密功能、移动功能、最优路径选路、QoS 等，并可提高报文转发效率。
- 移动性改善：当一个用户从一个网段移动到另外一个网段时，传统的网络会产生经典的"三角式路由"。在 IPv6 网络中，这种移动设备的通信，可不再经过原"三角式路由"而直接进行路由转发，降低了流量转发的成本，提升了网络性能和可靠性。
- QoS 可得到进一步增强：IPv6 保留了 IPv4 所有的 QoS 属性，额外定义了 20 字节的流标签字段，可为应用程序或者终端所用。针对特殊的服务和数据流，IPv6 可分配特定的资源。目前该机制并没有得到充分的开发和应用。

图 11-1 是对 TCP/IPv4 协议栈和 TCP/IPv6 协议栈的比较。

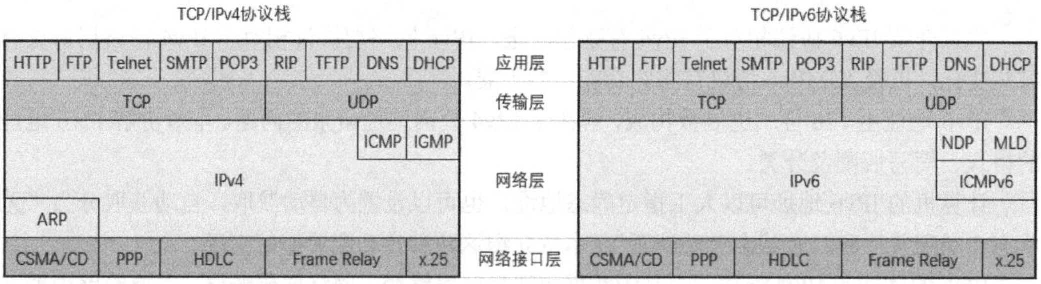

TCP/IPv4协议栈		TCP/IPv6协议栈
HTTP、FTP、Telnet、SMTP、POP3、RIP、TFTP、DNS、DHCP	应用层	HTTP、FTP、Telnet、SMTP、POP3、RIP、TFTP、DNS、DHCP
TCP、UDP	传输层	TCP、UDP
IPv4、ICMP、IGMP、ARP	网络层	IPv6、NDP、MLD、ICMPv6
CSMA/CD、PPP、HDLC、Frame Relay、x.25	网络接口层	CSMA/CD、PPP、HDLC、Frame Relay、x.25

图 11-1 TCP/IPv4 协议栈和 TCP/IPv6 协议栈

可以看到，TCP/IPv6 协议栈与 TCP/IPv4 协议栈相比，只是网络层发生了变化，实现的功能是相同的。TCP/IPv6 协议栈的网络层没有 ARP 和 IGMP，对 ICMP 的功能做了很大的扩展，IPv4 协议栈中 ARP 的功能和 IGMP 的组播成员管理功能也被嵌入到 ICMPv6 中，分别是邻居发现协议（Neighbor Discovery Protocol，NDP）和组播侦听器发现（Multicast Listener Discovery，MLD）协议。

IPv6 网络层的核心协议的功能如下。

- Internet 控制消息协议 IPv6 版（ICMPv6）：用来取代 ICMP，测试网络是否畅通，报告错误和其他信息以帮助判断网络故障。
- 邻居发现协议（NDP）：NDP 取代了 ARP，用于管理相邻 IPv6 结点间的交互，包括自动配置地址以及将下一跳 IPv6 地址解析为 MAC 地址。
- 组播侦听器发现（MLD）协议：MLD 取代了 IGMP，用于管理 IPv6 组播组成员的身份。

11.1.1 IPv6 的基本首部

IPv6 数据包在基本首部（base header）的后面允许有零个或多个扩展首部（extension header），再后面是数据，如图 11-2 所示。但请注意，所有的扩展首部都不属于 IPv6 数据包的首部。所有的扩展首部和数据合起来叫作数据包的有效载荷（payload）或净负荷。

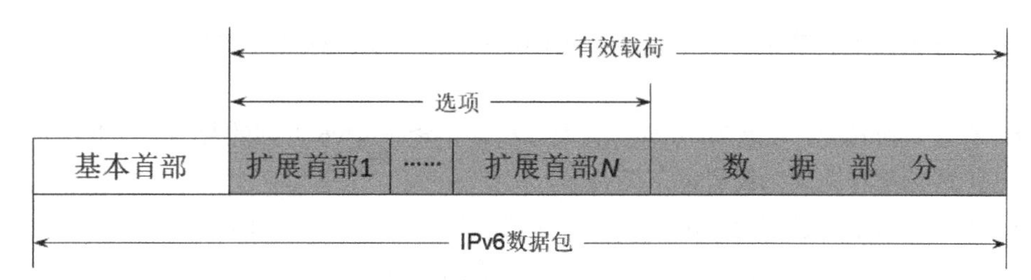

图 11-2 基本首部和扩展首部

图 11-3 是 IPv6 数据包的基本首部。在基本首部后面是有效载荷，它包括传输层的数据和可能选用的扩展首部。

与 IPv4 相比，IPv6 对首部中的某些字段进行了如下的更改。

- 取消了首部长度字段，因为它的首部长度是固定的（40 字节）。
- 取消了服务类型字段，因为优先级和流标号字段合起来实现了服务类型字段的功能。
- 取消了总长度字段，改用有效载荷长度字段。
- 取消了标识、标志和片偏移字段，因为这些功能已包含在分片扩展首部中。
- TTL 字段改名为跳数限制字段，但作用是一样的（名称与作用更加一致）。
- 取消了协议字段，改用下一个首部字段。
- 取消了检验和字段，这样就加快了路由器处理数据包的速度。差错检验交给了数据链路层和传输层，在数据链路层就丢弃检测出有差错的帧。在传输层，当使用 UDP 时，若检测出有差错的用户数据包就丢弃。当使用 TCP 时，若检测出有差错的报文段就重传，直到正确传送到目的进程为止。
- 取消了选项字段，而用扩展首部来实现选项功能。

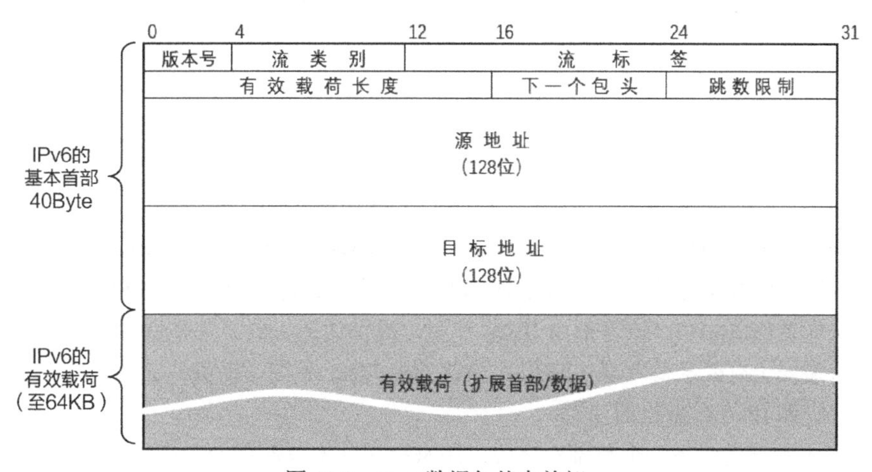

图 11-3 IPv6 数据包基本首部

由于把网络首部中不必要的功能取消了，因此 IPv6 首部的字段数减少到只有 8 个（虽然首部长度增加了一倍）。

下面解释 IPv6 基本首部中各字段的作用。

- 版本号：长度为 4 bit。对于 IPv6，该值为 6。
- 流类别：长度为 8 bit。等同于 IPv4 中的 QoS 字段，表示 IPv6 数据包的类或优先级，主要应用于 QoS。
- 流标签：长度为 20 bit。IPv6 中的新增字段，用于区分实时流量，不同的流标签+源地址可以唯一确定一条数据流，中间网络设备可以根据这些信息更加高效率地区分数据流。

- 有效载荷长度：长度为 16 bit。有效载荷是指紧跟 IPv6 首部的数据包的其他部分（即扩展首部和上层协议数据单元）。
- 下一个首部：长度为 8 bit。该字段定义紧跟在 IPv6 首部后面的第一个扩展首部（如果存在）的类型后，或者上层协议数据单元中的协议类型（类似于 IPv4 的 Protocol 字段）后。
- 跳数限制：长度为 8 bit。该字段类似于 IPv4 中的 Time to Live 字段，它定义了 IP 数据包所能经过的最大跳数。每经过一个路由器，该数值减去 1，当该字段的值为 0 时，数据包将被丢弃。
- 源地址：长度为 128 bit，表示发送方的地址。
- 目的地址：长度为 128 bit，表示接收方的地址。

11.1.2 IPv6 的扩展首部

IPv4 的数据包如果在其首部中使用了选项，那么沿数据包传送的路径上的每一个路由器都必须对这些选项一一进行检查，这就降低了路由器处理数据包的速度。然而实际上很多的选项在途经的路由器上是不需要检查的（因为不需要使用这些选项的信息）。

IPv6 把原来 IPv4 首部中选项的功能都放在扩展首部中，并把扩展首部留给路径两端的源点和终点的计算机来处理，而数据包途中经过的路由器都不处理这些扩展首部（只有一个首部例外，即逐跳选项扩展首部），这样就大大提高了路由器的处理效率。RFC2460 定义了以下 6 种扩展首部，当超过一种扩展首部被用在同一个 IPv6 报文里时，扩展首部必须按照下列顺序出现。

- 逐跳选项首部：主要用于为在传送路径上的每跳转发指定发送参数，传送路径上的每台中间节点都要读取并处理该字段。
- 目的选项首部：携带了一些只有目的节点才会处理的信息。
- 路由首部：IPv6 源节点用来强制数据包经过特定的设备。
- 分片首部：当报文长度超过最大传输单元（Maximum Transmission Unit，MTU）时就需要将报文分片发送，而在 IPv6 中，分片发送使用的是分片首部。
- 认证首部（AH）：该首部由 IPsec 使用，提供认证、数据完整性以及重放保护。
- 封装安全有效载荷首部（ESP）：该首部由 IPsec 使用，提供认证、数据完整性、重放保护和 IPv6 数据包的保密。

IPv6 基本首部的“下一个首部”字段，用来指明基本首部后面的数据应交付 IP 层上面的哪一个高层协议。比如，6 表示应交付给传输层的 TCP，17 表示应交付给传输层的 UDP，58 表示应交付给 ICMPv6。

表 11-1 列出了规范中定义的所有扩展首部对应的“下一个首部”的取值。

表 11-1 扩展首部对应的首部值

对应扩展首部类型	下一个首部值
逐跳选项首部	0
目的选项首部	60

续表

对应扩展首部类型	下一个首部值
路由选择首部	43
分片首部	44
认证首部	51
封装安全有效载荷首部	50
无下一个扩展首部	59

每一个扩展首部都由若干个字段组成，它们的长度也各不同。但所有扩展首部的第一个字段都是 8 位的“下一个首部”字段。此字段的值指出了该扩展首部后面的字段是什么。如图 11-4 所示，IPv6 数据包中扩展首部包括路由选择首部、分片首部、最后是 TCP 首部。

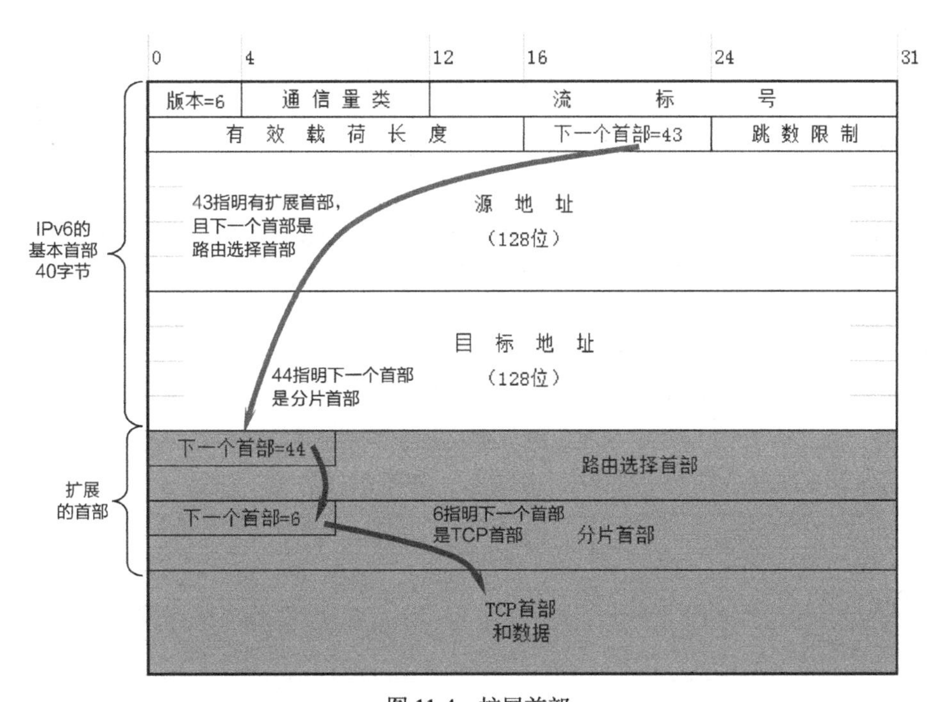

图 11-4 扩展首部

11.2 IPv6 地址

11.2.1 IPv6 地址格式

在 Internet 发展初期，IPv4 以其协议简单、易于实现、互操作性好的优势而得到快速发展。然而，随着 Internet 的迅猛发展，IPv4 地址不足等设计缺陷也日益明显。IPv4 理论上能够提供的地址数量是 43 亿，但是由于地址分配机制等，实际可使用的数量还远远达不到 43 亿。Internet 的迅猛发展令人始料未及，同时也带来地址短缺的问题。针对这一问题，曾先后出现过几种解决方案，比如 CIDR 和 NAT。但是 CIDR 和 NAT 都有各自的弊端和不能解决的问题，在这样的情况下，IPv6 的应用和推广便显得越来越急迫。

IPv6 是 Internet 工程任务组（IETF）设计的一套规范，是网络层协议的第二代标准协议，也是 IPv4（Internet Protocol version 4）的升级版本。IPv6 与 IPv4 最显著的区别是，IPv4 地址采用 32 位，而 IPv6 地址采用 128 位。128 位的 IPv6 地址可以划分更多地址层级、拥有更广阔的地址分配空间，并支持地址自动配置。IPv4 地址空间已经消耗殆尽，近乎无限的地址空间是 IPv6 的最大优势，如图 11-5 所示。

版本	长度	地址数量
IPv4	32位	4294967296
IPv6	128位	340282366920938463374607431768211456

图 11-5　IPv4 和 IPv6 地址数量对比

如图 11-6 所示，IPv6 地址的长度为 128 位，用于标识一个或一组接口。IPv6 地址通常写作××××：××××：××××：××××：××××：××××：××××：××××，其中××××是 4 个十六进制数，等同于一个 16 位的二进制数；八组××××共同组成了一个 128 位的 IPv6 地址。一个 IPv6 地址由 IPv6 地址前缀和接口 ID 组成，IPv6 地址前缀用来标识 IPv6 网络，接口 ID 用来标识接口。

由于 IPv6 地址的长度为 128 位，因此书写时会非常不方便。此外，IPv6 地址的巨大地址空间使得地址中往往会包含多个 0。为了应对这种情况，IPv6 提供了压缩方式来简化地址的书写，压缩规则如下所示。

- 每 16 位中的前导 0 可以省略。
- 地址中包含的连续两个或多个均为 0 的组，可以用双冒号“::”来代替。需要注意的是，在一个 IPv6 地址中只能使用一次双冒号“::”，否则，设备将压缩后的地址恢复成 128 位时，无法确定每段中 0 的个数，如图 11-7 所示。

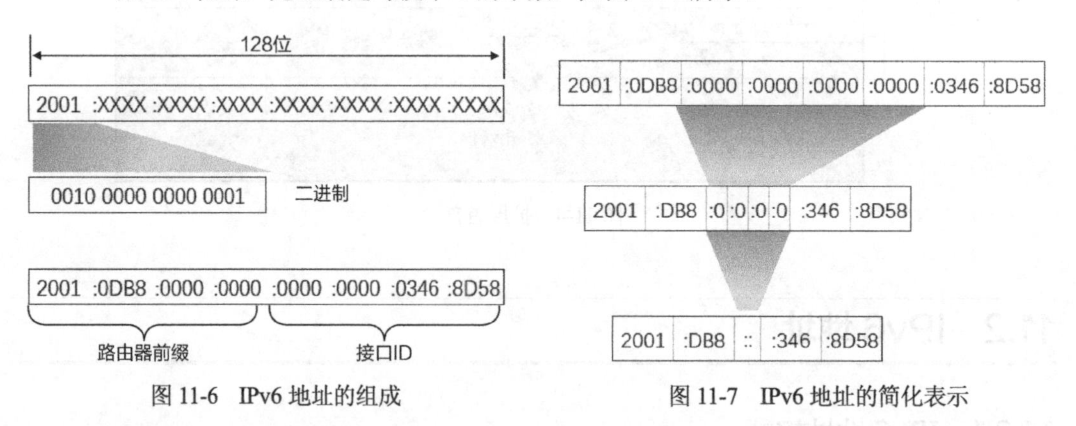

图 11-6　IPv6 地址的组成　　　图 11-7　IPv6 地址的简化表示

本示例展示了如何利用压缩规则对 IPv6 地址进行简化表示。

IPv6 地址分为 IPv6 地址前缀和接口 ID，子网掩码使用前缀长度的方式标识。表示形式是：IPv6 地址/前缀长度，其中“前缀长度”是一个十进制数，表示该地址的前多少位是地址前缀。例如 F00D:4598:7304:3210:FEDC:BA98:7654:3210，其地址前缀是 64 位，可以表示为 F00D:4598:7304:3210:FEDC:BA98:7654:3210/64。

11.2.2 IPv6 地址分类

根据 IPv6 地址前缀，可将 IPv6 地址分为单播（Unicast）地址、组播（Multicast）地址和任播（Anycast）地址，如图 11-8 所示。单播地址又分为全球单播地址、唯一本地地址、链路本地地址、特殊地址和其他单播地址。IPv6 没有定义广播地址（Broadcast Address）。在 IPv6 网络中，所有广播的应用场景将会被 IPv6 组播所取代。

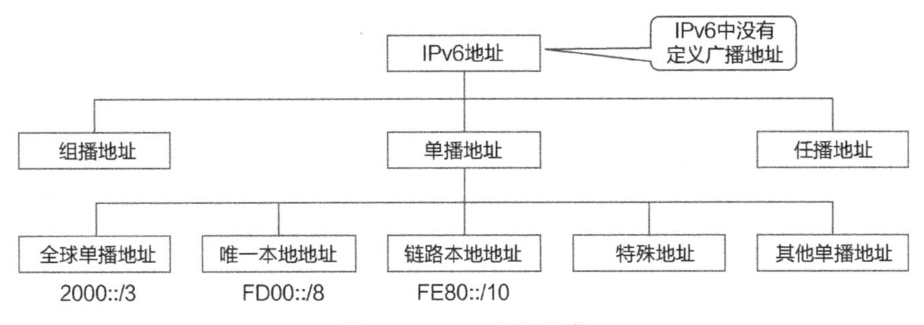

图 11-8 IPv6 地址分类

11.2.3 单播地址

1. 单播地址的组成

单播地址是点对点通信时使用的地址，此地址仅标识一个接口，网络负责把对单播地址发送的数据包传送到该接口上。

一个 IPv6 单播地址可以分为如下两部分，如图 11-9 所示。

- 网络前缀（Network Prefix）：*n* bit，相当于 IPv4 地址中的网络 ID。
- 接口标识（Interface Identify）：（128-*n*）bit，相当于 IPv4 地址中的计算机 ID。

常见的 IPv6 单播地址有全球单播地址（Global Unicast Address，GUA）、唯一本地地址（Unique Local Address，ULA）、链路本地地址（Link-Local Address，LLA）等，要求网络前缀和接口标识必须为 64bit。

2. 全球单播地址

全球单播地址也被称为可聚合全球单播地址。该类地址全球唯一，用于需要有 Internet 访问需求的计算机，相当于 IPv4 的公网地址。

通常 GUA 的网络部分长度为 64bit，接口标识也为 64bit，如图 11-10 所示。

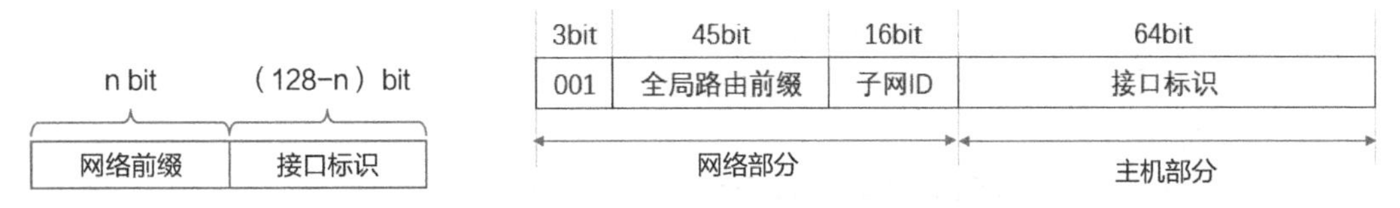

图 11-9 IPv6 地址组成

图 11-10 全球单播地址的结构

IPv6 全球单播地址的分配方式如下：顶级地址聚集机构 TLA（即大的 ISP 或地址管理机构）获得大块地址，负责给次级地址聚集机构 NLA（中小规模 ISP）分配地址，NLA 给站点级地址聚集机构 SLA（子网）和网络用户分配地址。

可以向运营商申请全球单播地址或者直接向所在地区的 IPv6 地址管理机构申请。

- 全局路由前缀（Global Routing Prefix）：由提供商指定给一个组织机构，一般至少为 45bit。

- 子网 ID（Subnet ID）：组织机构根据自身网络需求划分子网。
- 接口 ID（Interface ID）：用来标识一个设备（的接口）。

3．唯一本地地址

唯一本地地址是 IPv6 私网地址，只能在内网使用。该地址空间在 IPv6 公网中不可被路由，因此不能直接访问公网。如图 11-11 所示，唯一本地地址使用 FC00::/7（二进制为 1111 1100:0000 0000::17）地址块，目前仅使用了 FD00::/8 地址段，FC00::/8 预留为以后扩展用。唯一本地地址虽然只在有限范围内有效，但也具有全球唯一的前缀（虽然随机方式产生，但是冲突概率很低）。

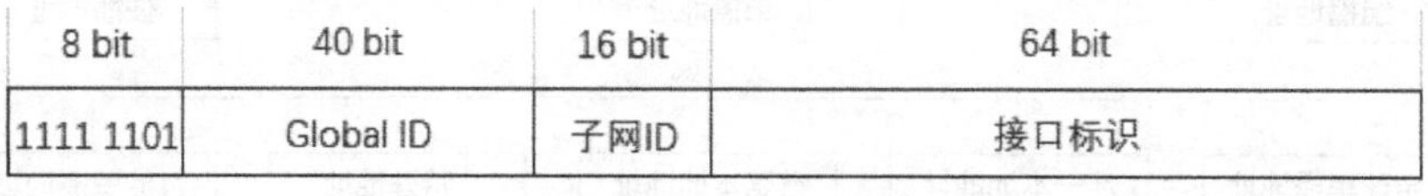

8 bit	40 bit	16 bit	64 bit
1111 1101	Global ID	子网ID	接口标识

图 11-11 唯一本地地址

4．链路本地地址

IPv6 中有种地址类型叫作链路本地地址，该地址用于在同一子网中的 IPv6 计算机之间进行通信。自动配置、邻居发现以及没有路由器的链路上的结点都使用这类地址。链路本地地址的有效范围是本地链路，如图 11-12 所示，前缀为 FE80::/10。任意需要将数据包发往单一链路上的设备，以及不希望数据包发往链路范围外的协议都可以使用链路本地地址。当配置一个单播 IPv6 地址的时候，接口上会自动配置一个链路本地地址。链路本地地址可以和可路由的 IPv6 地址共存。

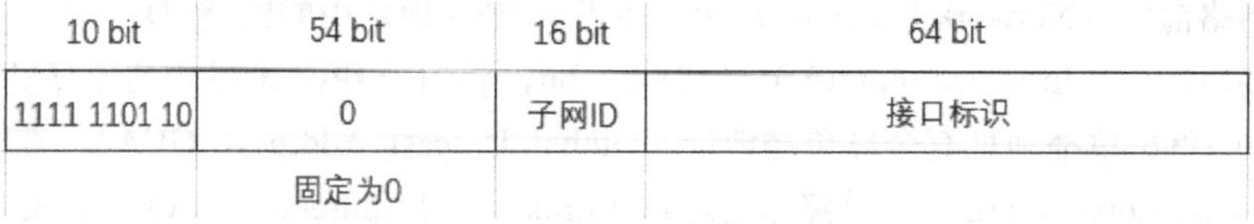

10 bit	54 bit	16 bit	64 bit
1111 1101 10	0	子网ID	接口标识
	固定为0		

图 11-12 链路本地地址范围 FE80::/10

IPv6 地址的接口标识为 64bit，用于标识链路上的接口。接口标识有许多用途，最常见的用法就是附加在链路本地地址前缀后面，形成接口的链路本地地址；或者在无状态自动配置中，附加在获取的 IPv6 全球单播地址前缀后面构成接口的全球单播地址。

5．单播地址接口标识生成方式

IPv6 单播地址接口标识可以通过以下三种方式生成：

- 手动配置；
- 系统自动生成；
- 通过 IEE EUI-64（64-bit Extended Unique Identifier）规范生成。

其中 EUI-64 规范最为常用，此规范将接口的 MAC 地址转换为 IPv6 接口标识。IEEEE EUI-64 规范是在 MAC 地址中插入 FF-FE，MAC 地址的第 7bit 取反，形成 IPv64 地址的 64bit 网络接口标识，如图 11-13 所示。

这种由 MAC 地址产生 IPv6 地址接口标识的方法可以减少配置的工作量，尤其是当采用无状态地址自动配置时，只需要获取一个 IPv6 前缀就可以与接口标识形成 IPv6 地址。

使用这种方式最大的缺点就是某些恶意者可以通过三层 IPv6 地址推算出二层 MAC 地址。

MAC地址（十六进制）	3C-52-82-49-7E-9D							
MAC地址（二进制）		00111100	10010010	10000010	01001001	01111110	10011101	
	第7bit取反			插入FF-FE				
EUI-64 ID（二进制）	00111110	10010010	10000010	11111111	11111110	01001001	01111110	10011101
EUI-64 ID（十六进制）	3E-52-82-FF-FE-49-7E-9D							

图 11-13　EUI-64 规范

11.2.4　组播地址

1．组播地址的构成

与 IPv4 组播相同，IPv6 组播地址标识多个接口，一般用于“一对多”的通信场景。IPv6 组播地址只可以作为 IPv6 报文的目的地址。

组播地址就相当于广播电台的频道，某个广播电台在特定频道发送信号，收音机只要调到该频道，就能收到该广播电台的节目，没有调到该频道的收音机则忽略该信号。

如图 11-14 所示，组播源使用某个组播地址发送组播流，打算接收该组播信息的计算机需要加入该组播组，也就是网卡绑定该组播 IP 地址，并生成对应的组播 MAC 地址。加入该组播的所有接口接收组播数据包并对其进行处理，而没有绑定该组播地址的计算机则忽略组播信息。

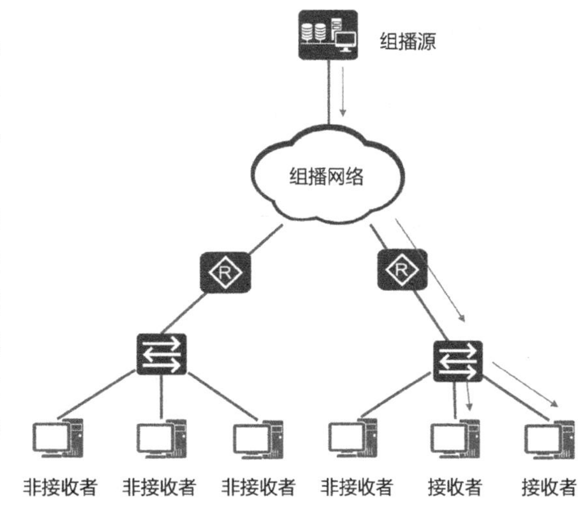

图 11-14　组播示意图

组播地址以 11111111（即 FF）开头，如图 11-15 所示。

8bit	4bit	4bit	80bit	32bit
11111111	Flags	Scope	Reserved（必须为0）	Group ID

图 11-15　组播地址的构成

Flags：用来表示永久或临时组播组。0000 表示永久分配或众所周知。0001 表示临时的。

Scope：表示组播的范围，如表 11-2 所示。

表 11-2　组播范围

Scope 取值	范　　围
0	表示预留
1	表示节点本地范围，单个接口有效，仅用于 Lookback 通信
2	表示链路本地范围，例如 FF02::1
5	表示站点本地范围
8	组织本地范围

续表

Scope 取值	范　围
E	表示全球范围
F	表示预留

Group ID：组播组 ID。

Reserved：占 80bit，必须为 0。

2．被请求节点组播地址

当一个节点具备了单播或任播地址，就会对应生成一个被请求节点组播地址，并且加入这个组播组。该地址主要用于邻居发现机制和地址重复检测功能。被请求节点组播地址的有效范围为本地链路范围。

如图 11-16 所示，被请求节点组播地址的前 104 位固定，前缀为：

FF02:0000:0000:0000:0000:0001:FF××: ××××/104 或缩写成 FF02::1:FF××: ××××/104。

将 IPv6 地址的后 24 位移下来填充到后面就形成被请求节点组播地址。

例如：IPv6 地址 2001::1234:5678/64 的被请求节点组播地址为 FF02::1:FF34:5678/104。

其中 FF02::1:FF 为固定部分，共 104 位。

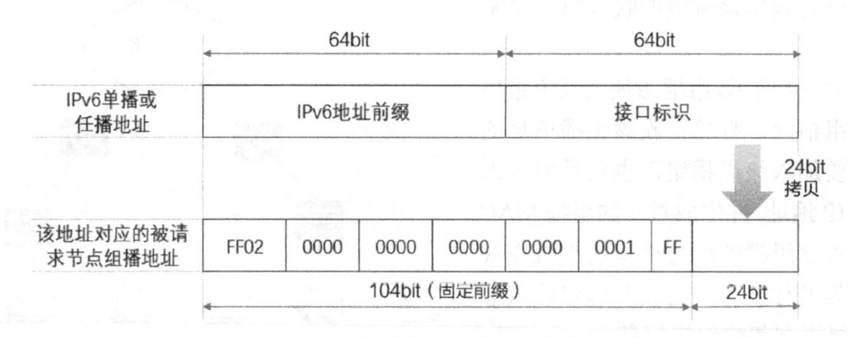

图 11-16　被请求节点组播地址构成

在本地链路上，被请求节点的组播地址中只包含一个接口。只要知道一个接点的 IPv6 地址，就能计算出它的被请求节点的组播地址。

被请求节点组播地址的作用如下。

- 在 IPv6 中没有 ARP。ICMP 代替了 ARP 的功能，被请求节点的组播地址被节点用来获得相同本地链路上邻居节点的链路层地址。
- 用于重复地址检测（Duplicate Address Detection，DAD），在使用无状态自动配置将某个地址配置为自己的 IPv6 地址之前，节点利用 DAD 验证在其本地链路上该地址是否已经被使用。

由于只有目标节点才会侦听这个被请求节点组播地址，所以该组播报文可以被目标节点所接收，同时不会占用其他非目标节点的网络性能。

11.2.5　任播地址

任播地址标识一组接口，它与组播地址的区别在于发送数据包的方法。向任播地址发送的数据包并未被分发给组内的所有成员，而是发往该地址标识的“最近的”那个接口。

如图 11-17 所示，Web 服务器 1 和 Web 服务器 2 分配了相同的 IPv6 地址 2001:0DB8::84C2，

该单播地址就成了任播地址。PC1 和 PC2 需要访问 Web 服务，向 2001:0DB8::84C2 地址发送请求，PC1 和 PC2 就会访问到距离它们最近（路由开销最小，也就是路径最短）的 Web 服务器。

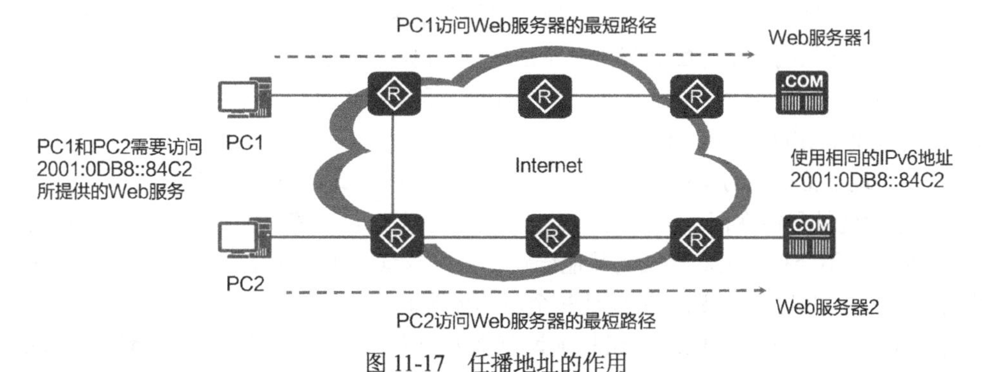

图 11-17 任播地址的作用

任播过程涉及一个任播报文发起方和一个或多个响应方。

- 任播报文的发起方通常为请求某一服务（例如，Web 服务）的主机。
- 任播地址与单播地址在格式上无任何差异，唯一的区别是一台设备可以给多个具有相同地址的设备发送报文。

在网络中运用任播地址有以下优势。

- 业务冗余。比如，用户可以通过多台使用相同地址的服务器来获取同一个服务（例如，Web 服务）。这些服务器都是任播报文的响应方。如果不是采用任播地址通信，那么当其中一台服务器发生故障时，用户需要获取另一台服务器的地址才能重新建立通信。如果采用的是任播地址，当一台服务器发生故障时，任播报文的发起方能够自动与使用相同地址的另一台服务器通信，从而实现业务冗余。
- 提供更优质的服务。比如，某公司在 A 省和 B 省各部署了一台提供相同 Web 服务的服务器。基于路由优选规则，A 省的用户在访问该公司提供的 Web 服务时，会优先访问部署在 A 省的服务器，提高访问速度，降低访问时延，这大大提升了用户体验。

任播地址从单播地址空间中分配，可使用单播地址的任何格式。因而，从语法上，任播地址与单播地址没有区别。当一个单播地址被分配给多于一个的接口时，它就将会转换为任播地址。被分配具有任播地址的节点必须得到明确的配置，从而知道它是一个任播地址。

11.2.6 常见的 IPv6 地址类型和范围

表 11-3 中列出了 IPv6 常见的地址类型和地址范围。

表 11-3 IPv6 常见的地址类型和地址范围

地址范围	描述
2000::/3	全球单播地址
2001:0DB8::/32	保留地址
FE80::/10	链路本地地址
FF00::/8	组播地址
::/128	未指定地址
::1/128	环回地址

目前，有一小部分全球单播地址已经由 IANA（Internet 名称与数字地址分配机构 ICANN 的一个分支）分配给了用户。单播地址的格式是 2000::/3，代表公共 IP 网络上任意可到达的地址。IANA 负责将该段地址范围内的地址分配给多个区域 Internet 注册管理机构（RIR），RIR 负责全球 5 个区域的地址分配。以下几个地址范围已经分配：2400::/12（APNIC）、2600::/12（ARIN）、2800::/12（LACNIC）、2A00::/12（RIPE）和 2C00::/12 （AFRINIC)，它们使用单一地址前缀来标识特定区域中的所有地址。

2000::/3 地址范围还为文档示例预留了地址空间，例如 2001:0DB8::/32。

链路本地地址只能在同一网段的节点之间通信使用。以链路本地地址为源地址或目的地址的 IPv6 报文不会被路由器转发到其他链路。链路本地地址的前缀是 FE80::/10。使用 IPv6 通信的计算机会同时拥有链路本地地址和全球单播地址。

组播地址的前缀是 FF00::/8。组播地址范围内的大部分地址是为特定组播组保留的。跟 IPv4 一样，IPv6 组播地址还支持路由协议。IPv6 中没有广播地址，用组播地址替代广播地址可以确保报文只发送给特定的组播组而不是 IPv6 网络中的任意终端。

0:0:0:0:0:0:0:0/128 等于::/128。这是 IPv4 中 0.0.0.0 的等价地址，代表 IPv6 未指定地址。

0:0:0:0:0:0:0:1 等于::1。这是 IPv4 中 127.0.0.1 的等价地址，代表本地环回地址。

11.3 IPv6 地址配置

11.3.1 计算机和路由器的 IPv6 地址

配置了或启用了 IPv6 地址的计算机和路由器接口，会自动加入组播特定的组播地址，如图 11-18 所示。

所有节点的组播地址：FF02::1。

所有路由器的组播地址：FF02::2。

被请求节点组播地址：FF02:0:0:0:0:1:FFXX:XXXX。

所有 OSPF 路由器组播地址：FF02::5。

所有 OSPF 的 DR 路由器组播地址：FF02::6。

所有 RIP 路由器组播地址：FF02:0:0:0:0:0:0:9。

可以看到图 11-18，计算机和路由器的接口都生成了两个“被请求节点组播地址”，分别由接口的链路本地地址和管理员分配的全球单播地址生成。

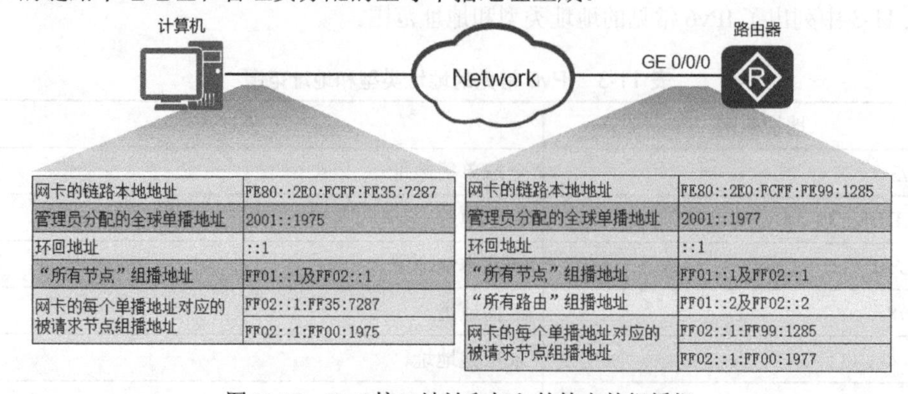

图 11-18 IPv6 接口地址和加入的特定的组播组

11.3.2 IPv6 单播地址业务流程

计算机或路由器在发送 IPv6 报文之前要经历地址配置、重复地址检测、地址解析三个阶段（转发之前的 3 个阶段），如图 11-19 所示。在此过程中，邻居发现协议（Neighbor Discovery Protocol，NDP）扮演了重要角色，无状态自动配置、有状态地址配置、重复地址检测和地址解析都会用到 NDP。

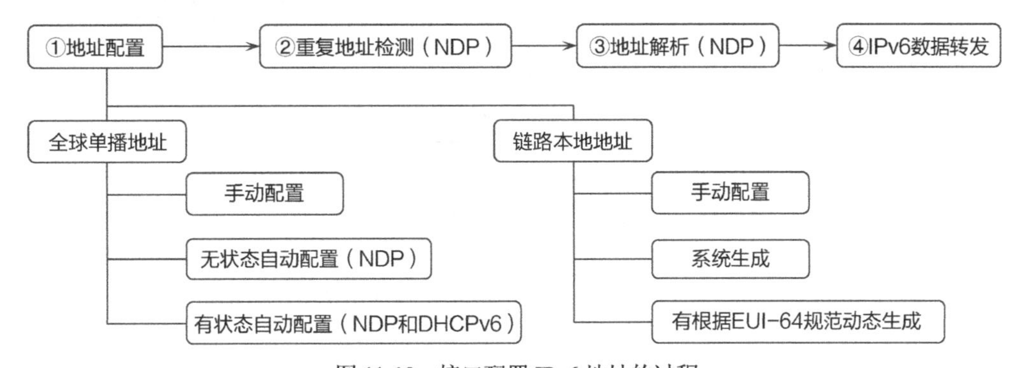

图 11-19 接口配置 IPv6 地址的过程

IPv6 地址配置到转发需要经历的过程如下。

- 全球单播地址和链路本地地址是接口上最常见的 IPv6 单播地址，一个接口可以配置多个 IPv6 地址。全球单播地址配置可以是手动配置静态 IPv6 地址，可以是无状态自动配置，可以是有状态自动配置。链路本地地址通常是系统生成或根据 EUI-64 规范动态生成，很少手动配置。
- 重复地址检测（DAD）类似于 IPv4 中的免费 ARP 检测，用于检测当前地址是否与其他接口 IPv6 地址冲突。
- 地址解析类似于 IPv4 中的 ARP 请求，通过 ICMPv6 报文形成 IPv6 地址与数据链路层地址（一般是 MAC 地址）的映射关系。
- IPv6 配置完毕后，可以使用该地址转发 IPv6 数据。

11.3.3 邻居发现协议

邻居发现协议（NDP）作为 IPv6 的基础性协议，提供了地址自动配置、重复地址检测（DAD）、地址解析等功能，如图 11-20 所示。

- 无状态自动配置是 IPv6 的一个亮点功能，它使得 IPv6 计算机能够非常便捷地接入 IPv6 网络中，即插即用，无须手动配置烦冗的 IPv6 地址，无须部署应用服务器（例如 DHCP 服务器）为计算机分发地址。无状态自动配置机制使用了 ICMPv6 中的路由器请求（Router Solicitation，RS）报文以及路由器通告（Router Advertisement，RA）报文。通过无状态自动配置机制，链路上的节点可以自动获得 IPv6 全球单播地址。
- 重复地址检测使用 ICMPv6 NS 和 ICMPv6 NA 报文确保网络中无两个相同的单播地

址。所有接口在使用单播地址前都需要做 DAD。

- 地址解析是一种确定目的节点的链路层地址的方法。NDP 中的地址解析功能不仅替代了原 IPv4 中的 ARP，同时还用邻居不可达检测方法来维持邻居节点之间的可达性状态信息。地址解析过程使用两种 ICMPv6 报文：邻居请求（Neighbor Solicitation，NS）和邻居通告（Neighbor Advertisement，NA）。这里的邻居是指附着在相同链路上的全部节点。

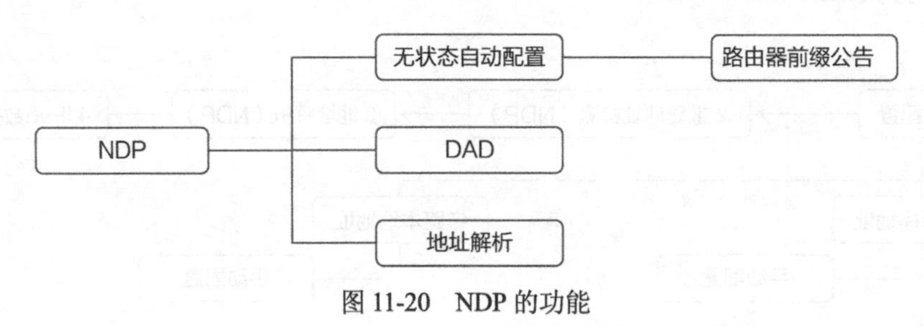

图 11-20　NDP 的功能

NDP 使用 ICMPv6 报文，NDP 封装在 ICMPv6 中，并使用类型字段标识 NDP 的不同报文。表 11-4 列出了 NDP 各种报文使用的类型字段。

表 11-4　DNP 使用的 ICMPv6 报文

ICMPv6 类型	报文名称
133	路由器请求（RS）
134	路由器通告（RA）
135	邻居请求（NS）
136	邻居通告（NA）

表 11-5 列出了地址解析、前缀公告和 DAD 用到的报文类型。地址解析会用到 NS135 和 NA136 类型的报文，前缀公告会用到 RS133 和 RA134 类型的报文，DAD 会用到 NS135 和 NA136 类型的报文。

表 11-5　用到的报文类型

机　　制	RS133	RA134	NS135	NA136
地址解析			√	√
前缀公告	√	√		
DAD			√	√

11.3.4　IPv6 地址配置方式

使用 IPv6 通信的计算机，可以人工指定静态地址，也可以设置成自动获取 IPv6 地址，如图 11-21 所示。自动配置有两种方式，即无状态自动配置和有状态自动配置。

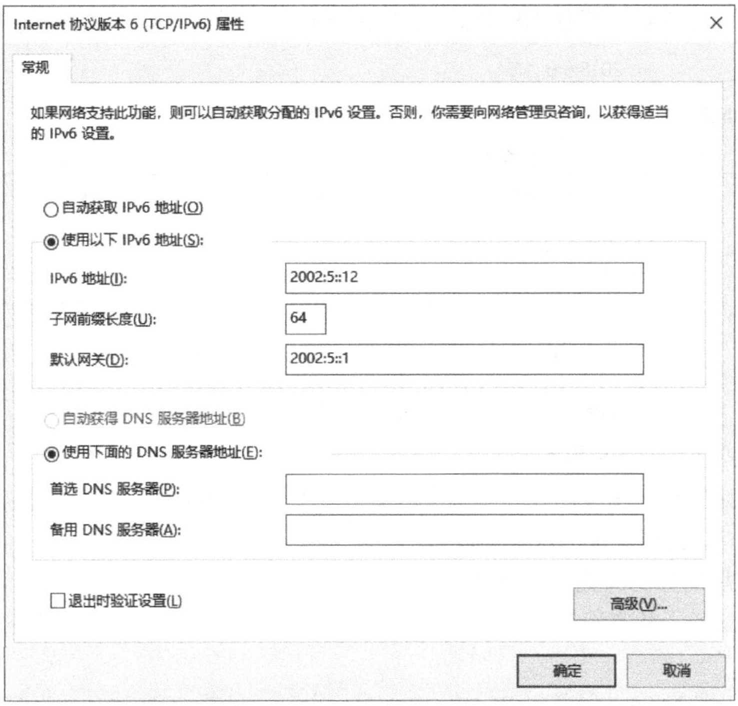

Internet 协议版本 6 (TCP/IPv6) 属性

常规

如果网络支持此功能，则可以自动获取分配的 IPv6 设置。否则，你需要向网络管理员咨询，以获得适当的 IPv6 设置。

○自动获取 IPv6 地址(O)

◉使用以下 IPv6 地址(S):

IPv6 地址(I): 2002:5::12

子网前缀长度(U): 64

默认网关(D): 2002:5::1

○自动获得 DNS 服务器地址(B)

◉使用下面的 DNS 服务器地址(E):

首选 DNS 服务器(P):

备用 DNS 服务器(A):

□退出时验证设置(L)　高级(V)...

确定　取消

图 11-21　IPv6 静态地址和自动获取 IPv6 地址

11.3.5　IPv6 地址自动配置的两种方式

IPv6 支持地址分为有状态（Stateful）和无状态（Stateless）两种自动配置方式，路由器接口通告的 RA 报文中的 M 标记位和 O 标记位用于控制终端自动获取地址的方式。

M 字段为管理地址配置标识（Managed Address Configuration Flag）。当 M=0 时，标识为无状态地址分配，客户端通过无状态协议（如 ND）获得 IPv6 地址。当 M=1 时，标识为有状态地址分配，客户端通过有状态协议（如 DHCPv6）获得 IPv6 地址。

O 字段为其他有状态配置标识（Other stateful Configuration Flag）。当 O=0 时，标识客户端通过无状态协议（如 ND）获取地址外的其他配置信息。当 O=1 时，标识客户端通过有状态协议（如 DHCPv6）获取除地址外的其他配置信息，如 DNS，SIP 服务器等信息。

协议规定，若 M=1，且 O=1，才有意义。若 M=0，O=1，无意义。

下面是无状态地址自动配置过程，RA 中的 M=0，O=0。

NDP 的无状态自动配置包含两个阶段，链路本地地址的配置和全球单播地址的配置。当一个接口启用时，计算机会首先根据本地前缀 FE80::/64 和 EUI-64 接口标识符，为该接口生成一个链路本地地址。如果在后续的 DAD 中发生地址冲突，则必须对该接口手动配置本地链路地址，否则该接口将不可用。

接下来就以图 11-22 中计算机 PC1 的 IPv6 无状态自动配置为例，讲解 IPv6 无状态自动配置步骤。

- 计算机节点 PC1 在配置好链路本地地址后，发送 RS 报文，请求路由前缀信息。
- 路由器收到 RS 报文后，发送单播 RA 报文，携带用于无状态地址自动配置的前缀信息。M 标记位为 0，O 标记位为 0，同时路由器也会周期性地发送组播 RA 报文。
- PC1 收到 RA 报文后，根据路由前缀信息和配置信息生成一个临时的全球单播地址。

同时启动 DAD，发送 NS 报文验证临时地址的唯一性，此时该地址处于临时状态。

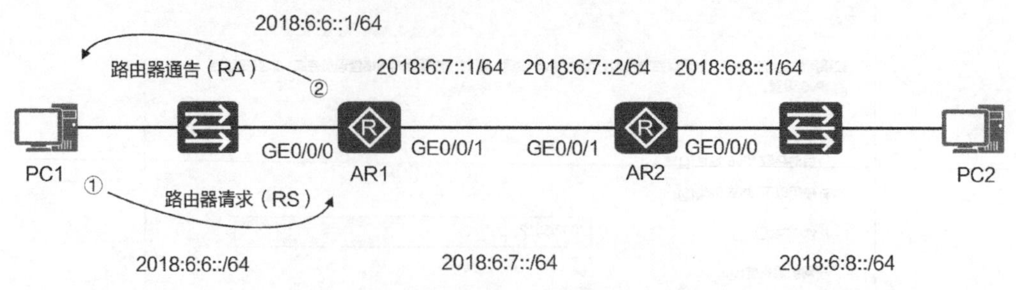

图 11-22 IPv6 无状态自动配置示意图

- 链路上的其他节点收到 DAD 的 NS 报文后，如果没有节点使用该地址，则丢弃报文，否则产生应答 NS 的 NA 报文。
- PC1 如果没有收到 DAD 的 NA 报文，说明地址是全局唯一的，则用该临时地址初始化接口，此时地址进入有效状态。

无状态地址配置的关键在于路由器完全不关心计算机的状态如何，比如是否在线等，因此称为无状态。无状态地址配置多用于物联网等终端，且终端不需要地址外的其他参数的场景。

接下来就以图 11-23 中计算机 PC1 的 IPv6 有状态自动配置（DHCPv6）为例，讲解 IPv6 有状态自动配置的步骤。

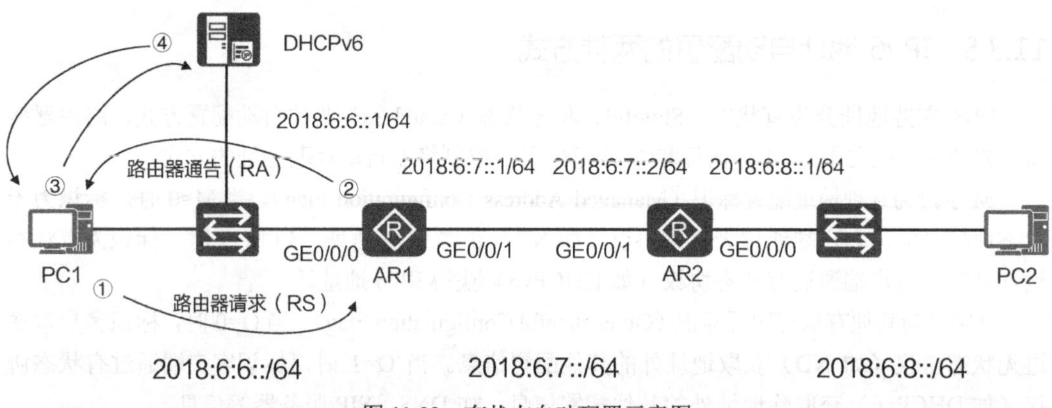

图 11-23 有状态自动配置示意图

- PC1 发送路由器请求（RS）。
- AR1 路由器发送路由器通告（RA），RA 报文中有两个标志位。M 标记位是 1，告诉 PC1 从 DHCPv6 服务器获取完整的 128bit IPv6 地址。O 标记位是 1，告诉 PC1 从 DHCPv6 服务器获取 DNS 等其他配置。如果这两个标记位都是 0，则是无状态自动配置，不需要 DHCPv6 服务器。
- PC1 发送 DHCPv6 征求消息。征求消息实际上就是组播消息，目标地址为 FF02::1:2，是所有 DHCPv6 服务器和中继代理的组播地址。
- DHCPv6 服务器给 PC1 提供 IPv6 地址和其他设置。此外，DHCPv6 服务器端将会记录该地址的分配情况（这也是为什么被称为有状态）。

有状态地址配置要求网络中配置 DHCPv6 服务器，多用于公司内部有线终端的地址配置，便于地址进行管理。

11.4 实现 IPv6 地址自动配置

11.4.1 实现 IPv6 地址无状态自动配置

实验环境如图 11-24 所示，有 3 个 IPv6 网络，需要参照拓扑中标注的地址配置 AR1 和 AR2 路由器接口的 IPv6 地址。将 Windows 10 的 IPv6 地址设置成自动获取 IPv6 地址，以实现无状态自动配置。

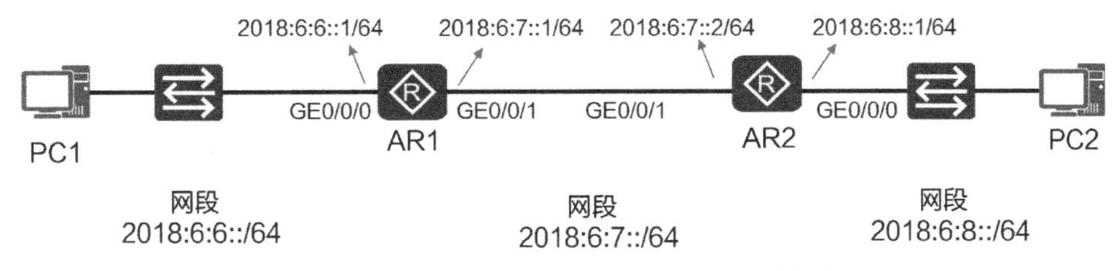

图 11-24　IPv6 地址无状态自动配置的实验拓扑

AR1 路由器上的配置如下。

```
[AR1]ipv6                                                  --全局开启对 IPv6 的支持
[AR1]interface GigabitEthernet 0/0/0
[AR1-GigabitEthernet0/0/0]ipv6 enable                      --在接口上启用 IPv6 支持
[AR1-GigabitEthernet0/0/0]ipv6 address 2018:6:6::1 64  --添加 IPv6 地址
[AR1-GigabitEthernet0/0/0]ipv6 address auto link-local  --配置自动生成链路本地地址
[AR1-GigabitEthernet0/0/0]undo ipv6 nd ra halt --允许接口发送 RA 报文，默认不发送 RA 报文
[AR1-GigabitEthernet0/0/0]quit
[AR1]display ipv6 interface GigabitEthernet 0/0/0     --查看接口的 IPv6 地址
GigabitEthernet0/0/0 current state : UP
IPv6 protocol current state : UP
IPv6 is enabled, link-local address is FE80::2E0:FCFF:FE29:31F0     --链路本地地址
  Global unicast address(es):
   2018:6:6::1, subnet is 2018:6:6::/64              --全局单播地址
  Joined group address(es):                           --绑定的组播地址
   FF02::1:FF00:1
   FF02::2                                            --路由器接口绑定的组播地址
   FF02::1                                            --所有启用了 IPv6 的接口绑定的组播地址
   FF02::1:FF29:31F0                                  --被请求节点组播地址
  MTU is 1500 bytes
  ND DAD is enabled, number of DAD attempts: 1  --ND 网络发现，地址冲突检测次数
  ……
  ND router advertisement max interval 600 seconds, min interval 200 seconds
  ND router advertisements live for 1800 seconds
  ND router advertisements hop-limit 64
  ND default router preference medium
  Hosts use stateless autoconfig for addresses  --计算机使用无状态自动配置
```

在 Windows 10 系统中，设置 IPv6 地址自动获得。打开命令提示符，输入 ipconfig /all 可以看到无状态自动配置生成的 IPv6 地址，同时也能看到链路本地地址（Windows 系统称为本

地连接 IPv6 地址）。IPv6 网关是路由器的链路本地地址，如图 11-25 所示。

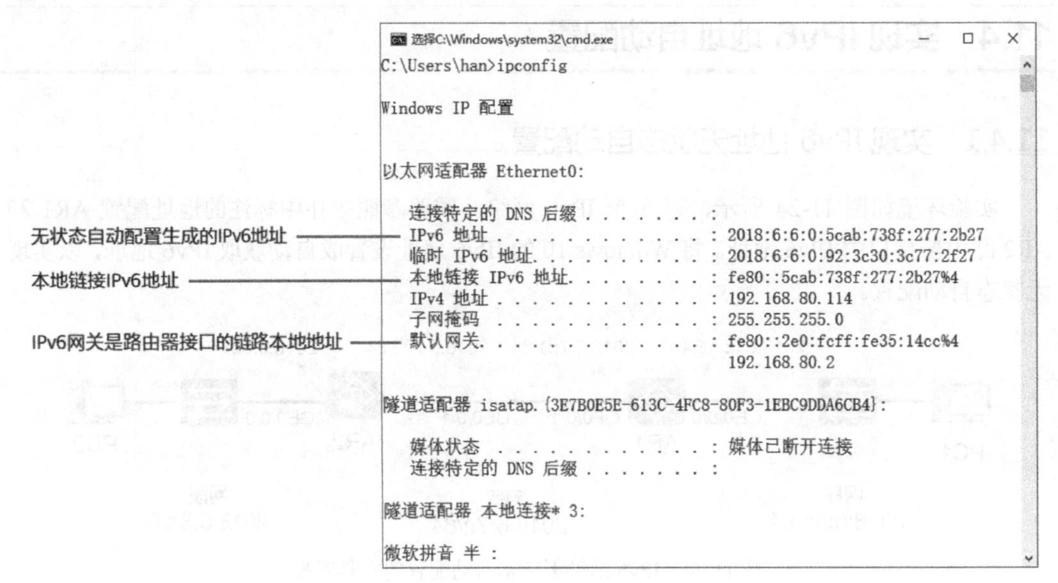

图 11-25　无状态自动配置生成的 IPv6 地址

11.4.2　抓包分析 RA 和 RS 数据包

IPv6 地址支持无状态地址自动配置，无须使用诸如 DHCP 之类的辅助协议，计算机即可获取 IPv6 前缀并自动生成接口 ID。路由发现功能是 IPv6 地址自动配置功能的基础，主要通过 RA、RS 两种报文实现。

每台路由器为了让二层网络上的计算机和其他路由器知道自己的存在，定期以组播方式发送携带网络配置参数的 RA 报文。RA 报文的 Type 字段值为 134。

计算机接入网络后可以主动发送 RS 报文。RA 报文是由路由器定期发送的，但是如果计算机希望能够尽快收到 RA 报文，它可以立刻主动发送 RS 报文给路由器。网络上的路由器收到 RS 报文后会立即向相应的计算机单播回应 RA 报文，告知计算机该网段的默认路由器和相关配置参数。RS 报文的 Type 字段值为 133。

为了让抓包工具能够捕获 IPv6 自动配置发送的 RS 报文和路由器响应的 RA 报文，先在 Windows 10 上运行抓包工具，然后在 Windows 10 上给 IPv6 指定一个静态 IPv6 地址，再选择“自动获取 IPv6 地址”，这样计算机就会发送 RS 报文，路由器发送 RA 报文进行响应。

如图 11-26 所示，在抓包工具捕获的数据包中，在显示筛选器输入 icmpv6.type == 133，显示的第 22 个数据包是 Windows 10 发送的路由器请求（RS）数据包，使用的是 ICMPv6 协议，类型字段是 133。可以看到目标地址是组播地址 ff02::2，代表网络中所有启用了 IPv6 的路由器接口，源地址是 Windows 10 的链路本地地址。

如图 11-27 所示，在显示筛选器输入 icmpv6.type == 134，第 60 个数据包是路由器发送的路由器通告（RA）报文，目标地址是组播地址 ff02::1（代表网络中所有启用了 IPv6 的接口），使用的是 ICMPv6 协议，类型字段是 134。可以看到 M 标记位为 0，O 标记位为 0，这就告诉 Windows 10 使用无状态自动配置，网络前缀为 2018:6:6::。

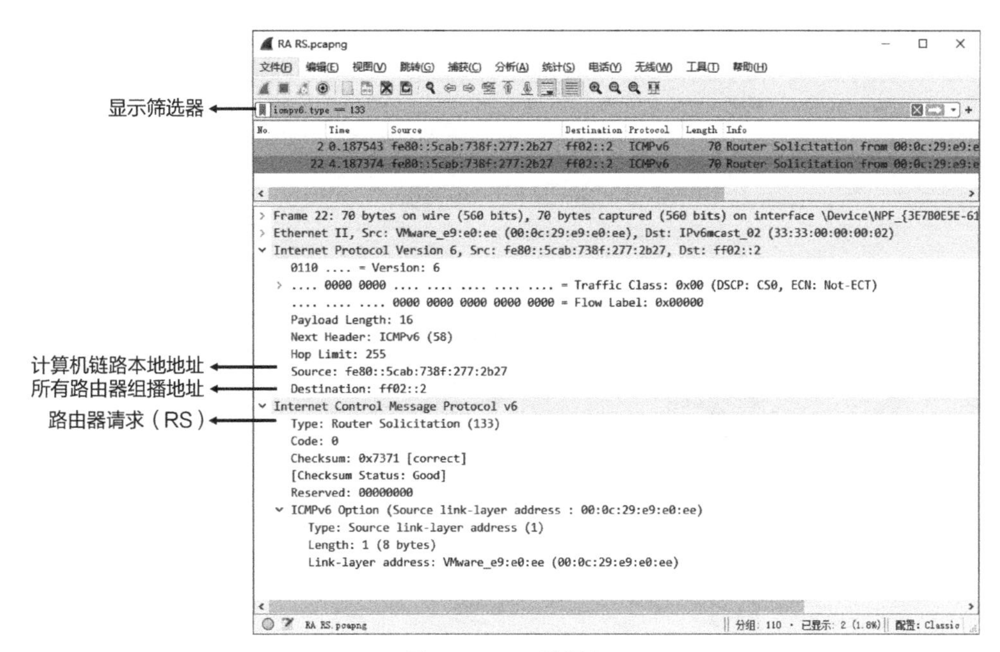

图 11-26　RS 数据包

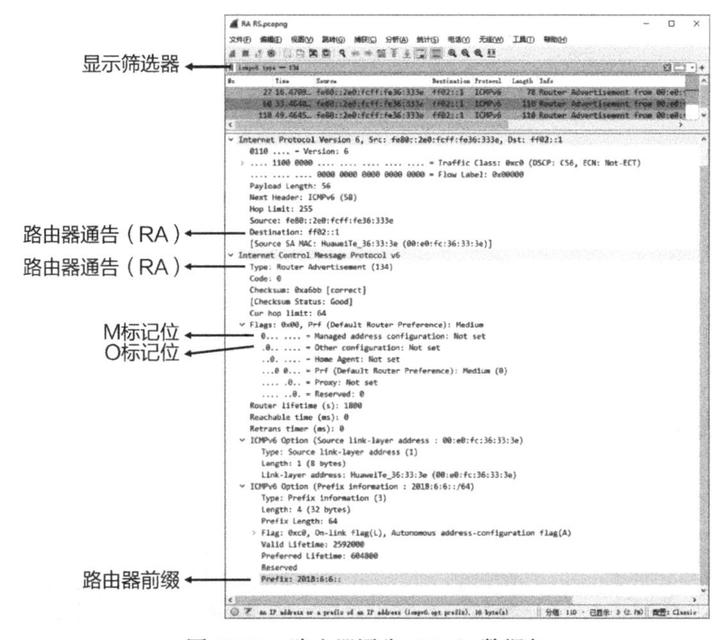

图 11-27　路由器通告（RA）数据包

在 Windows 10 上查看 IPv6 的配置，如图 11-28 所示。打开命令提示符，输入 netsh，输入 interface ipv6，再输入 show interface 查看“Ethernet0”的索引，可以看到是 4。再输入 show interface “4”，可以看到 IPv6 相关的配置参数。“受管理的地址配置”是 disabled，即不从 DHCPv6 服务器获取 IPv6 地址，“其他有状态的配置”是 disabled，即不从 DHCPv6 服务器获取 DNS 等其他参数，也就是无状态自动配置。

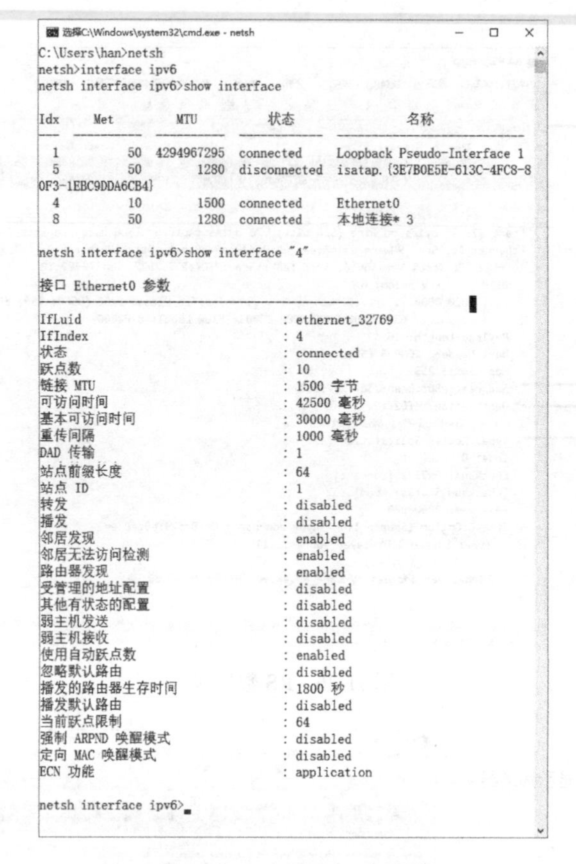

图 11-28 查看 IPv6 的配置

11.4.3 实现 IPv6 地址有状态自动配置

使用 DHCPv6 可以为计算机分配 IPv6 地址和 DNS 等设置。

下面实现 IPv6 有状态地址自动配置，网络环境如图 11-29 所示。配置 AR1 路由器为 DHCPv6 服务器，配置 GE 0/0/0 接口，路由器通告报文中的 M 标记位为 1，O 标记位也为 1，Windows 10 会从 DHCPv6 获取 IPv6 地址。

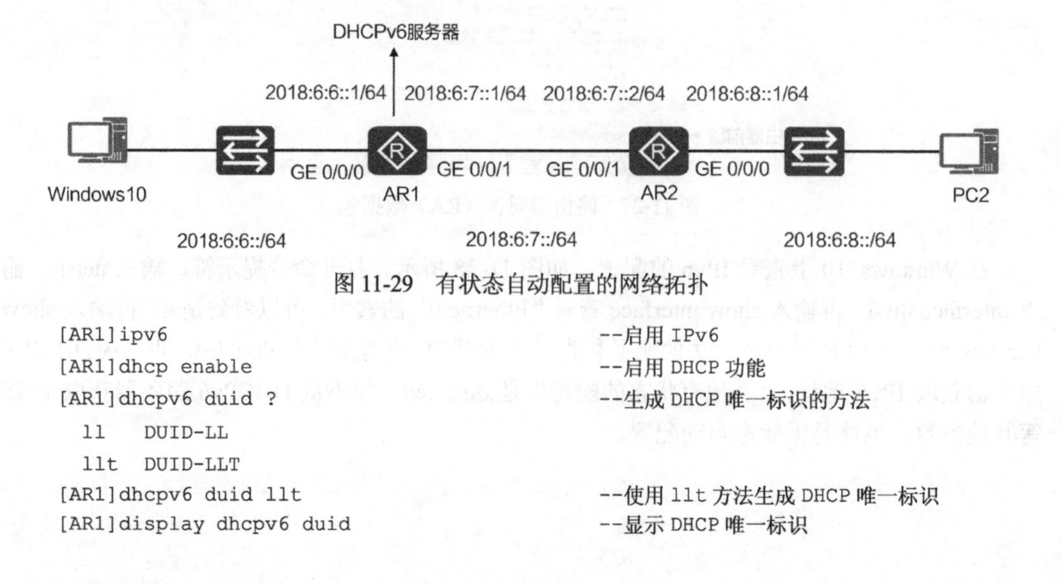

图 11-29 有状态自动配置的网络拓扑

```
[AR1]ipv6                                    --启用 IPv6
[AR1]dhcp enable                             --启用 DHCP 功能
[AR1]dhcpv6 duid ?                           --生成 DHCP 唯一标识的方法
  ll    DUID-LL
  llt   DUID-LLT
[AR1]dhcpv6 duid llt                         --使用 llt 方法生成 DHCP 唯一标识
[AR1]display dhcpv6 duid                     --显示 DHCP 唯一标识
```

```
The device's DHCPv6 unique identifier: 0001000122AB384A00E0FC2931F0
[AR1]dhcpv6 pool localnet                          --创建 IPv6 地址池，名称为 localnet
[AR1-dhcpv6-pool-localnet]address prefix 2018:6:6::/64       --地址前缀
[AR1-dhcpv6-pool-localnet]excluded-address 2018:6:6::1       --排除的地址
[AR1-dhcpv6-pool-localnet]dns-domain-name huawei.com         --域名后缀
[AR1-dhcpv6-pool-localnet]dns-server 2018:6:6::2000          --DNS 服务器
[AR1-dhcpv6-pool-localnet]quit
```

查看配置的 DHCPv6 地址池。

```
<AR1>display dhcpv6 pool
DHCPv6 pool: localnet
  Address prefix: 2018:6:6::/64
   Lifetime valid 172800 seconds, preferred 86400 seconds
   2 in use, 0 conflicts
  Excluded-address 2018:6:6::1
  1 excluded addresses
  Information refresh time: 86400
  DNS server address: 2018:6:6::2000
  Domain name: 91xueit.com
  Conflict-address expire-time: 172800
  Active normal clients: 2
```

配置 AR1 路由器的 GE 0/0/0 接口。

```
[AR1]interface GigabitEthernet 0/0/0
[AR1-GigabitEthernet0/0/0]ipv6 enable
[AR1-GigabitEthernet0/0/0]dhcpv6 server localnet   --指定从 localnet 地址池选择地址
[AR1-GigabitEthernet0/0/0]undo ipv6 nd ra halt     --允许发送 RA 报文
[AR1-GigabitEthernet0/0/0]ipv6 nd autoconfig managed-address-flag --M 标记位为 1
[AR1-GigabitEthernet0/0/0]ipv6 nd autoconfig other-flag           --O 标记位为 1
[AR1-GigabitEthernet0/0/0]quit
```

为了让抓包工具能够捕获 IPv6 自动配置发送的 RS 报文和路由器响应的 RA 报文，先在 Windows 10 上运行抓包工具，然后在 Windows 10 上给 IPv6 指定一个静态 IPv6 地址，再选择"自动获取 IPv6 地址"，这样计算机就会发送 RS 报文，路由器就会发送 RA 报文进行响应。从抓包工具中找到路由器通告（RA）报文，如图 11-30 所示，可以看到 M 标记位和 O 标记位的值都为 1。计算机也通告了路由器前缀，但计算机还是会从 DHCPv6 服务器获取 IPv6 地址和其他设置。

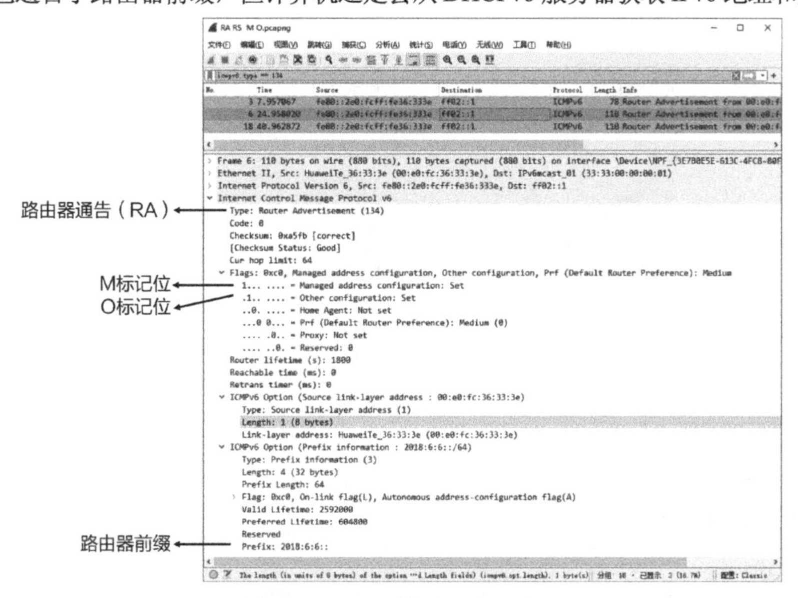

图 11-30 捕获的 RA 数据包

在 Windows 10 中打开命令提示符，如图 11-31 所示，输入 ipconfig /all 可以看到从 DHCPv6 获得的 IPv6 配置，又可以看到从 DHCPv6 获得的“DNS 后缀搜索列表”为“huawei.com”、DNS、租约时间。

图 11-31　查看从 DHCPv6 获得的 IPv6 配置

如图 11-32 所示，输入 show interface “4”，可以看到“受管理的地址配置”为 enabled，“其他有状态的配置”为 enabled。

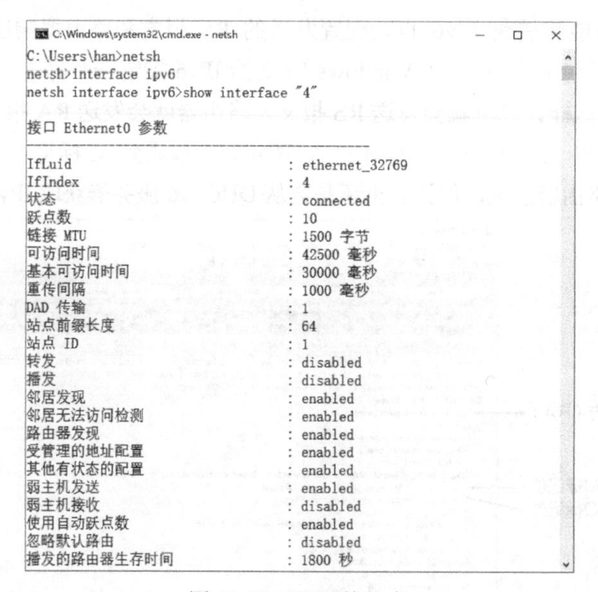

图 11-32　IPv6 的状态

11.5　IPv6 路由

IPv6 网络畅通的条件和 IPv4 的一样，数据包有去有回网络才能通。对于没有直连的网络，需要人工添加静态路由，或使用动态路由协议学习到各个网段的路由。

支持 IPv6 的动态路由协议也都需要新的版本。IPv6 取消了广播地址，因此完全使用广播流量的任何协议都不会再用了。

在 IPv6 中仍然使用的路由协议都有了新的名字，支持 IPv6 的 OSPF 协议是 OSPFv3（OSPF 第 3 版），支持 IPv4 的 OSPF 协议是 OSPFv2 （OSPF 第 2 版）。

接下来将会演示配置 IPv6 的静态路由，以及配置支持 IPv6 的动态路由协议 OSPFv3。

11.5.1 IPv6 静态路由

如图 11-33 所示，网络中有 3 个 IPv6 网段、两个路由器，参照图中标注的地址配置路由器接口的 IPv6 地址。在 AR1 和 AR2 上添加静态路由，使得这 3 个网络能够相互通信。

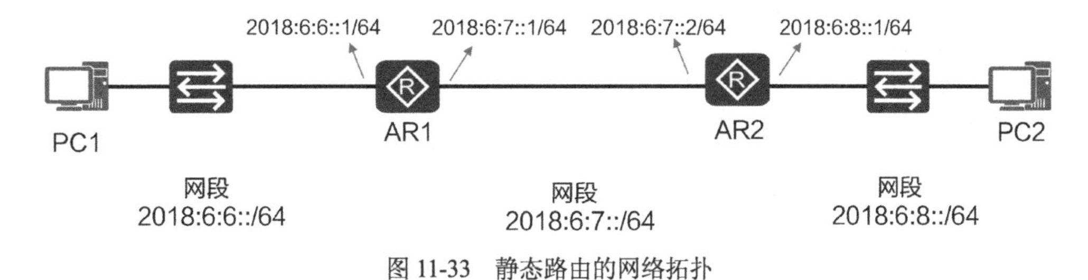

图 11-33 静态路由的网络拓扑

在 AR1 上启用 IPv6，配置接口启用 IPv6，配置接口的 IPv6 地址，添加到 2018:6:8::/64 网段的路由。

```
[AR1]ipv6
[AR1]interface GigabitEthernet 0/0/0
[AR1-GigabitEthernet0/0/0]ipv6 enable
[AR1-GigabitEthernet0/0/0]ipv6 address 2018:6:6::1 64
[AR1-GigabitEthernet0/0/0]ipv6 address auto link-local
[AR1-GigabitEthernet0/0/0]undo ipv6 nd ra halt
[AR1-GigabitEthernet0/0/0]quit
[AR1]interface GigabitEthernet 0/0/1
[AR1-GigabitEthernet0/0/1]ipv6 enable
[AR1-GigabitEthernet0/0/1]ipv6 address 2018:6:7::1 64
[AR1-GigabitEthernet0/0/1]quit
```

添加到 2018:6:8::/64 网段的静态路由。

```
[AR1]ipv6 route-static 2018:6:8:: 64 2018:6:7::2
```

显示 IPv6 静态路由。

```
[AR1]display ipv6 routing-table protocol static
Public Routing Table : Static
Summary Count : 1
Static Routing Table's Status : < Active >
Summary Count : 1
 Destination  : 2018:6:8::                     PrefixLength : 64
 NextHop      : 2018:6:7::2                    Preference   : 60
 Cost         : 0                              Protocol     : Static
 RelayNextHop : ::                             TunnelID     : 0x0
 Interface    : GigabitEthernet0/0/1           Flags        : RD
```

```
Static Routing Table's Status : < Inactive >
Summary Count : 0
```

显示IPv6路由表。

```
[AR1]display ipv6 routing-table
```

配置AR2路由器启用IPv6，在接口上启用IPv6，配置接口的IPv6地址，添加到2018:6:6::/64网段的静态路由。

```
[AR2]ipv6
[AR2]interface GigabitEthernet 0/0/1
[AR2-GigabitEthernet0/0/1]ipv6 enable
[AR2-GigabitEthernet0/0/1]ipv6 address 2018:6:7::2 64
[AR2-GigabitEthernet0/0/1]quit
[AR2]interface GigabitEthernet 0/0/0
[AR2-GigabitEthernet0/0/0]ipv6 enable
[AR2-GigabitEthernet0/0/0]ipv6 address 2018:6:8::1 64
[AR2-GigabitEthernet0/0/0]quit
[AR2]ipv6 route-static 2018:6:6:: 64 2018:6:7::1
```

在AR1上测试到2018:6:8::1是否畅通。

```
<AR1>ping ipv6 2018:6:8::1
 PING 2018:6:8::1 : 56  data bytes, press CTRL_C to break
  Reply from 2018:6:8::1 bytes=56 Sequence=4 hop limit=64  time = 20 ms
  Reply from 2018:6:8::1 bytes=56 Sequence=5 hop limit=64  time = 20 ms
  Reply from 2018:6:8::1 bytes=56 Sequence=5 hop limit=64  time = 20 ms
  Reply from 2018:6:8::1 bytes=56 Sequence=4 hop limit=64  time = 20 ms
  Reply from 2018:6:8::1 bytes=56 Sequence=5 hop limit=64  time = 20 ms

 --- 2018:6:8::1 ping statistics ---
  5 packet(s) transmitted
  5 packet(s) received
  0.00% packet loss
  round-trip min/avg/max = 10/32/80 ms
```

删除IPv6静态路由。

```
[AR1]undo ipv6 route-static 2018:6:8:: 64
[AR2]undo ipv6 route-static 2018:6:6:: 64
```

11.5.2 OSPFv3

新版本的OSPF与IPv4中的OSPF有许多相似之处。

OSPFv3和OSPFv2的基本概念是一样的，它仍然是链路状态路由协议，它将整个网络或自治系统分成不同区域，从而使网络层次分明。

在OSPFv2中，路由器ID（RID）由分配给路由器的最大IP地址决定（也可以由你来分配）。在OSPFv3中，可以分配RID、地区ID和链路状态ID，链路状态ID仍然是32位的值，但却不能再使用IP地址找到了，因为IPv6的地址为128位。根据这些值的不同分配，配置会有相应的改动。从OSPF包的报头中还删除了IP地址信息，这使得新版本的OSPF几乎能通过任何网络层协议来进行路由。

在 OSPFv3 中，邻接和下一跳属性使用链路本地地址，但仍然使用组播流量来发送更新和应答信息。对于 OSPF 路由器，地址为 FF02::5；对于 OSPF 指定路由器，地址为 FF02::6，这些新地址分别用来替换 224.0.0.5 和 224.0.0.6。

下面就展示配置 OSPFv3 的过程。如图 11-34 所示，网络中的路由器接口地址已经配置完成，现在需要在路由器 AR1 和 AR2 上配置 OSPFv3。

图 11-34　配置 OSPFv3

AR1 上的配置如下。

```
[AR1]ospfv3 1                                     --启用 OSPFv3，指定进程号
[AR1-ospfv3-1]router-id 1.1.1.1                   --指定 router-id，必须唯一
[AR1-ospfv3-1]quit
[AR1]interface GigabitEthernet 0/0/0
[AR1-GigabitEthernet0/0/0]ospfv3 1 area 0         --在接口上启用 OSPFv3，指定区域编号
[AR1-GigabitEthernet0/0/0]quit
[AR1]interface GigabitEthernet 0/0/1
[AR1-GigabitEthernet0/0/1]ospfv3 1 area 0
[AR1-GigabitEthernet0/0/1]quit
```

AR2 上的配置如下。

```
[AR2]ospfv3 1                                     --启用 OSPFv3，指定进程号
[AR2-ospfv3-1]router-id 1.1.1.2
[AR2-ospfv3-1]quit
[AR2]interface GigabitEthernet 0/0/0
[AR2-GigabitEthernet0/0/0]ospfv3 1 area 0
[AR2-GigabitEthernet0/0/0]quit
[AR2]interface GigabitEthernet 0/0/1
[AR2-GigabitEthernet0/0/1]ospfv3 1 area 0
[AR2-GigabitEthernet0/0/1]quit
```

查看 OSPFv3 学习到的路由。

```
[AR1]display ipv6 routing-table protocol ospfv3
Public Routing Table : OSPFv3
Summary Count : 3
OSPFv3 Routing Table's Status : < Active >
Summary Count : 1
 Destination  : 2018:6:8::                        PrefixLength : 64
 NextHop      : FE80::2E0:FCFF:FE1E:7774          Preference   : 10
 Cost         : 2                                 Protocol     : OSPFv3
 RelayNextHop : ::                                TunnelID     : 0x0
 Interface    : GigabitEthernet0/0/1              Flags        : D
......
```

11.6　习题

1．关于 IPv6 地址 2031:0000:72C:0000:0000:09E0:839A:130B，下列哪些缩写是正确的？

（　　）（选择两个答案）

A．2031:0:720C:0:0:9E0:839A:130B

B．2031:0:720C:0:0:9E:839A:130B

C．2031::720C::9E:839A:130B

D．2031:0:720C::9E0:839A:130B

2．下列哪些 IPv6 地址可以被手动配置在路由器接口上？（　　）（选择两个答案）

A．fe80:13dc::1/64　　B．ff00:8a3c::9b/64

C．::1/128　　D．2001:12e3:1b02::21/64

3．关于 IPv6 的描述正确的是（　　）。（选择两个答案）

A．IPv6 的地址长度为 64 位

B．IPv6 的地址长度为 128 位

C．IPv6 地址有状态配置使用 DHCP 服务器分配地址和其他设置

D．IPv6 地址无状态配置使用 DHCPv6 服务器分配地址和其他设置

4．IPv6 地址不包括下列哪种类型的地址？（　　）

A．单播地址　　B．组播地址

C．广播地址　　D．任播地址

5．下列选项中，哪个是链路本地地址的地址前缀？（　　）

A．2001::/10　　B．FE80::/10

C．FEC0::/10　　D．2002::/10

6．下面哪条命令是添加 IPv6 默认路由的命令？（　　）

A．[AR1]ipv6 route-static :: 0 2018:6:7::2

B．[AR1]ipv6 route-static ::1 0 2018:6:7::2

C．[AR1]ipv6 route-static :: 64 2018:6:7::2

D．[AR1]ipv6 route-static :: 128 2018:6:7::2

7．IPv6 网络层协议有哪些？（　　）

A．ICMPv6、IPv6、ARP、ND

B．ICMPv6、IPv6、MLD、ND

C．ICMPv6、IPv6、ARP、IGMPv6

D．ICMPv6、IPv6、MLD、ARP

8．在 VRP 系统中配置 DHCPv6，下列哪些形式的 DUID 可以被配置？（　　）

A．DUID-LL　　B．DUID-LLT

C．DUID-EN　　D．DUID-LLC

9．全球单播地址由以下哪些部分组成？（　　）（多选）

A．Protocol ID　　B．Interface ID

C．Subnet ID　　D．Global Routing Prefix

10．IPv6 无状态自动配置使用的 RA 报文在以下哪种报文类型中承载？（　　）

A．IGMPv6　　B．ICMPv6

C．UPv6　　D．TCPv6

11．链路本地单播地址的接口标识总长度为多少 bit？（　　）

A．48bit　　B．32bit

C．64bit　　D．96bit

12．IPv6 地址 FE80::2EO:FCFF:FE6F:4F36 属于哪一类？（　　）

A．组播地址　　B．任播地址

C．链路本地地址　　D．全球单播地址

13．DHCPv6 客户端在向 DHCPv6 服务器发送请求报文之前，会发送以下哪个报文？（　　）

A．RA　　B．RS

C．NA　　D．NS

第 12 章

广域网

本章内容

- 广域网
- PPP 介绍
- 配置 PPP
- PPPoE

本章讲解广域网链路使用的协议。点到点链路可以使用 HDCL、PPP 等数据链路层协议。数据包经过不同的数据链路时要封装成该数据链路层协议的帧格式。

点对点协议（Point-to-Point Protocol，PPP）为在点对点链路上传输多协议的数据包提供了一个标准方法。本章展示配置 PPP 的身份验证和地址协商功能，同时抓包分析 PPP 的帧格式。

以太网协议不支持接入设备的身份验证功能。PPP 支持接入身份验证，并且为远程计算机分配 IP 地址。如果让以太网接入也具有验证用户身份，以及验证通过之后再分配上网地址的功能，那就需要用到 PPPoE（PPP over Ethernet）。本章展示如何配置路由器为 PPPoE 服务器，Windows 操作系统作为 PPPoE 客户端通过拨号访问 Internet，还列出了将路由器配置为 PPPoE 客户端以实现通过 PPPoE 拨号上网的配置步骤。

12.1 广域网

广域网（Wide Area Network，WAN）通常跨接很大的物理范围，覆盖的范围从几十千米到几千千米不等，它能连接多个城市或国家，或横跨几个大洲来提供远距离通信，从而形成国际性的远程网络。局域网通常作为广域网的终端用户与广域网相连。如图 12-1 所示，一家公司在北京、上海和深圳各有一个局域网，它们通过电信运营商的网络互连，电信运营商为企业提供广域网连接。

局域网通常由企业购买路由器、交换机，自己组建和维护。广域网一般由电信部门或公司负责组建、管理和维护，并向全社会提供面向通信的有偿服务。家庭用户通过 ADSL 上网或通过光纤接入 Internet，这就是广域网。

如图 12-2 所示，局域网 1 和局域网 2 通过广域网线路连接。图 12-2 中路由器连接广域网的接口为 Serial 接口，即串行接口。Serial 接口有多个标准，图中展示了“同异步 WAN 接口”和“非通道化 E1/T1 WAN 接口”两种接口。

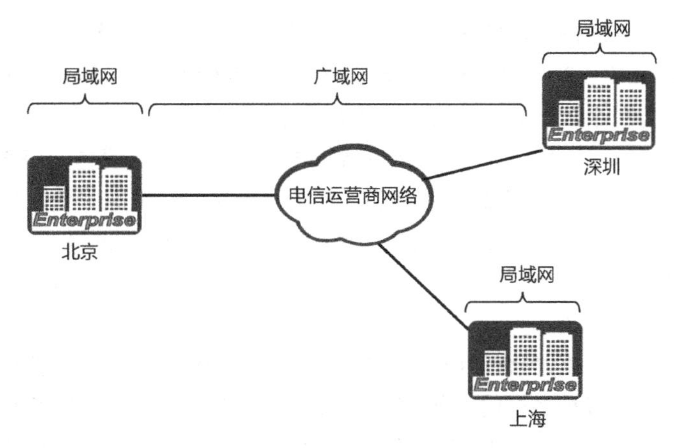

图 12-1 局域网和广域网示意图

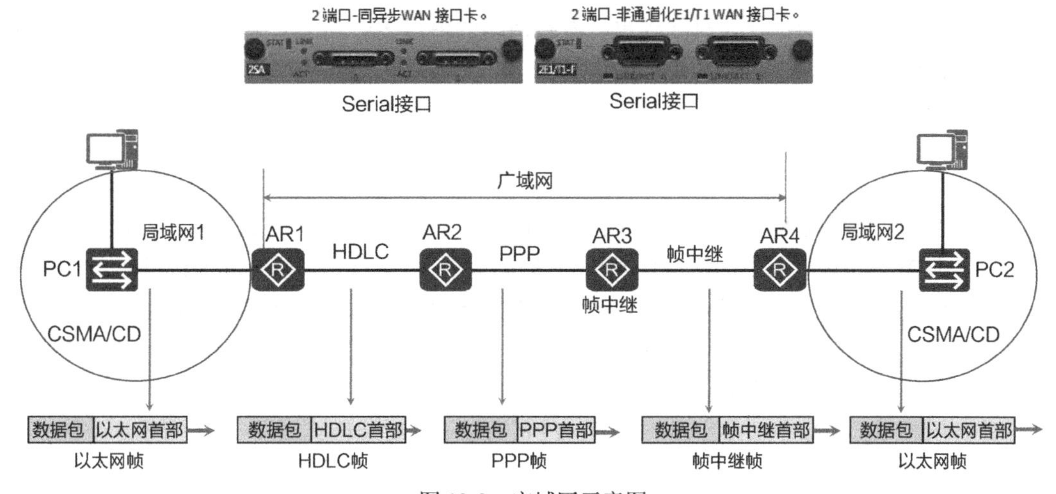

图 12-2 广域网示意图

广域网链路可以有不同的协议，如图 12-2 所示。AR1 路由器和 AR2 路由器之间的串行链路使用的是 HDLC 协议，AR2 和 AR3 之间的串行链路使用的是 PPP，AR3 和 AR4 之间使用帧中继交换机连接，它们使用 Frame Relay 协议。

不同的链路使用不同的数据链路层协议，每种数据链路层协议都定义了相应的数据链路层封装（首部）。数据包经过不同的链路，就要封装成不同的帧。图 12-2 展示了 PC1 给 PC2 发送数据包的过程，首先经过以太网，要把数据包封装成以太网帧，在 AR1 和 AR2 之间的链路上要把数据包封装成 HDLC 帧，在 AR2 和 AR3 之间的链路上要把数据包封装成 PPP 帧，在 AR3 和 AR4 之间的链路上要把数据包封装成帧中继帧，从 AR4 发送到 PC2 要将数据包封装成以太网帧。

本章重点讲解 PPP 和 PPPoE 两种协议，并能过抓包来查看不同的 PPP 的帧格式。

12.2 PPP 介绍

PPP 是 Point-to-Point Protocol 的简称，中文翻译为点对点协议。PPP 为在点对点连接上传输多协议数据包提供了一个标准方法。与以太网协议一样，PPP 也是一个数据链路层协议。以太网协议定义了以太帧的格式，PPP 也定义了自己的帧格式，这种格式的帧称为 PPP 帧。

PPP 的前身是 SLIP（Serial Line Internet Protocol）和 CSLIP（Compressed SLIP），这两种协议现在已基本不再使用。但 PPP 自 20 世纪 90 年代推出以来，一直得到了广泛的应用。

PPP 现在已经成为使用最广泛的 Internet 接入的数据链路层协议之一。PPP 可以和 ADSL、Cable Modem、LAN 等技术结合起来完成各类型的宽带接入。家庭中使用最多的宽带接入方式就是 PPPoE（PPP over Ethernet）。这是一种利用以太网（Ethernet）资源，在以太网上运行 PPP 来对用户进行接入认证的技术，PPP 负责在用户端和运营商的接入服务器之间建立通信链路。

以太网协议工作在以太网接口和以太网链路上，而 PPP 工作在串行接口和串行链路上。串行接口本身的种类是多种多样的，如 EIA RS-232-C 接口、EIARS-422 接口、EIARS-423 接口、ITU-T V.35 接口等，这些都是一些常见的串行接口，并且都支持 PPP。事实上，任何串行接口，只要支持全双工通信方式，便是可以支持 PPP 的。另外，PPP 对于串行接口的信息传输速率没有什么特别的规定，只要求串行链路两端的串行接口在速率上保持一致即可。在本章中，我们把支持并运行 PPP 的串行接口统称为 PPP 接口。

12.2.1 PPP 原理

PPP 的封装方式在很大程度上参照了 HDLC 协议的规范，如图 12-3 所示。PPP 原原本本地使用了 HDLC 协议封装中的标记字段和 FCS 校验码字段。此外，鉴于 PPP 纯粹是一种应用于点到点环境中的协议，任何一方发送的消息都只会由固定的另一方接收并处理，地址字段存在的意义已经不大，因此 PPP 地址字段的取值以全 1 的方式被明确下来，表示这条链路上的所有接口。最后，PPP 控制字段的取值也被明确为 0x03。

PPP 明确了数据帧中很多字段的取值：PPP 的数据帧封装格式如图 12-3 所示。首部有 5 字节，其中 F 字段为帧开始定界符（0x7e），占 1 字节；A 字段为地址字段，占 1 字节；C 字段为控制字段，占 1 字节，协议字段用来标明信息部分是什么协议，占 2 字节。尾部有 3 字节，其中 2 字节是帧校验序列，1 字节是帧结束定界符（0x7e）。信息部分不超过 1500 字节。

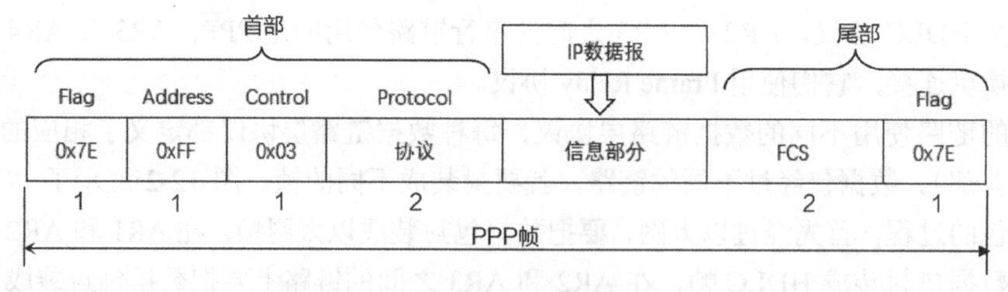

图 12-3 PPP 的封装格式

PPP 的封装也与 HDLC 协议有一点区别，那就是 PPP 在封装字段中添加了协议字段。这个协议字段是为了标识这个数据帧的消息负载是使用的什么协议进行封装的。

PPP 是一种分层的协议，如图 12-4 所示，它由 3 个部分组成，LCP 和 NCP 可以认为是 PPP 协议的工作过程，链路控制的帧和网络控制的帧都封装在 PPP 帧中。

为了能够适应更加广泛的物理介质和网络层传输协议，PPP 采用了分层的体系结构。这个体系架构的上层是网络控制协议（Network Control Protocol，NCP），NCP 的作用是为网络层协议 IPv4、IPv6、IPX、AppleTalk 等协商和配置参数。NCP 并不是一个特定的协议，而是 PPP 架构上层中一系列控制不同网络层传输协议的协议总称。不同的网络层协议都有一个对应的

NCP，譬如 IPv4 协议对应的是 IPCP，IPv6 协议对应的是 IPv6CP，IPX 协议对应的是 IPXCP，AppleTalk 协议对应的是 ATCP 等。NCP 下面是链路控制协议（Link Control Protocol，LCP），链路控制协议的作用是发起、监控和终止连接，通过协商的方式对接口进行自动配置，执行身份认证等。

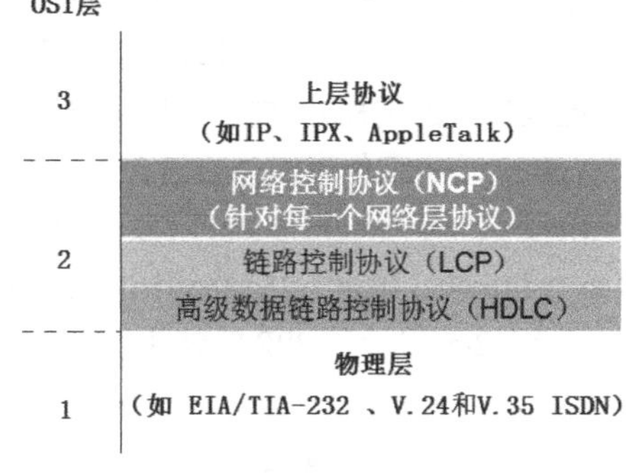

图 12-4 PPP 分层

这些上下层关系体现在 PPP 连接的协商和建立阶段的层面，在两台设备要通过 PPP 在一条串行链路上传输数据之前，它们首先需要通过 LCP 来协商、建立数据链路，然后再通过 NCP 来协商网络层的配置。请读者不要因为这种上下层关系就误以为一个 IPv4 数据包会逐层封装 IPCP 头部和 LCP 头部。实际上，在上面所说的这两个阶段中，NCP 消息和 LCP 都被封装在 PPP 数据帧中，然后再根据下层不同的物理介质对 PPP 数据帧执行成帧。

PPP 工作过程如下。

（1）建立、配置及测试数据链路的链路控制协议（Link Control Protocol，LCP）。它允许通信双方进行协商，以确定不同的选项。这些选项包括最大接收单元、认证协议、协议字段压缩等。对于没有协商的参数，使用默认操作。

（2）认证协议。如果一端需要身份验证，就需要对方出示账户和密码进行身份验证。最常用的是密码验证协议 PAP 和挑战握手验证协议 CHAP。PAP 和 CHAP 通常被用在 PPP 封装的串行线路上，以提供安全性认证。

（3）LCP 协商完参数和身份验证后，PPP 就会开始通过上层协议对应的网络控制协议（Network Control Protocol，NCP）来协商上层协议的配置参数。NCP 为网络层协商可选的配置参数。比如 IPCP 需要协商的配置参数包括消息的 PPP 和 IP 头部是否压缩，使用什么算法进行压缩，以及 PPP 接口的 IPv4 地址。

PPP 的特点如下。

- PPP 既支持同步传输又支持异步传输，而 X.25、FR（Frame Relay）等数据链路层协议仅支持同步传输，SLIP 仅支持异步传输。
- PPP 具有很好的扩展性，例如，当需要在以太网链路上承载 PPP 时，PPP 可以扩展为 PPPoE。
- PPP 提供了 LCP（Link Control Protocol）协议，LCP 用于各种链路层参数的协商。
- PPP 提供了各种 NCP（Network Control Protocol），如 IPCP、IPXCP，用于各网络层参数的协商，能更好地支持网络层协议。
- PPP 提供了认证协议：CHAP（Challenge-Handshake Authentication Protocol）、PAP（Password Authentication Protocol），它们能更好地保证网络的安全性。
- 无重传机制，网络开销小，速度快。

12.2.2 PPP 基本工作流程

PPP 是一种点对点协议，它只涉及位于 PPP 链路两端的两个接口。当我们在分析和讨论其中一个接口时，习惯上就把这个接口叫作本地接口或本端接口，而把另一个接口叫作对端接口或远端接口。

通过串行链路连接起来的本地接口和对端接口在上电之后，并不能马上就开始相互发送携带诸如IP报文这样的网络层数据单元的PPP帧。本地接口和对端接口在开始相互发送携带诸如IP报文这样的网络层数据单元的PPP帧之前，必须经过一系列复杂的协商过程（甚至还可能包括认证过程），这一过程也称为PPP的基本工作流程。

PPP基本工作流程总共包含了5阶段，分别是：链路关闭阶段（Link Dead阶段），链路建立阶段（Link Establishment阶段），认证阶段（Authentication阶段），网络层协议阶段（Network Layer Protocol阶段），链路终结阶段（Link Termination阶段）。

图12-5展示了PPP的链路协商阶段、认证阶段和网络层协议阶段（未标识）。

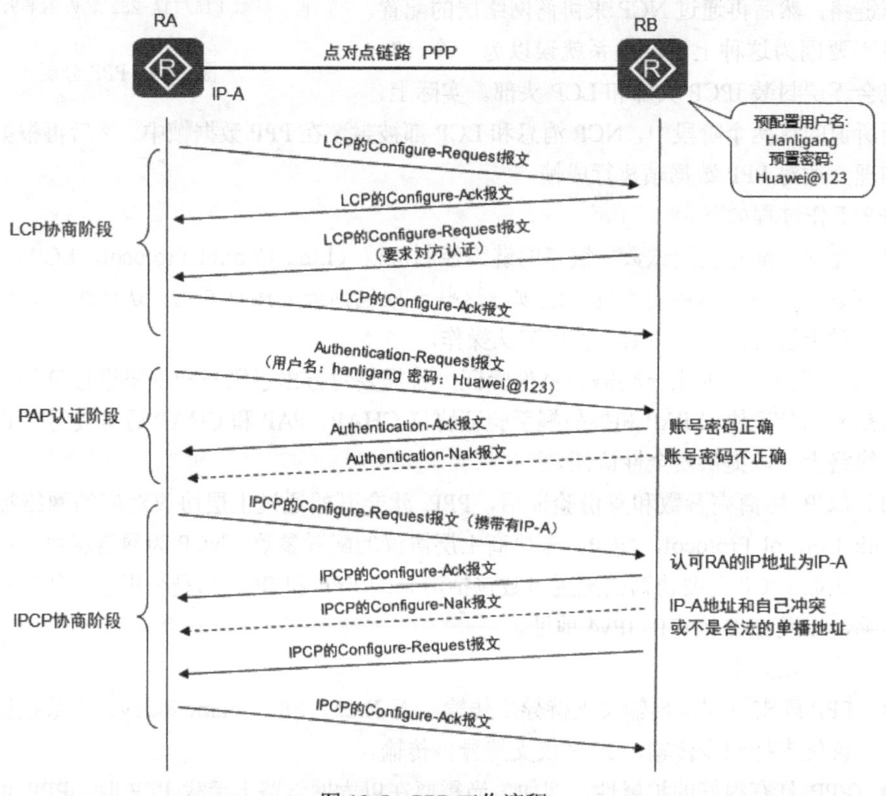

图12-5 PPP工作流程

PPP基本工作流程的第一个阶段是Link Dead阶段。在此阶段，PPP接口的物理层功能尚未进入正常状态。只有当本端接口和对端接口的物理层功能都进入正常状态之后，PPP才能进入下一个工作阶段，即Link Establishment阶段。

当本端接口和对端接口的物理层功能都进入正常状态之后，PPP便会自动进入Link Establishment阶段。在此阶段，本端接口会与对端接口相互发送携带LCP报文的PPP帧。简单来说，此阶段也就是双方交互LCP报文的阶段。通过LCP报文的交互，本端接口会与对端接口协商若干基本而重要的参数，以确保PPP链路可以正常工作。例如，本端接口会与对端接口对的MRU（Maximum Receive Unit）参数进行协商。所谓MRU，就是PPP帧中Information字段所允许的最大长度（字节数）。如果本端接口因为某种原因而要求所接收的PPP帧的Information字段的长度不得超过1800字节（即本端接口的MRU为1800），而对端接口却发送了Information字段为2000字节的PPP帧，那么，在这种情况下，本端接口就无法正确地接收和处理这个Information字段为2000字节的PPP帧，通信就会因此而产生故障。因此，为了避免这种情况的发生，本端接口和对端接口在 Link Establishment 阶段就必须对 MRU 这个参数进行协商并取得一致意见，此后，本端接口就不会发送 Information 字段超过对端 MRU 的 PPP 帧，对端接口也不会发送 Information 字段超过本端 MRU 的 PPP 帧。

在 Link Establishment 阶段，本端接口和对端接口还必须约定好是直接进入 Network Layer Protocol 阶段，还是先进入 Authentication 阶段，再进入 Network Layer Protocol 阶段。如果需要进入 Authentication 阶段，还必须约定好使用什么样的认证协议来进行认证。PAP 身份验证方式的账号和密码在网络中明文传输，CHAP 身份验证方式的密码加密传输。

如图 12-5 所示，在 Link Establishment 阶段路由器 RB 要求路由器 RA 进行身份验证，发送 LCP 的 Configure-Request 报文。在 Authentication 阶段，路由器 RA 向路由器 RB 发送 Authentication-Request 报文，身份验证通过后，路由器 RB 向路由器 RA 发送 Authentication-Ack 报文；如果身份验证失败，RB 向 RA 发送 Authentication-Nak 报文。图 12-5 中路由器 RA 没有要求路由器 RB 进行身份验证。

如果 PPP 的 Link Establishment 阶段顺利结束了，并且 PPP 的双方约定无须进行认证，或者双方顺利地结束了认证阶段，那么 PPP 就会自动进入 Network Layer Protocol 阶段。在 Network Layer Protocol 阶段，PPP 的双方会首先通过 NCP 来对网络层协议的参数进行协商。协商一致之后，双方才能够在 PPP 链路上传递携带相应的网络层协议数据单元的 PPP 帧。

如图 12-5 所示，在 IPCP 协商阶段，路由器 RA 发送的配置请求携带 RA 的接口 IP 地址 IP-A，如果 IP-A 是一个合法的单播地址，并且与 RB 的 IP 地址不冲突，RB 就发送一个 IPCP 的 Configure-Ack 报文，如果不认可，则发送一个 Configure-Nak 报文。

如图 12-6 所示，如果管理员没有给路由器 RA 的接口 A 配置 IP 地址，而是希望对端设备给接口 A 分配一个 IP 地址，那么在 IPCP 协商阶段，在 RA 发送的 Configure-Request 报文的配置选项中就应该包括 0.0.0.0 这个特殊 IP 地址。RB 收到来自 RA 的 Configure-Request 报文后，就会明白对端是在请求从自己这里获取一个 IP 地址。于是，RB 就会回应一个 Configure-Nak 报文，并把自己分配给接口 A 的 IP 地址（假设这个 IP 地址为 IP-A）放在 Configure-Nak 报文的配置选项中。RA 在接收到来自 B 接口的 Configure-Nak 报文后，会提取出其中的 IP-A，然后重新向 B 发送一个 Configure-Request 报文，该报文配置项中包含 IP-A。B 接收后验证 IP-A 合法，就会向 A 发送一个 Configure-Ack 报文。这样 A 就成功地从 B 那里获得了 IP-A 这个地址。

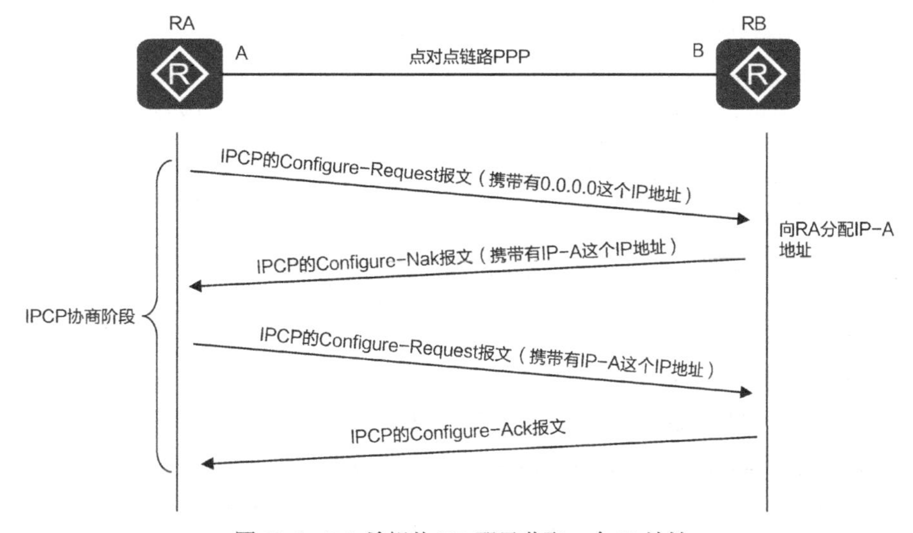

图 12-6　RA 希望从 RB 那里获取一个 IP 地址

有很多情况都会导致PPP进入到Link Termination阶段，例如认证阶段未能顺利完成，链路的信号质量太差，网络管理员需要主动关闭链路等。

12.3 配置PPP

本节配置PPP使用PAP和CHAP两种模式进行身份验证，捕获广域网链路PPP帧，分析PPP帧格式，配置PPP为另一段分配IP地址。本节的实验环境使用eNSP搭建。

12.3.1 配置PPP：身份验证用PAP 模式

如图12-7所示，配置网络中的AR1和AR2路由器实现以下功能。

- 在AR1和AR2之间的链路上进行配置，即将PPP作为数据链路层协议。
- 在AR1上创建用户和密码，用于PPP身份验证。
- 在AR1的Serial 2/0/0接口上，配置PPP身份验证模式为PAP。
- 在AR2的Serial 2/0/1接口上，配置出示给AR1路由器的账号和密码。

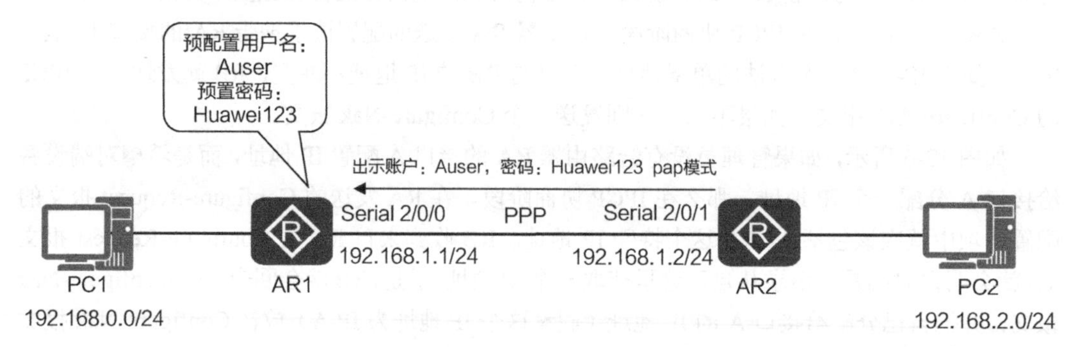

图12-7 PPP实验网络拓扑

在AR1路由器上的Serial 2/0/0接口配置数据链路层使用PPP，华为路由器串行接口默认使用的就是PPP，下面的操作可查看串行接口支持的数据链路层协议，可以看到同一个接口能够指定使用不同的数据链路层协议。

```
[AR1]interface Serial 2/0/0
[AR1-Serial2/0/0]link-protocol                          --查看串行接口支持的数据链路层协议
  fr     Select FR as line protocol
  hdlc   Enable HDLC protocol
  lapb   LAPB(X.25 level 2 protocol)
  ppp    Point-to-Point protocol
  sdlc   SDLC(Synchronous Data Line Control) protocol
  x25    X.25 protocol
[AR1-Serial2/0/0]link-protocol ppp                      --数据链路层协议指定使用PPP
```

查看AR1路由器上的Serial 2/0/0接口的状态。返回的消息显示物理层状态为UP，表明两端接口连接正常；显示数据链路层状态为UP，表明两端协议一致。

```
<AR1>display interface Serial 2/0/0
Serial2/0/0 current state : UP                          --物理层状态UP
Line protocol current state : UP                        --数据链路层状态UP
```

```
Description:HUAWEI, AR Series, Serial2/0/0 Interface
Route Port,The Maximum Transmit Unit is 1500, Hold timer is 10(sec)
Internet Address is 192.168.1.1/24
Link layer protocol is PPP                          --数据链路层协议为 PPP
LCP reqsent
......
```

在 AR1 上创建用于 PPP 身份验证的用户。

```
[AR1]aaa
[AR1-aaa]local-user Auser password cipher Huawei123 --创建用户 Auser,密码为 Huawei123
[AR1-aaa]local-user Auser service-type ppp          --指定 Auser 用于 PPP 身份验证
[AR1-aaa]quit
```

配置 AR1 接口 Serial 2/0/0，PPP 要求进行身份验证才能连接，身份验证模式为 PAP。

```
[AR1]interface Serial 2/0/0
[AR1-Serial2/0/0]ppp authentication-mode ?         --查看 PPP 身份验证模式
  chap  Enable CHAP authentication                 --密码安全传输
  pap   Enable PAP authentication                  --密码明文传输
[AR1-Serial2/0/0]ppp authentication-mode pap       --需要 PAP 身份验证
```

如果要取消该接口的 PPP 身份验证，需执行以下命令:

```
[AR1-Serial2/0/0]undo ppp authentication-mode pap
```

在 AR2 路由器上的 Serial 2/0/1 接口配置数据链路层使用 PPP，并指定向 AR1 出示的账号和密码。

```
[AR2]interface Serial 2/0/1
[AR2-Serial2/0/1]link-protocol ppp
[AR2-Serial2/0/1]ppp pap local-user Auser password cipher Huawei123
```

注意:

在 AR2 的 Serial 2/0/1 接口上没有执行[AR2-Serial2/0/1] ppp authentication-mode pap，AR1 使用 PPP 连接 RA2 时，不需要出示账号和密码。

12.3.2 配置 PPP：身份验证用 CHAP 模式

上面的配置只是实现了 AR1 验证 AR2。现在要配置 AR2 验证 AR1，在 AR2 上创建用户 Buser，密码为 huawei@123。配置 AR2 的 Serial 2/0/1 接口使用 PPP，要求身份验证，身份验证模式为 CHAP。配置 AR1 的 Serial 2/0/0 接口出示账号和密码，如图 12-8 所示。

在 AR2 上创建 PPP 身份验证的用户。配置 Serial 2/0/1 接口，PPP 要求完成身份验证才能连接。

```
[AR2]aaa
[AR2-aaa]local-user Buser password cipher huawei@123
[AR2-aaa]local-user Buser service-type ppp
[AR2-aaa]quit
[AR2]interface Serial 2/0/1
[AR2-Serial2/0/1]ppp authentication-mode chap         --要求完成身份验证才能连接
[AR2-Serial2/0/1]quit
```

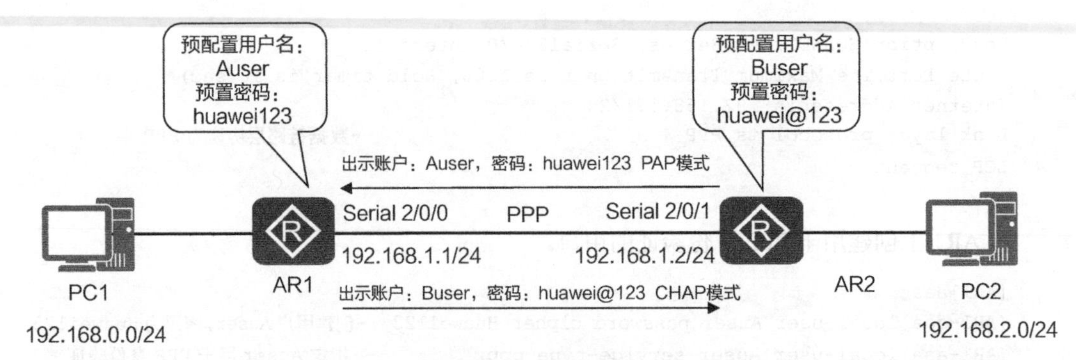

图 12-8 配置 PPP 身份验证用 CHAP 模式

AR1 上的配置如下，先指定用于 PPP 身份验证的账号，再指定密码。

```
[AR1]interface Serial 2/0/0
[AR1-Serial2/0/0]ppp chap user Buser                    --账号
[AR1-Serial2/0/0]ppp chap password cipher huawei@123    --密码
[AR1-Serial2/0/0]quit
```

12.3.3 抓包分析 PPP 链路建立过程

通过抓包工具，我们既能捕获计算机通信的数据包，也能捕获 PPP 建立连接、身份验证、参数协商的数据包。如图 12-9 所示，右键单击 AR2，在出现的菜单中单击“数据抓包”→“Serial 2/0/1”，在出现的“eNSP--选择链路类型”对话框中选择“PPP”，单击“确定”按钮。

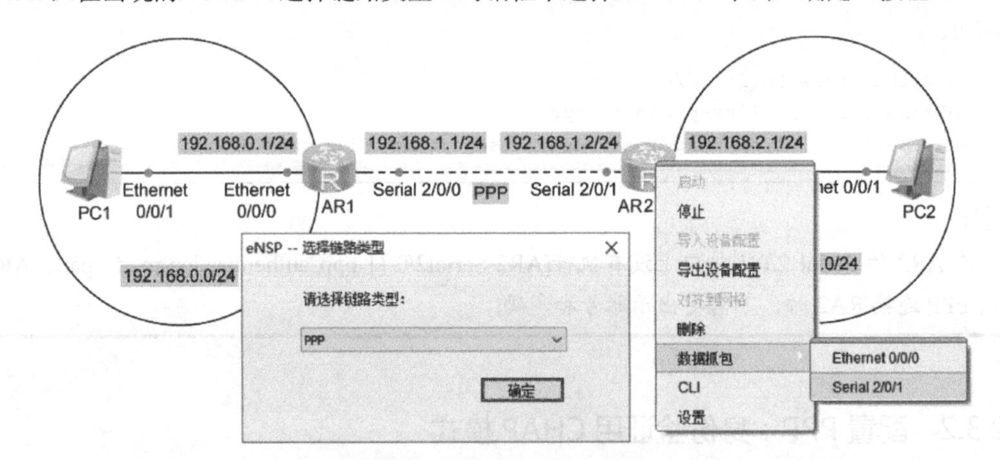

图 12-9 抓包分析 PPP 帧

开始抓包后，禁用 AR1 路由器的 Serial 2/0/0 接口，再启用。抓包工具就能捕获 PPP 建立连接、身份验证、参数协商的数据包。

```
[AR1]interface Serial 2/0/0
[AR1-Serial2/0/0]shutdown
[AR1-Serial2/0/0]undo shutdown
```

如图 12-10 所示，捕获点到点链路的 PPP 帧，可以看到帧 1～5 是链路建立阶段发送的帧，使用的协议是 PPP LCP。帧 6～7 是认证阶段发送的帧，使用的协议是 PPP PAP。帧 8～11 是网络层协商阶段发送的帧，使用的协议是 PPP IPCP。经过三个阶段建立了 PPP 链路，就可以发送 IP 数据包了。图 12-10 中帧 12～18 是封装 IP 数据包。

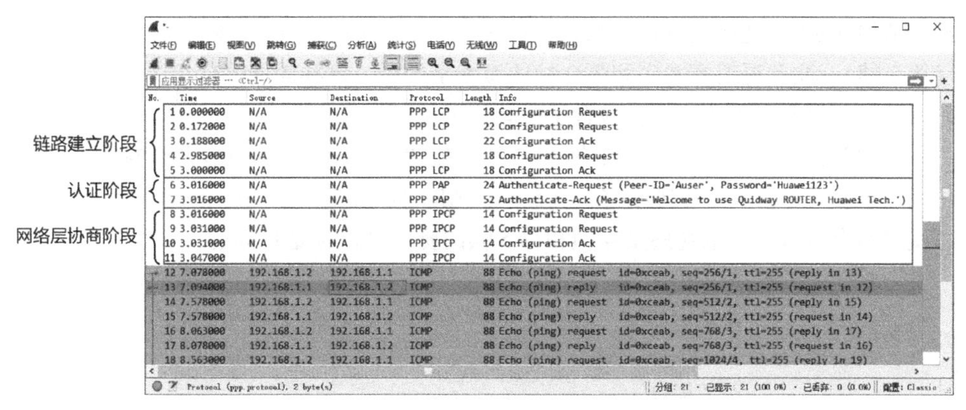

图 12-10　PPP 链路建立的三个阶段

下面通过观察捕获的 PPP 建立连接的帧，来分析 PPP 链路建立的过程。下面描述帧的编号与图 12-10 捕获的帧的编号相同。

如图 12-11 所示，第 2 帧是 AR1 路由器在链路建立阶段发送的配置请求帧，Protocol 为 Link Control Protocol（链路控制协议）。Code 为 Configuration Request（配置请求）。接口参数有 3 个，Maximum Receive Unit（最大接收单元）为 1500、Authentication Protocol 为 Password Authentication Protocol（密码身份验证协议）、Magic Number（魔术字）为 0x328c2356，魔术字由 AR1 随机产生。

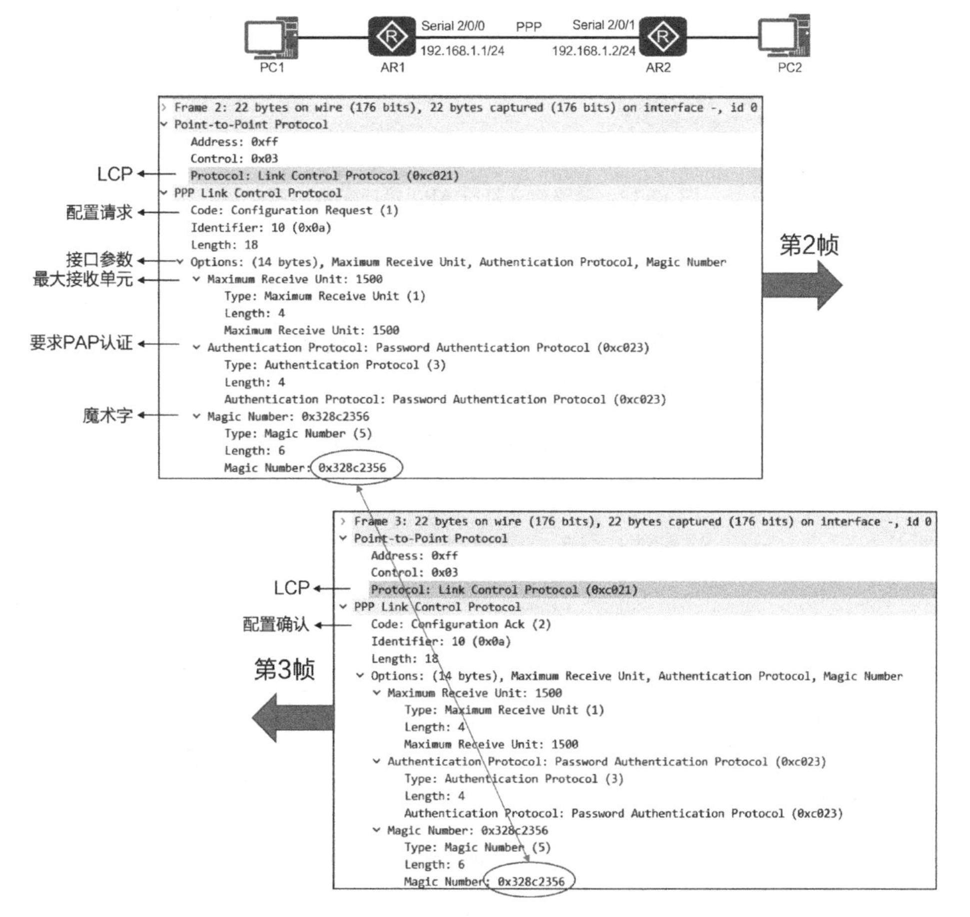

图 12-11　链路建立阶段 AR1 接口参数协商

AR2收到AR1发送的配置请求帧，能够识别并接受这三个参数，然后向AR1发送配置确认帧（第3帧）。注意观察魔术字和第2帧的魔术字一样。这样就能确保第3帧就是第2帧的配置确认帧。可以看到配置确认帧包含了配置请求帧的全部参数。

如图12-12所示，第4帧是AR2向AR1发送配置请求帧，该帧只有两个参数需要和AR1进行协商，即最大接收单元和魔术字。第5帧是AR1向AR2发送的配置确认帧，表示能够识别并接受这两个参数。注意观察第4帧和第5帧的魔术字，也是相同的。

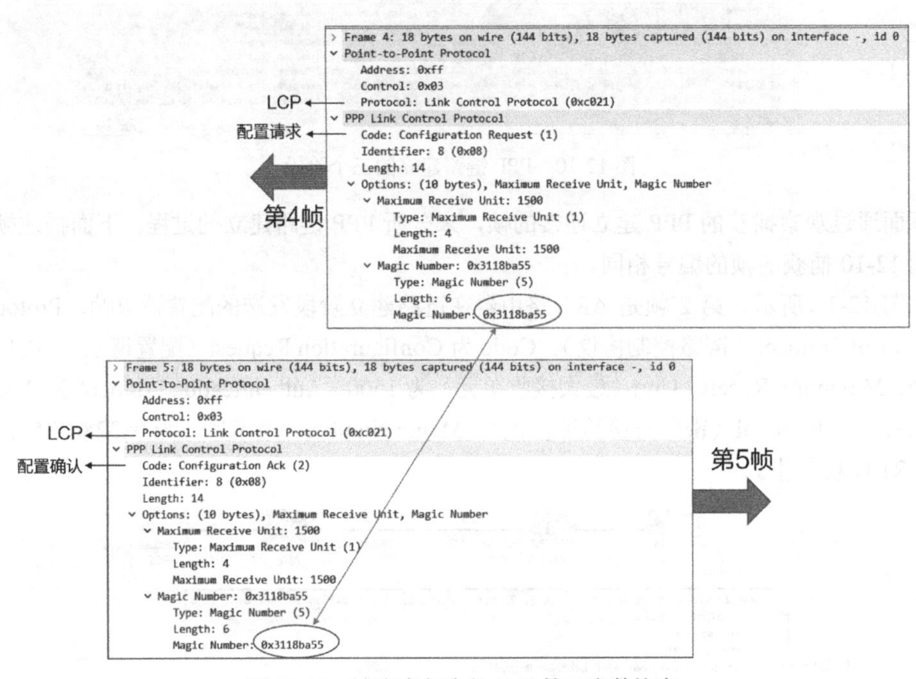

图12-12 链路建立阶段AR2接口参数协商

在链路建立阶段，AR1要求PAP认证，这就进入了认证阶段。如图12-13所示，第6帧是AR2向AR1发送的认证请求，Protocol为Password Authentication Protocol，Data部分包括用户名Auser和密码Huawei123，可以看到账号、密码明文传输。AR1收到认证请求后，验证用户名和密码；通过认证后，发送认证确认帧（第7帧）。

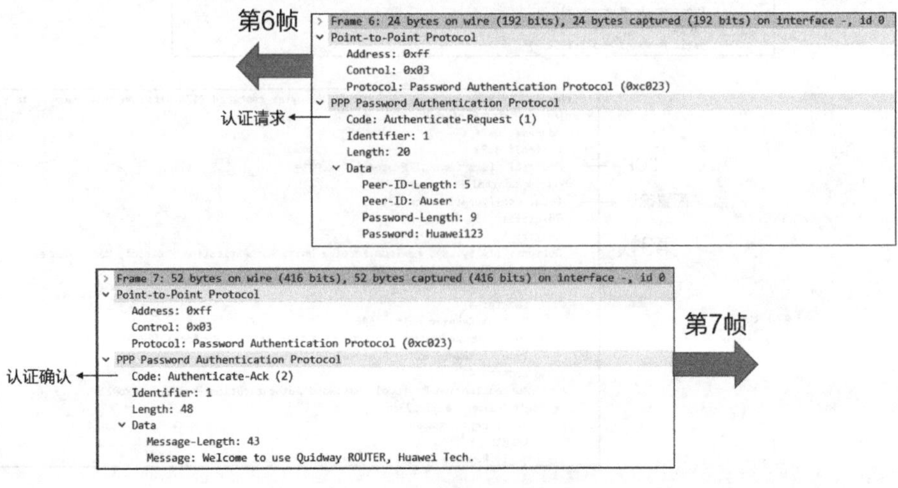

图12-13 认证阶段AR1认证AR2

认证阶段结束后，进入网络层协商阶段。如图 12-14 所示，第 8 帧是 AR1 发送的配置请求帧，注意观察 Protocol 为 Internet Protocol Control Protocol（IPCP），Options 包括 AR1 的 Serial 2/0/0 接口的 IP 地址。第 9 帧是 AR1 发送的配置请求，注意观察 Protocol 为 Internet Protocol Control Protocol（IPCP），Options 包括 AR2 的 Serial 2/0/1 接口的 IP 地址。

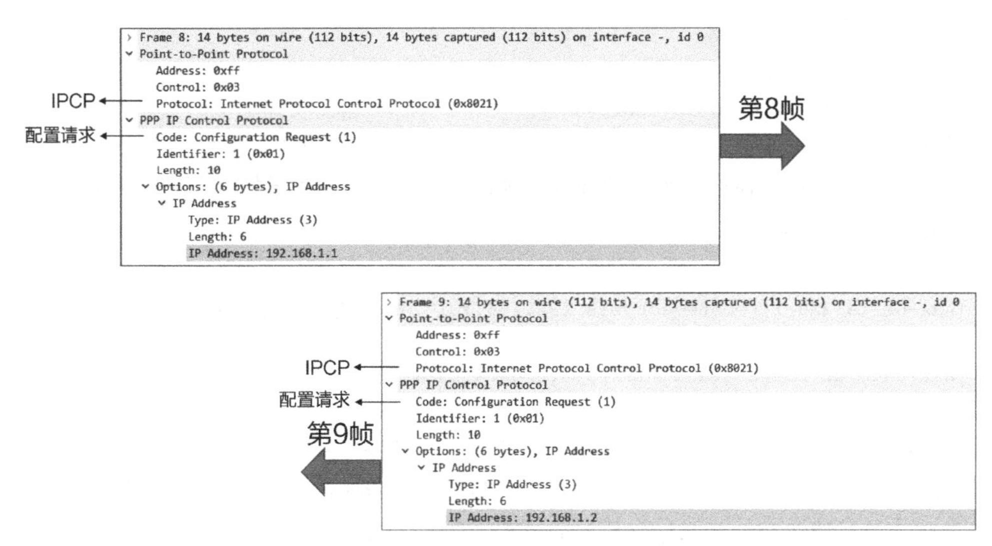

图 12-14 网络协商阶段发送配置请求

接收到网络协商发送的配置请求后，计算机就要判断对方出示的 IP 地址是否和自己的 IP 地址冲突，以及是否在一个网段。如果地址合法，就给对方发送一个配置确认。如图 12-15 所示，第 10 帧是 AR2 给 AR1 发送的配置确认，第 11 帧是 AR1 给 AR2 发送的配置确认。

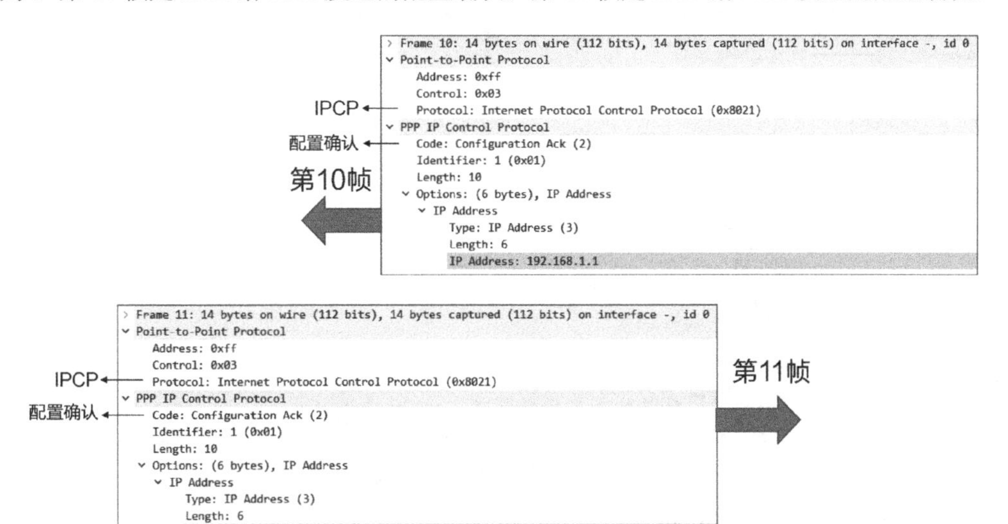

图 12-15 网络协商阶段发送配置确认

12.3.4 配置 PPP 为另一端分配地址

PPP 能够为另一端分配地址，这称为动态地址协商。

如图 12-16 所示，配置 AR2 为 AR1 分配 IP 地址。

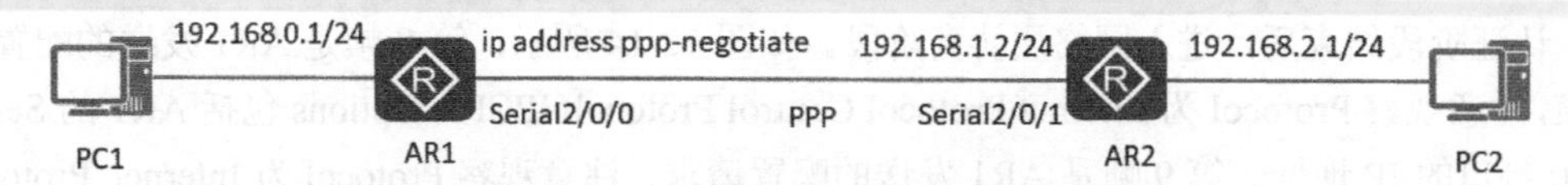

图12-16 动态地址协商实验网络拓扑

在AR1上执行以下命令。

```
[AR1]interface Serial 2/0/0
[AR1-Serial2/0/0]undo ip address                    --删除IP地址
[AR1-Serial2/0/0]ip address ppp-negotiate           --配置地址使用PPP协商
```

在AR2上执行以下命令。另一端地址不固定的话，静态路由最好别写下一跳的IP地址，直接协议出口更合适。

```
[AR2]interface Serial 2/0/1
[AR2-Serial2/0/1]remote address 192.168.1.1     --指定给远程分配的地址
[AR2-Serial2/0/1]quit
[AR2]undo ip route-static 192.168.0.0 24 192.168.1.1
[AR2]ip route-static 192.168.0.0 24 Serial 2/0/1
```

设置完成后，右键单击AR2，然后单击“数据抓包”→“Serial 2/0/1”，在出现的“eNSP--选择链路类型”对话框中选择“PPP”，单击“确定”，开始抓包。在AR1上禁用、启用Serial 2/0/0接口，可以捕获PPP动态地址协商的过程，如图12-17所示。

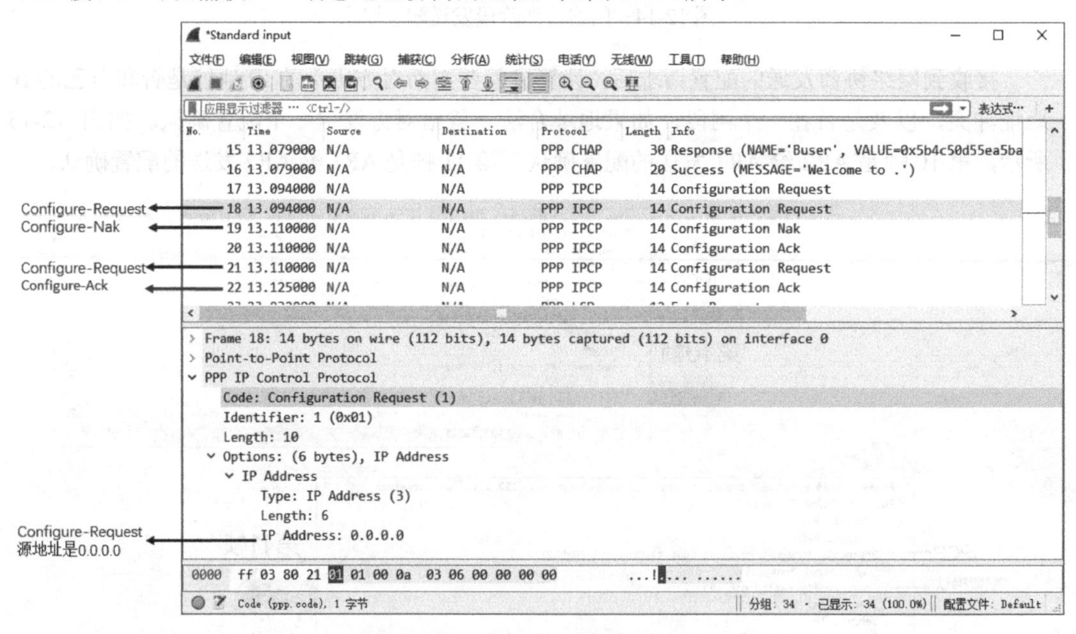

图12-17 动态地址协商的过程

两端动态协商IP地址的过程如下。

（1）AR1向AR2发送一个Configure-Request报文，此报文中会包含一个IP地址0.0.0.0，表示向对端请求IP地址。

（2）AR2收到上述Configure-Request报文后，认为其中包含的地址（0.0.0.0）不合法，使用Configure-Nak回应一个新的IP地址192.168.1.1。

（3）AR1收到此Configure-Nak报文之后，更新本地IP地址，并重新发送一个Configure-Request报文，发报文包含新的IP地址192.168.1.1。

（4）AR2 收到 Configure-Request 报文后，认为其中包含的 IP 地址为合法地址，回应一个 Configure-Ack 报文。

同时，AR2 也要向 AR1 发送 Configure-Request 报文以请求使用地址 192.168.1.2，AR1 认为此地址合法，回应 Configure-Ack 报文。

12.4 PPPoE

12.4.1 PPPoE 概述

我们先来看一下家庭用户上网的一种典型组网场景，如图 12-18 所示。在图 12-18 中，PC1-3 以及家庭网关 HG-1（注：HG 是 Home Gateway 的简称）组成了一个家庭网络。在这个家庭网络中，终端 PC 通常是通过常见的标准以太链路或 FE 链路与 HG-1 相联。HG-1 是家庭网络 1 的出口网关路由器。为了利用已经铺设好的电话线路，HG-1 会利用 ADSL（Asymmetric Digital Subscriber Line）技术将自己准备向外发送的以太帧信号调制成一种适合在电话线路上传输的物理信号后再进行发送。网络运营商的 IP-DSLAM（IP Digital Subscriber Line Access Multiplexer）设备会接收来自不同 HG 的 ADSL 信号，并将其中的以太帧信息解调出来，然后通过一条 GE 链路将这些以太帧送往一个叫作 AC（Access Concentrator）的设备。从数据链路层的角度来看，IP-DSLAM 设备就是一台普通的二层以太网汇聚交换机。

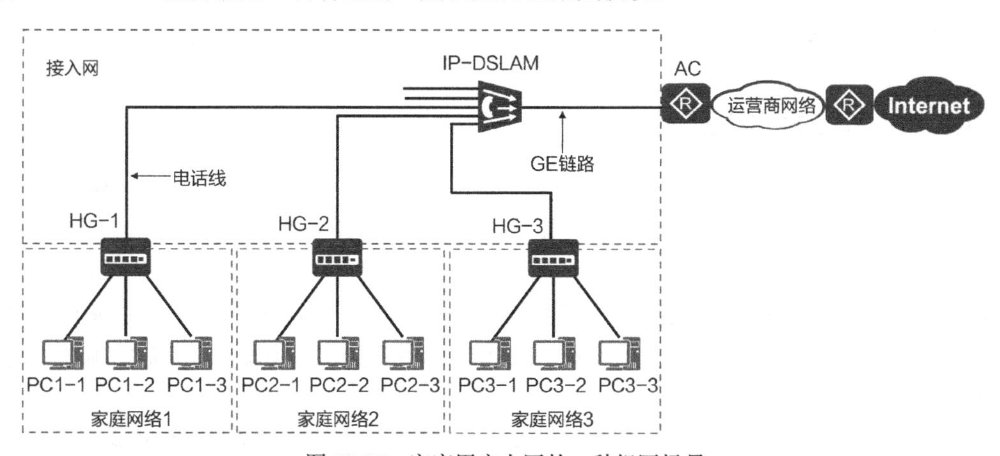

图 12-18　家庭用户上网的一种组网场景

我们知道，网络运营商是要对家庭用户上网进行收费的，它还涉及其他一些管理控制行为。然而我们也知道，IP-DSLAM 转发给 AC 的帧是一些以太帧：显然，这些以太帧是无法标识自己是来自 HG-I，还是来自 HG-2。从帧的结构上来看，一个以太帧中是没有任何字段可以携带“用户名”和“密码”这些信息的。运营商如果不能区分来自不同的家庭用户的数据流量，当然也就无法进行收费等行为了。

因此，在图 12-18 中，AC 设备必须根据所接收的以太帧来识别这些帧所对应的家庭用户，并采用用户名和密码的形式来对不同的家庭用户进行认证。在此基础之上，运营商才有可能对家庭用户的上网活动进行计费等管理控制行为。

我们知道，PPP 本身就具备了通过用户名和密码的形式进行认证的功能。然而，PPP 只适用于点到点的网络类型。在图 12-18 中，不同的 HG 和 AC 构成的以太网是一个多点接入网络

（Multi-AccessNetwork），因此 PPP 无法直接应用在这样的网络上。为了将 PPP 应用在以太网上，一种被称为 PPPoE 的协议便应运而生。

从本质上讲，PPPoE（PPP over Ethernet）是一个允许在以太广播域中的两个以太接口之间创建点对点隧道的协议，它描述了如何将 PPP 帧封装在以太帧中。从 PPPoE 的角度来看，图 12-18 中的接入网部分可以简化为图 12-19 所示的网络。

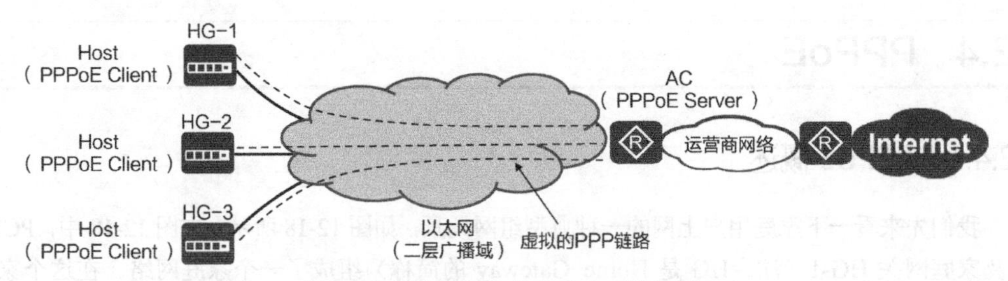

图 12-19 从 PPPoE 的角度来看接入网

在图 12-19 中，利用 PPPoE，每个家庭用户的 HG 都可以与 AC 建立起一条虚拟的 PPP 链路（逻辑意义上的 PPP 链路）。也就是说，HG 与 AC 是可以交互 PPP 帧的。然而，这些 PPP 帧并非是在真实的物理 PPP 链路上传递的，而是被包裹在 HG 与 AC 交互的以太帧中，并随这些以太帧在以太链路上的传递而传递的。

图 12-19 显示了 PPPoE 的基本架构。PPPoE 采用了 Client/Server 模式。在 PPPoE 的标准术语中，运行 PPPoE Client 程序的设备称为 Host，运行 PPPoE Server 程序的设备称为 AC。例如，图 12-19 中，家庭网关路由器 HG 就是 Host，而运营商路由器就是 AC。

12.4.2 PPPoE 报文格式

PPP 不支持以太网环境，以太网网络适配器接口不可能直接把封装好的 PPP 数据帧执行成帧操作，然后发送到以太网中。于是，人们想到了一种方法：在封装好的 PPP 数据帧外面再封装一层以太网数据帧，然后再把这个嵌套了 PPP 数据帧的以太网数据帧放到以太网中进行传输。这样一来，当运营商的接收方设备接收到这个以太网数据帧时，会通过解封装发现其中封装的 PPP 数据帧，然后再根据这个 PPP 数据帧内部封装的协议，来对数据帧进行相应的处理。

图 12-20 显示了 PPPoE 报文的格式。如果以太帧的类型字段的值为 0x8863 或 0x8864，则表明以太帧的载荷数据就是一个 PPPoE 报文。

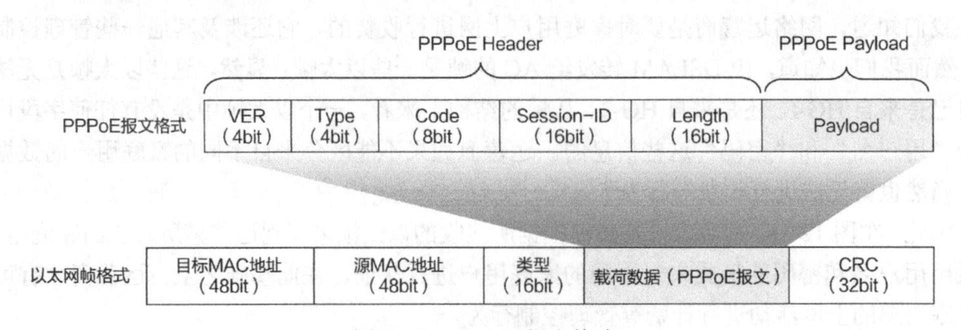

图 12-20 PPPoE 报文格式

PPPoE 报文分为 PPPoE Header 和 PPPoE Payload 两个部分。在 PPPoE Header 中，VER 字

段（版本字段）的值总是取 0x1，Type 字段的值也总是取 0x1，Code 字段用来表示不同类型的 PPPoE 报文，Length 字段用来表示整个 PPPoE 报文的长度，Session-ID 字段用来区分不同的 PPPoE 会话（PPPoE Session），PPP 帧在 PPPoE Payload 中。

12.4.3 PPPoE 的工作过程

PPPoE 的工作过程分为两个不同的阶段，即发现阶段（Discovery 阶段）和 PPP 会话阶段（PPP Session 阶段）。

1．发现阶段

如图 12-21 所示，在 PPPoE 发现阶段，Host 与 AC 之间会交互 4 种不同类型的 PPPoE 报文，分别是 PADI（PPPoE Active Discovery Initiation）报文（PPPoE Header 中 Code 字段的值为 0x09）、PADO（PPPoE Active Discovery Offer）报文（PPPoE Header 中 Code 字段的值为 0x07）、PADR（PPPoE Active Discovery Request）报文（PPPoE Header 中 Code 字段的值为 0x19）、PADS（PPPoE Active Discovery Session-confirmation）报文（PPPoE Header 中 Code 字段的值为 0x65）。

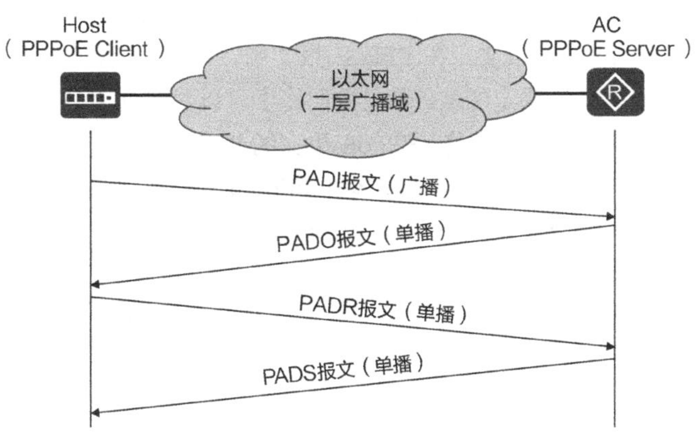

图 12-21　PPPoE 的发现阶段

首先，Host 会以广播的方式发送一个 PADI 报文（见图 12-22），目的是寻找网络中的 AC，并告诉 AC 自己希望获得的服务类型信息。在 PADI 报文的 Payload 中，包含的是若干个具有 Type-Length-Value 结构的 Tag 字段，这些 Tag 字段表达了 Host 想要获得的各种服务类型信息。注意，PADI 报文中的 Session-ID 字段的值为 0。

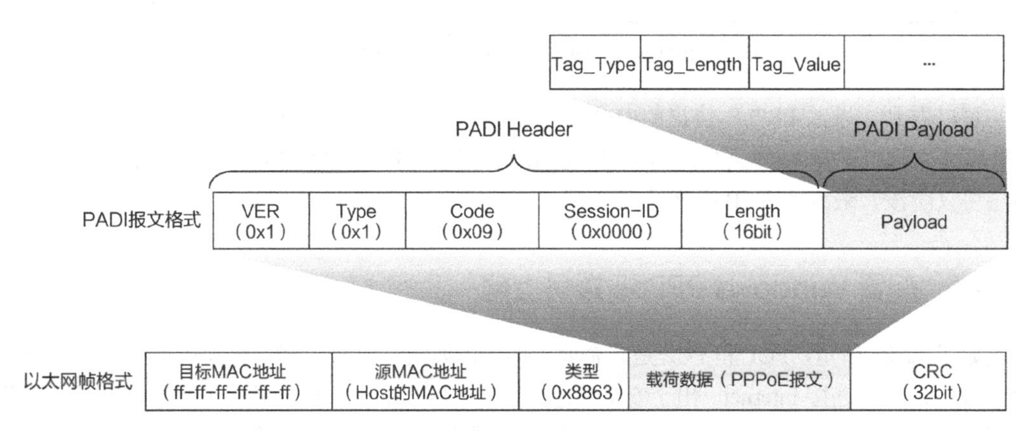

图 12-22　PADI 报文格式

AC 接收到 PADI 报文之后，会将 PADI 报文中所请求的服务与自己能够提供的服务进行比较。AC 如果能够提供 Host 所请求的服务，则单播回复一个 PADO 报文；如果不能提供，则不做任何回应。PADO 报文中的 Session-ID 字段的值为 0。

如果网络中有多个 AC，则 Host 就可能接收到来自不同的 AC 所回应的 PADO 报文。通常，Host 会选择最先收到的 PADO 报文所对应的 AC 来作为自己的 PPPoE Server，并向这个 AC 单播发送一个 PADR 报文。PADR 报文中的 Session-ID 字段的值仍然为 0。

AC 接收到 PADR 报文之后，会确定一个 PPPoE Session_ID，并在发送给 Host 的单播 PADS 报文中携带这个 PPPoE Session_ID。PADS 报文中的 Session-ID 字段的值为 0x××××，这个值便是 PPPoE Session_ID。

Host 接收到 PADS 报文并获知了 PPPoE Session_ID 之后，便标志着 Host 与 AC 之间已经成功建立起了 PPPoE 会话（PPPoE Session）。接下来，Host 和 AC 便可进入到 PPP 会话阶段。

2．PPP 会话阶段

在 PPP 会话阶段，Host 与 AC 之间交互的仍然是以太帧，但是这些以太帧携带了 PPP 帧。图 12-23 显示了在 PPP 会话阶段 Host 与 AC 之间交互的以太帧所包含的内容。以太帧的类型字段的值为 0x8864（注：在发现阶段，以太帧的类型字段的值总是为 0x8863），表明以太帧的载荷数据仍然是一个 PPPoE 报文。在 PPPoE 报文中，Code 字段的值取 0x00，Session_ID 字段的值保持为在发现阶段所确定的值。现在我们终于可以看到此时的 PPPoE 报文的 Payload 就是一个 PPP 帧！然而，需要注意的是，PPPoE 报文的 Payload 并非是我们之前所熟悉的一个完整的 PPP 帧，它只是 PPP 帧的 Protocol 字段和 Information 字段。之所以如此，是因为 PPP 帧的其他字段在此虚拟的 PPP 链路上已无存在的必要。

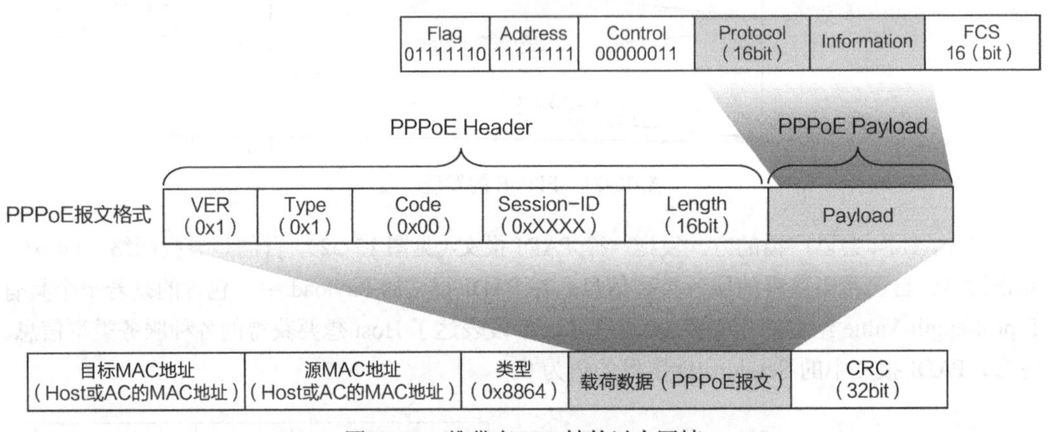

图 12-23 携带有 PPP 帧的以太网帧

可以看到，通过 PPPoE 协议的中介作用，在 PPP 会话阶段 Host 与 AC 之间就可以交互 PPP 帧了。通过 PPP 帧的交互，Host 和 AC 便可经历 PPP 的链路建立阶段、认证阶段以及网络层协议阶段，最终实现 IP 报文的交互。

12.4.4 配置 Windows PPPoE 拨号上网

如图 12-24 所示，PC1 和 PC2 是某企业内网中的两台计算机，通过交换机 LSW1 连接到路由器 AR1，AR1 连接 Internet。出于安全考虑，企业内网中的计算机必须验证用户身份后才允许访问 Internet。下面展示的实验将 AR1 路由器配置成 PPPoE Server，为企业的每一个用户创建一个拨号的账户和密码。PC1 和 PC2 作为 PPPoE Client 需要建立 PPPoE 拨号连接，用户身份验证通过后才能获得一个合法的地址来访问 Internet。

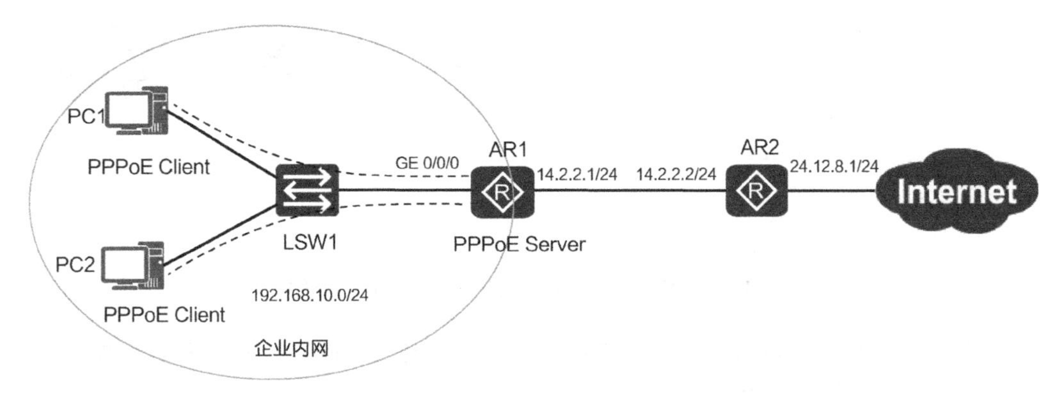

图 12-24 PPPoE 实验网络拓扑

首先配置 AR1 路由器作为 PPPoE 服务器，并为 PC1 和 PC2 创建 PPP 拨号的账户和密码。

```
[AR1]aaa
[AR1-aaa]local-user hanligang password cipher huawei@123
[AR1-aaa]local-user lishengchun password cipher huawei123
[AR1-aaa]local-user hanligang service-type ppp
[AR1-aaa]local-user lishengchun service-type ppp
[AR1-aaa]quit
```

创建地址池，如果 PPPoE 拨号成功，则需要给拨号的计算机分配 IP 地址。

```
[AR1]ip pool PPPoE1
[AR1-ip-pool-PPPoE1]network 192.168.10.0 mask 24
[AR1-ip-pool-PPPoE1]quit
```

创建虚拟接口模板，虚拟接口模板可以绑定到多个物理接口。

```
[AR1]interface Virtual-Template ?
  <0-1023>  Virtual template interface number
[AR1]interface Virtual-Template 1
[AR1-Virtual-Template1]remote address pool PPPoE1     --该虚拟接口给 PPPoE client 分配的地址池
[AR1-Virtual-Template1]ip address 192.168.10.100 24  --该虚拟接口指定 IP 地址
[AR1-Virtual-Template1]ppp ipcp dns 8.8.8.8 114.114.114.114 --为 PPPoE client 指定主、从 DNS 服务器
[AR1-Virtual-Template1]quit
```

将虚拟接口模板绑定到 GigabitEthernet 0/0/0 接口，该接口不需要 IP 地址。

```
[AR1]interface GigabitEthernet 0/0/0
[AR1-GigabitEthernet0/0/0]undo ip address                         --去掉配置的 IP 地址
[AR1-GigabitEthernet0/0/0]pppoe-server bind virtual-template 1 --将虚拟接口模板绑定到该接口
[AR1-GigabitEthernet0/0/0]quit
```

一个虚拟接口模板可以绑定 PPPoE Server 的多个物理接口。

如图 12-25 所示，路由器 AR1 有两个以太网接口，连接了两个以太网。这两个以太网中的计算机都要进行 PPPoE 拨号上网，分配的地址若都属于 192.168.10.0/24 这个网段，就可以将虚拟接口模板绑定到这两个物理接口。

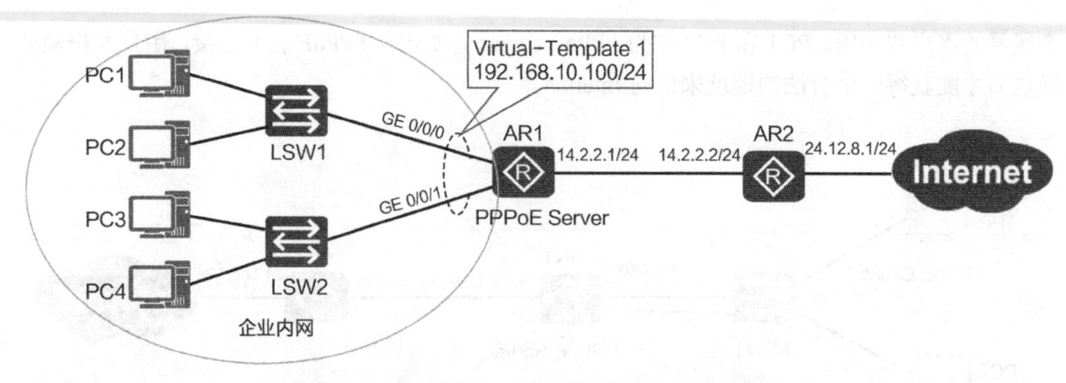

图 12-25 将虚拟接口模板绑定物理接口的拓扑图

配置 Windows PPPoE 拨号上网，就是将 Windows 计算机配置为 PPPoE 客户端，也就是在 Windows 操作系统上创建 PPPoE 拨号连接，过程如下。

1．登录 Windows 10，打开“网络和共享中心”，单击“设置新的连接或网络”。

2．在出现的“选择一个连接选项”对话框中，选中“连接到 Internet”，单击“下一步”，然后单击“设置新连接”。

3．在出现的“你希望如何连接”的对话框中单击“宽带（PPPoE）”。

4．如图 12-26 所示，在出现的“键入您的 Internet 服务提供商（ISP）提供的信息”对话框中，输入用户名、密码以及连接名称，单击“连接”。

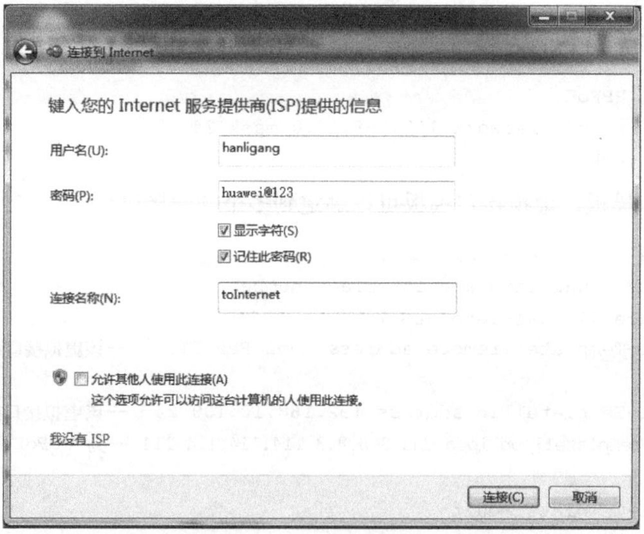

连接到 Internet
键入您的 Internet 服务提供商(ISP)提供的信息
用户名(U): hanligang
密码(P): huawei@123
显示字符(S)
记住此密码(R)
连接名称(N): toInternet
允许其他人使用此连接(A)
这个选项允许可以访问这台计算机的人使用此连接。
我没有 ISP
连接(C) 取消

图 12-26 输入 PPPoE 拨号用户和密码

拨通之后，在命令提示符下，输入 ipconfig /all 以查看拨号获得的 IP 地址和 DNS。

```
C:\Users\win10>ipconfig /all
Windows IP 配置
   主机名  .............: win10-PC
   主 DNS 后缀 ...........:
   节点类型  .............: 混合
   IP 路由已启用 ..........: 否
   WINS 代理已启用 .........: 否
PPP 适配器 to Internet:      --PPPoE 拨号获得的地址和 DNS
```

```
连接特定的 DNS 后缀 .......:
描述..............: toInternet
物理地址.............:
DHCP 已启用 ...........: 否
自动配置已启用..........: 是
IPv4 地址 ............: 192.168.10.254(首选)
子网掩码  ............: 255.255.255.255   --PPP 拨号获得的子网掩码都为 255.255.255.255
默认网关.............: 0.0.0.0
DNS 服务器 ...........: 8.8.8.8
                    114.114.114.114
TCPIP 上的 NetBIOS  .......: 已禁用
```

在 AR1 路由器上可以查看有哪些 PPPoE 客户端拨入，还可以看到 PPPoE 客户端的 MAC 地址，也就是 RemMAC。

```
<AR1>display pppoe-server session all
SID Intf                  State   OIntf       RemMAC          LocMAC
1   Virtual-Template1:0   UP      GE0/0/0     000c.2920.c578  00e0.fc4d.3146
```

建立了 PPPoE 拨号连接后，可以抓包分析 PPPoE 数据包的帧格式。在 Windows 10 上运行抓包工具开始抓包，并 ping 24.12.8.1。如图 12-27 所示，观察第 411 个数据包，PPPoE Payload 封装了 PPPoE Header，又将其封装到以太网数据帧中，类型字段为 0x8864。在 PPPoE Header 封装中可以看到 Session_ID 为 0x0001。

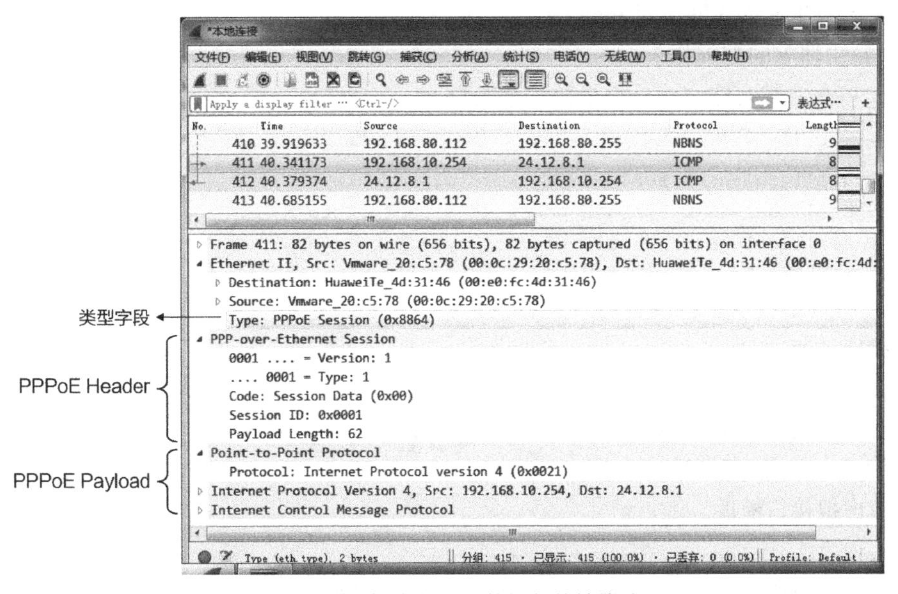

图 12-27 查看 PPPoE 数据包的帧格式

12.4.5 配置路由器 PPPoE 拨号上网

上面介绍的是将企业的路由器配置为 PPPoE 服务器，内网的计算机建立 PPPoE 拨号后访问 Internet。更多的情况是企业的路由器连接 ADSL Modem 接入 Internet，这就需要将企业的路由器配置为 PPPoE 客户端。如图 12-28 所示，使用 eNSP 搭建实验环境，没有 ADSL Modem，也没有电话线，使用 LSW2 连接 ISP 的路由器和学校路由器，将 ISP 路由器配置为 PPPoE 服务器，学校 A 的路由器 AR1 和学校 B 的路由器 AR2 配置为 PPPoE 客户端，两个学校的内网都属于 192.168.10.0/24 网段。

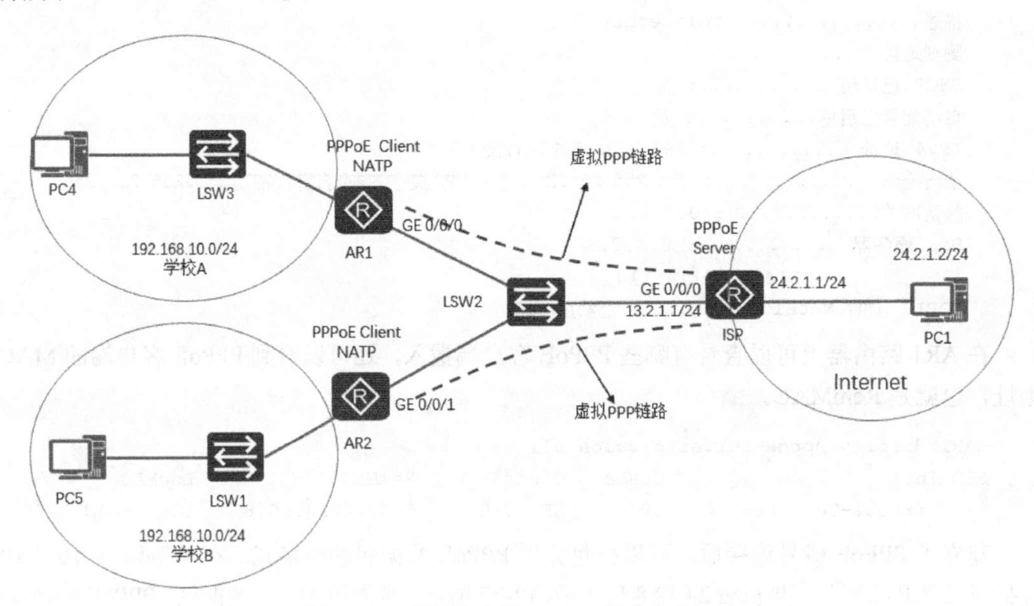

图 12-28 配置路由器 PPPOE 拨号实验拓扑

下面就配置 ISP 路由器作为 PPPoE 服务器，配置学校 A 的 AR1 路由器作为 PPPoE 客户端，配置 NAPT 允许内网访问 Internet。

ISP 路由器上的配置如下。

创建 PPPoE 拨号账户，一个学校一个账户。

```
[ISP]aaa
[ISP-aaa]local-user schoolA password cipher 91xueit
[ISP-aaa]local-user schoolB password cipher 51cto
[ISP-aaa]local-user schoolA service-type ppp
[ISP-aaa]local-user schoolB service-type ppp
[ISP-aaa]quit
```

创建地址池。

```
[ISP]ip pool PPPoE1
[ISP-ip-pool-PPPoE1]network 13.2.1.0 mask 24
[ISP-ip-pool-PPPoE1]quit
```

创建虚拟接口模板。

```
[ISP]interface Virtual-Template 1
[ISP-Virtual-Template1]remote address pool PPPoE1
[ISP-Virtual-Template1]ip address 13.2.1.1 24
[AR1-Virtual-Template1]ppp ipcp dns 8.8.8.8
[ISP-Virtual-Template1]quit
```

将虚拟机接口模板绑定到 GE 0/0/0 接口。

```
[ISP]interface GigabitEthernet 0/0/0
[ISP-GigabitEthernet0/0/0]undo ip address
[ISP-GigabitEthernet0/0/0]pppoe-server bind virtual-template 1
[ISP-GigabitEthernet0/0/0]quit
```

在学校 A 的路由器上配置 PPPoE 拨号连接。

创建拨号链路报文过滤规则。

```
[AR1]dialer-rule
[AR1-dialer-rule]dialer-rule 1 ip
[AR11-dialer-rule]dialer-rule 1 ?
  acl    Permit or deny based on access-list
  ip     Ip
  ipv6   Ipv6
[AR1-dialer-rule]dialer-rule 1 ip permit
[AR1-dialer-rule]quit
```

配置某个拨号访问组对应的拨号访问控制列表，指定引发拨号呼叫的条件。创建编号为 1 的 dialer-rule，这个 dialer-rule 允许所有的 IPv4 报文通过，同时默认禁止所有的 IPv6 报文通过。

创建拨号接口 Dialer 1，配置接口拨号参数，该接口是逻辑接口。

```
[AR1]interface Dialer 1
[AR1-Dialer1]link-protocol ?                        --查看支持的协议
  fr   Select FR as line protocol
  ppp  Point-to-Point protocol
[AR1-Dialer1]link-protocol ppp                      --指定链路协议为 PPP
[AR1-Dialer1]ppp chap user schoolA                  --指定拨号账户
[AR1-Dialer1]ppp chap password cipher 91xueit--指定拨号密码
[AR1-Dialer1]ip address ppp-negotiate               --地址自动协商
[AR1-Dialer1]dialer timer idle 300                  --如果超过 300 秒没有数据传输，断开拨号连接
[AR1-Dialer1]dialer user schoolA                    --指定拨号用户
[AR1-Dialer1]dialer bundle 1                        --这里定义一个 bundle，后面在接口上调用
[AR1-Dialer1]dialer-group 1                         --将接口置于一个拨号访问组中
[AR1-Dialer1]quit
```

为拨号接口建立 PPPoE 会话，如果配置参数 on-demand，则 PPPoE 会话在按需拨号方式下工作。

```
[AR1]interface GigabitEthernet 0/0/0
[AR1-GigabitEthernet0/0/0]pppoe-client dial-bundle-number 1 on-demand
[AR1-GigabitEthernet0/0/0]quit
```

添加默认路由，出口指向 Dialer 1 接口，这样可以由流量触发 PPPoE 拨号。

```
[AR1]ip route-static 0.0.0.0 0 Dialer 1             --由流量触发拨号
[AR1]display dialer interface Dialer 1              --显示拨号接口状态
Dial Interface:Dialer1
  Dialer Timers(Secs):
  Auto-dial:300     Compete:20     Enable:5
  Idle:120     Wait-for-Carrier:60
```

配置 NAPT。

```
[AR1]acl number 2000
[AR1-acl-basic-2000]rule permit source 192.168.10.0 0.0.0.255
[AR1-acl-basic-2000]quit
[AR1]interface Dialer 1
[R1-Dialer1]nat outbound 2000
```

配置完成后，在 PC4 上 ping PC1，测试网络是否畅通。

在 AR1 路由器上查看拨号接口的状态，可以看到获得的 IP 地址。

```
<AR1>display interface Dialer 1
Dialer1 current state : UP
Line protocol current state : UP (spoofing)
Description:HUAWEI, AR Series, Dialer1 Interface
Route Port,The Maximum Transmit Unit is 1500, Hold timer is 10(sec)
Internet Address is negotiated, 13.2.1.254/32
Link layer protocol is PPP
```

12.5 习题

1. 下列哪项命令可以用来查看 IP 地址与帧中继 DLCI 号的对应关系？（ ）

A. display fr interface　　B. display fr map-info

C. display fr inarp-info　　D. display interface brief

2. 在帧中继网络中，关于 DTE 设备上的映射信息，描述正确的是（ ）。

A. 本地 DLCI 与远端 IP 地址的映射

B. 本地 IP 地址与远端 DLCI 的映射

C. 本地 DLCI 与本地 IP 地址的映射

D. 远端 DLCI 与远端 IP 地址的映射

3. 在配置 PPP 验证方式为 PAP 时，下面哪些操作是必需的？（ ）（选择 3 个答案）

A. 把被验证方的用户名和密码加入验证方的本地用户列表中

B. 将与对端设备相连接口的封装类型配置为 PPP

C. 设置 PPP 的验证模式为 CHAP

D. 在被验证方配置向验证方发送的用户名和密码

4. 在华为 AR G3 系列路由器的串行接口上配置、封装 PPP 时，需要在接口视图下输入的命令是（ ）。

A. link-protocol ppp　　B. encapsulation ppp

C. enable ppp　　D. address ppp

5. 两台路由器通过串口连接且数据链路层协议为 PPP，如果想在两台路由器上通过配置 PPP 验证功能来提高安全性，则下列哪种 PPP 验证更安全？（ ）

A. CHAP　　B. PAP

C. MD5　　D. SSH

6. 在以太网这种多点访问网络中，PPPoE 服务器可以通过一个以太网端口与很多 PPPoE 客户端建立起 PPP 连接，因此 PPPoE 服务器必须为每个 PPP 会话建立唯一的会话标识符以区分不同的连接。PPPoE 会使用什么参数建立会话标识符？（ ）

A. MAC 地址　　B. IP 地址与 MAC 地址

C. MAC 地址与 PPP-ID　　D. MAC 地址与 Session-ID

7. 命令 ip address ppp-negotiate 有什么作用？（ ）

A. 开启向对端请求 IP 地址的功能

B. 开启接收远端请求 IP 地址的功能

C. 开启静态分配 IP 地址的功能

D. 以上选项都不正确

8. PPP 由以下哪些协议组成？（　　）（多选）

A. 认证协议　　B. NCP

C. LCP　　D. PPPOE

9. 如果在 PPP 认证的过程中，被认证者发送了错误的用户名和密码给认证者，认证者将会发送哪种类型的报文给被认证者？（　　）

A. Authenticate-Reject　　B. Authenticate-Ack

C. Authenticate-Nak　　D. Authenticate-Reply

10. PPP 定义的是 OSI 参考模型中哪个层次的封装格式？（　　）

A. 网络层　　B. 数据链路层

C. 表示层　　D. 应用层

11. PPPoE 客户端向 Server 发送 PADI 报文，Server 回复 PAD0 报文。其中，PAD0 报文是一个什么帧？（　　）

A. 组播　　B. 广播

C. 单播　　D. 任播

第13章 VPN

本章内容

- 虚拟专用网络
- 配置 GRE 隧道 VPN
- 配置 IPSec VPN
- 配置基于 Tunnel 接口的 IPSec VPN
- 远程访问 VPN

本章介绍虚拟专用网络，在路由器上配置站点间 VPN，即通过 Internet 实现公司异地私有网络的互联互通。本章还展示实现站点间 VPN 的 3 种类型 VPN，即 GRE 隧道实现的站点间 VPN、IPSec VPN 和基于 Tunnel 接口的 IPSec VPN。本章最后展示在路由器上配置远程访问 VPN 的过程，远程访问 VPN 允许公司网络外的用户（计算机）建立到公司内网的 VPN 拨号连接，并通过 Internet 访问企业私有网络。

13.1 虚拟专用网络

13.1.1 专用网络

在讲虚拟专用网络（Virtual Private Network，VPN）之前，先介绍一下什么是专用网络。

专用网络也就是专线业务，大多面向企业、政府以及其他对带宽稳定性和服务质量要求高的客户。一般具有固网 IP 地址，不需要进行接入认证；根据客户需求，不仅在接入层对带宽和接入业务类型有要求，而且会对业务的全程、全网服务质量提出更详细的要求；而专线客户，往往由运营商提供更为主动、周全、及时、专业的客户服务支撑。

一家公司异地的局域网可以通过专线连接，如图 13-1 所示，北京、上海两个城市的局域网可以通过数字数据网（DDN）专线业务、帧中继（FR）专线业务、数字用户线路（DSL）专线业务、同步数字（SDH）专线业务等进行连接。

专线连接的优点为成本高、通信质量好。专线通常用于内网通信，全网通常采用私有 IP 地址。

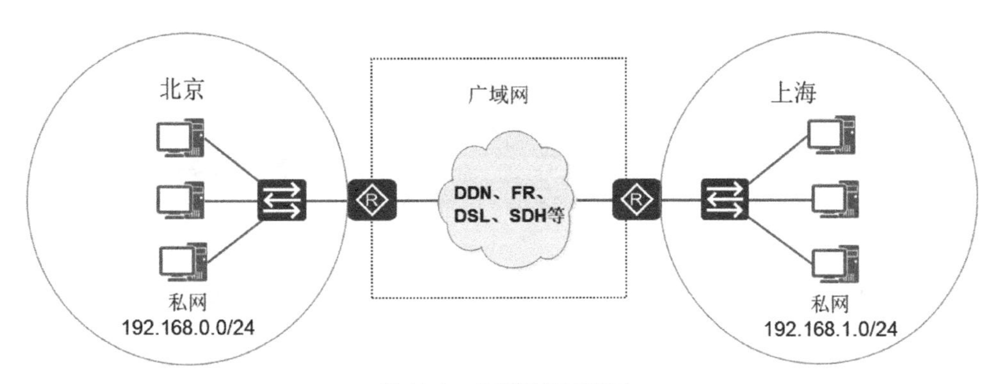

图 13-1 专用网络示意图

13.1.2 虚拟专用网络

如图 13-2 所示，企业在北京的网络接入了 Internet，在上海的网络也接入了 Internet，这两个局域网通过 Internet 连接起来，但由于北京和上海的两个网络均是私网，因此不能通过 Internet 直接相互通信。

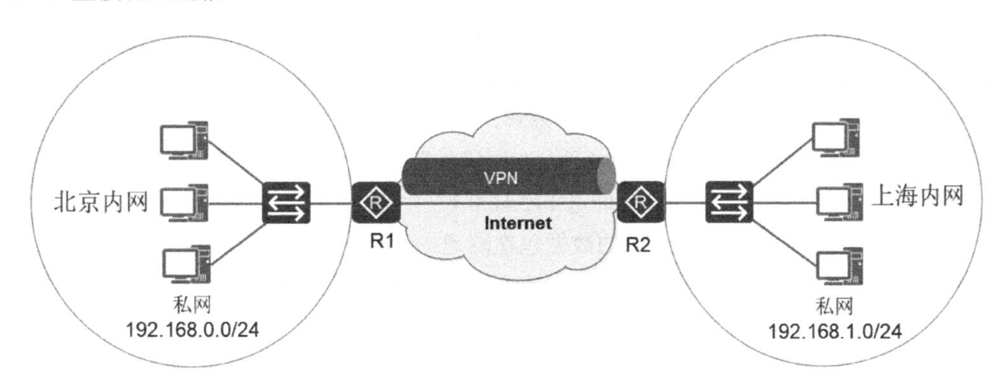

图 13-2 VPN 示意图

通过配置两端的路由器 R1 和 R2，可以为两个局域网创建一条隧道，让两个局域网之间能够相互通信。通过加密和身份验证技术可以实现数据通信的安全，从而达到像专线一样的效果。这种在公共网络中建立的连接多个局域网的隧道就称为虚拟专用网络（VPN），如图 13-2 所示。

通过 VPN，用户可利用 Internet 对两地的网络进行互联，只需要支付本地接入 Internet 的费用即可，该费用较低。使用 IPSec 能够保证数据通信安全，可以在不改变使用习惯的前提下，使用私网地址和对方进行通信。

13.2 配置站点间 VPN

站点间 VPN 就是在 Internet 上创建 VPN 隧道，以对多个局域网进行连接。本书重点讲 GRE 隧道和 IPSecVPN，如图 13-3 所示。后面还会讲到远程访问 VPN，在远程计算机上建立到企业内网的 VPN 连接，从而访问企业内网。

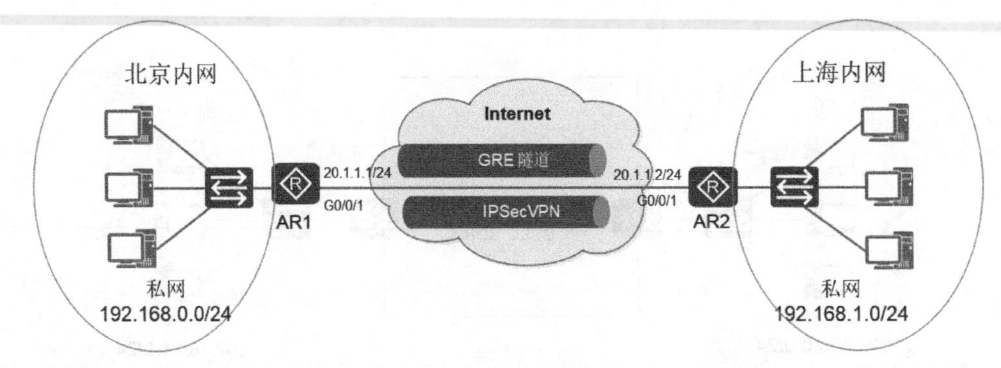

图 13-3 VPN 隧道

13.2.1 GRE 隧道 VPN

GRE（Generic Routing Encapsulation）是指通用路由封装协议，它对某些网络层协议（如 IP 和 IPX）的数据包进行封装，使这些被封装的数据包能够在另一个网络层协议（如 IP）中传输。下面讨论的 GRE 隧道 VPN，用于将跨 Internet 内网进行通信的数据包封装到具有公网地址的数据包中进行传输。

如图 13-3 所示，北京和上海的两个局域网通过 Internet 连接。在 AR1 和 AR2 上配置 GRE 隧道，这时候大家应该把这条隧道当成连接 AR1 和 AR2 的一根网线。AR1 隧道接口的地址和 AR2 隧道接口的地址在同一个网段。这样理解，就很容易想到，要想实现这两个私网间的通信，需要添加静态路由。在 AR1 上添加到上海网段的路由，下一跳地址是 172.16.0.2；在 AR2 上添加到北京网段的路由，下一跳地址是 172.16.0.1。

图 13-4 展示了 PC1 与 PC2 通信的数据包在隧道中（也就是在 Internet 中）传输时的封装格式示意图。可以看到，PC1 到 PC2 的数据包的外面又有一层 GRE 封装，最外面的是隧道的目标地址和源地址。

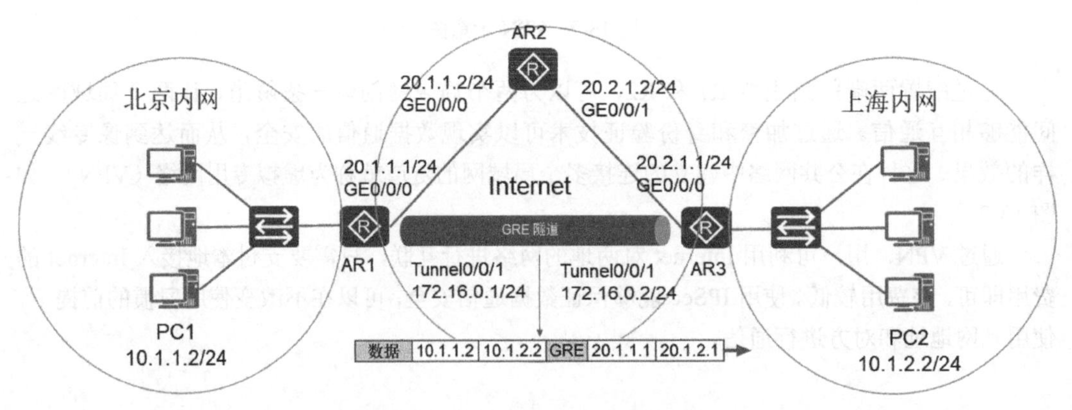

图 13-4 GRE 隧道 VPN 的网络拓扑

使用 eNSP 参照图 13-4 搭建实验环境。

AR1 上的配置如下。

```
[AR1]interface GigabitEthernet 0/0/0
[AR1-GigabitEthernet0/0/0]ip address 20.1.1.1 24
[AR1-GigabitEthernet0/0/0]quit
```

```
[AR1]interface Vlanif 1
[AR1-Vlanif1]ip address 10.1.1.1 24
[AR1-Vlanif1]quit
[AR1]ip route-static 20.1.2.0 24 20.1.1.2          --添加到 20.1.2.0/24 网络的路由
```

AR2 上的配置如下，不添加到北京和上海网络的路由，因为 Internet 中的路由器不会添加到私有网络的路由。

```
[AR2]interface GigabitEthernet 0/0/0
[AR2-GigabitEthernet0/0/0]ip address 20.1.1.2 24
[AR2-GigabitEthernet0/0/0]quit
[AR2]interface GigabitEthernet 0/0/1
[AR2-GigabitEthernet0/0/1]ip address 20.1.2.2 24
[AR2-GigabitEthernet0/0/1]quit
```

AR3 上的配置如下。

```
[AR3]interface GigabitEthernet 0/0/0
[AR3-GigabitEthernet0/0/0]ip address 20.1.2.1 24
[AR3-GigabitEthernet0/0/0]quit
[AR3]interface Vlanif 1
[AR3-Vlanif1]ip address 10.1.2.1 24
[AR3-Vlanif1]quit
[AR3]ip route-static 20.1.1.0 24 20.1.2.2        --添加到 20.1.1.0/24 网络的路由
```

现在，在 AR1 上创建到上海网络的 GRE 隧道接口，并添加到上海网络的路由。

```
[AR1]interface Tunnel 0/0/0                      --指定隧道接口编号
[AR1-Tunnel0/0/0]tunnel-protocol ?               --查看隧道支持的协议
  gre         Generic Routing Encapsulation
  ipsec       IPSEC Encapsulation
  ipv4-ipv6   IP over IPv6 encapsulation
  ipv6-ipv4   IPv6 over IP encapsulation
  mpls        MPLS Encapsulation
  none        Null Encapsulation
[AR1-Tunnel0/0/0]tunnel-protocol gre             --隧道使用 GRE 协议
[AR1-Tunnel0/0/0]ip address 172.16.0.1 24        --指定隧道接口的地址
[AR1-Tunnel0/0/0]source 20.1.1.1                 --指定隧道的起点（源地址）
[AR1-Tunnel0/0/0]destination 20.1.2.1            --指定隧道的终点（目标地址）
[AR1-Tunnel0/0/0]quit
[AR1]ip route-static 10.1.2.0 24 172.16.0.2      --添加到上海网络的路由
```

添加到上海网络的路由，下一跳地址也可以使用 Tunnel 0/0/0 替换。

```
[AR1]ip route-static 10.1.2.0 24 Tunnel 0/0/0。
```

在 AR3 上创建到北京网络的 GRE 隧道接口，并添加到北京网络的路由。

```
[AR3]interface Tunnel 0/0/0
[AR3-Tunnel0/0/0]tunnel-protocol gre
[AR3-Tunnel0/0/0]ip address 172.16.0.2 24
[AR3-Tunnel0/0/0]source 20.1.2.1
[AR3-Tunnel0/0/0]destination 20.1.1.1
[AR3-Tunnel0/0/0]quit
[AR3]ip route-static 10.1.1.0 24 172.16.0.1
```

查看 Tunnel 0/0/0 接口的状态。

```
<AR3>display interface Tunnel 0/0/0
Tunnel0/0/0 current state : UP
Line protocol current state : UP
Last line protocol up time : 2018-06-16 01:37:01 UTC-08:00
Description:HUAWEI, AR Series, Tunnel0/0/0 Interface
Route Port,The Maximum Transmit Unit is 1500
Internet Address is 172.16.0.2/24
Encapsulation is TUNNEL, loopback not set
......
```

抓包分析 GRE 隧道中的数据包格式。如图 13-5 所示，右键单击 AR2 路由器，在弹出的菜单中单击“数据抓包”，再单击“GE 0/0/0”接口。

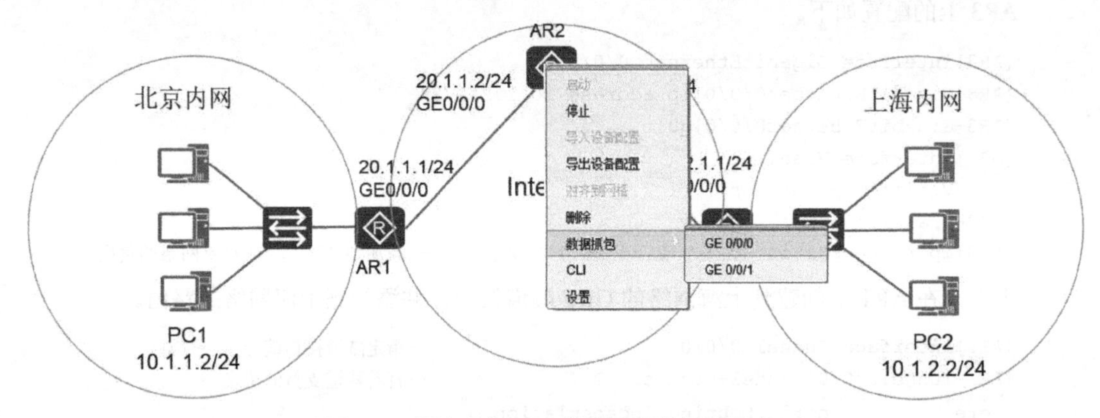

图 13-5　抓包分析 GRE 隧道中的数据包格式

开始抓包后，用 PC1 ping PC2，观察捕获的数据包，并查看 GRE 封装，如图 13-6 所示。

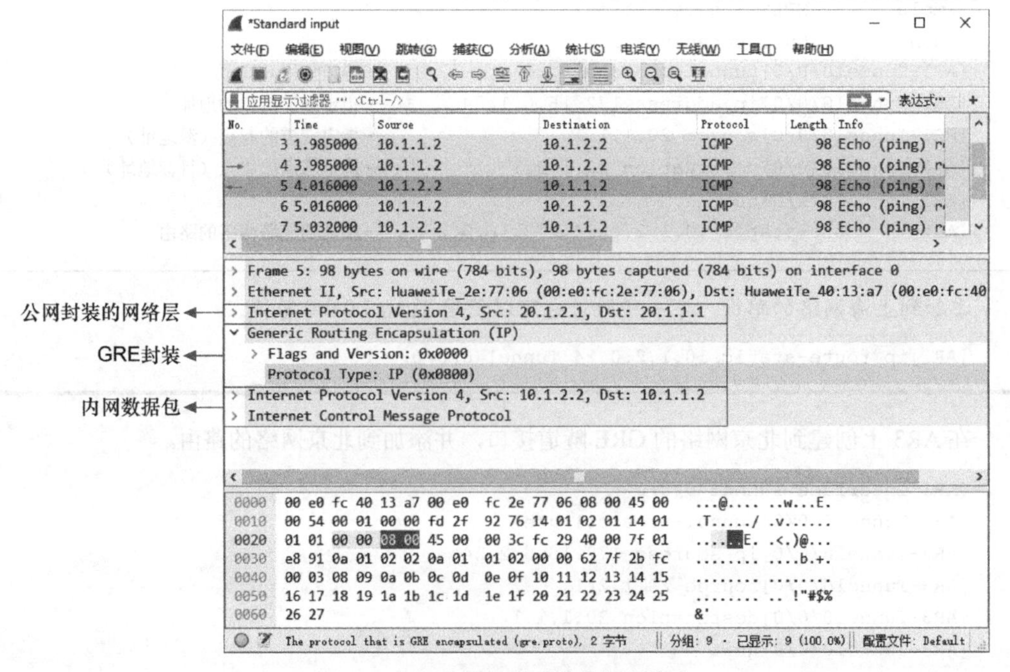

图 13-6　查看 GRE 封装的数据包格式

上面展示了如何创建 GRE 隧道 VPN 以将两个城市的局域网连接起来。如果一个企业在北京、上海、石家庄 3 个城市都有局域网，如图 13-7 所示。要创建 GRE 隧道 VPN，需要在每个路由器上创建两个 Tunnel 接口，分别定义好隧道的起点和终点以及隧道接口地址，并添加到远程网络的路由。

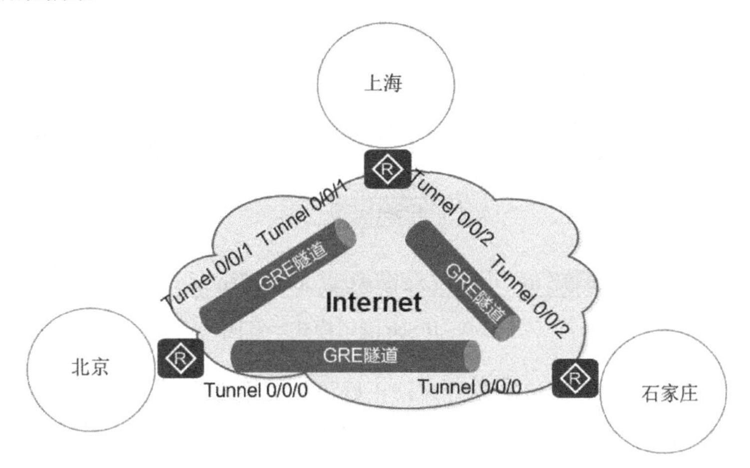

图 13-7　创建多 GRE 隧道以连接多个局域网

总结：GRE 是一个标准协议，支持多种协议和多播，能够用来创建弹性的 VPN，支持多点隧道，能够实施 QoS。

GRE 协议存在的问题有：缺乏加密机制，没有标准的控制协议来保持 GRE 隧道（通常使用协议和 keep alive），隧道很消耗 CPU，出现问题时进行调试很困难。

13.2.2 介绍 IPSec VPN

IPSec（IP Security）是 IETF 制定的三层隧道加密协议，它为 Internet 上传输的数据提供高质量的、可互操作的、基于密码学的安全保证。特定的通信方之间在 IP 层通过加密与数据源认证等方式，提供以下安全服务。

- 数据机密性（data confidentiality）：IPSec 发送方在通过网络传输包前对包进行加密。
- 数据完整性（data integrity）：IPSec 接收方对发送方发来的包进行认证，以确保数据在传输过程中没有被篡改。
- 数据来源认证（data authentication）：IPSec 在接收端可以认证发送 IPSec 报文的发送端是否合法。
- 防重放（anti-replay）：IPSec 接收方可检测并拒绝接收过时或重复的报文。

IPSec 有两种工作模式：传输模式和隧道模式。

如图 13-8 所示，IPSec 传输模式能实现点到点安全通信，IPSec 隧道的起点和终点是通信的两台计算机。

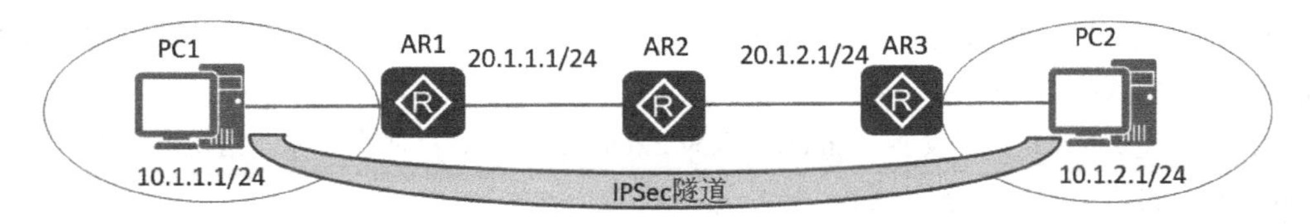

图 13-8　IPSec 传输模式示意图

如图 13-9 所示，IPSec 隧道模式在 AR1 和 AR3 之间配置 IPSec 隧道，实现网络 1 和网络 2 之间的安全通信，图 13-9 标注了 PC2 发送给 PC4 的数据包。查看图 13-9，可以看到 PC2 访问 PC4 的数据包经过加密认证后又使用隧道的起点和终点地址进行了封装。

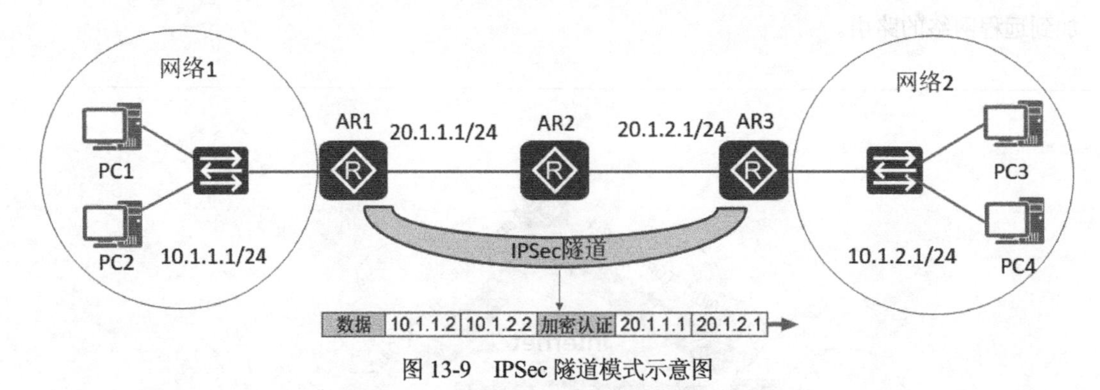

图 13-9 IPSec 隧道模式示意图

IPSec 隧道模式的这种数据包封装方式，正好可以被用于通过 Internet 连接两个局域网，对在局域网中通信的数据包进行二次封装，以实现局域网的跨 Internet 通信。通过 IPSec 隧道模式建立两个局域网间的安全隧道，这就是 IPSec VPN。

13.2.3 配置 IPSec VPN

下面就使用 eNSP 搭建图 13-10 所示的网络环境，在 AR1 和 AR3 上配置 IPSec 隧道，使得北京和上海的网络能够跨 Internet 通信。

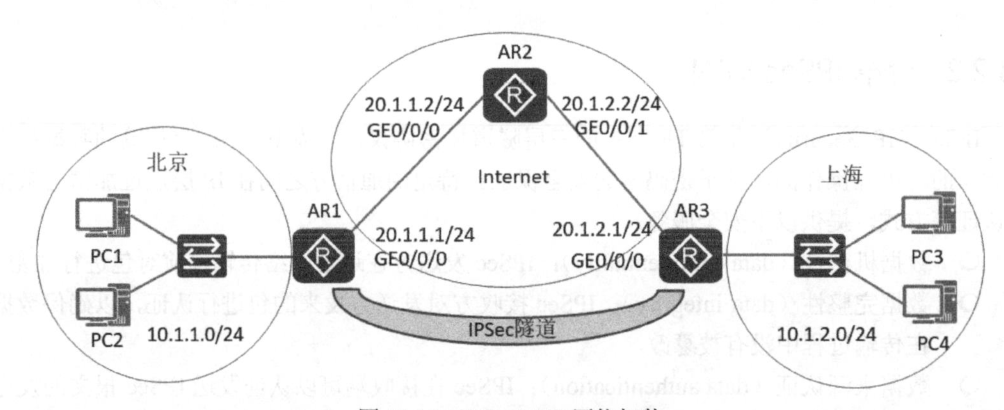

图 13-10 IPSec VPN 网络拓扑

配置 IPSec VPN 时，需要在 AR1 和 AR3 路由器上进行以下配置。

（1）定义需要保护的数据流，这里采用高级 ACL，对要保护的数据流的源/目的 IP 地址等信息进行限制，仅允许指定的数据流进入 IPSec 隧道中传输。

（2）确定 IPSec 安全提议，定义加密通信两端所采用的安全参数（AH 或 ESP，或同时都选用）、认证算法（MD5、SHA-1、SHA-2）、加密算法（DES、3DES、SM1）和报文封装格式（传输模式或隧道模式）。

（3）创建 Internet 密钥交换（Internet Key Exchange，IKE）对等实体，指定隧道的终点地址和进行身份验证的预共享密钥。

（4）配置安全策略，它是两端建立安全联盟（Security Association，SA）的基础信息，包括引用前面定义的数据流保护 ACL 和 IPSec 安全提议，配置 IPSec 隧道的起点和终点 IP 地址，SA 出/入方向的 SPI 值以及 SA 出/入方向安全协议的认证密钥和加密密钥。

（5）在接口上应用安全策略。

（6）添加到远程网络的路由。

AR1 上的配置如下。

定义要保护的数据流（感兴趣流）。

```
[AR1]acl 3000
[AR1-acl-adv-3000]rule permit ip source 10.1.1.0 0.0.0.255 destination 10.1.2.0
0.0.0.255
[AR1-acl-adv-3000]rule deny ip
[AR1-acl-adv-3000]quit
```

确定 IPSec 安全提议。

```
[AR1]ipsec proposal prol     --创建安全提议，名为 prol
[AR1-ipsec-proposal-prol]esp authentication-algorithm sha1   --指定身份验证算法
[AR1-ipsec-proposal-prol]esp encryption-algorithm aes-128    --指定数据加密算法
[AR1-ipsec-proposal-prol]quit
[AR1]display ipsec proposal name prol                        --查看定义的安全提议
IPSec proposal name: prol
 Encapsulation mode: Tunnel
 Transform         : esp-new
 ESP protocol      : Authentication SHA1-HMAC-96      Encryption     AES-128
```

创建 IKE 对等实体。

```
[AR1]ike peer toshanghai v1                                 --指定对等实体的名称和版本
[AR1-ike-peer-toshanghai]pre-shared-key simple 91xueit  --预共享密钥为 91xueit
[AR1-ike-peer-toshanghai]remote-address 20.1.2.1        --隧道的终点 IP 地址
[AR1-ike-peer-toshanghai]quit
```

创建 IPSec 安全策略。

```
[AR1]ipsec policy policy1 10 ?                          --策略名为policy1,指定索引号10
  isakmp  Indicates use IKE to establish the IPSec SA  --使用 IKE 建立 IPSec 安全联盟
  manual  Indicates use manual to establish the IPSec SA --人工建立 IPSec 安全联盟
  <cr>     Please press ENTER to execute command
[AR1]ipsec policy policy1 10 isakmp
[AR1-ipsec-policy-isakmp-policy1-10]ike-peer toshanghai --指定 IKE 对等实体
[AR1-ipsec-policy-isakmp-policy1-10]proposal prol       --指定安全提议
[AR1-ipsec-policy-isakmp-policy1-10]security acl 3000 --指定感兴趣流
[AR1-ipsec-policy-isakmp-policy1-10]quit
```

把 IPSec 绑定到物理接口。

```
[AR1]interface GigabitEthernet 0/0/0
[AR1-GigabitEthernet0/0/0]ipsec policy policy1
[AR1-GigabitEthernet0/0/0]quit
```

添加到上海网络的路由，注意：下一跳地址是路由器 AR1 的 GE 0/0/0 接口地址。

```
[AR1]ip route-static 20.1.2.0 24 20.1.1.2
[AR1]ip route-static 10.1.2.0 24 20.1.1.2
```

AR3 上的配置如下。

定义要保护的数据流。

```
[AR3]acl 3000
[AR3-acl-adv-3000]rule permit ip source 10.1.2.0 0.0.0.255 destination 10.1.1.0 0.0.0.255
[AR3-acl-adv-3000]rule deny ip
[AR3-acl-adv-3000]quit
```

确定 IPSec 安全提议。

```
[AR3]ipsec proposal prol
[AR3-ipsec-proposal-prol]esp authentication-algorithm sha1
[AR3-ipsec-proposal-prol]esp encryption-algorithm aes-128
[AR3-ipsec-proposal-prol]quit
```

创建 IKE 对等实体。

```
[AR3]ike peer tobeijing v1
[AR3-ike-peer-tobeijing]pre-shared-key simple 91xueit  --这个密钥一定要和AR1定义的相同
[AR3-ike-peer-tobeijing]remote-address 20.1.1.1
[AR3-ike-peer-tobeijing]quit
```

创建 IPSec 安全策略。

```
[AR3]ipsec policy policy1 10 isakmp
[AR3-ipsec-policy-isakmp-policy1-10]ike-peer tobeijing
[AR3-ipsec-policy-isakmp-policy1-10]proposal prol
[AR3-ipsec-policy-isakmp-policy1-10]security acl 3000
[AR3-ipsec-policy-isakmp-policy1-10]quit
```

把 IPSec 绑定到物理接口。

```
[AR3]interface GigabitEthernet 0/0/0
[AR3-GigabitEthernet0/0/0]ipsec policy policy1
[AR3-GigabitEthernet0/0/0]quit
```

添加到上海网络的路由，注意：下一跳地址是路由器 AR1 的 GE 0/0/0 接口地址。

```
[AR3]ip route-static 20.1.1.0 24 20.1.2.2
[AR3]ip route-static 10.1.1.0 24 20.1.2.2
```

抓包分析 IPSec 隧道中的数据包格式。如图 13-11 所示，右键单击 AR2 路由器，在弹出的菜单中单击“数据抓包”，再单击“GE 0/0/0”接口。

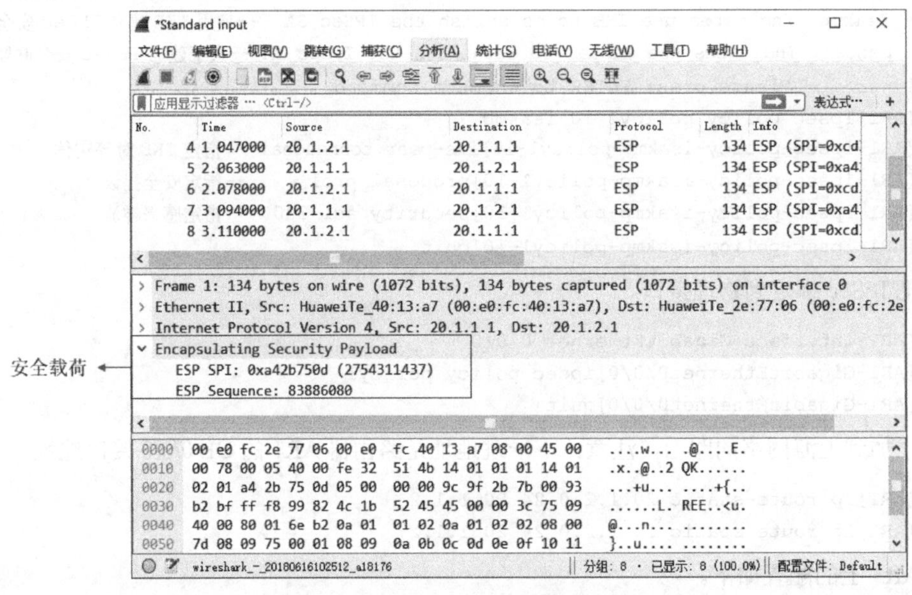

图 13-11 IPSec VPN 数据包结构

开始抓包后，用 PC1 ping PC2，观察捕获的数据包，然后查看 IPSec 隧道中的数据包，可以看到 PC1 发送给 PC2 中的数据包被封装在安全载荷中，但不能看到数据包的内网地址信息。

13.2.4 基于 Tunnel 接口的 IPSec VPN

还有一种 IPSecVPN，就是基于 Tunnel 接口的 IPSec VPN。先创建连接局域网的隧道接口，添加到局域网的路由，再将 IPSec 策略绑定到隧道接口，这就不用使用 ACL 确定对哪些数据流进行 IPSec 保护了。

实验环境如图 13-12 所示，在 AR1 和 AR3 上配置基于 Tunnel 接口的 IPSec VPN，通过 Internet 连接北京和上海的两个网络。

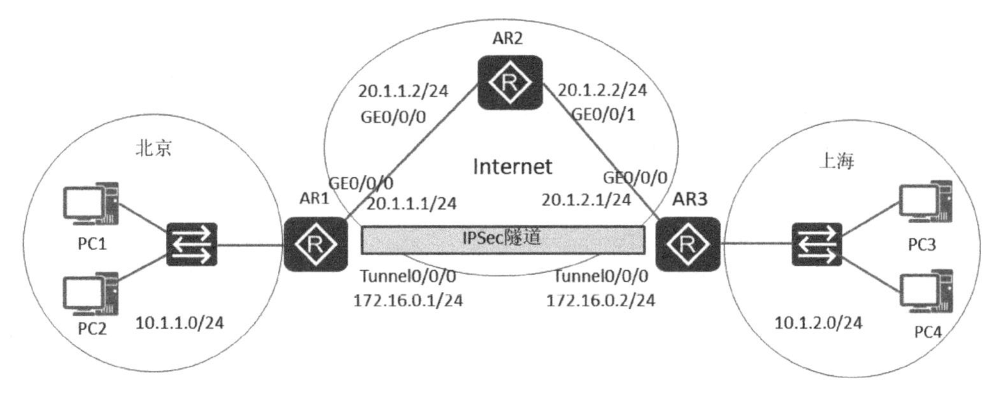

图 13-12 基于 Tunnel 接口的 IPSec VPN 网络拓扑

AR1 上的配置如下。

```
[AR1]ipsec proposal prop                                  --创建安全提议，名为 prop
[AR1-ipsec-proposal-prop]quit                             --使用默认参数

[AR1]ike peer toshanghai v2                               --创建 IKE 对等实体
[AR1-ike-peer-toshanghai]peer-id-type ?
  ip     Select IP address as the peer ID
  name   Select name as the peer ID
[AR1-ike-peer-toshanghai]peer-id-type ip                  --选择 IP 地址作为对等 ID
[AR1-ike-peer-toshanghai]pre-shared-key simple 91xueit    --指定预共享密钥
[AR1-ike-peer-toshanghai]quit

[AR1]ipsec profile profile1                               --创建安全框架
[AR1-ipsec-profile-profile1]proposal prop                 --指定安全提议
[AR1-ipsec-profile-profile1]ike-peer toshanghai           --指定 IKE 对等实体
[AR1-ipsec-profile-profile1]quit

[AR1]interface Tunnel 0/0/0                               --定义到上海网络的隧道接口
[AR1-Tunnel0/0/0]ip address 172.16.0.1 24                 --指定隧道接口的地址
[AR1-Tunnel0/0/0]tunnel-protocol ?                        --查看隧道可以使用的协议
  gre          Generic Routing Encapsulation
  ipsec        IPSEC Encapsulation
  ipv4-ipv6    IP over IPv6 encapsulation
  ipv6-ipv4    IPv6 over IP encapsulation
```

```
  mpls      MPLS Encapsulation
  none      Null Encapsulation
[AR1-Tunnel0/0/0]tunnel-protocol ipsec                        --隧道协议使用 ipsec
[AR1-Tunnel0/0/0]source 20.1.1.1                              --定义隧道的起点（源地址）
[AR1-Tunnel0/0/0]destination 20.1.2.1                         --定义隧道的终点（目标地址）
[AR1-Tunnel0/0/0]ipsec profile profile1                       --绑定 IPSec 框架
[AR1-Tunnel0/0/0]quit

[AR1]ip route-static 10.1.2.0 24 172.16.0.2                   --添加到上海网络的路由
```

AR3 上的配置如下。

```
[AR3]ipsec proposal prop                                      --创建安全提议，名为 prop
[AR3-ipsec-proposal-prop]quit                                 --使用默认参数

[AR3]ike peer tobeijing v2                                    --创建 IKE 对等实体
[AR3-ike-peer-tobeijing]peer-id-type ip                       --选择 IP 地址作为对等 ID
[AR3-ike-peer-tobeijing]pre-shared-key simple 91xueit         --指定预共享密钥
[AR3-ike-peer-tobeijing]quit

[AR3]ipsec profile profile1                                   --创建安全框架
[AR3-ipsec-profile-profile1]proposal prop                     --指定安全提议
[AR3-ipsec-profile-profile1]ike-peer tobeijing                --指定 IKE 对等实体
[AR3-ipsec-profile-profile1]quit

[AR3]interface Tunnel 0/0/0                                   --定义到北京网络的隧道接口
[AR3-Tunnel0/0/0]ip address 172.16.0.2 24                     --指定隧道接口的地址
[AR3-Tunnel0/0/0]tunnel-protocol ipsec                        --隧道协议使用 ipsec
[AR3-Tunnel0/0/0]source 20.1.2.1                              --定义隧道的起点（源地址）
[AR3-Tunnel0/0/0]destination 20.1.1.1                         --定义隧道的终点（目标地址）
[AR3-Tunnel0/0/0]ipsec profile profile1                       --绑定 IPSec 框架
[AR3-Tunnel0/0/0]quit

[AR3]ip route-static 10.1.1.0 24 172.16.0.1                   --添加到北京网络的路由
```

13.3 远程访问 VPN

还有一种 VPN 是远程访问 VPN，这种 VPN 用于在外出差的员工通过 Internet 访问企业内网。将企业路由器配置成 VPN 服务器，在外出差的员工将计算机接入 Internet 就可以建立到企业内网的 VPN 拨号连接，拨通之后就可以像在公司内网中一样访问网络资源。

如图 13-13 所示，AR1 是企业路由器，将其配置为 VPN 服务器，从 PC3 建立到 AR1 的 VPN 拨号连接，VPN 服务器分配给 PC3 内网地址 192.168.18.4。注意：分配给远程计算机的 IP 地址位于一个独立的网段中。PC3 访问 PC2 时，网络层先使用内网地址进行封装，我们称其为内网数据包，该数据包不能在 Internet 中传输；把内网数据包当作数据，使用 VPN 服务器的公网地址和 PC3 的公网地址再次被封装为公网数据包，公网数据包就能通过 Internet 到达 VPN 服务器了；VPN 服务器再将公网封装的部分去掉，将内网数据包发送到企业内网。图 13-13 是 PC3 访问 PC2 时数据包在 Internet 和内网中的封装示意图，这里省去了数据包加密和完整性封装。

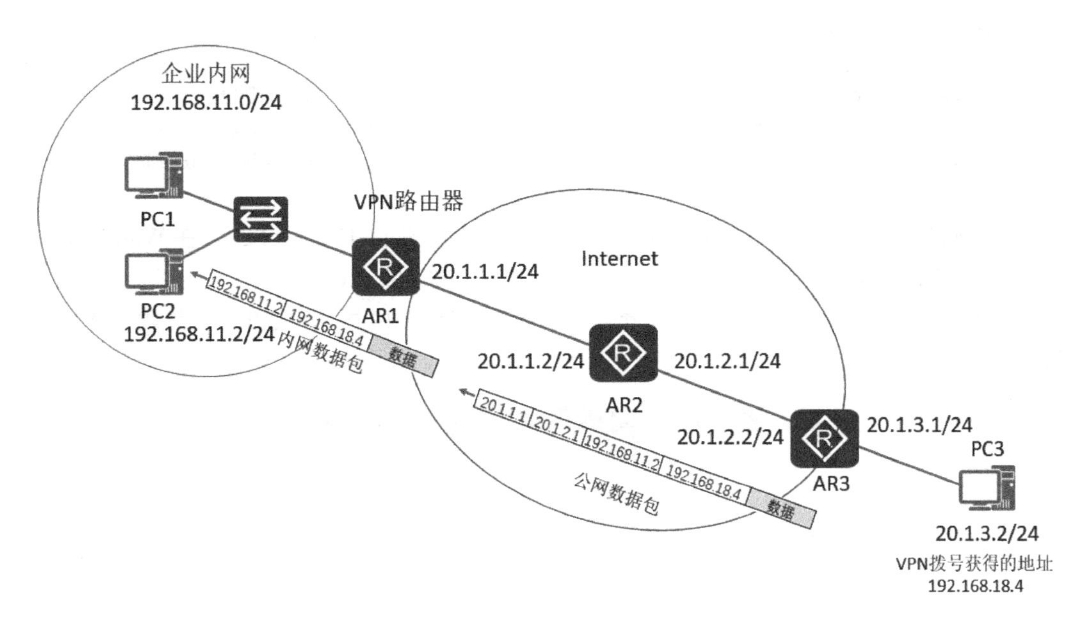

图 13-13 远程访问 VPN 的网络拓扑

远程访问 VPN 使用的协议有 L2TP、PPTP。L2TP 是 IETF 标准协议，意味着各种设备厂商的设备之间用 L2TP 一般不会有问题；而 PPTP 是微软提出的，有些非微软的设备不一定支持。

将 AR1 配置成 VPN 服务器，需要完成以下配置。

（1）创建 VPN 拨号账号和密码。

（2）为 VPN 客户端创建一个地址池。

（3）配置虚拟接口模板。

（4）启用 L2TP 协议支持，创建 L2TP 组。

AR1 的详细配置如下。

创建 VPN 拨号账号和密码。

```
[AR1]aaa
[AR1-aaa]local-user hanligang password cipher 91xueit
[AR1-aaa]local-user hanligang service-type ppp
[AR1-aaa]quit
```

为 VPN 客户端创建一个地址池。

```
[AR1]ip pool remotePool
[AR1-ip-pool-remotePool]network 192.168.18.0 mask 24
[AR1-ip-pool-remotePool]gateway-list 192.168.18.1
[AR1-ip-pool-remotePool]quit
```

配置虚拟接口模板。

```
[AR1]interface Virtual-Template 1
[AR1-Virtual-Template1]ip address 192.168.18.1 24  --设置接口地址
[AR1-Virtual-Template1]ppp authentication-mode pap --PPP 身份验证模式
[AR1-Virtual-Template1]remote address pool remotePool --指定给远程计算机分配地址的地址池
[AR1-Virtual-Template1]quit
```

启用 L2TP 协议支持，创建 L2TP 组。

```
[AR1]l2tp enable                                  --启用 L2TP
[AR1]l2tp-group 1                                 --创建 L2TP 组
[AR1-l2tp1]tunnel authentication                  --启用隧道身份验证
[AR1-l2tp1]tunnel password simple huawei          --指定隧道身份验证密钥
[AR1-l2tp1]allow l2tp virtual-template 1          --虚拟接口模板允许使用 L2TP
[AR1-l2tp1]quit
```

将 VMWare Workstation 中的 Windows 10 虚拟机充当图 13-13 中的 PC3，在 Windows 10 中安装华为 VPN 客户端软件 VPNClient_V100R001C02SPC702.exe。

安装完成后，运行该软件，出现新建连接向导，如图 13-14 所示，选中“通过输入参数创建连接”，单击“下一步”。

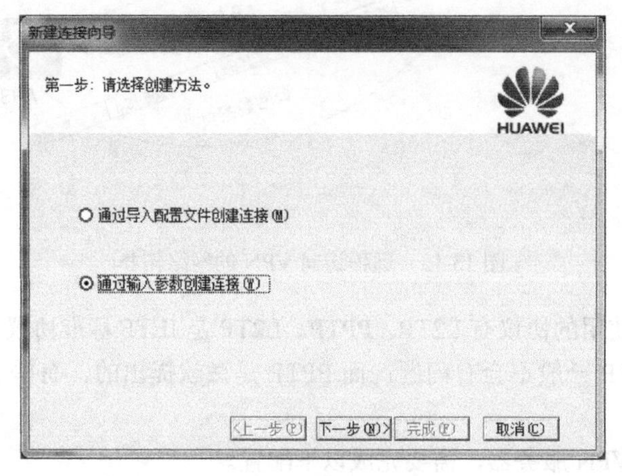

图 13-14　选择创建方法

出现“第一步：输入登录设置”对话框，如图 13-15 所示，输入 LNS 服务器的地址、拨号账号和密码，单击“下一步”。

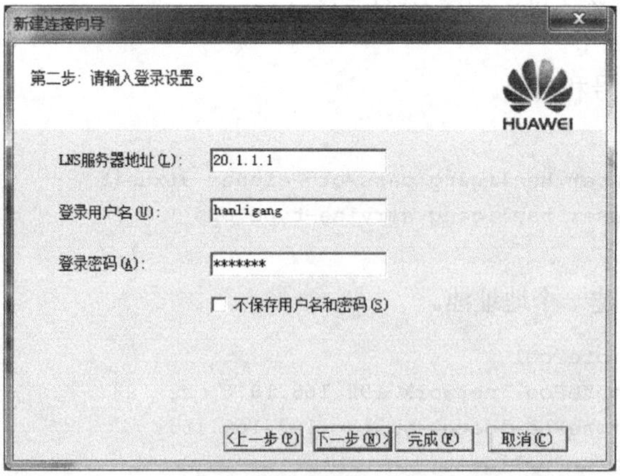

图 13-15　输入登录设置

如图 13-16 所示，出现“第二步：请输入 L2TP 设置”对话框，选中“启用隧道验证功能”，输入隧道验证密码，单击“下一步”。

如图 13-17 所示，出现“最后一步：新建连接完成”对话框，输入连接的名称，单击“完成”。

VPN 拨号成功后，在 Windows 7 虚拟机的命令提示符下输入 ipconfig，查看拨号建立的连接和从 VPN 服务器获得的 IP 地址。

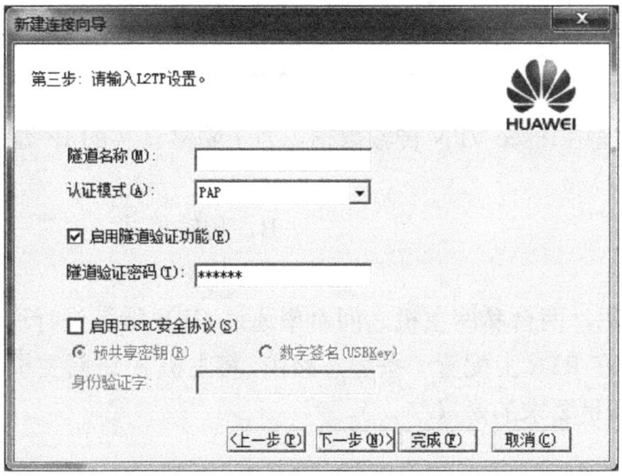

图 13-16 输入 L2TP 设置

图 13-17 完成新建连接

```
C:\Users\win7>ipconfig
Windows IP 配置

以太网适配器 本地连接* 12:                    --VPN 拨号建立的连接

   连接特定的 DNS 后缀 .......:
   本地链接 IPv6 地址........: fe80::99ea:c587:55ff:b385%23
   IPv4 地址 ............: 192.168.18.254
   子网掩码 ............: 255.255.255.0
   默认网关.............: 192.168.1.1

以太网适配器 本地连接 2:
   连接特定的 DNS 后缀 .......:
   本地链接 IPv6 地址........: fe80::7c8a:eb3c:50b2:4cfe%17
   IPv4 地址 ............: 20.1.3.200
   子网掩码 ............: 255.255.255.0
   默认网关.............:
```

建立 VPN 拨号后，ping 内网中的 PC1 和 PC2，测试是否能够访问企业内网。如果不通，则需要关闭 Windows 7 中的防火墙。

13.4 习题

1．两台主机之间使用 IPsec VPN 传输数据，为了隐藏真实的 IP 地址，使用 IPsec VPN 的哪种封装较好？（　　）

A．AH　　　　B．传输模式

C．隧道模式　　　　D．ESP

2．如图 13-18 所示，两台私网主机之间希望通过 GRE 隧道进行通信。当 GRE 隧道建立之后，网络管理员需要在 RTA 上配置一条静态路由，将主机 A 访问主机 B 的流量引入隧道中，下列静态路由配置能满足要求的是（　　）。

图 13-18　通信示意

A．ip route-static 10.1.2.0 24 GigabitEthernet 0/0/1

B．ip route-static 10.1.2.0 24 200.2.2.1

C．ip route-static 10.1.2.0 24 200.1.1.1

D．ip route-static 10.1.0.24 tunnel 0/0/1

3．IP 报文中的协议类型字段值为多少表示协议为 GRE？

A．47　　　　B．48

C．2　　　　D．1

第 14 章 WLAN 技术

本章内容

- WLAN 概述
- WLAN 的基本概念
- WLAN 的工作原理
- WLAN 的配置实现
- WLAN 的技术发展趋势

以有线电缆或光纤作为传输介质的有线局域网应用广泛，但有线传输介质的铺设成本高、位置固定、移动性差。随着人们对网络的便携性和移动性的要求日益增强，传统的有线网络已经无法满足需求，无线局域网（Wireless Local Area Network，WLAN）技术应运而生。目前，WLAN 已经成为一种经济、高效的网络接入方式。

本章介绍了 WLAN 在不同阶段的发展历程，其次介绍了 WLAN 技术相关的概念以及常见组网架构的工作原理，最后介绍 WLAN 常见组网架构的基本配置。

14.1 WLAN 概述

14.1.1 什么是 WLAN

WLAN 即 Wireless LAN（无线局域网），是指通过无线技术构建的无线局域网络。WLAN 广义上是指以无线电波、激光、红外线等无线信号来替代有线局域网中的部分或全部传输介质所构成的网络。注意：这里指的无线技术不仅包含 Wi-Fi，还有红外、蓝牙、ZigBee 等。

通过 WLAN 技术，用户可以方便地接入无线网络，并在无线网络覆盖区域内自由移动，摆脱有线网络的束缚，如图 14-1 所示。

无线网络根据应用范围可分为 WPAN、WLAN、WMAN、WWAN。

- WPAN (Wireless Personal Area Network)：个人无线网络，常用技术有 Bluetooth、ZigBee、NFC、HomeRF、UWB。
- WLAN (Wireless Local Area Network)：无线局域网，常用技术有 Wi-Fi。（WLAN 中也会使用 WPAN 的相关技术。）
- WMAN (Wireless Metropolitan Area Network)：无线城域网，常用技术有 WiMax。
- WWAN (Wireless Wide Area Network)：无线广域网，常用技术有 GSM、CDMA、WCDMA、TD-SCDMA、LTE、5G。

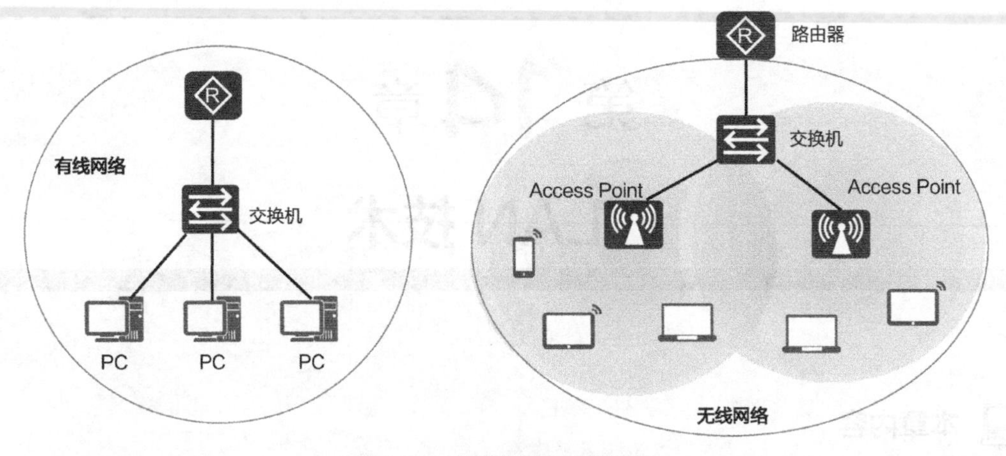

图 14-1 有线网络和无线网络

WLAN 相对于目前的有线宽带网络主要具备以下优点。

- 网络使用自由：凡是自由空间均可连接网络，不受限于线缆和端口位置。在办公大楼、机场候机厅、度假村、商务酒店、体育场馆、咖啡店等场所 WLAN 尤为适用。
- 网络部署灵活：对于地铁、公路交通监控等难于布线的场所，采用 WLAN 进行无线网络覆盖，免去或减少了繁杂的网络布线，实施简单，成本低，扩展性好。

本章介绍的 WLAN 特指通过 Wi-Fi 技术基于 802.11 标准系列，利用高频信号（例如 2.4GHz 或 5GHz）作为传输介质的无线局域网。

14.1.2 WLAN 标准和 Wi-Fi 世代

IEEE 802.11 是现今无线局域网的标准，它是由国际电机电子工程协会（IEEE）定义的无线网络通信的标准。

Wi-Fi 联盟（全称国际 Wi-Fi 联盟组织，英语为 Wi-Fi Alliance，简称 WFA）是一个商业联盟，拥有 Wi-Fi 的商标。它负责 Wi-Fi 认证与商标授权的工作。联盟成立于 1999 年，主要目的是在全球范围内推行 Wi-Fi 产品的兼容认证，Wi-Fi 是一种创建于 IEEE 802.11 标准上的无线局域网技术。在大多数场景下，Wi-Fi 可等同于 802.11。

图 14-2 标出了 IEEE 802.11 标准与 Wi-Fi 世代。

频率	2.4GHz	2.4GHz	2.4GHz 5GHz	2.4GHz & 5GHz	5GHz	5GHz	2.4GHz & 5GHz
速率	2Mbit/s	11Mbit/s	54Mbit/s	300Mbit/s	1300Mbit/s	6.9Gbit/s	9.6Gbit/s
协议	802.11	802.11b	802.11a、802.11g	802.11n	802.11ac wave1	802.11ac wave2	802.11ax
Wi-Fi	Wi-Fi 1	Wi-Fi 2	Wi-Fi 3	Wi-Fi 4	Wi-Fi 5		Wi-Fi 6
时间	1997	1999	2003	2009	2013	2015	2018

图 14-2 IEEE 802.11 标准和 Wi-Fi 世代

IEEE 802.11 标准聚焦在 TCP/IP 对等模型的下两层。数据链路层主要负责信道接入、寻址、数据帧校验、错误检测、安全机制等内容。物理层主要负责在空口（空中接口）中传输比特流，规定所使用的频段等。

IEEE 802.11 第一个版本发表于 1997 年。此后，更多的基于 IEEE 802.11 的补充标准逐渐被定义，最为熟知的是影响 Wi-Fi 代际演进的标准：802.11b、802.11a、802.11g、802.11n、802.11ac 等。

在 IEEE 802.11ax 标准推出之际，Wi-Fi 联盟将新 Wi-Fi 规格的名字简化为 Wi-Fi 6，主流的 IEEE 802.11ac 改称 Wi-Fi 5、IEEE 802.11n 改称 Wi-Fi 4，其他世代以此类推。

14.1.3 Wi-Fi 在办公场景的发展趋势

Wi-Fi 在办公场景下的发展趋势分为以下几个阶段。

第一阶段：初级移动办公时代，无线作为有线的补充。

WaveLAN 技术的应用可以被认为是最早的企业 WLAN 雏形。早期的 Wi-Fi 技术主要应用在类似“无线收音机”这样的物联设备上，但是随着 802.11a/b/g 标准的推出，无线连接的优势越来越明显。企业和消费者开始认识到 Wi-Fi 技术的应用潜力，无线热点开始出现在咖啡店、机场和酒店。

Wi-Fi 也在这一时期诞生，它是 Wi-Fi 联盟的商标，该联盟最初的目的是为了推动 802.11b 标准的制定，并在全球范围内推行 Wi-Fi 产品的兼容认证。随着标准的演进和遵从标准产品的普及，人们往往将 Wi-Fi 等同于 802.11 标准。

802.11 标准是众多 WLAN 技术中的一种，只是 802.11 标准已成为业界的主流技术，所以人们提到 WLAN 时，通常是指使用 Wi-Fi 技术的 WLAN。

这是 WLAN 应用的第一阶段，主要是解决“无线接入”的问题，核心价值是摆脱有线的束缚，设备在一定范围内可以自由移动，用无线网络延伸了有线网络。但是这一阶段的 WLAN 对安全、容量和漫游等方面没有明确的诉求，接入点（Access Point，AP）的形态还是单个接入点，用于单点组网覆盖。通常称单个接入点架构的 AP 为 FAT AP。

第二阶段：无线办公时代，有线无线一体化。

随着无线设备的进一步普及，WLAN 从起初仅仅作为有线网络的补充，发展到和有线网络一样不可或缺，由此进入第二阶段。

在这个阶段，WLAN 作为网络的一部分，还需要为企业访客提供网络接入。

办公场景下存在大量视频、语音等大带宽业务，这对 WLAN 的带宽有更大的需求。从 2012 年开始，802.11ac 标准趋于成熟，对工作频段、信道带宽、调制与编码方式等做出了诸多改进。与以往的 Wi-Fi 标准相比，它具有更高的吞吐率、更少的干扰，能够允许更多的用户接入。

第三阶段：全无线办公时代，以无线为中心。

目前，WLAN 已经进入第三阶段，在办公环境中，无线网络基本彻底替代有线网络。办公区采用全 Wi-Fi 覆盖，有的办公位不再提供有线网口，办公环境更为开放和智能。

未来，云桌面办公、智真会议、4K 视频等大带宽业务将从有线网络迁移至无线网络，而 VR/AR 等新技术将直接基于无线网络部署。新的应用场景对 WLAN 的设计与规划提出更高的要求。

2018 年，新一代 Wi-Fi 标准 Wi-Fi 6（IEEE 命名为 802.11ax，Wi-Fi 6 是 Wi-Fi 联盟的命名）发布，这是 Wi-Fi 发展史上的又一重大里程碑。Wi-Fi 6 的核心价值是容量的进一步提升，引领无线通信进入 10Gbit/s 时代；多用户并发性能提升 4 倍，让网络在高密度接入、业务重载的情况下，依然保持优秀的服务能力。

14.2 WLAN 基本概念和产品

14.2.1 WLAN 设备介绍

华为无线局域网产品形态丰富，覆盖室内室外、家庭、企业等多种应用场景，可提供高速、安全和可靠的无线网络连接，如图 14-3 所示。

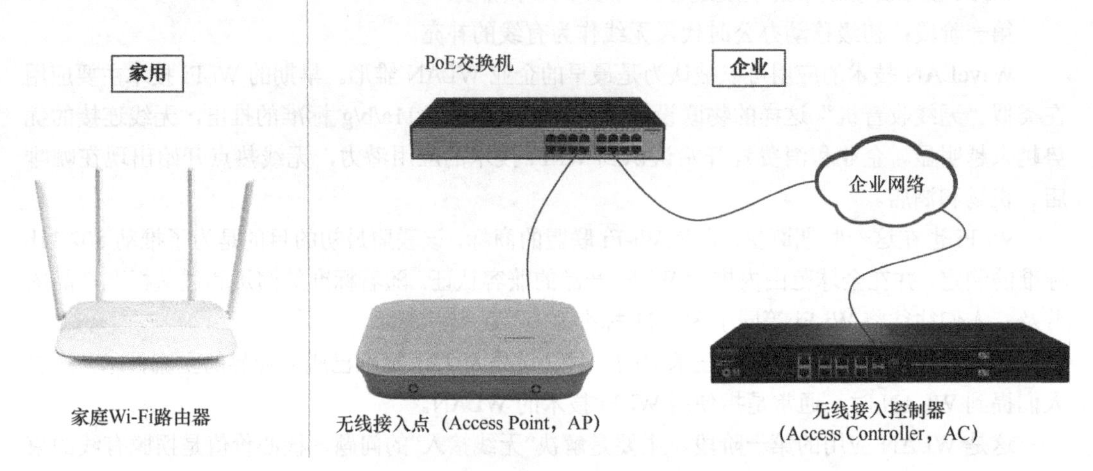

图 14-3 家用无线设备和企业用无线设备

家庭 WLAN 产品有家庭 Wi-Fi 路由器，家庭 Wi-Fi 路由器通过把有线网络信号转换成无线信号，供计算机、手机等设备接收，从而实现无线上网功能。

企业 WLAN 产品包括 AP、AC 和 PoE 交换机。

- 无线接入点（Access Point，AP）。

AP 有 3 种工作模式 FAT AP（胖 AP）、FIT AP（瘦 AP）和云管理 AP 三种工作模式，根据网络规划的需求，用户可以灵活地在多种模式下切换。

FAT AP：适用于家庭，独立工作，需单独配置，功能较为单一，成本低。它可独立完成用户接入、认证、数据安全、业务转发和 QoS 等功能。

FIT AP：适用于大中型企业，需要配合 AC 使用。它由 AC 统一管理和配置，功能丰富，对网络维护人员的技能要求较高。用户接入、FIT AP 的 AP 上线、认证、路由、AP 管理、安全协议、QoS 等功能需要同 AC 配合完成。

云管理：适用于中小型企业，需要配合云管理平台使用，由云管理平台统一管理和配置，功能丰富，即插即用，对网络维护人员的技能要求低。

- 无线接入控制器（Access Controller，AC）。

AC 一般位于整个网络的汇聚层，可提供高速、安全、可靠的 WLAN 业务。AC 能提供大容量、高性能、高可靠性、易安装、易维护的无线数据控制业务，具有组网灵活、绿色节能等优势。

- PoE 交换机。

以太网供电（Power over Ethernet，PoE）是指通过以太网网络进行供电，也被称为基于局域网的供电系统（Power over LAN，PoL）或有源以太网（Active Ethernet）。PoE 允许电功率通过传输数据的线路或空闲线路传输到终端设备。在 WLAN 网络中，可以通过 PoE 交换机对 AP 设备进行供电。

14.2.2 基本的 WLAN 组网架构

WLAN 网络架构分有线侧和无线侧两部分，如图 14-4 所示，有线侧是指 AP 上行到 Internet 的网络，使用以太网协议。无线侧是指 STA 到 AP 之间的网络，使用 802.11 协议。

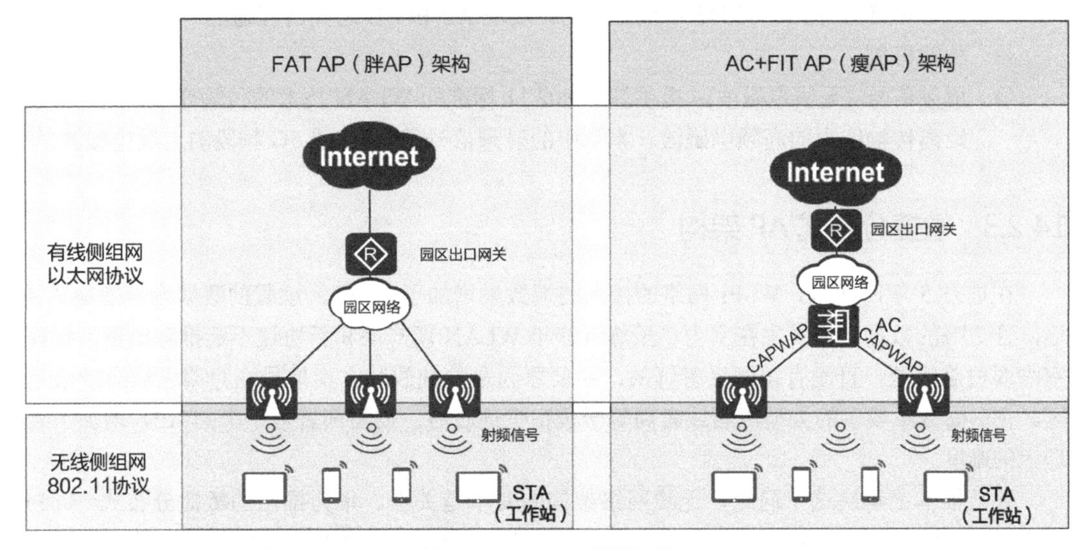

图 14-4 WLAN 组网架构

无线侧接入的 WLAN 网络架构为集中式架构。它从最初的 FAT AP 架构，演进为 AC+FIT AP 架构。

- FAT AP（胖 AP）架构。

这种架构不需要专门的设备集中控制就可以完成无线用户的接入、业务数据的加密和业务数据报文的转发等功能，因此又称为自治式网络架构。

适用范围：家庭。

特点：AP 独立工作，需要单独配置，功能较为单一，成本低。

缺点：随着 WLAN 覆盖面积增大，接入用户的增多，需要部署的 FAT AP 数量也会增多，但 FAT AP 是独立工作的，缺少统一的控制设备，因此管理维护这些 FAT AP 就十分麻烦。

- AC+FIT AP (瘦 AP)架构。

在这种架构中，AC 负责 WLAN 的接入控制、转发和统计、AP 的配置监控、漫游管理、AP 的网管代理、安全控制；FIT AP 负责 802.11 报文的加解密、802.11 的物理层功能、接受 AC 的管理等简单功能。

适用范围：大中型企业。

特点：AP 需要配合 AC 使用，由 AC 统一管理和配置，功能丰富，对网络运维人员的技能要求高。

注意：在本章中，我们主要以 AC+FIT AP 架构为例进行讲解。

WLAN 的基本概念如下。

- 工作站STA (Station)：支持802.11标准的终端设备，例如，带无线网卡的计算机、支持WLAN的手机等。
- 无线接入控制器（Access Controller，AC）：在AC+FIT AP网络架构中，AC对无线局域网中的所有FIT AP进行控制和管理。例如，AC可以通过与认证服务器交互信息来为WLAN用户提供认证服务。
- 无线接入点（Access Point，AP）：为STA提供基于802.11标准的无线接入服务，起到有线网络和无线网络的桥接作用。
- 无线接入点控制与规范（Control And Provisioning of Wireless Access Points，CAPWAP）：由RFC5415协议定义的，实现AP和AC之间的互通的一个通用封装和传输机制。
- 射频信号 (无线电磁波)：提供基于802.11标准的WLAN技术的传输介质，是具有远距离传输能力的高频电磁波。本章中的射频信号是2.4G或5G频段的无线电磁波。

14.2.3 敏捷分布式AP架构

在过去5年时间里，Wi-Fi网络的接入终端数量增加了10倍，承载的数据流量增加了4倍，且70%的数据传输发生在室内。虽然近些年WLAN新产品和新协议不断推陈出新，然而室内弱覆盖问题一直没有得到妥善解决，主要原因是传统放装方案信号在穿墙之后会形成盲区。在房间数量较多的大型酒店或者高等学校宿舍部署时，需要部署数千个的AP，增加了管理上的难度。

要从根本上解决这个问题，无线网络架构的变革是关键。华为推出的敏捷分布式Wi-Fi解决方案，将传统AC+Fit AP架构的二级架构变革为AC+中心AP+远端射频单元的三级分布式架构。其中，中心AP统一处理业务、配置和漫游功能，实现性能的提升和管理节点的节省；同时，分布式架构将射频单元通过网线送入房间，实现无死角的信号覆盖，将每房间的用户容量从32个提升至80个，每用户带宽从10Mbit/s提升至20Mbit/s；而且，射频单元只负责无线接入和数据转发，相对于传统放装AP，性能提升20%。

敏捷分布式AP（以下简称敏分AP）架构通过分布式覆盖解决酒店或宿舍的多房间信号覆盖问题和大量AP带来的管理问题，如图14-5所示。

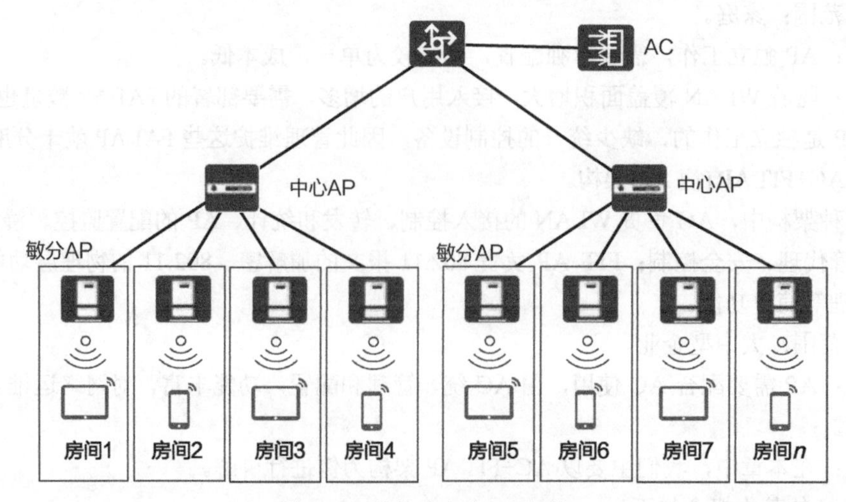

图14-5 敏捷分布式AP架构

14.2.4 有线侧组网概念

有线侧组网涉及的概念有 CAPWAP、AP-AC 组网方式和 AC 连接方式。

1. CAPWAP

为满足大规模组网的要求，且需要对网络中的多个 AP 进行统一管理，IETF 成立了无线接入点控制和配置协议（Control And Provisioning of Wireless Access Points Protocol，CAPWAP）工作组，最终制定 CAPWAP。该协议定义了 AC 如何对 AP 进行管理、业务配置，即 AC 与 AP 间首先会建立 CAPWAP 隧道，然后 AC 通过 CAPWAP 隧道来实现对 AP 的集中管理和控制，如图 14-6 所示。

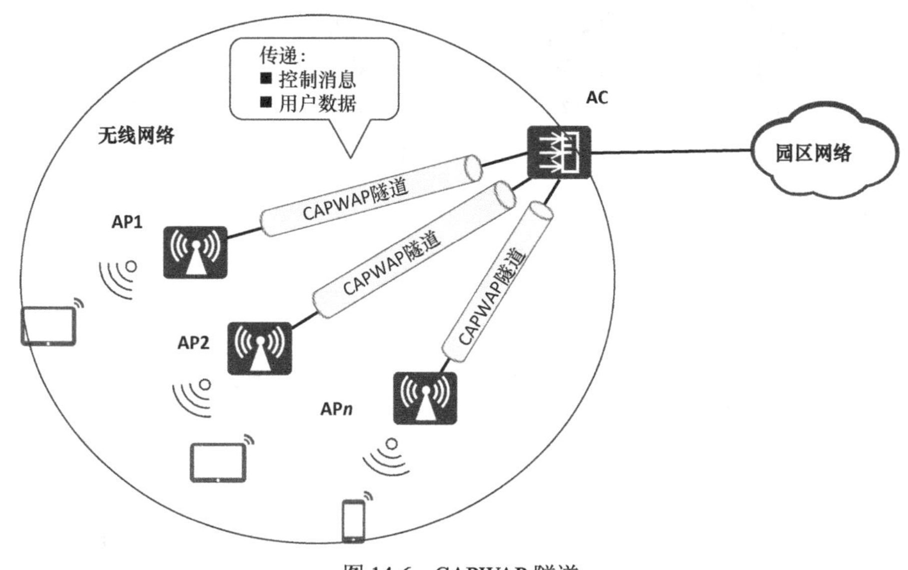

图 14-6 CAPWAP 隧道

CAPWAP 隧道功能如下所列。

- AP 与 AC 之间的状态维护。
- AC 通过 CAPWAP 隧道对 AP 进行管理和业务配置下发。
- 当采用隧道模式转发时，AP 通过 CAPWAP 隧道实现 STA 发出的数据与 AC 之间的交互。

CAPWAP 是基于 UDP 进行传输的应用层协议。CAPWAP 在传输层运输两种类型的消息。

- 业务数据流量，封装转发无线数据帧。
- 管理流量，管理 AP 和 AC 之间交换的管理消息。

CAPWAP 数据和控制报文基于不同的 UDP 端口发送。管理流量端口为 UDP 端口 5246，业务数据流量端口为 UDP 端口 5247。

2. AP-AC 组网方式

AP 和 AC 间的组网分为二层组网和三层组网，如图 14-7 所示。

二层组网是指 AP 和 AC 之间的网络为直连或者二层网络。二层组网 AP 可以通过二层广播或者 DHCP 过程来实现 AP 即插即用上线。二层组网比较简单，适用于简单临时的组网，能够进行比较快速的组网配置，但不适用于大型组网架构。

三层组网指的是AP与AC之间的网络为三层网络。AP无法直接发现AC，需要通过DHCP或 DNS 方式动态发现，也可通过配置静态 IP 发现。在实际组网中，一台 AC 可以连接几十甚至几百台 AP，组网情况一般比较复杂。比如在企业网络中，AP 可以放在办公室，会议室，会客间等场所，而 AC 可以安放在公司机房。这样，AP 和 AC 之间的网络就是比较复杂的三层网络。因此，在大型组网中一般采用三层组网。

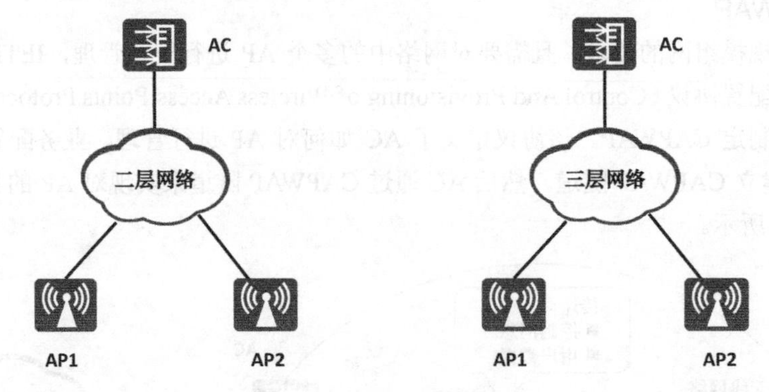

图 14-7 AP-AC 组网方式

3. AC 连接方式

AC 的连接方式分为直连式组网和旁挂式组网，如图 14-8 所示。

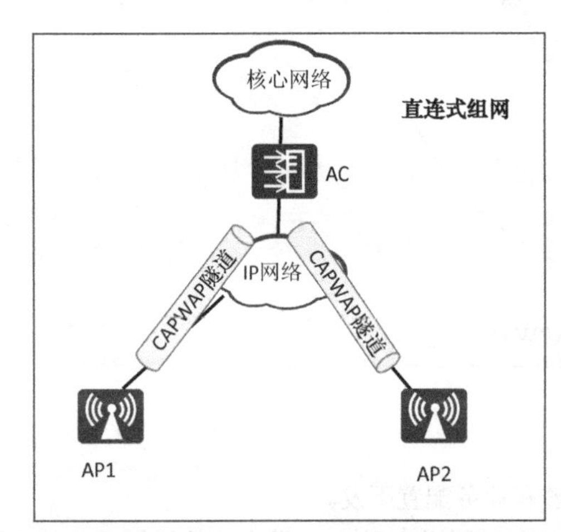

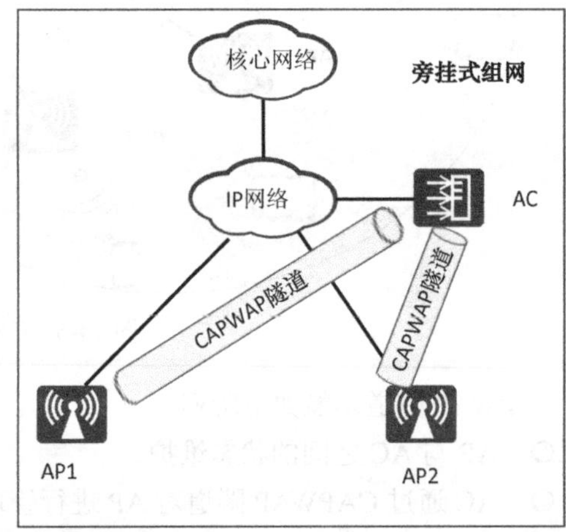

图 14-8 AC 连接方式

直连式组网 AC 部署在用户的转发路径上。在直连模式下用户流量要经过 AC，会消耗 AC 的转发能力，对 AC 的吞吐量以及处理数据的能力要求比较高。如果 AC 性能差，那它有可能是整个无线网络带宽的瓶颈。但用此种组网，组网架构清晰，组网实施起来简单。

旁挂式组网 AC 旁挂在 AP 与上行网络的直连网络中，不直接连接 AP。AP 的业务数据可以不经过 AC 而直接到达上行网络。

由于在实际组网中，大部分不是早期就规划好无线网络，无线网络的覆盖架设是后期在现有网络中扩展而来。而采用旁挂式组网就比较容易进行扩展，只需将 AC 旁挂在现有网络中，比如旁挂在汇聚交换机上，就可以对终端 AP 进行管理。所以此种组网方式使用率比较高。

在旁挂式组网中，AC 只承载对 AP 的管理功能，管理流封装在 CAPWAP 隧道中传输。数据业务流可以通过 CAPWAP 隧道经 AC 转发，也可以不经过 AC 转发直接转发，后者无线用户业务流经汇聚交换机由汇聚交换机传输至上层网络。

14.2.5 无线侧组网概念

1. 无线通信系统

在无线通信系统中，信息可以是图像、文字、声音等。如图 14-9 所示，信息需要先经过信源编码转换为方便电路计算机处理的数字信号，再经过信道编码和调制，转换为无线电波发射出去。接收端收到后经过解调、解码得到信息。

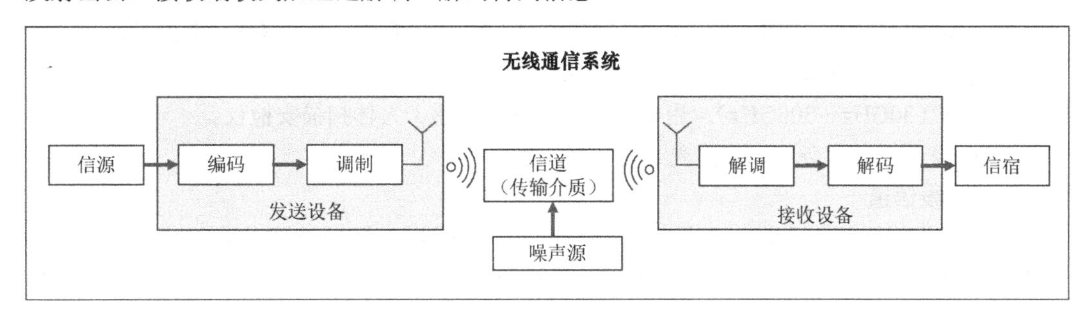

图 14-9 无线通信系统

下面介绍无线通信涉及的一些概念。

- 信源编码：将最原始的信息经过对应的编码转换为数字信号的过程。
- 信道编码：是一种对信息纠错、检错的技术，可以提升信道传输的可靠性。信息在无线传输过程中容易受到噪声的干扰，导致接收信息出错，引入信道编码能够在接收设备上最大限度地恢复信息、降低误码率。
- 调制：数字信号叠加到高频振荡电路产生的高频信号上，才能通过天线转换成无线电波发射出去。叠加动作就是调制的过程。
- 信道：传输信息的通道，无线信道就是空间中的无线电波。
- 空中接口：简称空口，无线信道使用的接口。发送设备和接收设备使用空口和信道连接，对于无线通信，空口是不可见的，连接着不可见的空间。

2. 无线电磁波

无线电磁波是频率介于 3Hz 和 300GHz 之间的电磁波，也叫作射频电波，简称射频、射电，如图 14-10 所示。无线电技术将转换后的声音讯号或其他信号利用无线电磁波传播。

WLAN 技术就是通过无线电磁波在空间传输信息。当前 WLAN 技术使用的频段是：

- 2.4GHz 频段（2.4GHz～2.4835GHz）；
- 5GHz 频段（5.15GHz～5.35GHz，5.725GHz～5.85GHz）。

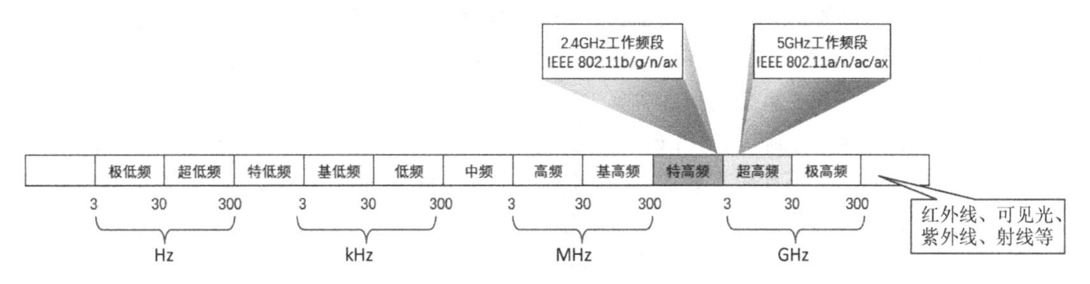

图 14-10 无线电磁波频谱

极低频（3Hz～30Hz）：潜艇通信或直接转换成声音。

超低频（30Hz～300Hz）：直接转换成声音或交流输电系统（50～60Hz）。

特低频（300Hz～3kHz）：矿场通信或直接转换成声音。

甚低频（3kHz～30kHz）：直接转换成声音、超声，常见于地球物理学研究。

低频（30kHz～300kHz）：国际广播。

中频（300kHz～3MHz）：用于调幅（AM）广播、海事及航空通信。

高频（3MHz～30MHz）：短波，用于民用电台。

甚高频（30MHz～300MHz）：用于调频（FM）广播、电视广播、航空通信。

特高频（300MHz～3GHz）：用于电视广播、无线电话通信、无线网络、微波炉。

超高频（3GHz～30GHz）：用于无线网络、雷达、人造卫星接收。

极高频（30GHz～300GHz）：用于射电天文学、遥感、人体扫描安检仪。

300GHz 以上：红外线、可见光、紫外线、射线等。

3．无线信道

信道是传输信息的通道，无线信道就是空间中的无线电磁波。无线电磁波无处不在，如果随意使用频谱资源，那将带来无穷无尽的干扰问题，所以无线通信协议除了要定义允许使用的频段，还要精确划分频率范围，每个频率范围就是信道。

无线网络（路由器、AP 热点、计算机无线网卡）可在多个信道上运行。在无线信号覆盖范围内的各种无线网络设备应该尽量使用不同的信道，以避免信号之间的干扰。

图 14-11 展示了 2.4GHz（=2400MHz）频带的信道划分。实际一共有 14 个信道（图 14-11 画出了第 14 信道），但第 14 信道一般不用。图 14-11 只列出信道的中心频率。每个信道的有效宽度是 20MHz，另外还有 2MHz 的强制隔离频带（类似于公路上的隔离带）。例如，对于中心频率为 2412 MHz 的 1 信道，其频率范围为 2401～2423MHz。

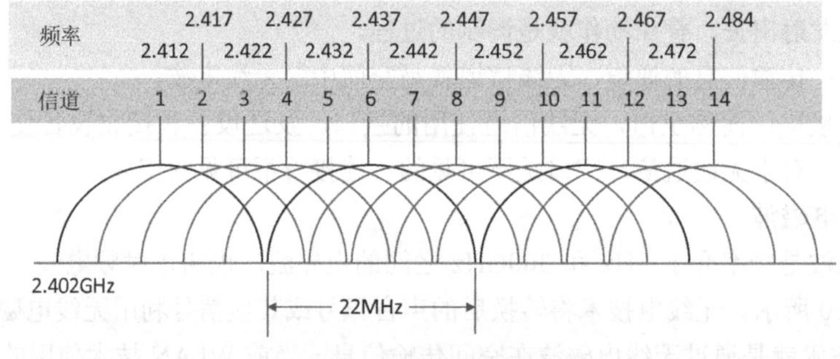

图 14-11 2.4GHz 信道划分

目前主流的无线 Wi-Fi 网络设备不管是 802.11b/g 还是 802.11b/g/n 一般都支持 13 个信道。它们的中心频率虽然不同，但是因为都占据一定的频率范围，所以会有一些相互重叠的情况。图 14-11 展示了这 13 个信道的频率范围列表。了解这 13 个信道所处的频段，有助于我们理解人们经常说的三个不互相重叠的信道含义。

从图 14-11 很容易看到其中 1、6、11 这三个信道（深颜色标记）之间是完全没有交叠的，也就是人们常说的三个不互相重叠的信道。每个信道 20MHz 带宽。从图 14-11 也很容易看清楚其他各信道之间频谱重叠的情况。另外，除 1、6、11 三个一组互不干扰的信道，还有 2、7、12；3、8、13；4、9、14 三组互不干扰的信道。

在 WLAN 中，AP 的工作状态会受到周围环境的影响。例如，当相邻 AP 的工作信道存在重叠频段时，某个 AP 的功率过大会对相邻 AP 造成信号干扰。

通过射频调优功能，动态调整 AP 的信道和功率，可以使同一 AC 管理的各 AP 的信道和功率保持相对平衡，保证 AP 工作在最佳状态。

4. BSS/SSID/BSSID

基本服务集（Basic Service Set，BSS）是一个 AP 覆盖的范围，是无线网络的基本服务单元，通常由一个 AP 和若干 STA 组成。BSS 是 802.11 网络的基本结构，如图 14-12 所示。由于无线介质共享性，BSS 中的报文收发需携带 BSSID（MAC 地址）。

终端要发现和找到 AP，需要通过 AP 的一个身份标识，这个身份标识就是基本服务集标识符（Basic Service Set Identifier，BSSID）。BSSID 是 AP 上的数据链路层 MAC 地址。为了区分 BSS，要求每个 BSS 都有唯一的 BSSID，因此使用 AP 的 MAC 地址来保证其唯一性。

如果一个空间部署了多个 BSS，终端就会发现多个 BSSID，只要选择加入的 BSSID 就行。但是做选择的是用户，为了使得 AP 的身份更容易辨识，则用一个字符串来作为 AP 的名字。这个字符串就是服务集标识符（Service Set Identifier，SSID），需使用 SSID 代替 BSSID。

SSID 是无线网络的标识，用来区分不同的无线网络，AP 可以发送 SSID 以便于无线设备选择和接入。例如，当我们在便携式计算机上搜索可接入无线网络时，显示出来的网络名称就是 SSID，如图 14-13 所示。

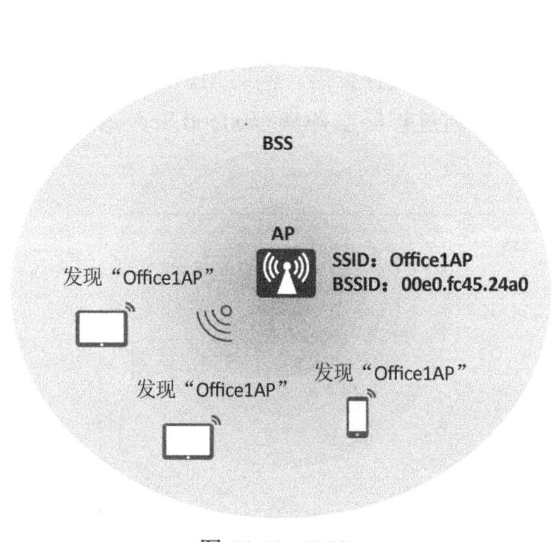

图 14-12 BSS

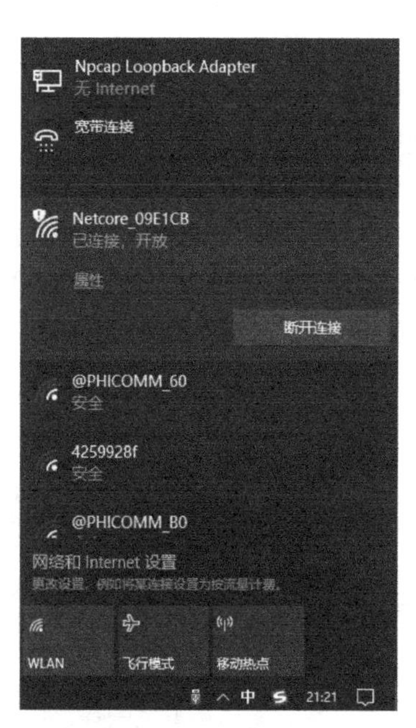

图 14-13 发现的 SSID

5. VAP

早起的 AP 只支持 1 个 BSS，如果要在同一个空间中部署多个 BSS，则需要安放多个 AP，这不但增加了成本，还占用了信道资源。为了改善这种情况，现在的 AP 通常支持创建多个虚拟 AP（Virtual Access Point，VAP）。

虚拟接入点 VAP 是在一个物理实体 AP 上虚拟出多个 AP。每个被虚拟出来的 AP 就是一个 VAP。每个 VAP 提供和物理实体 AP 一样的功能。如图 14-14 所示，每个 VAP 对应一个 BSS，这样 1 个 AP 就可以提供多个 BSS，可以再为这些 BSS 设置不同的 SSID 和不同的接入密码。这样可以为不同的用户群体提供不同的无线接入服务，比如通过 VAP1 接入无线网络的计算机不允许访问 Internet，通过 VAP2 接入无线网络的计算机允许访问 Internet。

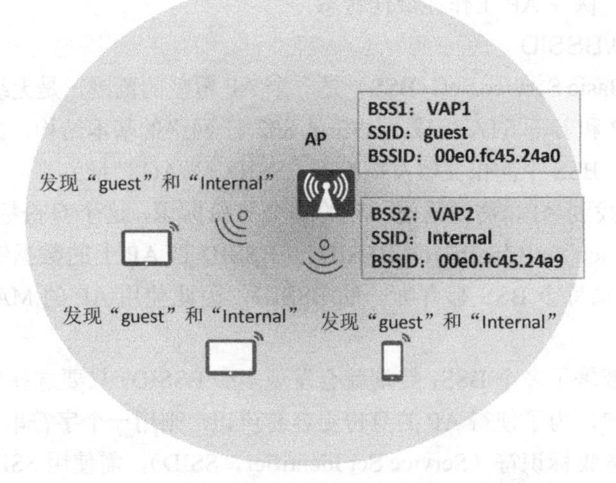

图 14-14 VAP

VAP 简化了 WLAN 的部署，但不意味 VAP 越多越好，要根据实际需求进行规划。一味增加 VAP 的数量，不仅要让用户花费更多的时间找到 SSID，还会增加 AP 配置的复杂度。而且 VAP 并不等同于真正的 AP，所有的 VAP 都共享这个 AP 的软件和硬件资源，所有 VAP 的用户都共享相同的信道资源，所以 AP 的容量是不变的，并不会随着 VAP 数目的增加而成倍地增加。

6．ESS

为了满足实际业务的需求，需要对 BSS 的覆盖范围进行扩展。同时用户从一个 BSS 移动到另一个 BSS 时，不能感知到 SSID 的变化，则可以通过扩展服务集（Extend Service Set，ESS）来实现，如图 14-15 所示。

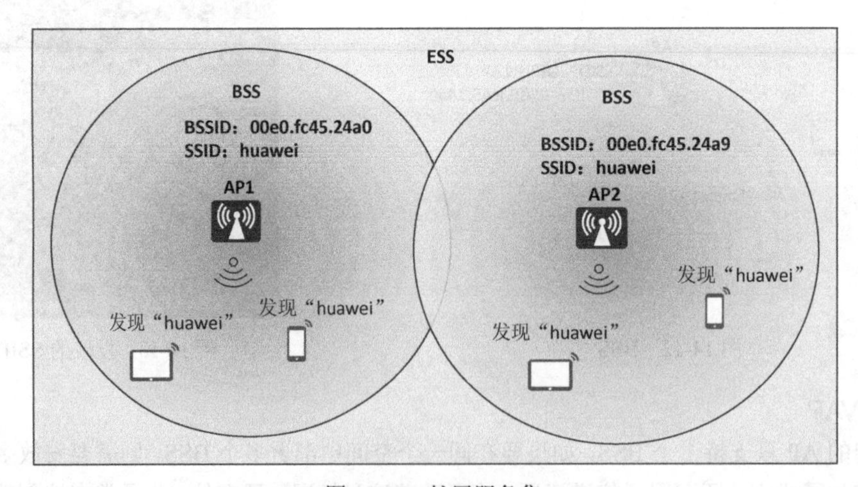

图 14-15 扩展服务集

ESS 是由采用相同的 SSID 的多个 BSS 组成的更大规模的虚拟 BSS。用户可以带着终端在 ESS 内自由移动和漫游，不管用户移动到哪里，都可以认为使用的同一个 WLAN。

STA 在同属一个 ESS 的不同 AP 的覆盖范围之间移动且保持用户业务不中断的行为，我们称之为 WLAN 漫游。

WLAN 网络的最大优势就是 STA 不受物理介质的影响，可以在 WLAN 覆盖范围内四处移动并且能够保持业务不中断。同一个 ESS 内包含多个 AP 设备，当 STA 从一个 AP 覆盖区域移动到另外一个 AP 覆盖区域时，利用 WLAN 漫游技术可以实现 STA 用户业务的平滑切换。

14.3 WLAN 的工作原理

14.3.1 WLAN 工作流程

在 AC+FIT AP 组网架构中，计算机是通过 AC 对 AP 进行统一的管理，因此所有的配置都是在 AC 上进行的。WLAN 的工作流程分为 4 个阶段，如图 14-16 所示。

1. AP 上线，AP 获取 IP 地址并发现 AC，然后与 AC 建立连接。
2. AC 将 WLAN 业务配置下发到 AP 生效。
3. STA 搜索 AP 发送的 SSID 并连接，然后上线接入网络。
4. WLAN 网络开始转发业务数据。

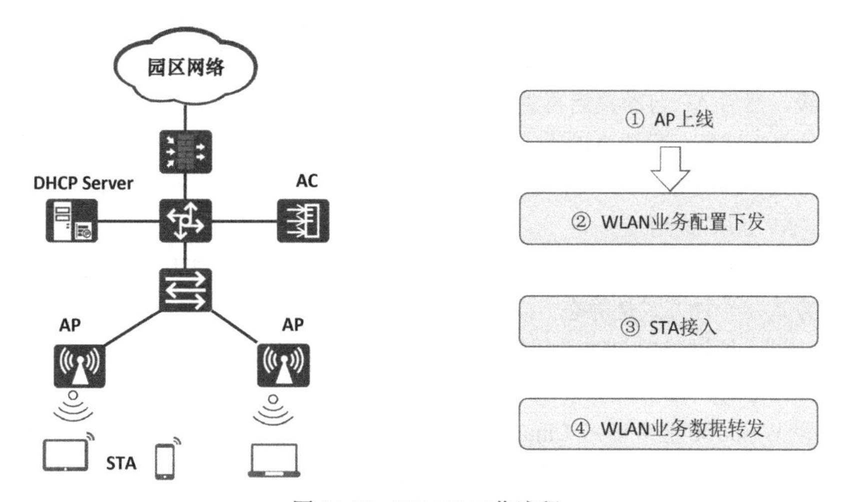

图 14-16 WLAN 工作流程

14.3.2 第一阶段：AP 上线

FIT AP 需完成上线过程，AC 才能实现对 AP 的集中管理和控制，以及业务下发。AP 的上线过程包括以下步骤：

1. 在 AC 的预配置；
2. AP 获取 IP 地址；
3. AP 发现 AC 并与之建立 CAPWAP 隧道；
4. AP 接入控制；
5. AP 版本升级；
6. CAPWAP 隧道维持。

步骤 1：在 AC 预配置

为确保 AP 能够上线，AC 需要预先配置如下内容。

- 配置网络互通：配置 DHCP 服务器，为 AP 和 STA 分配 IP 地址，也可以将 AC 设备配置为 DHCP 服务器。配置 AP 与 DHCP 服务器之间的网络互通，配置 AP 与 AC 之间的网络互通。

- 创建 AP 组：每个 AP 都会加入并且只能加入到一个 AP 组中，AP 组通常用于多个 AP 的通用配置。
- 配置 AC 的国家码（域管理模板）：域管理模板提供对 AP 的国家码、调优信道集合和调优带宽等的配置。国家码用来标识 AP 频射所在的国家，不同国家码规定了不同的 AP 频射特性，包括 AP 的发送功率、支持的信道等。配置国家码是为了使 AP 的射频特性符合不同国家或区域的法律法规要求。
- 配置源接口或源地址（与 AP 建立隧道）：每台 AC 都必须唯一指定一个 IP 地址、VLANIF 接口或者 Loopback 接口，该 AC 设备下挂接的 AP 学习到此 IP 地址或者此接口下配置的 IP 地址，以用于 AC 和 AP 间的通信。此 IP 地址或者接口称为源地址或源接口。只有为每台 AC 指定唯一一个源接口或源地址，AP 才能与 AC 建立 CAPWAP 隧道。设备支持使用 VLANIF 接口或 Loopback 接口作为源接口，支持使用 VLANIF 接口或 Loopback 接口下的 IP 地址作为源地址。
- 配置 AP 上线时自动升级（可选）：自动升级是指 AP 在上线过程中自动对比自身版本与在 AC、SFTP 或 FTP 服务器上配置的 AP 版本是否一致，如果不一致，则进行升级，然后 AP 自动重启再重新上线。
- 添加 AP 设备（配置 AP 认证模式）：即配置 AP 认证模式，AP 上线。添加 AP 有三种方式：离线导入 AP、自动发现 AP 以及手动确认未认证列表中的 AP。

步骤 2：AP 获取 IP 地址

AP 必须获得 IP 地址才能够与 AC 通信，然后 WLAN 网络才能够正常工作。AP 获取 IP 地址有两种方式，一种方式是静态方式，需要登录到 AP 设备上手动配置 IP 地址。另一种方式是 DHCP 方式，通过配置 DHCP 服务器，使 AP 作为 DHCP 客户端向 DHCP 服务器请求 IP 地址。

可以部署 Windows 服务器或 Linux 服务器作为专门的 DHCP 服务器为 AP 分配 IP 地址。也可以使用 AC 的 DHCP 服务为 AP 分配 IP 地址，还可以使用网络中的设备，比如三层交换或路由器为 AP 分配 IP 地址。

步骤 3：AP 发现 AC 并与之建立 CAPWAP 隧道

AP 通过发送 Discovery Request 报文可找到可用的 AC。AP 发现 AC 有两种方式。

第一种是静态方式，AP 预先配置 AC 的静态地址列表。当 AP 上线时，如图 14-17 所示，AP 发送 Discovery Request 单播报文到所有预配置列表对应 IP 地址的 AC。然后 AP 接收 AC 返回的 Discovery Response 报文，并选择一个 AC 开始建立 CAPWAP 隧道。

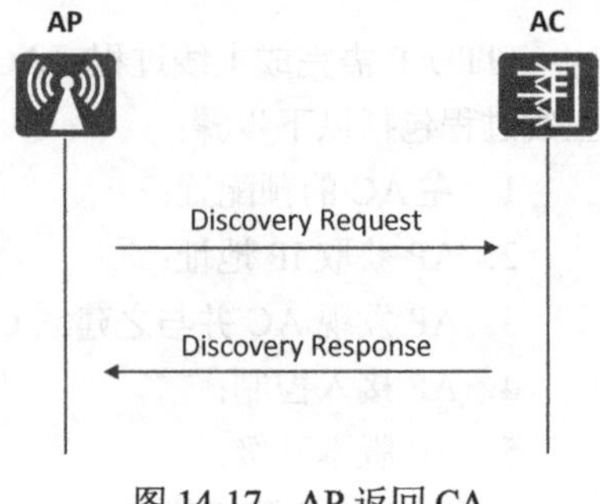

图 14-17 AP 返回 CA

第二种是动态方式，动态方式又分为 DHCP 方式、DNS 方式和广播方式。本章主要介绍 DHCP 方式和广播方式。

DHCP 方式发现 AC 的过程如下。

AP 要想通过配置 DHCP 服务器发现 AC，那么 DHCP 响应报文中必须携带 Option 43，且 Option 43 携带 AC 的 IP 地址列表。DHCP 的 option 43 选项是告诉 APAC 的 IP 地址，让 AP 寻找 AC 进行注册。

华为设备，如交换机、路由器、AC 等，作为 DHCP 服务器时要配置 Option 43 选项。

以 IP 地址为 192.168.22.1 的 AC 为例，HDCP 服务器配置命令为 option 43 sub-option 3 hex 3139322E3136382E32322E31 或者 option 43 sub-option 3 ascii 192.168.22.1。

其中，sub-option 3 为固定值，代表子选项类型；hex 3139322E3136382E32322E31 与 ascii 192.168.22.1 分别是 AC 地址 192.168.22.1 的 HEX（十六进制）格式和 ASCII 格式。

对于涉及多个 AC、Option 要填写多个 IP 地址的情形，IP 地址同样要以“，”间隔，逗号“，”对应的 ASCII 值为 2C。比如两个 AC 的 IP 地址分别为 192.168.22.1 和 192.168.22.2，则 DHCP 服务器上的配置命令为 option 43 sub-option 3 hex 3139322E3136382E3130302E322C3139322E3136382E3130302E33 或 option 43 sub-option 3 ascii 192.168.22.1,192.168.22.2。

AP 通过 DHCP 服务获取 AC 的 IP 地址后，使用 AC 发现机制来获知哪些 AC 是可用的，决定与最佳 AC 建立 CAPWAP 的连接。

AP 启动 CAPWAP 的发现机制，以单播或广播的形式发送发现请求报文以试图关联 AC。AC 收到 AP 的 Discovery Request 以后，会给 AP 发送一个单播 Discovery Response，AP 可以通过 Discover Response 中所含有的 AC 优先级或者 AC 上当前 AP 的个数等，确定与哪个 AC 建立会话。

广播方式发现 AC 的过程如下。

当 AP 启动后，如果 DHCP 方式和 DNS 方式均未获得 AC 的 IP 或 AP 发出发现请求报文后未收到响应，则 AP 启动广播发现流程，以广播的方式发出发现请求报文。

接收到发现请求报文的 AC 检查该 AP 是否有接入本机的权限（已经授权的 MAC 地址或者序列号），如果有则发回响应。如果该 AP 没有接入权限，AC 则拒绝请求。

广播发现方式只适用于 AC/AP 间为二层可达的网络场景。

AP 发现 AC 后会完成 CAPWAP 隧道的建立。CAPWAP 隧道包括数据隧道和控制隧道，用来维护 AP 与 AC 之间的状态。

数据隧道用于把 AP 接收的业务数据报文经过 CAPWAP 数据隧道集中到 AC 上转发，同时还可以选择对数据隧道进行数据传输层安全（Datagram Transport Layer Security，DTLS）加密。启用 DTLS 加密功能后，CAPWAP 数据报文都会经过 DTLS 加解密。

控制隧道用于 AP 与 AC 之间的管理报文的交换。我们还可以选择对控制隧道进行数据传输层安全加密，启用 DTLS 加密功能后，CAPWAP 控制报文都会经过 DTLS 加解密。

步骤 4：AP 接入控制

AP 发现 AC 后，会发送 Join Request 报文。AC 收到 AP 发送的 Join Request 报文之后，会进行 AP 合法性认证，认证通过则添加相应的 AP 设备，并响应 Join Response 报文，如图 14-18 所示。

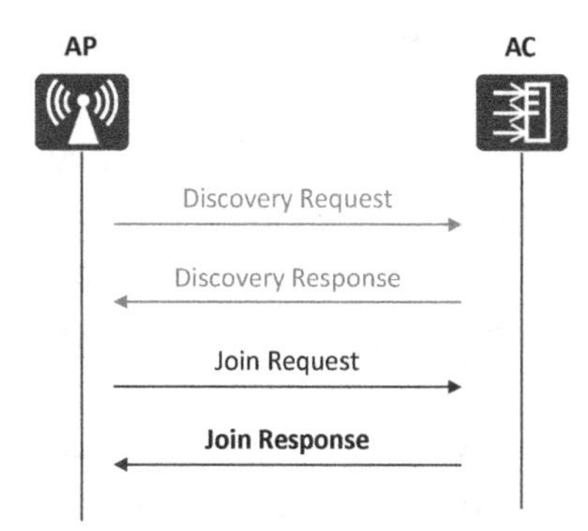

图 14-18　AP 加入 AC

AC 支持三种对 AP 的认证方式：

- MAC 认证；
- 序列号（SN）认证；
- 不认证。

在 AC 上添加 AP 的方式有以下三种。

- 离线导入 AP：预先配置 AP 的 MAC 地址和 SN，当 AP 与 AC 连接时，如果 AC 发现 AP 和预先配置的 AP 的 MAC 地址和 SN 匹配，则 AC 开始与 AP 建立连接。
- 自动发现 AP：若配置 AP 的认证模式为不认证，或配置 AP 的认证模式为 MAC 或 SN 认证且将 AP 加入 AP 白名单中，则当 AP 与 AC 连接时，AP 将被 AC 自动发现并正常上线。

- 手动确认未认证列表中的AP：当配置AP的认证模式为MAC或SN认证，但AP没有离线导入且不在已设置的AP白名单中，则该AP会被记录到未授权的AP列表中。需要用户手动确认后，此AP才能正常上线。

步骤5：AP的版本升级

如图14-19所示，AP根据收到的Join Response报文中的参数判断当前的系统软件版本是否与AC指定的一致。如果不一致，则AP通过发送Image data Request报文请求软件版本，然后进行版本升级。升级方式包括AC模式、FTP模式集合（即SFTP模式）。AP在软件版本更新完成后重启，再重复进行前面的步骤2、3、4。

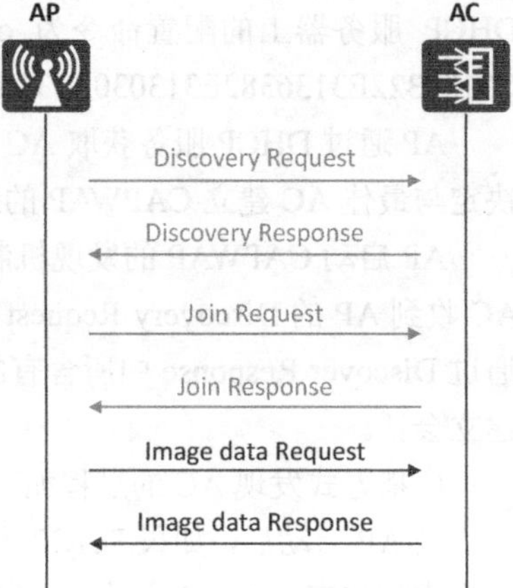

图14-19 版本升级请求和响应

AC上AP升级的方式分为自动升级和定时升级。

自动升级：主要用于AP还未在AC中上线的场景。通常先配置好AP上线时的自动升级参数，然后再配置AP接入。AP在之后的上线过程中会自动完成升级。如果AP已经上线，那么在配置完自动升级参数后，以任意方式触发AP重启，AP也会进行自动升级。相比于自动升级，使用在线升级方式升级能够减少业务中断的时间。升级方式的三种模式介绍如下。

- AC模式：AP升级时从AC上下载升级版本，适用于AP数量较少的场景。
- FTP模式：AP升级时从FTP服务器上下载升级版本，适用于网络安全性要求不是很高的文件传输场景。此方法采用明文传输数据，存在安全隐患。
- SFTP模式：AP升级时从SFTP服务器上下载升级版本，适用于网络安全性要求高的场景。该方法对传输数据进行了严格加密和完整性保护在线升级：主要用于AP已经在AC中上线并已承载了WLAN业务的场景。

定时升级主要用于AP已经在AC中上线并已承载了WLAN业务的场景。通常指定在网络访问量少的时间段升级。

步骤6：CAPWAP隧道维持

数据隧道维持通过AP与AC之间交互Keepalive（UDP端口号为5247）报文来检测数据隧道的连通状态。

控制隧道维持通过AP与AC交互Echo（UDP端口号为5246）报文来检测控制隧道的连通状态。

14.3.3 第二阶段：WLAN业务配置下发

AC向AP发送Configuration Update Request请求消息，AP回应Configuration Update Response消息，AC再将AP的业务配置信息下发给AP，如图14-20所示。

AP上线后，会主动向AC发送Configuration Status Request报文，该报文中包含了现有AP的配置。当AP的当前配置与AC的要求不符合时，AC会通过Configuration Status Response通知AP。

说明：AP上线后，首先会主动向AC获取当前配置，而后统一由AC对AP进行集中管理和业务配置下发。

1. 配置模板

WLAN 网络中存在着大量的 AP，为了简化 AP 的配置操作步骤，可以将 AP 加入 AP 组中，在 AP 组中统一对 AP 进行同样的配置。但是每个 AP 也有着不同于其他 AP 的参数配置，不便通过 AP 组来进行统一配置，这类个性化的参数可以直接在每个 AP 下配置。每个 AP 在上线时都会加入并且只能加入一个 AP 组中。当 AP 从 AC 上获取到 AP 组和 AP 个性化的配置后，会优先使用 AP 的配置。

AP 组和 AP 都能够引用如下模板，域管理模板、射频模板、VAP 模板，如图 14-21 所示。部分模板还能继续引用其他模板，这些模板统称为 WLAN 模板。

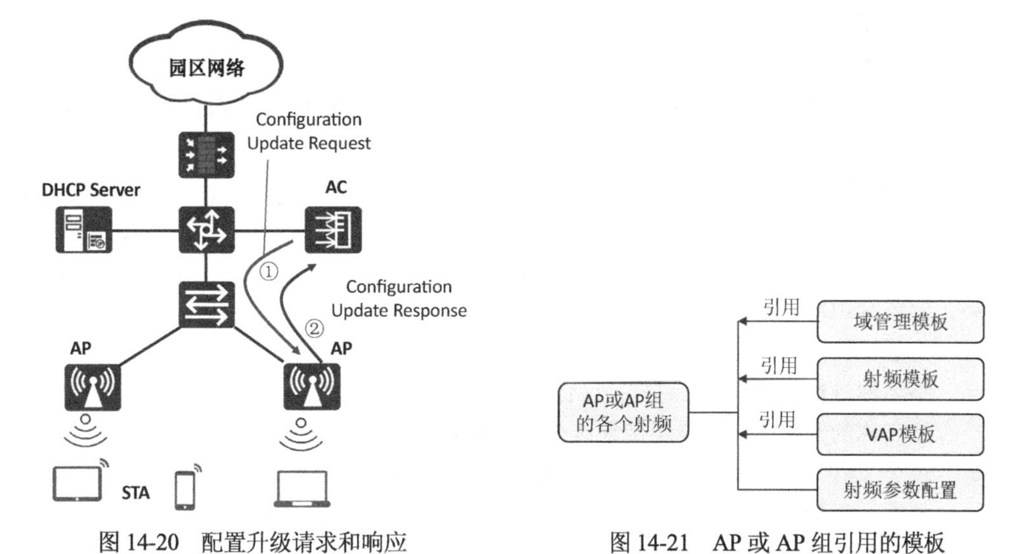

图 14-20 配置升级请求和响应

图 14-21 AP 或 AP 组引用的模板

❍ 域管理模板。

国家码用于标识 AP 射频所在的国家，不同国家码规定了不同的 AP 射频特性，包括 AP 的发送功率、支持的信道等。配置国家码是为了使 AP 的射频特性符合不同国家或区域的法律法规要求。

通过配置调优信道集合，用户可以在配置射频调优功能时指定 AP 信道动态调整的范围，同时避开雷达信道和终端不支持信道。

❍ 射频模板。

根据实际的网络环境对射频的各项参数进行调整和优化，使 AP 具备满足实际需求的射频能力，从而提高 WLAN 网络的信号质量。射频模板中各项参数下发到 AP 后，只有 AP 支持的参数才会在 AP 上生效。

该模板可配置的参数包括：射频的类型、射频的速率、射频的无线报文组播发送速率、AP 发送 Beacon 帧的周期等。

❍ VAP 模板。

在 VAP 模板下配置各项参数，然后在 AP 组或 AP 中引用 VAP 模板，AP 就会生成 VAP，VAP 用来为 STA 提供无线接入服务。通过配置 VAP 模板下的参数，使 AP 实现为 STA 提供不同无线业务服务的能力。

VAP 模板还能继续引用 SSID 模板、安全模板、流量模板等。

❍ 射频参数配置。

AP 射频需要根据实际的 WLAN 网络环境来配置不同的基本射频参数，以使 AP 射频的性能达到更优。

在 WLAN 网络中，相邻 AP 的工作信道存在重叠频段时，容易产生信号干扰，这对 AP 的工作状态会产生影响。为避免信号干扰，使 AP 工作在最佳状态，提高 WLAN 网络质量，可以手动配置相邻 AP 工作在非重叠信道上。

根据实际网络环境的需求来配置射频的发射功率和天线增益，使射频信号强度满足实际网络需求，从而提高 WLAN 网络的信号质量。

在实际应用场景中，两个 AP 之间的距离可能为几十米到几十千米，因为 AP 间的距离不同，所以 AP 之间传输数据时等待 ACK 报文的时间也不相同。通过调整合适的超时时间参数，可以提高 AP 间的数据传输效率。

2. VAP 模板

VAP 模板要引用 SSID 模板、安全模板，还可以配置数据转发方式和业务 VLAN，如图 14-22 所示。

❍ SSID 模板。

SSID 模板主要用于配置 WLAN 网络的 SSID 名称，还可以配置其他功能，主要包括如下功能。

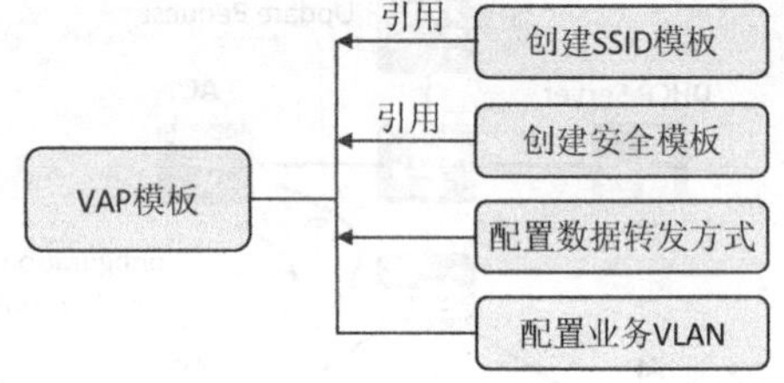

图 14-22 VAP 需要配置的参数和引用的模板

- 隐藏 SSID 功能：用户在创建无线网络时，为了保护无线网络的安全，可以对无线网络名称进行隐藏设置。这样，只有知道网络名称的无线用户才能连接到这个无线网络中。
- 单个 VAP 下能够关联成功的最大用户数：单个 VAP 下接入的用户数越多，每个用户能够使用的平均网络资源就越少。为了保证用户的上网体验，可以根据实际的网络状况来配置合理的最大用户接入数。
- 用户数达到最大时自动隐藏 SSID 的功能：使能用户数达到最大时自动隐藏 SSID 的功能后，当 WLAN 网络下接入的用户数达到最大时，SSID 会被隐藏，新用户将无法搜索到 SSID。

❍ 安全模板。

配置 WLAN 安全策略后，AP 可以对无线终端进行身份验证，对用户的报文进行加密，从而保护 WLAN 网络和用户的安全。

WLAN 安全策略支持开放认证、WEP、WPA/WPA2-PSK、WPA/WPA2-802.1X 等，在安全模板中选择其中一种进行配置即可。

❍ 数据转发方式。

控制报文是通过 CAPWAP 的控制隧道转发的，用户的数据报文分为隧道转发（又称为“集中转发”）方式和直接转发（又称为“本地转发”）方式。这部分内容在后面会详细介绍。

❍ 业务 VLAN。

由于 WLAN 无线网络灵活的接入方式，STA 可能会在某个地点（例如办公区入口或体育场馆入口）集中接入同一个 WLAN 无线网络中，然后漫游到其他 AP 覆盖的无线网络环境下。

业务 VLAN 被配置为单个 VLAN 时，在接入 STA 数众多的区域中容易出现 IP 地址资源不足、而其他区域 IP 地址资源浪费的情况。

业务 VLAN 被配置为 VLAN pool 时，可以在 VLAN pool 中加入多个 VLAN，然后通过将 VLAN pool 配置为 VAP 的业务 VLAN，实现一个 SSID 能够同时支持多个业务 VLAN 的目的。新接入的 STA 会被动态地分配到 VLAN pool 中的各个 VLAN 中，减少了单个 VLAN 下的 STA

数目，缩小了广播域；同时每个 VLAN 尽量均匀地分配 IP 地址，减少了 IP 地址的浪费。

14.3.4 第三阶段：STA 接入

CAPVAP 隧道建立完成后，用户就可以接入无线网络。STA 接入过程分为 6 个阶段：扫描阶段、链路认证阶段、关联阶段、接入认证阶段、STA 地址分配（DHCP）、用户认证。

1. 扫描阶段

STA 可以通过主动扫描来定期搜索周围的无线网络，以获取周围的无线网络信息。根据探测请求帧（Probe Request 帧）是否携带 SSID，可以将主动扫描分为两种，如图 14-23 所示。

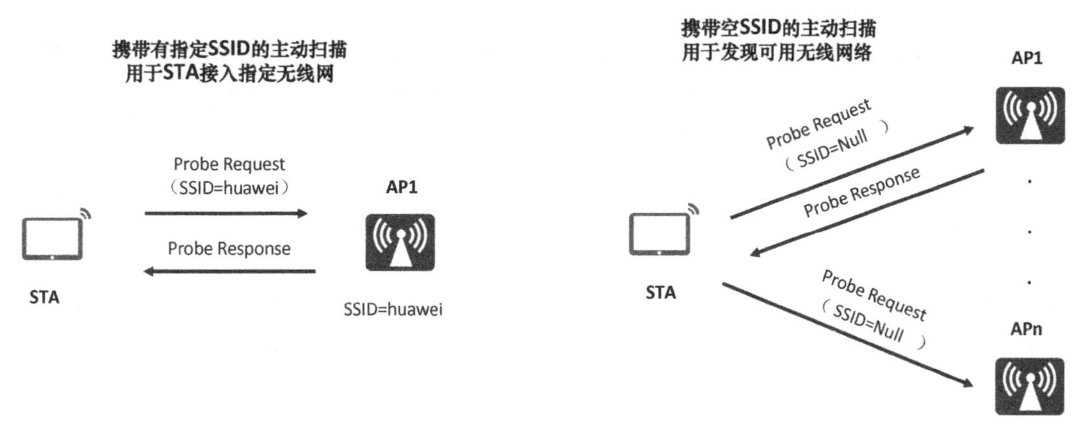

图 14-23 主动扫描

携带有指定 SSID 的主动扫描方式适用于 STA 通过主动扫描接入指定的无线网络。客户端发送携带指定 SSID 的 Probe Request，STA 依次在每个信道发出 Probe request 帧，寻找与 STA 有相同 SSID 的 AP。只有能够提供指定 SSID 无线服务的 AP 接收到该探测请求后才回复探查响应。

携带空 SSID 的主动扫描方式适用于 STA 通过主动扫描可以获知是否存在可使用的无线服务。客户端发送广播 Probe Request，客户端会定期地在其支持的信息列表中发送 Probe Request 帧扫描无线网络。当 AP 收到 Probe Request 帧后，会回应 Probe Response 帧通告可以提供的无线网络信息。

STA 也支持被动扫描搜索无线网络。被动扫描是指客户端通过侦听 AP 定期发送的 Beacon 帧（信标帧，包含 SSID、支持速率等信息）来发现周围的无线网络。默认状态下 AP 发送 Beacon 帧的周期为 100Tus（1TU=1024us）。

2. 链路认证阶段

WLAN 技术是以无线射频信号作为业务数据的传输介质，这种开放的信道使得攻击者很容易对无线信道中传输的业务数据进行窃听和篡改，因此，安全性成为阻碍 WLAN 技术发展的重要因素之一。

WLAN 安全提供了 WEP（Wired Equivalent Privacy）、WPA、WPA2 (Wi-Fi Protected Access) 等安全策略机制。每种安全策略都有一整套安全机制，包括无线链路建立时的链路认证方式，无线用户上线时的用户接入认证方式和无线用户传输数据业务时的数据加密方式。

为了保证无线链路的安全，接入过程 AP 需要完成对 STA 的认证。802.11 链路定义了两种认证机制：开放系统认证和共享密钥认证。

开放系统认证即不认证，任意 STA 都可以认证成功。

共享密钥认证即 STA 和 AP 预先配置相同的共享密钥，然后验证两边的密钥配置是否相同，如果一致，则认证成功；否则，认证失败。

3．关联阶段

完成链路认证后，STA 会继续发起链路服务协商，具体的协商通过 Association 报文实现。终端关联过程实质上就是链路服务协商的过程，协商内容包括支持的速率、信道等。

4．接入认证阶段

接入认证即对用户进行区分，并在用户访问网络之前限制其访问权限。相对于链路认证，接入认证的安全性更高。接入认证主要包含 PSK 认证和 802.1X 认证。

5．STA 地址分配

STA 获取自身的 IP 地址，是 STA 正常上线的前提条件。如果 STA 通过 DHCP 获取 IP 地址，那么可以将 AC 设备或汇聚交换机作为 DHCP 服务器来为 STA 分配 IP 地址。一般情况下使用汇聚交换机作为 DHCP 服务器。

6．用户认证

用户认证是一种“端到端”的安全结构，包括 802.1X 认证、MAC 认证和 Portal 认证。Portal 认证也称 Web 认证，一般将 Portal 认证网站称为门户网站。用户上网时，必须在门户网站进行认证，只有认证通过后才可以使用网络资源。这个认证通常需要微信登录或手机短信来验证用户身份，因为微信或手机都是实名认证过的，这样就能记录接入网络的用户的信息，如果出现安全事件，可以追查到具体的人。

14.3.5 第四阶段：WLAN 业务数据转发

CAPWAP 中的数据包括控制报文（管理报文）和数据报文。控制报文通过 CAPWAP 的控制隧道转发。用户的数据报文分为隧道转发（又称为“集中转发”）方式和直接转发（又称为“本地转发”）方式。

隧道转发方式是指用户的数据报文到达 AP 后，需要经过 CAPWAP 数据隧道封装后发送给 AC，然后 AC 再转发到上层网络。直接转发方式是指用户的数据报文到达 AP 后，不经过 CAPWAP 的隧道封装而直接转发给上层网络，如图 14-24 所示。

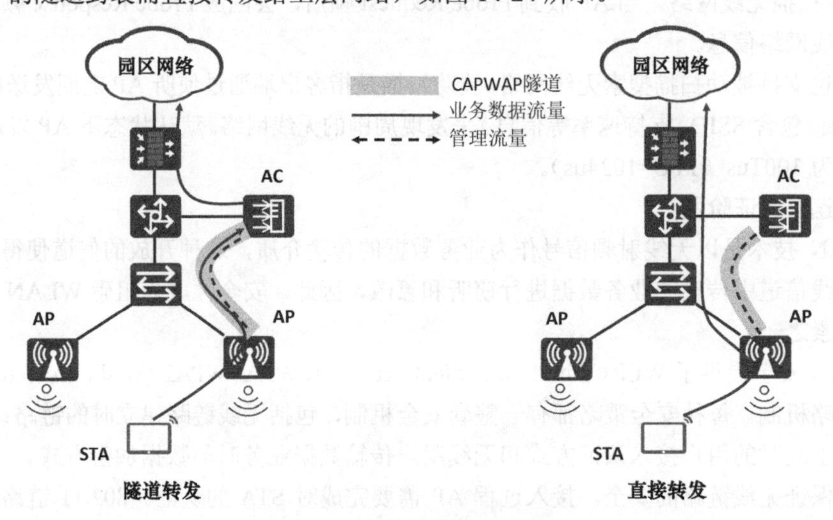

图 14-24　隧道转发和直接转发

隧道转发方式的优点就是AC集中转发数据报文，安全性好，方便集中管理和控制；缺点是业务数据必须经过AC转发，报文转发效率比直接转发方式的效率低，AC受到的压力大。

直接转发方式的优点是数据报文不需要经过AC转发，报文转发效率高，AC所受压力小；缺点是业务数据不便于集中管理和控制。

14.4 案例：旁挂二层组网隧道转发

业务需求：企业用户通过WLAN接入网络，以满足移动办公的最基本需求。

组网需求具体如下。

- AC组网方式：旁挂二层组网。
- DHCP部署方式：AC作为DHCP服务器为AP和STA分配IP地址。

业务数据转发方式：隧道转发。

图14-25画出了本案例的物理拓扑和逻辑拓扑，由于是隧道转发，两个办公室的业务VLAN数据通过CAPWAP隧道发送到AC，因此就相当于在AC上连接了两个VLAN。AC和AP之间的通信使用管理VLAN 100。为了让大家更容易理解各个设备承担的角色，图12-24右侧展示了逻辑拓扑。

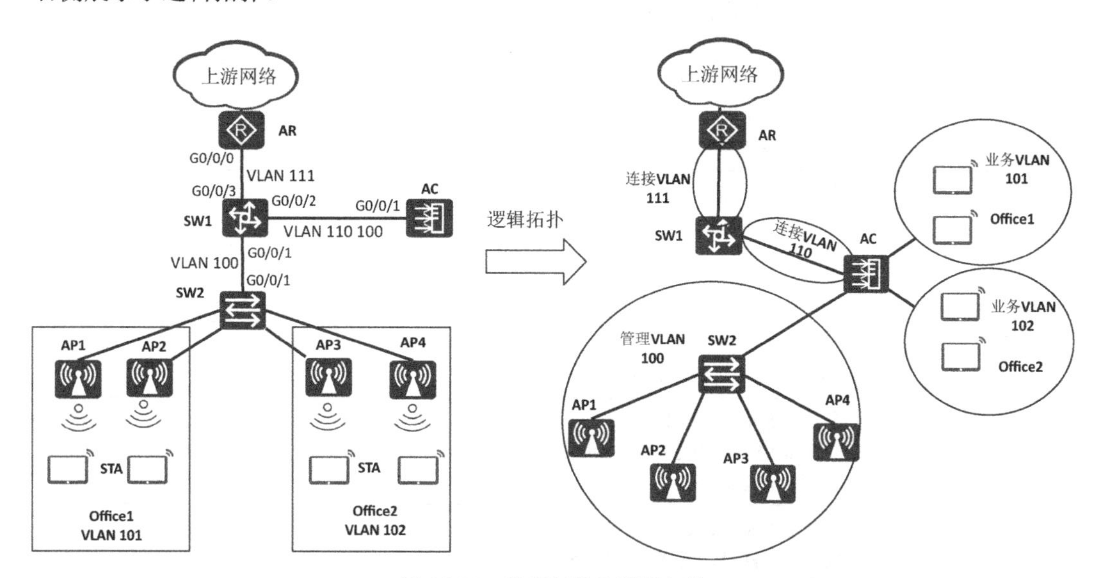

图14-25 物理拓扑和逻辑拓扑

可以看出，AC相当于一个路由器连接着VLAN 100、VLAN 101和VLAN 102，为了让这3个VLAN能够访问上游网络，还需要在AC和SW1上创建一个VLAN 110。创建该VLAN是为了连接AC和SW1，因此该VLAN称为互联VLAN。要想让SW1和上游路由器AR连接，我们需要创建一个VLAN 111。通过图12-25右侧的逻辑拓扑，各个设备如何添加路由的思路就清晰了。SW1和SW2之间的连接只需要传送VLAN 100的帧，因此将SW1的GE0/0/1接口配置成Access接口，并指定到VLAN 100即可。SW1和AC之间的连接需要VLAN 110和VLAN 100的帧，因此需要配置成Trunk。

地址规划和模板配置如表14-1和表14-2所示。

表 14-1 地址规划

数据	配置
AP 管理 VLAN	VLAN 100
Office1 业务 VLAN	VLAN 101
Office2 业务 VLAN	VLAN 102
SW1 和 AC 互联 VLAN	VLAN 110
SW1 和 RA 互联 VLAN	VLAN 111
VLAN 100 网段	192.168.100.0/24
VLAN 101 网段	192.168.101.0/24
VLAN 102 网段	192.168.102.0/24
VLAN 110 网段	192.168.110.0/24
VLAN 111 网段	192.168.111.0/24
DHCP 服务器	AC 作为 DHCP 服务器为 AP 和 STA 分配地址
AC 的源接口 IP 地址	VLANIF100:192.168.100.1/24

表 14-2 模板配置

AP 组	名称：ap-Office1 引用 VAP 模板：VAP-Office1 引用域管理模板：default
	名称：ap-Office2 引用 VAP 模板：VAP-Office2 引用域管理模板：default
域管理模板	名称：default 国家码：中国
SSID 模板	名称：SSID-Office1 SSID 名称：AP-Office1
	名称：SSID-Office2 SSID 名称：AP-Office2
安全模板	名称：Sec-Office1 安全策略：WPA-WPA2+PSK 密码：a1234567
	名称：Sec-Office2 安全策略：WPA-WPA2+PSK 密码：b1234567
VAP 模板	名称：VAP-Office1 转发模式：隧道转发 业务 VLAN：VLAN 101 引用 SSID 模板：SSID-Office1 引用安全模板：Sec-Office1
	名称：VAP-Office2 转发模式：隧道转发 业务 VLAN：VLAN 102 引用 SSID 模板：SSID-Office2 引用安全模板：Sec-Office2

配置 WLAN 的思路如下。

（1）配置 AP、AC 和周边网络设备之间实现网络互通。

（2）配置 AP 上线。

（3）创建 AP 组。将需要进行相同配置的 AP 都加入 AP 组，以实现统一配置。

（4）配置 AC 的系统参数，包括国家及地区码、AC 与 AP 之间通信的源接口等。

（5）配置 AP 上线的认证方式并离线导入 AP，以实现 AP 正常上线。

（6）配置 WLAN 业务参数，实现 STA 访问 WLAN 网络功能。

14.4.1 配置网络互通

在配置 WLAN 之前，先要配置 AP、AC 和周边网络设备之间实现网络互通。图 14-26 展示了本实验的逻辑拓扑，接口地址参照图 14-26 规划的地址进行设置。在 AR 路由器和 SW1 上添加路由，确保网络畅通。

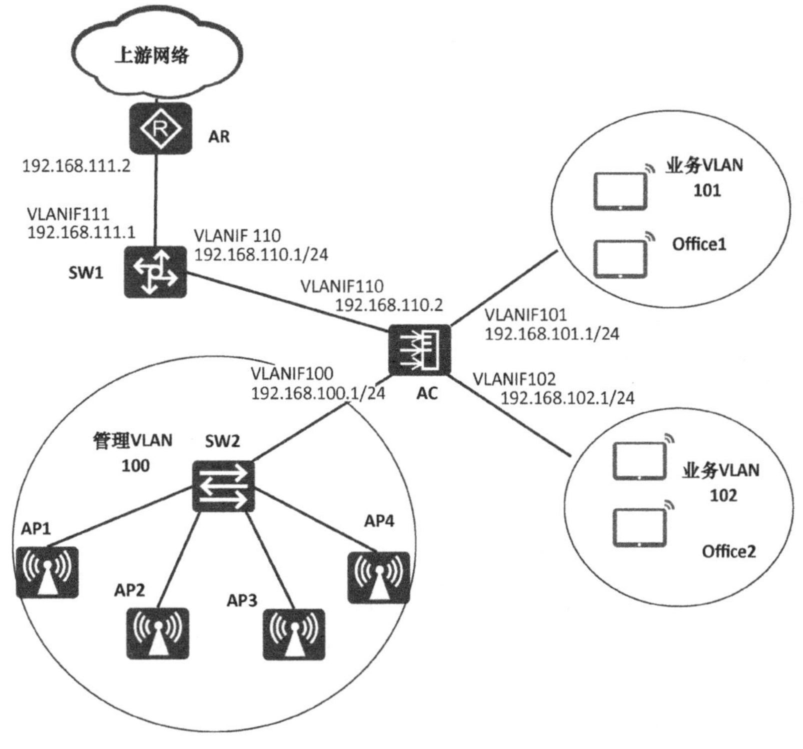

图 14-26 逻辑拓扑

在 AC 上创建 VLAN 100、VLAN 101、VLAN 102、VLAN 110。为 VLANIF 接口配置地址，以充当这些网段的网关，同时添加一条默认路由指向 SW1 的 VLANIF110 接口地址。在 SW1 上添加到 VLAN 100、101、102 网段的路由，下一跳指向 AC 的 VLANIF110 接口的地址。

在 AC 上配置 DHCP 服务，为 VLAN 100、VLAN 101 和 VLAN 102 分配地址。

在 AR 上的配置如下。

```
[AR]interface GigabitEthernet 0/0/0
[AR-GigabitEthernet0/0/0]ip address 192.168.111.2 24
[AR-GigabitEthernet0/0/0]quit
[AR]ip route-static 192.168.0.0 16 192.168.111.1
```

在SW1上的配置如下。

```
[SW1]vlan batch 100 110 111
[SW1]interface Vlanif 111
[SW1-Vlanif111]ip address 192.168.111.1 24
[SW1-Vlanif111]quit
[SW1]interface Vlanif 110
[SW1-Vlanif110]ip address 192.168.110.1 24
[SW1-Vlanif110]quit
[SW1]interface GigabitEthernet 0/0/3
[SW1-GigabitEthernet0/0/3]port link-type access
[SW1-GigabitEthernet0/0/3]port default vlan 111
[SW1-GigabitEthernet0/0/3]quit
[SW1]interface GigabitEthernet 0/0/2
[SW1-GigabitEthernet0/0/2]port link-type trunk
[SW1-GigabitEthernet0/0/2]port trunk allow-pass vlan 110 100
[SW1-GigabitEthernet0/0/2]quit
[SW1]interface GigabitEthernet 0/0/1
[SW1-GigabitEthernet0/0/1]port link-type access
[SW1-GigabitEthernet0/0/1]port default vlan 100
[SW1-GigabitEthernet0/0/1]quit
[SW1]ip route-static 192.168.100.0 24 192.168.110.2
[SW1]ip route-static 192.168.101.0 24 192.168.110.2
[SW1]ip route-static 192.168.102.0 24 192.168.110.2
```

在AC上的配置如下。

```
[AC]vlan batch 100 101 102 110
[AC]interface Vlanif 100
[AC-Vlanif100]ip address 192.168.100.1 24
[AC-Vlanif100]interface Vlanif 101
[AC-Vlanif101]ip address 192.168.101.1 24
[AC-Vlanif101]interface Vlanif 102
[AC-Vlanif102]ip address 192.168.102.1 24
[AC-Vlanif102]interface Vlanif 110
[AC-Vlanif110]ip address 192.168.110.2 24
[AC]interface GigabitEthernet 0/0/1
[AC-GigabitEthernet0/0/1]port link-type trunk
[AC-GigabitEthernet0/0/1]port trunk allow-pass vlan 110 100
[AC]ip route-static 0.0.0.0 0 192.168.110.1
```

DHCP服务的配置如下。

```
[AC]dhcp enable
[AC]interface Vlanif 100
[AC-Vlanif100]dhcp select interface
[AC-Vlanif100]interface Vlanif 101
[AC-Vlanif101]dhcp select interface
[AC-Vlanif101]interface Vlanif 102
[AC-Vlanif102]dhcp select interface
```

在AP输入display ip interface brief可以显示自动获得的IP地址。

```
[Huawei]display ip interface brief
Interface                        IP Address/Mask       Physical    Protocol
Vlanif1                          192.168.100.123/24    up          up
```

14.4.2 配置 AP 上线

在 AC 上创建域管理模板，然后创建 AP 组。在 AP 组中应用域管理模板，并配置 AC 的接口或源地址，然后将指定 AP 加入到 AP 组。

创建域管理模板。由于所有与 WLAN 相关的配置都需要在 WLAN 视图中完成，因此管理员需要首先通过 wlan 命令进入 WLAN 视图。

在 WLAN 视图下使用命令 regulatory-domain-profile name *profile-name* 来创建域管理模板，并进入该模板视图。在域管理模板中，管理员可以设置国家及地区码、优化信道和带宽等参数。以下操作可创建域管理模板 default，指定国家及地区码为 cn。

```
[AC]wlan
[AC-wlan-view]regulatory-domain-profile name default
[AC-wlan-regulate-domain-default]country-code cn
[AC-wlan-regulate-domain-default]quit
[AC-wlan-view]
```

接着使用 WLAN 视图命令 ap-group name group-name 来创建名为 ap-Office1 和 ap-Office2 的 AP 组，同时进入了 AP 组的配置视图，在这里应用域管理模板。在更改 AP 组中应用的域管理模板时，系统会提示警告信息并要求管理员进行确认。如果管理员确认更改，那么输入 y 后按回车键，更改生效。

```
[AC-wlan-view]ap-group name ap-Office1
[AC-wlan-ap-group-ap-Office1]regulatory-domain-profile default
Warning: Modifying the country code will clear channel, power and antenna gain
configurations of the radio and reset the AP. Continue?[Y/N]:y
[AC-wlan-ap-group-ap-Office1]quit
[AC-wlan-view]ap-group name ap-Office2
[AC-wlan-ap-group-ap-Office2]regulatory-domain-profile default
Warning: Modifying the country code will clear channel, power and antenna gain
configurations of the radio and reset the AP. Continue?[Y/N]:y
[AC-wlan-ap-group-ap-Office2]quit
```

配置 AC 的源接口，使 AP 和 AC 的 Vlanif 100 接口的地址建立 capwap 隧道。

```
[AC]capwap source interface Vlanif 100
```

在 AC 上离线导入 AP。下面的配置将 AP 加入到 AP 组中，以 MAC 地址认证的方式添加 AP。

```
[AC-wlan-view]ap auth-mode ?              --查看支持的身份验证模式
      mac-auth  MAC authenticated mode, default authenticated mode
      no-auth   No authenticated mode
      sn-auth   SN authenticated mode
[AC-wlan-view]ap auth-mode mac-auth       --指定使用 MAC 地址身份验证
[AC-wlan-view]ap-id 1 ap-mac 00e0-fcc4-15a0
[AC-wlan-ap-1]ap-name ap1
[AC-wlan-ap-1]ap-group ap-Office1
Warning: This operation may cause AP reset. If the country code changes, it will
clear channel, power and antenna gain configurations of the radio, Whether to continue?
[Y/N]:y
Info: This operation may take a few seconds. Please wait for a moment.. done.
[AC-wlan-ap-1]quit
[AC-wlan-view]ap-id 2 ap-mac 00e0-fcb1-02b0
```

```
[AC-wlan-ap-2]ap-name ap2
[AC-wlan-ap-2]ap-group ap-Office1
Warning: This operation may cause AP reset. If the country code changes, it will
clear channel, power and antenna gain configurations of the radio, Whether to continue?
[Y/N]:y
[AC-wlan-ap-2]quit
[AC-wlan-view]ap-id 3 ap-mac 00e0-fc33-5190
[AC-wlan-ap-3]ap-name ap3
[AC-wlan-ap-3]ap-group ap-Office2
Warning: This operation may cause AP reset. If the country code changes, it will
clear channel, power and antenna gain configurations of the radio, Whether to continue?
[Y/N]:y
Info: This operation may take a few seconds. Please wait for a moment.. done.
[AC-wlan-ap-3]quit
[AC-wlan-view]ap-id 4 ap-mac 00e0-fcaf-5610
[AC-wlan-ap-4]ap-name ap4
[AC-wlan-ap-4]ap-group ap-Office2
Warning: This operation may cause AP reset. If the country code changes, it will
clear channel, power and antenna gain configurations of the radio, Whether to continue?
[Y/N]:y
Info: This operation may take a few seconds. Please wait for a moment.. done.
[AC-wlan-ap-4]quit
```

将AP上线后，在AC上执行命令display ap all查看AP状态，看到AP的“State”字段为“nor”时，表示AP已经在AC成功上线，状态为正常。

```
[AC]display ap all
Info: This operation may take a few seconds. Please wait for a moment.done.
Total AP information:
nor  : normal          [4]
--------------------------------------------------------------------------------
ID   MAC          Name Group   IP            Type          State  STA    Up time
--------------------------------------------------------------------------------
1    00e0-fcc4-15a0 ap1  ap-Office1 192.168.100.123  AP2050DN   nor   0    14M:48S
2    00e0-fcb1-02b0 ap2  ap-Office1 192.168.100.20   AP2050DN   nor   0    12M:4S
3    00e0-fc33-5190 ap3  ap-Office2 192.168.100.11   AP2050DN   nor   0    10M:5S
4    00e0-fcaf-5610 ap4  ap-Office2 192.168.100.144  AP2050DN   nor   0    20S
--------------------------------------------------------------------------------
Total: 4
```

display ap命令的输出信息具体如下。

- ID：AP ID。
- MAC：AP MAC地址。
- Name：AP名称。
- Group：AP所属的AP组名称。
- IP：AP的IP地址。在NAT场景下，AP在私网侧，AC在公网侧，该值为AP私网侧的IP地址。
- Type：AP类型。
- State：AP状态。
- normal：AP为正常状态，指AP在AC上成功上线。
- commit-failed：AP上线后在WLAN业务配置下为失败状态。

- download：AP 正在升级状态。
- fault：AP 为上线失败状态。
- idle：AP 和 AC 建立连接前的初始状态。
- STA：AP 上接入的终端用户数。
- Uptime：AP 已上线时长。
- ExtraInfo：额外的信息，P 表示设备供电不足。

14.4.3 配置 WLAN 业务参数

管理员需要在 AC 上配置与 WLAN 相关的业务参数，包括 SSID 模板、安全模板和 VAP 模板。

（1）配置 SSID 模板。

由于两个办公室的 SSID 不一样，所以需要创建两个 SSID 模板。

```
[AC-wlan-view]ssid-profile name ssid-Office1
[AC-wlan-ssid-prof-ssid-Office1]ssid AP-Office1
[AC-wlan-ssid-prof-ssid-Office1]quit
[AC-wlan-view]ssid-profile name ssid-Office2
[AC-wlan-ssid-prof-ssid-Office1]ssid AP-Office2
[AC-wlan-ssid-prof-ssid-Office1]quit
```

管理员先使用命令 wlan 进入了 WLAN 视图，接着通过命令 ssid-profile name *profile-name* 创建了名为 ssid-office1 的 SSID 模板，并进入了该 SSID 模板的配置视图。SSID 模板名称的长度为 1～35 字符，不区分大小写。在 SSID 模板中，管理员还可以配置其他参数，比如与 QoS（服务质量）相关的参数。

（2）配置安全模板。

两个办公室连接 AP 的密码不一样，因此需要创建两个安全模板。

```
[AC-wlan-view]security-profile name Sec-Office1
[AC-wlan-sec-prof-Sec-Offce1]security wpa-wpa2 psk pass-phrase a1234567 aes
[AC-wlan-sec-prof-Sec-Offce1]quit
[AC-wlan-view]security-profile name Sec-Office2
[AC-wlan-sec-prof-Sec-Offce2]security wpa-wpa2 psk pass-phrase b1234567 aes
[AC-wlan-sec-prof-Sec-Offce2]quit
```

在本例中，管理员在 AC 上创建了 Sec-Office1 和 Sec-Office2 两个安全模板。安全模板的名称长度为 1～35 字符，不区分大小写。在安全模板视图中，管理员设置了 WPA2+PSK+AES 安全策略，并指定密码为 a1234567 和 b1234567。这条命令的完整语法为 security { wpa | wpa2 | wpa-wap2 } psk { pass-phrase | hex } key-value { aes | tkip | aes -tkip }，在本例中，管理员选择了 WPA2 作为认证方式，并选择了 AES 作为加密方式。可以配置的密码长度为 8～63 字符，建议管理员在设置密码时，使用大小写字母、数字和特殊字符相结合的方式，以创建强健的密码。

（3）配置 VAP 模板。

VAP 是虚拟 AP 的简称，管理员通过配置多个 VAP 模板，并把这些 VAP 模板中的配置下发到 AP，就可以为移动接入设备提供具有差异化的业务。

本例中 Office1 和 Office2 办公室的无线的业务 VLAN 不同，认证密码也不同，因此需要创建两个 VAP 模板。在 VAP 模板中设置数据转发模式为隧道转发，指定业务 VLAN，并应用之前创建的 SSID 模板和安全模板。

```
[AC-wlan-view]vap-profile name vap-Office1
[AC-wlan-vap-prof-vap-Office1]forward-mode tunnel
[AC-wlan-vap-prof-vap-Office1]service-vlan vlan-id 101
[AC-wlan-vap-prof-vap-Office1]ssid-profile ssid-Office1
[AC-wlan-vap-prof-vap-Office1]security-profile Sec-Office1
[AC-wlan-vap-prof-vap-Office1]quit

[AC-wlan-view]vap-profile name vap-Office2
[AC-wlan-vap-prof-vap-Office2]forward-mode tunnel
[AC-wlan-vap-prof-vap-Office2]service-vlan vlan-id 102
[AC-wlan-vap-prof-vap-Office2]ssid-profile ssid-Office2
[AC-wlan-vap-prof-vap-Office2]security-profile Sec-Office2
[AC-wlan-vap-prof-vap-Office2]quit
```

管理员在WLAN视图中使用命令vap-profile name *profile-name*，创建了名为vap-office1和vap-office2的两个VAP模板，并进入了VAP模板的配置图。VAP模板的名称长度为1～35字符，不区分大小写。

在VAP模板视图中，管理员首先通过命令forward-mode tunnel把转发模式设置为隧道转发。接着管理员使用命令service-vlan vlan-id 101指定业务VLAN为101，使用命令ssid-profile ssid-office1应用SSID模板，并使用命令security-profile sec-office1应用安全模板。

（4）在AP组中应用VAP模板。

管理员需要在AP组中应用配置好的VAP模板，这样AC才能将VAP模板的配置分发给AP，AP才能工作。AP上的射频0和射频1都使用的是VAP模板。

```
[AC-wlan-view]ap-group name ap-Office1
[AC-wlan-ap-group-ap-Office1]vap-profile vap-Office1 wlan 1 radio 0
[AC-wlan-ap-group-ap-Office1]vap-profile vap-Office1 wlan 1 radio 1
[AC-wlan-ap-group-ap-Office1]quit
[AC-wlan-view]ap-group name ap-Office2
[AC-wlan-ap-group-ap-Office2]vap-profile vap-Office2 wlan 2 radio 0
[AC-wlan-ap-group-ap-Office2]vap-profile vap-Office2 wlan 2 radio 1
[AC-wlan-ap-group-ap-Office2]quit
[AC-wlan-view]
```

管理员先使用wlan命令进入WLAN视图，然后使用命令ap-group name ap-group-office1进入AP组ap-group-office1视图。在AP组视图中，管理员使用vap-profile命令把指定的VAP模板与指定射频进行绑定。这条命令的完整语法为vap-profile *profile-name* wlan wlan-id { radio {radio-id | all } }。参数*profile-name*是之前创建的VAP模板名称；参数wlan-id是指AC中的VAP的ID，一个AC最多可以创建16个VAP，VAP ID的取值范围是1～16，本例使用了ID 1、2；参数radio-id是射频ID，本例中的AP支持射频0和射频1。其中射频0为2.4GHz射频，射频1为5GHz射频。

WLAN业务配置会由AC自动下发给AP，管理员通过命令display vap all查看AP支持的射频是否已经成功创建VAP。AP name参数显示的是管理员配置的AP名称，RfID参数表示的是射频ID，当Status参数显示为ON时，表示AP的射频ID 1已经成功创建了VAP。

```
[[AC]display vap all
Info: This operation may take a few seconds, please wait.
WID : WLAN ID
--------------------------------------------------------------------------------
AP ID AP name RfID WID  BSSID          Status      Auth type     STA     SSID
```

```
---------------------------------------------------------------------------
1    ap1    0   1    00E0-FCC4-15A0 ON      WPA/WPA2-PSK  1    AP-Office1
1    ap1    1   1    00E0-FCC4-15B0 ON      WPA/WPA2-PSK  0    AP-Office1
2    ap2    0   1    00E0-FCB1-02B0 ON      WPA/WPA2-PSK  0    AP-Office1
2    ap2    1   1    00E0-FCB1-02C0 ON      WPA/WPA2-PSK  0    AP-Office1
3    ap3    0   2    00E0-FC33-5190 ON      WPA/WPA2-PSK  0    AP-Office2
3    ap3    1   2    00E0-FC33-51A0 ON      WPA/WPA2-PSK  0    AP-Office2
4    ap4    0   2    00E0-FCAF-5610 ON      WPA/WPA2-PSK  1    AP-Office2
4    ap4    1   2    00E0-FCAF-5620 ON      WPA/WPA2-PSK  0    AP-Office2
---------------------------------------------------------------------------
Total: 8
```

管理员通过 display vap ssid AP-Office1 命令查看 SSID 为 AP-Office1 的 AP 支持的射频是否已经成功创建 VAP。

```
[AC]display vap ssid AP-Office1
Info: This operation may take a few seconds, please wait.
WID : WLAN ID
---------------------------------------------------------------------------
AP ID AP name RfID WID  BSSID          Status      Auth type     STA      SSID
---------------------------------------------------------------------------
1    ap1    0   1    00E0-FCC4-15A0 ON      WPA/WPA2-PSK   1    AP-Office1
1    ap1    1   1    00E0-FCC4-15B0 ON      WPA/WPA2-PSK   0    AP-Office1
2    ap2    0   1    00E0-FCB1-02B0 ON      WPA/WPA2-PSK   0    AP-Office1
2    ap2    1   1    00E0-FCB1-02C0 ON      WPA/WPA2-PSK   0    AP-Office1
---------------------------------------------------------------------------
Total: 4
```

输入 display station all 可以查看已连接的移动设备。

```
[AC]display station all
Rf/WLAN: Radio ID/WLAN ID
Rx/Tx: link receive rate/link transmit rate(Mbps)
---------------------------------------------------------------------------
STA MAC   AP ID Ap name Rf/WLAN  Band  Type  Rx/Tx  RSSI  VLAN IP address  SSID
---------------------------------------------------------------------------
5489-9895-16a0  1   ap1   0/1  2.4G  -  -/-  - 101  192.168.101.218   AP-Office1
5489-98ab-4629  4   ap4   0/1  2.4G  -  -/-  - 102  192.168.102.73    AP-Office2
---------------------------------------------------------------------------
Total: 2 2.4G: 2 5G: 0
```

在上述输出信息中，STA MAC 是移动设备的 MAC 地址，AP ID 是 AP 的 ID，AP name 是 AP 的名称，VLAN 为所属的业务 VLAN，IP address 为客户端获得的 IP 地址。可以看到有的移动设备在 VLAN 101，有的移动设备在 VLAN 102，并且都获得了相对应的 VLAN 的 IP 地址。

14.5 习题

1. 直连式组网和旁挂式组网各有什么优势？
2. FIT AP 发现 AC 的方式有（　　）。（多选）

   A. 静态发现　　　　B. DHCP 动态发现

   C. FTP 动态发现　　　　D. DNS 动态发现

第 15 章 园区网典型组网案例

本章内容

- 企业情况介绍
- 网络规划和配置

本章将介绍一个企业园区网典型组网案例。本章通过一个企业的具体的场景，介绍如何使用华为设备组建企业园区网，规划内网网段，部署有线和无线网络设备。

根据企业的需求，我们要设计高可用的企业内部网。它采用双汇聚层设计，通过 VRRP 实现网关冗余。在出口路由器上配置 Easy IP 让内网计算机通过网络地址转换访问 Internet，配置 NAT Server 允许 Internet 中的计算机访问内网服务器。在出口路由器上配置 ACL 实现对内网计算机的上网控制。总之，本章是对 HCIA 认证涉及的知识和技能的一个综合运用。

15.1 企业情况介绍

15.1.1 物理拓扑

如图 15-1 所示，某企业有三个办公室、两个会议室和一个机房。该企业共有三个重要部门，分别为销售部、售后部、财务部，销售部有 100 台计算机，售后部有 50 台计算机，财务部有 15 台计算机。这三个部门的计算机在 202、204、206 办公室都有分布。两个会议室中使用便携式计算机和智能手机无线连接网络。机房部署了企业用到的服务器、域控制器（DC）、Web 服务器和 FTP 服务器。

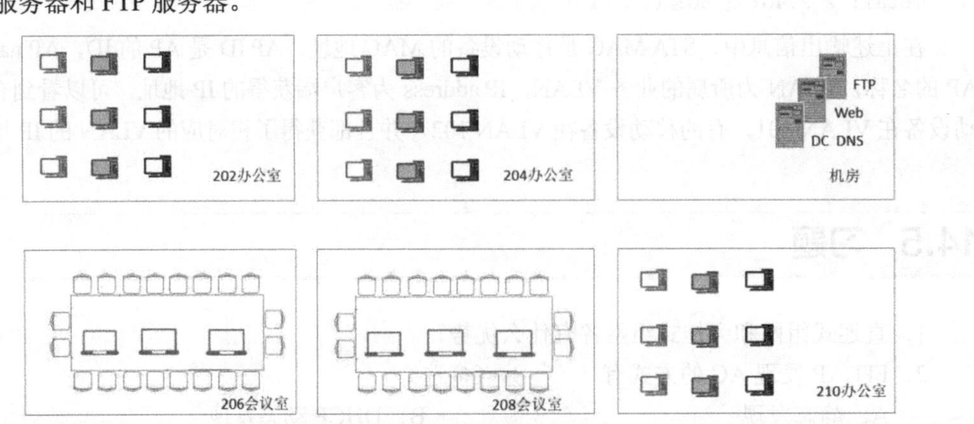

图 15-1 计算机物理分布

15.1.2 组网要求

公司有线网络使用192.168.1.0/24网段，要求按部门划分VLAN；无线网络使用192.168.2.0/24网段，206会议室和208会议室无线设备要位于不同的VLAN，每个会议室最多有100台便携式计算机。

服务器要单独分配一个网段。目前有三台服务器，以后有可能增加到10台，要求从使用192.168.1.0/24网段的子网中分配一个子网。

本案例中企业对网络的要求如下。

（1）采用分层次的组网方式，即接入层、汇聚层、核心层。

（2）为企业提供Internet接入。

（3）出差员工或在家办公的员工要能够通过VPN拨入企业内网。

（4）企业Web服务器允许Internet上的用户访问。

（5）内网各个办公室的计算机和会议室的便携式计算机要能够自动获取IP地址、网关和DNS的配置。

（6）内网要求配置静态路由以实现内网各个网段的相互通信以及到Internet的访问。

（7）确保企业内网的高可用，汇聚层交换机要有冗余。

（8）汇聚层交换机之间的链路要使用链路聚合技术来实现容错和负载均衡。

（9）配置交换机使用RSTP，使得汇聚层交换机优先成为根交换机。

（10）财务部门的计算机不能访问Internet，售后部只能够访问Internet上的网站，销售部和会议室能够访问Internet，且不做任何限制。

15.2 网络规划和配置

15.2.1 网络设备部署

从该企业的计算机物理分布和网络规模来看，组网只需二层结构就能满足要求，即在每间办公室部署一台接入层交换机，在机房部署两台汇聚层交换机和一台路由器，在208会议室部署一台AC，每间会议室部署两个AP，两个会议室的AP连接到AC。接入层交换机和AC连接，同时还连接两个汇聚层交换机。服务器连接到汇聚层交换机LSW1上，网络的物理拓扑如图15-2所示。

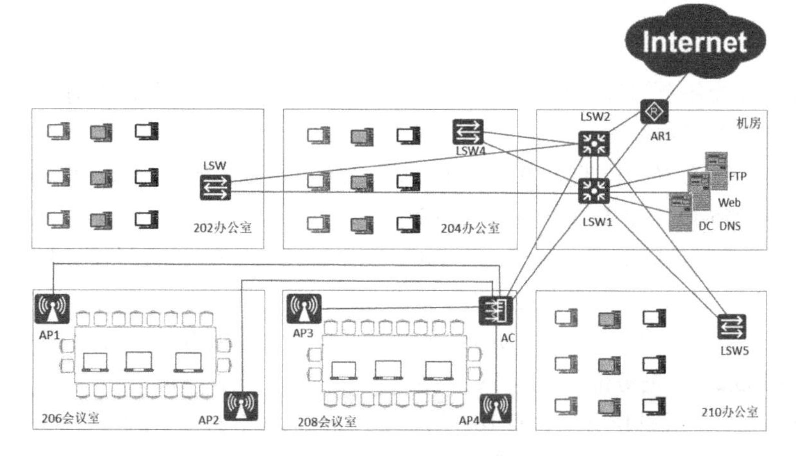

图15-2 网络物理拓扑

网络的逻辑拓扑如图 15-3 所示。

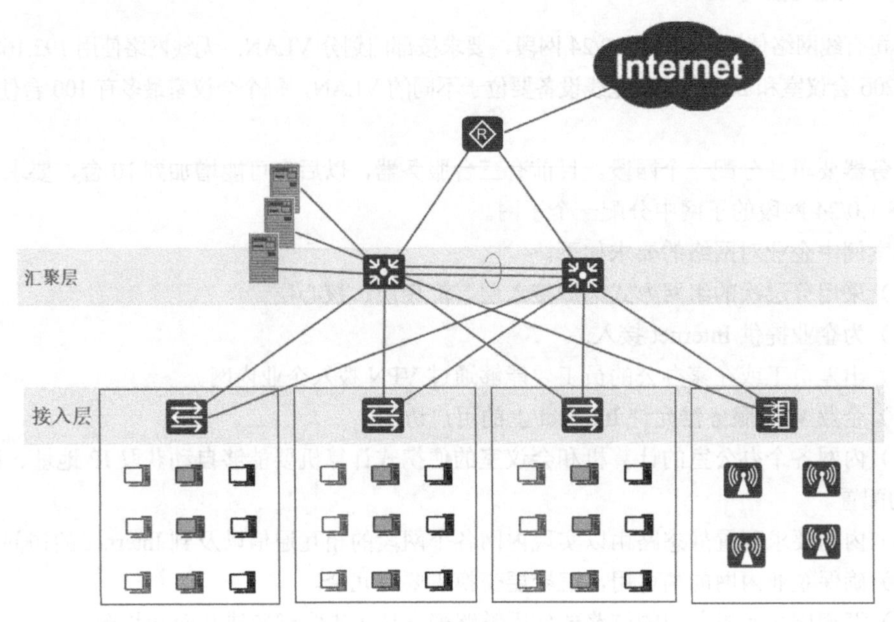

图 15-3　网络逻辑拓扑

15.2.2　VLAN 规划和子网划分

公司共有三个重要部门，分别为销售部、售后部、财务部，销售部有 100 台计算机，售后部有 50 台计算机，财务部有 15 台计算机，机房服务器要预留 10 个 IP 地址。每个部门有一个 VLAN，每个 VLAN 要分配一个子网，并根据部门计算机数量划分子网。将 192.168.1.0/24 这个 C 类网络进行子网划分。

192.168.1.0/24 网段的地址范围是 192.168.1.0～192.168.1.255。将 0～255 用一条线段表示，如图 15-4 所示。该线段标出了服务器、财务部、售后部和销售部的地址分配。

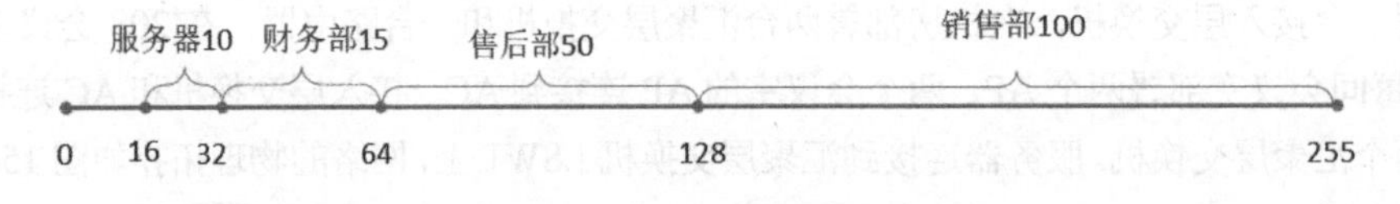

图 15-4　有线网子网划分

根据图 15-4 为每个部门分配的地址块，写出每个子网第一个可用的 IP 地址和最后一个可用的 IP 地址，以及子网掩码。

销售部第一个可用的 IP 地址 192.168.1.129，最后一个可用的 IP 地址 192.168.1.254，子网掩码为 255.255.255.128，销售部规划为 VLAN1。

售后部第一个可用的 IP 地址 192.168.1.65，最后一个可用的 IP 地址 192.168.1.126，子网掩码为 255.255.255.192，售后部规划为 VLAN2。

财务部第一个可用的 IP 地址 192.168.1.33，最后一个可用的 IP 地址 192.168.1.62，子网掩码为 255.255.255.224，财务部规划为 VLAN3。

服务器第一个可用的 IP 地址 192.168.1.16，最后一个可用的 IP 地址 192.168.1.30，子网掩码为 255.255.255.240，服务器规划为 VLAN4。

无线网络使用 192.168.2.0/24 网段，该网段的地址范围为 192.168.2.0～192.168.2.255。将 0～255 用一条线段表示，如图 15-5 所示。图 15-5 标出了 206 会议室的地址范围和 208 会议室的地址范围。

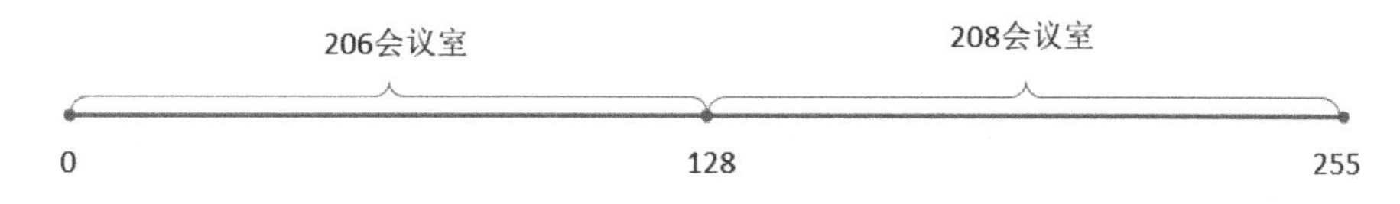

图 15-5　无线网子网划分

206 会议室第一个可用的 IP 地址 192.168.2.1，最后一个可用的地址 192.168.2.126，子网掩码为 255.255.255.128，206 会议室规划为 VLAN5。

208 会议室第一个可用的 IP 地址 192.168.2.129，最后一个可用的地址 192.168.2.254，子网掩码为 255.255.255.128，208 会议室规划为 VLAN6。

15.2.3 创建 VLAN 配置干道链路

使用 eNSP 搭建本章学习环境，如图 15-6 所示，在 LSW1、LSW2、LSW3、LSW4 和 LSW5 上创建 VLAN1～VLAN4，并且将交换机之间的连接配置成干道链路，允许 VLAN1～VLAN4 的帧通过。配置汇聚层交换机之间的两条链路为聚合链路，将聚合链路配置成干道，且允许所有 VLAN1～VLAN4 的帧通过。将服务器和每个部门的计算机指定到相应 VLAN。

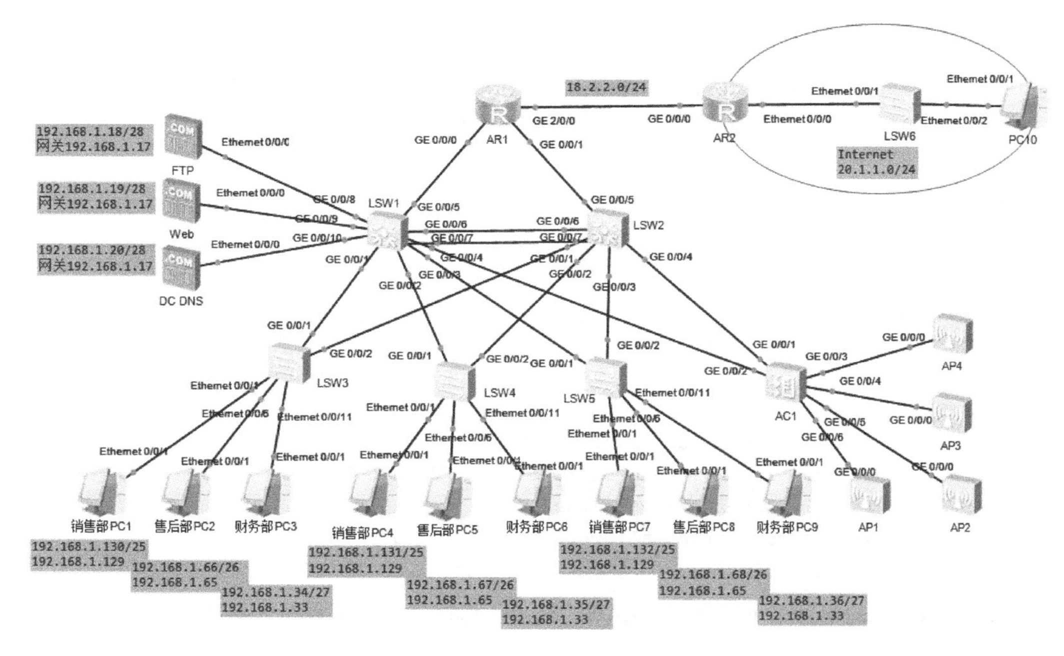

图 15-6　实验环境

在 LSW3 上创建 VLAN，将接口指定到 VLAN，将 GE 0/0/1 和 GE 0/0/2 接口配置成干道链路。

```
<Huawei>sys
[Huawei]sysname LSW3
[LSW3]vlan batch 2 3 4
[LSW3]port-group vlan1port
```

```
[LSW3-port-group-vlan1port]
[LSW3-port-group-vlan1port]group-member Ethernet 0/0/1 to Ethernet 0/0/5
[LSW3-port-group-vlan1port]port link-type access
[LSW3-port-group-vlan1port]port default vlan 1
[LSW3-port-group-vlan1port]quit
[LSW3]port-group vlan2port
[LSW3-port-group-vlan2port]
[LSW3-port-group-vlan2port]group-member Ethernet 0/0/6 to Ethernet 0/0/10
[LSW3-Ethernet0/0/10]port link-type access
[LSW3-port-group-vlan2port]port default vlan 2
[LSW3-port-group-vlan2port]quit
[LSW3]port-group vlan3port
[LSW3-port-group-vlan3port]group-member Ethernet 0/0/11 Ethernet 0/0/15
[LSW3-port-group-vlan3port]port link-type access
[LSW3-port-group-vlan3port]port default vlan 3
[LSW3-port-group-vlan3port]quit
[LSW3]port-group trunkport
[LSW3-port-group-trunkport]group-member GigabitEthernet 0/0/1 to GigabitEthernet 0/0/2
[LSW3-port-group-trunkport]port link-type trunk
[LSW3-port-group-trunkport]port trunk allow-pass vlan 1 2 3 4
[LSW3-port-group-trunkport]quit
```

在LSW4和LSW5上的配置类似，这里不再赘述。

在LSW1上的配置如下，创建VLAN，配置干道接口，再配置聚合链路。

```
[Huawei]sysname LSW1
[LSW1]vlan batch 2 3 4
[LSW1]port-group vlan4port
[LSW1-port-group-vlan4port]group-member GigabitEthernet 0/0/8 GigabitEthernet 0/0/10
[LSW1-port-group-vlan4port]port link-type access
[LSW1-port-group-vlan4port]port default vlan 4
[LSW1-port-group-vlan4port]quit
[LSW1]port-group trunkport
[LSW1-port-group-trunkport]group-member GigabitEthernet 0/0/1 to GigabitEthernet 0/0/3
[LSW1-port-group-trunkport]port link-type trunk
[LSW1-port-group-trunkport]port trunk allow-pass vlan 1 2 3 4
[LSW1-port-group-trunkport]quit

[LSW1]interface Eth-Trunk 1
[LSW1-Eth-Trunk1]mode manual load-balance
[LSW1-Eth-Trunk1]trunkport GigabitEthernet 0/0/6 to 0/0/7
[LSW1-Eth-Trunk1]port link-type trunk
[LSW1-Eth-Trunk1]port trunk allow-pass vlan 1 2 3 4
[LSW1-Eth-Trunk1]quit
```

在LSW2上的配置如下，创建VLAN，配置干道接口，再配置聚合链路。

```
[Huawei]sysname LSW2
[LSW2]vlan batch 2 3 4
[LSW2]port-group trunkport
[LSW2-port-group-trunkport]group-member GigabitEthernet 0/0/1 to GigabitEthernet 0/0/3
[LSW2-port-group-trunkport]port link-type trunk
[LSW2-port-group-trunkport]port trunk allow-pass vlan  1 2 3 4
[LSW2-port-group-trunkport]quit
```

```
[LSW2]interface Eth-Trunk 1
[LSW2-Eth-Trunk1]mode manual load-balance
[LSW2-Eth-Trunk1]trunkport GigabitEthernet 0/0/6 to 0/0/7
[LSW2-Eth-Trunk1]port link-type trunk
[LSW2-Eth-Trunk1]port trunk allow-pass vlan 1 2 3 4
[LSW2-Eth-Trunk1]quit
```

15.2.4 指定生成树的根交换机

配置网络中的交换机使用 RSTP，在本例中，将汇聚层交换机 LSW1 指定为根交换机，LSW2 指定为备用根交换机。

```
[LSW1]stp mode rstp
[LSW1]stp priority 0
[LSW2]stp mode rstp
[LSW2]stp priority 4096
[LSW3]stp mode rstp
[LSW4]stp mode rstp
[LSW5]stp mode rstp
```

15.2.5 配置 VLAN 间路由

在将汇聚层交换机和接入层交换机之间的连接配置成干道链路后，在 LSW1 和 LSW2 上实现 VLAN 间路由，图 15-7 为等价的逻辑图。可以将 LSW1 和 LSW2 看作路由器，每个 VLAN 有两个路由器，使用 VRRP 将 Virtual ip 配置为 VLAN 中第一个可用的地址，LSW1 交换机的 vlanif 接口的地址为各个 VLAN 的倒数第二个可用地址，LSW2 交换机的 vlanif 接口的地址为各个 VLAN 的倒数第一个可用地址。

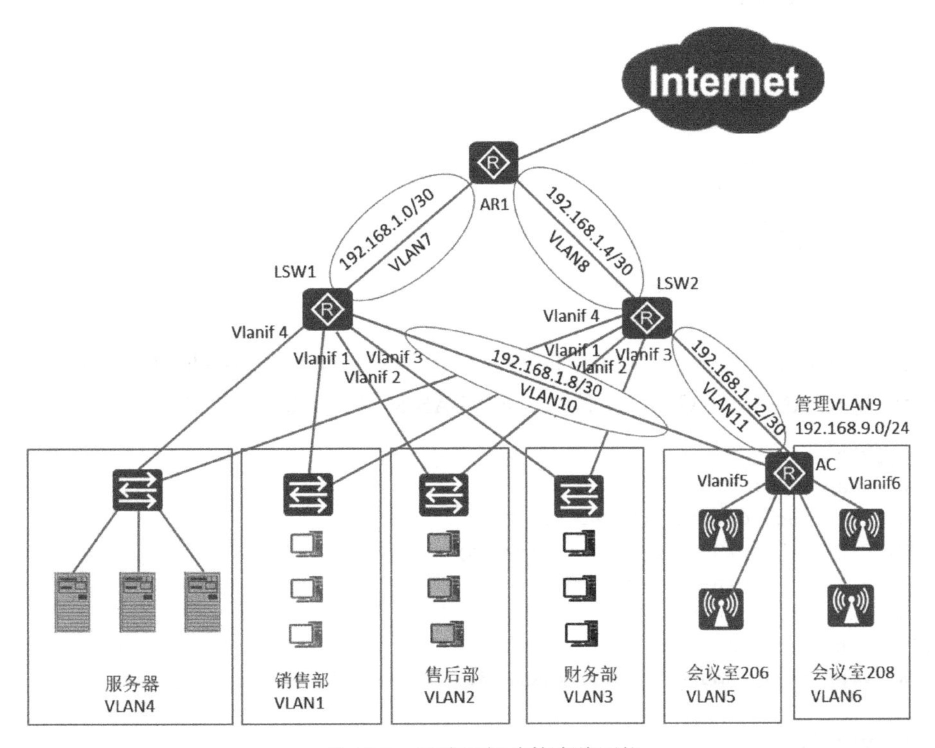

图 15-7 无线网络连接有线网络

LSW1和AR1之间的连接需要一个独立的网段，在LSW1上创建VLAN7以和AR1连接，使用192.168.1.0/30网段。LSW2和AR1之间的连接也需要一个独立的网段，在LSW2上创建VLAN8以和AR1连接，使用192.168.1.4/30网段。AC可看作一个路由器，通过VLAN10来与LSW1连接，使用192.168.1.8/30网段；AC和LSW2的连接通过VLAN11，使用192.168.1.12/30网段。

VLAN 1、2、3、4的网关优先由LSW1上的VRRP虚拟网关优先在LSW1上，VRRP的优先级根据连接路由器的vlanif接口进行调整。无线网络访问Internet优先走LSW2，当LSW2出现故障时，无线网络访问Internet走LSW1。

在LSW1上配置接口地址。

```
[LSW1]interface Vlanif 1
[LSW1-Vlanif1]ip address 192.168.1.253 25
[LSW1-Vlanif1]quit
[LSW1]interface Vlanif 2
[LSW1-Vlanif2]ip address 192.168.1.125 26
[LSW1-Vlanif2]quit
[LSW1]interface Vlanif 3
[LSW1-Vlanif3]ip address 192.168.1.61 27
[LSW1-Vlanif3]quit
[LSW1]interface Vlanif 4
[LSW1-Vlanif4]ip address 192.168.1.17 28
[LSW1-Vlanif4]quit
```

在LSW2上配置接口地址。

```
[LSW2]interface Vlanif 1
[LSW2-Vlanif1]ip address 192.168.1.254 25
[LSW2-Vlanif1]quit
[LSW2]interface Vlanif 2
[LSW2-Vlanif2]ip address 192.168.1.126 26
[LSW2-Vlanif2]quit
[LSW2]interface Vlanif 3
[LSW2-Vlanif4]interface Vlanif 3
[LSW2-Vlanif3]ip address 192.168.1.62 27
[LSW2-Vlanif3]quit
[LSW2]interface Vlanif 4
[LSW2-Vlanif4]ip address 192.168.1.30 28
[LSW2-Vlanif4]quit
```

在LSW1上创建VLAN 7，将GE 0/0/5接口加入VLAN 7，配置vlanif 7的IP地址。在LSW2上创建VLAN 8，将GE 0/0/5接口加入VLAN 8，配置vlanif 8的IP地址。

```
[LSW1]vlan 7
[LSW1-vlan7]quit
[LSW1]interface GigabitEthernet 0/0/5
[LSW1-GigabitEthernet0/0/5]port link-type access
[LSW1-GigabitEthernet0/0/5]port default vlan 7
[LSW1-GigabitEthernet0/0/5]quit
[LSW1]interface Vlanif 7
[LSW1-Vlanif7]ip address 192.168.1.1 30

[LSW2]vlan 8
```

```
[LSW2-vlan8]quit
[LSW2]interface GigabitEthernet 0/0/5
[LSW2-GigabitEthernet0/0/5]port link-type access
[LSW2-GigabitEthernet0/0/5]port default vlan 8
[LSW2-GigabitEthernet0/0/5]quit
[LSW2]interface Vlanif 8
[LSW2-Vlanif8]ip address 192.168.1.5 30
```

在 LSW1 上配置 VRRP，将每个 VLAN 的第一个地址作为虚拟网关地址。

```
[LSW1]interface Vlanif 1
[LSW1-Vlanif1]vrrp vrid 1 virtual-ip 192.168.1.129
[LSW1-Vlanif1]vrrp vrid 1 priority 120
[LSW1-Vlanif1]vrrp vrid 1 track interface Vlanif 7 reduced 40
[LSW1-Vlanif1]vrrp vrid 1 preempt-mode timer delay 10

[LSW1]interface Vlanif 2
[LSW1-Vlanif2]vrrp vrid 1 virtual-ip 192.168.1.65
[LSW1-Vlanif2]vrrp vrid 1 priority 120
[LSW1-Vlanif2]vrrp vrid 1 track interface Vlanif 7 reduced 40
[LSW1-Vlanif2]vrrp vrid 1 preempt-mode timer delay 10

[LSW1]interface Vlanif 3
[LSW1-Vlanif3]vrrp vrid 1 virtual-ip 192.168.1.33
[LSW1-Vlanif3]vrrp vrid 1 priority 120
[LSW1-Vlanif3]vrrp vrid 1 track interface Vlanif 7 reduced 40
[LSW1-Vlanif3]vrrp vrid 1 preempt-mode timer delay 10
```

在 LSW2 上配置 VRRP，将 VLAN 的第一个地址作为虚拟网关地址。

```
[LSW2]interface Vlanif 1
[LSW2-Vlanif1]vrrp vrid 1 virtual-ip 192.168.1.129
[LSW2]interface Vlanif 2
[LSW2-Vlanif2]vrrp vrid 1 virtual-ip 192.168.1.65
[LSW2]interface Vlanif 3
[LSW2-Vlanif3]vrrp vrid 1 virtual-ip 192.168.1.33
```

查看 VRRP 的摘要信息。可以看到 LSW2 的 Vlanif1、Vlanif2、Vlanif3 接口的状态是 Backup。

```
<LSW2>display vrrp brief
VRID  State        Interface            Type     Virtual IP
----------------------------------------------------------------
1     Backup       Vlanif1              Normal    192.168.1.129
1     Backup       Vlanif2              Normal    192.168.1.65
1     Backup       Vlanif3              Normal    192.168.1.33
----------------------------------------------------------------
Total:3    Master:0     Backup:3     Non-active:0
```

15.2.6 配置静态路由

LSW1 和 AR1 之间的连接使用 192.168.1.0/30 网段的地址，LSW2 和 AR1 之间的连接使用 192.168.1.4/30 网段的地址。在两个汇聚层交换机上添加默认路由以指向 AR1 路由器。

在 LSW1 上创建 VLAN7，配置 Vlanif 7 接口，添加默认路由指向 AR1 路由器。

```
[LSW1]vlan 7
[LSW1-vlan7]quit
[LSW1]interface GigabitEthernet 0/0/5
[LSW1-GigabitEthernet0/0/5]port link-type access
[LSW1-GigabitEthernet0/0/5]port default vlan 7
[LSW1-GigabitEthernet0/0/5]quit
[LSW1]interface Vlanif7
[LSW1-Vlanif7]ip address 192.168.1.1 30
[LSW1-Vlanif7]quit
[LSW1]ip route-static 0.0.0.0 0 192.168.1.2
```

在LSW2上创建VLAN8，配置Vlanif 8接口，添加默认路由指向AR1路由器。

```
[LSW2]vlan 8
[LSW2-vlan8]quit
[LSW2]interface GigabitEthernet 0/0/5
[LSW2-GigabitEthernet0/0/5]port link-type access
[LSW2-GigabitEthernet0/0/5]port default vlan 8
[LSW2-GigabitEthernet0/0/5]quit
[LSW2]interface Vlanif8
[LSW2-Vlanif8]ip address 192.168.1.5 30
[LSW2-Vlanif8]quit
[LSW2]ip route-static 0.0.0.0 0 192.168.1.6
```

在AR1路由器上配置接口IP地址。添加一条默认路由，它指向Internet的路由器AR2，然后添加浮动静态路由。到内网的VLAN1、VLAN2、VLAN3和VLAN4网段的数据包优先转发给LSW1，到无线网络的数据包优先转发给LSW2。

```
[Huawei]sysname AR1
[AR1]interface GigabitEthernet 0/0/0
[AR1-GigabitEthernet0/0/0]ip address 192.168.1.2 30
[AR1-GigabitEthernet0/0/0]interface GigabitEthernet 0/0/1
[AR1-GigabitEthernet0/0/1]ip address 192.168.1.6 30
[AR1-GigabitEthernet0/0/1]interface GigabitEthernet 2/0/0
[AR1-GigabitEthernet2/0/0]ip address 18.2.2.1 24
[AR1-GigabitEthernet2/0/0]quit
[AR1]ip route-static 0.0.0.0 0 18.2.2.2
[AR1]ip route-static 192.168.1.0 255.255.255.0 192.168.1.1 preference 40
[AR1]ip route-static 192.168.1.0 255.255.255.0 192.168.1.5 preference 60
[AR1]ip route-static 192.168.2.0 255.255.255.0 192.168.1.1 preference 60
[AR1]ip route-static 192.168.2.0 255.255.255.0 192.168.1.5 preference 40
```

15.2.7 将汇聚层交换机配置成DHCP

本案例将汇聚层交换机LSW1配置成VLAN1、VLAN2、VLAN3的DHCP服务器。不能在LSW2上创建这三个VLAN的DHCP地址池。VRRP的Virtual ip在哪个交换机上就在那个交换机上配置该网段的DHCP地址池。这种情况一定要配置接口从全局获得IP地址，客户端才能获得正确的网关。

```
[LSW1]dhcp enable
[LSW1]ip pool vlan1
[LSW1-ip-pool-vlan1]network 192.168.1.128 mask 25
[LSW1-ip-pool-vlan1]gateway-list 192.168.1.129
[LSW1-ip-pool-vlan1]dns-list 192.168.1.20
[LSW1-ip-pool-vlan1]lease day 0 hour 8 minute 0
[LSW1-ip-pool-vlan1]excluded-ip-address 192.168.1.253 192.168.1.254
```

```
[LSW1-ip-pool-vlan1]quit
[LSW1]interface Vlanif 1
[LSW1-Vlanif1]dhcp select global

[LSW1]ip pool vlan2
[LSW1-ip-pool-vlan2]network 192.168.1.64 mask 26
[LSW1-ip-pool-vlan2]gateway-list 192.168.1.65
[LSW1-ip-pool-vlan2]dns-list 192.168.1.20
[LSW1-ip-pool-vlan2]lease day 0 hour 8 minute 0
[LSW1-ip-pool-vlan2]excluded-ip-address 192.168.1.125 192.168.1.126
[LSW1-ip-pool-vlan2]quit
[LSW1]interface Vlanif 2
[LSW1-Vlanif2]dhcp select global

[LSW1]ip pool vlan3
[LSW1-ip-pool-vlan3]network 192.168.1.32 mask 27
[LSW1-ip-pool-vlan3]gateway-list 192.168.1.33
[LSW1-ip-pool-vlan3]dns-list 192.168.1.20
[LSW1-ip-pool-vlan3]lease day 0 hour 8 minute 0
[LSW1-ip-pool-vlan3]excluded-ip-address 192.168.1.61 192.168.1.62
[LSW1-ip-pool-vlan3]quit
[LSW1]interface Vlanif 3
[LSW1-Vlanif3]dhcp select global
```

15.2.8 配置 WLAN

在本例中，会议室 206 和 208 分别规划为 VLAN5 和 VLAN6，分配的网段分别为 192.168.2.0/25 和 192.168.2.128/25。VLAN 间的路由在 AC 上实现，这时可以把 AC 看成一台路由器，逻辑图如图 15-8 所示。

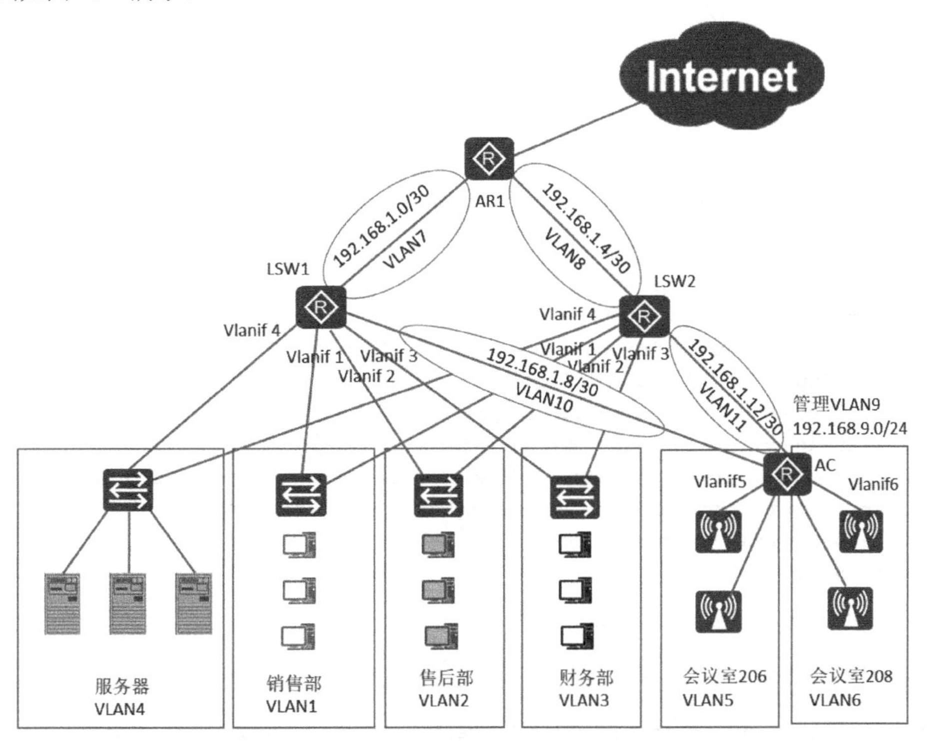

图 15-8　无线网

AC和AP之间的管理VLAN使用VLAN9，分配的网段为192.168.9.0/24。

在AC上的配置如下，创建VLAN。

```
[AC]vlan batch 5 6 9 10 11
```

配置VLAN接口地址，启用DHCP，为AP分配地址，然后为无线设备分配地址。

```
[AC]dhcp enable
[AC]interface Vlanif 9
[AC-Vlanif9]ip address 192.168.9.1 24
[AC-Vlanif9]dhcp select interface
[AC]interface Vlanif 5
[AC-Vlanif5]ip address 192.168.2.1 25
[AC-Vlanif5]dhcp select interface
[AC-Vlanif5]quit
[AC]interface Vlanif 6
[AC-Vlanif6]ip address 192.168.2.129 25
[AC-Vlanif6]dhcp select interface
[AC-Vlanif6]quit
```

配置管理VLAN。

```
[AC]port-group ap-port
[AC-port-group-ap-port]group-member GigabitEthernet 0/0/3 to GigabitEthernet 0/0/6
[AC-port-group-ap-port]port link-type trunk
[AC-port-group-ap-port]port trunk pvid vlan 9
[AC-port-group-ap-port]port trunk allow-pass vlan 9
```

设置AC的源接口，AC使用Vlanif 9接口的地址作为源地址与AP进行通信。

```
[AC]capwap source interface Vlanif 9
```

配置域管理模板，设置国家码。

```
[AC]wlan
[AC-wlan-view]regulatory-domain-profile name domain-cn
[AC-wlan-regulate-domain-domain-cn]country-code cn
[AC-wlan-regulate-domain-domain-cn]quit
```

创建AP组，指定域管理模板。

```
[AC-wlan-view]ap-group name ap-group-206
[AC-wlan-ap-group-ap-group-206]regulatory-domain-profile domain-cn
Warning: Modifying the country code will clear channel, power and antenna gain
configurations of the radio and reset the AP. Continue?[Y/N]:y
[AC-wlan-ap-group-ap-group-206]quit
[AC-wlan-view]ap-group name ap-group-208
[AC-wlan-ap-group-ap-group-208]regulatory-domain-profile domain-cn
Warning: Modifying the country code will clear channel, power and antenna gain
configurations of the radio and reset the AP. Continue?[Y/N]:y
[AC-wlan-ap-group-ap-group-208]quit
[AC-wlan-view]
```

在AC上以MAC地址认证的方式添加AP。

```
[AC-wlan-view]ap-id 1 ap-mac 00E0-FC94-25B0
[AC-wlan-ap-1]ap-group ap-group-206
Warning: This operation may cause AP reset. If the country code changes, it will
clear channel, power and antenna gain configurations of the radio, Whether to
```

```
continue? [Y/N]:y
  Info: This operation may take a few seconds. Please wait for a moment.. done.
  [AC-wlan-ap-1]quit
  [AC-wlan-view]ap-id 2 ap-mac 00E0-FCAF-7440
  [AC-wlan-ap-2]ap-group ap-group-206
  Warning: This operation may cause AP reset. If the country code changes, it will
   clear channel, power and antenna gain configurations of the radio, Whether to c
  ontinue? [Y/N]:y
  Info: This operation may take a few seconds. Please wait for a moment.. done.
  [AC-wlan-ap-2]quit
  [AC-wlan-view]ap-id 3 ap-mac 00E0-FCCB-6E10
  [AC-wlan-ap-3]ap-name ap3
  [AC-wlan-ap-3]ap-group ap-group-208
  Warning: This operation may cause AP reset. If the country code changes, it will
   clear channel, power and antenna gain configurations of the radio, Whether to
 continue? [Y/N]:y
  Info: This operation may take a few seconds. Please wait for a moment.. done.
  [AC-wlan-ap-3]quit
  [AC-wlan-view]ap-id 4 ap-mac 00E0-FCB7-66F0
  [AC-wlan-ap-4]ap-name ap4
  [AC-wlan-ap-4]ap-group ap-group-208
  Warning: This operation may cause AP reset. If the country code changes, it will
   clear channel, power and antenna gain configurations of the radio, Whether to
 continue? [Y/N]:y
  Info: This operation may take a few seconds. Please wait for a moment.. done.
  [AC-wlan-ap-4]quit
```

配置 SSID 模板，为每一间办公室指定一个 SSID。

```
[AC]wlan
[AC-wlan-view]ssid-profile name ssid-206
[AC-wlan-ssid-prof-ssid-206]ssid 206-AP
[AC-wlan-ssid-prof-ssid-206]quit
[AC-wlan-view]ssid-profile name ssid-208
[AC-wlan-ssid-prof-ssid-208]ssid 208-AP
[AC-wlan-ssid-prof-ssid-208]quit
[AC-wlan-view]
```

配置安全模板，指定无线 AP 连接的密码和认证方式。

```
[AC]wlan
[AC-wlan-view]security-profile name sec-206
[AC-wlan-sec-prof-sec-206]security wpa2 psk pass-phrase 91xueit.com aes
[AC-wlan-sec-prof-sec-206]quit
[AC-wlan-view]security-profile name sec-208
[AC-wlan-sec-prof-sec-208]security wpa2 psk pass-phrase 51cto.com aes
[AC-wlan-sec-prof-sec-208]quit
[AC-wlan-view]
```

配置 VAP 模板，指定连接会议室的 AP 的设备所属的 VLAN、使用的安全模板以及 SSID。

```
[AC-wlan-view]vap-profile name vap-206
[AC-wlan-vap-prof-vap-206]forward-mode tunnel
[AC-wlan-vap-prof-vap-206]service-vlan vlan-id 5
[AC-wlan-vap-prof-vap-206]ssid-profile ssid-206
[AC-wlan-vap-prof-vap-206]security-profile sec-206
```

```
[AC-wlan-vap-prof-vap-206]quit
[AC-wlan-view]vap-profile name vap-208
[AC-wlan-vap-prof-vap-208]forward-mode tunnel
[AC-wlan-vap-prof-vap-208]service-vlan vlan-id 6
[AC-wlan-vap-prof-vap-208]ssid-profile ssid-208
[AC-wlan-vap-prof-vap-208]security-profile sec-208
[AC-wlan-vap-prof-vap-208]quit
[AC-wlan-view]
```

在 AP 组中应用 VAP 模板，在 AP 应用后开始工作。

```
[AC]wlan
[AC-wlan-view]ap-group name ap-group-206
[AC-wlan-ap-group-ap-group-206]vap-profile vap-206 wlan 1 radio 0
[AC-wlan-ap-group-ap-group-206]quit
[AC-wlan-view]ap-group name ap-group-208
[AC-wlan-ap-group-ap-group-208]vap-profile vap-208 wlan 2 radio 1
[AC-wlan-ap-group-ap-group-208]quit
[AC-wlan-view]quit
```

15.2.9 配置到 WLAN 网络的路由

无线网络访问 Internet 时优先通过 LSW2 进行，当 LSW2 出现故障后，无线网络访问 Internet 时通过 LSW1 进行。

在 LSW1 上创建 VLAN 10，配置 Vlanif 10 接口地址和 AC 连接，然后添加到无线网络的路由。

```
[LSW1]vlan 10
[LSW1-vlan10]quit
[LSW1]interface GigabitEthernet 0/0/4
[LSW1-GigabitEthernet0/0/4]port link-type access
[LSW1-GigabitEthernet0/0/4]port default vlan 10
[LSW1-GigabitEthernet0/0/4]quit
[LSW1]interface Vlanif 10
[LSW1-Vlanif10]ip address 192.168.1.10 30
[LSW1-Vlanif10]quit
[LSW1]ip route-static 192.168.2.0 255.255.255.0 192.168.1.9
```

在 LSW2 上创建 VLAN 11，配置 Vlanif 11 接口地址和 AC 连接，然后添加到无线网络的路由。

```
[LSW2]vlan 11
[LSW2-vlan11]quit
[LSW2]interface GigabitEthernet 0/0/4
[LSW2-GigabitEthernet0/0/4]port link-type access
[LSW2-GigabitEthernet0/0/4]port default vlan 11
[LSW2-GigabitEthernet0/0/4]quit
[LSW2]interface Vlanif 11
[LSW2-Vlanif11]ip address 192.168.1.14 30
[LSW2-Vlanif11]quit
[LSW2]ip route-static 192.168.2.0 255.255.255.0 192.168.1.13
[LSW2]
```

在 AC 上将 GigabitEthernet 0/0/2 接口添加到 VLAN10，将 GigabitEthernet 0/0/1 接口添加到 VLAN11。给 Vlanif 10 接口、Vlanif 11 接口配置 IP 地址和子网掩码。添加两条默认路由，指定不同优先级，优先转发到 LSW2。

```
[AC]interface GigabitEthernet 0/0/2
[AC-GigabitEthernet0/0/2]port link-type access
[AC-GigabitEthernet0/0/2]port default vlan 10
[AC-GigabitEthernet0/0/2]quit
[AC]interface GigabitEthernet 0/0/1
[AC-GigabitEthernet0/0/1]port link-type access
[AC-GigabitEthernet0/0/1]port default vlan 11
[AC-GigabitEthernet0/0/1]quit
[AC]interface Vlanif 10
[AC-Vlanif10]ip address 192.168.1.9 30
[AC-Vlanif10]quit
[AC]interface Vlanif 11
[AC-Vlanif11]ip address 192.168.1.13 30
[AC-Vlanif11]quit

[AC]ip route-static 0.0.0.0 0 192.168.1.10 preference 60
[AC]ip route-static 0.0.0.0 0 192.168.1.14 preference 40
```

15.2.10 配置网络地址转换和端口映射

在本例中，AR1 路由器只有一个公网地址，让内网计算机通过 AR1 的 GE 2/0/0 接口的公网地址访问 Internet。

```
[AR1]acl 2000
[AR1-acl-basic-2000]rule 5 permit source 192.168.1.0 0.0.0.255
[AR1-acl-basic-2000]rule 10 permit source 192.168.2.0 0.0.0.255
[AR1-acl-basic-2000]rule 15 deny
[AR1-acl-basic-2000]quit
[AR1]interface GigabitEthernet 2/0/0
[AR1-GigabitEthernet2/0/0]nat outbound 2000
```

在 AR1 路由器上配置端口映射，允许 Internet 上的计算机访问内网网站。

```
[AR1-GigabitEthernet2/0/0]nat server protocol tcp global current-interface www
inside 192.168.1.19 www
```

15.2.11 创建 ACL 实现内网上网控制

在本例中，销售部、会议室 206、会议室 208 允许使用任何协议访问 Internet，售后部只允许访问 Internet 上的网站，且允许使用 ping 命令测试到 Internet 的连通性，财务部不允许访问 Internet。

允许访问 Internet 网站，就需要允许域名解析，DNS 协议使用 UDP 的 53 端口，HTTP 使用 TCP 的 80 端口，有些网站使用 HTTPS 访问，HTTPS 使用 TCP 的 443 端口，ping 命令使用的是 ICMP。最后别忘了内网 Web 服务器允许 Internet 用户访问。

如图 15-9 所示，ACL 被设置在 AR1 路由器上，绑定到接口 GE 0/0/0 和 GE 0/0/1 的入站方向。为什么不将 ACL 绑定到 AR1 接口的 GE2/0/0 出站方向呢？因为在 AR1 上配置网络地址转换，内网的计算机访问 Internet 的数据包，先进行网络地址转换，源地址被替换成公网地址了，就不能根据源地址进行数据包过滤了。

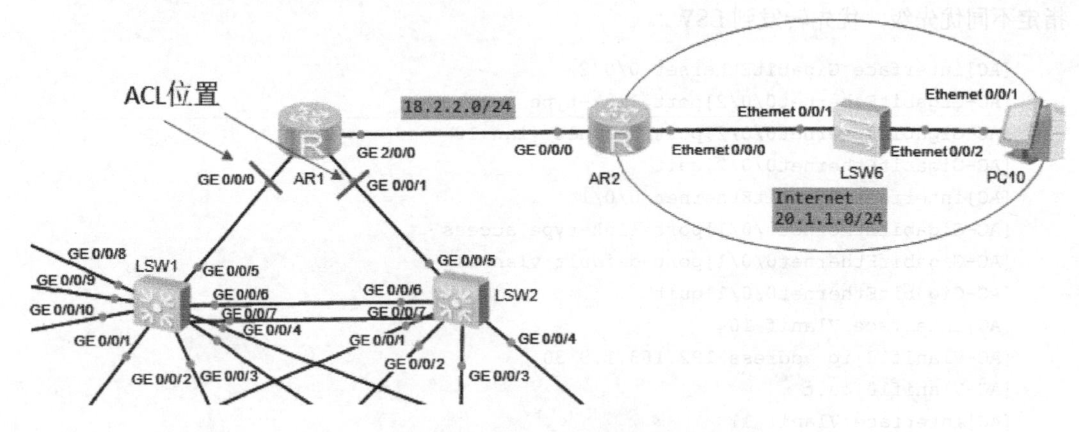

图 15-9 ACL 的位置和方向

```
[AR1]acl 3000
[AR1-acl-adv-3000]rule 5 permit ip source 192.168.1.128 0.0.0.127
[AR1-acl-adv-3000]rule 10 permit ip source 192.168.2.0 0.0.0.255
[AR1-acl-adv-3000]rule 15 permit tcp source 192.168.1.64 0.0.0.191 destination-port eq 80
[AR1-acl-adv-3000]rule 20 permit tcp source 192.168.1.64 0.0.0.191 destination-port eq 443
[AR1-acl-adv-3000]rule 25 permit udp source 192.168.1.64 0.0.0.191 destination-port eq 53
[AR1-acl-adv-3000]rule 30 permit icmp source 192.168.1.64 0.0.0.191
[AR1-acl-adv-3000]rule 35 permit ip source 192.168.1.19 0.0.0.0
[AR1-acl-adv-3000]rule 40 deny ip
[AR1]interface GigabitEthernet 0/0/0
[AR1-GigabitEthernet0/0/0]traffic-filter inbound acl 3000
[AR1-GigabitEthernet0/0/0]quit
[AR1]interface GigabitEthernet 0/0/1
[AR1-GigabitEthernet0/0/1]traffic-filter inbound acl 3000
[AR1-GigabitEthernet0/0/1]quit
```

15.2.12 配置 VPN

该企业允许员工在企业之外的地方访问企业内网，因此需要将 AR1 配置成远程访问服务器。在本案例中，给远程拨入计算机分配 192.168.3.0/24 网段的地址。

创建 VPN 拨入用户。

```
[AR1]aaa
[AR1-aaa]local-user hanligang password cipher 91xueit
[AR1-aaa]local-user hanlgiang service-type ppp
[AR1-aaa]quit
```

为远程拨入计算机创建地址池。

```
[AR1]ip pool remotePool
[AR1-ip-pool-remotePool]network 192.168.3.0 mask 24
[AR1-ip-pool-remotePool]gateway-list 192.168.3.1
[AR1-ip-pool-remotePool]quit
```

创建虚拟模板。

```
[AR1]interface Virtual-Template 1
[AR1-Virtual-Template1]ip address 192.168.3.1 24
[AR1-Virtual-Template1]ppp  authentication-mode pap
[AR1-Virtual-Template1]remote address pool remotePool
[AR1-Virtual-Template1]quit
```

启用 L2TP，配置 L2TP 组，启用隧道身份验证，指定隧道密码和使用的模板。

```
[AR1]l2tp enable
[AR1]l2tp-group 1
[AR1-l2tp1]tunnel authentication
[AR1-l2tp1]tunnel password simple huawei
[AR1-l2tp1]allow l2tp virtual-template 1
[AR1-l2tp1]quit
```

VPN 拨通之后只能够访问销售部和售后部，不能够 ping 通财务部和服务器 VLAN4。如果想让 VPN 用户访问内网全部网段，则需要在 ACL 3000 中添加几条规则。

```
[AR1-acl-adv-3000]rule 28 permit ip source 192.168.1.0 0.0.0.255 destination
192.168.3.0 0.0.0.255
[AR1-acl-adv-3000]rule 29 permit ip source 192.168.2.0 0.0.0.255 destination
192.168.3.0 0.0.0.255
```